土木工程试验与检测

主编：李新乐

副主编：彭永恒　宋宏伟

中国建筑工业出版社

图书在版编目(CIP)数据

土木工程试验与检测/李新乐主编. —北京:中国建
筑工业出版社,2014.8
ISBN 978-7-112-17093-7

Ⅰ.①土… Ⅱ.①李… Ⅲ.①土木工程-工程试验
②土木工程-检测 Ⅳ.①TU

中国版本图书馆 CIP 数据核字(2014)第 152223 号

为满足土木工程专业实验教学和工程建设的需求,本书总结目前最新土木工程原材料、半成品及成品的试验检测方法、抽样原则及试验检测过程,本书内容既涵盖学生基本教学实验也满足工程建设中质量检测技术需求,内容丰富,实用性强。全书共 11 章,内容包括:土木工程试验检测概论、土的试验检测技术、土木工程材料试验与检测、混凝土和砂浆试验与检测、沥青混合料试验与检测、路基工程试验与检测、路面工程试验与检测、地基基础试验与检测、桥涵工程试验与检测、隧道工程试验与检测、钢结构工程试验与检测。

本书适用于土木工程及相关专业本科、专科学生作为学习用书和实验指导书,可供从事土木工程试验检测研究工作者和管理者作为参考,也可作为试验检测员和试验检测工程师学习教材。

责任编辑:刘瑞霞
责任设计:李志立
责任校对:姜小莲 关 健

土木工程试验与检测

主编:李新乐

副主编:彭永恒 宋宏伟

*

中国建筑工业出版社出版、发行(北京西郊百万庄)
各地新华书店、建筑书店经销
北京科地亚盟排版公司制版
北京同文印刷有限责任公司印刷

*

开本:787×1092 毫米 1/16 印张:28¾ 字数:695 千字
2014 年 8 月第一版 2014 年 8 月第一次印刷
定价:**68.00** 元
ISBN 978 - 7 - 112 - 17093 - 7
(25868)

前　　言

随着我国工程建设快速发展，土木工程试验与检测技术已经成为保证工程施工质量的重要组成部分，该技术是一门正在发展的新兴学科，它融试验检测基本理论和测试操作技能及公路工程相关学科基础知识于一体，是工程设计参数、施工质量控制、施工验收评定、养护管理决策的主要依据。为保证工程建设质量、满足实验教学和现场检测需求，根据现行规范和标准，整理编写该教材。全书共 11 章，涵盖土木工程专业中建筑工程、道路和桥梁工程、地下工程三个主要方向的专业实验和检测项目，主要内容包括：土木工程试验检测概论、土的试验检测技术、土木工程材料试验与检测、混凝土和砂浆试验与检测、沥青混合料试验与检测、路基工程试验与检测、路面工程试验与检测、地基基础试验与检测、桥涵工程试验与检测、隧道工程试验与检测及钢结构工程试验与检测。其中，第 1、8、9、10 章由李新乐编写，第 2 章由高凌霞编写，第 3 章由宋宏伟、彭永恒、王秀伟、张松鹤编写，第 4 章由宋宏伟编写，第 5、6、7 章由彭永恒编写，第 11 章由窦慧娟编写。全书由李新乐负责统稿和校稿。

本书编写力求知识性和实用性相结合，强调试验检测技术的实际操作能力培养，依据现行主要规范和标准，拟定抽样频率、确定试验方法并编写试验操作过程，便于学生或读者理解掌握试验检测方法。本书力求既能较好满足普通高等学校土木工程专业及相关专业的实验教学的要求，也可作为工程技术人员、管理者以及广大群众从事生产实践的检测指导用书。

在本书编写过程中，编者参阅了许多学者和研究者的著作和文献资料，引用了其中部分研究成果，在此深表谢意。由于试验检测技术是一门正在快速发展的跨学科的知识体系，内容涉及知识面广，理论和实践结合紧密，加之编者水平有限，本书难免存在不足和不当之处，敬请读者批评指正，多提宝贵意见。

2013 年 12 月

目　录

第1章 土木工程试验检测概论

1.1 试验检测的背景、目的和意义

土木工程是建造各类工程设施的科学技术的总称。它既是指工程建设的对象，即建造在地上、地下、水中的各种工程设施，也指所应用的材料、设备和所进行的勘测、设计、施工、保养、维修等专业技术。

土木工程具有四个基本属性：

（1）综合性

建造一项工程设施一般需要经过勘察、设计和测试三个阶段，需要涉及工程地质勘测、工程测量、土力学、工程力学、工程设计、建筑材料、建筑设备、工程机械、建筑经济学等学科和施工技术、施工组织等领域。因此，土木工程是一门范围广阔的综合性学科。

（2）社会性

土木工程是伴随着人类社会的进步而发展起来的，它所建造的工程设施反映出各个历史时期的社会、经济、文化、科学、技术发展的面貌。因而土木工程也就成为社会历史发展的见证之一。

（3）实践性强

（4）技术上、经济上和建筑艺术上的统一性

土木工程是一门古老的学科，它同社会、经济，特别是与科学、技术的发展密切相关。土木工程内涵丰富，就其本身而言，则主要是围绕材料、施工、理论三个方面的演变而不断发展的。按照建造材料、建造理论和建造技术出现根本性的突破，可将土木工程的发展划分为古代、近代和现代三个阶段。

古代土木工程历史跨度很长，它大致从旧石器时代到17世纪中叶。这一时期修建各种土木工程设施主要依靠经验，所用材料主要取于自然。如：北京的故宫，土耳其的索菲亚大教堂，埃及的金字塔等。

近代土木工程实践跨度为17世纪中叶到第二次世界大战前后，历时300余年。在这一时期中，土木工程逐渐发展成为一门独立的科学。在工程设计理论方面，1683年意大利学者伽利略发表了"关于两门新科学的对话"，首次用公式表达了梁的理论。1687年牛顿总结出力学三大定律，为土木工程奠定了力学分析基础。在材料力学、弹性力学和材料强度理论的基础上，法国的纳维在1825年建立了土木工程中结构设计的容许应力法。在工程材料方面，1824年波特兰水泥被发明，1867年钢筋混凝土开始应用。1859年转炉炼钢法的成功使得钢材得以大量生产并应用于房屋、桥梁的建筑。在建造技术方面，产业革命促进工业、交通运输业的发展，对土木工程设施提出了更广泛的需求，同时也为土木工程的建造提供了新的施工机械和施工方法。法国的埃菲尔铁塔，美国的帝国大厦，美国的

金门大桥等都是那个时期的产物。

第二次世界大战以后，许多国家经济腾飞，现代科学技术迅速发展，从而为土木工程的进一步发展提供了强大的物质基础和技术手段，开始了以现代科学技术为后盾的土木工程新时代。如：苏通长江大桥，国家体育场鸟巢，广州电视大厦等等。

土木工程的发展日益显示它在国民经济中的地位和作用。根据建设部有关统计数据，1980 年我国国内生产总值为 4518 亿元，到 2003 年增加到 11.67 万亿元，平均增长率为 14.5%。伴随着我国宏观经济的快速发展，我国建筑业也一路攀升，建筑企业完成的建筑业总值从 1980 年的 347 亿元，增加到 2003 年的 21865 亿元，平均增长率为 18.9% 以上。2003 年一年我国国民生产总值比上年增长 9.1%，而建筑业总产值比 2002 年增长 23%，比同年 GDP 增长率高出 13.9%。

随着土木工程的发展，工程施工中质量问题越来越成为建设者和使用者关注的焦点，土木工程试验与检测是保证工程质量的重要手段。土木工程试验与检测不仅为工程设计提供参数，同时还为工程施工的质量控制、竣工验收评定及养护管理、新材料和新技术的推广等提供科学的依据。

土木工程试验检测的目的和意义可以归纳为：

（1）用定量的方法，对各种原材料、成品或半成品，科学地鉴定其质量是否符合国家质量标准和设计文件的要求，做出接收或拒收的决定，保证工程所用材料都是合格产品，是控制施工质量的主要手段。

（2）对施工全过程，进行质量控制和检测试验，保证施工过程中的每个部位、每道工序的工程质量，均满足有关标准和设计文件的要求，是提高工程质量、创优质工程的重要保证。

（3）通过各种试验试配，经济合理地选用原材料，为企业取得良好的经济效益打下坚实的基础。

（4）对于新材料、新工艺、新技术，通过试验检测和研究，鉴定其是否符合国家标准和设计要求，为完善设计理论和施工工艺积累实践资料，为推广和发展新材料、新工艺、新技术做贡献。

（5）试验检测是评价工程质量缺陷、鉴定和预防工程质量事故的手段。通过试验检测，为质量缺陷或质量事故判定提供实测数据，以便准确判定其性质、范围和程度，合理评价事故损失，明确责任，从中总结经验教训。

（6）分项工程、分部工程、单位工程完成后，均要对其进行适当的抽检，以便进行质量等级的评定。

（7）为竣工验收提供完整的试验检测证据，保证向业主交付合格工程。

（8）试验检测工作集试验检测基本理论、测试操作技能和土木工程相关学科的基础知识于一体，是工程设计参数、施工质量控制、工程验收评定、养护管理决策的主要依据。

工程试验检测技术是集试验检测基本理论和测试操作技能以及道路工程相关学科基础知识于一体，是工程设计参数、施工质量控制、施工验收评定、养护管理决策的主要依据。通过试验检测，能充分地利用当地原材料，能迅速推广应用新材料、新技术和新工艺，能合理地控制和科学地评定工程质量。工程实践的经验证明：不重视施工过程检测和施工质量过程控制而依靠经验控制，是造成施工质量隐患的主要原因。因此，工程试验检测工作的作用和意义在于：提高工程质量、加快工程进度、降低工程造价，推动土木工程施工技术进步。

1.2 抽样检验基础

检验是指通过测量、试验等质量检测方法，将工程产品与其质量要求相比较并作出质量评判的过程。工程质量检验是工程质量控制的一个重要环节，是保证工程质量的必要手段。

检验可分为全数检验和抽样检验两大类。全数检验是对一批产品中的每一个产品进行检验，从而判断该批产品质量状况；抽样检验是从一批产品中抽出少量的单个产品进行检验，从而推断该批产品质量状况。全数检验较抽样检验可靠性好，但检验工作量非常大，往往难以实现；抽样检验方法以数理统计学为理论依据，具有很强的科学性和经济性，在许多情况下，只能采用抽样检验方法。土木工程不同于一般产品，它是一个连续的整体，且采用的质量检测手段又多属于破坏性的。所以，就土木工程质量检验而言，不可能采用全数检验；而只能采用抽样检验。即从待检工程中抽取样本，根据样本的质量检查结果，推断整个待检工程的质量状况。

质量检验的目的在于准确判断工程质量状况，以促进工程质量的提高。其有效性取决于检验的可靠性，而检验的可靠性则与下面三个因素密切相关：

（1）质量检测手段的可靠性；

（2）抽样检验方法的科学性；

（3）抽样检验方案的科学性。

在质量检验过程中，必须全面考虑上述三个因素，以提高质量检验的可靠性。

抽样是从总体中抽取样本的过程，并通过样本了解总体。总的来说，抽样检验分为非随机抽样与随机抽样两大类：

（1）非随机抽样

进行人为的有意识的挑选取样即为非随机抽样。非随机抽样中，人的主观因素占主导作用，由此所得到的质量数据，往往会对总体作出错误的判断。因此，采用非随机抽样方法所得的检验结论，其可信度较低。

（2）随机抽样

随机抽样排除了人的主观因素，使待检总体中的每一个产品具有同等被抽取到的机会。只有随机抽取的样本才能客观地反映总体的质量状况。这类方法所得到的数据代表性强，质量检验的可靠性得到了基本保证。因此，随机抽样是以数理统计的原理，根据样本取得的质量数据来推测、判断总体的一种科学抽样检验方法，因而被广泛使用。

1.3 试验检测数据修约和分析

在土木工程施工过程中，不论是原材料还是施工中的质量控制检验，都会取得大量的数据。对这些数据进行科学的分析，可以更好地评价原材料和工程质量。在工程质量检验评定标准中，也分别提出了许多数理统计的特征值。因此，项目试验人员应具备数理统计的基本知识。在进行试验成果的分析整理时，必须坚持理论与实际统一的原则。以现场和工程具体条件为依据，以测试所得的实际数据为基础，以数理统计分析为手段，区别不同统计，针对不同要求采取不同方法。下面简要介绍常用数理统计方法和数据处理方法。

1.3.1 平均值

1. 算术平均值

这是最常用的一种方法，用于了解一批数据的平均水平，度量这些数据的中间位置，计算公式为：

$$\overline{X} = (X_1 + X_2 + X_3 + \cdots + X_n)/n = \Sigma X/n \tag{1-1}$$

式中 $\overline{X}$——算术平均值；

X_1，X_2，X_3，$\cdots$，X_n——各试验数据值；

        ΣX——各试验数据值的总和；

        n——试验数据个数。

2. 均方根平均值

均方根平均值对数据的大小跳动反应较为灵敏，其计算公式为：

$$S = \sqrt{\frac{X_1^2 + X_2^2 + \cdots + X_n^2}{n}} = \sqrt{\frac{\Sigma X_n^2}{n}} \tag{1-2}$$

式中 S——均方根平均值；

X_1，X_2，$\cdots$，X_n——各试验数据值；

      ΣX_n^2——各试验数据值的总和；

        n——试验数据个数。

3. 加权平均值

加权平均值是各试验数据和它的对应数的算术平均值。其计算公式为：

$$m = \frac{X_1 g_1 + X_2 g_2 + \cdots + X_n g_n}{g_1 + g_2 + \cdots + g_n} = \frac{\Sigma Xg}{\Sigma g} \tag{1-3}$$

式中 m——加权平均值；

X_1，X_2，$\cdots$，X_n——各试验数据值；

g_1，g_2，$\cdots$，g_n——和试验数据对应数；

      ΣXg——各试验数据值和它对应数乘积的总和；

      Σg——各对应数的总和。

加权平均值也可以用随机的试验数据值与其对应各值概率的乘积之和来计算，其公式为：

$$m = X_1 g_2 + X_2 g_2 + \cdots + X_n g_n \tag{1-4}$$

式中 m——加权平均值；

X_1，X_2，$\cdots$，X_n——各试验数据值；

g_1，g_2，$\cdots$，g_n——和试验数据对应各值的概率。

1.3.2 误差计算

1. 范围误差

范围误差也叫极差,是试验数据中最大值和最小值之差。常用于测定数值的离散程度,可了解数据的波动范围和波动程度,但易受异常值影响,不能表示频数的分布情况。

2. 算术平均误差

算术平均误差计算公式为:

$$\delta = \frac{|X_1 - \overline{X}| + |X_2 - \overline{X}| + \cdots + |X_n - \overline{X}|}{n} \tag{1-5}$$

式中　　　　　δ　——算术平均值误差;

$\overline{X}$——试验数据的算术平均值;

X_1,X_2,…,X_n——各试验数据值;

n——试验数据个数;

$|\ |$——绝对值。

3. 标准差(均方根差、均方差)

只知道数据的平均水平是不够的,要了解数据的波动情况及带来的危险性,标准差(均方根差、均方差)是衡量波动性(离散性大小)的重要指标。其值越大,说明波动离散越大。

试验数据的平均值与每个试验数据值之差称为离差;离差平方和的平均值称为均方(又称方差);均方的平方根称为均方根差,简称均方差或标准差。

标准差的计算公式为:

$$S = \sqrt{\frac{(X_1 - \overline{X}^2) + (X_2 - \overline{X}^2) + \cdots + (X_n - \overline{X}^2)}{n-1}} = \sqrt{\frac{\Sigma(X_i - \overline{X}^2)}{n-1}} \tag{1-6}$$

式中　　　　　S——标准差(均方根差、均方差);

X_1,X_2,…,X_n——各试验数据值;

$\overline{X}$——试验数据的算术平均值;

n——试验数据个数。

1.3.3 变异系数

标准差是表示绝对波动大小的指标,当测量较大的量值时,绝对误差一般较大;测量值较小的量值时,绝对误差一般较小。因此要考虑相对波动的大小(相对离散程度),即用平均值的百分率来表示标准差,即变异系数越小,表示测定值离散程度越小,变异系数越大,表示测定值离散程度越大,其计算公式为:

$$C_V = (S/\overline{X}) \times 100 \tag{1-7}$$

式中　C_V——变异系数(%);

S——标准差;

$\overline{X}$——试验数据的算术平均值。

由变异系数可以看出标准偏差所表示不出来的数据波动情况。

1.3.4 可疑数据的取舍

在一组条件完全相同的重复试验中，当发现有某个过大或过小的可疑数据时，应按数理统计的方法给以鉴别，并决定取舍。常用方法有三倍标准差法、格拉布斯法和肖维纳法。三倍标准差法最简单，试验数据取舍大都采用三倍标准差法。三倍标准差法的准则是 $|X_i-\overline{X}|>3\delta$ 舍弃。在《公路工程质量检验评定标准》中，对路基、路面弯沉测定计算有此明确要求，对其他数据，不得随意取舍。

1.3.5 数字修约规则

在测量工作中，由于测量结果总会有误差，因此表示测量结果的位数不宜太多，也不宜太少，太多容易使人误认为测量精度很高，太少则会损失精度。

有效数字的概念可表述为：由数字组成的一个数，除最末一位数字是不确切值或可疑值外，其他数字皆为可靠值或确切值，则组成该数的所有数字包括末位数字称为有效数字，除有效数字外其余数字为多余数字。

1. 修约间隔

修约间隔是指确定修约保留位数的一种方式。修约间隔的数值一经确定，修约值即应为该数值的整数倍。

例如指定修约间隔为 0.1，修约值即应在 0.1 的整数倍中选取，相当于将数值修约到一位小数。又如指定修约间隔为 100，修约值即应在 100 的整数倍中选取，相当于将数值修约到"百"数位。

0.5 单位修约（半个单位修约）是指修约间隔为指定数位的 0.5 单位，即修约到指定数位的 0.5 单位。

0.2 单位修约是指修约间隔为指定数位的 0.2 单位，即修约到指定数位的 0.2 单位。

2. 数值修约进舍规则

（1）拟舍弃数字的最左一位数字小于 5 时，则舍去，即保留的各位数字不变。

例如：将 13.2476 修约到一位小数，得 13.2。

（2）拟舍弃数字的最左一位数字大于 5；或者是 5，而且后面的数字并非全部为 0 时，则进 1，即保留的末位数字加 1。

例如：将 1167 修约到"百"数位，得 12×10^2（特定时可写为 1200）。

（3）拟舍弃数字的最左一位数字为 5，而后面无数字或全部为 0 时，若被保留的末位数字为奇数（1，3，5，7，9）则进 1，为偶数（2，4，6，8，0）则舍弃。

（4）负数修约时，先将它的绝对值按上述三条规定进行修约，然后在修约值前面加上负号。

（5）0.5 单位修约时，将拟修约数值乘以 2，按指定数位依进舍规则修约，所得数值再除以 2。

例如：将下列数字修约到"个"数位的 0.5 单位（或修约间隔为 0.5）。

拟修约数值 （A）	乘 2 （2A）	2A 修约值 （修约间隔为 1）	A 修约值 （修约间隔为 0.5）
50.25	100.5	100	50.0

（6）0.2 单位修约时，将拟修约数值乘以 5，按指定数位依进舍规则修约，所得数值再除以 5。

上述数值修约规则（有时称之为"奇升偶舍法"）与常用的"四舍五入"的方法区别在于，用"四舍五入"法对数值进行修约，从很多修约后的数值中得到的均值偏大。而用上述的修约规则，进舍的状况具有平衡性，进舍误差也具有平衡性，若干数值经过这种修约后，修约值之和变大的可能性与变小的可能性是一样的。

3. 数值修约注意事项

实行数值修约，应在明确修约间隔、确定修约位数后一次完成，而不应连续修约，否则会导致不正确的结果。然而，实际工作中常有这种情况，有的部门先将原始数据按修约要求多一位至几位报出，而后另一个部门按此报出值再按规定位数修约和判定，这样就有连续修约的错误。

（1）拟修约数字应在确定修约后一次修约获得结果，而不得多次按进舍规则连续修约。

（2）在具体实施中，有时测量与计算部门先将获得数值按指定的修约数位多一位或几位报出，而后由其他部门判定。为避免产生连续修约的错误，应按下列步骤进行。

① 报出数值最右的非 0 数字为 5 时，应在数值后面加"（＋）"号或"（－）"号或不加符号，以分别表明已进行过舍、进或未舍未进。

② 如果判定报出值需要进行修约，当拟舍弃数字的最左一位数字为 5 而后面无数字或全部为 0 时，数值后面有（＋）号者进 1，数值后面有（－）号者舍去，其他仍按进舍规则进行。

4. 有效数字的计算法则

（1）加减运算。应以各数中有效数字末位数的数位最高者为准（小数即以小数部分位数最少者为准），其余数均比该数向右多保留一位有效数字。

（2）乘除运算。应以各数中有效数字位数最少者为准，其余数均多取一位有效数字，所得积或商也多取一位有效数字。

（3）平方或开方运算。其结果可比原数多保留一位有效数字。

（4）对数运算。所取对数位数应与真数有效数字位数相等。

（5）查角度的三角函数。所用函数值的位数通常随角度误差的减小而增多。

在所有计算式中，常数 π、e 等数值的有效数字位数，可认为无限制，需要几位就取几位。表示精度时，一般取一位有效数字，最多取两位有效数字。

1.4 试验检测有关规定

管理体制是否健全，制度是否能贯彻执行，是关系到检测质量能否得到保证的重要方面。土木工程检测技术管理包括设备管理、试验工作管理和文献资料管理等方面。

1.4.1 设备管理

试验设备是开展土木工程试验检测工作的物质基础。设备管理的目的是为了更好地使用试验设备。设备管理的好坏直接关系到试验检测能否正常开展工作，因此，必须重视。

1. 建立账、卡、物管理制度

设备账一般按购置时间顺序登记，包括设备名称、编号、规格型号、生产厂家、制造年份、价格等。卡除了包括账上登记的内容外，还包括设备性能、用途、随机附件、外形尺寸、设备购置费、运输费、安装费、维修费、报废年月等。账、卡和物应分离管理，即管物的不能管账、卡，管账、卡的不能管物，起到互相监督、制约的作用。

2. 建立岗位责任制度

设备应分室由专人管理和使用。岗位责任人对设备的保养、维修、使用及安全负责。岗位责任人必须熟悉所管仪器设备的性能、操作规程，并能熟练进行试验操作，能排除常见的小故障，定期对设备进行必要的保养，如擦洗、涂油、通电运行等，使设备处于正常的使用状态。非岗位责任人使用仪器设备必须经过岗位责任人的同意，并在岗位责任人指导下或按其要求进行操作。

3. 建立设备检定制度

为了确保试验设备处于正常的使用状态，确保试验结果准确无误，新启用的设备应进行计量检定。使用中的试验设备必须进行定期或不定期的计量检定。凡是衡器、测力装置应由计量部门进行计量检定，并出具检定报告；使用频率比较高的设备一般一年检定一次。设备在使用过程中如试验结果有异常应根据需要随时进行必要的检定。

4. 建立使用维修登记制度

试验设备应建立使用登记制度，内容包括使用日期和时段、试验内容、设备状况、故障情况等。使用登记由使用人填写，非岗位责任人在使用完设备后应经岗位责任人验收检查，并在登记册上签字认可。设备维修情况也应在使用登记册上进行登记，内容包括维修时间、项目、更换的零部件、费用、维修人等。

1.4.2 试验工作管理

1. 试样管理

试样管理是试验工作关键的一环。试样的采集，不同材料有不同的要求，应按相关试验规程规定进行。在取样时应按既定的编号方式对试样进行编号，书写在容器或袋子上并书写同样标签放入容器或袋子中，以便复核对证。同时填写取样单，内容包括试样编号、品种、规格、取样地点、拟作用途、取样日期、取样人等。对可以保存一定时间的试样，取样时应一式两份，一份供目前试验用，一份作为样本保存，供试验结果有争议时仲裁试验用。

2. 试验管理

试验工作也应实行在设备管理岗位责任制框架下的岗位责任制。将试验人员按设备管理的岗位分为几个试验小组，如土工、水泥及水泥混凝土、沥青及沥青混合料、力学等小组，每一组由一位试验工程师负责，其他人员组成根据具体工作量大小编制。小组负责人对其小组所承担的试验工作负责，负责取样、试验、提出报告，并对试验室主任负责。

3. 严格执行试验规程及技术标准

每一个试验项目，从取样、试验到提出报告，都必须严格执行试验规程和技术标准的规定。要求每一个岗位责任人熟悉自己所分管项目的相关试验规程，熟悉每一个试验的操作步骤、试验条件、影响因素、注意事项，并能熟练地操作试验设备，能分析试验过程中出现的各种异常情况，并做出正确的判断，采取必要的处理措施，确保试验结果准确无误。

4. 健全原始记录填写及保存制度

原始记录是试验过程的真实记载，是分析试验结果，提出试验报告的重要依据，必须认真填写。原始记录一般直接在制成的表格上填写，内容包括试验项目名称、产品的规格型号、试样的编号、产地或生产厂家、拟作用途、采用试验标准、试验条件、试验环境温度及湿度、试验日期等。原始记录书写应整齐，字迹工整，不得随意涂改；确实因笔误或其他原因需要更改数据时，应在原数据上划一水平线，将正确的数据书写在其上方。原始记录试验人、计算人、复核人签名要齐全，并按规定保存。

1.4.3 文件资料管理

试验检测技术资料必须做到准确、齐全、及时、规范。

准确是指凡由试验室提供的试验结果必须真实可信，必须是通过试验得出的结果，经得起验证和推敲，对控制工程质量具有指导作用，使工程所用材料和工程质量达到设计和使用要求。

齐全是指由试验室提供的试验资料，内容必须完整。一是试验项目无漏项，二是按要求的格式提供全部所需的信息。

及时是指按时提供工程建设需要的有关试验资料或数据。及时是建立在准确、齐全的基础上的。

规范是指由试验室提供的资料语言精练通顺，用词恰当妥切，无错别字，字迹清楚、工整，签字印章清晰齐全，打印装订整齐，格式、份数符合要求。

第 2 章　土的试验检测技术

　　土是由岩石在风化作用下形成的大小悬殊的颗粒，经过不同的搬运方式，在各种自然环境中生成的无粘结或弱粘结的沉积物。在土木工程中，土被广泛应用。它可作为建筑材料，如用于填筑土坝、机场跑道、路基、路面等构筑物；也可作为建筑物周围的介质或环境，如隧道、涵洞及地下建筑等；同时土又是建筑物地基，用以承受建筑物传来的荷载，如在土层上修建房屋、桥梁、道路等。然而，由于土是土粒、空气和水所组成的三相松散体，三相成分的比例不同，所运用的环境不同，使其物理和力学特性变得十分复杂。所以，对土进行试验和检测是土木工程设计、施工和科研必不可少的工作。

　　本章简单介绍了土的工程分类，重点介绍了土的室内试验检测内容与方法，主要包括土的物理性质、状态性质、土在静荷载作用下的压缩性和抗剪性、土的动力特性及特殊土的试验与检测。

2.1　土的工程分类

　　自然界中土的种类很多，工程性质各异，为了便于研究，需要按其主要特征进行分类。土的工程分类主要根据土的粒径、界限含水率、有机质存在情况等基本特性，将性质相近的土分成一类。以方便描述土体，评价土的性质，便于岩土工程的设计与施工，同时也是科学研究和相互交流的共同基础。由于各部门对土的某些工程性质的重视程度和要求不完全相同，制订分类标准时的着眼点也就不同。目前国内各部门也都根据各自的工程特点和实践经验，制定有各自的分类方法，但一般遵循下列基本原则。

　　一是简明的原则：土的分类体系采用的指标，既要能综合反映土的主要工程性质，又要其测定方法简单，且使用方便；二是工程特性差异的原则：土的分类体系采用的指标要在一定程度上反映不同类工程用土的不同特征。

　　我国涉及土的工程分类规范主要有：国家标准《土的工程分类标准》GB/T 50145—2007；水利行业标准《土工试验规程》SL 237—1999 中的《土的工程分类》SL 237—20001—1999、《公路土工试验规程》JTG E40—2007 中的《土的工程分类》和《建筑地基基础设计规范》GB 50007—2011 中关于地基土的分类。

　　这些规范和标准中土的工程分类体系和思想都是相同的，包括：①先依据土中有机质存在情况分为有机土和无机土；②对于无机土，按照土的平均粒径大小确定是巨粒土、粗粒土还是细粒土；③巨粒土按照巨粒含量分类，粗粒土根据土的粒径与级配分类，细粒土则按塑性指数与液限进一步分类。

　　土的分类根据指标确定方法的不同有试验室分类法和简易鉴别分类法。试验室分类法主要是用颗分试验、液塑限试验等方法来确定相关的分类指标。简易鉴别分类法则用目测代替筛分析，确定土颗粒组成及特征；用干强度试验、手捻、搓条、韧性和摇震反应等简便定性方法，代替用仪器测定土的塑性等特性，从而判别土的类别。不同的规范由于行业的特点不一，对土的分类存在一定的侧重。因此，根据不同规范进行分类的标准可能略有区别，在具体使用中要注意。

本文主要介绍国家标准《土的工程分类标准》GB/T 50145—2007 和《公路土工试验规程》JTG E40—2007 中对土的分类的内容。

1.《土的工程分类标准》GB/T 50145—2007 的分类系统

分类体系总表如图 2.1 所示。

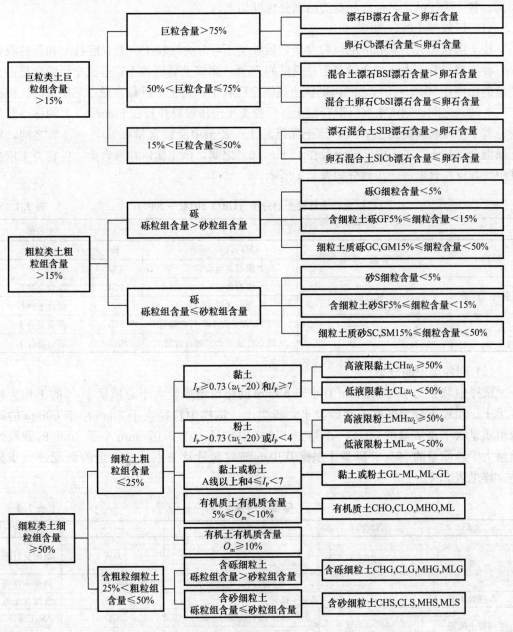

图 2.1　一般土的工程分类体系框图（GB/T 50145—2007）

特殊土包括黄土、膨胀土和红黏土等或按其塑性指标在塑性图上的位置初步判别，或依据其他规范，例如《公路土工试验规程》划分。

一般土分为无机土和有机土两大类。对一般土进行分类时，首先应判别土属有机土还是无机土。土中有机质的含量大于 5％ 的为有机质土，若土的大部分或全部是有机质时，该土就属有机土，否则就属无机土。有机质含量可由试验测定，将试样放入 $100\sim110℃$ 的烘箱中烘烤，当烘烤后试样的液限小于烘烤前试样液限的 3/4 时，试样为有机质，有机质呈黑色、青黑色或暗色，有臭味，有弹性和海绵感，也可采用目测、手摸或嗅感判别。若属无机土，则根据土内各粒组的相对含量把土分为巨粒土、含巨粒土、粗粒土和细粒土四大类。各大类土的定名标准和亚类的划分标准如下。

（1）巨粒类土的分类

按土中粒径大于 60mm 的巨粒含量，巨粒类土可分为巨粒土、混合巨粒土和巨粒混合土三种类型。若土中巨粒含量多于总质量的 75％，则该土属巨粒土；若土中巨粒含量占总质量的比例在 50％～75％ 之间，则该土属混合巨粒土；若土中巨粒含量占总质量的比例在 15％～50％ 之间，则该土属巨混合粒土。巨粒类土土体颗粒粒径在 60mm 以上的称巨粒类土。若土中巨粒含量高于 75％，该土属巨粒土；若土中巨粒含量在 50％～75％ 之间，该土属混合巨粒土；若土中巨粒含量在 15％～50％ 之间，该土属巨粒混合土。巨粒类土依据其中所含巨粒含量进一步划分如表 2.1 所示。

巨粒土和含巨粒土的分类（GB/T 50145—2007） 表 2.1

土类	粒组含量		土代号	土名称
巨粒土	巨粒含量＞75％	漂石含量＞50％	B	漂石
		漂石含量≤50％	Cb	卵石
混合巨粒土	50％＜巨粒含量≤75％	漂石含量＞50％	BSl	混合土漂石
		漂石含量≤50％	CbSl	混合土卵石
巨粒混合土	15％＜巨粒含量≤50％	漂石含量大于卵石含量	SlB	漂石混合土
		漂石含量不大于卵石含量	SlCb	卵石混合土

（2）粗粒类土的分类

试样中粒径大于 0.075mm 且小于 60mm 的粗粒组质量大于总质量 50％ 的土称为粗粒类土。粗粒土分为砾类土和砂类土：砾类土，试样中粒径大于 2mm 小于 60mm 的砾粒组质量大于总质量的 50％；砂类土，试样中粒径大于 0.075mm 小于 2mm 的砂粒组质量大于总质量的 50％。砾类土根据其中的细粒含量及类别、粗粒组的级配进一步分类，详见表 2.2。

砾类土的分类 表 2.2

土类	细粒含量	级配或细粒类别	土代号	土名称
砾	＜5％	$C_u≥5$ $C_c=1\sim3$	GW	级配良好砾
		不同时满足上述要求	GP	级配不良砾
含细粒土砾	5％～15％		GF	含细粒土砾
细粒土质砾	15％～50％	细粒为黏土	GC	黏土质砾
		细粒为粉土	GM	粉土质砾

砂类土根据其中的细粒含量及类别、级配进行分类，如表 2.3。

砂类土的分类　　　　　　　　　　　　　表 2.3

土类	细粒含量	级配或细粒类别	土代号	土名称
砾	<5%	$C_u \geq 5$ $C_c = 1 \sim 3$	SW	级配良好砂
		不同时满足上述要求	SP	级配不良砂
含细粒土砂	5%～15%		SF	含细粒土砂
细粒土质砂	15%～50%	细粒为黏土	SC	黏土质砂
		细粒为粉土	SM	粉土质砂

（3）细粒土的分类

试样中粒径小于 0.075mm 的细粒组质量不小于总质量的 50% 的土称为细粒类土。具体分类为：①试样中粗粒组质量少于总质量的 25% 的土称细粒土；②试样中粗粒组质量为总质量的 25%～50% 的土称含粗粒的细粒土；③若土中有机质含量达 5%～10% 时，则该土称为有机质土。

细粒土应根据图 2.2 所示的塑性图分类。塑性图的横坐标为土的液限（w_L），纵坐标为塑性指数（I_p）。塑性图上的液限为质量 76g、锥角 30° 的液限仪锥尖入土深度 17mm 对应的含水量。

根据图 2.2 所示的塑性图区分粉土、黏土以及液限的高低，得到的细粒土的分类如表 2.4 所示。

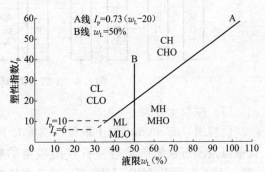

图 2.2　塑性图

注：其中两条虚线之间的区域为黏土—粉土过渡

细粒土的分类　　　　　　　　　　　　　表 2.4

土的塑性指标在塑性图中的位置		土代号	土名称
塑性指数 I_p	液限 w_L（%）		
$I_p \geq 0.73 (w_L - 20)$ 和 $I_p \geq 7$	≥50	CH	高液限黏土
	<50	CL	低液限黏土
$I_p < 0.73 (w_L - 20)$ 和 $I_p < 7$	≥50	MH	高液限粉土
	<50	ML	低液限粉土

注：黏土—粉土过渡区（CL—ML）的土可按相邻土层的类别细分。

含粗粒的细粒土根据细粒土的塑性指数在塑性图中的位置及所含粗粒类别进一步细分：①如果粗粒中砾粒占优势，称为含砾细粒土，应在细粒土代号后缀以代号 G，如 CHG、CLG、MHG、MLG 等；②粗粒中砂粒占优势，则称为含砂细粒土，应在细粒土代号后缀以代号 S，如 CHS、CLS、MHS、MLS 等；③有机质土在各相应土类代号之后应缀以代号 O，如 CHO、CLO、MHO、MLO 等。

2.《公路土工试验规程》JTG E40—2007 的分类系统

《公路土工试验规程》JTG E40—2007 中将土分为巨粒土、粗粒土、细粒土和特殊土，土的粒组划分标准见图 2.3，土分类总体系见图 2.4。

图 2.3　粒组划分标准

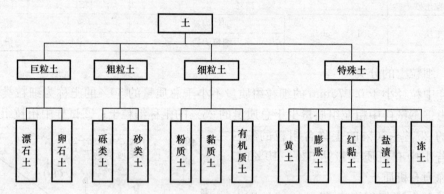

图 2.4　土的分类总体系（JTG E40—2007）

（1）巨粒土分类

巨粒组（$d>60\mathrm{mm}$ 的土颗粒）质量大于总质量 15% 的土称为巨粒土。依据巨粒组的含量以及漂石粒组质量与卵石粒组质量的相对多少可将巨粒土细分为漂（卵）石、漂（卵）石夹土和漂（卵）石质土，其分类体系如图 2.5 所示。对于漂（卵）石及漂（卵）石夹土，巨粒在土中起骨架作用，决定着土的主要性状；对于漂（卵）石质土，土占优势，巨粒部分起骨架作用，部分起充填作用。

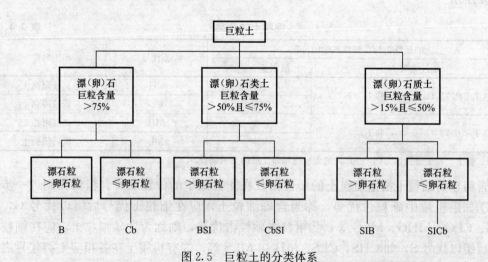

图 2.5　巨粒土的分类体系

（2）粗粒土的分类

巨粒组土粒质量少于或等于总质量 15%，且巨粒组土粒与粗粒组土粒质量之和大于总土质量 50% 的土称为粗粒土。粗粒土可分为砾类土和砂类土，其中，砾粒组质量多于砂粒组质量的土称为砾类土，反之则称为砂类土。两者均根据其中细粒含量和类别以及粗粒组的级配进行分类，分类体系分别如图 2.6 和图 2.7 所示。

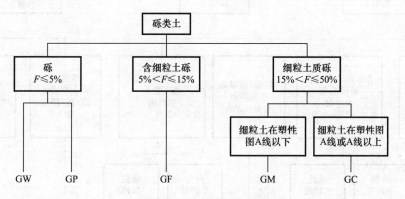

图 2.6　砾类土的分类体系

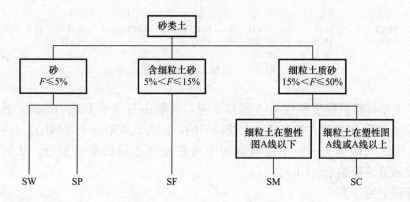

图 2.7　砂类土的分类体系

（3）细粒土的分类

细粒组土粒（$d<0.075$mm）质量多于或等于总质量 50% 的土称为细粒土。细粒土中粗粒组质量少于或等于总质量 25% 的土称粉质土或黏质土；粗粒组质量为总质量 25%～50%（含 50%）的土称含粗粒的粉质土或含粗粒的黏质土；有机质含量多于或等于总质量的 5%，且少于总质量的 10% 的土称有机土；有机质含量多于或等于 10% 的土称为有机土。

细粒土的性质很大程度取决于土的塑性指标，故按图 2.8 所示的"土的塑性图"进行细粒土的分类，分类体系如图 2.9 所示。当细粒土塑性指数位于塑性图 A 线或 A 线以上时，液限在 B 线或 B 线右边的，称为高液限黏土（CH），液限在 B 线左边且 $I_p=7$ 线以上的，称为低液限黏土（CL）。

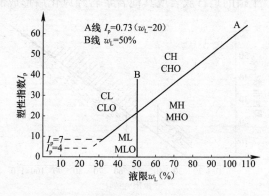

图 2.8　塑性图（JTG E40—2007）

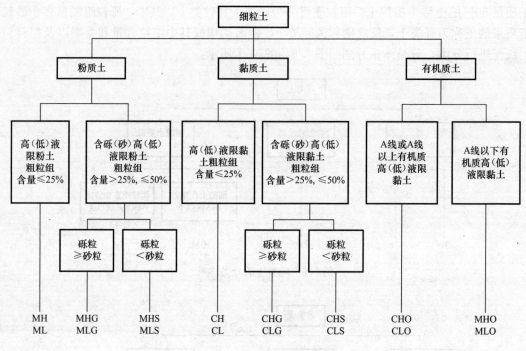

图 2.9 细粒土的分类体系

当细粒土塑性指数位于塑性图 A 线以下时，液限在 B 线或 B 线右边的，称为高液限粉土（MH）；液限在 B 线左边且 $I_p = 7$ 线以下的，称为低液限粉土（ML）。$I_p = 7$ 和 $I_p = 4$ 两条横虚线之间的黏土—粉土过渡区的土可按相邻土层的类别细分，从低液限粉土（ML）过渡到低液限黏土（CL）。

（4）特殊土的分类

特殊土包括软土、黄土、膨胀土、红黏土、盐渍土及冻土等。软土是指滨海、湖沼、谷地、河滩沉积的天然含水率高、孔隙比大、压缩性高、抗剪强度低的细粒土。由于细粒土分类主要依据其扰动试样的塑性指标而非天然状态，因此，一般不将软土列入土的工程分类体系。黄土主要由粉粒组成，是呈棕黄或黄褐色，具有大孔隙和垂直节理特征的土。膨胀土是一类富含亲水性矿物并具有明显的吸水膨胀与失水收缩特性的高塑性黏土。红黏土指的是石灰岩或其他岩浆岩经风化后形成的富含铁铝氧化物的褐红色粉土或黏土。盐渍土指的是不同程度的盐碱化土的统称，在公路工程中一般指地表下 1.0m 深的土层内易溶盐平均含量大于 0.3% 的土。冻土是具有负温或零温度，并含有冰晶的土（石）。

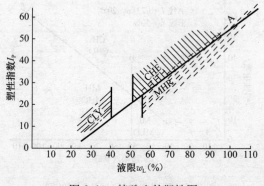

图 2.10 特殊土的塑性图

黄土、膨胀土、红黏土按特殊土塑性图（图 2.10）定名。黄土属低液限黏土（CLY），其分布范围大部分在 A 线以上，$w_L < 40\%$；膨胀土属高液限黏土（CHE），其分布范围大部分在 A 线以上，$w_L > 50\%$；红黏土属于高液限粉土（MHR），其分布范围大部分在 A 线以下，$w_L > 55\%$。盐渍土按土层中所含盐的种类和平均总盐量的质量分数进行分类，如表 2.5 所示。冻土分类见表 2.6。

盐渍土工程分类　　　　　　　　　　　　　　表 2.5

质量比 $m(Cl^-)/m(SO_4^{2-})$	分 类	土层中平均总盐量的质量分数（％）			
		弱盐渍土	中盐渍土	强盐渍土	过盐渍土
>2.0	氯盐渍土	0.3～1.5	1.5～5.0	5.0～8.0	>8.0
1.0～2.0	亚氯盐渍土	0.3～1.0	1.0～4.0	4.0～7.0	>7.0
0.3～1.0	亚硫酸盐渍土	0.3～0.8	0.8～2.0	2.0～5.0	>5.0
<0.3	硫酸盐渍土	0.3～0.5	0.5～1.5	1.5～4.0	>4.0

冻土分类　　　　　　　　　　　　　　表 2.6

类 型	持续时间 t（年）	地面温度（℃）特征	冻融特征
多年冻土	$t \geq 2$	年平均地面温度≤0℃	季节融化
隔年冻土	$2 > t \geq 1$	最低月平均地面温度≤0℃	季节冻结
季节冻土	$t < 1$	最低月平均地面温度≤0℃	季节冻结

2.2　土样的采取与制备方法

1. 土样取样方法

采取原状土或扰动土视工程对象而定。凡属桥梁、涵洞、隧道、挡土墙、房屋建筑物的天然地基以及挖方边坡、渠道等，应采取原状土样；如为填土路基、堤坝、取土坑（场）或只要求土的分类试验者，可采取扰动土样。冻土采取原状土样时，应保持原土样温度，保持土样结构和含水率不变。在试坑、平洞、竖井、天然地面及钻孔中采取原状样时，必须保持土样的原状结构及天然含水率，并使土样不受扰动。用钻机取土时，土样直径不得小于 10cm，并使用专门的薄壁取土器；在试坑中或天然地面下挖取原状土时，可用有上、下盖的铁壁取土筒，打开下盖，扣在欲取的土层上，边挖筒周围土，边压土筒至筒内装满土样，然后挖断筒底土层（或左、右摆动即断），取出土筒，翻转削平筒内土样。若周围有空隙，可用原土填满，盖好下盖，密封取土筒。采取扰动土时，应先清除表层土，然后分层用四分法取样。

对盐渍土，一般应分别在 0～0.05m、0.05～0.25m、0.25～0.50m、0.50～0.75m、0.75～1.0m 之间的垂直深度处，分层取样。同时，应测记采样季节、时间和气温。

土样数量按相应试验项目规定采取，见表 2.7。

各试验取样数量　　　　　　　　　　　　　表 2.7

试验项目	土样类别	土样状态	最大粒径（mm）	土样质量或体积	备 注
含水率	砂类土	扰动		30～50g	在现场以铝盒取样时必须现场称铝盒及湿土质量
	细粒土	扰动		30～50g	
密度	砂类土	原状		10cm³	
	细粒土	原状		10cm×20cm	

试验项目	土样类别	土样状态	最大粒径（mm）	土样质量或体积	备 注
颗粒分析	砂砾	扰动	2	0.5～7kg	
	砂类土	扰动	<2	200～500g	
	细粒土	扰动		100～400g	
液塑限	砂类土	扰动		500g	
	细粒土	扰动		500g	
土的击实	细粒土	扰动		3kg	指试筒容积为997cm³
	砂类土	扰动		3kg	

无论采用什么方法取样，均应用"取样记录簿"记录并撕下其一半作为标签，贴在取土筒上（原状土）或折叠后放入取土袋内。"取样记录簿"宜用韧质纸并必须用铅笔填写各项记录。"取样记录簿"记录内容应包含工程名称、路线里程（或地点）、记录开始日期、记录完毕日期、取样单位、采取土样的特征、试坑号、取样日期等。对取样方法、扰动或原状、取样方向以及取土过程中出现的现象等，应记入取样说明栏内。

2. 土样和试样的制备方法

土工试验有统一土样和试样的制备程序和方法要求，以提高试验资料的可比性。

（1）细粒土扰动土样的制备程序

① 对扰动土样进行土样描述，如颜色、土类、气味及夹杂物等；如有需要，将扰动土样充分拌匀，取代表性土样进行含水率测定。

② 将块状扰动土放在橡皮板上用水碾或粉碎机碾散，但切勿压碎颗粒；如含水率较大不能碾散时，应风干至可碾散时为止。

③ 根据试验所需土样数量，将碾散后的土样过筛。物理性试验如液限、塑限、缩限等试验土样，需过0.5mm筛；常规水理及力学试验土样，需过2mm筛；击实试验土样的最大粒径必须满足击实试验采用不同击实筒试验时的土样中最大颗粒粒径的要求。按规定过标准筛后，取出足够数量的代表性试样，分别装入容器内，标以标签。标签上应注明工程名称、土样编号、过筛孔径、用途、制备日期和人员等，以备各项试验之用。若土样为含有多量粗砂及少量细粒土（泥砂或黏土）的松散土样，应加水润湿松散后，用四分法取出代表性试样。若为净砂，则可用匀土器取代表性试样。

④ 为配制一定含水率的试样，取过2mm筛的足够试验用的风干土1～5kg，计算所需的加水量，然后将所取土样平铺于不吸水的盘内，用喷雾设备喷洒预计的加水量，并充分拌合，然后装入容器内盖紧，润湿一昼夜备用（砂类土浸润时间可酌量缩短）。

⑤ 测定湿润土样不同位置的含水率（至少两个以上），要求差值满足含水率测定的允许平行差值。

⑥ 对不同土层的土样制备混合试样时，应根据各土层厚度，按比例计算相应质量配合，然后进行扰动土的制备。

（2）扰动土样制备的计算

① 按下式计算干土质量

$$m_s = \frac{m}{1 + 0.01 w_h} \tag{2-1}$$

式中 m_s——干土质量（g）；

m——风干土质量（或天然土质量）（g）；

w_h——风干含水率（或天然含水率）（%）。

② 按下式计算制备土样所需加水量

$$m_w = \frac{m}{1 + 0.01w_h} \times 0.01(w - w_h) \qquad (2\text{-}2)$$

式中 m_w——制备土样所需加水量（g）；

m——风干土质量（或天然土质量）（g）；

w_h——风干含水率（或天然含水率）（%）；

w——土样所要求的含水率（或天然含水率）（%）。

③ 按下式计算制备扰动土样所需总土质量

$$m = (1 + 0.01w_h)\rho_d V \qquad (2\text{-}3)$$

式中 m——制备土样所需总土质量（g）；

ρ_d——制备土样所要求的干密度（g/cm³）；

w_h——风干含水率（或天然含水率）（%）；

V——计算出的击实土样或压模土样体积（cm³）。

④ 按下式计算制备扰动土样应增加的水量

$$\Delta m_w = 0.01(w - w_h)\rho_d V \qquad (2\text{-}4)$$

式中 Δm_w——制备土样所需总土质量（g）；

其余符号含义同前。

（3）粗粒土扰动土样的制备程序

① 无黏聚性的松散砂土、砂砾及砾石等按《公路土工试验规程》JTG E40—2007 中 1（3）制备土样，然后取具有代表性足够试验用的土样做颗粒分析使用，其余过 5mm 筛，筛上筛下土样分别储存，供做比重及最大、最小孔隙比等试验用，取一部分过 2mm 筛的土样备力学性质试验之用。

②如砂砾土有部分黏土粘附在砾石上，可用毛刷仔细刷尽捏碎过筛，或先用水浸泡，然后用 2mm 筛将浸泡过的土样在筛上冲洗，取筛上及筛下具有代表性试样做颗粒分析用。

③ 将过筛土样或冲洗下来的土浆风干至碾散为止，再按《公路土工试验规程》JTG E40—2007 中 1 的步骤（1）～（4）操作。

（4）扰动土样试件的制备程序

根据工程要求，将扰动土制备成所需的试件进行水理、物理力学等试验之用。根据试件高度要求分别选用击实法和压样法，高度小的采用单层击实法，高度大的采用压样法。

1）击实法

① 根据工程要求，选用相应的夯击功进行击实。

② 按试件所要求的干质量、含水率，按《公路土工试验规程》JTG E40—2007 中 1 和 3 制备湿土样，并称制备好的湿土样质量，准确至 0.1g。

③ 将试验用的切土环刀内壁涂一薄层凡士林，刀口向下，放在试件上，用切土刀将试件削成略大于环刀直径的土柱。然后将环刀垂直向下压，边压边削，至土样伸出环刀上部为止，削平环刀两端，擦净环刀外壁，称环、土合质量，准确至 0.1g，并测定环刀两端

所削下土样的含水率。

④ 试件制备应尽量迅速，以免水分蒸发。

⑤ 试件制备的数量视试验需要而定，一般应多制备1～2组备用，同一组试件或平行试件的密度、含水率与制备标准之差值，应分别在±0.1g/cm³或2%范围之内。

2) 压样法

对中小型填方工程，一般情况下，当试样的总厚度不大于50mm时，可采用压样法。

① 按"击实法"中②的规定，将湿土倒入压模内，抚平土样表面，以静压力将土压至一定高度，用推土器将土样推出。

② 按"击实法"中步骤③～⑤的规定进行操作。

(5) 原状土试件制备程序

按土样上下层次小心开启原状土包装皮，将土样取出放正，整平两端。在环刀内壁涂一薄层凡士林，刀口向下，放在土样上。无特殊要求时，切土方向应与天然土层层面垂直。按扰动土样试件的制备程序"击实法"中操作步骤③切取试件，试件与环刀要密合，否则应重取。切削过程中，应细心观察并记录试件的层次、气味、颜色，有无杂质，土质是否均匀，有无裂缝等。如连续切取数个试件，应使含水率不发生变化。视试件本身及工程要求，决定试件是否进行饱和；如不立即进行试验或饱和时，则将试件暂存于保湿器内。切取试件后，剩余的原状土样用蜡纸包好置于保湿器内，以备补做试验之用。切削的余土做物理性质试验。平行试验或同一组试件密度差值不大于±0.1g/cm³，含水率差值不大于2%。冻土制备原状土样时，应保持原土样温度，保持土样的结构和含水率不变。

在对公路用土进行工程性质评价之前，首先需要对土样进行筛分试验，以了解路基土颗粒组成特征，然后再根据需要进行土的塑性指标试验，以及土中有机质存在情况的分析试验，并以此对其进行工程分类，初步判定其能否作为公路建筑材料。在此基础上再开展公路用土的击实试验以及承载比（CBR）、回弹模量（E_0）等工程性能试验，以此进一步判定其能否作为公路建筑材料，并为控制路基施工质量和为路面设计提供技术参数。

2.3　土的颗粒分析试验

土中的固体颗粒大小不同。颗粒的大小通常以其直径表示，称为粒径，常以mm为单位度量。天然土的粒径一般是连续变化的，工程上把粒径大小在一定区段内、具有相同或相似的成分和性质的土粒集合称为粒组。各种粒组随着分界尺寸的不同，而呈现出一定质的变化。划分粒组的分界尺寸称为界限粒径。

土是由不同粒组的土粒混合在一起形成的混合物，土的性质主要取决于不同粒组的土粒的相对含量。土的粒度成分（又称级配）是指大小土粒的搭配情况，通常以土中各个粒组的土粒所占的相对百分含量来表示。

土颗粒分析试验的目的，就是为了测定土的粒径大小和颗粒级配情况，为土的分类定名和工程应用提供依据。

常用的测定方法有筛析法和沉降分析法（密度计法与移液管法）。前者应用于粒径大于0.075mm的粗颗粒，后者用于粒径小于0.075mm的细颗粒。

2.3.1 筛分法

1. 试验目的与适用范围

了解土的粒径组成情况，供判断土的分类及土的性质之用。适用于粒径大于0.075mm的土。

2. 筛分法原理

筛分法是测定土的粒度成分最简单的一种方法。其原理是指将土样通过各种不同孔径的筛子，并按筛子孔径的大小将颗粒加以分组，然后再称量并计算出各个粒组质量占总质量的百分含量。试验时，将风干的均匀土样放入一套孔径不同的标准筛，经筛析机上、下振动，将土粒分开，称出留在每个筛上的土的质量，即可求出留在每个筛上土的质量的相对含量。

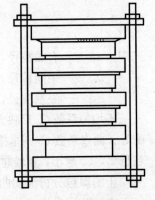

3. 仪器设备

① 标准筛两套：粗筛：孔径为60mm、40mm、20mm、10mm、5mm、2mm；细筛：孔径为2mm、1mm、0.5mm、0.25mm、0.075mm。

② 摇筛机：如图2.11所示。

③ 分析天平：称量5000g，最小分度值1g；称量1000g，最小分度值0.1g；称量200g，最小分度值0.01g。

④ 其他：研钵、碾杆、烘箱、毛刷等。

图2.11 摇筛机示意图

4. 取样要求

试样将土样风干，使其土中水分蒸发。从风干、松散的土样中，用四分法按照下列规定取出具有代表性的试样。取样质量按粒径大小可分为5种情况，如表2.8所示。

取样质量　　　　　　　　　　　　　　　　　　　　　　　表2.8

颗粒尺寸（mm）	<2	<10	<20	<40	<60
取样质量（g）	100~300	300~1000	1000~2000	2000~4000	4000以上

5. 试验步骤

(1) 按规定称取具有代表性的试样。

(2) 将试样过2mm筛，称筛上和筛下的试样的质量。当筛下的试样的质量小于试样总质量的10%时，不作细筛分析；筛上的试样的质量小于试样总质量的10%时，不作粗筛分析。

(3) 把标准筛依孔径大小顺序排好，最下面为底盘。取筛上的试样倒入依次排好的粗筛中。筛下的试样置于细筛最上面的筛内加好盖放在摇筛机上摇振约15min。

(4) 由最大孔径筛开始将各筛取下，在白纸上用手轻叩摇晃，如有砂粒漏下应继续轻叩摇晃至无砂粒漏下为止，漏下的砂粒全部放入下一级筛内。

(5) 将留在各筛上的土粒分别倒在纸上，并用毛刷将筛网中的土粒轻轻刷下，然后再分别倒入铝盒中称土样的质量，应精确至0.1g。（底盘中的细粒土应保存好以备比重计法之用）

(6) 各筛底盘内的土的质量总和与总试样的质量之差，不应大于总试样质量的1%。

6. 数据处理

(1) 按下式计算小于某粒径的土的质量占总样质量的百分比：

$$X = \frac{m_A}{m_B} \times 100\%　　　　　　　　　　(2-5)$$

式中　X——小于某粒径的试样质量占试样总质量的百分比（%）；

　　　　m_A——小于某粒径的试样的质量（g）；

　　　　m_B——所取试样的总质量（g）。

（2）以小于某粒径的试样质量占试样总质量的百分比为纵坐标，土粒直径（mm）为横坐标，在单对数坐标纸上绘制颗粒大小分布曲线（图2.12）。土的不均匀系数 C_u 和曲率系数 C_c 按下式计算。

$$C_u = \frac{d_{60}}{d_{10}}$$

$$C_c = \frac{d_{30}^2}{d_{10} \cdot d_{60}}$$

$$(2\text{-}6)$$

式中　d_{10}——有效粒径，即土中小于该粒径的颗粒质量分数为10%的粒径（mm）；

　　　　d_{30}——中间粒径，土中小于该粒径的颗粒质量分数为30%的粒径（mm）；

　　　　d_{60}——限制粒径，即土中小于该粒径的颗粒质量分数为60%的粒径（mm）。

不均匀系数 C_u 反映大小不同粒组的分布情况，其值越大表示土粒大小分布范围大，级配好；曲率系数 C_c 则是描述累计曲线的分布范围，反映累计曲线的整体形状。C_c 越大，细粒越多，C_c 越小，粗粒越多。工程上，同时满足 $C_u > 5$ 和 $C_c = 1 \sim 3$ 的土为级配良好的土。

土的颗粒分析级配曲线如图2.12所示。

本试验记录格式及粒度成分分析表分别如表2.9和表2.10所示。

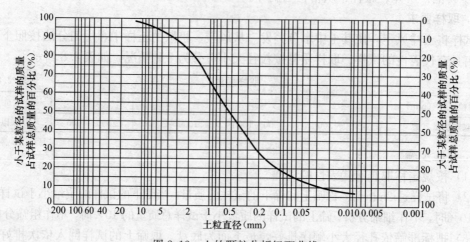

图 2.12　土的颗粒分析级配曲线

颗粒大小分析试验记录表（筛分法）　　　　　　　　表 2.9

工程名称＿＿＿＿＿＿＿＿　　试验者＿＿＿＿＿＿＿＿

工程编号＿＿＿＿＿＿＿＿　　计算者＿＿＿＿＿＿＿＿

土样说明＿＿＿＿＿＿＿＿　　校核者＿＿＿＿＿＿＿＿

风干土质量＿＿＿＿＿＿＿＿g　小于0.075mm的土的质量占总土质量百分数＿＿＿＿＿＿＿＿%

2mm筛上土质量＿＿＿＿＿＿＿g

2mm筛下土质量＿＿＿＿＿＿＿g　小于2mm的土的质量占总土质量百分数＿＿＿＿＿＿＿＿%

试验日期	孔径（mm）	累计留筛土质量加皿质量（g）	皿质量（g）	累积留筛土质量（g）	小于该孔径的土的质量（g）	小于该孔径的土的质量占总土质量的百分数（%）

粒组（mm）	粒度组分（以质量百分数计）		
	土样 a	土样 b	土样 c
60～40			
40～20			
20～10			
10～5			
5～2			
2～1			
1～0.5			
0.5～0.2			
0.2～0.1			
0.1～0.05			
0.05～0.01			
0.01～0.005			
0.005～0.001			

7. 注意事项

（1）用木碾或橡皮研棒研土块时，不要把颗粒研碎。

（2）过筛前应检查筛孔中是否夹有颗粒，若有应将其轻轻刷掉，同时，应将筛子按孔径大小自上而下排列。

（3）摇筛机操作过程中，勿使土样掉出筛外或飞扬。

（4）过筛后，应检查筛孔是否夹有颗粒，若有应将其刷掉，放在此筛之上。

2.3.2 密度计法

1. 试验目的与适用范围

测定小于某粒径的颗粒占土总质量的百分数，以便了解土粒的大小分配情况，并作为黏性土分类的依据及土工建筑选材之用。适用于粒径小于 0.075mm 的土。

2. 试验原理

其基本原理是根据粒径大小不同的土粒在静水中靠自重下沉时沉降速度的不同对土粒进行分组。即土粒在静水中下沉时的运动规律符合司笃克斯定律：土粒在静水中靠自重下沉时作等速运动，土粒越大，在静水中沉降速度越快；反之，土粒越小，沉降速度越慢。这样，可以分离大小不同的粒组，然后求得各粒组的质量百分含量。

在进行粒度成分分析时，先把一定质量的干土制成一定体积的悬液，搅拌均匀后，各种粒径的土在悬液中是均匀分布的，即各种粒径在悬液中的浓度在不同深度处都是相等的。放置一段时间 t 后，悬液中粒径为 d 的颗粒以相应的沉降速度在水中沉降。较粗的颗粒在悬液中沉降较快，较细的颗粒则沉降较慢，所以在 L 深度范围内，肯定已没有大于 d 的颗粒，则在 L 深度一微小区段内的悬液中只有等于及小于 d 的颗粒。

密度计法，就是在某时刻 t 时，用比重计来测定其深度 h（即 L）处的悬液的密度，从而换算出该深度内所含小于某粒径土的质量，计算出小于某粒径的百分含量。

用密度计进行颗粒分析须作下列 3 个假定：

① 司笃克斯定律能适用于用土样颗粒组成的悬液。

② 试验开始时，土的大小颗粒均匀地分布在悬液中。

③ 所采用量筒的直径较密度计直径大得多。

23

3. 仪器设备

(1) 密度计：目前通常采用的比重计有甲、乙两种。这两种比重计的制造原理及使用方法基本相同，但读数所表示的含义不同，甲种比重计读数所表示的是悬液中的干土质量；乙种密度计读数所表示的是悬液比重。

① 甲种密度计，刻度单位以在 20℃时每 1000mL 悬液内所含的土重来表示，刻度为 −5～50，最小分度值为 0.5；

② 乙种密度计，刻度单位以 20℃时悬液的相对密度来表示，刻度为 0.995～1.020，最小分度值为 0.0002。

(2) 量筒：容量 1000mL，内径约 60mm，高约 42～45cm，分度值为 10mL。

(3) 细筛：孔径 2mm、1mm、0.5mm、0.25mm 和 0.075mm；

　　洗筛：孔径 0.075mm。

(4) 洗筛漏斗：上口直径大于洗筛直径，下口直径略小于量筒直径。

(5) 天平：称量 100g、最小分度值 0.1g；称量 200g、最小分度值 0.01g。

(6) 搅拌器：轮径 50mm，孔径 3mm，杆长约 450mm，带螺旋叶。

(7) 煮沸设备：电砂浴或电热板（附冷凝管装置）。

(8) 温度计：刻度 0～50℃、最小分度值 0.5℃。

(9) 其他：秒表、锥形烧瓶（容积 500mL）、研钵、木杵、分散剂（4%六偏磷酸钠溶液）等。

4. 试验步骤

(1) 称取试样：取有代表性的风干或烘干土样 100～200g，放入研钵中，用带橡皮头的研棒研散，将研散后的土过 0.075mm 筛，均匀拌合后称取试样 30g。

(2) 浸泡试样：将称好的试样小心倒入烧瓶中，注入 200mL 蒸馏水对试样进行浸泡，浸泡时间不少于 18h。

(3) 煮沸分散：将浸泡好后的试样稍加摇荡后，放在电热器上煮沸。煮沸时间从沸腾时开始，黏土约需 1h，其他土不少于半小时。

(4) 制备悬液：土样经煮沸分散冷却后，倒入量筒内。然后加浓度为 4%的六偏磷酸钠约 10mL 于溶液中，再注入蒸馏水，使筒内的悬液达到 1000mL。

(5) 搅拌悬液：用搅拌器在悬液深度上下搅拌 1min，往复各 30 次，使悬液内土粒均匀分布。

(6) 定时测读：取出搅拌器，立即开动秒表，测定经过 1min、5min、30min、120min、1440min 时的密度计读数。每次测读完后，立即将密度计取出，放入盛水量筒中，同时测记悬液温度，精确至 0.5℃。

5. 数据处理

(1) 由于刻度、温度与加入分散剂等原因，密度计每一次读数 R 须先经弯液面校正后，由试验室提供的 R-L 关系图，查得土粒有效沉降距离，计算颗粒的直径 d，按简化公式计算：

$$d = K\sqrt{\frac{L}{t}} \tag{2-7}$$

式中　d——土粒直径（mm）；

　　　L——某一时间 t 内的土粒沉降距离（cm）；

t——沉降时间（s）；

K——粒径计算系数，与悬液温度和土粒相对密度有关，$K=\sqrt{\dfrac{1800\times10^{4}\cdot\eta}{(G_{s}-G_{\mathrm{WT}})\,\rho_{w4}g}}$，由表查得。

（2）将每一读数经过刻度与弯液面校正、温度校正、土粒相对密度校正和分散剂校正后，按下式计算小于某粒径的土质量百分数：

① 甲种密度计

$$X=\frac{100}{m_{s}}C_{s}(R+m_{t}+n-C_{D})\qquad(2\text{-}8)$$

式中　X——小于某粒径的土质量百分数（％）；

　　　m_{s}——试样干土质量（g）；

　　　C_{s}——土粒相对密度校正系数，可查甲种密度计的土粒相对密度校正值表（由试验室提供的资料查得）；

　　　R——甲种密度计读数；

　　　m_{t}——温度校正值，可查甲种密度计的温度校正值表（由试验室提供的资料查得）；

　　　n——刻度及弯液面校正值（由试验室提供的图表中查得）；

　　　C_{D}——分散剂校正值（由试验室提供资料）。

② 乙种密度计

$$X=\frac{100V}{m_{s}}C_{s}'\big[(R_{m}'-1)+n'+m_{t}'-C_{D}'\big]\rho_{w20}\qquad(2\text{-}9)$$

式中　X——小于某粒径的土质量百分数（％）；

　　　V——悬液体积（1000mL）；

　　　m_{s}——试样干土质量（g）；

　　　ρ_{w20}——20℃时纯水的密度（0.998232g/cm³）；

　　　C_{s}'——土粒相对密度校正系数，可查乙种密度计的土粒相对密度校正值表（由试验室提供的资料查得）；

　　　R_{m}'——乙种密度计读数；

　　　m_{t}'——温度校正值，可查乙种密度计的温度校正值表（由试验室提供的资料查得）；

　　　n'——刻度及弯液面校正值（由试验室提供的图表中查得）；

　　　C_{D}'——分散剂校正值（由试验室提供资料）。

（3）用小于某粒径的土质量百分数 X（％）为纵坐标，粒径 d（mm）的对数为横坐标，绘制颗粒大小级配曲线，求出各粒组颗粒的质量百分含量，以整数表示。如系与筛分法联合分析，应将两段曲线绘成一条平滑曲线。试验记录格式如表 2.11 所示。

颗粒分析记录表（密度计法）　　　　　　　　　　　　　　　表 2.11

土样编号＿＿＿＿　　密度计号＿＿＿＿　　干土质量m_{s}=30g

量筒号＿＿＿＿　　土粒比重＿＿＿＿　　密度计校正值＿＿＿＿

下沉时间 t（min）	悬液温度 T（℃）	密度计读数 R	温度校正值 m_{t}	刻度弯液面校正值 n	分散剂校正值 C_{D}	$R_{m}=R+m_{t}+n-C_{D}$	$R_{H}=R_{m}\times C_{s}$	土粒落距 L（cm）	粒径 d（mm）	小于某孔径的土质量百分数（％）
1										
5										

下沉时间 t (min)	悬液温度 T (℃)	密度计读数 R	温度校正值 m_t	刻度弯液面校正值 n	分散剂校正值 C_D	$R_m = R + m_t + n - C_D$	$R_H = R_m \times C_s$	土粒落距 L (cm)	粒径 d (mm)	小于某孔径的土质量百分数（%）
30										
120										
1440										

试验者＿＿＿＿　　计算者＿＿＿＿　　校核者＿＿＿＿　　试验日期＿＿＿＿

6. 注意事项

（1）5min 时的读数是包括 1min 读数的时间，其余 30min、120min、1440min 的读数时间也是如此累加。

（2）读数后甲种密度计必须立即从量筒里取出，否则会阻碍土粒下沉的速度。

2.4　土的含水量试验

土的含水率是指土样在 105～110℃温度下烘到恒重时所失去的水质量与达到恒量后干土质量的比值，以百分数表示。含水率是土的基本物理性质指标之一，它反映了土的软硬、干湿状态，它的变化将使土的一系列力学性质随之发生变化，如黏性土的强度和压缩性、天然地基的承载力等；含水率是计算土的干密度、孔隙比、饱和度、液性指数等指标不可缺少的依据，也是控制建筑物地基、路堤、土坝等施工质量的重要指标。含水率试验方法主要有烘干法、酒精燃烧法、比重法等，其中以烘干法为室内含水率试验的标准方法。

2.4.1　烘干法

1. 试验目的与适用范围

烘干法是将土样放在温度能保持 105～110℃的恒温烘箱中烘至恒量的试验方法，是测定含水量的标准方法。目的是测定土的含水量，以了解土的含水情况，同时为计算土的孔隙比、液性指数、饱和度和分析其他物理力学性质提供基本指标。烘干法适用于黏质土、粉质土、砂类土和有机质土类的含水量测定。

2. 仪器设备

（1）恒温烘箱：温度能保持在 105～110℃的电热恒温烘箱或其他能源恒温烘箱。

（2）天平：称量 200g，最小分度值 0.01g；称量 1000g，最小分度值 0.1g。

（3）其他：装有干燥剂的干燥容器；恒质量的铝制称量盒。

3. 试验步骤

（1）选取一定量的具有代表性试样（细粒土 15～30g，砂类土、有机质土和整体状构造冻土 50g，砂砾石 1～2kg），放入称量盒内，立即盖上盒盖，称盒加湿土质量，准确至 0.01g。

（2）打开盒盖，将试样和称量盒一起放入烘箱内，105～110℃的恒温下烘至恒量。试样烘干至恒量所需的时间与土的类别、取土数量和起始含水率等因素有关，一般情况下，粉土、黏性土烘干时间宜为 8～10h，砂类土宜烘 6～8h。对于有机质超过干土质量 5% 的土、含石膏或其他硫酸盐矿物的土，应将温度控制在 65～70℃的恒温下烘干 12～15h。

（3）将烘干后的试样和称量盒从烘箱中取出，盖上盒盖，放入干燥器内冷却至室温。冷却时间一般为 0.5～1h。

（4）将试样和称量盒从干燥器内取出，称盒加干土质量，准确至 0.01g。

4. 数据处理

按下式计算含水量：

$$w = \frac{m_\mathrm{w}}{m_\mathrm{s}} \times 100\% = \frac{m_1 - m_2}{m_2 - m_0} \times 100\% \tag{2-10}$$

式中　w——含水率（%）；

　　m_0——铝盒质量（g）；

　　m_1——铝盒加湿土质量（g）。

计算结果精确至 0.1g。

本试验须进行二次平行测定，取其算术平均值，允许平行差应符合表 2.12 的规定。

含水量测定的允许平行差值　　　　　　　　　表 2.12

含水量（%）	允许平行差值（%）
5 以下	0.3
40 以下	≤1
40 以上	≤2

5. 数据处理

本试验记录，烘干法测含水量的试验记录格式见表 2.13。

含水量试验记录表　　　　　　　　　表 2.13

工程名称：_____　　　　　　　　　　　　　　　　　试验者：_____

工程编号：_____　　　　　　　　　　　　　　　　　计算者：_____

试验日期：_____　　　　　　　　　　　　　　　　　校核者：_____

试样编号	土样说明	盒号	盒质量(g)	盒加湿土质量（g）	盒加干土质量(g)	水分质量(g)	干土质量(g)	含水率（%）	平均含水率(%)	备注
			(1)	(2)	(3)	(4)=(2)-(3)	(5)=(3)-(1)	(6)=$\frac{(4)}{(5)}$×100%	(7)	

6. 注意事项

（1）刚称的土样要等冷却后再称重。

（2）称重时精确至小数点后两位。

2.4.2　酒精燃烧法

1. 试验目的及适用范围

酒精燃烧法是将土样和酒精拌合，点燃酒精，随着酒精的燃烧使土样水分快速蒸发的一种含水率测定方法。适用于快速、简易且较准确测定细粒土（含有机质或石膏等硫酸盐的土除外）的含水率，特别适用于没有烘箱或土样较少的情况对细粒土进行含水率测试。

2. 仪器设备

（1）称量盒：恒质量的铝制称量盒。

（2）天平：称量 200g，最小分度值为 0.01g。

（3）酒精：纯度不低于 95%。

（4）其他：滴管、火柴和调土刀等。

3. 操作步骤

（1）选取一定量的具有代表性的试样（黏性土 5～10g，砂类土 20～30g），放入称量盒内，立即盖上盒盖，称盒加湿土质量，准确至 0.01g。

（2）打开盒盖，用滴管将酒精注入放有试样的称量盒中，直至盒中出现自由液面为止。为使酒精在试样中充分混合均匀，可将盒底在试验台面上轻轻敲击。

（3）将盒中酒精点燃，并烧至火焰自然熄灭。

（4）将试样冷却数分钟后，按上述步骤（2）和（3）再重复燃烧两次，当第三次火焰熄灭后，立即盖上盒盖，称盒加干土质量，准确至 0.01g。

4. 结果整理

（1）试验记录

酒精燃烧法测定含水率的试验记录格式与烘干法相同，见表 2.13。

（2）计算和允许平行差

酒精燃烧法试验同样应对两个试样进行平行测定，其含水率计算和允许平行差值与烘干法相同。

2.4.3 比重法

1. 试验目的及适用范围

比重法是通过测定湿土体积，估计土粒相对宽度，从而间接计算土的含水率的方法。土体内气体能否充分排出，将直接影响到试验结果的精度，故比重法仅适用于砂类土。

2. 仪器设备

（1）玻璃瓶：容积 500mL 以上。

（2）天平：称量 1000g，最小分度值为 0.5g。

（3）其他：漏斗、小勺、吸水球、玻璃片、土样盘及玻璃棒等。

3. 操作步骤

（1）选取具有代表性的砂类土试样 200～300g，放入土样盘中。

（2）向玻璃瓶中注入清水至刻度的 1/3 左右，然后通过漏斗将土样盘中的试样全部倒入玻璃瓶内，并用玻璃棒搅拌 1～2min，直到试样内所含气体完全排出为止。

（3）向玻璃瓶中加清水至全部充满，静置 1min 后用吸水球吸去泡沫，再加清水使其全部充满，盖上玻璃片，将瓶外壁擦干，称盛满混合液的玻璃瓶质量，准确至 0.5g。

（4）倒去玻璃瓶中的混合液，并将玻璃瓶洗净，然后再向玻璃瓶中加清水至全部充满，盖上玻璃片，将瓶外壁擦干，称盛满清水的玻璃瓶质量，准确至 0.5g。

4. 结果整理

（1）按式（2-11）计算土的含水率（结果准确至 0.1%）

$$w = \left[\frac{m(G_s - 1)}{G_s(m_1 - m_2)} - 1 \right] \times 100\% \qquad (2-11)$$

式中　w——砂类土的含水率（%）；

　　　m——湿土质量（g）；

　　　m_1——瓶、水、土、玻璃片质量（g）；

　　　m_2——瓶、水、玻璃片质量（g）；

　　　G_s——砂类土的土粒相对宽度。

比重法试验应对两个试样进行平行测定，并取算术平均值。

（2）试验记录

比重法测砂类土含水量的试验记录格式见表2.14。

含水量试验记录（比重瓶法）　　　　　　　　　　表2.14

工程名称：＿＿＿＿＿　　　　　　　　　　　　　　　　　　试验者：＿＿＿＿＿

工程编号：＿＿＿＿＿　　　　　　　　　　　　　　　　　　计算者：＿＿＿＿＿

试验日期：＿＿＿＿＿　　　　　　　　　　　　　　　　　　校核者：＿＿＿＿＿

试样编号	土样说明	瓶号	湿土质量(g) (1)	瓶、水、土、玻璃片质量(g) (2)	瓶、水、玻璃片质量(g) (3)	土粒比重 (4)	含水率 (%) $(5)=\left\{\dfrac{(1)[(4)-1]}{(4)[(2)-(3)]}-1\right\} \times 100$	平均含水率(%) (6)	备注

5. 注意事项

（1）上一次的酒精燃烧熄灭后，必须确认完全熄灭时，才能加下一次酒精，以免发生危险。

（2）本法适用于无黏性土和一般黏性土。

2.5　土的密度试验

土的密度是指单位体积土的质量，是土的基本物理性质指标之一，其单位是 g/cm³。土的密度反映了土体结构的松紧程度，是计算土的自重应力、干密度、孔隙比、孔隙率和饱和度等指标的重要依据，也是土压力计算、土坡稳定性验算、地基承载力和沉降量估算及填土压实度控制的重要指标之一。

密度试验方法主要有环刀法、蜡封法、灌水法和灌砂法等。下面主要介绍环刀法与灌砂法。

2.5.1　环刀法

1. 试验目的及适用范围

测定土的湿密度，以了解土的疏密和干湿状态，供换算土的其他物理性质指标和工程设计以及控制施工质量之用。

2. 试验原理

环刀法是采用一定体积环刀切取土样并称土质量的方法，环刀内土的质量与体积之比即为土的密度。适用于测定细粒土的密度。

3. 仪器设备

（1）恒质量环刀：内径 6～8cm，高 2～3cm，壁厚 1.5～2cm。

（2）天平：称量 500g，分度值 0.01g。

（3）其他：对于细粒土，宜采用环刀法。

4. 试验步骤

（1）按工程需要取原状土或人工制备所需要求的扰动土样，其直径和高度应大于环刀的尺寸，整平两端放在玻璃板上，在环刀内壁涂一薄层凡士林，将环刀的刀刃向下放在土样上面。

（2）用钢丝锯或修土刀将土样削成略大于环刀直径的土柱，然后用手将环刀垂直下压，边压边削，至土样上端伸出环刀为止，削去两端余土，使土样与环刀口面齐平，及时在两端盖上圆玻璃片，以免水分蒸发，并从余土中取代表性土样测定含水率。

（3）擦净环刀外壁，拿去圆玻璃片，然后称取环刀加土质量，准确至 0.1g。

5. 结果整理

（1）按下式计算土的湿密度与干密度：

$$\rho = \frac{m_1 - m_2}{V} \tag{2-12}$$

$$\rho_\text{d} = \frac{\rho}{1 + 0.01w} \tag{2-13}$$

式中　ρ——湿密度（g/cm³），准确至 0.01g/cm³；

　　　ρ_d——干密度（g/cm³），准确至 0.01g/cm³；

　　　m_1——环刀加土质量（g）；

　　　m_2——环刀质量（g）；

　　　w——含水量（%）。

本试验须进行两次平行测定，取其算术平均值，其平行差值不得大于 0.03g/cm³。

（2）本试验记录格式如表 2.15 所示。

密度试验记录表（环刀法）　　　　　　　　　　　表 2.15

工程名称：＿＿＿＿＿　　　　　　　　　　　　　　　　　试验者：＿＿＿＿＿
工程编号：＿＿＿＿＿　　　　　　　　　　　　　　　　　计算者：＿＿＿＿＿
试验日期：＿＿＿＿＿　　　　　　　　　　　　　　　　　校核者：＿＿＿＿＿

试样编号	土样说明	环刀号	环刀加湿土质量（g）	环刀质量（g）	湿土质量（g）	环刀容积（cm³）	湿密度（g/cm³）	含水率（%）	干密度（g/cm³）	平均干密度（g/cm³）
			(1)	(2)	(3)=(1)-(2)	(4)	(5)=(3)/(4)	(6)	(7)=(5)/[0.01(6)+1]	

（3）允许平行差

环刀法试验应进行两次平行测定，取其算术平均值，两次测定密度的平行差值不得大于 0.03g/cm³，并取其平均值作为结果，否则需重做。

6. 注意事项

（1）称取环刀前，把土样削平并擦净环刀外壁。

（2）如果使用电子天平称重时刚必须预热，称重时精确至小数点后两位。

2.5.2 灌砂法

1. 试验目的及适用范围

适用于在现场测定基层、砂石路面及路基上的各种材料压实层的密度和压实度，也适用于沥青表面处治、沥青贯入式路面层的密度和压实度检测，不适用于填石路堤等有大孔洞或大孔隙材料的压实度检测。集料的最大粒径小于 15mm，测定层厚度不超过 150mm 时，采用 100mm 小灌砂筒测试；最大粒径大于 15mm 但小于 40mm，厚度大于 150mm 但小于 200mm 时，采用 150mm 灌砂筒测试；最大粒径大于 40mm 时采用 200mm 加大筒测试。

2. 试验原理

灌砂法是在现场挖坑后灌标准砂，由标准砂的质量和密度求出试坑的体积，用挖出的土除以试坑的体积得到土的密度。

3. 仪器设备

（1）灌砂筒和标定罐：如图 2.13 所示，灌砂筒为金属圆筒，内径为 100mm，总高为360mm，灌砂筒主要分两部分：上部为储砂筒，筒深 270mm（容积 2120cm³），筒底中心有一直径 10mm 的圆孔；下部装一倒置的圆锥形漏斗，漏斗上端开口直径为10mm，并焊接在一块直径为 100mm 的铁板上，铁板中心有一直径为 10mm 的圆孔，与漏斗上开口相接。在储砂筒筒底与漏斗顶端铁板之间设有开关。

标定罐的内径为 100mm，高为 150mm和 200mm 各一个，标定罐的深度应与拟挖试坑的深度相同。

（2）天平或台秤：称量 10kg，最小分度值为 5g。

（3）量砂：粒径 0.3～0.6mm 及 0.25～

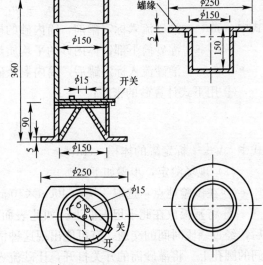

图 2.13　灌砂筒和标定罐（单位：mm）

0.5mm 清洁干燥的均匀砂，使用前须洗净、烘干，并放置使其与空气的湿度达到平衡。

（4）其他：盛砂的容器、凿子、改锥、铁锤、长把勺、小簸箕、毛刷等。

4. 试验步骤

（1）确定灌砂筒下部锥体内砂的质量，其步骤如下：

① 在储砂筒内装满砂，筒内砂的高度与筒顶的距离不超过 15mm，称取筒内砂的质量 m_1，准确至 1g，每次标定及以后的试验都应维持这个质量不变。

② 将开关打开，让砂流出，并使流出的砂的体积与工地所挖试洞的体积相当（或等于标定罐的体积）然后关上开关，并称量筒内砂的质量 m_5，准确至 1g。

③ 将灌砂筒放在玻璃板上，将开关打开，让砂流出，直到储砂筒内砂不再下流时，将开关关上，并细心地取走灌砂筒。

④ 收集并称量留在玻璃上的砂或称量筒内的砂，准确到 1g，玻璃板上的砂就是填满灌砂筒下部锥体的砂。

⑤ 重复上述测量，至少 3 次。最后取其平均值 m_2，准确至 1g。

（2）确定量砂的密度 ρ_s（g/cm³），其步骤如下：

① 用水确定标定罐的容积 V（cm³）。方法如下：将空罐放在台秤上，使罐的上口处于水平位置，读记罐质量 m_7，准确至 1g。向标定罐中灌水，注意不要将水弄到台秤上或罐的外壁。将一直尺放在罐顶，当罐中水面快要接近直尺时，用滴管往罐中加水，直到水面接触直尺。移去直尺，读记罐和水的总质量 m_8。重复测量时，仅需用吸管从罐中取出少量水，并用滴管重新将水加满到接触直尺。标定罐的体积按下式计算：

$$V = m_8 - m_7 \tag{2-14}$$

② 在储砂筒中装入质量为 m_1 的砂，将灌砂筒放在标定罐上，将开关打开，让砂流出（在整个流砂过程中，不要碰动灌砂筒）。直到储砂筒的砂不再下流时，将开关关闭。拿下灌砂筒，称量筒内余砂的质量，准确至 1g。

③ 重复上述测量，至少 3 次。最后取其平均值 m_3，准确至 1g。

④ 由下式计算填满标定罐所需砂的质量 m_a（g）：

$$m_a = m_1 - m_2 - m_3 \tag{2-15}$$

式中　m_1——灌砂流入标定罐前，筒内砂的质量（g）；

　　　　m_2——灌砂筒下部锥体内砂的平均质量（g）；

　　　　m_3——灌砂流入标定罐后，筒内剩余砂的质量（g）。

⑤ 用下式计算砂的密度：

$$\rho_s = \frac{m_a}{V} \tag{2-16}$$

式中　V——标定罐的体积（cm³）。

（3）现场测定，步骤如下：

① 在试验地点，选取一块约 40cm×40cm 的平坦表面，并将其清扫干净。

② 将基板放在此平坦表面上。如此表面的粗糙度较大（路面的某一结构层施工完毕后，经过一段时间的交通，有可能出现这种情况），则将盛有量砂 m_5 的灌砂筒放在基板中间的圆孔上。将灌砂筒的开关打开，让砂流入基板的中孔内，直到储砂筒内的砂不再下流时关闭开关。取下灌砂筒，并称量筒内砂的质量 m_6，准确至 1g。

③ 取走基板，并将留在试验地点的量砂收回，重新将表面清扫干净。

④ 将基板放在清扫干净的表面上，沿基板中孔凿洞（洞的直径 100mm）。凿洞过程中，应注意不使凿出的材料丢失，并随时将凿松的材料取出放入已知质量的塑料袋内并密封。试洞的深度应等于碾压层厚度（应尽可能使试洞下部的尺寸与上部的尺寸相同，否则会影响试验的结果。在挖洞的过程中，应注意勿使洞壁松动，或过分挤压洞壁）。凿洞完毕，称此塑料袋中全部试样质量，准确至 1g。减去已知塑料袋质量后，即为试样的

总质量 m_t。

⑤ 从挖出的全部材料中取出代表性的样品，放在铝盒内，测定其含水率 w。样品的数量，对于细粒土，不少于 100g；对于各种粗粒土，不少于 500g（如试验的水泥稳定土或石灰稳定土的密度，可将全部取出的材料烘干并称量），准确至 1g。

⑥ 将基板安放在试筒上，将灌砂筒安放在基板中间（储砂筒内放满砂到恒 m_1），使灌砂筒的下口对准基板的中孔及试洞。打开灌砂筒的开关，让砂流入试洞内。在此期间，应注意勿碰动灌砂筒。直到储砂筒内的砂不再下流时，关闭开关，仔细取走灌砂筒，并称量筒内余砂的质量 m_4，准确至 1g。

⑦ 如清扫干净的平坦表面的粗糙度不大（一般碾压完的路基或路面结构属于这种情况），则不需要进行第②步和第③步的操作。在试洞挖好后，将灌砂筒直接对准在洞口上，中间不需要放基板。打开筒的开关，让砂流入试洞内。在此期间，应注意勿碰动灌砂筒。直到储砂筒内的砂不再下流时，关闭开关。仔细取走灌砂筒，并称量筒内余砂的质量 m_4'，准确至 1g。

⑧ 取出试筒内的量砂，过筛，以备下次试验时再用。若量砂的湿度已发生变化或量砂中混有杂质，则应重新烘干，过筛，并放置一段时间，使其与空气的湿度达到平衡后再用。

如试洞中有较大孔隙，量砂可能进入孔隙时，则应按试洞外形、松弛地放入一层柔软的纱布，然后再进行灌砂的工作。

5. 结果整理

（1）计算

① 用下式计算填满试洞所需的质量 m_b（g）：

灌砂时，试洞上放有基板的情况：

$$m_b = m_1 - m_4 - (m_5 - m_6) \tag{2-17}$$

灌砂时，试洞上不放基板的情况：

$$m_b = m_1 - m_4' - m_2 \tag{2-18}$$

式中　m_1——灌砂流入标定罐前，筒内砂的质量（g）；

　　　m_2——灌砂筒下部锥体内砂的平均质量（g）；

　m_4、m_4'——灌砂入试洞时，筒内剩余砂的质量（g）；

　$m_5 - m_6$——灌砂筒下部圆锥体内及基板和粗糙表面间砂的总质量（g）。

② 用下式计算试验地点或稳定土的湿密度：

$$\rho = \frac{m_t}{m_b} \times \rho_s \tag{2-19}$$

式中　m_t——试洞中取出的全部土样的质量（g）；

　　　m_b——填满试洞所需砂的质量（g）；

　　　ρ_s——量砂的密度（g/cm³）。

③ 用下式计算土的干密度 ρ_d（g/cm³）：

$$\rho_d = \frac{\rho}{1 + 0.01w} \tag{2-20}$$

（2）本试验的记录表格式如表 2.16 所示。

灌砂法记录表 表 2.16

工程名称：_____
工程编号：_____
试验日期：_____

试验者：_____
计算者：_____
校核者：_____

试坑编号	量砂容器加原有量砂质量（g）	量砂容器加剩余量砂质量（g）	试坑用砂质量（g）	量砂密度（g/cm³）	试坑体积（cm³）	试样加容器质量（g）	容器质量（g）	试样质量（g）	湿密度（g/cm³）	含水率（%）	试样干密度（g/cm³）
	(1)	(2)	(3)=(1)-(2)	(4)	(5)=(3)/(4)	(6)	(7)	(8)=(6)-(7)	(9)=(8)/(5)	(10)	(11)=(9)/[1+0.01(10)]

2.6 界限含水率试验

1. 试验目的及适用范围

本试验的目的是测定细粒土的液限 w_L、塑限 w_P，计算塑性指数 I_P、液性指数 I_L、给土分类定名及判别土的软硬程度，供设计、施工使用。

本试验适用于粒径不大于 0.5mm 且有机质含量不大于试样总量的 5% 的土。

2. 试验原理

液限、塑限联合测定法是根据圆锥仪的圆锥沉入深度与其相应的含水率在双对数坐标上具有线性关系的特性来进行的。利用圆锥质量为 76g 的液塑限联合测定仪测得土在不同含水率时的圆锥沉入深度，并绘制其关系图，在图上即可查得圆锥下沉深度为 17mm 时所对应的含水率即为液限，查得圆锥下沉深度为 2mm 时所对应的含水率即为塑限。

3. 仪器设备

（1）液塑限联合测定仪：圆锥质量为 76g，锥角为 30°，读数显示形式宜采用光电式、游标式、百分表式。光电式液塑限联合测定仪如图 2.14 所示。

（2）试样杯：直径 40～50mm；高 30～40mm。

（3）天平：称量 200g，分度值 0.01g。

（4）其他：烘箱、干燥缸、铝盒、调土刀、筛（孔径 0.5mm）、凡士林等。

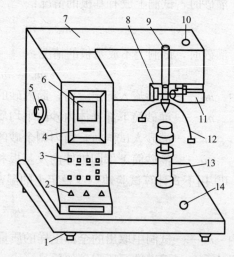

图 2.14 光电式液塑限联合测定仪示意图

1—水平调节螺丝；2—控制开关；3—指示灯；
4—零线调节螺丝；5—反光镜调节螺丝；
6—屏幕；7—机壳；8—物镜调节螺丝；
9—电磁装置；10—光源调节螺丝；11—光源；
12—圆锥仪；13—升降台；14—水平泡

4. 试验步骤

(1) 液塑限联合测定法宜采用天然含水率试样和风干试样，当试样中含有粒径大于 0.5mm 的土粒和杂物时，应过 0.5mm 的筛。

(2) 取 0.5mm 筛下的代表性试样 200g，分成 3 份，分别放入 3 个盛土皿中，加入不同数量的纯水，调成均匀土膏，制成不同稠度的试样。试样的含水率宜分别接近液限、塑限和二者的中间状态。将试样调匀，盖上湿布（或放入密封的保湿缸中），湿润过夜（或静置 24h）。

(3) 将制备的试样用调土刀充分搅拌均匀，密实地填入试样杯中，应使空气逸出，对较干的试样应充分搓揉后密实地填入试样杯中，用刮土刀将填满后的试样杯表面刮平。

(4) 将试样杯放在联合测定仪的升降座上，在圆锥上抹一薄层凡士林，接通电源，使电磁铁吸住圆锥仪（对于游标式或百分表式，提起锥杆，用旋钮固定）。

(5) 调节零点，调整升降座，使圆锥尖接触试样面，指示灯亮时圆锥在自重下沉入试样（游标式或百分表式用手扭动旋钮，松开锥杆），经 5s 后测读圆锥下沉深度，取出试样，取 10g 以上试样 2 个，分装在 2 个试盒中测定含水量。

(6) 按（4）～（5）步以相同步骤分别测定其余两个试样的圆锥下沉深度和含水率。

5. 结果整理

(1) 含水量计算

含水量应按下式计算：

$$w = \left(\frac{m}{m_d} - 1\right) \times 100\% \qquad (2-21)$$

式中　w——含水量（%）；

　　　m——湿土质量（g）；

　　　m_d——干土质量（g）。

计算准确至 0.1%。

(2) 制图

以含水量为横坐标，圆锥下沉深度为纵坐标，在双对数坐标纸上绘制关系曲线，三点连一直线上，如图 2.15 中的 A 线。当三点不在一条直线上时，通过高含水率的点与其余两点连成两条直线，在下沉深度为 2mm 处查得相应的两个含水率，当两个含水率的差值小于 2% 时，应以该两点含水率的平均值与高含水率的点连一直线，如图 2.15 中的 B 线。当两个含水量的差值大于等于 2% 时，应补做试验。

在含水量与圆锥下沉深度的关系图上，查得下沉深度为 17mm 所对应的含水量为 17mm 液限，查得下沉深度为 2mm 所对应的含水率为塑限，取值至整数。

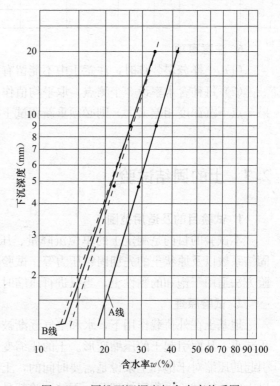

图 2.15　圆锥下沉深度与含水率关系图

（3）塑、液性指数计算

塑性指数、液性指数应按下式计算：

$$I_P = (w_L - w_p) \times 100\%$$

$$I_L = \frac{w - w_p}{w_L - w_p}$$ 　　　　　(2-22)

式中 　I_p——塑性指数；

　　　w_L——液限（%）；

　　　w_p——塑限（%）；

　　　I_L——液性指数，计算准确至 0.01；

　　　w——天然含水率（%）。

本试验的记录格式见表 2.17。

液塑限联合试验记录表 　　　　　　　　　　　　　　表 2.17

工程名称＿＿＿＿＿＿＿＿＿　　　　　　　　　　　　　　　　试验者＿＿＿＿＿＿

土样说明＿＿＿＿＿＿＿＿＿　　　　　　　　　　　　　　　　计算者＿＿＿＿＿＿

试验日期＿＿＿＿＿＿＿＿＿　　　　　　　　　　　　　　　　校核者＿＿＿＿＿＿

试样编号	圆锥下沉深度（mm）	盒号	盒质量（g） (1)	盒加湿土质量（g） (2)	盒加干土质量（g） (3)	湿土质量（g） (4)=(2)-(1)	干土质量（g） (5)=(3)-(1)	含水率（%） $(6)=\left(\frac{(4)}{(5)}-1\right)\times100$	平均含水率（%）

6. 注意事项

（1）土样分层装杯时，注意土中不能留有空隙。

（2）每种含水率设 3 个测点，取平均值作为这种含水率所对应土的圆锥入土深度，如果 3 点下沉深度相差太大，则必须重新调试土样。

2.7 土的固结试验

1. 试验目的及适用范围

本试验的目的是测定土的单位沉降量、压缩系数、压缩模量、压缩指数、回弹指数、固结系数以及原状土的先期固结压力等。试验采用快速方法，是一种近似试验方法。本试验方法适用于饱和的黏性土，当只进行压缩时，允许用非饱和土。

2. 试验原理

地基土在外荷载作用下，水和空气逐渐被挤出，土的颗粒之间相互挤紧，封闭气体体积减小，从而引起土的压缩变形。土的压缩变形是孔隙体积的减小。由于孔隙水的排出而引起的压缩对于饱和土来说是需要时间的，土的压缩随时间增长的过程称为土的固结，所以土的压缩试验也称固结试验。固结试验就是将天然状态下的原状土样或扰动土样，制成一定规格的试件，然后置于固结仪内，分级施加垂直压力，在不同荷载作用下，测定不同时间的压缩变形，直至各级压力下的变形量趋于某一稳定标准为止。然后将在各级压力下最终的变形与相应的压力绘成曲线；从而求得压缩指标值。

土的压缩主要是孔隙体积的减小，所以关于土的压缩变形常以其孔隙比的变化来表示。试验资料整理时，可根据试样压缩前后的体积变化求出压缩变形和孔隙比的关系，绘制 e-p 曲线（图 2.16），也可整理成 e-$\lg p$ 曲线（图 2.17）。

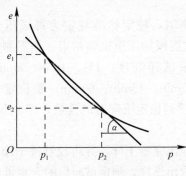

图 2.16　e-p 曲线

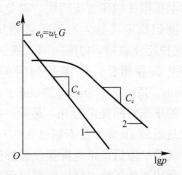

图 2.17　e-$\lg p$ 曲线

1—回弹曲线；2—压缩曲线

3. 仪器设备

（1）固结仪。由环刀（直径为 61.8mm 和 79.8mm，高度为 20mm）、护环、透水石、加压上盖等组成，试样面积为 30cm² 和 50cm²，高为 2cm，如图 2.18 所示。

（2）加荷设备。可采用量程为 5～10kN 的杠杆式、磅秤式或气压式等加荷设备。

（3）变形量测设备：量程 10mm，最小分度为 0.01mm 的百分表或零级位移传感器。

（4）毛玻璃板、圆玻璃片、滤纸、切土刀、钢丝锯和凡士林或硅油等。

（5）其他：天平、秒表、烘箱、钢丝锯、刮土刀、铝盒等。

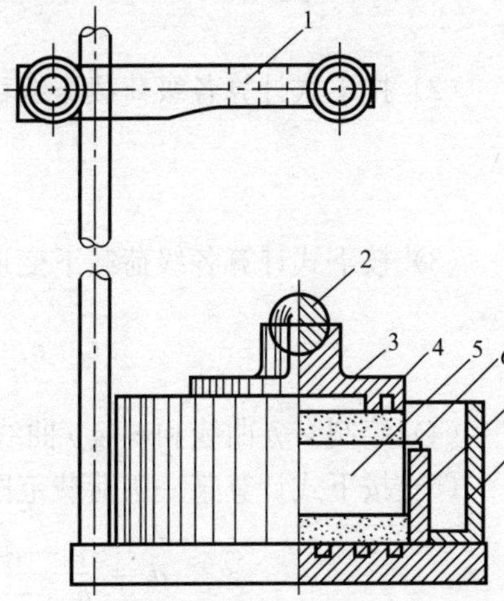

4. 试验步骤

（1）根据工程需要，切取原状土试样或制备给定密度与含水量的扰动土样。

（2）测定试样的密度及含水量。对于试样需要饱和时，按规范规定的方法将试样进行抽气饱和。

（3）在固结容器内放置护环、透水板和薄滤纸，将带有环刀的试样，小心装入护环内，然后在试样上放薄滤纸、透水板和加压盖板，置于加压框架下，对准加压框架的正中，安装量表。

（4）施加 1kPa 的预压压力，使试样与仪器上下各部分之间接触良好，然后调整量表，

图 2.18　固结仪

1—量表架；2—钢珠；3—加压上盖；

4—透水石；5—试样；6—环刀；

7—护环；8—水槽

使指针读数为零。

（5）确定需要施加的各级压力。加压等级一般为 12.5kPa、25.0kPa、50.0kPa、100kPa、200kPa、400kPa、800kPa、1600kPa、3200kPa。第一级压力的大小应视土的软硬程度而定，宜用 12.5kPa、25kPa 或 50kPa，最后一级压力应大于上覆土层的计算压力 100～200kPa。

（6）如系饱和试样，则在施加第 1 级压力后，立即向水槽中注水至满。如系非饱和试样，须用湿棉围住加压盖板四周，避免水分蒸发。

（7）测记稳定读数。当不需要测定沉降速率时，稳定标准规定为每级压力下固结 24h。测记稳定读数后，再施加第 2 级压力。依次逐级加压至试验结束。如需测定沉降速度、固结系数等指标，则按下列时间间隔记录试样高度：15s、1min、2min、4min、6min、9min、12min、16min、20min、25min、35min、45min、60min，至稳定为止。各级荷载下的压缩时间规定为 lh，最后一级荷载下读到稳定沉降时的读数，即 24h。固结稳定的标准是最后 1h 变形量不超过 0.01mm。

（8）试验结束后，迅速拆除仪器部件，小心取出完整土样，并将仪器洗干净。如系饱和试样，则用干滤纸吸去试样两端表面上的水，取出试样，测定试验后的含水量。

5. 结果整理

（1）按下式计算试验前土样的孔隙比：

$$e_0 = \frac{\rho_s(1 + 0.01w_0)}{\rho_0} - 1 \tag{2-23}$$

（2）按下式计算各级荷载压缩稳定后的单位沉降量：

$$s_i = \frac{\sum \Delta h_i}{h_0} \times 1000 \tag{2-24}$$

（3）按下式计算各级荷载下变形稳定后的孔隙比：

$$e_i = e_0 - (1 + e_0) \times \frac{s_i}{1000} \tag{2-25}$$

（4）绘制 e-p 曲线和 e-lg$p$ 曲线。

（5）按下式计算某一级荷载范围内的压缩系数：

$$a = \frac{e_i - e_{i+1}}{p_{i+1} - p_i} = \frac{(s_{i+1} - s_i)(1 + e_0)/1000}{p_{i+1} - p_i} \tag{2-26}$$

（6）按下式计算某一级荷载范围内的压缩模量：

$$E_s = \frac{p_{i+1} - p_i}{(s_{i+1} - s_i)/1000} \times \frac{1 + e_i}{1 + e_0} \tag{2-27}$$

上列各式中　e_0——试验开始时试样的孔隙比；

　　　　　　ρ_s——土粒密度（g/cm³）；

　　　　　　w_0——试验开始时试样的含水量（%）；

　　　　　　ρ_0——试验开始时试样的密度（g/cm³）；

　　　　$\sum \Delta h_i$——某一级荷载下的总变形量，等于该荷载下百分表读数（即试样和仪器的变形量减去该荷载下的仪器变形量）（mm）；

h_0——试样起始时的高度（mm）；

e_i——某一级荷载下压缩稳定后的孔隙比；

a——某一级荷载范围内的压缩系数（kPa⁻¹）；

p_i——某一级荷载值（kPa）；

E_s——某一级荷载范围内的压缩模量（kPa）；

s_i——某一级荷载下的沉降量（mm/m）。

（7）按下式计算压缩指数 C_e 及回弹指数 C_s：

$$C_e（或 C_s）= \frac{e_i - e_{i+1}}{\lg p_{i+1} - \lg p_i}$$ (2-28)

（8）按规范方法求固结系数 C_v 和确定原状土的先期固结压力 p_c。

6. 注意事项

（1）固结试验的结果对土样是否扰动是非常敏感的，因此，原状土样在切削过程中必须仔细耐心，尽可能使土样的原有结构不受破坏。但试样的切削工作也应尽快完成，以免水分蒸发。

（2）必须注意仪器的调整工作，在进行试验前必须重点检查加压设备：加压框架的横梁必须水平，竖杆必须垂直，各部位必须转动灵活自由。

2.8 土的直接剪切试验

1. 试验目的及适用范围

土的直接剪切试验的目的是测定土的抗剪强度参数，即土的内摩擦角 φ 和黏聚力 c。土的抗剪强度指标是计算地基强度和稳定作用的基本指标。

2. 试验原理

直接剪切试验原理是库仑定律，即土的内摩擦力与剪切面上的法向压力成正比。将同一种土制备 4 个相同的土样（孔隙比和含水量应相同），分别施加不同的法向压力 σ_1、σ_2、σ_3、σ_4，沿固定剪切面直接施加水平力进行剪切，得其剪坏时的剪应力，得不同的 τ_f；以抗剪强度 τ_f 为纵坐标，以法向压力 σ 为横坐标，绘出该土样的 τ_f-σ 关系曲线，利用该曲线即可确定土的抗剪强度指标 c、φ 值。

直接剪切试验不能严格控制排水条件，以土样所受的总应力为计算标准，故所得强度为总应力强度。施加某一垂直压力 σ 后，逐渐施加水平剪应力 τ，同时测得相应的剪切位移 ΔL，直至土样被剪坏为止。通常以剪应力的最大值（峰值）或稳定值作为土的抗剪强度 τ_f，如无明显变化，以剪切位移等于 4mm（或 6mm）的剪应力值作为土的抗剪强度。

3. 仪器设备

（1）应变控制式直接剪切仪：如图 2.19 所示，有剪力盒、垂直加压设备、剪切传动装置、测力计和位移量测系统、推动机构等组成。

（2）环刀：内径 61.8mm，高 20mm。

（3）其他：百分表、削土刀、砝码等。

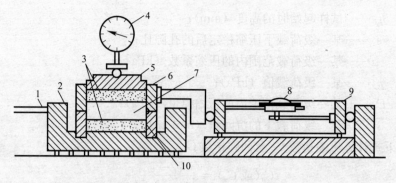

图 2.19 应变控制式直剪仪示意图

1—轮轴；2—推动底座；3—透水石；4—百分表；5—活塞；
6—上盒；7—试样；8—测微表；9—测力计；10—下盒

4. 试验步骤

(1) 切取试样：按工程需要用环刀切取一组试样，至少 4 个，并测定试样的密度及含水率。如试样需要饱和，可对试样进行抽气饱和。

(2) 安装试样：对准上下盒，插入固定销钉。在下盒内放入一透水石和滤纸，将装有试样的环刀平口向下，对准剪切盒，在试样上放滤纸，再放上透水石，将试样推入剪切盒内，移去环刀。

(3) 施加垂直压力：移动传动装置，使上盒前端钢珠刚好与测力计接触，调整测力计中的百分表读数为零。依次加上传压板、钢珠和加压力框架，安装垂直位移量测装置，测记初始读数。根据工程实际和土的软硬程度施加各级压力，一般每组 4 个试样，分别在 4 种不同的垂直压力下进行剪切。在教学上，可取 4 级垂直压力分别为 100kPa、200kPa、300kPa、400kPa。

(4) 施加垂直压力：根据工程实际和土的软硬程度施加各级垂直压力。对松软试样垂直压力应分级施加，以防土样挤出。施加压力后，向盒内注水。非饱和试样应在加压板周围包以湿棉纱。

(5) 施加垂直压力后，每 1h 测读垂直变形一次，直至试样固结变形稳定。变形稳定标准为每小时不大于 0.005mm。

(6) 进行剪切：施加垂直压力后，立即拔出固定销钉，开动秒表，慢剪以小于 0.02mm/min 的速度进行剪切（即手轮旋转以每分钟 4~6 转的均匀速率），并隔一定时间测记测力计百分表读值。而固结快剪和快剪以 0.8~1.2mm/min 剪切速度试验进行剪切，使试样在 3~5min 内剪损。

(7) 如测力计中的百分表指针不再前进或后退时，表示试样已经被剪破，但一般宜剪切至剪切变形为 4mm 时停止，记下破坏值。当剪切过程中测力计百分表无峰值，则剪切至变形达 6mm 时停止（注：手轮每转一圈，同时测记测力计中的百分表读数，直到试样剪破为止；手轮每转一圈推进下盒 0.2mm）。

(8) 拆卸试样：剪切结束后，吸去剪切盒中的积水，倒转手轮，尽快移去垂直压力、移动压力框架，取出试样。

5. 结果整理

(1) 按下式计算各级垂直压力下所测的抗剪强度：

$$\tau_f = CR \tag{2-29}$$

式中　τ_f——土的抗剪强度（kPa）；

　　　C——测力计率定系数（kPa/0.01mm）；

　　　R——测力计量表最大读数，或位移4mm时的读数（0.01mm）。

（2）绘制 τ_f-σ 曲线：

以垂直压力 σ 横坐标，以抗剪强度 τ_f 为纵坐标，纵横坐标必须同一比例，根据图中各点绘制 τ_f-σ 关系曲线，该直线的倾角为土的内摩擦角 φ，该直线在纵轴上的截距为土的黏聚力 c，如图2.20所示。

（3）记录表格式见表2.18。

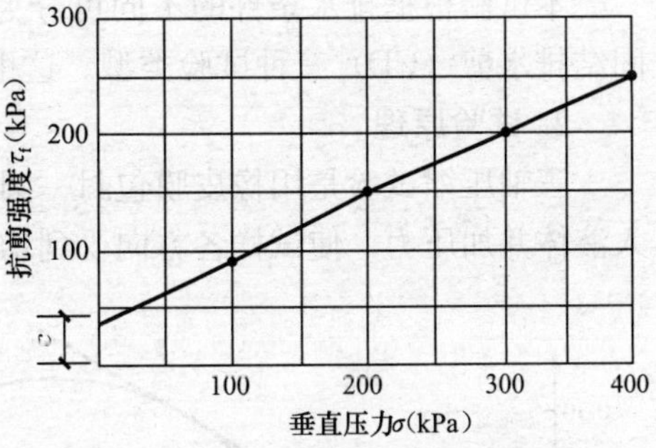

6. 注意事项

（1）先安装试样，再装量表。安装试样时要用透水石把土样从环刀推进剪切盒里，试验前把百分表中的大指针调至零。

（2）加荷时，不要摇晃砝码；剪切时要拔出销钉。

图2.20　抗剪强度与垂直压力关系曲线

直接剪切试验记录表　　　　　　　　　　　　表2.18

工程编号_____试验方法_____试验日期_____
仪器编号_____土壤类别_____试验者_____
试样编号_____量力环校正系数_____计算者_____

量表读数手轮转数	各级垂直压力			
	100（kPa）	200（kPa）	300（kPa）	400（kPa）
抗剪强度				
剪切历时				
固结时间				
剪切前压缩量				

2.9　土的三轴压缩试验

1. 试验目的及适用范围

三轴压缩试验是测定土的抗剪强度的一种方法，它通常用3～4个圆柱形试样，分别在

41

不同的恒定周围压力（即小主应力 σ_3）下，施加轴向压力（即主应力差（$\sigma_1 - \sigma_3$）），进行剪切直至破坏；然后根据摩尔-库仑理论，求得抗剪强度参数。该试验属于综合性试验，涉及库仑定律的验证试验、土的抗剪强度指标的测定等内容，是大型、重点工程的必做项目。

本试验适用于测定细粒土和砂土的抗剪强度参数。

本试验根据排水条件的不同可分为不固结不排水剪（UU）、固结不排水剪（CU）和固结排水剪（CD）三种试验类型。这里只介绍不固结不排水试验（UU）。

2. 试验原理

三轴压缩试验是用橡皮膜包封一圆柱状试样，置于透明密封容器中，然后向容器中通入液体并加压力，使试样各方向受到均匀的液体压力（即小主应力）σ_3。此后在试样两端通过活塞杆逐渐施加竖向压力 σ_v，则最大主应力 $\sigma_1 = \sigma_3 + \sigma_v$，一直加到试样破坏为止。根据极限平衡理论，此时试样内部应力状态可以用破裂时的最大和最小主应力绘制摩尔圆表示。同一土样可取三个以上的试样，分别在不同周围压力（即小主应力）σ_3 下，在不同垂直压力（大主应力 σ_1）作用下剪坏，并在同一坐标中绘制相应的摩尔圆，这些摩尔破裂圆的包络线即为该土的抗剪强度曲线。通常以近似的直线表示，其倾角为 φ，在纵轴上的截距为 c（图 2.21）。

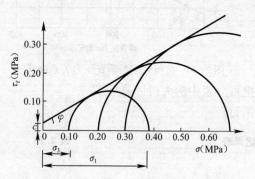

图 2.21 三轴压缩试验的应力圆及强度包络线

$$\tau_f = c + \sigma \tan\varphi \tag{2-30}$$

3. 仪器设备

（1）三轴压缩仪：应变控制式如图 2.22 所示，由周围压力系统、反压力系统、孔隙水压力测量系统和主机组成。

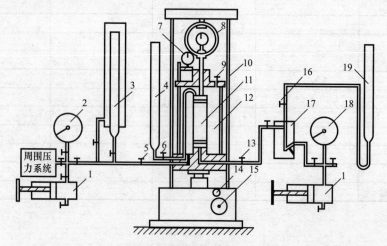

图 2.22 应变控制式三轴压缩仪

1—调压筒；2—周围压力表；3—体变管；4—排水管；5—周围压力阀；6—排水阀；
7—变形量表；8—量力环；9—排气孔；10—轴向加压设备；11—试样；
12—压力室；13—孔隙压力阀；14—离合器；15—手轮；16—量管阀；
17—零位指示器；18—孔隙压力表；19—量管

(2) 附属设备：包括击实器，饱和器，切土器，分样器，切土盘，承膜筒和对开圆模。

(3) 百分表：量程 3cm 或 1cm，精度 0.01mm。

(4) 天平：称量 200g，感量 0.01g；称量 1000g，感量 0.1g。

(5) 橡皮膜：应具有弹性，厚度应小于橡皮膜直径的 1%，不得有漏气孔。

4. 试验步骤

(1) 检查仪器

① 周围压力的精度要求达到最大压力的 1%，测读分值一般可用 0.5kPa，根据试样的强度大小，选择不同量程的量力环，使最大轴向压力的精度不小于 1%。

② 排除孔隙压力测量系统的气泡，首先将零位指示器中水银移入贮槽内，提高量管水头，将孔隙水压力阀及量管阀打开，脱气水自量管向试样底座溢出排除其中气泡，或者关闭孔隙压力阀及量管阀，用调压筒加大压力至 50kPa，使气泡溶于水，然后迅速打开孔隙压力阀，使压力水冲出底座外，将气泡带走，如此重复数次，即可达到排气的目的。排气完毕后关闭孔隙压力阀及量管阀，从贮槽中移回水银，然后用调压筒施加压力，要求整个孔隙压力系统在 500kPa 压力下，零位指示器的毛管水银上升不超过 3mm 左右。

③ 检查排水管路是否畅通，活塞在轴套内滑动是否正常，连接处有无漏水现象。检查完毕后，关闭周围压力阀、孔隙压力阀和排水阀以备使用。

④ 检查橡皮膜是否漏气，将膜内充气，扎紧两端，然后在水下检查有无漏气。

(2) 制备试样

① 本试验需要 3～4 个试样，分别在不同周围压力下进行试验。

② 试样尺寸：最小直径为 35mm，最大直径为 101mm，试样高度宜为试样直径的 2～2.5 倍。对于有裂缝、软弱面和构造面的试样，试样直径宜大于 60mm。

③ 如果土样较软弱，则用钢丝锯或削土刀取一稍大于规定尺寸的土柱，放在切土盘的上下圆盘之间（见图 2.23）用钢丝锯或削土刀紧靠侧板，由上往下细心切削，边切边转动圆盘，直到试样被削成规定的直径为止，然后削平上下两端。如果土样较硬，可先用削土刀切取一稍大于规定尺寸的土柱，上下两端削平，按试样所要求的层次方向、平放在切土架（见图 2.24）上。在切土器内壁上涂一薄层油，将切土器刃口向下对准土样，边削土样边压切土器。将试样取出，按要求高度将两端削平。若试样表面因遇有砾石而成孔洞，

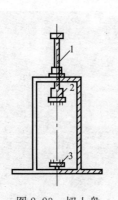

图 2.23 切土盘
1—轴；2—上圆盘；3—下圆盘

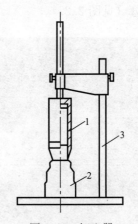

图 2.24 切土器
1—切土筒；2—未切试样；3—切土架

允许用土填补。试样切削时应避免扰动，并取余土测定试样的含水率。

④ 扰动试样制备，应根据预定的干密度和含水率，在击实器内分层击实，粉质土宜3～5层，黏质土宜为5～8层，各层土料数量应相等，各层接触面应刨毛。

⑤ 对于砂土，应先在压力空底座上依次放上透水石、滤纸、乳胶薄膜和对开圆模筒，然后根据一定的密度要求，分3层装入圆模筒内击实。如果制备饱和砂样，可在圆模筒内通入纯水至1/3高，将预先煮沸的砂料填入，重复此步骤，使砂样达到预定高度，放在滤纸、透水石、顶帽，扎紧乳胶膜。为使试样能站立，应对试样内部施加5kPa的负压力或用量水管降低50cm水头即可，然后拆除对开圆模筒。

⑥ 将削好的试样称重，准确至0.01g（试样直径为61.8cm或39.1mm）1g（试样直径为101mm），用卡尺测量并按下式计算试样平均直径 D_0：

$$D_0 = \frac{D_1 + 2D_2 + D_3}{4} \tag{2-31}$$

式中　　D_1、D_2、D_3——试样上、中、下部位的直径。

取余土，测定含水率。对于同一组原状土取三个试样，密度的差值不宜大于0.03g/cm³，含水量差值不大于2%。

根据土的性质和状态以及对饱和度的要求，可采用不同的方法进行试样饱和。如抽气饱和法、水头饱和法和反压力饱和法等。

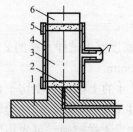

图 2.25　承膜筒
1—压力室底座；2—透水石；
3—试样；4—承膜筒；
5—橡皮膜；6—上帽；7—吸气孔

（3）安装试样

1）不固结不排水剪（UU）

① 将试样放在试样底座的不透水圆板上，在试样顶部放置不透水试样帽。

② 将橡皮膜套在承膜筒内（见图2.25），两端翻过来、从吸嘴吸气，使膜紧贴承膜筒内壁（见图2.26），然后套在试样外，放气，翻起橡皮膜，取出承膜筒。用橡皮圈将橡皮膜分别扎紧在试样底座和试样帽上。

③ 装上受压室外罩。安装时先将活塞提高，以免碰撞试样，然后将活塞对准试样帽中心，并均匀地旋紧螺丝，再将量力环对准活塞（见图2.27）。

图 2.26　翻膜、吸气

图 2.27　装入压力室

④ 开排气孔，向受压室充水，当受压室快注满水时，降低进水速度，当水从排气孔溢出时，关闭排气孔。

⑤ 打开周围压力阀，施加所需的周围压力。周围压力大小应与工程的实际荷重相适应，并尽可能使最大周围压力与土体的最大实际荷重大致相等。一般可按 100kPa、200kPa、300kPa、400kPa 施加。

⑥ 旋转手轮，当量力环的测微表微动，测微表和变形测微表的指针调整到零位。

2) 固结排水剪（CD）

① 打开孔隙压力阀及量管阀，使试样底座充水排气，并关阀。将煮沸过的透水石滑入试样座上。然后放上湿滤纸、放置试样，试样上端亦放一湿滤纸及透水石。在其周围贴上 7～9 条宽度为 6mm 左右浸湿的滤纸条，滤纸条两端与透水石连接。

② 将橡皮膜套在承膜筒内，两端翻过来，从吸嘴吸气，使膜紧贴承膜筒内壁，然后套在试样外，放气，翻起橡皮膜，取出承膜筒。将橡皮膜借承膜筒套在试样外，橡皮膜下端扎紧在试样底座上。

③ 用软刷子或双手自下向上轻轻按抚试样，以排除试样与橡皮膜之间的气泡（对饱和软黏土，可以打开孔隙压力阀及量管阀，使水徐徐流入试样与橡皮膜之间，以排除夹气，然后关闭）。

④ 打开排气阀，使水从试样帽徐徐流出以排除管路中气泡，并将试样帽置于试样顶端。排除顶端气泡，将橡皮膜扎紧在试样帽上。

⑤ 降低固结排水管，使其水面至试样中心高程以下 20～40cm，吸出试样与橡皮膜之间多余水分、并关排水阀。

⑥ 装上受压室外罩，安装时应先将活塞提高，以防碰撞试样，然后将活塞对准试样帽中心，并均匀地旋紧螺丝，再将量力环对准活塞。

⑦ 打开排气孔，向受压室充水，当受压室快注满水时，降低进水速度，当水从排气孔溢出时，关闭排气孔，然后将固结排水管水面置于试样中心高度处，并测记其水面读数。

⑧ 使量管水面位于试样中心高度处，开量管阀，用调压筒调整零位指示器的水银面于毛细管指示线，记下孔隙压力表起始读数，然后关量管阀。

⑨ 开周围压力阀，施加所需周围压力、旋转手轮，使量力环内测微表微动，然后将量力环的测微表和变形测微表指针调整到零点。

(4) 排水固结

① 用调压筒先将孔隙压力表读数调至接近该级周围压力大小，然后徐徐打开孔隙压力阀，并同时旋转调压筒，使毛细管内水银保持不变，测记稳定后的孔隙压力读数，减去孔隙压力表起始读数，即周围压力下试样的起始孔隙压力。

② 在打开排水阀的同时开动秒表，按 15s、1min、4min、9min……时间测记固结排水管水面及孔隙压力表读数。在整个试验过程中，固结排水管水面应置于试样中心高度处，零位指示器的水银面应始终保持在原来的位置，固结度至少应达到 95%（随时绘制水量 ΔV-$\sqrt{t}$ 曲线，或孔隙压力消散度 $\bar{V}$-$\sqrt{t}$ 曲线）。

③ 固结完成后，关排水阀，记下固结排水管和孔隙压力表的读数，然后转动细调手轮，量力环测微表开始微动，即为固结下沉量 Δh，依此算出固结后试样高度 h_c。然后将

量力环测微表和垂直测微表变形测微表调至零。

（5）试样剪切

1）不固结不排水剪（UU），加围压后不固结立即剪切

① 开动马达，接上离合器进行剪切。剪切应变速率取每分钟 0.5%～1.0%。开始阶段，试样每产生垂直应变 0.3%～0.4%，测记量力环测微表读数和垂直变形测微表读数各一次。当接近峰值时应加密读数。如试样特别脆硬或软弱，可酌情加密或减少测读的次数。

② 当出现峰值后，再继续进行试验，使产生 3%～5% 的垂直应变，或剪至总垂直应变达 15% 后停止试验；若量力环读数无明显减少，则垂直应变进行到 20%。

③ 试验结束后，先关围压力阀，关闭马达拨开离合器，倒转手轮，然后打开排气孔，排去受压室内的水，拆除受压室外罩，擦干试样周围的余水，脱去试样外的橡皮膜，描述破坏后形状，称试样重量，测定试验后含水率。对其余几个试样，在不同围压力作用下按上法进行剪切试验。

2）固结不排水剪（测孔隙水压力）（CU）

① 剪切应变速率应参照下面规定选用，粉质黏土每分钟 0.1%～0.5%；一般黏土每分钟 0.05%～0.1%；高密度或高塑性土每分钟小于 0.05%。

② 开动马达，合上离合器，进行剪切。开始阶段，试样每产生垂直应变 0.3%～0.4%，测记量力环测微表读数和垂直变形测微表读数各一次。当垂直应变达 3% 以后，读数间隔可延长为应变 0.7%～0.8% 各测记一次。当接近峰值时应加密或减少测读的次数，同时测记孔隙压力表读数。剪切过程中应使零位指示器的水银面始终保持于原来位置。

③ 当出现峰值后，再继续进行试验，使产生 3%～5% 垂直应变，或剪至总垂直应变达 15% 后停止试验。若量力环读数无明显减少，则应使垂直应变达到 20%。试样剪切停止后应关孔隙压力阀，并将孔隙压力表退至零位。其余几个试样，在不同围压力作用下，按上法进行剪切试验。

3）固结排水剪（CD）

① 开动马达，进行剪切。一般剪切应变速率采用每分钟 0.012%～0.03% 应变，在剪切过程中应打开排水阀、量管阀和孔隙压力阀。开始阶段，试样每产生垂直应变 0.3%～0.4%，测记量力环量表读数和垂直变形量表读数及排水管和量管读数各一次。当垂直应变达 3% 以后，读数间隔可延长为应变 0.7%～0.8% 各测记一次。当接近峰值时应加密读数。如果试样特别脆硬或软弱，可酌情加密或减少测量的读数。

② 试验停止后，先关闭压力阀，关闭马达，拨开离合器，倒转手轮，然后打开排气孔，排去受压室内的水，拆除受压室外罩，擦干试样周围的余水，脱去试样外的橡皮膜，描述破坏后形状，称试样重量，测定试验后土的含水率。

5. 结果整理

（1）计算试样固结后的高度、面积、体积及剪切时的面积

试样固结后的高度、面积、体积及剪切时面积的计算公式见表 2.19。

（2）计算轴向应变 ε_1

按下式计算轴向应变 ε_1 为

$$\varepsilon_1 = \frac{\Delta h_i}{h_0} \times 100\% \tag{2-32}$$

高度、面积、体积计算表 表 2.19

试样	起始	固结后	剪切时校正值	
高度（cm）	h_0	$h_c = h - \Delta h_c$	不固结不排水：$A_a = \dfrac{A_0}{1-\varepsilon_1}$	
面积（cm²）	A_0	$A_c = \dfrac{V_0 - \Delta V}{h_c}$	固结不排水：$A_a = \dfrac{A_c}{1-\varepsilon_1}$	
			固结排水：$A_a = \dfrac{V_c - \Delta V_i}{h_c - \Delta h_i}$	
体积（cm³）	V_0	$V_c = h_c A_c$		

注 1. Δh_c 为固结下沉量（cm），由轴向变形测微表测得；
　　2. ΔV 为固结排水量（cm），实测或试验前后重量差换算；
　　3. ΔV_i 为排水剪时的试样体积变化量（cm³），按排水管读数求得；
　　4. ε_i 为轴向应变（%），不固结不排水剪及固结排水剪时 $\varepsilon_i = \Delta h_i / h_i \times 100\%$（$i = 1, 2, 3, \cdots$）；
　　5. Δh_i 为试样剪切时高度变化量（cm），由轴向变形测微表测得。

式中　ε_1——轴向应变（%）；

　　　Δh_i——试样剪切时高度的变化（mm）；

　　　h_0——试验原始高度（mm）。

（3）计算试样面积剪切时的校正值

按下式计算试样面积剪切时的校正值为：

$$A_a = \frac{A_0}{1 - 0.01\varepsilon_1} \tag{2-33}$$

式中　ε_1——轴向应变（%）；

　　　A_0——试样原始面积（cm²）。

（4）计算主应力差（$\sigma_1 - \sigma_3$）和有效主应力比（σ_1'/σ_3'）

按下式计算主应力差为：

$$\sigma_1 - \sigma_3 = \frac{CR}{A_a} \times 10 \tag{2-34}$$

式中　C——量力环校正系数（N/0.01mm）；

　　　R——量力环中测微表读数（/0.01mm）；

　　　A_a——试样剪切时的面积（cm²）；

　　　10——单位换算系数。

按下式计算有效主应力比为：

$$\frac{\sigma_1'}{\sigma_3'} = \frac{\sigma_1 - u}{\sigma_3 - u} \tag{2-35}$$

式中　σ_1、σ_3——最大主应力和最小主应力（kPa）；

　　　σ_1'、σ_3'——有效最大主应力和有效最小主应力（kPa）；

　　　u——孔隙水压力（kPa）。

（5）绘制关系曲线

以轴向应变值 ε_1（%）为横坐标，分别以（$\sigma_1 - \sigma_3$）、σ_1'/σ_3'、u 为纵坐标，绘制（$\sigma_1 - \sigma_3$）-ε_1、$\dfrac{\sigma_1}{\sigma_3}$-$\varepsilon_1$、$u$-$\varepsilon_1$ 关系曲线。

（6）选择破坏应力值

以与（$\sigma_1 - \sigma_3$）-ε_1 或 $\dfrac{\sigma_1}{\sigma_3}$-$\varepsilon_1$ 关系曲线的峰值相应的主应力差或有效主应力比值作为破

坏值，如无峰值，以应变 ε_1 为 15% 处的主应力差或有效主应力比值为破坏应力值。

（7）绘制主应力圆和强度包络线，选择参数

不固结不排水剪和固结不排水剪试验。以法向应力 σ 为横坐标，以剪应力 τ 为纵坐标，在横坐标上 $\dfrac{\sigma_{1f}+\sigma_{3f}}{2}$ 为圆心，以 $\dfrac{\sigma_{1f}-\sigma_{3f}}{2}$ 为半径，绘制破损总应力圆。在绘制不同周围压力下的应力圆后，作诸圆的包络线（见图 2.28～图 2.30）。该包络线的倾角为内摩擦角 φ_u 或 φ_{cu}，包络线在纵轴的截距为黏聚力 c_u 或 c_{cu}。

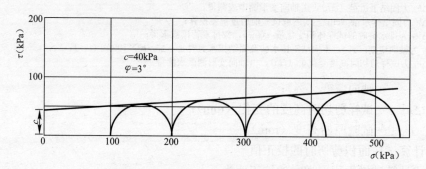

图 2.28　不固结不排水剪强度包络线

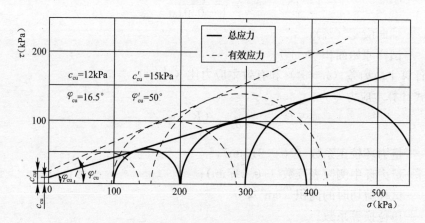

图 2.29　固结不排水剪强度包络线

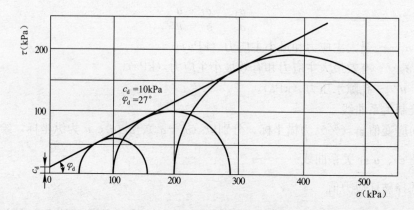

图 2.30　固结排水剪强度包络线

（8）计算孔隙水压力系数

按下式计算孔隙水压力系数为：

$$B = \frac{u_i}{\sigma_3}$$

$$\overline{B} = \frac{u_f}{\sigma_{1f}}$$

$$A = \frac{u_d}{B(\sigma_1 - \sigma_3)}$$

$$\overline{A} = A - B \tag{2-36}$$

式中　u_i——某一周围压力下的起始孔隙水压力（kPa）；

　　　u_f——某周围压力下试样破损时的总孔隙水压力（kPa）；

　　　u_d——试样在主应力差（$\sigma_2 - \sigma_3$）下出现的孔隙水压力（kPa）；

　　　σ_{1f}——某周围压力下试样破损时的最大主应力（kPa）。

（9）记录格式

记录格式见表 2.20～表 2.22。

6. 注意事项

（1）试验前，透水石要煮过沸腾把气泡排出，橡皮膜要检查是否有漏洞。

（2）试验时，压力室内充满纯水，没有气泡。

含水率和密度　　　　　　　　　　　　　　　　　　表 2.20

工程名称：＿＿＿＿＿　　　　　　　　　　　　　　　　　试验者：＿＿＿＿＿
工程编号：＿＿＿＿＿　　　　　　　　　　　　　　　　　计算者：＿＿＿＿＿
试验日期：＿＿＿＿＿　　　　　　　　　　　　　　　　　校核者：＿＿＿＿＿

含水率		密度	
盒号		试样面积（cm^2）	
湿土质量（g）		试样高度（cm）	
干土质量（g）		试样体积（cm^3）	
含水率（%）		试样质量（g）	
平均含水率（%）		密度（g/cm^3）	

三轴压缩试验记录表　　　　　　　　　　　　　　　表 2.21

工程名称：＿＿＿＿＿　　　　　　　　　　　　　　　　　试验者：＿＿＿＿＿
工程编号：＿＿＿＿＿　　　　　　　　　　　　　　　　　计算者：＿＿＿＿＿
试验日期：＿＿＿＿＿　　　　　　　　　　　　　　　　　校核者：＿＿＿＿＿

钢环系数：＿＿＿＿ N/0.01mm　剪切速率：＿＿＿＿ mm/min　周围压力：＿＿＿＿ kPa

轴向变形	轴向应变	校正面积	钢环读数	主应力差（$\sigma_1 - \sigma_3$）
Δh_i（0.01mm）	$\varepsilon_1 = \frac{\Delta h_i}{h_0}$（%）	$A_a = \frac{A_0}{1 - \varepsilon_1}$（cm^2）	R（0.01mm）	$\sigma_1 - \sigma_3 = \frac{CR}{A_a} \times 10$（kPa）

三轴剪切试验结果计算表　　　　　表 2.22

破坏时			总应力			有效应力				起始孔隙压力(kPa)	孔隙压力系数	
周围压力(kPa)	主应力差(kPa)	孔隙压力(kPa)	最大主应力(kPa)	应力圆半径(kPa)	应力圆圆心(kPa)	最大主应力(kPa)	最小主应力(kPa)	应力圆半径(kPa)	应力圆圆心(kPa)		B	A
(1)	(2)	(3)	$(4)=(1)+(2)$	$(5)=\dfrac{(2)}{2}$	$(6)=(5)+(1)$	$(7)=(4)-(3)$	$(8)=(1)-(3)$	$(9)=(5)$	$(10)=(6)-(3)$	(11)	$(12)=\dfrac{(11)}{1}$	$(13)=\dfrac{(3)}{(12)\times(2)}$
100												
200												
300												
400												
内摩擦角(°)												
黏聚力(kPa)												
土样破坏情况描述												
试验方法	在固结不排水条件下测孔隙压力,以主应力差峰值为破坏标准											

注：对于一般粒径小于 2mm 的土,试样直径可为 39.1mm,若土中 2～5mm 的颗粒较多,则试样直径为 61.8mm,当土样中最大粒径达 10mm 时,则试样直径应为 10.1cm,试样高度与直径的比值应为 2.0～2.5。

2.10　土的击实试验

1. 试验目的及适用范围

击实试验是研究土的击实性常用的试样方法。通过击实试验,找出在击实作用下,土的干密度、含水量和击实功三者之间关系的基本规律,从而选定适合工程需要的填土的干密度和与其相应的含水量,借以了解土的压实特性,作为选择填土密度、施工方法、机械碾压或夯实次数以及压实工具等的主要依据,以满足填筑工程质量控制的要求。

2. 试验原理

击实是对土瞬时地重复施加一定的机械功使土体变密。在击实过程中,由于击实功是瞬时作用于土体,土体内的气体部分排出,而所含的水量则基本不变。土的压实程度与含水率、压实功能和压实方法有密切的关系。当压实功能和压实方法不变时,土的干密度随含水率增加而增加,当干密度达到某一最大值后,含水率继续增加反而使干密度减小。能使土达到最大干密度的含水率称为最佳含水率 w_{op},与其相对应的干密度为最大干密度 ρ_{dmax}。

本试验分轻型击实和重型击实,试筒有大小两种(见图 2.31)。小试筒适用于粒径不大于 25mm 的土,大试筒适用于粒径不大于 40mm 的土。

3. 仪器设备

(1) 击实仪(图 2.32)：主要由击实筒和击锤组成。

(2) 天平：称量为 200g,最小分度值为 0.01g。

(3) 台秤：称量为 10kg,最小分度值为 5g。

(4) 试样推土器：宜用螺旋式千斤顶或液压式千斤顶。

(5) 标准筛：孔径为 40mm、20mm 和 5mm。

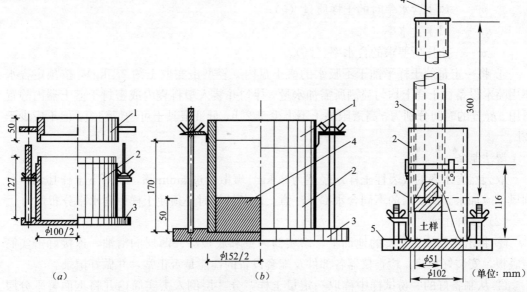

图 2.31 击实筒示意图　　　　图 2.32 轻型击实仪示意图
(a) 小击实筒；(b) 大击实筒　　　1—击实筒；2—护筒；3—导筒；
1—套筒；2—击实筒；3—底板；4—垫块　　　4—击锤；5—底板

（6）其他：喷水设备、碾土设备、修土刀、小量筒、盛土盘、测含水率设备及保湿设备等。

4. 试验步骤

（1）试样

1）本试验可分别采用不同的方法准备试样，各方法按表 2.23 准备试料。

试料用量选取表　　　　　　　　　　　　　　表 2.23

使用方法	类别	试筒内径（cm）	最大粒径（mm）	试料用量（kg）
干土法，试样不重复使用	b	10	20	至少 5 个试样，每个 3
		15.2	40	至少 5 个试样，每个 6
湿土法，试样不重复使用	c	10	20	至少 5 个试样，每个 3
		15.2	40	至少 5 个试样，每个 6

2）试样制备

分为干法制备和湿法制备。

干法制备：

① 取一定数量的代表性风干土样（轻型约为 20kg），放在橡皮板上碾散。

② 轻型击实试验过 5mm 筛，将筛下土样拌匀，并测定土样的风干含水率。

③ 根据土的塑限预估最优含水率，按依次相差约 2% 的含水率制备一组（不少于 5 个）试样，其中应有 2 个含水率大于塑限，2 个含水率小于塑限，1 个含水率接近塑限。并按下式计算应加的水量：

$$m_{\mathrm{w}} = \frac{m}{1 + 0.01w_0} \times 0.01(w - w_0) \tag{2-37}$$

式中 m_w——土样所需加水质量（g）；

m——风干含水率时的土样质量（g）；

w_0——风干含水率（%）；

w——土样所要求的含水率（%）。

④ 将一定量的土样平铺于不吸水的盛土盘内（轻型击实取土约 2.5kg），按预定含水率用喷水设备往土样上均匀喷洒所需加水量，拌匀并装入塑料袋内或密封于盛土器内静置备用。静置的时间分别为：高液限黏土不得少于 24h，低液限黏土可酌情缩短，但不应少于 12h。

湿法制备：

取天然含水率的代表性土样（轻型为 20kg）碾散，过 5mm 筛，将筛下土样拌匀，分别风干或加水到所要求的不同含水率。注意：制备试样时必须使土样中含水率分布均匀。

（2）试样击实

① 将击实仪放在坚实的地面上，击实筒内壁和底板涂一薄层润滑油，连接好击实筒与底板，安装好护筒。检查仪器各部件及配套设备的性能是否正常，并做好记录。

② 从制备好的一份试样中称取一定量土样，分 3 层倒入击实筒内并将土面整平分层击实。每层 25 击。

注意：a）轻型击实法，每层土料的质量为 600～800g，即其量应使击实后的试样高度略高于击实筒的 1/3；b）两层交接面处的土应刨毛；c）击实完成后，超出击实筒顶的试样高度应小于 6mm。

③ 用修土刀沿护筒内壁削挖后，扭动并取下护筒，测出超高（应取多个测值平均，准确至 0.1mm）。沿击实筒顶细心修平试样，拆除底板。如试样底面超出筒外，亦应修平。擦净筒外壁，称量，准确至 1g。

④ 用推土器从击实筒内推出试样，从试样中心取 2 个一定量土样（轻型为 15～30g），平行测定土的含水率，称量准确至 0.01g，含水率的平行差值不得大于 1%。

⑤ 按上述①～④的操作步骤对其他含水率的土样进行击实，一般不得重复使用土样。

5. 结果整理

（1）计算

① 击实后试样的含水率 w

$$w = \left(\frac{m}{m_d} - 1 \right) \times 100\% \tag{2-38}$$

式中 w——含水率（%）；

m——试样质量（g）；

m_d——干土质量（g）。

② 击实后各试样的干密度 ρ_d

$$\rho_d = \frac{\rho}{1 + 0.01w} \tag{2-39}$$

式中 ρ——湿土的密度（g/cm³）；

ρ_d——干土的密度（g/cm），计算至 0.01g/cm。

③ 土的饱和含水率 S_{rat}

$$S_{rat} = \left(\frac{\rho_w}{\rho_d} - \frac{1}{G_s}\right) \times 100\%$$ （2-40）

式中　ρ_w——水的密度（g/cm³）；

　　　G_s——土的相对密度。

（2）制图

以干密度为纵坐标，含水率为横坐标，绘制干密度与含水率的关系曲线，即为击实曲线（图 2.33）。曲线峰值点的纵、横坐标分别代表土的最大干密度和最优含水率。如果曲线不能得出峰值点，应进行补点试验。

计算数个干密度下的饱和含水率。以干密度为纵坐标，含水率为横坐标，在击实曲线的图中绘制出饱和曲线，用以校正击实曲线。

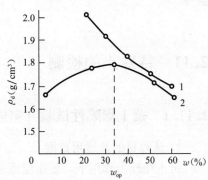

图 2.33　干密度与含水率关系曲线
1—理论饱和含水量曲线；2—击实曲线

击实试验记录表　　　　　　　　　　　　　　表 2.24

工程名称_____　　　土粒相对密度_____　　　试验者_____
土样编号_____　　　每层击数_____　　　　计算者_____
仪器编号_____　　　风干含水率_____　　　校核者_____
土样类别_____　　　试验日期_____

	干密度（g/cm³）				含水率（%）							
试验序号	筒加土质量（g）	筒质量（g）	湿土质量（g）	密度（g/cm³）	干密度	盒号	盒加湿土质量（g）	盒加干土质量（g）	盒质量（g）	湿土质量（g）	干土质量（g）	含水率	平均含水率

最大干密度=　　g/cm³　　　最优含水率=　　%　　　饱和度=　　%

大于 5mm 颗粒含量=　　%　　校正后最大干密度=　　g/cm³　　校正后最优含水率=　　%

（3）记录表格

击实试验记录表格式见表 2.24。

6. 注意事项

（1）试验前，击实筒内壁涂刷一层凡士林。

（2）击实一层后，用刮刀把土样表面刨毛，使层与层之间压密，同理，其他两层按相同方法处理。

（3）如果使用电动击实仪，则必须更加关注安全，打开仪器电源后，手不能接触击实锤。

2.11 特殊土的检测

2.11.1 黄土湿陷性试验（室内压缩试验）

1. 试验目的及适用范围

黄土在外力作用下，受水浸而引起附加下沉的现象，称黄土的湿陷性。黄土湿陷性试验是测定试样在某一压力作用下浸水时压力和变形的关系。用以计算黄土的湿陷系数、自重湿陷系数、湿陷起始压力等黄土湿陷性指标，作为工程设计、施工的依据。

本试验适用于各种黄土类土。

室内压缩试验测定黄土湿陷性有两种方法，即单线法与双线法。单线法应在同一取土点的同一深度处，至少取 5 个环刀试样，均在天然湿度下分级加荷，分别加至不同的规定压力，下沉稳定后浸水，至湿陷稳定为止；双线法压缩试验：应在同一取土点的同一深度处，取 2 个环刀试样，一个在天然湿度下分级加荷；另一个在天然湿度下加第一级荷载，下沉稳定后浸水，至湿陷稳定，再分级加荷。

2. 仪器设备

与本章 2.8 节"固结试验"相同。环刀面积应采用 50cm²。

3. 试验步骤

（1）用环刀切取原状试样若干个，切土时土样受压方向应与天然土层受压方向一致。其试样密度差值不得大于 0.03g/cm³，并测定含水量。

（2）将切好的试样装入固结容器内，试样上、下垫滤纸及透水石。透水石应接近试样的天然湿度。

（3）将容器置于加压框架正中，为保证试样与仪器上下各部件之间良好接触，施加 1kPa 的预压荷重，此时将量表或传感器调整到零或某一整数。

（4）测定湿陷系数时，应使试样在天然湿度下按如下加荷等级加荷至变形稳定：在 0～200kPa 之内，每级增量为 25～50kPa，在 200kPa 以上，每级增量为 100kPa。下沉稳定标准为每小时变形量不大于 0.01mm。浸水压力应根据工程实际需要及土的沉积条件采用不同浸水压力。浸用水以纯水为宜，浸水后变形稳定以每小时变形量不大于 0.01mm 为稳定标准。

（5）测定自重湿陷系数时，应使试样保持在天然湿度下，加荷至试样上覆土的饱和自重压力，变形稳定后浸水，稳定标准为每小时下沉量不大于 0.01mm。饱和自重压力可按下式计算：

$$q = 0.1\left\{0.85\sum_{i=t}^{n} h_i + \sum_{i=1}^{n}\left[\frac{\rho_i \cdot h_i}{1+w_i}\left(1 - \frac{0.85}{G_{si}}\right)\right]\right\} \tag{2-41}$$

式中　q——饱和自重压力（kPa）；

h_i——上覆土层某层厚度（cm）；

ρ_i——上覆土层某层土的密度（gc/m³）；

w_i——上覆土层某层土的含水量（%）；

G_{si}——上覆土层某层土的相对密度。

（6）如需测定溶滤变形时，应将测定湿陷系数后的试样，继续使水渗透，开始每隔2h测读变形量一次，以后每日读数1~3次，读至变形量每三天不超过0.01mm为变形稳定。

（7）试验完毕，放掉容器中的水，拆除仪器，取出试样，并测定试验后试样的含水量。

4. 结果整理

（1）按下式计算黄土湿陷性指标：

$$\delta_s = \frac{h_p - h'_p}{h_0} \qquad (2\text{-}42)$$

$$\delta_{zs} = \frac{h_z - h'_z}{h_0} \qquad (2\text{-}43)$$

式中　δ_s——湿陷系数；

h_0——试样原高度（mm）；

h_p——保持天然湿度和结构的土样，加压到一定压力（规范规定 $p=200$kPa）时，下沉稳定后的试样高度（mm）；

h'_p——上述加压稳定后的土样，在浸水作用下下沉稳定后的高度（mm）；

δ_{zs}——自重湿陷系数；

h_z——保持天然湿度和结构的土样，在饱和自重压力下试样变形稳定后的高度（mm）；

h'_z——在饱和自重压力下试样浸水湿陷变形稳定后的高度（mm）。

（2）绘制不同垂直压力与黄土湿陷性的关系曲线，如图2.34所示。

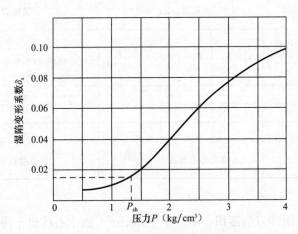

图2.34　δ_s-P关系曲线

注：P_{sh}为湿陷起始压力。

（3）记录表格

湿陷性试验记录表格式见表2.25、表2.26。

黄土湿陷性试验记录表（一）　　　　　　　表 2.25

工程名称＿＿＿＿＿＿＿　　　　　　　　　　　　　　　试验者＿＿＿＿＿＿＿

土样编号＿＿＿＿＿＿＿　　　　　　　　　　　　　　　计算者＿＿＿＿＿＿＿

仪器编号＿＿＿＿＿＿＿　　　　　　　　　　　　　　　校核者＿＿＿＿＿＿＿

　　　　　　　　　　　　　　　　　　　　　　　　　　　试验日期＿＿＿＿＿＿＿

时间及读数 压力	压力 P　kPa													
	25		50		100		150		200		300		400	
经过时间	时间	读数	时间	读数	时间	读数	时间	读数	时间	读数	时间	读数	时间	读数
⋮														
总变形量														
仪器变形量														
试样变形量														
试样高度														

黄土湿陷性试验记录表（二）　　　　　　　表 2.26

工程名称＿＿＿＿＿＿　　　　　　　　　　　　　　　　试验者＿＿＿＿＿＿＿＿

试样编号＿＿＿＿＿＿　　　　　　　　　　　　　　　　计算者＿＿＿＿＿＿＿＿

取土深度＿＿＿＿＿＿　　　　　　　　　　　　　　　　校核者＿＿＿＿＿＿＿＿

试样说明＿＿＿＿＿＿　　　　　　　　　　　　　　　　试验日期＿＿＿＿＿＿＿＿

仪器编号		环＋湿土质量（g）		土粒相对密度 G_s	
环刀编号		环质量（g）		试验前孔隙率 n	
原试样高度 h_0（mm）		湿土质量（g）		试验前孔隙比 e_0	
试样面积 A（cm²）		湿密度 ρ（g/cm³）		试验前饱和度 S_r	
试样体积 V（cm³）		含水量 w（％）		试验后含水量 w	
试样土粒体积高 $h_s=\dfrac{h_0}{1+e_0}$		干密度 ρ_d（g/cm³）		试验后饱和度 S_r	

压应力 P	试样高 $h=h_0-\Delta h$	孔隙比 $e=\dfrac{h}{h_0}-1$	e_1-e_2	P_2-P_1	$a=\dfrac{e_i-e_{i+1}}{P_{i+1}-P_i}$	双线法			$\delta_s=\dfrac{h_1-h_2}{h_0}$
						未浸水试样高 h_1	浸水试样高 h_2	湿陷量 h_1-h_2	
kPa	mm					mm	mm	mm	％

湿陷系数 $\delta_s=\dfrac{h_1-h_2}{h_0}$　　　　溶滤变形系数 $\delta_{wt}=\dfrac{h_2-h_3}{h_0}$　　　　自重湿陷系数 $\delta_{zs}=\dfrac{h_z-h_z'}{h_0}$

5. 注意事项

（1）压缩试验所用环刀的面积，不应小于 50cm^2。透水石应烘干冷却。

（2）测定湿陷系数时，应将环刀试样保持在天然湿度下，分级加荷至规定压力，下沉稳定后浸水，至湿陷稳定为止。

（3）测定自重湿陷系数时，应将环刀试样保持在天然湿度下，采用快速分级加荷，加至试样的上覆土的饱和自重压力，下沉稳定后浸水，至湿陷稳定为止。

2.11.2 膨胀试验

膨胀土一般是指黏粒成分主要由亲水性矿物组成,同时具有显著的吸水膨胀和失水收缩两种变形特性的黏性土。我国膨胀土的黏粒含量一般很高,其中粒径小于 0.002mm 的胶体颗粒含量一般超过 20%,其液限 $w_L > 40\%$,塑性指数 $I_P > 17$,多数在 22~35 之间。天然含水量接近或略小于塑限,土的压缩性小,多属低压缩性土。

《膨胀土地区建筑技术规范》GBJ 112—1987 规定:①凡自由膨胀率 $\delta_{ef} \geqslant 40\%$,具有膨胀土野外特征和建筑物开裂破坏特征,且为胀缩性能较大的黏性土,则应判定为膨胀土。②膨胀土的膨胀潜势依据自由膨胀率大小划分为弱、中、强三类,见表 2.27。

膨胀土的膨胀潜势分类表　　　　　　　　　　　　　　表 2.27

自由膨胀率(%)	膨胀潜势
$40 \leqslant \delta_{ef} < 65$	弱
$65 \leqslant \delta_{ef} < 90$	中
$\delta_{ef} \geqslant 90$	强

1. 自由膨胀试验

(1)试验目的及适用范围

本试验的目的是测定膨胀土的自由膨胀率。自由膨胀率为松散的烘干土粒在水中和空气中分别自由堆积的体积之差与在空气中自由堆积的体积之比,用百分数表示,用以判断无结构力的松散土粒在水中的膨胀特性。

(2)仪器设备

① 玻璃量筒:容积 50mL,最小刻度 1mL。

② 量土杯:容积 10mL,内径 20mm,高度 31.8mm。

③ 无颈漏斗:上口直径 50~60mm,下口直径 4~5mm。

④ 搅拌器:有直杆和带孔圆盘构成,如图 2.35 所示。

⑤ 天平:称量 200g,感量 0.01g。

⑥ 其他:烘箱、平口刀、支架、干燥器、0.5mm 筛等。

⑦ 试剂:5%纯氯化钠溶液。

(3)试验步骤

① 取代表性风干土样碾碎,使其全部通过 0.5mm 筛。混合均匀后,取其 50g 放入盛土盒内,移入烘箱,在 105~110℃温度下烘至恒量,取出,放在干燥器内冷却至室温。

② 将无颈漏斗装在支架上,漏斗下口对正量土杯中心,并保持距杯口 10mm 的距离,如图 2.35 所示。

③ 从干燥器内取出土样,用匙将土样倒入量土杯中,盛满后沿杯口刮平土面,再将量土杯中土样倒入匙中,把量土杯按图 2.36 所示仍放在漏斗下口正中处。将匙中土样一次倒入漏斗,用细玻璃棒或铁丝轻轻搅动漏斗中土样,使其全部漏下,然后移开漏斗,用平口刀垂直于杯口轻轻刮去多余土样(严防振动),称记杯中土质量。

④ 按步骤③规定,称取第二个试样,进行平行测定,两次质量差值不得大于 0.1g。

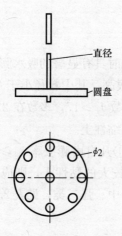

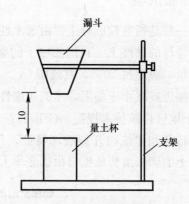

图 2.35 搅拌器示意图   图 2.36 漏斗与量土杯位置示意图

⑤ 将量筒置于试验台上，注入蒸馏水 30mL，并加入 5mL 5％的纯氯化钠溶液，然后将量土杯中的土倒入量筒内。

⑥ 用搅拌器搅拌量筒内悬液，搅拌器应上至液面下至底，搅拌 10 次（时间约 10s），取出搅拌器，将搅拌器上附着的土粒冲洗入量筒，并冲洗量筒内壁，使量筒内液面约至 50mL 刻度。

⑦ 量筒中土样沉积后约每隔 5h，记录一次试样体积，体积估读至 0.1mL。读数时要求视线与土面在同一平面上，如土面倾斜，取高低面读数的平均值。当两次读数差值不大于 0.2mL 时，即认为膨胀稳定。用此稳定读数计算自由膨胀率。

（4）结果整理

① 按下式计算土样的自由膨胀率：

$$\delta_{ef} = \frac{V - V_0}{V_0} \times 100 \tag{2-44}$$

式中 δ_{ef}——自由膨胀率（％），计算结果精确至 1％；

     V——土样在量筒中膨胀稳定后的体积（mL）；

     V_0——量土杯容积，即干土自由堆积体积（mL）。

② 精度和允许差

本试验应作两次平行测定，取其算术平均值，其平行差值应为：$\delta_{ef} \geqslant 60％$ 时不大于 8％；$\delta_{ef} < 60％$ 时不大于 5％。

2. 50kPa 压力下的膨胀率试验

测定膨胀土在 50kPa 压力下的胀缩率、收缩系数，是为了计算地基土的胀缩变形 s_c，进而评定膨胀土地基的胀缩等级。

（1）仪器设备

① 固结仪：试验前必须标定在 50kPa 压力下的仪器变形值。

② 百分表：最大量程 5～10mm，精度 0.01mm。

③ 环刀：面积为 3000mm^2 或 5000mm^2，高为 20mm，等直径。必须配有高 5mm 接长护爪。

④ 天平：称量 200g，感量 0.1g。

⑤ 钢直尺：长 150mm。

⑥ 推土器：直径略小于环刀内径，高度为 5mm。

（2）试验步骤

① 用内壁涂有薄层润滑油带护环的环刀切取代表性试样用推土器将试样推出 5mm，削去多余的土，称其质量，精确至 0.1g，测定试验前含水量。

② 按固结试验要求，将试样装入容器内，放入透水石和薄型滤纸，加压盖板，调整杠杆使之水平。加 1～2kPa 压力（保持该压力至试验结束，不计算在加荷压力之内），并加 50kPa 的瞬时压力，使加荷支架、压板、土样、透水石等紧密接触，调整百分表，记下初读数。

③ 加 50kPa 压力，每隔 1h 记录一次百分表读数。当两次读数差值不超过 0.01mm 时，即认为下沉稳定。

④ 向容器内自下而上注入纯水，使水面超过试样顶面约 5mm，并保持该水位至试验结束。

⑤ 浸水后，每隔 2h 记录一次百分表读数。当两次读数差值不超过 0.01mm 时，即认为膨胀稳定。随即退荷至零，膨胀稳定后，记录读数。

⑥ 试验结束，吸去容器中的水，取出试样称其质量，精确至 0.1g。将试样烘至恒重，在干燥器内冷却至室温，称量并计算试验前和试验后含水量、密度和孔隙比。

（3）结果整理

① 按下式计算 50kPa 压力下的膨胀率：

$$\delta_{e50} = \frac{z_{50} + z_c - z_0}{h_0} \times 100 \tag{2-45}$$

式中 δ_{e50}——在 50kPa 压力下的膨胀率（%）；

z_{50}——压力为 50kPa 时，试样膨胀稳定后百分表的读数（mm）；

z_c——压力为 50kPa 时仪器的变形值（mm）；

z_0——压力为零时百分表的初读数（mm）；

h_0——试样的原始高度（mm）。

② 按下式计算试验后孔隙比：

$$e = \frac{\Delta h_0}{h_0}(1 + e_0) + e_0 \tag{2-46}$$

式中 Δh_0——退荷至零时试样浸水膨胀稳定后的变形量，$\Delta h_0 = z_{p0} + z_{c0} - z_0$，其中，$z_{p0}$ 为试样退荷至零时浸水膨胀稳定后百分表读数（mm）；z_{c0} 为固结仪退荷至零时的回弹校正值（mm）；如图 2.37 所示；

h_0——试样加荷前的原始高度（mm）；

e_0——试样的初始孔隙比。

当计算的试验后孔隙比与实测值之差不超过 0.01 时，即认为试验合格。

3. 不同压力下的膨胀率及膨胀力试验

试验所用的仪器、试验方法、试验步骤及结果整理与 50kPa 压力下的膨胀试验基本相同。应注意：试验时分级施加压力，当要求的压力大于或等于 150kPa 时，可按 50kPa 分级；当要求的压力小于 150kPa 时，可按 25kPa 分级。

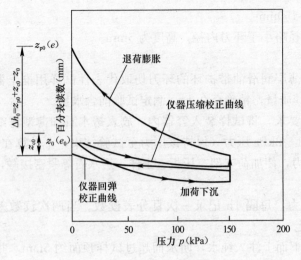

图 2.37 Δh_0 计算示意图

4. 收缩试验

（1）试验目的

本试验是为了测定黏性土的线收缩率、收缩系数等指标，为地基评价和计算地基土的收缩变形量提供参考。

（2）仪器设备

① 收缩装置：如图 2.38 所示，测板直径为 10mm，多孔垫板直径为 70mm，板上小孔面积应占整个面积的 50% 以上。

② 环刀：面积为 3000mm²，高 20mm，等直径。

③ 推土器：直径为 60min，推进量为 21mm。

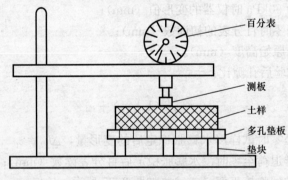

图 2.38 收缩装置以示意图

（3）方法与步骤

① 用内壁涂有薄层润滑油的环刀切取试样，用推土器从环刀内推出试样（若试样较松散应采用风干脱环法），立即把试样放入收缩装置内，使测板位于试样上表面中心处。称取试样质量，精确至 0.1g。调整百分表，记下初读数。在室温下自然风干，室温超过 30℃时，宜在恒温（20℃左右）条件下进行。

② 试验初期，视试样的初始温度及收缩进度，每隔 1～4h 测记一次读数，先读百分

表读数，后称试样的质量。称量后，将百分表调回至称量前的读数处。

③ 两日后，视试样收缩进度，每隔 6～24h 测记一次读数，直至百分表读数小于 0.01mm。

④ 试验结束，取下试样，称量。在 105～110℃下烘至恒重，称干土质量。

（4）结果整理

① 按下式计算试样含水量：

$$w_i = \left(\frac{m_i}{m_d} - 1\right)$$ (2-47)

式中　m_i——某次称得的试样质量（g）；

　　　　m_d——试样烘干后的质量（g）；

　　　　w_i——与 m_i 对应的试样含水量（%）。

② 按下式计算竖向线缩率：

$$\delta_{si} = \frac{z_i - z_0}{h_0}$$ (2-48)

式中　z_i——某次百分表读数（mm）；

　　　　z_0——百分表初始读数（mm）；

　　　　h_0——试样原始高度（mm）；

　　　　δ_{si}——与 z_i 对应的竖向线缩率（%）。

③ 以含水量为横坐标，竖向线缩率为纵坐标，绘制收缩曲线，如图 2.39 所示。

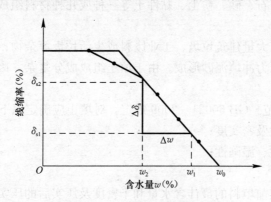

图 2.39　收缩曲线图

④ 按下式计算收缩系数：

$$\lambda_s = \frac{\delta_{s2} - \delta_{s1}}{w_1 - w_2} = \frac{\Delta\delta_s}{\Delta w}$$ (2-49)

2.11.3　软土

软土一般是指在静水或缓流水环境中以细颗粒为主的近代黏性沉积土，是一种呈软塑到流塑状态的饱和（或接近饱和）黏性土，常含有机质，天然孔隙比 e 常大于 1，当 $e > 1.5$ 时称为淤泥，当 $1.0 < e < 1.5$ 时称为淤泥质土（淤泥质黏土、淤泥质亚黏土）。习惯上也把工程性质接近于淤泥土的黏性土统称为软土。

由于沉积环境的不同及成因的区别，不同地区软土的性质、成层情况各有特点，但它们的共同物理性质是天然含水量大，饱和度高，天然孔隙比大，黏粒粉土颗粒含量高等。

我国软土含水量一般为 $35\%\sim80\%$，新沉积软土可达 100% 以上，孔隙比 $1\sim2$ 之间，饱和度常大于 0.9，液性指数接近或大于 1，为中、高液限，高压缩性土。由于它具有一些不利的工程特性，因此工程设计和施工时应特别重视。

《岩土工程勘察规范》GB 50021—2009 规定：天然孔隙比 $e>1.0$，天然含水量大于液限（$w>w_L$）的细粒土，压缩系数 $a_{1-2}>0.5\text{MPa}^{-1}$，不排水抗剪强度 $\tau_f<30\text{kPa}$ 的土定为软土。由此可见，对于软土地基应进行以下试验：

（1）本书第 2.3 节的方法测定其颗粒组成；

（2）按本书第 2.4 节的方法测定其天然含水量 w；

（3）按本书第 2.6 节的方法测定其界限含水量 w_L；

（4）按本书第 2.5 节的方法测定其密度 ρ 及干密度 ρ_d，结合测得的天然含水量计算其孔隙比 e；

（5）按本书第 2.7 节的方法测定其压缩系数 a_{1-2}；

（6）按本书第 2.8 节的方法测定其不排水抗剪强度 τ_f。

最后综合考虑各项试验指标，评定地基土是否为软土。

2.11.4 填土

填土根据物质组成和堆填方式，可分为三种：

（1）素填土：由碎石、砂、粉土、黏性土等一种或几种材料组成，不含杂质或杂质含量很少；

（2）杂填土：含有大量建筑垃圾、工业废料或生活垃圾等杂物；

（3）冲填土：由水力冲填泥砂形成。由于填土组成成分复杂，因此其物理力学性质也较复杂。

《岩土工程勘察规范》GB 50021—2009 规定，对填土应确定以下指标：

（1）填土的均匀性及密实度；

（2）填土的压缩性、湿陷性；

（3）填土的密度；

（4）压实填土压实前填料的最佳含水量和干密度及压实后的压实系数。

第 3 章 土木工程材料试验与检测

3.1 土木工程材料的基本性质试验

通过密度、表观密度、体积密度、堆积密度的测定，可计算出材料的孔隙率及空隙率，从而了解材料的构造特征。由于材料构造特征是决定材料强度、吸水率、抗渗性、抗冻性、耐腐蚀性、导热性及吸声等性能的重要因素，因此，了解土木工程材料的基本性质，对于掌握材料的特性和使用功能是十分必要的。

3.1.1 密度试验

材料的密度是指材料在绝对密实状态下，单位体积的质量。

（1）主要仪器设备

李氏瓶（见图 3.1）、筛子（孔径 0.20mm 或 900 孔/cm²）、量筒、烘箱、干燥器、物理天平、温度计、漏斗、小勺等。

（2）试样制备

① 将试样破碎、磨细，全部通过 0.20mm 孔筛后，放到 105±5℃的烘箱中，烘至恒重。

② 将烘干的粉料放入干燥器中冷却至室温待用。

（3）试验方法及步骤

① 在李氏瓶中注入无水煤油至突颈下部，记下刻度（V_1）。

② 用天平称取 60～90g 试样（m_1），用小勺和漏斗小心地将试样徐徐送入李氏瓶中（不能大量倾倒，会妨碍李氏瓶中空气排出或使咽喉位堵塞），直至液面上升至 20mL 左右的刻度为止。

③ 用瓶内的煤油将粘附在瓶颈和瓶壁的试样洗入瓶内煤油中，转动李氏瓶使煤油中气泡排出，记下液面刻度（V_2）。

④ 称取未注入瓶内剩余试样的质量（m_2），计算出装入瓶中的试样质量 m。

⑤ 将注入试样后的李氏瓶中液面读数 V_2 减去未注前的读数 V_1，得出试样的绝对体积 V。

（4）结果计算

① 按下式计算出密度：

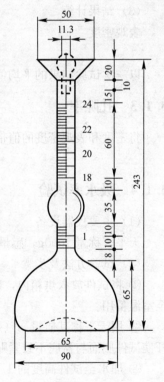

图 3.1 密度瓶（单位：mm）

$$\rho = m/v = (m_1 - m_2)/(v_2 - v_1) \quad (\text{精确至}\ 0.01\text{g/cm}^3) \tag{3-1}$$

② 密度试验需用两个试样平行进行，以其计算结果的算术平均值作为最后结果。但两次结果之差不应大于 0.02g/cm^3，否则重做。

3.1.2 表观密度试验

材料的表观密度是指材料在自然状态下，单位体积的质量。

（1）主要仪器设备

天平：称量 1000g，感量 0.1g。

直尺：精度 1mm。

（2）试验方法及步骤

① 将试件放入烘箱内，以 105～110℃的温度恒温至恒重，然后放入干燥器中，冷却至室温备用。

② 本试验采用的是烧结砖，直接用直尺量出试件尺寸。随机抽取 3 块试件，在长、宽、高方向上量上、中、下三处，各取三次平均值，计算体积 V_0（cm³）：

$$V_0 = (a_1 + a_2 + a_3)/3 \times (b_1 + b_2 + b_3)/3 \times (c_1 + c_2 + c_3)/3 \tag{3-2}$$

③ 用天平或台秤称重量 m（g）。

（3）结果计算

表观密度

$$\rho_0 = m/V_0 \times 1000 \quad (\text{g/cm}^3) \tag{3-3}$$

以三次试验结果的平均值表示，结果精确到 0.01g/cm^3。

3.1.3 孔隙率

将密度和表观密度的值带入公式计算空隙率：

$$P = (1 - \rho_0/\rho) \times 100\% \tag{3-4}$$

3.1.4 吸水率试验

（1）主要仪器设备

天平（称量 1000g，感量 0.1g）、直尺、盛试件的盆。

（2）试验方法及步骤

① 将试件放入烘箱内，以 105～110℃的温度恒温至恒重，然后放入干燥器中，冷却至室温备用。

② 用天平称其质量 m（g），将试件放入盆中，在盆底可放些垫条，如玻璃棒或玻璃杆使试件底面与盆底不致紧贴，试件之间相隔 1～2cm，使水能够自由进入。

③ 加水至试件高度的 1/4；以后每隔 2h 分别加水至高度的 1/2 和 3/4 处；6h 后将水加至高出试件顶面 20mm 以上，并再放置 48h 让其自由吸水。这样逐次加水能使试件孔隙中的孔隙逐次溢出。

④ 取出试件，用湿纱布擦去表面水分，立即称其质量 m_1（g）。

（3）结果计算

$$W_x = (m_1 - m)/m \times 100\% \tag{3-5}$$

取三个试件的平均值作为测定值。结果精确至 0.01%。

3.2 水泥试验

水泥是一种水硬性的胶凝材料，在土木工程中应用十分广泛。目前，主要应用的水泥有硅酸盐系列水泥、铝酸盐系列水泥、硫铝酸盐系列水泥等。其中硅酸盐系列水泥品种有硅酸盐水泥（PI、PII）、普通硅酸盐水泥（PO）、矿渣硅酸盐水泥（PS）、火山灰质硅酸盐水泥（PP）、粉煤灰硅酸盐水泥（PF）和复合硅酸盐水泥（PC），通常称之为六大品种通用水泥，在土木工程中用量最大。各类水泥的成分及技术指标详见本书后的有关参考文献。

由于硅酸盐水泥和普通硅酸盐水泥是最重要的两种水泥，其性能优劣将直接影响到组配的水泥混凝土、砂浆及水泥稳定类路面基层材料等混合材料的性质。为此，本节重点介绍硅酸盐水泥和普通硅酸盐水泥的性能检测方法。

硅酸盐系列水泥的技术性质包括化学性质和物理力学性质。通常根据工程需要主要检测物理力学指标，包括水泥细度、标准稠度用水量、凝结时间、体积安定性和强度。

3.2.1 水泥试验的一般规定

1. 编号和取样

以同一水泥厂、同品种、同强度等级编号和取样。编号根据水泥厂年生产能力规定（具体根据相关水泥标准），每一编号作为一取样单位。取样可以在水泥输送管道中、袋装水泥堆场和散装水泥卸料处或输送水泥运输机具上进行。取样应有代表性，可连续取，也可从 20 个以上不同部位抽取等量水泥样品，总数不少于 12kg。

（1）散装水泥

对同一水泥厂生产的同期出厂的同品种、同等级的水泥，以一次运进的同一出厂编号的水泥为一批，但一批的总量不超过 500t。随机地从不少于 3 个车罐中各取等量水泥，经拌合均匀后，再从中称取不少于 12kg 水泥作为检验试样。

（2）袋装水泥

对同一水泥厂生产的同期出厂的同品种、同等级的水泥，以一次运进的同一出厂编号的水泥为一批，但一批的总量不超过 200t。随机地从不少于 20 袋中各取等量水泥，经拌合均匀后，再从中称取不少于 12kg 水泥作为检验试样。

2. 养护与试验条件

恒温恒湿养护箱温度应为 20±1℃，相对湿度应大于 90%；试验室温度应为 20±2℃，相对湿度应大于 50%。

3. 对试验材料的要求

（1）试样要充分拌匀，通过 0.9mm 方孔筛并记录筛余物的百分数。

（2）试验室用水必须是洁净的饮用水。

（3）水泥试样、标准砂、拌合水及试模等温度均与试验室温度相同。

3.2.2 水泥细度检验

水泥细度测定的目的，在于通过控制细度来保证水泥的水化活性，从而控制水泥质量。细度可用透气式比表面积仪或负压筛析法测定。硅酸盐水泥比表面积大，应用比表面积测定，其他五大通用水泥一般用负压筛析法进行测定。

1. 比表面积法测定

水泥的比表面积是以每千克水泥的总表面积表示，单位为 m^2/kg 或 cm^2/g，本方法适用于测定水泥的比表面积以及适合采用本标准方法的其他各种粉状物料，不适用于测定多孔材料及超细粉状物料。

（1）试验设备

① Blaine 透气仪：由透气圆筒、压力计、抽气装置等三部分组成，如图 3.2 所示。

② 透气圆筒：内径为 $12.70^{+0.05}$ mm，由不锈钢制成。圆筒内表面的粗糙度为 $3.2\mu m$，圆筒的上口边应与圆筒主轴垂直，圆筒下部锥度应与压力计上玻璃磨口锥度一致，二者应严密连接。在圆筒内壁，距离圆筒上口边 55 ± 10 mm 处有一突出的宽度为 $0.5\sim1$ mm 的边缘，以放置金属穿孔板。透气圆筒尺寸如图 3.3（a）所示。

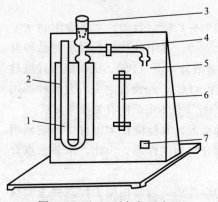

图 3.2 Blaine 透气仪示意图

1—"U"形压力计；2—平面镜；
3—透气圆筒；4—活塞；5—背面接微型
电磁泵；6—温度计；7—开关

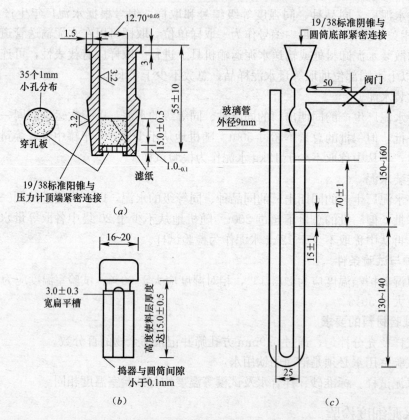

图 3.3 Blaine 透气仪结构及主要尺寸图

（a）透气圆筒；（b）捣器；（c）"U"形压力计

③ 穿孔板：由不锈钢或其他不受腐蚀的金属制成，厚度为 $1.0_{-0.1}^{0}$mm。在其面上，等距离地打有 35 个直径 1mm 的小孔，穿孔板应与圆筒内壁密合，穿孔板两平面应平行。

④ 捣器：用不锈钢制成，插入圆筒时，其间隙不大于 0.1mm。捣器的底面应与主轴垂直，侧面有一个扁平槽，宽度 0.3~3.0mm。捣器的顶部有一个支持环，当捣器放入圆筒时，支持环与圆筒上口边接触，这时捣器底面与穿孔圆板之间的距离为 15.0±0.5mm。捣器尺寸如图 3.3 (b) 所示。

⑤ 压力计：U 形压力计尺寸如图 3.3 (c) 所示，由外径为 9mm 的具有标准厚度的玻璃管制成。压力计一个臂的顶端有一锥形磨口与透气圆筒紧密连接，在连接透气圆筒的压力计臂上刻有环形线。从压力计底部往上 280~300mm 处有一个出口管，管上装有一个阀门，连接抽气装置。

⑥ 抽气装置：用小型电磁泵，也可用抽气球。

⑦ 滤纸：采用符合国家标准的中速定量滤纸。

⑧ 分析天平：分度值为 1mg。

⑨ 计时秒表：读数精确至 0.55。

⑩ 烘干箱。

（2）材料

① 基本材料：采用中国水泥质量监督检验中心制备的标准试样。

② 压力计液体：压力计液体采用带有颜色的蒸馏水。

（3）仪器校准

① 漏气检查：将透气圆筒上口用橡皮塞塞紧，接到压力计上，用抽气装置从压力计一臂中抽出部分气体，然后关闭阀门，观察是否漏气。如发现漏气，用活塞油脂加以密封。

② 试料层体积的测定

a）水银排代法：将两片滤纸沿圆筒壁放入透气圆筒内，用一直径比透气圆筒略小的细长棒往下按，直到滤纸平整放在金属的穿孔板上。然后装满水银，用一小块薄玻璃板轻压水银表面，使水银面与圆筒口平齐，并须保证在玻璃板和水银表面之间没有气泡或空洞存在。从圆筒中倒出水银，称量，精确至 0.05g。重复几次测定，到数值基本不变为止。然后从圆筒中取出一片滤纸，试用约 3.3g 的水泥，按照本试验步骤③的要求压实水泥层。再在圆筒上部空间注入水银，同上述方法除去气泡、压平、倒出水银称量，重复几次，直到水银称量值相差小于 50mg 为止。

注：应制备坚实的水泥层，如太松或水泥不能压到要求体积时，应调整水泥的试用量。

b）圆筒内试料层体积 V 按下式计算，精确至 0.005mL。

$$V = (m_1 - m_2)/\rho_{Hg} \tag{3-6}$$

式中　V——试料层体积（mL）；

m_1——未装水泥时，充满圆筒的水银质量（g）；

m_2——装水泥后，充满圆筒的水银质量（g）；

ρ_{Hg}——试验温度下水银的密度（g/mL），见表 3.16。

c）试料层体积的测定，至少应进行两次。每次应单独压实，取两次数值相差不超过 0.005mL 的平均值，并记录测定过程中圆筒附近的温度。每隔一季度至半年应重新校正试料层体积。

不同温度下水银的密度、空气黏度 η 和 $\sqrt{\eta}$

表 3.1

温度（℃）	8	10	12	14	16	18	20
水银密度（g/mL）	13.58	13.57	13.57	13.56	13.56	13.55	13.55
空气黏度 η（Pa·s）	0.0001749	0.0001759	0.0001768	0.0001778	0.0001788	0.0001798	0.0001808
$\sqrt{\eta}$（Pa·s）$^{\frac{1}{2}}$	0.01322	0.01326	0.01330	0.01333	0.01337	0.01341	0.01345
温度（℃）	22	24	26	28	30	32	34
水银密度（g/mL）	13.54	13.54	13.54	13.53	13.52	13.52	13.51
空气黏度 η（Pa·s）	0.0001818	0.0001828	0.0001837	0.0001847	0.0001857	0.0001867	0.0001876
$\sqrt{\eta}$（Pa·s）$^{\frac{1}{2}}$	0.01348	0.01352	0.01355	0.01359	0.01363	0.01366	0.01370

（4）方法与步骤

① 试样准备

a）将 110℃±5℃下烘干并在干燥器中冷却到室温的标准试样，倒入 100mL 的密闭瓶内，用力摇动 2min，将结块成团的试样振碎，使试样松散。静置 2min 后，打开瓶盖，轻轻搅拌，使在松散过程中落到表面的细粉，分布到整个试样中。

b）水泥试样，应先通过 0.9mm 方孔筛，再在 110±15℃下烘干，并在干燥器中冷却至室温。

② 确定试样量

校正试验用的标准试样量和被测定水泥的质量，应达到在制备的试料层中的空隙率为 0.500±0.005，计算式为：

$$W = \rho V(1 - \varepsilon) \tag{3-7}$$

式中 W——需要的试样量（g）；

ρ——试样密度（g/mL）；

ε——试料空孔隙率。

注：空隙率是指试料层中孔的容积与试料层总的容积之比。一般水泥采用 0.500±0.005。如有些粉料按式（3-7）算出的试样量在圆筒的有效体积中容纳不下或经捣实后未能充满圆筒的有效体积，则允许适当地改变空隙率。

③ 试料层制备

将穿孔板放入透气圆筒的突缘上，用一根直径比圆筒略小的细棒把一片滤纸送到穿孔板上，边缘压紧。称取按试验步骤②确定的水泥量，精确到 0.001g，倒入圆筒。轻敲圆筒的边，使水泥层表面平坦。再放入一片滤纸，用捣器均匀捣实试料直至捣器的支持环紧紧接触圆筒顶边并旋转两周，慢慢取出捣器。

注：穿孔板上的滤纸应是与圆筒内径相同、边缘光滑的圆片。穿孔板上滤纸片如比圆筒内径小时，会有部分试样粘于圆筒内壁高出圆板上部；当滤纸直径大于圆筒内径时会引起滤纸片皱起使结果不准。每次测定需用新的滤纸片。

④ 透气试验

a）把装有试料层的透气圆筒连接到压力计上，要保证紧密连接不致漏气并不振动所制备的试料层。

为避免漏气，可先在圆筒下锥面涂一薄层活塞油脂，然后把它插入压力计顶端锥形磨口处，旋转两周。

　　b）打开微型电磁泵慢慢从压力计一臂中抽出空气，直到压力计内液面上升到扩大部下端时关闭阀门。当压力计内液体的弯月液面下降到第一个刻线时开始计时，当液体的弯月面下降到第二条刻线时停止计时，记录液面从第一条刻度线下降到第二条刻度线所需的时间（以秒计），并记下试验时的温度。

　　（5）结果整理

　　① 当被测物料的密度、试料层中空隙率与标准试样相同，试验时温差不大于±3℃时，可按下式计算：

$$S = \frac{S_s \sqrt{t}}{\sqrt{t_s}} \tag{3-8}$$

　　如试验时温差大于±3℃时，则按下式计算：

$$S = \frac{S_s \sqrt{t} \sqrt{\eta_s}}{\sqrt{t_s} \sqrt{\eta}} \tag{3-9}$$

式中　S——被测试样的比表面积（cm^2/g）；

　　　S_s——标准试样的比表面积（cm^2/g）；

　　　t——被测试样试验时，压力计中液面降落测得的时间（s）；

　　　t_s——标准试样试验时，压力计中液面降落测得的时间（s）；

　　　η——被测试样试验温度下的空气黏度（Pa·s）；

　　　η_s——标准试样试验温度下的空气黏度（Pa·s）。

　　② 当被测试样的试料层中空隙率与标准试样试料层中空隙率不同，试验温差不大于±3℃时，可按下式计算：

$$S = \frac{S_s \sqrt{t}(1-\varepsilon_s) \sqrt{\varepsilon^3}}{\sqrt{t_s}(1-\varepsilon) \sqrt{\varepsilon_s^3}} \tag{3-10}$$

　　如试验温差大于±3℃时，则按下式计算：

$$S = \frac{S_s \sqrt{t}(1-\varepsilon_s) \sqrt{\varepsilon^3} \sqrt{\eta_s}}{\sqrt{t_s}(1-\varepsilon) \sqrt{\varepsilon_s^3} \sqrt{\eta}} \tag{3-11}$$

式中　ε——被测试样试料层中的空隙率；

　　　ε_s——标准试样试料层中的空隙率。

　　③ 当被测试样的密度和空隙率均与标准试样不同，试验温差不大于±3℃时，可按下式计算：

$$S = \frac{S_s \sqrt{t}(1-\varepsilon_s) \sqrt{\varepsilon^3} \rho_s}{\sqrt{t_s}(1-\varepsilon) \sqrt{\varepsilon_s^3} \rho} \tag{3-12}$$

　　如试验温度相差大于±3℃时，则按下式计算：

$$S = \frac{S_s \sqrt{t}(1-\varepsilon_s) \sqrt{\varepsilon^3} \rho_s \sqrt{\eta_s}}{\sqrt{t_s}(1-\varepsilon) \sqrt{\varepsilon_s^3} \rho \sqrt{\eta}} \tag{3-13}$$

式中　ρ——被测试样的密度（g/mL）；

　　　ρ_s——标准试样的密度（g/mL）。

(6) 精度要求

水泥比表面积应由两次透气试验结果的平均值确定。如两次试验结果相差2%以上时，应重新试验。计算应精确至10cm²/g。以 cm²/g 为单位算得的比表面积值换算为 m²/kg 单位时，需乘以系数0.1。

2. 负压筛析法

(1) 主要仪器设备

负压筛0.080mm、0.045mm方孔（见图3.4）、负压筛（见图3.5）、天平等。

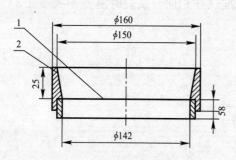

图 3.4　负压筛（单位：mm）

1—筛网；2—筛框

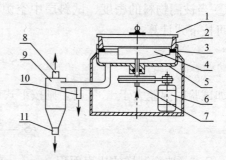

图 3.5　负压筛析仪示意图

1—有机玻璃盖；2—0.080mm 方孔筛；3—橡胶垫圈；4—喷气嘴；5—壳体；6—微电机；7—压缩空气进口；8—抽气口（接负压表）；9—收尘器腔体；10—残余收尘瓶接口；11—收尘器排气口

(2) 试验方法步骤

筛析试验前，应把负压筛放在筛座上，盖上筛盖，接通电源，检查控制系统，调节负压至4000～6000Pa范围内，喷气嘴上口平面应与筛网之间保持2～8mm的距离。称取试样25g，置于洁净的负压筛中。盖上筛盖，放在筛座上，开动筛析仪连续筛动2min。在此期间如有试样附着在筛盖上，可轻轻地敲击，使试样落下，筛毕，用天平称量筛余物质量 m_s（g）。当工作负压小于4000Pa 时，应清理吸尘器内水泥，使负压恢复正常。

(3) 试验结果计算

① 水泥试样筛余百分数

水泥试样筛余百分数按下式计算，结果精确至0.1%。

$$F = \frac{m_s}{m} \times 100 \tag{3-14}$$

式中　F——水泥试样的筛余百分数（%）；

　　　m_s——水泥筛余物的质量（g）；

　　　m——水泥试样的质量（g）。

② 筛余结果的修正

为使试验结果可比，应采用试验筛修正系数方法修正。

试验筛修正系数测定方法：用一种已知 $80\mu m$ 标准筛筛余百分数的粉状试样（该试样不受环境影响，筛余百分数不发生变化）作为标准样。按上述试验步骤测定标准样在试验筛上的筛余百分数。试验筛修正系数按下式计算，修正系数计算精确至0.01。

$$C = F_n / F_t \tag{3-15}$$

式中 C——试验筛修正系数；

　　　F_n——标准样给定的筛余百分数（%）；

　　　F_t——标准样在试验筛上的筛余百分数（%）。

修正系数 C 超出 0.80～1.20 的试验筛不能用作水泥细度检验。

③ 水泥试样筛余百分数结果修正

按下式计算水泥试样修正筛余百分数：

$$F_c = CF \tag{3-16}$$

式中 F_c——水泥试样修正后的筛余百分数（%）。

3.2.3 水泥标准稠度用水量试验（标准法和代用法）

标准稠度用水量是指水泥净浆以标准方法测定，在达到统一规定的浆体可塑性时，所需加的用水量，水泥的凝结时间和安定性都和用水量有关，因而此测定可消除试验条件的差异，有利于比较，同时为进行凝结时间和安定性试验做好准备。

1. 标准法

（1）主要仪器设备

标准稠度仪（滑动部分的总重量为 300±1g）、装净浆用试模、净浆搅拌机等。

（2）试验方法与步骤

1）试验前准备

试验前必须检查稠度仪的金属棒能否自由滑动，调整至试杆接触玻璃板时，指针应对准标尺的零点，搅拌机运转正常。

2）试验方法及步骤

① 用湿布擦抹水泥净浆搅拌机的筒壁及叶片。

② 称取 500g 水泥试样。

③ 量取拌合水（按经验确定），水量精确至 0.5mL，倒入搅拌锅。

④ 5～10s 内将水泥加入水中。

⑤ 将搅拌锅放到搅拌机锅座上，升至搅拌位置，开动机器，同时徐徐加入拌合水，慢速搅拌 120s，停拌 15s，接着快速搅拌 120s 后自动停机。

⑥ 拌合完毕，立即将净浆一次装入玻璃板上的试模中，用小刀插捣并轻轻振动数次，刮去多余净浆，抹平后迅速将其放到稠度仪上，将试杆恰好降至净浆表面，拧紧螺丝 1～2s 后，突然放松，让试杆自由沉入净浆中，到 30s 时，记录试杆距玻璃板距离，整个操作过程应在搅拌后 1.5min 内完成。

（3）试验结果的确定

调整用水量以试杆沉入净浆并距底板 6±1mm 时的水泥净浆为标准稠度净浆，此拌合用水量即为水泥的标准稠度用水量（按水泥质量的百分比计）。如超出范围，须另称试样，调整水量，重做试验，直至达到 6±1mm 时为止。

2. 代用法

（1）主要仪器设备

标准稠度仪（滑动部分的总重量为 300±2g）（见图 3.6）、装净浆用锥模、净浆搅拌机等。

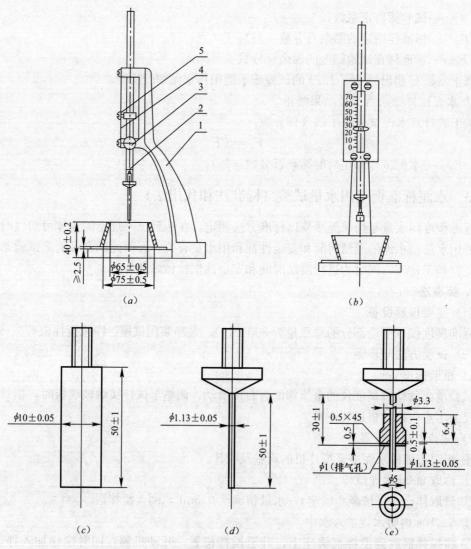

图 3.6　测定水泥标准稠度和凝结时间用的维卡仪（单位：mm）

(a) 初凝时间测定用立式试模的侧视图；(b) 终凝时间测定用反转试模的前视图；

(c) 标准稠度试杆；(d) 初凝用试针；(e) 终凝用试针

1—铁座；2—金属滑杆；3—松紧螺丝旋钮；4—标尺；5—指针

（2）试验方法与步骤

采用代用法测定水泥标准稠度用水量可用调整用水量法和固定用水量法中任一方法测定。

1）试验前准备

试验前必须检查测定仪的金属棒能否自由滑动，试锥降至锥模顶面位置时，指针应对准标尺的零点，搅拌机运转正常。

2）试验方法及步骤

① 水泥净浆的拌制同标准法。

② 拌合用水量的确定。

采用调整用水量方法时，按经验确定；采用固定用水量方法时用水量为 142.5mL，水量精确至 0.1mL。

③ 拌合完毕，立即将净浆一次装入锥模中，用小刀插捣并轻轻振动数次，刮去多余净浆，抹平后迅速将其放到试锥下面的固定位置上，将试锥锥尖恰好降至净浆表面，拧紧螺丝 1～2s 后，突然放松，让试锥自由沉入净浆中，到 30s 时，记录试锥下沉深度，整个操作过程应在搅拌后 1.5min 内完成。

(3) 试验结果的计算与确定

① 调整用水量方法时结果的确定

以试锥下沉深度为 28±2mm 时的净浆为标准稠度净浆，此拌合用水量即为水泥的标准稠度用水量（按水泥质量的百分比计）。如超出范围，须另称试样，调整水量，重做试验，直至达到 28±2mm 时为止。

② 固定用水量方法时结果的确定

根据测得的试锥下沉深度 S（mm），按下面的经验公式计算标准稠度用水量 P（%）。

$$P = 33.4 - 0.185S$$

注：当试锥下沉深度小于 13mm 时，应采用调整用水量方法测定。

3.2.4 水泥凝结时间试验

1. 试验目的

测定水泥加水至开始失去可塑性（初凝）和完全失去可塑性（终凝）所用的时间，以评定水泥的凝结硬化性能。初凝时间可以保证混凝土施工过程（即搅拌、运输、浇注、振捣）的顺利完成。终凝时间可以控制水泥的硬化及强度增长，以利于下一道施工工序的进行。

2. 主要仪器设备

凝结时间测定仪（也即维卡仪见图 3.6）、试针和试模、净浆搅拌机等。

3. 试验前准备

将圆模放在玻璃板上，在模内侧稍涂一层机油，并调整凝结时间测定仪的试针，使之接触玻璃板时，指针对准标尺的零点。

4. 试验方法及步骤

(1) 用标准稠度用水量拌制成水泥净浆，一次装入圆模，振动数次后刮平，然后放入标准养护箱内，记录水泥全部加入水中的时间作为凝结时间的起始时间。

(2) 凝结时间测定：在加水后 30min 时进行第一次测定。

① 初凝时间的测定：测定时，从养护箱内取出试模，放到试针下，使试针与净浆面接触，拧紧螺丝 1～2s 后再突然放松，试针自由垂直地沉入净浆，观察试针停止下沉或释放指针 30s 时指针的读数。当试针下沉至距离底板 4±1mm 时，即为水泥达到初凝状态。最初测定时，应轻轻扶持试针的滑棒，使之慢慢下降，以防试针撞弯，但初凝时间必以自由降落的指针读数为准。

② 终凝时间的测定：测定时，试针更换成带环形附件的终凝试针。完成初凝时间测定后，立即将试模和浆体以平移的方式从玻璃板中取下，翻转 180°，直径小端向下放在玻璃板上，再放入养护箱中继续养护。当试针沉入浆体 0.5mm，且在浆体上不留环形附件的痕迹时即为水泥达到终凝时间。当临近初凝时，每隔 5min 测定一次，临近终凝时，每

隔 15min 测定一次，到达初凝或终凝时，应立即重复测一次；整个测试过程中试针沉入的位置距试模内壁大于 10mm；每次测定不得让试针落于原针孔内，每次测定完毕，须将试模放回养护箱内，并将试针擦净。整个测试过程中试模不得受到振动。

5. 试验结果的确定

初凝时间是指：自水泥全部加入水中时起，至初凝试针沉入净浆中距离底板 4 ± 1mm 时，所需的时间即为初凝时间。终凝时间是指：自水泥全部加入水中时起，至终凝试针沉入净浆中 0.5mm，且不留环形痕迹时，所需的时间即为终凝时间。

3.2.5 安定性试验

安定性试验有标准法（雷氏夹法）和代用法（试饼法），当试验结果有争议时以雷氏夹法为准。安定性是指水泥硬化后体积变化的均匀性，体积变化的不均匀会引起水泥石膨胀、开裂或翘曲等破坏现象，从而导致工程质量事故的发生，因此必须严格禁止安定性不良的水泥用于工程建设中。

1. 主要仪器设备

沸煮箱、雷氏夹（见图 3.7）、雷氏夹膨胀值测量仪（见图 3.8）、水泥净浆搅拌机、玻璃板等。

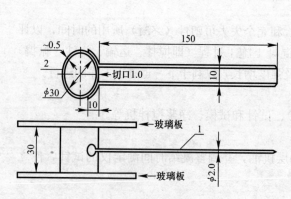

图 3.7 雷氏夹（单位：mm）

1—雷氏夹针；2—雷氏夹筒

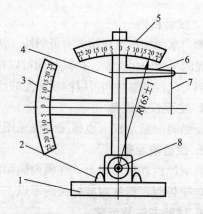

图 3.8 雷氏夹膨胀测定仪

1—底座；2—模座；3—测弹性标尺；4—立柱；
5—测膨胀值标尺；6—悬臂；7—悬丝；8—弹簧顶钮

2. 试验方法及步骤

（1）用标准稠度用水量拌制成水泥净浆，然后制作试件。

① 雷氏夹法制样：将预先准备好的雷氏夹，放在已擦过油的玻璃板上，并将已制好的标准稠度净浆一次装满雷氏夹，装模时一只手轻轻扶雷氏夹，另一只手用宽约 10mm 的小刀插捣数次，然后抹平，盖上稍涂油的玻璃板，接着将试件移至标准养护箱内养护 24 ± 2h。

② 试饼法制样：从制成的水泥净浆中取试样约 150g，分成两等份，分别制成球形，放在涂过油的玻璃板上，轻轻振动玻璃板，并用湿布擦过的小刀，由边缘向饼的中央抹动，制成直径为 70~80mm、中心厚约 10mm、边缘渐薄、表面光滑的试饼，接着将试饼放入标准养护箱内养护 24 ± 2h。

（2）调整好沸煮箱的水位，使之能在整个沸煮过程中都没过试件，并能保证在30±5min内升至沸腾并恒沸180±5min。

（3）脱去玻璃板，取下试件。

① 当采用雷氏夹法时，先测量试件指针头端间的距离（A），精确到0.5mm，接着将试件放入水中试件架上，指针朝上，试件之间互不交叉，然后在30±5min内加热至沸，并恒沸180±5min。

② 当采用试饼法时，先检查试饼是否完整，在试饼无缺陷的情况下，将取下的试饼置于沸煮箱内水中的箅板上，然后在30±5min内加热至沸，并恒沸180±5min。煮毕，将水放出，待箱内温度冷却至室温时，取出检查。

3. 结果鉴定

（1）雷氏夹法鉴定：测量试件指针头端间的距离 C，精确至0.5mm。当两个试件煮后增加距离（$C-A$）的平均值不大于5.0mm时，即安定性合格，反之为不合格。当两个试件的（$C-A$）值相差超过4mm时，应用同一样品立即重做一次试验。

（2）试饼法鉴定：目测试饼，若未发现裂缝，再用钢直尺检查也没有弯曲时，则水泥安定性合格，反之为不合格（见图3.9）。当两个试饼判别结果有矛盾时，为安定性不合格。

崩溃　　　　　　放射性龟裂　　　　　　弯曲

图3.9　安定性不合格的试饼

3.2.6　水泥胶砂强度检验

根据国家标准要求，用软练胶砂法测定水泥各龄期的强度，从而确定或检验水泥的强度等级。

1. 主要仪器设备

行星式水泥胶砂搅拌机、胶砂振实台（台面有卡具）、模套、试模（三联模）、抗折试验机、抗压试验机及抗折与抗压夹具、刮平直尺等。

2. 试验方法及步骤

（1）试验前准备

① 将试模擦净，四周模板与底座的接触面应涂黄油，紧密装配，防止漏浆，内壁均匀刷一层薄机油。

② 水泥与标准砂的质量比为1:3，水灰比为0.5。

③ 每成型三条试件需称量水泥450±2g，标准砂1350±5g。拌合用水量为225±1mL。

④ 标准砂应符合GB/T 17671—1999要求。

（2）试件成型

① 把水加入锅里，再加入水泥，把锅固定。然后立即开动机器，低速搅拌30s后，在

第二个 30s 开始的同时均匀地将砂子加入，把机器转至高速再加拌 30s。停拌 90s，在第一个 15s 内用一胶皮刮具将叶片和锅壁上的胶砂，刮入锅中间。在高速下继续搅拌 60s。各个搅拌阶段，时间误差应在 ±1s 之内。

② 将空试模和模套固定在振实台上，用一个适当勺子直接从搅拌锅里将胶砂分两层装入试模，装第一层时，每个槽内约放 300g 胶砂，用大播料器垂直架在模套顶部沿每个模槽来回一次将料层播平，接着振实 60 次。再装入第二层胶砂，用小播平器播平，再振实 60 次。

③ 从振实台上取下试模，用一金属直尺以近 90°的角度架在试模模顶的一端，然后沿试模长度方向以横向锯割动作慢慢向另一端移动，一次将超过试模部分的胶砂刮去，并用同一直尺以近乎水平的情况下将试体表面抹平。

④ 在试模上作标记或加字条表明试件编号和试件相对于振实台的位置。

⑤ 试验前和更换水泥品种时，搅拌锅、叶片等须用湿布抹擦干净。

（3）养护

① 试件编号后，将试模放入雾室或养护箱（温度 20±1℃，相对湿度大于 90%），箱内篦板必须水平，养护 20~24h 后，取出脱模，脱模时应防止试件损伤，硬化较慢的水泥允许延期脱模，但须记录脱模时间。

② 试件脱模后应立即放入水槽中养护，养护水温为 20±1℃，养护期间试件之间应留有间隙至少 5mm，水面至少高出试件 5mm，养护至规定龄期，不允许在养护期间全部换水。

（4）强度试验

1）龄期

各龄期的试件，必须在规定的 3d±45min、7d±2h、28d±2h 内进行强度测定。在强度试验前 15min 将试件从水中取出后，用湿布覆盖。

2）抗折强度测定

① 每龄期取出 3 个试件，先做抗折强度测定，测定前须擦去试件表面水分和砂粒，清除夹具上圆柱表面粘着的杂物，试件放入抗折夹具内，应使试件侧面与圆柱接触。

② 调节抗折试验机的零点与平衡，开动电机以 50±10N/S 速度加荷，直至试件折断，记录破坏荷载 F_f（N）。

③ 抗折强度按下式计算（精确至 0.1MPa）：

$$R_f = \frac{3}{2} \frac{F_f L}{bh^2} = 0.00234 F_f \tag{3-17}$$

式中　L——支撑圆柱中心距离（100mm）；

　　　b、h——试件断面宽及高均为 40mm。

④ 抗折强度的结果确定是取 3 个试件抗折强度的算术平均值；当 3 个强度值中有一个超过平均值的 ±10% 时，应予剔除，取其余两个的平均值；如有 2 个强度值超过平均值的 10% 时，应重做试验。

3）抗压强度测定

① 抗折试验后的 6 个断块，应立即进行抗压试验，抗压强度测定须用抗压夹具进行，试体受压断面为 40mm×40mm，试验前应清除试体受压面与加压板间的砂粒或杂物；试

验时，以试体的侧面作为受压面，并使夹具对准压力机压板中心。

② 开动试验机，控制压力机加荷速度为 $2400\pm200N/S$，均匀地加荷至破坏。记录破坏荷载 F_c（N）。

③ 抗压强度按下式计算（精确至 0.1MPa）。

$$R_c = \frac{F_c}{A}$$ (3-18)

式中　A——受压面积，即 40mm×40mm。

④ 抗压强度结果的确定是取一组 6 个抗压强度测定值的算术平均值；如 6 个测定值中有一个超出 6 个平均值的 $\pm10\%$，就应剔除这个结果，而以剩下 5 个的平均值作为结果；如果 5 个测定值中再有超过它们平均数 $\pm10\%$ 的，则此组结果作废。

4）试验结果鉴定

将试验及计算所得到的各标准龄期抗折和抗压强度值，对照国家规范所规定的水泥各标准龄期的强度值，来确定或验证水泥强度等级。要求各龄期的强度值均不低于规范所规定的强度值。

3.3　混凝土用砂、石试验

3.3.1　砂试验

1. 砂的取样

在料堆抽样时，将取样部位表层铲除，从料堆不同部位均匀取 8 份砂；从皮带运输机上抽样时，应用接料器在皮带运输机的机尾的出料处，定时抽取大致等量的 4 份砂；从火车、汽车和货船上取样时，应从不同部位和深度抽取大致等量的 8 份砂。分别组成一组样品。

2. 四分法缩取试样

用分料器直接分取或人工四分。将取回的砂试样在潮湿状态下拌匀后摊成厚度约 20mm 的圆饼，在其上划十字线，分成大致相等的四份，取其对角线的两份混合后，再按同样的方法持续进行，直至缩分后的材料量略多于试验所需的数量为止。

3. 检验规则

砂检验项目主要有颗粒级配、表观密度、堆积密度与空隙率、含泥量、石粉含量和泥块含量、坚固性、碱集料反应和有害物质。经检验后，其结果符合标准规定的相应要求时，可判为该产品合格，若其中一项不符合，则应从同一批品中加倍抽样对该项进行复检，复检后指标符合标准要求时，可判该类产品合格，仍不符合标准要求时，则该批产品不合格。

3.3.1.1　砂的筛分析试验

1. 目的

测定砂的颗粒级配，计算细度模数，评定砂的粗细程度。

2. 主要仪器设备

摇筛机、标准筛（孔径为 $150\mu m$、$300\mu m$、$600\mu m$、1.18mm、2.36mm、4.75mm 和

9.50mm 的方孔筛)、天平、烘箱、浅盘、毛刷和容器等。

3. 试样制备

将四分法缩取的约 1100g 试样,置于 105±5℃ 的烘箱中烘至恒重,冷却至室温后先筛除大于 9.50mm 的颗粒(并记录其含量),再分为大致相等的两份备用。

4. 试验方法及步骤

(1) 准确称取试样 500g(精确至 1g)。

(2) 将标准筛按孔径由大到小顺序叠放,加底盘后,将试样倒入最上层 4.75mm 筛内,加盖后,置于摇筛机上,摇筛 10min(也可用手筛)。

(3) 将整套筛自摇筛机上取下,按孔径大小,逐个用手于洁净的盘上进行筛分,筛至每分钟通过量不超过试样总重的 0.1% 为止,通过的颗粒并入下一号筛内并和下一号筛中的试样一起过筛。直至各号筛全部筛完为止。各筛的筛余量不得超过按下式计算出的量,超过时应按下列方法之一处理。

$$m = \frac{A \times d^{1/2}}{200} \tag{3-19}$$

式中 m——在一个筛上的筛余量(g);

  A——筛面的面积(mm^2);

  d——筛孔尺寸(mm)。

① 将该筛孔筛余量分成少于上式计算出的量,分别筛分,并以各筛余量之和为该筛孔筛的筛余量。

② 将该筛孔及小于该筛孔的筛余混合均匀后,以四分法分为大致相等的两份,取其中一份,称其质量(精确至 1g)并进行筛分。计算重新筛分的各级分计筛余量需根据缩分比例进行修正。

(4) 称量各号筛的筛余量(精确至 1g)。分计筛余量和底盘中剩余重量的总和与筛分前的试样重量之比,其差值不得超过 1%。

(5) 试验结果计算

① 分计筛余百分率——各筛的筛余量除以试样总量的百分率,精确至 0.1%。

② 累计筛余百分率——该筛上的分计筛余百分率与大于该筛的分计筛余百分率之和,精确到 1%。

5. 试验结果鉴定

(1) 级配的鉴定:用各筛号的累计筛余百分率绘制级配曲线,或对照国家规范规定的级配区范围,判定其是否都处于一个级配区内。

注:除 4.75mm 和 600μm 筛孔外,其他各筛的累计筛余百分率允许略有超出,但超出总量不应大于 5%。

(2) 粗细程度鉴定:砂的粗细程度用细度模数 M_x 的大小来判定。细度模数 M_x 按下式计算,精确至 0.01。

$$M_x = \frac{(A_2 + A_3 + A_4 + A_5 + A_6) - 5A_1}{100 - A_1} \tag{3-20}$$

式中 A_1、A_2、A_3、A_4、A_5、A_6——分别为 4.75mm、2.36mm、1.18mm、600μm、300μm、150μm 孔径筛上的累计筛余百分率。根据细度模数的大小来确定砂的粗细程度,当 M_x=3.7~3.1 时为粗砂;M_x=3.0~2.3 时为中砂;M_x=2.2~1.6 时为细砂。

（3）筛分试验应采用两个试样进行，取两次结果的算术平均值作为测定结果，精确至0.1，若两次所得的细度模数之差大于0.2，应重新进行试验。

3.3.1.2 砂的表观密度试验（容量瓶法）

1. 主要仪器设备

容量瓶（500mL）、托盘天平、干燥器、浅盘、铝制料勺、温度计、烘箱、烧杯等。

2. 试样制备

将660g左右的试样在温度为105±5℃的烘箱中烘干至恒重，并在干燥器内冷却至室温，分为大致相等的两份待用。

3. 试验方法及步骤

（1）称取烘干的试样300g（m_0），精确至1g，将试样装入容量瓶，注入冷开水至接近500mL的刻度处，摇转容量瓶，使试样在水中充分搅动，排除气泡，塞紧瓶塞。静置24h。

（2）静置后用滴管添水，使水面与瓶颈500mL刻度线平齐，再塞紧瓶塞，擦干瓶外水分，称取其质量（m_1），精确至1g。

（3）倒出瓶中的水和试样，将瓶的内外表面洗净。再向瓶内注入与前面水温相差不超过2℃，并在15～25℃范围内的冷开水至瓶颈500mL刻度线，塞紧瓶塞，擦干瓶外水分，称取其质量（m_2），精确至1g。

4. 结果计算

（1）按下式计算砂的表观密度（精确至10kg/m³）：

$$\rho'_s = \left(\frac{m_0}{m_0 - m_2 - m_1}\right) \times 1000 \quad (g/cm^3) \tag{3-21}$$

（2）表观密度应用两份试样分别测定，并以两次结果的算术平均值作为测定结果，精确至10kg/m³，如两次测定结果的差值大于20kg/m³时，应重新取样测定。

3.3.1.3 砂堆积密度试验

1. 主要仪器设备

标准容器（金属圆柱形，容积为1L）、标准漏斗（见图3.10）、台秤、铝制料勺、烘箱、直尺等。

2. 试样制备

用四分法缩取（见3.3.1"砂试验"中砂的取样方法）砂样约3L，试样放入浅盘中，将浅盘放入温度为105±5℃的烘箱中烘至恒重，取出冷却至室温，分为大致相等的两份待用。

3. 试验方法及步骤

（1）称取标准容器的质量（m_1）及测定标准容器的体积（V_0）；将标准容器置于下料漏斗下面，使下料漏斗对正中心。

（2）取试样一份，用铝制料勺将试样装入下料漏斗，打开活动门，使试样徐徐落入标准

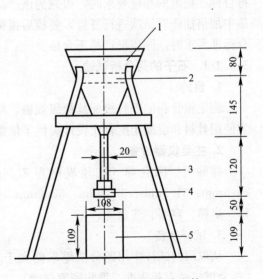

图3.10 标准漏斗与容积筒

1—漏斗；2—筛子；3—导管；

4—活动门；5—1L标准容积筒（容器升）

容器（漏斗出料口或料勺距标准容器筒口为 5cm），直至试样装满并超出标准容器筒口。

（3）用直尺将多余的试样沿筒口中心线向两个相反方向刮平，称其质量（m_2），精确至 1g。

4. 试验结果计算

（1）试样的堆积密度

按下列计算（精确至 10kg/m³）：

$$\rho'_0 = \frac{m_2 - m_1}{V_0} \tag{3-22}$$

（2）堆积密度应用两份试样测定，并以两次结果的算术平均值作为测定结果。

3.3.2 碎石或卵石试验

1. 石子的取样

在料堆抽样时，将取样部位表层铲除，从料堆不同部位均匀取大致相等的 15 份石子；从皮带运输机上抽样时，应用接料器在皮带运输机的机尾的出料处，抽取大致等量的 8 份石子；从火车、汽车和货船上取样时，应从不同部位和深度抽取大致等量的 16 份石子。分别组成一组样品。

2. 四分法缩取试样

将取石子试样在自然状态下拌匀后堆成锥体，在其上划十字线，分成大致相等的四份，取其中对角线的两份重新拌匀后，再按同样的方法持续进行，直至缩分后的材料量略多于试验所需的数量为止。

3. 检验规则

石子检验项目主要有颗粒级配、表观密度、堆积密度与空隙率、含泥量和泥块含量、针片状颗粒含量、坚固性、强度、压碎指标、碱集料反应和有害物质。经检验后，其结果符合标准规定的相应要求时，可判为该产品合格，若其中一项指标不符合，则应从同一批品中加倍抽样对该项进行复检，复检后指标符合标准要求时，可判该类产品合格，仍不符合标准要求时，则该批产品不合格。

3.3.2.1 石子的筛分析试验

1. 目的

测定粗骨料的颗粒级配及粒级规格，对于节约水泥和提高混凝土强度是有利的，同时为使用骨料和混凝土配合比设计提供了依据。

2. 主要仪器设备

摇筛机、圆孔筛（孔径规格为 2.36mm、4.75mm、9.50mm、16.0mm、19.0mm、26.5mm、31.5mm、37.5mm、53.0mm、63.0mm、75.0mm 和 90mm）、托盘天平、台秤、烘箱、容器、浅盘等。

3. 试样制备

从取回的试样中用四分法缩取略大于表 3.2 规定的试样数量，经烘干或风干后备用（所余试样做表观密度、堆积密度试验）。

4. 试验方法与步骤

（1）按表 3.2 规定称取烘干或风干试样质量 G，精确到 1g。

（2）将筛按孔径由大到小顺序叠置，然后将试样倒入上层筛中，置于摇筛机上固定，摇筛 10min。

石子筛分析所需试样的最小重量 表 3.2

最大粒径（mm）	9.5	16.0	19.0	26.5	31.5	37.5	63.0	75.0
试样质量不少于（kg）	1.9	3.2	3.8	5.0	6.3	7.5	12.6	16.0

（3）按孔径由大到小顺序取下各筛，分别于洁净的盘上手筛，直至每分钟通过量不超过试样总量的 0.1% 为止，通过的颗粒并入下一号筛中并和下一号筛中的试样一起过筛。当试样粒径大于 19.0mm 时，筛分时允许用手拨动试样颗粒，使其通过筛孔。

（4）称取各筛上的筛余量，精确至 1g。在筛上的所有分计筛余量和筛底剩余的总和与筛分前测定的试样总量相比，其相差不得超过 1%。

5. 试验结果的计算及鉴定

（1）分计筛余百分率——各号筛上筛余量除以试样总质量的百分数（精确至 0.1%）。

（2）累计筛余百分率——该号筛上分计筛余百分率与大于该号筛的各号筛上的分计筛余百分率之总和（精确至 1%）。粗骨料的各筛号上的累计筛余百分率应满足国家规范规定的粗骨料颗粒级配范围要求。

3.3.2.2 石子表观密度试验（广口瓶法）

1. 主要仪器设备

广口瓶、烘箱、天平、筛子、浅盘、带盖容器、毛巾、刷子、玻璃片等。

2. 试样制备

将试样筛去 4.75mm 以下的颗粒，用四分法缩分（此方法见 3.3.1 "砂试验"中砂的取样方法）至表 3.3 规定的数量，洗刷干净后，分成大致相等的两份备用。

表观密度试验所需试样数量 表 3.3

最大粒径（mm）	小于 26.5	31.5	37.5	63.0	75.0
最少试样质量（kg）	2.0	3.0	4.0	6.0	6.0

3. 试验方法与步骤

（1）将试样浸水饱和后，装入广口瓶中，装试样时广口瓶应倾斜放置，然后注满饮用水，用玻璃片覆盖瓶口，以上下左右摇晃的方法排除气泡。

（2）气泡排尽后，向瓶内添加饮用水，直至水面凸出到瓶口边缘，然后用玻璃片沿瓶口迅速滑行，使其紧贴瓶口水面。擦干瓶外水分后，称取试样、水、瓶和玻璃片的质量（m_1），精确至 1g。

（3）将瓶中的试样倒入浅盘中，置于 105±5℃ 的烘箱中干至恒重，取出放在带盖的容器中冷却至室温后称出试样的质量（m_0），精确至 1g。

（4）将瓶洗净，重新注入饮用水，用玻璃片紧贴瓶口水面，擦干瓶外水分后称出质量（m_2），精确至 1g。

4. 试验结果计算

（1）按下式计算石子的表观密度（精确到 10kg/m³）：

$$\rho'_R = \frac{m_0}{m_0 + m_2 - m_1}$$

（3-23）

（2）表观密度应用两份试样分别测定，并以两次结果的算术平均值作为测定结果，如两次结果之差大于20kg/m³，应重新取样试验；对颗粒材质不均匀的试样，如两次试验结果之差值超过20kg/m³，可取四次测定结果的算术平均值作为测定值。

3.3.2.3 石子堆积密度试验

1. 主要仪器设备

标准容器（根据石子最大粒径选取，见表3.4）、台秤、小铲、烘箱、直尺等。

标准容器规格

表3.4

石子最大粒径（mm）	标准容器（L）	标准容器尺寸（mm）		
		内径	净高	壁厚
9.5, 16.0, 19.0, 26.5	10	208	294	2
31.5, 37.5	20	294	294	3
53.0, 63.0, 75.0	30	360	294	4

2. 试样制备

石子取样烘干或风干后，拌匀并将试样分为大致相等的两份备用。

3. 试验方法及步骤

（1）称取标准容器的质量（m_1）及测定标准容器的体积（V_0）

（2）取一份试样，用小铲将试样从标准容器上方50mm处徐徐加入，试样自由落体下落，直至容器上部试样呈锥体且四周溢满时，停止加料。

（3）除去凸出容器表面的颗粒，并以合适的颗粒填入凹陷部分，使表面凸起部分体积和凹陷部分体积大致相等。称取总质量m_2，精确至10g。

4. 试验结果计算

（1）试样的堆积密度

按下列计算（精确至10kg/m³）：

$$\rho_0' = \frac{m_2 - m_1}{V_0}$$

（3-24）

（2）堆积密度应用两份试样测定，并以两次结果的算术平均值作为测定结果。

3.3.2.4 石子的强度试验

石料单轴抗压强度是石料标准试件吸水饱和后，在单向受压状态下破坏时的抗压强度。火成岩应不小于80MPa，变质岩应不小于60MPa，水成岩应不小于30MPa。

1. 主要仪器设备

压力试验机（量程为1000kN）、锯石机或钻石机、磨平机、游标卡尺等。

2. 试验方法及步骤

（1）用锯石机（或钻石机）从岩石试样（或岩芯）中制取边长50mm的正立方体或直径与高均为50mm的圆柱形试件，每6个试件作为一组。对有显著层理的岩石，应取两组试件（即12个），分别测定其垂直和平行于层理的抗压强度值。

（2）用游标卡尺测定试件尺寸（精确到0.1mm），对于立方体试件在顶面和底面上各量取其边长，以各个面上相互平行的两个边长的算术平均值计算面积；对于圆柱体试件在顶面和底面上各量取相互正交的两个直径，以其算术平均值计算面积。取顶面和底面面积的算术平均值作为计算抗压强度所用的截面面积。

（3）将试件泡水48h，水的深度高出试件20mm以上。

（4）试件取出，擦干表面，放在压力机上进行试验，加载速度为 0.5～1MPa/s。

（5）试件的抗压强度按下式计算（精确至 0.1MPa）：

$$R = \frac{P}{A} \tag{3-25}$$

式中　R——抗压强度（Mpa）；

　　　P——极限破坏荷载（N）；

　　　A——试件的截面面积（mm^2）。

3. 结果的评定

抗压强度取 6 个试件试验结果的算术平均值，并给出最小值，精确至 1MPa。

3.3.2.5　石子的压碎指标值试验

石子的压碎指标值用于相对地衡量石子在逐渐增加的荷载下抵抗压碎的能力。工程施工单位可采用压碎指标值进行质量控制。

1. 主要仪器设备

压力试验机（量程 300kN）、压碎值测定仪、垫棒（ϕ10mm，长 500mm）、天平（称量 1kg，感量 1g）、方孔筛（孔径分别为 2.36mm、9.50mm 和 19.0mm）。

2. 试验方法及步骤

（1）将石料试样风干。筛除大于 19.0mm 及小于 9.50mm 的颗粒，并除去针片状颗粒。

（2）称取 3 份试样，每份 3000g（m_1），精确至 1g。

（3）将试样分两层装入圆模，每装完一层试样后，在底盘下垫 ϕ10mm 垫棒，将筒按住，左右交替颠击地面各 25 次，平整模内试样表面，盖上压头。

（4）将压碎值测定仪放在压力机上，按 1kN/s 速度均匀地施加荷载至 200kN，稳定 5s 后卸载。

（5）取出试样，用 2.36mm 的筛筛除被压碎的细粒，称出筛余质量（m_2），精确至 1g。

（6）压碎指标值按下式计算，精确至 0.1%。

$$Q_e = \frac{m_1 - m_2}{m_1} \times 100 \tag{3-26}$$

式中　Q_e——压碎指标值（%）；

　　　m_1——试样的质量（g）；

　　　m_2——压碎试验后筛余的质量（g）。

以三次平行试验结果的算术平均值作为压碎指标值的测定值，精确至 1%。

3.4　混凝土掺合料试验

3.4.1　粉煤灰试验

1. 试验目的及依据

（1）试验目的

学习粉煤灰性质的检验方法，熟悉粉煤灰的主要技术性质，对其进行基本的性能参数试验。

(2) 试验、评定依据

国家标准《用于水泥和混凝土中的粉煤灰》BG/T 1596—2005、《粉煤灰混凝土应用技术规程》GBJ 146—1990、《水泥化学分析方法》GB/T 176—2008

2. 样品制备：取样与缩分

(1) 以连续供应的 200t 相同等级的粉煤灰为一批。

(2) 散装灰以每批不同部位取 15 份试样，每份不得少于 1kg，混样均匀，按四分法缩取出比试验用量大一倍的试样。

(3) 袋装灰以每批中任抽 10 袋，每袋各取试样不少于 1kg，混样均匀，按四分法缩取出比试验用量大一倍的试样。

(4) 试验总用量至少 3kg。

3.4.1.1 粉煤灰细度试验

1. 仪器设备

(1) 负压筛析仪：负压筛析仪，主要由 $45\mu m$ 方孔筛、筛座、真空源和收尘器等组成，其中 $45\mu m$ 方孔筛内径为 $\phi150mm$，高度为 25mm。

(2) 天平：量程不小于 50g，最小分度值不大于 0.01g。

2. 试验步骤

(1) 将测试用粉煤灰样品置于温度为 105～110℃ 烘干箱内烘至恒重，取出放在干燥器中冷却至室温。

(2) 称取试样约 10g，准确至 0.01g，倒入 $45\mu m$ 方孔筛筛网上，将筛子置于筛座上，盖上筛盖。

(3) 接通电源，将定时开关固定在 3min，开始筛析。

(4) 开始工作后，观察负压表，使负压稳定在 4000～6000Pa。若负压小于 4000Pa，则应停机，清理收尘器中的积灰后再进行筛析。

(5) 在筛析过程中，可用轻质木棒或硬橡胶棒轻轻敲打筛盖，以防吸附。

(6) 3min 后筛析自动停止，停机后观察筛余物，如出现颗粒成球、粘筛或有细颗粒沉积在筛框边缘，用毛刷将细颗粒轻轻刷开，将定时开关固定在手动位置，再筛析 1～3min 直至筛分彻底为止，将筛网内的筛余物收集并称量，准确至 0.01g。

3. 结果计算

$45\mu m$ 方孔筛筛余按式（3-27）计算，计算精确至 0.1%。

$$F = \frac{G_1}{G} \times 100 \qquad (3-27)$$

式中　F——$45\mu m$ 方孔筛筛余（%）；

　　G_1——筛余物的质量（g）；

　　G——称取试样的质量（g）。

4. 筛网的校正

筛网的校正采用粉煤灰细度标准样品或其他同等级标准样品，筛网校正系数按下式计算：

$$K = \frac{m_0}{m} \qquad (3-28)$$

式中 K——筛网校正系数；

m_0——标准样品筛余标准值（%）；

m——标准样品筛余实测值（%）。

计算至 0.1。

注：①筛网校正系数范围为 0.8～1.2。②筛析 150 个样品后进行筛网的校正。

3.4.1.2 粉煤灰需水量比试验

1. 仪器设备

（1）天平：量程不小于 1000g，最小分度值不大于 1g。

（2）搅拌机：符合 GB/T 17671—1999 规定的行星式水泥胶砂搅拌机。

（3）流动度跳桌：符合 GB/T 2419 规定。

2. 试验步骤

（1）胶砂配比按表 3.5。

粉煤灰需水量比胶砂配比 表 3.5

胶砂种类	水泥（g）	粉煤灰（g）	标准砂（g）	加水量（mL）
对比胶砂	250	—	750	125
试验胶砂	175	75	750	按流动度达到 130～140mm 调整

（2）试验胶砂按 GB/T 17671 规定进行搅拌。

（3）搅拌后的试验胶砂按 GB/T 2419 测定流动度，当流动度在 130～140mm 范围内，记录此时的加水量；当流动度小于 130mm 或大于 140mm 时，重新调整加水量，直至流动度达到 130～140mm 为止。

3. 结果计算

需水量比按下式计算：

$$X = \frac{L_1}{G} \times 100 \tag{3-29}$$

式中 X——需水量比（%）；

L_1——试验胶砂流动度达到 130～140mm 时的加水量（mL）；

G——对比胶砂的加水量（mL）。

计算至 1%。

3.4.1.3 粉煤灰活性指数试验

1. 仪器设备

天平、搅拌机、振实台或振动台、抗压强度试验机等均应符合 GB/T 17671—1999 规定。

2. 试验步骤

（1）胶砂配比按表 3.6。

粉煤灰活性指数试验胶砂配比 表 3.6

胶砂种类	水泥（g）	粉煤灰（g）	标准砂（g）	水（mL）
对比胶砂	450	—	1350	225
试验胶砂	315	135	1350	225

（2）将对比胶砂和试验胶砂分别按 GB/T 17671 规定进行搅拌、试体成型和养护。

（3）试体养护至 28d，按 GB/T 17671 规定分别测定对比胶砂和试验胶砂的抗压强度。

3. 结果计算

活性指数按下式计算：

$$H_{28} = \frac{R}{R_0} \times 100 \tag{3-30}$$

式中 H_{28}——活性指数（%）；

     R——试验胶砂 28d 抗压强度（MPa）；

     R_0——对比胶砂 28d 抗压强度（MPa）。

计算至 1%。

注：对比胶砂 28d 抗压强度也可取 GSB 14—1510 强度检验用水泥标准样品给出的标准值。

3.4.1.4 烧失量试验

1. 试验方法

试样在 $950 \pm 25℃$ 的高温炉中灼烧，驱除二氧化碳中的水分，同时将存在的易氧化的元素氧化，通常矿渣硅酸盐水泥应对由硫化物的氧化引起的烧失量的误差进行校正，而其他元素的氧化引起的误差一般可忽略不计。

2. 分析步骤

称取约 1g 试样（G_1），精确至 0.0001g，放入已燃烧恒量的瓷坩埚中，将盖斜置于坩埚上，放在高温炉（能控制温度）内，从低温开始逐渐升高温度至 $950 \pm 25℃$ 下灼烧 15～20min，取出坩埚置于干燥器（内装变色硅胶）中，冷却至室温，称量。反复灼烧，直至恒量 G_2。

3. 结果的计算与表示

烧失量的质量分数 S 按下式计算：

$$S = (G_1 - G_2)/G_1 \times 100 \tag{3-31}$$

式中 S——烧失量的质量分数（%）；

     G_1——试料的质量（g）；

     G_2——灼烧后试料的质量（g）。

3.4.1.5 三氧化硫测试

1. 试验方法

试样经盐酸溶解，在 pH 值为 2 的溶液中，加入过量铬酸钡，生成与硫酸根等物质的量的铬酸银。在微碱性条件下，使过量的铬酸钡重新析出。干过滤后在波长 420mm 处测定游离铬酸银离子的吸光度。试样中除硫化物和硫酸盐外，还有其他状态的硫存在时，将给测定结果造成误差。

2. 分析步骤

称取约 0.5g 试样（M_{11}），精确至 0.0001g，置于 200mL 烧杯中，加入约 40mL 水，搅拌使试样完全分散，在搅拌下加入 10mL 盐酸（1+1），用平头玻璃棒压碎块状物，加热煮沸并保持微沸 5 ± 0.5min。用中速滤纸过滤，用热水洗涤 10～12 次，滤液及洗涤液收集于 400mL 烧杯中。加水稀释至约 250mL，玻璃棒底部压一小片定量滤纸，盖上表面皿，加热煮沸，在微沸下从杯口缓慢逐滴加入 10mL 热的氯化钡溶液（将 100g 氯化钡溶于水中，加水稀释至 1L），继续微沸 3min 以上使沉淀良好地形成，然后在常温下静置 12～24h 或温热处静置至少 4h（仲裁分析应在常温下静置 12～24h），此时溶液体积应保持在约 200mL。用慢速定量滤纸过滤，以温水洗涤，直至检验无氯离子为止。将沉淀及滤纸一并移入已灼烧恒量的瓷坩埚中，灰化完全后，放入 800～950℃ 的高温炉中（隔焰加热炉，在炉膛外围进行电阻加热）内灼烧 30min，取出坩埚，置于干燥器（内装变色硅胶）中冷却至室温，称量。反复灼烧，直至恒量 M_{12}。

3. 结果的计算与表示

试样中的三氧化硫的质量 W_{SO_3} 按下式计算：

$$W_{SO_3} = (M_{11} - M_{12})/M_{11} \qquad (3\text{-}32)$$

式中　W_{SO_3}——三氧化硫的质量分数（％）；

　　　M_{12}——灼烧后沉淀的质量（g）；

　　　M_{11}——试料的质量（g）。

3.4.1.6　游离氧化钙测试试验

1. 溶液制备

（1）无水乙醇：含量不低于 99.5％。

（2）氢氧化钠-无水乙醇溶液（0.4g/L）：将 0.4g 氢氧化钠溶于 100mL 无水乙醇中。

（3）甘油无水乙醇溶液：将 500mL 丙三醇与 1000mL 无水乙醇混合，加入 0.1g 酚酞，混匀，用氢氧化钠-无水乙醇溶液中和至微红色。储存至干燥密封的瓶中，防止吸潮。

（4）苯甲酸-无水乙醇标准滴定溶液：称取 12.2g 已在干燥器中干燥 24h 后的苯甲酸溶于 1000mL 无水乙醇中，储存于带胶塞（装有硅胶干燥管）的玻璃瓶中。

2. 检验方法

在加热搅拌下，以硝酸锶为催化剂，使试样中的游离氧化钙与甘油作用生成弱碱性的甘油钙，以酚酞为指示剂，用苯甲酸无水乙醇标准滴定溶液滴定。

3. 试验步骤

（1）苯甲酸-无水乙醇标准滴定溶液对氧化钙滴定度的标定，取一定量碳酸钙置于瓷坩埚中，在 950±25℃ 下灼烧至恒量，从中称取 0.04g 氧化钙，精确至 0.0001g，置于 250mL 干燥的锥形瓶中，加入 30mL 甘油无水乙醇溶液，加入约 1g 硝酸锶，放入一根搅拌子，装上冷凝管，置于游离氧化钙测定仪上，以适当的速度搅拌溶液，同时升温并加热煮沸，在搅拌下微沸 10min 后，取下锥形瓶，立即用苯甲酸-无水乙醇标准滴定溶液滴定至微红色消失。再装上冷凝管继续在搅拌下煮沸至红色出现，再取下滴定。如此反复操作，直至在加热 10min 后不出现红色为止。

（2）称取 0.5g 试样，精确至 0.0001g，置于 250mL 干燥的锥形瓶中，加入 30mL 甘油-无水乙醇溶液，加入约 1g 硝酸锶，放入一根搅拌子，装上冷凝管，置于游离氧化钙测定仪上，以适当的速度搅拌溶液，同时升温并加热煮沸，在搅拌下微沸 10min 后，取下锥形瓶，立即用苯甲酸-无水乙醇标准滴定溶液滴定至微红色消失。再装上冷凝管，继续在搅拌下煮沸至红色出现，再取下滴定。如此反复操作，直至在加热 10min 后不出现红色为止。

4. 计算公式

（1）苯甲酸-无水乙醇标准滴定溶液对氧化钙的滴定度按下式计算：

$$T_{CaO} = (m_1 \times 1000)/V_1 \tag{3-33}$$

式中 T_{CaO}——苯甲酸-无水乙醇标准滴定溶液对氧化钙的滴定度（mg/mL）；

m_1——氧化钙的质量（g）；

V_1——滴定时消耗苯甲酸-无水乙醇标准滴定溶液的总体积（mL）。

（2）游离氧化钙的质量百分数

X_{fCaO} 按下式计算：

$$X_{fCaO} = T_{CaO} \times V_2 \times 100/(m_2 \times 1000) = (T_{CaO} \times V_2 \times 0.1)/m_2 \tag{3-34}$$

式中 X_{fCaO}——游离氧化钙的质量百分数（%）；

T_{CaO}——每毫升苯甲酸-无水乙醇标准滴定溶液相当于氧化钙的滴定度（mg/mL）；

V_2——滴定时消耗苯甲酸-无水乙醇标准滴定溶液的总体积（mL）；

m_2——试料的质量（g）。

3.4.2 矿渣粉试验

1. 试验目的及依据

（1）试验目的

学习矿渣粉性质的检验方法，熟悉矿渣粉的主要技术性质，对其进行基本的性能参数试验。

（2）试验、评定依据

《用于水泥和混凝土中的粒化高炉矿渣粉》GB/T 18046—2008、《水泥化学分析方法》GB/T 176—2008

2. 样品制备

矿渣出厂前按照同等级编号并取样，每一编号为一个取样单位。编号钢铁厂年产矿渣量规定：

（1）150 万 t 以上不超过 5000t 为一编号；

（2）100 万 t～150 万 t 不超过 4000t 为一编号；

（3）50t～100 万 t，不超过 2000 万 t 为一编号；

（4）50 万 t 以下，1000t 为一编号。

水泥厂以接受每一编号矿渣粉为一取样单位，矿渣检测每 200t 为一批进行取样，取样应有代表性，可连续取，亦可从 20 个以上不同部位等量试验约 20kg，混合后用四分法进行缩分至 5kg。

3.4.2.1 矿粉烧失量检测

1. 仪器设备

（1）精密天平

（2）箱式电磁炉

（3）瓷坩埚

（4）干燥器

2. 试验步骤

（1）用精密天平称量瓷坩埚质量，打开箱式电磁炉把瓷坩埚（带盖）放入电磁炉中，且将盖斜放在瓷坩埚上加热到 950～1000℃。

（2）取出瓷坩埚置于干燥器中冷却至室温称量其重量并记录，再次将瓷坩埚放入电磁炉中加热至 950～1000℃，冷却至常温称其质量，重复以上操作直至瓷坩埚质量恒定，记录瓷坩埚最终质量。

（3）将矿粉放入已经测量质量的瓷坩埚中称其质量并记录，将装有矿粉的瓷坩埚放入箱式电阻炉中，在 650～750℃下灼烧 15min，取出坩埚置于干燥器中冷却至室温称量其质量，反复重复以上操作直至恒量并记录最终结果。

3. 计算矿粉的烧失量

烧失量的质量分数 W 按式（3-35）计算：

$$W = (M_7 - M_8)/M_7 \times 100 \tag{3-35}$$

式中　W——烧失量的质量分数（%）；

　　　M_7——试料的质量（g）；

　　　M_8——灼烧后试料的质量（g）。

3.4.2.2 矿渣粉的比表面积试验检测

1. 仪器设备

（1）Blaine 透气仪，由透气圆筒、压力计、抽气装置等三部分组成。

（2）透气圆筒，内径为 12.70±0.05mm，由不锈钢制成。圆筒内表面的光洁度为△6，圆筒的上口边应与圆筒主轴垂直，圆筒下部锥度应与压力计上玻璃磨口锥度一致，二者应严密连接。在圆筒内壁，距离圆筒上口边 55±10mm 处有一突出的宽度为 0.5～1mm 的边缘，以放置金属穿孔板。

（3）穿孔板由不锈钢或其他不受腐蚀的金属制成，厚度为 0.1～1mm。在其面上，等距离地打有 35 个直径 1mm 的小孔，空孔板应与圆筒内壁密合。穿孔板两平面应平行。

（4）捣器用不锈钢制成，插入圆筒时，其间隙不大于 0.1mm。捣器的底面应与主轴垂直，侧面有一个扁平槽，宽度 3.0±0.3mm。捣器的顶部有一个支持环，当捣器放入圆筒时，支持环与圆筒上口边接触，这时捣器底面与穿孔圆板之间的距离为 15.0±0.5mm。

（5）压力计为 U 形压力计，由外径为 9mm 的具有标准厚度的玻璃管制成。压力计一个臂的顶端有一锥形磨口与透气圆筒紧密连接，在连接透气圆筒的压力计臂上刻有环形线。从压力计底部往上 280～300mm 处有一个出口管，管上装有一个阀门，连接抽气装置。

（6）抽气装置用小型电磁泵，也可用抽气球。

（7）滤纸采用符合国家标准的中速定量滤纸。

（8）分析天平分度值为 1mg。

（9）计时秒表精确读到 0.5s。

（10）烘干箱。

2. 材料

（1）压力计：液体压力计的液体采用带有颜色的蒸馏水。

（2）基准材料：采用标准试样。

3. 仪器校准

（1）漏气检查

将透气圆筒上口用橡皮塞塞紧，接到压力计上。用抽气装置从压力计一臂中抽出部分气体，然后关闭阀门，观察是否漏气。如发现漏气，用活塞油脂加以密封。

（2）试料层体积的测定

用水银排代法将两片滤纸沿圆筒壁放入透气圆筒内，用一直径比透气圆筒略小的细长棒往下按，直到滤纸平整放在金属的空孔板上。然后装满水银，用一小块薄玻璃板轻压水银表面，使水银面与圆筒口平齐，并须保证在玻璃板和水银表面之间没有气泡或空洞存在。从圆筒中倒出水银，称量，精确至 0.05g。重复几次测定，到数值基本不变为止。然后从圆筒中取出一片滤纸，试用约 3.3g 的水泥，压实水泥层。再在圆筒上部空间注入水银，同上述方法除去气泡、压平、倒出水银称量，重复几次，直到水银称量值相差小于 50mg 为止。

注：应制备坚实的矿渣粉层。如太松或矿渣粉不能压到要求体积时，应调整矿渣粉的试用量。

圆筒内试料层体积 V 按式（3-36）计算，精确到 $0.005cm^3$。

$$V = (P_1 - P_2)/\rho_{水银} \tag{3-36}$$

式中　V——试料层体积（cm^3）；

　　　P_1——未装矿渣粉时，充满圆筒的水银质量（g）；

　　　P_2——装矿渣粉后，充满圆筒的水银质量（g）；

　　　$\rho_{水银}$——试验温度下水银的密度（g/cm^3）。

试料层体积的测定，至少应进行两次。每次应单独压实，取两次数值相差不超过 $0.005cm^3$ 的平均值，并记录测定过程中圆筒附近的温度。每隔一季度至半年应重新校正试料层体积。

4. 试验步骤

（1）试样准备

① 将 110±5℃下烘干并在干燥器中冷却到室温的标准试样，倒入 100mL 的密闭瓶内，用力摇动 2min，将结块成团的试样振碎，使试样松散。静置 2min 后，打开瓶盖，轻轻搅拌，使在松散过程中落到表面的细粉，分布到整个试样中。

② 矿渣粉试样，应先通过 0.9mm 方孔筛，再在 110±5℃下烘干，并在干燥器中冷却至室温。

③ 确定试样量

校正试验用的标准试样量和被测定矿渣粉的质量，应达到在制备的试料层中空隙率为 0.500±0.005，计算式为：

$$W = \rho V - (1-\varepsilon) \tag{3-37}$$

式中　W——需要的试样量（g）；

　　　ρ——试样密度（g/cm^3）；

　　　V——测定的试料层体积（cm^3）；

　　　ε——试料层空隙率。

注：空隙率是指试料层中孔的容积与试料层总的容积之比，一般矿渣粉采用 0.500±0.005。

④ 试料层制备

将穿孔板放入透气圆筒的突缘上，用一根直径比圆筒略小的细棒把一片滤纸送到穿孔板上，边缘压紧。按要求称取矿渣粉量，精确到 0.001g，倒入圆筒。轻敲圆筒的边，使矿渣粉层表面平坦。再放入一片滤纸，用捣器均匀捣实试料直至捣器的支持环紧紧接触圆筒顶边并旋转两周，慢慢取出捣器。

注：穿孔板上的滤纸，应是与圆筒内径相同、边缘光滑的圆片。穿孔板上滤纸片如比圆筒内径小时，会有部分试样粘于圆筒内壁高出圆板上部；当滤纸直径大于圆筒内径时会引起滤纸片皱起使结果不准。每次测定需用新的滤纸片。

（2）透气试验

① 把装有试料层的透气圆筒连接到压力计上，要保证紧密连接不至漏气，并不振动所制备的试料层。

注：为避免漏气，可先在圆筒下锥面涂一薄层活塞油脂，然后把它插入压力计顶端锥形磨口处，旋转两周。

② 打开微型电磁泵慢慢从压力计一臂中抽出空气，直到压力计内液面上升到扩大部下端时关闭阀门。当压力计内液体的凹月面下降到第一个刻线时开始计时，当液体的凹月面下降到第二条刻线时停止计时，记录液面从第一条刻度线到第二条刻度线所需的时间，以秒计，并记下试验时的温度（℃）。

5. 结果计算

（1）当被测物料的密度、试料层中空隙率与标准试样相同，试验时温差≤3℃时，可按下式计算：

$$S = \frac{S_s \sqrt{t}}{\sqrt{t_s}} \tag{3-38}$$

如试验时温差大于±3℃时，则按下式计算：

$$S = \frac{S_s \sqrt{t} \sqrt{\eta_s}}{\sqrt{t_s} \sqrt{\eta}} \tag{3-39}$$

式中　S——被测试样的比表面积（cm^2/g）；

　　　S_s——标准试样的比表面积（cm^2/g）；

　　　t——被测试样试验时，压力计中液面降落测得的时间（s）；

　　　t_s——标准试样试验时，压力计中液面降落测得的时间（s）；

　　　η——被测试样试验温度下的空气黏度（Pa·s）；

　　　η_s——标准试样试验温度下的空气黏度（Pa·s）。

（2）当被测试样的试料层中空隙率与标准试样试料层中空隙率不同，试验时温差≤±3℃时，可按下式计算：

$$S = \frac{S_s \sqrt{t} (1-\varepsilon_s) \sqrt{\varepsilon^3}}{\sqrt{t_s} (1-\varepsilon) \sqrt{\varepsilon_s^3}} \tag{3-40}$$

如试验时温差大于±3℃时，则按下式计算：

$$S = \frac{S_s \sqrt{t} (1-\varepsilon_s) \sqrt{\varepsilon^3} \sqrt{\eta_s}}{\sqrt{t_s} (1-\varepsilon) \sqrt{\varepsilon_s^3} \sqrt{\eta}} \tag{3-41}$$

式中　ε——被测试样试料层中的空隙率；

　　　ε_s——标准试样试料层中的空隙率。

（3）当被测试样的密度和空隙率均与标准试样不同，试验时温差≤±3℃时，可按下式计算：

$$S = \frac{S_s \sqrt{t}(1-\varepsilon_s) \sqrt{\varepsilon^3} \rho_s}{\sqrt{t_s}(1-\varepsilon) \sqrt{\varepsilon_s^3} \rho} \qquad (3\text{-}42)$$

如试验时温度相差大于±3℃时，则按下式计算：

$$S = \frac{S_s \sqrt{t}(1-\varepsilon_s) \sqrt{\varepsilon^3} \rho_s \sqrt{\eta_s}}{\sqrt{t_s}(1-\varepsilon) \sqrt{\varepsilon_s^3} \rho \sqrt{\eta}} \qquad (3\text{-}43)$$

式中 ρ——被测试样的密度（g/cm³）；

ρ_s——标准试样的密度（g/cm³）。

（4）水泥比表面积应由两次透气试验结果的平均值确定。如两次试验结果相差 2% 以上时，应重新试验。计算应精确至 10cm²/g，10cm²/g 以下的数值按四舍五入计。以 cm²/g 为单位算得的比表面积值算为 m²/kg 单位时，需乘以系数 0.1。

3.4.2.3　矿渣粉流动度比与活性指数试验

1. 仪器设备

天平、搅拌机、振实台或振动台、抗压强度试验机等均应符合 GB/T 17671—1999 规定。

2. 试验步骤

（1）矿渣粉活性指数试验胶砂配比按表 3.7。

（2）将对比胶砂和试验胶砂分别按 GB/T 17671 规定进行搅拌、试体成型和养护。

（3）试体养护至 28d，按 GB/T 17671 规定分别测定对比胶砂和试验胶砂的抗压强度。

矿渣粉活性指数试验胶砂配比　　　　　　　　　表 3.7

胶砂种类	水泥（g）	矿渣粉（g）	标准砂（g）	水（mL）
对比胶砂	450	0	1350	225
试验胶砂	225	225	1350	225

3. 结果计算

（1）活性指数按下式计算：

$$H_{28} = \frac{R}{R_0} \times 100 \qquad (3\text{-}44)$$

式中 H_{28}——活性指数（%）；

R——试验胶砂 28d 抗压强度（MPa）；

R_0——对比胶砂 28d 抗压强度（MPa）。

计算至 1%。

注：对比胶砂 28d 抗压强度也可取 GSB 14—1510 强度检验用水泥标准样品给出的标准值。

（2）矿渣粉流动度比按下式计算：

$$F = L \times 100/L_0 \qquad (3\text{-}45)$$

式中 F——流动度比（%）；

L——试验砂浆流动度（mm）；

L_0——对比胶砂流动度（mm）。

计算结果精确至 1%。

3.5 聚羧酸高效减水剂试验

1. 试验目的及依据

（1）试验目的

学习聚羧酸性质的检验方法，对其进行基本的性能参数试验。

（2）试验评定依据

国家标准《聚羧酸系高性能减水剂》JG 223—2007、《高强高性能混凝土矿物外加剂》GB/T 18736—2002、《混凝土外加剂均质性试验方法》GB/T 8077—2012、《混凝土外加剂》GB 8076—2009

2. 样品制备——取样与缩分

（1）同一品种的聚羧酸系高性能减水剂，每100t为一批，不足100t也作为一批。

（2）取样应具有代表性。

（3）每一批号取样量不少于0.2t水泥所需用的聚羧酸系高性能减水剂量。

（4）每一批号取得的试样应充分混匀，分为两等份。一份按本标准规定方法与项目进行试验，另一份要密封保存6个月，以备有争议时提交国家指定的检验机关进行复验或仲裁。如生产和使用单位同意，复验或仲裁也可使用现场取样。

3.5.1 外加剂均质性试验

3.5.1.1 固含量试验

1. 仪器设备

（1）天平：不应低于四级，精确至0.001g。

（2）鼓风电热恒温干燥箱：温度范围0～200℃。

（3）带盖称量瓶：25mm×65mm。

（4）干燥器：内盛变色硅胶。

2. 试验步骤

（1）将洁净带盖称量瓶放入烘箱内，于100～105℃烘30min，取出置于干燥器内，冷却30min后称量，重复上述步骤直至恒重，其质量为 m_0。将被测试样装入已经恒重的称量瓶内，盖上盖称出试样及称量瓶的总质量为 m_1。

（2）试样称量：固体产品10000～20000g；液体产品30000～50000g。将盛有试样的称量瓶放入烘箱内，开启瓶盖，升温至100～105℃烘干，盖上盖置于干燥器内冷却30min后称量，重复上述步骤直至恒重，其质量为 m_2。

3. 结果计算

固体物含量按下式计算：

$$X = (m_1 - m_0)/(m_2 - m_0) \times 100 \tag{3-46}$$

式中　m_0——称量瓶的质量（g）；

m_1——称量瓶加试样的质量（g）；

m_2——称量瓶加烘干后试样的质量（g）。

固体含量试验结果取三个试样测定数据的平均值并精确到 0.1mg。

3.5.1.2 密度试验

1. 仪器设备

（1）比重瓶：25mL 或 50mL，见图 3.11。

（2）分析天平：称量 200g，分度值 0.1mg。

（3）干燥器：内盛变色硅胶。

（4）鼓风电热恒温干燥箱：0～200℃。

（5）超级恒温器。

图 3.11　比重瓶

2. 试验步骤

（1）比重瓶容积的校正

比重瓶依次用水、乙醇、丙酮和乙醚洗涤并吹干，塞子连瓶一起放入干燥器内，取出称量比重瓶之自重为 m_1，直至恒重。然后将预先煮沸并经冷却的蒸馏水装入瓶中，塞上塞子，使多余的水分从塞子毛细管流出，用吸水纸吸干瓶外的水。注意不能让吸水纸吸出塞子毛细管里的水，水要保持与毛细管上口相平，立即在天平上称出比重瓶装满水后的质量 m_2。

比重瓶在 20℃时容积 V 按下式计算：

$$V = \frac{m_2 - m_1}{0.9982} \tag{3-47}$$

式中　m_1——干燥的比重瓶质量（g）；

　　　m_2——比重瓶盛满 20℃水的质量（g）；

　　0.9982——20℃时纯水的密度（g/mL）。

注：V 值校正后的比重瓶，在一段时间内使用时，可不必每次都作校正。

（2）外加剂溶液密度 ρ 的测定

将已校正 V 值的比重瓶洗净、干燥、灌满被测溶液，塞上塞子后浸入 20±1℃超级恒温器内，恒温 20min 后取出，用吸水纸吸干瓶外的水及由毛细管溢出的溶液后，在天平上称出比重瓶装满外加剂溶液后的质量为 m_3。

3. 结果计算

外加剂溶液的密度按下式计算：

$$\rho = \frac{m_3 - m_1}{V} = \frac{m_3 - m_1}{m_2 - m_1} \times 0.9982 \tag{3-48}$$

式中　ρ——20℃时外加剂溶液密度（g/mL 或 kg/m³）；

　　　V——20℃时比重瓶的容积（mL）；

　　　m_1——空比重瓶的质量（g）；

　　　m_2——比重瓶装满 20℃水后的质量（g）；

　　　m_3——比重瓶装满 20℃外加剂溶液后的质量（g）；

　　0.9982——20℃时纯水的密度（g/mL）。

试验结果取三个试样测定数据的平均值，精确到 0.0001g/mL。

3.5.1.3 细度试验

1. 仪器设备

（1）药物天平

（2）试验筛：采用孔径为 0.15～0.32mm 的铜丝网筛布。筛框有效直径 150mm、高

50mm。筛布应紧绷在筛框上，接缝必须严密，并附有筛盖。

2. 试验步骤

外加剂试样应充分拌匀并经 $100\sim105\,°C$ 烘干，称取烘干试样 10g 倒入筛内，用人工筛样，将近筛完时，必须一手执筛往复摇动，一手拍打，摇动速度每分钟约 120 次。其间，筛子应向一定方向旋转数次，使试样分散在筛布上，直至每分钟通过不超过 0.05g 时为止。称量筛余物，称准至 0.1g。

3. 结果计算

细度按下式计算：

$$筛余(\%) = \frac{m_1}{m_0} \times 100 \tag{3-49}$$

式中　m_1——筛余物质量（g）；

　　　m_0——试样质量（g）。

注：试验筛必须保持干燥、洁净，定期检查、校正。

3.5.1.4　pH 值试验

1. 仪器设备

（1）酸度计；

（2）甘汞电极；

（3）玻璃电极。

2. 试验步骤

（1）溶液配制

配制 1%、5% 浓度的外加剂溶液。

（2）电极安装

先把电极夹子夹在电极杆上，然后将已在蒸馏水中浸泡 24h 的玻璃电极和某汞电极夹在电极夹上，并适当地调整两支电极的高度和距离，将两支电极的插头引出线分别正确地全部插入插孔，以便紧固在接线柱上。

3. 校正

将适量的标准缓冲溶液注入试杯，将两支电极浸入溶液。

将温度补偿器调至在被测缓冲液的实际温度位置上。按下读数开关，调节读数校正器，使电表指针指在标准溶液的 pH 值位置。复按读数开关，使其处在开放位置，电表指针应退回到 pH=7 处。

校正至此结束，以蒸馏水冲洗电极，校正后切勿再旋转校正调节器，否则必须重新校正。

4. 测量

（1）手执滤纸片的一端用另一端轻轻地将附于电极上的剩余溶液吸干，或用被测溶液洗涤电极，然后将电极浸入被测溶液中轻轻摇动试杯，使溶液均匀。

（2）温度器拨在被测溶液的温度 $20\pm3\,°C$ 位置，按下读数开关，电表指针所指示的值即为溶液的 pH 值。

（3）测量完毕后，复按读数开关，使电表指针退回 pH=7 位置，用蒸馏水冲洗电极，以待下次测量。

5. 测试结果

测试结果取三个试样测定数据的平均值，精确至 0.1。

3.5.1.5 表面张力试验

1. 仪器设备

（1）自动界面张力仪；

（2）分析天平（称量 200g，分度值 0.1mg），见图 3.12。

2. 试验步骤

（1）用比重瓶或液体比重天平测定该外加剂溶液密度。

（2）测量之前，铂环和玻璃器皿应很好地进行清洗和彻底去掉油污。

（3）空白试验用无水乙醇做标样，测定器表面张力测定值与理论值之差不得超过 0.5mN/m。

（4）被测液体导入准备好的玻璃杯中 20～25mm 高，将其放在仪器托盘的中间位置上。

图 3.12　分析天平

（5）按下操作面板上的"上升"按钮，铂环与被测溶液接触，并使铂环浸入液体 5～7mm。

（6）按下"停止"按钮，再按"下降"按钮，托盘和被测液体开始下降。

（7）直至环被拉脱离开液面，记录显示器上的最大值 P。

3. 结果计算

（1）溶液表面张力 σ 按下式计算：

$$\sigma = F \cdot P \tag{3-50}$$

校正因子 F 按下式计算：

$$F = 0.7250 + \sqrt{\frac{0.01452P}{C^2(\rho - \rho_0)} + 0.04534 - \frac{1.679}{R/r}} \tag{3-51}$$

式中　σ——溶液的表面张力（mN/m）；

P——游标盘上读数（mN/m）；

C——铂环周长 $2\pi R$（cm）；

R——铂环内半径和铂丝半径之和（cm）；

ρ_0——空气密度（g/mL）；

ρ——被测溶液密度（g/mL）；

r——铂丝半径（cm）。

（2）试样数量不应少于三个，每个试样测定不少于三次，结果取平均值。

（3）在相同操作人员和相同仪器条件下误差不得大于平均值的 2%，在不同操作人员和不同仪器条件下误差不得大于平均值的 5%。

3.5.1.6 氯离子含量试验

1. 仪器设备

（1）电位测定仪或酸度计；

（2）银电极；

（3）某汞电极；

(4) 电磁搅拌器；

(5) 滴定管（25mL）；

(6) 移液管（10mL）。

2. 试剂

(1) 称取约 10g 分析纯氯化钠，盛在称量瓶中，于 130～150℃烘干 2h，在干燥器内冷却后精确称取 5.8443g，用蒸馏水溶解并稀释至 1L，摇匀。

(2) 称取 17g 分析纯固体 $AgNO_3$，用蒸馏水溶解，放入 1L 棕色容量瓶中稀释至刻度，摇匀，用 0.1000N 氯化钠标准溶液对硝酸银溶液进行标定。

(3) 标定硝酸银溶液：

用移液管吸取 10mL 0.1000N 的氯化钠标准溶液于烧杯中，加蒸馏水稀释至 200mL，加 4mL 1∶1 硝酸，在电磁搅拌下，用硝酸银溶液以电位滴定法测定终点，过等当点后，在同一溶液中再加入 0.1000N 氯化钠标准溶液 10mL，继续用硝酸银溶液滴定至第二个终点，用二次商法计算出硝酸银消耗的体积 V_{01}、V_{02}。

V_0 为 10mL 0.1000mol/L 氯化钠消耗硝酸银的体积，按下式计算：

$$V_0 = V_{02} - V_{01} \tag{3-52}$$

硝酸银溶液的浓度按下式计算：

$$N = \frac{N'V'}{V_0} \tag{3-53}$$

式中　N——硝酸银溶液的当量浓度（N）；

　　　N'——氯化钠标准溶液当量浓度（N）；

　　　V'——氯化钠标准溶液体积（mL）；

　　　V_0——消耗硝酸银溶液的体积（mL）。

(4) 硝酸：分析纯（1∶1）。

(5) 饱和硝酸铵溶液：分析纯。

(6) 氯化钾：分析纯。

3. 试验步骤

(1) 准确称取外加剂试样 0.5000～5.000g，放入烧杯中，加 200mL 蒸馏水和 4mL (1∶1) 硝酸，使溶液呈酸性，搅拌至完全溶解，如不能完全溶解，可用快速定性滤纸过滤，并用蒸馏水洗涤残渣至无氯离子为止。

(2) 用移液管加入 10mL 的 0.1000N 的氯化钠标准溶液，烧杯内加入电磁搅拌子，将烧杯放在电磁搅拌机上，开动搅拌并插入银电极及某汞电极，两电极与电位计或酸度计相连接，用 0.1mol/L 硝酸银溶液缓慢滴定，记录电势和对应的滴定管读数。

由于接近等当点时，电势增长很快，此时要缓慢滴加硝酸银溶液，每次定量加入 0.1mL，当电势发生突变，表示等当点已过，此时继续滴入硝酸银溶液，直至电势趋向变化平缓。得到第一个终点时硝酸银溶液消耗体积 V_1。

(3) 在同一溶液中，用移液管再加入 10mL 0.1000N 氯化钠标准溶液（此时溶液电势降低），继续用硝酸银溶液滴定，直至第二个等当点出现，记录电势和对应的 0.1mol/L 硝酸银溶液消耗的体积 V_2。

(4) 空白试验：在干净的烧杯中加入 200mL 蒸馏水和 4mL (1∶1) 硝酸，用移液管加入 10mL 的 0.1000N 氯化钠标准溶液，在不加入试样的情况下，在电磁搅拌下，缓慢滴加硝酸银溶液，记录电势，再加入氯化钠标准溶液 10mL，继续用 0.1mol/L 硝酸银溶液滴定至第二个终点，用二次微商法计算出硝酸银消耗的体积 V_{01} 及 V_{02}。

4. 结果计算

用二次微商法计算结果。通过电压对体积的二次导数（即 d^2E/dV^2）变成零的办法来求出滴定终点。假如在邻近等当点时，每次加入的硝酸银溶液是相等的，此函数（d^2E/dV^2）必定会在正负两个符号发生变化的体积之间的某一点变成零，对应这一点的体积即为终点体积，可用内插法求得。

外加剂中氯离子所消耗的硝酸银体积 V 按下式计算：

$$V = \frac{(V_1 - V_{01}) + (V_2 - V_{02})}{2} \tag{3-54}$$

外加剂中氯离子百分含量按下式计算：

$$X_{Cl^-}(\%) = \frac{N \cdot V \times 35.45}{m \times 100} \times 100 \tag{3-55}$$

式中 X_{Cl^-}（%）——外加剂中氯离子的百分含量（%）；

N——硝酸银溶液当量浓度（N）；

V——外加剂中氯离子所消耗硝酸银溶液体积（mL）；

m——外加剂样品质量（g）；

V_{01}——空白试验中 200mL 蒸馏水，加 4mL（1：1）硝酸加 10mL 0.1000N 氯化钠标准溶液所消耗的 0.1000mol/L 硝酸银溶液的体积（mL）；

V_{02}——空白试验中 200mL 蒸馏水，加 4mL（1：1）硝酸加 20mL 0.1000N 氯化钠标准溶液所消耗的 0.1000mol/L 硝酸银溶液的体积（mL）；

V_1——试样溶液加 10mL 0.1000mol/L 氯化钠标准溶液所消耗的硝酸银溶液体积（mL）；

V_2——试样溶液加 20mL 0.1000mol/L 氯化钠标准溶液所消耗的硝酸银溶液体积（mL）。

用 1.565 乘氯离子的含量，即获得外加剂中等当量的无水氯化钙的含量，按下式计算：

$$CaCl_2(\%) = 1.565 \times Cl^-(\%) \tag{3-56}$$

试样数量不应少于三个，结果取平均值。

3.5.2 水泥与减水剂相容性试验

1. 仪器设备

（1）水泥净浆搅拌机：符合 JC/T 729—2005 的要求，配备 6 只搅拌锅。

（2）圆模：圆模的上口直径 36mm、下口直径 60mm、高度 60mm。内壁光滑无暗缝的金属制品。

（3）玻璃板：400mm×5mm。

（4）刮刀。

（5）卡尺：量程 300mm，分度值 1mm。

（6）秒表：分度值 0.1s。

（7）天平：量程 100g，分度值 0.01g；量程 1000g，分度值 1g。

（8）烧杯：400mL。

（9）Marsh 筒：直管部分由不锈钢材料制成，锥形漏斗部分由不锈钢或由表面光滑的耐锈蚀材料制成，机械要求如图 3.13 所示。

（10）量筒：250mL，分度值 1mL。

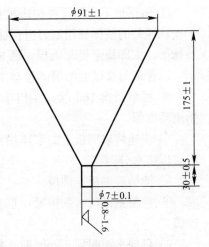

图 3.13　Marsh 筒示意图

2. 试验步骤

① 水泥浆体的组成：试验前，应将水泥过 0.9mm 方孔筛并混合均匀。当试验水泥从取样至试验要保持 24h 以上时，应将水泥贮存在气密的容器中，该容器材料不应与水泥起反应。

② 水：洁净的饮用水。

③ 基准减水剂：当试验者自行选择基准减水剂时，应保证减水剂的质量稳定、均匀。

④ 水泥、水、减水剂和试验用具的温度与试验室温度一致。

（1）Marsh 筒法（标准法）

① 每锅浆体用搅拌机进行机械搅拌。试验前使搅拌机处于工作状态。

② 用湿布将 Marsh 筒、烧杯、搅拌锅、搅拌叶片全部润湿。将烧杯置于 Marsh 筒下料口的下面中间位置，并用湿布覆盖。

③ 将基准减水剂和约 1/2 的水同时加入锅中，然后用剩余的水反复冲洗盛装基准减水剂的容器直至干净并全部加入锅中，加入水泥，把锅固定在搅拌机上，按 JC/T 729 的搅拌程序搅拌。

④ 将锅取下，用搅拌勺边搅拌边将浆体立即全部倒入 Marsh 筒内。打开阀门，让浆体自由流下并计时，当浆体注入烧杯达到 200mL 时停止计时，此时间即为初始 Marsh 时间。

⑤ 让 Marsh 筒内的浆体全部流下，无遗留地回收到搅拌锅内，并采取适当的方法密封静置以防水分蒸发。

⑥ 清洁 Marsh 筒、烧杯。

⑦ 调整基准减水剂掺量，重复上述步骤，依次测定基准减水剂各掺量下的初始 Marsh 时间。

⑧ 自加水泥起到 60min 时，将静置的水泥浆体按 JC/T 729 的搅拌程序重新搅拌，重复第④步，依次测定基准减水剂各掺量下的 60min Marsh 时间。

（2）净浆流动度法（代用法）

① 每锅浆体用搅拌机进行机械搅拌。试验前使搅拌机处于工作状态。

② 将玻璃板置于工作台上，并保持其表面水平。

③ 用湿布把玻璃板、圆模内壁、搅拌锅、搅拌叶片全部润湿。将圆模置于玻璃板的中间位置，并用湿布覆盖。

④ 将基准减水剂和约 1/2 的水同时加入锅中，然后用剩余的水反复冲洗盛装基准减水剂的容器直至干净并全部加入锅中，加入水泥，把锅固定在搅拌机上，按 JC/T 729 的搅拌程序搅拌。

⑤ 将锅取下，用搅拌勺边搅拌边将浆体立即倒入置于玻璃板中间位置的圆模内。对于流动性差的浆体要用刮刀进行插捣，以使浆体充满圆模。用刮刀将高出圆模的浆体刮除并抹平，立即稳定提起圆模。圆模提起后，应用刮刀将粘附于圆模内壁上的浆体尽量刮下，以保证每次试验的浆体量基本相同。

⑥ 提取圆模 1min 后，用卡尺测量最长径及其垂直方向的直径，二者的平均值即为初始流动度值。

⑦ 快速将玻璃板上的浆体用刮刀无遗留地回收到搅拌锅内，并采取适当的方法密封静置以防水分蒸发。

⑧ 清洁玻璃板、圆模。

⑨ 调整基准减水剂掺量，重复上述步骤，依次测定基准减水剂各掺量下的初始流动度值。

⑩ 自加水泥起到 60min 时，将静置的水泥浆体按 JC/T 729 的搅拌程序重新搅拌，重复第⑤步，依次测定基准减水剂各掺量下的 60min 流动度值。

3. 数据处理

经时损失率用初始流动度或 Marsh 时间与 60min 流动度或 Marsh 时间的相对差值表示，即：

$$FL = (T_{60} - T_{in})/T_{in} \tag{3-57}$$

式中　FL——经时损失率（%）；

　　　T_{in}——初始 Marsh 时间（s）；

　　　T_{60}——60min Marsh 时间（s）。

结果保留到小数点后一位。

3.5.3　减水率测定试验

1. 仪器设备

混凝土搅拌机、混凝土坍落度仪、钢板尺、抹刀。

2. 试验步骤

（1）试验取样、试样制作根据试验要求及按照 GB/T 50081—2002 规范要求进行。

（2）润湿坍落度筒及底座，在坍落度筒内壁和地板上应无明显水，地板放在水平面上，把筒放在地板中心，用脚踩住脚踏板。

（3）把按要求取得的试样用小铲分三层均匀地装入筒内，振实后每层高度为筒高的三分之一，每层用捣棒振捣 25 次，插捣筒边混凝土时，捣棒可以稍稍倾斜，插捣第二层和顶层时，捣棒要插透本层至下层层面；浇灌顶层时，混凝土应高出筒口，顶层插捣完后，刮去多余的混凝土，用抹刀抹平。

（4）清除筒边混凝土后，在 5～10s 内垂直平稳地提起坍落度筒，从开始装料到完成全过程应连续不间断，并在 150s 内完成。

（5）测量筒高与坍落后混凝土试体最高处的高度差，即为该混凝土坍落度。

3. 结果计算

减水率为坍落度基本相同时，基准混凝土和受检混凝土单位用水量之差与基准混凝土单位用水量之比。减水率按下式计算，精确到 0.1%。

$$W_k = (W_0 - W_1)/W_0 \times 100 \qquad (3-58)$$

式中 W_k——减水率（％）；

W_0——基准混凝土单位用水量（kg/m^3）；

W_1——受检混凝土单位用水量（kg/m^3）。

W_k 以三批试验的算术平均值计，精确到 1％。若三批试验的最大值或最小值中有一个与中间值之差超过中间值的 15％时，则把最大值与最小值一并舍去，取中间值作为该组试验的减水率。若有两个测值与中间值之差均超过 15％时，则该批试验结果无效，应重做。

3.5.4 混凝土拌合物抗压强度比试验

1. 仪器设备

（1）试模：符合《混凝土试模》JG 237—2008 中技术要求的规定。

（2）振动台：符合《混凝土试验用振动台》JG/T 245—2009 中技术要求的规定。

（3）液压式压力试验机：符合《试验机通用技术要求》GB/T 2611—2007 技术要求的规定。

（4）钢板尺：量程大于 600mm，分度值为 1mm。

（5）捣棒：符合《混凝土坍落度仪》JG/T 248—2009 的规定。

2. 试验步骤

（1）试样的制作及养护按照《普通混凝土力学性能试验方法标准》GB/T 50081—2002 进行。

（2）将到达试验龄期的试件从养护地点取出后应及时进行试验，将试件表面与上下承压板面清理干净。

（3）将试件安放在试验机的下压板上，试件的承压面应与成型时的顶面垂直。试件中心与下压板中心对准，开动试验机。

（4）试验过程中应连续均匀地加荷，混凝土强度等级小于 C30 时，加荷速度为 0.3～0.5MPa；混凝土强度等级大于等于 C30 且小于 C60 时，取 0.5～0.8MPa；混凝土强度等级大于等于 C60 时，取 0.8～1.0MPa。

（5）当试件急剧变形时，应停止调整试验机油门，直至破坏，记录破坏荷载。

3. 结果计算

抗压强度比以掺外加剂混凝土与基准混凝土同龄期抗压强度之比表示，按下式计算，精确到 1％。

$$R_f = f_t/f_c \times 100 \qquad (3-59)$$

式中 R_f——抗压强度比（％）；

f_t——受检混凝土的抗压强度（MPa）；

f_c——基准混凝土的抗压强度（MPa）。

受检混凝土与基准混凝土的抗压强度按 GB/T 50081 进行试验和计算。试件制作时，用振动台振动 15～20s。试件预养温度为 20±3℃。试验结果以三批试验测值的平均值表示，若三批试验中有一批的最大值或最小值与中间值的差值超过中间值的 15％，则把最大值与最小值一并舍去，取中间值作为该批的试验结果，如有两批测值与中间值的差均超过中间值的 15％，则试验结果无效，应重做。

3.6 无机结合料试验

无机结合料又称作无机胶凝材料，道路工程中主要使用的无机结合料有石灰、水泥和粉煤灰。石灰为气硬性胶凝材料，主要用于配制石灰稳定类材料，如石灰稳定土、石灰粉煤灰稳定土等，用作路面基层和底基层材料。水泥为水硬性胶凝材料，可以和砂石材料一同配制成水泥混凝土和砂浆，用于道桥工程构筑物和砌筑材料。

无机结合料具有优良的性能是组配高性能混合料的基本保障，不同种类的无机结合料，要求应该具备的技术性质、试验检测方法亦不相同。

3.6.1 石灰的试验检测

1. 石灰有效氧化钙含量的测定
（1）试验目的

测定各种石灰的有效氧化钙含量，用以评定石灰的技术等级。

（2）仪器设备

① 筛子：0.15mm，一个。

② 烘箱：50～250℃，一台。

③ 天平：分析天平：感量1/10000，一台；架盘天平：感量0.1g，一台。

④ 瓷研钵：ϕ12～13cm，一个。

⑤ 容器：

a）干燥器：ϕ250mm 一个。

b）具塞三角瓶：250mL，20个。

c）称量瓶：ϕ30mm×50mm，10个。

d）下口蒸馏水瓶：5000mL，一个。

e）三角瓶：300mL，10个。

f）容量瓶：250mL，1000mL，各一个。

g）量筒：200mL，100mL，50mL，5mL，各一个。

h）试剂瓶：250mL，1000mL，各5个。

i）烧杯：50mL，5个；250mL（或300mL），10个。

j）棕色广口瓶：60mL，4个；250mL，5个。

k）滴瓶：60mL，3个。

l）塑料试剂瓶：1L，1个。

m）塑料洗瓶，1个。

n）塑料桶：20L，1个。

⑥ 其他：

a）酸滴定管：50mL，2支。

b）滴定台及滴定管夹，各一套。

c）大肚移液管：25mL，50mL，各一支。

d）吸水管：8mm×150mm，5 支。

e）表面皿：7cm，10 块。

f）试剂勺：5 个。

g）洗耳球：大、小各一个。

h）玻璃棒：8mm×250mm 及 4mm×180mm，各 10 支。

i）漏斗：短颈，3 个。

j）玻璃珠：ϕ3mm，一袋（0.25kg）。

k）电炉：1500W，一个。

l）石棉网：20cm×20cm，一块。

（3）试剂

① 蔗糖（分析纯）。

② 酚酞指示剂：称取 0.5g 酚酞溶于 50mL 95％乙醇中。

③ 0.1％甲基橙水溶液：称取 0.05g 甲基橙溶于 50mL 蒸馏水中。

④ 0.5N 盐酸标准溶液：将 42mL 浓盐酸（相对密度 1.19）稀释至 1L，按下述方法标定其当量浓度后备用。

称取约 0.800～1.000g（精确至 0.0002g）已在 180℃烘干 2h 的碳酸钠，置于 250mL 三角瓶中，加 100mL 水使其完全溶解；然后加入 2～3 滴 0.1％甲基橙指示剂，用待标定的盐酸标准溶液滴定，至碳酸钠溶液由黄色变为橙红色；将溶液加热至沸，并保持微沸 3min，然后放在冷水中冷却至室温。如此时橙红色变为黄色，则再用盐酸标准溶液滴定，至溶液出现稳定橙红色时为止。

盐酸标准溶液的当量浓度按下式计算：

$$N = \frac{Q}{V \times 0.053} \tag{3-60}$$

式中 N——盐酸标准溶液当量浓度；

Q——称取碳酸钠的质量（g）；

V——滴定时消耗盐酸标准溶液的体积（mL）。

（4）试样准备

① 生石灰试样：将生石灰样品打碎，使颗粒不大于 2mm。拌合均匀后用四分法缩减至 200g 左右，放入瓷研钵中研细，再经四分法缩减几次至剩下 20g 左右。将研磨所得石灰样品通过 0.10mm 的筛，从此细样中均匀挑取 10 余克置于称量瓶中，在 100℃烘干 1h，贮于干燥器中，供试验用。

② 消石灰试样：将消石灰样品用四分法缩减至 10 余克左右，如有大颗粒存在，须在瓷研钵中磨细至无不均匀颗粒存在为止。置于称量瓶中，在 105～110℃烘干 1h，贮于干燥器中，供试验用。

（5）方法与步骤

称取约 0.5g（用减量法称准至 0.0005g）试样，放入干燥的 250mL 具塞三角瓶中，取 5g 蔗糖覆盖在试样表面，投入干玻璃珠颗粒，迅速加入新煮沸并已冷却的蒸馏水 50mL，立即加塞振荡 15min（如有试样结块或粘于瓶壁现象，则应重新取样）。打开瓶塞，用水冲洗瓶塞及瓶壁，加入 2～3 滴酚酞指示剂，以 0.5N 盐酸标准溶液滴定（滴定速度以每秒 2～3 滴为宜），至溶液的粉红色显著消失并在 30s 内不再复现即为终点。

（6）结果整理

有效氧化钙的百分含量按下式计算：

$$X_1 = \frac{0.028VN}{G} \times 100 \qquad (3\text{-}61)$$

式中　X_1——石灰中有效氧化钙的百分含量（%）；

　　　V——滴定时消耗盐酸标准溶液的体积（mL）；

　0.028——氧化钙毫克当量；

　　　G——试样质量（g）；

　　　N——盐酸标准溶液当量浓度。

（7）精度或允许差

对同一石灰样品至少应做两个试样和进行两次测定，并取两次结果的平均值代表最终结果。

2. 石灰氧化镁含量的测定

（1）试验目的

测定各种石灰的总氧化镁含量，与石灰有效氧化钙含量一起，用于评定石灰的技术等级。

（2）仪器设备

同有效氧化钙测定的仪器设备。

（3）试剂

① 1：10 盐酸：将 1 体积盐酸（相对密度 1.19）以 10 体积蒸馏水稀释。

② 氢氧化钙-氯化钙缓冲溶液（pH=10）：将 67.5g 氯化钙溶于 300mL 无二氧化碳蒸馏水中，加浓氢氧化钙（相对密度为 0.90）570mL，然后用水稀释至 1000mL。

③ 酸性铬兰 K-萘酚绿 B（1：2.5＞混合指示剂）：称取 0.3g 酸性铬兰 K 和 0.75g 萘酚绿 B 与 50g 已在 105℃温度下烘干的硝酸钾混合研细，保存于棕色广口瓶中。

④ EDTA 二钠标准溶液：将 10gEDTA 二钠溶于温热蒸馏水中，待全部溶解并冷却至室温后，用水稀释至 1000mL。

⑤ 氧化钙标准溶液：精确称取 1.7848g 在 105℃烘干 2h 的碳酸钙（优级纯），置于 250mL 烧杯中，盖上表面皿；从杯嘴缓慢滴加 1：10 盐酸 100mL，加热溶解；待溶液冷却后，移入 1000mL 的容量瓶，用新煮沸冷却后的蒸馏水稀释至刻度摇匀。此溶液每毫升相当于 1mg 氧化钙。

⑥ 20%的氢氧化钠溶液：将 20g 氢氧化钠溶于 80mL 蒸馏水中。

⑦ 钙指示剂：将 0.2g 钙试剂轻酸钠和 20g 已在 105℃温度下烘干的硫酸钾混合研细，保存于棕色广口瓶中。

⑧ 10%酒石酸钾钠溶液：将 10g 酒石酸钾钠溶于 90mL 蒸馏水中。

⑨ 三乙醇胺（1：2）溶液：将 1 体积三乙醇胺以 2 体积蒸馏水稀释摇匀。

（4）EDTA 二钠标准溶液与氧化钙和氧化镁关系的标定

精确吸取 50mL 氧化钙标准溶液放于 300mL 三角瓶中，用水稀释至 100mL 左右；加入钙指示剂约 0.1g，以 20%氢氧化钠溶液调整溶液碱度到出现酒红色，再过量加 3～

4mL；以 EDTA 二钠标准液滴定，至溶液由酒红色变成纯蓝色时为止。

EDTA 二钠标准溶液对氧化钙滴定度按下式计算：

$$T_{CaO} = \frac{CV_1}{V_2}$$ (3-62)

式中　T_{CaO}——EDTA 二钠标准溶液对氧化钙的滴定度，即 1mLEDTA 二钠标准溶液相当于氧化钙的毫克数；

　　　　C——1mL 氧化钙标准溶液含有氧化钙的毫克数，等于 1；

　　　　V_1——吸取的氧化钙标准溶液体积（mL）；

　　　　V_2——消耗的 EDTA 二钠标准溶液体积（mL）。

EDTA 二钠标准溶液对氧化镁的滴定度（T_{MgO}），即 1mLEDTA 二钠标准液相当于氧化镁的毫克数，按下式计算：

$$T_{MgO} = T_{CaO} \times \frac{40.31}{56.08} = 0.72 T_{CaO}$$ (3-63)

（5）方法与步骤

称取约 0.5g（精确至 0.0005g）试样，放入 250mL 烧杯中，用水湿润，加 30mL1：10 盐酸，用表面皿盖住烧杯，加热近沸并保持微沸 8～10min。用水把表面皿洗净，冷却后把烧杯内的沉淀及溶液移入 250mL 容量瓶中，加水至刻度摇匀。待溶液沉淀后，用移液管吸取 25mL 溶液，放入 250mL 三角瓶中，加 50mL 水稀释后，加酒石酸钾钠溶液 1mL、三乙醇胺溶液 5mL，再加入钙-钙缓冲溶液 10mL、酸性铬兰 K-蔡酚绿 B 指示剂约 0.1g。用 EDTA 二钠标准溶液滴定至溶液由酒红色变为纯蓝色时即为终点，记下耗用 EDTA 标准溶液体积 V_1。

再从同一容量瓶中，用移液管吸取 25mL 溶液，置于 300mL 三角瓶中，加水 150mL 稀释后，加三乙醇胺溶液 5mL 及 20％氢氧化钠溶液 5mL，放入约 0.1g 钙指示剂。用 ED-TA 二钠标准溶液滴定，至溶液由酒红色变为纯蓝色即为终点，记下耗用 EDTA 二钠标准溶液体积 V_2。

（6）结果整理

氧化镁的百分含量按下式计算：

$$X_2 = \frac{T_{MgO}(V_1 - V_2) \times 10}{G \times 1000} \times 100$$ (3-64)

式中　X_2——石灰中氧化镁的百分含量（％）；

　　　　T_{MgO}——EDTA 二钠标准溶液对氧化镁的滴定度；

　　　　V_1——滴定钙、镁含量消耗 EDTA 二钠标准溶液体积（mL）；

　　　　V_2——滴定钙消耗 EDTA 二钠标准溶液体积（mL）；

　　　　10——总溶液对分取溶液的体积倍数；

　　　　G——试样质量（g）。

精度或允许差要求同石灰有效氧化钙的测定。

3. 石灰有效氧化钙和氧化镁含量的简易测试方法

（1）适用范围

本方法适用于氧化镁含量在 5％以下的低镁石灰。注意：氧化镁被水分解的作用缓慢，如果氧化镁含量高，到达滴定终点的时间很长，从而增加了与空气中二氧化碳的作用时间，影响测定结果。

（2）仪器设备

与有效氧化钙测定所用仪器设备基本相同。

（3）试剂

① 1N 盐酸标准液：取 83mL（相对密度 1.19）浓盐酸以蒸馏水稀释至 1000mL，溶液当量浓度的标定与有效氧化钙测定中所述 0.5N 盐酸溶液的标定方法相同，但无水碳酸钠的称量应为 1.5~2g。

② 1‰酚酞指示剂。

（4）方法与步骤

迅速称取石灰试样 0.8~1.0g（精确至 0.0005g）放入 300mL 三角瓶中，加入 150mL 新煮沸并已冷却的蒸馏水和 10 颗玻璃珠。瓶口上插一短颈漏斗，加热 5min，但勿使沸腾，迅速冷却。滴入酚酞指示剂 2 滴，在不断摇动下以盐酸标准液滴定，控制速度为每秒 2~3 滴，至粉红色完全消失，稍停，又出现红色，继续滴入盐酸。如此重复几次，直至 5min 内不出现红色为止。如滴定过程持续半小时以上，则结果只能作参考。

（5）结果整理

石灰有效氧化钙和氧化镁含量 $(CaO+MgO)\%$ 按下式计算：

$$(CaO+MgO)\% = \frac{0.028VN}{G} \times 100 \tag{3-65}$$

式中 V——滴定消耗盐酸标准液的体积（mL）；

N——盐酸标准液的当量浓度；

G——样品质量（g）；

0.028——氧化钙的毫克当量。因氧化镁含量甚少，并且两者之毫克当量相差不大，故有效 $(CaO+MgO)\%$ 的毫克当量都以氧化钙的毫克当量计算。

精度或允许差要求同有效氧化钙含量测定试验。

4. 石灰的技术标准

（1）桥涵工程用石灰技术标准

① 石灰的分类界限

按现行标准《建筑生石灰》JC/T 479—2013 和《建筑消石灰粉》JC/T 481—2013 的规定，桥涵工程用石灰可以按其氧化镁的含量划分为钙质石灰和镁质石灰两类，分类界限见表 3.8。

钙质石灰和镁质石灰分类界限 　　　　　　　　　　　　　　表 3.8

品　种 氧化镁含量（%） 类　别	生石灰	生石灰粉	消石灰粉
钙质石灰（%）	≤5	≤5	≤4
镁质石灰（%）	5	>5	>4

由于生石灰、生石灰粉和消石灰粉的检验项目和技术指标不同，因此提出的技术要求亦不相同。

② 生石灰技术标准

生石灰可按有效氧化钙和氧化镁的含量、未消解残渣含量、产浆量及二氧化碳含量指标分为优等品、一等品和合格品三个等级，见表3.9。

生石灰技术标准　　　　　　表3.9

项目	钙质生石灰			镁质生石灰		
	优等品	一等品	合格品	优等品	一等品	合格品
（CaO+MgO）含量不小于（%）	90	85	80	85	80	75
未消解残渣含量（5mm圆孔筛筛余量）不大于（%）	5	10	15	5	10	15
CO_2 含量不大于（%）	5	7	9	6	8	10
产浆不大于（L/kg）	2.8	2.3	2.0	2.8	2.3	2.0

③ 生石灰粉的技术标准

生石灰粉可按有效氧化钙和氧化镁的含量、细度、二氧化碳含量指标分为优等品、一等品和合格品三个等级，见表3.10。

生石灰粉技术标准　　　　　　表3.10

项目		钙质生石灰			镁质生石灰		
		优等品	一等品	合格品	优等品	一等品	合格品
（CaO+MgO）含量不小于（%）		85	80	75	80	75	70
CO_2 含量不大于（%）		7	9	11	8	10	12
细度	0.9mm 筛筛余不大于（%）	0.2	0.5	1.5	0.2	0.5	1.5
	0.125mm 筛筛余不大于（%）	7.0	12.0	18.0	7.0	12.0	18.0

④ 消石灰粉的技术标准

消石灰粉可按有效氧化钙和氧化镁的含量、细度、游离水、体积安定性指标分为优等品、一等品和合格品三个等级，见表3.11。

消石灰粉技术标准　　　　　　表3.11

类别指标项目		钙质生石灰			镁质生石灰			白云石消石灰		
		优等品	一等品	合格品	优等品	一等品	合格品	优等品	一等品	合格品
（CaO+MgO）含量不小于（%）		70	65	60	65	60	55	65	60	55
游离水不大于（%）		0.4~2.0			0.4~2.0			0.4~2.0		
体积安定性		合格	合格	—	合格	合格	—	合格	合格	—
细度	0.9mm 筛筛余不大于（%）	0	0	0.5	0	0	0.5	0	0	0.5
	0.125mm 筛筛余不大于（%）	3	10	15	3	10	15	3	10	15

（2）路面基层用石灰技术标准

按《公路路面基层施工技术规范》JTJ 034—2000 要求，路面基层用石灰可选用钙质生石灰、镁质生石灰、钙质消石灰、镁质消石灰四类，每一类又按（CaO+MgO）含量分为Ⅰ、Ⅱ、Ⅲ三个质量等级。其技术标准见表 3.12。

路面基层用石灰技术标准

表 3.12

类别 指标 项目	钙质生石灰			镁质生石灰			钙质消石灰			镁质消石灰		
	等级											
	Ⅰ	Ⅱ	Ⅲ	Ⅰ	Ⅱ	Ⅲ	Ⅰ	Ⅱ	Ⅲ	Ⅰ	Ⅱ	Ⅲ
（CaO＋MgO）含量 不小于（%）	85	80	70	80	75	65	65	60	55	60	55	50
未消化残渣含量（5mm 圆孔筛余量）不大于（%）	7	11	17	10	14	20						
含水量不大于（%）							4	4	4	4	4	4
细度	0.71mm 筛筛余 不大于（%）						—	1	1	—	1	1
	0.125mm 筛筛余 不大于（%）						13	20	—	13	20	—
MgO 含量（%）	≤5			>5			≤4			>4		

注：硅、铝、镁氧化物含量之和大于 5% 的生石灰，（CaO＋MgO）含量指标：Ⅰ 等≥75%，Ⅱ 等≥70%，Ⅲ≥ 60%；未消化残渣含量指标值与镁质生石灰相同。

3.7 沥青试验

沥青材料是由一些极其复杂的高分子碳氢化合物和这些化合物的非金属（氧、硫、氮）的衍生物所组成的混合物。沥青材料属于有机结合料，包括地沥青和焦油沥青两大类，其中石油沥青在道路建筑中应用最为广泛。

石油沥青的技术性质可以通过沥青的物理常数、黏滞性、延性和脆性、流变特性等多方面综合反映，对于道路石油沥青常规要求检验其针入度、软化点、$60℃$ 动力黏度、延度、溶解度、闪点、含蜡量、密度以及老化试验表征指标进行沥青性能的综合评定。其中针入度、延度、软化点是确定沥青标号的主要指标。

3.7.1 沥青针入度试验

沥青的针入度是指在规定温度和时间内，附加一定质量的标准针垂直贯入沥青试样的深度，以 0.1mm 表示。一般非经注明，规定的试验条件指：试验温度为 25℃，标准针的质量（包括标准针、针的连杆及附加砝码的质量）为 $100±0.05g$，时间为 5s。

1. 试验目的

测定沥青的针入度，以评价道路黏稠石油沥青的黏滞性，并确定沥青标号。还可以进一步计算沥青的针入度指数 PI，用以描述沥青的温度敏感性；计算当量软化点 T_{800}（相当于沥青针入度为 800 时的温度），用以评价沥青的高温稳定性；计算当量脆点 $T_{1.2}$（相当于沥青针入度为 1.2 时的温度），用以评价沥青的低温抗裂性能。

本方法适用于测定道路石油沥青、改性沥青、液体石油沥青蒸馏或乳化沥青蒸发后残留物的针入度。

2. 试验仪具

(1) 针入度仪：凡能保证针和针连杆在无明显摩擦下垂直运动，并能指示标准针贯入试样深度准确至 0.1mm 的仪器均可使用。针和针连杆组合件总质量为 50±0.05g，另附 50±0.05g 砝码一只，试验时总质量为 100±0.05g。为提高测试精密度，不同温度的针入度试验宜采用自动针入度仪进行测试。针入度仪如图 3.14 所示，由以下部分组成：

标准针：由硬化回火的不锈钢制成，洛氏硬度 HRC54～60，表面粗糙度 Ra0.2～0.3μm，针及针杆总质量 2.5±0.05g。

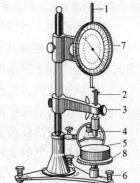

图 3.14 沥青针入度仪
1—齿杆；2—连杆；3—按钮；
4—镜；5—试样；6—底脚螺丝；
7—度盘；8—转盘

盛样皿：金属制，圆柱形平底。小盛样皿的内径 55mm，深 35mm（适用于针入度小于 200）；大盛样皿内径 70mm，深 45mm（适用于针入度 200～350）。对于针入度大于 350 的试样需使用特殊盛样皿，其深度不小于 60mm，试样体积不小于 125mL。

(2) 恒温水浴：容量不小于 10L，控温准确度为 0.1℃。水槽中应设有一带孔的搁架，位于水面下不小于 100mm，距水槽底不得少于 50mm 处。

(3) 平底玻璃皿：容量不小于 1L，深度不小于 80mm。内设有一不锈钢三脚支架，能使盛样皿稳定。

(4) 温度计：0～50℃，分度为 0.1℃。

(5) 秒表：分度为 0.1s。

(6) 盛样皿盖：平板玻璃，直径不小于盛样皿开口尺寸。

(7) 溶剂：三氯乙烯。

(8) 其他：电炉或砂浴、石棉网、金属锅或瓷把坩埚等。

3. 试验方法

(1) 沥青试样准备方法：

① 将装有试样的盛样皿带盖放入恒温烘箱中，当石油沥青试样中含有水分时，烘箱温度 80℃ 左右，加热至沥青全部熔化后供脱水用。当石油沥青中无水分时，烘箱温度宜为软化点温度以上 90℃，通常为 135℃ 左右。沥青试样不得直接采用电炉或煤气炉明火加热。

② 当石油沥青试样中含有水分时，将盛样皿放在可控温的砂浴、油浴、电热套上加热脱水，不得已采用电炉、煤气炉加热脱水时必须加放石棉垫。时间不超过 30min，并用玻璃棒轻轻搅拌，防止局部过热。在沥青温度不超过 100℃ 的条件下，仔细脱水至无泡沫为止，最后的加热温度不超过软化点以上 100℃（石油沥青）或 50℃（煤沥青）。

③ 将盛样皿中的沥青通过 0.6mm 的滤筛过滤。

(2) 制备试样方法：过滤后不等冷却立即一次将试样灌入盛样皿中，试样深度应超过预计针入度值 10mm，并盖上盛样皿，以防落入灰尘。盛有试样的盛样皿在 15～30℃ 室温中冷却 1～1.5h（小盛样皿）或 1.5～2h（大盛样皿）或 2～2.5h（特殊盛样皿）后移入保持规定试验温度 ±0.1℃ 的恒温水槽中 1～1.5h（小盛样皿）或 1.5～2h（大盛样皿）或

2～2.5h（特殊盛样皿）。

注：在沥青灌模过程中如试样冷却，反复加热的次数不得超过 2 次，以防沥青老化影响试验结果。灌模剩余的沥青应立即清洗干净，不得重复使用。

（3）调整针入度仪使之水平。检查针连杆和导轨，以确认无水和其他外来物，无明显摩擦。用三氯乙烯或其他溶剂清洗标准针，并拭干。将标准针插入针连杆，用螺丝固紧。按试验条件，加上附加砝码。

（4）取出达到恒温的盛样皿，并移入水温控制在试验温度±0.1℃（可用恒温水槽中的水）的平底玻璃皿中的三脚架上，试样表面以上的水层深度不少于 10mm。

（5）将盛有试样的平底玻璃皿置于针入度仪的平台上。慢慢放下针连杆，用适当位置的反光镜或灯光反射观察，使针尖恰好与试样表面接触。拉下刻度盘的拉杆，使之与针连杆顶端轻轻接触，调节刻度盘或深度指示器的指针指示为零。

（6）开动秒表，在指针正指 5s 的瞬时，用手紧压按钮，使标准针自动下落贯入试样，经规定时间，停压按钮使针停止移动。

（7）拉下刻度盘拉杆与针连杆顶端接触，读取刻度盘指针或位移指示器的读数，准确至 0.5（0.1mm）。

（8）同一试样平行试验至少三次，各测试点之间及与盛样皿边缘的距离不应少于 10mm。每次试验后应将盛有盛样皿的平底玻璃皿放入恒温水槽，使平底玻璃皿中水温保持试验温度。每次试验应换一根干净的标准针或将标准针取下用蘸有三氯乙烯溶剂的棉花或布揩净，再用干棉花或布擦干。

（9）测定针入度大于 200 的沥青试样时，至少用三支标准针，每次试验后将针留在试样中，直至三次平行试验完成后，才能将标准针取出。

4. 报告

同一试样三次平行试验结果的最大值和最小值之差在表 3.13 所列允许偏差范围内时，计算三次试验结果的平均值，取整数作为针入度试验结果，以 0.1mm 为单位。

平行试验结果极差的允许偏差范围　　　　　　　　　　　　　　　　表 3.13

针入度（0.1mm）	允许差值（0.1mm）
0～49	2
50～149	4
150～249	12
250～500	20

当试验值不符合此要求时，应重新进行试验。

5. 精密度与允许差

（1）当试验结果小于 50（0.1mm）时，重复性试验的允许差为 2（0.1mm），复现性试验的允许差为 4（0.1mm）。

当试验结果等于或大于 50（0.1mm）时，重复性试验的允许差为平均值的 4%，复现性试验的允许差为平均值的 8%。

（2）注意：试验的精密度和允许差规定是非常重要的项目，本法对精密度的规定尽量按国际上通行的方法采用重复性和复现性表述。沥青重复性试验是指在短期内，在同一试验室，由同一个试验人员，采用同一仪器，对同一试样，完成两次以上的试验操作，所得试验结果之间的误差（通常用标准差表示）。复现性试验是指在两个以上不同的试验室，由各自的试验人员，采用各自的仪器，按相同的试验方法，对同一试样，分别完成试验操作所得试验结果之间的误差。这两种精密度的表示方法是对试验方法本身的规定，不应超过规定的允许差。

（3）重复性试验和复现性试验只有在需要时才做，它可以用来对试验室进行论证，评价试验室的水平。重复性试验往往是对试验人员的操作水平、取样代表性的检验；复现性则同时检验仪器设备的性能。通过这两种试验检验试验结果的法定效果，如试验结果不符合精确度要求时，试验结果即属无效。通常某一试验的某次试验结果的获得是同时进行几次试验，以几次平行试验的平均值作为试验结果。试验方法一般均规定几次试验结果的允许误差，它并不属于重复性试验。这里平行试验的允许差是检验这一次试验的精确度，是对试验方法本身的要求，其重复性和复现性试验的允许值与作为一次试验取 $2\sim3$ 个平行试验的差值含义不同，它是多次试验的结果，即平均值之间的允许差，故要求更为严格。

6. 相关指标的确定

针入度指数 PI、当量软化点 T_{800}、当量脆点 $T_{1.2}$ 的确定方法：

测定针入度指数 PI 时，按同样的方法在 15℃、25℃、30℃（若 30℃时的针入度值过大，可采用 5℃代替）三个温度条件下分别测定沥青的针入度。根据测试结果可按以下方法确定针入度指数、当量软化点及当量脆点。

（1）诺模图法

将三个或三个以上不同温度条件下测试的针入度值绘于图 3.15 中，按最小二乘法法则绘制回归直线，将直线向两端延长，分别与针入度为 800 及 1.2 的水平线相交，交点的温度即为当量软化点 T_{800} 和当量脆点 $T_{1.2}$。以图中 O 点为原点，绘制回归直线的平行线，与 PI 线相交，读取交点处的 PI 值即为该沥青的针入度指数。

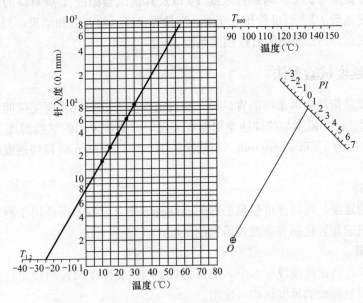

图 3.15　诺模图

111

此法不能检验针入度对数与温度直线回归的相关系数，仅供快速草算时使用。

（2）公式计算法

对不同温度条件下测试的针入度值取对数，令 $y = \lg P$，$x = T$，按式（3-66）针入度对数与温度的直线关系，进行 $y = a + bx$ 一元一次方程的直线回归，求取针入度温度指数 $A_{\lg Pen}$。

$$\lg P = K + A_{\lg Pen} \times T \tag{3-66}$$

式中　T——不同试验温度，相应温度下的针入度为 P；

　　　K——回归方程的常数项 a；

　　　$A_{\lg Pen}$——回归方程系数 b。

按式（3-66）回归时必须进行相关性检验，当温度条件为三个时，直线回归相关系数 R 不得小于 0.997（置信度 95%），否则，试验无效。

按式（3-67）确定沥青的针入度指数 PI，并记为 $PI_{\lg Pen}$。

$$PI_{\lg Pe} = \frac{20 - 500 A_{\lg Pen}}{1 + 50 A_{\lg Pen}} \tag{3-67}$$

按式（3-68）确定沥青的当量软化点 T_{800}。

$$T_{800} = \frac{\lg 800 - K}{A_{\lg Pen}} = \frac{2.9031 - K}{A_{\lg Pen}} \tag{3-68}$$

按式（3-69）确定沥青的当量脆点 $T_{1.2}$。

$$T_{1.2} = \frac{\lg 1.2 - K}{A_{\lg Pen}} = \frac{0.0792 - K}{A_{\lg Pen}} \tag{3-69}$$

按式（3-70）计算沥青的塑性温度范围 ΔT。

$$\Delta T = T_{800} - T_{1.2} = \frac{2.8239}{A_{\lg Pen}} \tag{3-70}$$

（3）报告

应报告标准温度（25℃）时的针入度 T_{25} 以及其他试验温度 T 所对应的针入度 P，及由此求取针入度指数 PI、当量软化点 T_{800}、当量脆点 $T_{1.2}$ 的方法和结果，当采用公式计算时，应报告按式（3-66）回归的直线相关系数 R。

3.7.2　沥青延度试验方法

沥青的延度是指规定形态的沥青试样，在规定温度下以一定速度受拉伸至断开时的长度，以 cm 表示。试验温度与拉伸速率根据有关规定，通常采用的试验温度为 15℃、10℃ 或 5℃，拉伸速度为 5±0.25cm/min。当低温采用 1±0.05cm/min 拉伸速度时，应在报告中注明。

1. 试验目的

测定沥青的延度，可以评价黏稠沥青的塑性变形能力。本方法适用于测定道路石油沥青、液体沥青蒸馏和乳化沥青蒸发残留物的延度。

2. 试验仪具

（1）延度仪：将试件浸没于水中，能保持规定的试验温度及按照规定拉伸速度拉伸试件且试验时无明显振动的延度仪均可使用。

（2）试模：黄铜制，由两个端模和两个侧模组成，其形状及尺寸如图 3.16 所示，试模内侧表面粗糙度 Ra0.2μm，装配完好后可浇铸成表 3.14 尺寸的试样。

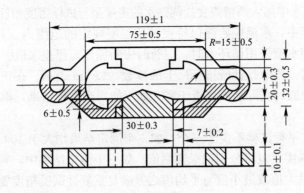

图 3.16　沥青延度试模（单位：mm）

沥青延度试模尺寸（mm）　　　　　　　　　　　　　表 3.14

总长	74.5～75.5
中间颈部长度	29.7～30.3
端部开始缩颈处宽度	19.7～20.3
最小横断面宽	9.9～10.1
厚度（全部）	9.9～10.1

（3）试模底板：玻璃板或磨光的铜板，不锈钢板（表面粗糙度 Ra0.2μm）。

（4）恒温水槽：容量不小于 10L，控制温度的准确度为 0.1℃，水槽中设有带孔搁架，搁架距水槽底不得少于 50mm。试件侵入水中深度不小于 100mm。

（5）温度计：0～50℃，分度为 0.1℃。

（6）砂浴或其他加热炉具。

（7）甘油滑石粉隔离剂（甘油与滑石粉的质量比 2∶1）。

（8）其他：平刮刀、石棉网、酒精、食盐等。

3. 试验方法

（1）制备试样：

① 将隔离剂拌合均匀，涂于清洁干燥的试模底板和两个侧模的内侧表面，并将试模在试模底板上装妥。

② 按规定方法（同沥青针入度试验准备试样方法）准备试样，将试样仔细地自试模的一端至另一端往返数次缓缓注入模中，最后略高出试模。注意：灌模时勿使气泡混入。

③ 试件在室温中冷却 30～40min，然后置于规定试验温度±0.1℃的恒温水槽中，保持 30min 后取出，用热刮刀刮除高出试模的沥青，使沥青面与试模面齐平。沥青的刮法应自模的中间刮向两端，且表面应刮得平滑。将试模连同底板再浸入规定试验温度的水槽中 1～1.5h。

（2）检查延度仪拉伸速度是否符合规定要求，然后移动滑板使其指针正对标尺的零点。将延度仪注水，并保温达试验温度±0.5℃。

（3）将保温后的试件连同底板移入延度仪的水槽中，从底板上取下试件，将试模两端的孔分别套在滑板及槽端固定板的金属柱上，取下侧模。水面距试件表面应不小于 25mm。

（4）开动延度仪，并注意观察试样的延伸情况。在试验时，如发现沥青细丝浮于水面或沉入槽底时，则应在水中加入酒精或食盐调整水的密度至与试样密度相近后，再重新试验。

注意：试验过程中，水温应始终保持在试验温度规定的范围内，且仪器不得有振动，水面不得有晃动，当水槽采用循环水时，应暂时中断循环，停止水流。

（5）试件拉断时，读取指针所指标尺上的读数，以 cm 表示。在正常情况下，试件延伸时应成锥尖状，拉断时实际断面接近于零。如不能得到这种结果，则应在报告中注明。

4. 报告

同一试样，每次平行试验不少于三个，如三个测定结果均大于100cm 时，试验结果记作">100cm"；特殊需要也可分别记录实测值。如三个测定结果中，有一个以上的测定值小于100cm 时，若最大值或最小值与平均值之差满足重复性试验精度要求，则取三个测定结果的平均值的整数作为延度试验结果，若平均值大于100cm，记作">100cm"；若最大值或最小值与平均值之差不符合重复性试验精度要求时，试验应重新进行。

当试验结果小于100cm 时，重复性试验的允许差为平均值的20%；复现性试验的允许差为平均值的30%。

3.7.3 沥青软化点试验方法

沥青软化点是指沥青试样在规定尺寸的金属环内，上置规定尺寸和重量的钢球，放于水或甘油中，以规定的速度加热（5±0.5℃/min），至钢球下沉达规定距离时的温度，以℃表示。

1. 试验目的

测定沥青的软化点，可以评定黏稠沥青的热稳定性。

本方法适用于测定道路石油沥青、煤沥青、液体石油沥青蒸馏残留物和乳化沥青蒸发残留物的软化点。

2. 试验仪具

（1）环与球软化点仪：软化点仪多为双球结构形式，其结构如图 3.17 所示。环与球法软化点仪，由下列几个部分组成。

钢球：直径为9.53mm，质量为3.5±0.05g。

试样环：用黄铜或不锈钢等制成，其形状尺寸如图 3.18 所示。

钢球定位环：用黄铜或不锈钢制成，形状尺寸如图 3.19 所示。

金属支架：由两个主杆和三层平行的金属板组成。上层为一圆盘，直径略大于烧杯直径，中间有一圆孔，用以插放温度计。中层板上有两个孔，以供放置试样环，中间有一小孔可支持温度计的测温端部。一侧立杆距环上面51mm 处刻有水高标记。环下面距下层板为25.4mm，而下底板距烧杯底不小于12.7mm，也不得大于19mm。

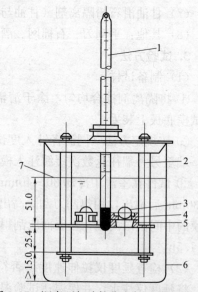

图 3.17　沥青环与球软化点仪（单位：mm）
1—温度计；2—立杆；3—钢球；4—钢球定位环；
5—金属环；6—烧杯；7—水面

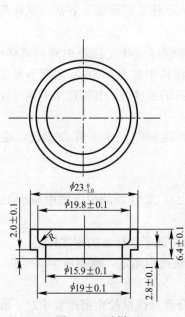

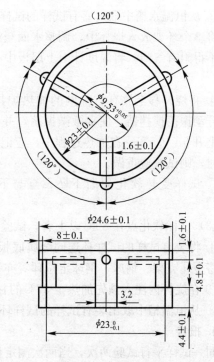

图 3.18　试样环　　　　　　　　　图 3.19　钢球定位环

三层金属板和两个主杆由两螺母固定在一起。

耐热玻璃烧杯：容积 800～1000mL，直径不小于 86mm，高度不小于 120mm。

温度计：刻度 0～80℃，分度为 0.5℃。

（2）试样底板：金属板（表面粗糙度应达 Ra0.8μm）或玻璃板。

（3）环夹：由薄钢条制成，用以夹持金属环，以便刮平试样表面。

（4）平直刮刀；甘油滑石粉隔离剂。

（5）加热炉具：装有温度调节器的电炉或其他加热炉具。应采用带有振荡搅拌器的加热电炉，振荡子置于烧杯底部。

（6）恒温水槽：控温的准确度为 0.5℃。

（7）其他：新煮沸过的蒸馏水、石棉网。

3. 试验方法

（1）制备试样：

① 将试样环置于涂有隔离剂的金属板上，按规定方法准备好沥青试样，然后缓缓注入试样环内至略高出环面为止。如估计软化点高于 120℃，则试样环和金属底板均应预热至 80～100℃。

② 试样在室温冷却 30min 后，用环夹夹着试样环，并用热刮刀刮除环面上的试样，务使与环面齐平。

（2）试样软化点在 80℃以下者，试验步骤如下：

① 将装有试样的试样环连同金属板置于 5±0.5℃ 水的恒温水槽中至少 15min；同时将金属支架、钢球、钢球定位环等亦置于相同水槽中。

② 烧杯内注入新煮沸并冷却至 5℃的蒸馏水，水面略低于立杆上的深度标记。

③ 从恒温水槽中取出盛有试样的试样环放置在支架中层板的圆孔中，并套上定位环；然后将整个环架放入烧杯中，调整水面至深度标记，并保持水温为 5±0.5℃。环架上任何部分不得附有气泡。将温度计由上层板中心孔垂直插入，使端部测温头底部与试样环下面齐平。

④ 将烧杯移至放有石棉网的加热炉具上，然后将钢球放在定位环中间的试样中央，立即开动振荡搅拌器，使水微微振荡，并开始加热，使杯中水温在 3min 内调节至维持每分钟上升 5±0.5℃。在加热过程中，应记录每分钟上升的温度值，如温度上升速度超出此范围时，则试验应重做。

⑤ 试样受热软化逐渐下坠，至与下层底板表面接触时，立即读取温度，准确至 0.5℃。

(3) 试样软化点在 80℃ 以上者，试验步骤如下：

① 将装有试样的试样环连同金属底板置于装有 32±1℃ 甘油的恒温槽中至少 15min；同时将金属支架、钢球、钢球定位环等亦置于甘油中。

② 在烧杯内注入预先加热至 32℃ 的甘油，其液面略低于立杆上的深度标记。

③ 从恒温槽中取出装有试样的试样环，按上述方法进行测定，准确至 1℃。

4. 报告

同一试样平行试验两次，当两次测定值的差值符合重复性试验精密度要求时，取其平均值作为软化点试验结果，准确至 0.5℃。

当试样软化点小于 80℃ 时，重复性试验的允许差为 1℃，复现性试验的允许差为 4℃。

当试样软化点等于或大于 80℃ 时，重复性试验的允许差为 2℃，复现性试验的允许差为 8℃。

3.7.4 沥青热致老化试验

沥青在路面施工过程中需要加热，在路面建成使用过程中，还要长期经受大气、日照、降水、温度等自然因素的作用。这些因素都能促使沥青加速化学反应，最终导致沥青技术性能降低，使沥青路面发生老化。

沥青热致老化试验是针对由于路面施工加热导致沥青性能变化这一老化过程的评价，主要为沥青短期老化的评价方法。我国沥青热致老化试验目前主要采用沥青蒸发损失试验和沥青薄膜加热试验两种方法。

1. 沥青蒸发损失试验

对中、轻交通量道路用石油沥青，应进行蒸发损失试验。蒸发损失是指沥青试样在内径 55mm、深 35mm 的盛样皿中，在 163℃ 温度条件下加热并保持 5h 后质量的损失，以百分率表示。

测定石油沥青材料的蒸发损失，蒸发损失后的残留物应进行针入度试验，并计算残留物针入度占原试样针入度的百分率。根据需要也可进行残留物的延度、软化点等其他试验，以评定沥青受热时性质的变化。

2. 沥青薄膜加热试验

对重交通量道路用石油沥青应进行薄膜加热试验。沥青薄膜加热试验，简称 TFOT，是将厚约 3mm 的沥青薄膜试样置于 163±1℃ 的标准烘箱中加热 5h，测定试验前后沥青质量和性质变化的试验。试验采用加热后质量损失、针入度比及 25℃、15℃延度作为评价指标。

并根据需要测定薄膜加热后残留物的针入度、黏度、软化点、脆点及延度等性质的变化，以评定沥青的耐老化性能。

3.8 钢材试验

钢材的种类：
（1）按用途可分为：结构钢、工具钢和特殊钢。
（2）按冶炼方法可分为：转炉钢和平炉钢。
（3）按脱氧方法可分为：沸腾钢（F）、半镇静钢（b）、镇静钢（Z）和特殊镇静钢（TZ），镇静钢和特殊镇静钢的代号可以省去。
（4）按成型方法可分为：轧制钢（热轧、冷轧）、锻钢和铸钢。
（5）按化学成分可分为：碳素钢和合金钢。

3.8.1 低碳钢和铸铁材性试验

3.8.1.1 拉伸试验

1. 试验目的

（1）观察低碳钢和铸铁在拉伸破坏过程中的各种现象，自动绘制拉伸曲线（$F\text{-}\Delta L$）。
（2）测定低碳钢的屈服极限 σ_s、强度极限 σ_b、延伸率 δ 和断面收缩率 ψ，测定铸铁的强度极限 σ_b。
（3）对试验数据进行分析、归纳、总结的能力。

2. 设备及仪器

（1）万能试验机：根据加力装置把试验机分为两种类型，液压传动式和机械传动式。
（2）游标卡尺。
（3）钢筋打点机。

3. 试件

试件常用圆形或矩形截面，圆形试件形状如图 3.20 所示。试件中部长度一般用于测量拉伸变形，称为标距。试件标距部分尺寸的允许偏差和表面加工粗糙度在国家标准中都有规定。试件分为标准试件和比例试件两种。这两种试件都有长短两类，对于圆形截面，长试件 $L_0 = 10d_0$，常称为十倍试件，短试件 $L_0 = 5d_0$，常称为五倍试件。

铸铁为脆性材料，受力后变形很小就会突然断裂，并不严格遵守胡克定律。因此，一般只确定其强度极限。而且通常采用 $L_0 = 10d_0$ 的圆形截面试件。

4. 试验原理

（1）低碳钢拉伸试验

低碳钢是典型的塑性材料。这类钢材在拉伸中表现出的力学性能最为典型，如下屈服点、抗拉强度、断后延伸率等一些力学性能参数均可在拉伸试验中求得。

试件在受到拉力作用下，对应每一个拉力 F，试件标距 L_0 便产生一个伸长量 ΔL 与之

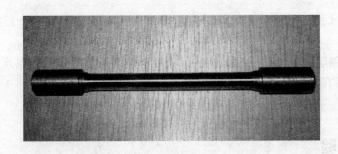

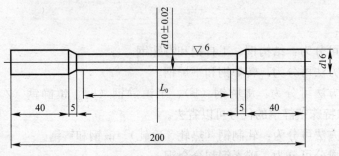

图 3.20　标准试样示意图

对应，这种关系称为拉伸图或 $F\text{-}\Delta L$ 曲线（图 3.21）。

$F\text{-}\Delta L$ 曲线与试件的截面尺寸及长度有关。为了消除试件尺寸的影响，把拉力 F 除以试件的原始横截面积 A_0，得出正应力 $\sigma=\dfrac{F}{A_0}$；把伸长量 ΔL 除以试件原始标距 L_0，得到应变 $\varepsilon=\dfrac{\Delta L}{L_0}$，从而建立应力 σ 与应变 ε 的关系图，或称为 $\sigma\varepsilon$ 曲线（图 3.22）。

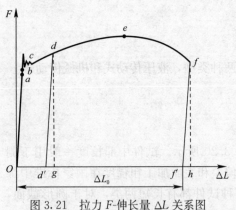

图 3.21　拉力 F-伸长量 ΔL 关系图

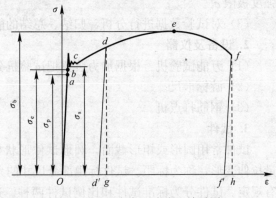

图 3.22　应力 σ-应变 ε 关系图

整个拉伸变形分四个阶段，即弹性阶段、屈服阶段、强化阶段和颈缩阶段。

① 弹性阶段

在拉伸的初始阶段，载荷与伸长量呈直线关系，表明在这一阶段内，应力 σ 与应变 ε 成正比，即：$\sigma=E\varepsilon$。式中 E 是与材料有关的比例常数，称为弹性模量。此时若卸去外力，则试件变形消失，恢复原态。直线部分的最高点 a 所对应的应力 σ_p 称为比例极限，只有应力低于比例极限时，材料才服从胡克定律，这时称材料是线弹性的。

超过比例极限后，从 a 点到 b 点，σ 与 ε 之间的关系不再是直线，但卸除拉力后变形仍可完全消失，这种变形称为弹性变形。b 点所对应的应力是卸载后材料不产生塑形变形的最大应力，用 σ_e 表示，称为弹性极限。而 a 点与 b 点的确定须借助于高精度的电子引伸计，且操作很麻烦，尤其是 b 点。在 σ-ϵ 关系图中，由于 a、b 两点非常接近，所以工程上对弹性极限和比例极限并不严格区分。

② 屈服阶段

当应力超过 b 点到某一数值时，应变有非常明显的增加，而应力先是下降，然后作小波动，在 σ-ϵ 曲线上出现接近水平的小锯齿形线段，这种现象称为屈服或流动。在屈服阶段内应力第一次下降的最低点是初始瞬时效应的结果，该值在屈服阶段可能是最低的应力，但不能取其为下屈服值。在屈服阶段内，除初始瞬时效应产生的值外，下屈服值应取波动中的最低值；而上屈服值为屈服阶段的最高值。由于上屈服值与试件形状、加载速度等因素有关，一般是不稳定的。下屈服极限则是比较稳定的数值，能够反映材料的力学性能。通常把下屈服值作为材料的屈服极限或屈服点，用 σ_s 来表示。在屈服阶段，若卸除拉力则试件变形不能完全消失，材料将产生显著的塑性变形。

③ 强化阶段

过屈服阶段后，材料又恢复了抵抗变形的能力，要使它继续变形必须增加拉力，这种现象称为材料的强化。这种强化直至达到 σ-ϵ 曲线上最高应力点 e，该阶段称为强化阶段，最高点 e 的应力 σ_b 是材料所能承受的最大应力，称为强度极限或抗拉强度。在强化阶段，应力与应变呈现出非线性的关系。

④ 颈缩阶段

过 e 点，在试件的某一局部范围内横向尺寸突然急剧缩小，形成颈缩现象。由于在颈缩部位横截面积迅速减小，导致试件所能承受的拉力迅速降低。在 σ-ϵ 图中，应力 $\sigma = \dfrac{F}{A_0}$ 随之下降，一直降到 f 点时，试样被拉断。

（2）铸铁拉伸试验

铸铁拉伸时应力-应变关系是一段微弯曲线，没有明显的直线段（图 3.23）。

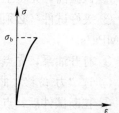

图 3.23 铸铁的应力-应变曲线图

它在较小的拉应力下就被断裂，没有屈服和颈缩，拉断前的应变很小，延伸率也很小，是典型的脆性材料。

由于铸铁的 σ-ϵ 曲线没有明显的直线部分，弹性模量 E 的数值随应力的大小而变。但在拉应力较小时，可近似认为材料服从胡克定律。通常在应力较小时，取 σ-ϵ 曲线的割线近似地表示铸铁拉伸时的曲线开始部分，并以割线的斜率近似地确定弹性模量 E，称为割线弹性模量。铸铁拉断时的最大应力为强度极限，因为没有屈服现象，强度极限 σ_b 是反映材料强度的唯一力学性能指标。

（3）力学参数求取

① 屈服极限 σ_s、强度极限 σ_b

可根据相应的载荷除以横截面原始面积而得到，即：

$$\sigma_s = \frac{P_s}{A_0}, \quad \sigma_b = \frac{P_b}{A_0} \tag{3-71}$$

② 断后伸长率和断面收缩率分别用下式进行计算：

$$\delta = \frac{L_1 - L_0}{L_0} \times 100\%, \quad \psi = \frac{A_0 - A_1}{A_0} \times 100\%$$

式中　L_0——试件标距原长;

L_1——试件拉断后的标距长度,可将拉断后的试件对紧,然后测量;

A_0——试件横截面的原始面积;

A_1——试件拉断后颈缩处的最小横截面积。

5. 试验步骤

(1) 低碳钢标准试件拉伸试验

1) 测标样直径

为了避免试件加工时产生的锥度和椭圆度的影响,选取 3 个卡点测量试件直径,3 个卡点的位置分别选在标样中间和距平行长度两端的约 $a/2$ 处($a = L_c - L_0$,L_c 为标样的平行长度,L_0 为标距的总长度)。对每个卡点,用游标卡尺在两个相互垂直方向上卡其直径(两个卡值,精度 ≤0.02mm),取其算术平均值(精度 0.1mm,修约口诀见下)。选择 3 个卡点中最小值的直径(d_0)进行横截面积(A_0)的计算($\pi = 3.1416$,面积精度 $0.01mm^2$)。

修约口诀:四舍六入五考虑,五后非零应进一,五后是零看前位,前为奇数应进一,前为偶数应舍去。

2) 打印试件标距(仅对低碳钢试件)

注意 L_c 与 L_0 的关系,从平行长度某一端点的约 $a/2$ 处开始打印。对 ϕ_{10} 的低碳钢试件打印出 10 个 1cm 标距,或 5 个 1cm 标距(视标准试件而定),并涂黑色,即为总标距 L_0(精度 0.1mm)。

3) 设备操作

① 打开电源,开启微机,双击桌面"微机自动测量控制系统",进入微机操作系统。

② 试验前,先将工作活塞上升、下降约 50mm,活动 2~3 次。

③ 夹好试件(必须先夹上后夹下)。选应力施加速度,对 ϕ_{10} 试件一般选 0.5kN/s,约 6.4MPa/s。

④ 打开油泵,先点击"总清零",再点击"加载"键,最后点"开始"键。

⑤ 选"力-位移"曲线进行观察。

⑥ 拉断试件后,点击"停止"键,出现"试验结果保存成功"。

⑦ 取下试件,点击"非试验状态"键,再点击"卸载"键。卸载后,关闭"油泵",关闭"急停"键。

⑧ 在界面上读取下屈服荷载值与极限荷载值。

⑨ 注意事项

a) 观察试件在进入屈服过程"力-位移"曲线的变化特点。

b) 若在"力-位移"曲线上读取下屈服值,则在抛弃第一次回摆值(初始瞬时效应)后,挑取剩余回摆幅度的最大值来作为屈服载荷值。

c) 进入颈缩阶段时观察试件的颈缩现象。

4) 低碳钢试件断后处理

① 断口直径的求取

取下断裂后的试件,测断口直径 d_1:用游标卡尺在断口上(对严、对直之后)的两个相互垂直方向上各卡一次直径（精度≤0.02mm），取其算术平均值（精度0.1mm）作为断口直径，来计算断口面积 A_1（$\pi=3.1416$，精度 $0.01mm^2$）。

② 断后标距的求取

将试件断裂后的两个半段合拢，对严、对齐，并使轴线在一条直线上，用游标卡尺量出断后的总标距长度 L_1（精度0.1mm）。其测量规则如下：

a）当断口与总标距的两个端点距离均$>L_1/3$时，则可直接用游标卡尺量出断后总标距的长度。

b）当断口与总标距某个端点距离$<L_1/3$时，则 L_1 的长度确定的方法为：以断口 O 为起点，在长段上取基本等于短段的格数得 B 点（图3.24a），若长段所余格数为偶数时，取长段所余格数的一半得出 C 点，则 $L_1=AB+2BC$；若长段所余格数为奇数时（图3.24b），可在长段上取所余格数减1之半的 C 点及取所余格数加1之半的 C_1 点，则 $L_1=AB+BC+BC_1$。

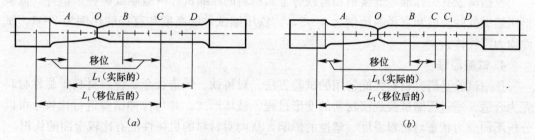

图3.24　断后标距测定

c）当断口非常靠近试件两端，或断口与头部的距离≤直径 d_0 的两倍时，试验结果无效，必须重做。

（2）铸铁标准试件拉伸试验

铸铁试件的试验步骤与低碳钢试件相似，但比较简单，只要在量出试件截面尺寸 d（不需测量标距 L）后，将试件安装在试验机上，逐渐加载，使试件断裂，记下最大的载荷 P_b 即可得出强度极限 σ_b。铸铁拉伸断裂如图3.25所示。

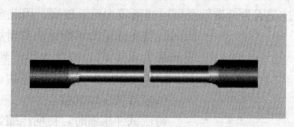

图3.25　铸铁拉伸断裂示意图

（3）结束操作

试验完成后，退出系统、关机，关闭电源，清扫杂物。

6. 拉伸试验结果

（1）强度 σ

强度单位为 MPa；其计算值修约至1%。

（2）塑性指标

断后伸长率 δ 修约至 0.5%。即：当尾数 $<0.25\%$ 数值时，应为 0.0%；当 $0.25\%\leqslant$ 尾数 $<0.75\%$ 时，应为 0.5%；当尾数 $\geqslant0.75\%$ 时，应为 0.0%，但进 1%。

断面收缩率 ψ 修约至 1%。

3.8.1.2 压缩试验

1. 试验目的

（1）比较低碳钢和铸铁压缩变形和破坏现象。

（2）测定低碳钢的屈服极限 σ_s 和铸铁的强度极限 σ_b。

（3）比较铸铁在拉伸和压缩两种受力形式下的机械性能，分析其破坏原因。

2. 设备及仪器

万能材料试验机及游标卡尺。

3. 试件

根据国家有关标准，低碳钢和铸铁等金属材料的压缩试件一般制成圆柱形试件。低碳钢压缩试件的高度和直径的比例为 $3:2$，铸铁压缩试件的高度和直径的比例为 $2:1$。试件均为圆柱体。

4. 试验原理

压缩试验是研究材料性能常用的试验方法。对铸铁、铸造合金、建筑材料等脆性材料尤为合适。通过压缩试验观察材料的变形过程、破坏形式，并与拉伸试验进行比较，可以分析不同应力状态对材料强度、塑性的影响，从而对材料的机械性能有比较全面的认识。

压缩试验在压力试验机上进行。当试件受压时，其上下两端面与试验机支撑之间产生很大的摩擦力，使试件两端的横向变形受到阻碍，故压缩后试件呈鼓形。摩擦力的存在会影响试件的抗压能力甚至破坏形式。为了尽量减少摩擦力的影响，试验时试件两端必须保证平行，并与轴线垂直，使试件受轴向压力。另外，端面加工应有较高的光洁度。

（1）低碳钢压缩试验

低碳钢压缩时也会发生屈服，但并不像拉伸那样有明显的屈服阶段。因此，在测定 P_s 时要特别注意观察（图 3.26）。在缓慢均匀加载下，当材料发生屈服时，在载荷-位移曲线上出现一小段平缓的线段，这时载荷即为屈服载荷 P_s。屈服之后加载到试件产生明显变形即停止加载。这是因为低碳钢受压时变形较大而不破裂，因此愈压愈扁。横截面增大时，其实际应力不随外载荷增加而增加，故不可能得到最大载荷 P_b，因此也得不到强度极限 σ_b，所以在试验中是以变形来控制加载的。

（2）铸铁压缩试验

铸铁试件压缩时，初期压缩量增加小，但压缩载荷增加快，近似于直线，此时试件形态变化不明显；当累积到一定的载荷压力时，压缩量增加变快，呈曲线关系，试件变形明显，呈鼓状；当达到最大的抗压载荷时发生鼓形破裂（图 3.27）。与此同时试验机迅速卸载，并读取最大载荷 P_b 值。铸铁属脆性材料，在整个压缩变形过程中，没有屈服阶段，断面与轴线

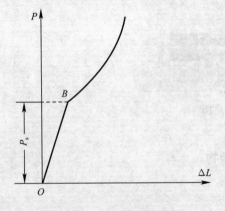

图 3.26　低碳钢压缩图

约成 $45°\sim50°$ 夹角，表明它的破坏主要是由最大剪应力所致。

（3）力学参数求取

① 计算低碳钢的屈服极限 σ_s

$$\sigma_s = \frac{P_s}{A_0}$$

② 计算铸铁的强度极限 σ_b

$$\sigma_b = \frac{P_b}{A_0}$$

式中　$A_0 = \frac{1}{4}\pi d_0^2$，$d_0$ 为试验前试件直径。

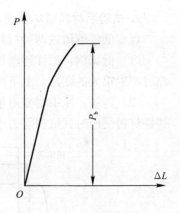

图 3.27　铸铁压缩图

5. 试验步骤

（1）根据估算的最大载荷，选择合适量程的试验机。

（2）测标样直径

取试件中部一个卡点，在相互垂直两个方向上，用游标卡尺在试件大致中间位置测量其直径（相互垂直的两个卡值，精度 $\leqslant 0.02mm$），再计算出平均直径 d_0（精度 0.1mm）参加面积 A_0 计算（精度 $0.01mm^2$，$\pi=3.1416$）。

（3）涂抹机油

试验前将试件两端面涂上机油，以减小横向摩擦力的影响。

（4）设备操作

1）打开电源，开启微机，双击桌面"微机自动测量控制系统"，进入微机操作系统。

2）在"试验方法"中选金属室温压缩试验（GB/T 7314—2005）。

3）单击"新建试样"进入填单界面，根据界面内容填单。填完后点击"计算面积"，最后点击"开始试验"。

4）压缩试验

① 试验前，先将工作活塞上升、下降约 100mm，活动 $2\sim3$ 次。

② 根据试验的特点，选球面压座。将试件准确地放在球面压座的中心上。开启移动横梁升降电机，调整上压座到试件顶面将要接触的位置。

③ 选应力施加速度，对 ϕ_{15} 试件一般选约 10MPa/s，取完后点击"负荷控制"键便被确认。

④ 打开油泵，点击"总清零"，再点击"加载"键，最后点"开始"键，便开始进行压缩试验。

⑤ 选"力-位移"曲线。对于低碳钢，要及时记录其屈服载荷，超过屈服载荷后，继续加载，将试件压成鼓形即可停止加载或载荷不能大于试验机最大承载的80%，读取荷载值。而铸铁试件加压至试件破坏为止，记录最大载荷，并观察试件。

⑥ 点击"非试验状态"键，再点击"卸载"键。取下试件，关闭"油泵"，关闭"急停"键。

（5）结束操作

试验完成后，退出系统、关机，关闭电源，清扫杂物。

6. 压缩试验结果

强度 σ 单位为 MPa；其计算值修约至 1%。

7. 试验后材料破坏情况

观察低碳钢铸铁两种材料的破坏变形情况，分析原因：

（1）低碳钢：试样逐渐被压扁，形成圆鼓状。这种材料延展性很好，不会被压断，压缩时产生很大的变形，上下两端面受摩擦力的牵制变形小，而中间受其影响逐渐减弱。

（2）铸铁：压缩时变形很小，承受很大的力之后在大约 45°方向产生剪切断裂，说明铸铁材料受压时其抗剪能力小于抗压能力。

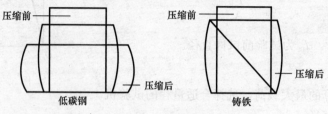

图 3.28　低碳钢、铸铁压缩后变形图

3.8.2　混凝土结构用钢材试验

混凝土结构用钢材是钢筋混凝土结构和预应力混凝土结构用钢材的总称。钢筋混凝土结构中的钢筋和预应力混凝土结构中的非预应力钢筋均为普通钢筋，包括由普通碳素钢和低合金钢经热轧和热轧后再进行冷加工（冷轧、冷拔、冷扭等）制成的光面钢筋、热轧带肋钢筋、冷轧带肋钢筋等等，一般也称为钢筋混凝土用钢筋；预应力钢筋则主要包括预应力钢丝、预应力钢绞线和预应力高强度钢筋（钢棒）等，一般也称为预应力混凝土用钢材。两类钢材的主要不同之处在于性能。

混凝土结构用钢材按材质有碳素结构钢（包括普通碳素结构钢和优质碳素结构钢）、低合金钢之分，个别产品用合金结构钢制造；按生产工艺则有热轧（含轧后余热处理和控制轧制等在线处理）、冷加工（冷轧、冷拔、冷扭等）和热处理（如淬火-回火、稳定化处理）等方式；成品钢材的外观形状则有光面、带肋、刻痕、凹槽螺旋、绞线等多种。但无论怎么划分，对于使用来说，关键在于区别是普通钢筋还是预应力钢筋。

3.8.2.1　普通钢筋试验

1. 钢筋取样规定

（1）钢筋原材试件

① 批量规则

由同一厂别、同一炉号、同一规格、同一交货状态、同一进场（厂）时间的钢筋为一验收批，每批数量不大于 60t，不足 60t 按一批取样。

② 试件数量（每批钢筋取试件一组，试件数量符合表 3.15 的规定）。

钢筋每组试件数量表　　　　　　　　　　　　　　　　　表 3.15

序号	钢筋种类	每组试件数量	
		拉伸试验	弯曲试验
1	热轧带肋钢筋		
2	热轧光圆钢筋	2 根	2 根
3	余热处理钢筋		

序号	钢筋种类	每组试件数量	
		拉伸试验	弯曲试验
4	低碳钢热轧圆盘条	1根	2根
5	冷轧带肋钢筋	每盘1个	每批2个
6	热处理钢筋	从每批中选取10%的盘数（不少于25盘），每盘1个	—

③ 取样方法

凡是拉伸和冷弯均取两个试件的，应从任意两根钢筋中截取，每根钢筋取一根拉伸试件和一根弯曲试件。低碳钢热轧圆盘条和冷轧带肋钢筋冷弯试件应取自不同盘。

取样时，应首先在钢筋或盘条的端部至少截去50cm，然后切取试件。

试件长度：拉伸试件 $L \geqslant L_0 + 200\text{mm}$，冷弯试件 $L \geqslant 5d + 150\text{mm}$

其中 L_0 为原始标距长度，热轧带肋钢筋、热轧光圆钢筋和余热处理钢筋为 $5d$；低碳钢热轧圆盘条、热处理钢筋和牌号为 CRB550 的冷轧带肋钢筋为 $10d$；牌号为 CRB650、CRB800、CRB970、CRB1170 的冷轧带肋钢筋为 100mm。

冷弯试件公式

$$L = 1.55 \times (a + d) + 140\text{mm} \tag{3-72}$$

式中 L——试样长度；

　　　 a——钢筋公称直径；

　　　 d——弯曲试验的弯心直径，按表 3.16 取用。

弯心直径　　　　　　　　　　　　　　　　　　　　　　　表 3.16

钢筋牌号（强度等级）	HPB300（Ⅰ级）	HRB335	HRB400	HRB500
公称直径（mm）	8～20	6～25、28～50	6～25、28～50	6～25、28～50
弯心直径 d	1a	3a、4a	4a、5a	6a、7a

（2）钢筋焊接接头试件

钢筋焊接接头取样频率和数量规定如表 3.17 所示。

钢筋连接取样规定　　　　　　　　　　　　　　　　　　　表 3.17

钢筋类别	取样频率	取样方法及数量
钢筋闪光对焊接头	300 个同级别、同直径钢筋焊接接头应作为一批。不足 300 个接头，也按一批计	成品中随机切取 3 个做拉伸试验，3 个做弯曲试验
钢筋电弧焊接头	300 个为一验收批。不足 300 个接头也按一批计	试件应从成品中随机切取 3 个接头进行拉伸试验
钢筋电渣压力焊接头	300 个同级别钢筋接头作为一验收批，不足 300 个接头也按一批计	试件应从成品中随机切取 3 个接头进行拉伸试验
钢筋气压焊接头	300 个接头作为一验收批，不足 300 个接头也按一批计	试件应从成品中随机切取 3 个接头进行拉伸试验；在梁、板的水平钢筋连接中，应另切取 3 个试件做弯曲试验
机械连接包括： （1）锥螺纹连接 （2）套筒挤压接头 （3）镦粗直螺纹钢筋接头	同一施工条件下采用同一批材料的同等级、同形式、同规格的接头每 500 个为一验收批。不足 500 个接头也按一批计	每一验收批必须在工程结构中随机截取 3 个试件

拉伸试样的尺寸按表 3.18 取用。

钢筋焊接接头拉伸试样的尺寸（JGJ/T 27—2001）　　　　表 3.18

焊接方法		试样尺寸（mm）		焊接方法		试样尺寸（mm）	
		l_s	$L\geqslant$			l_s	$L\geqslant$
电阻点焊		—	$300+l_s+2l_j$	熔槽帮条焊		$8d+l_h$	l_s+2l_j
闪光对焊		$8d$	l_s+2l_j	电弧焊	坡口焊	$8d$	l_s+2l_j
电弧焊	双面帮条焊	$8d+l_h$	l_s+2l_j		窄间隙焊	$8d$	l_s+2l_j
	单面帮条焊	$5d+l_h$	l_s+2l_j	电渣压力焊		$8d$	l_s+2l_j
	双面搭接焊	$8d+l_h$	l_s+2l_j	气压焊		$8d$	l_s+2l_j
	单面搭接焊	$5d+l_h$	l_s+2l_j	预埋件电弧焊和埋弧压力焊		—	200

注：l_s 为受试长度；l_h 为焊缝（或镦粗）长度；l_j 为夹持长度（100～200mm）；L 为试样长度；d 为钢筋直径。

弯曲试样长度可以采用式 $L=(D+2.5d)+150mm$ 计算。压头弯心直径和弯曲角度的规定见表 3.19。

钢筋焊接接头弯心直径和弯曲角度规定（JGJ 18—2012）　　　　表 3.19

序号	弯心直径（D）		弯曲角度（°）
	$d\leqslant25$	$d>25$	
HPB300	$2d$	$3d$	90
HRB335、HRBF335	$4d$	$5d$	90
HRB400、HRBF400、RRB400W	$5d$	$6d$	90
HRB500、HRBF500	$7d$	$8d$	90

2. 钢材重量偏差的测量

测量钢筋重量偏差时，试样应从不同根钢筋上截取，数量不少于 5 支。每支试验长度不小于 500mm。长度一般采用钢尺逐支测量，应精确到 1mm。测量试样总重量一般采用精度为 0.01g 天平，应精确到不大于总重量的 1%。

钢筋实际重量与理论重量的偏差（%）按下式计算：

$$重量偏差 = \frac{试样实际总重量-（试样总长度\times理论重量）}{试样总长度\times理论重量}\times100 \tag{3-73}$$

钢筋公称横截面面积与理论重量按表 3.20 取值。

理论重量取值表　　　　表 3.20

公称直径（mm）	公称横截面面积（mm²）	理论重量（kg/m）
6	28.27	0.222
8	50.27	0.395
10	78.54	0.617
12	113.1	0.888
14	153.9	1.21
16	201.1	1.58
18	254.5	2.00
20	314.2	2.47

公称直径（mm）	公称横截面面积（mm²）	理论重量（kg/m）
22	380.1	2.98
25	490.9	3.85
28	615.8	4.83
32	804.2	6.31
36	1018	7.99
40	1257	9.87

检验结果的数值修约与判断应符合 YB/T 081 的规定。

钢筋实际重量与理论重量的允许偏差应符合表 3.21 的规定。

实际重量与理论重量的偏差允许值　　　　　　　　表 3.21

公称直径（mm）	实际重量与理论重量的偏差（%）
6～12	±7
14～20	±5
22～50	±4

3. 拉伸试验

（1）原理

试验系用拉力拉伸试样，一般拉至断裂，测定材料的屈服强度 R_e（MPa）、抗拉强度 R_m（MPa）、伸长率 A（%）。除非另有规定，试验一般在室温 10～35℃ 范围内进行。对温度要求严格的试验，试验温度应为 23±5℃。

伸长率 A：原始标距的伸长与原始标距（L_0）之比的百分率。

应力：试验期间任一时刻的力除以试样原始横截面积（S_0）之商。

屈服强度 R_e：当金属材料呈现屈服现象时，在试验期间达到塑性变形发生而力不增加的应力点。应区分上屈服强度和下屈服强度。

抗拉强度 R_m：相应最大力（F_m）的应力。

极限强度（ultimate strength）：物体在外力作用下发生破坏时出现的最大应力，也可称为破坏强度或破坏应力。一般用标称应力来表示。根据应力种类的不同，可分为拉伸强度（σ_t）、压缩强度（σ_c）、剪切强度（σ_s）等。

（2）制样

试样的形状与尺寸取决于要被试验的金属产品的形状与尺寸。通常从产品、压制坯或铸锭切取样坯经机加工制成试样。但具有恒定横截面的产品（型材、棒材、线材等）和铸造试样（铸铁和铸造非铁合金）可以不经机加工而进行试验。矩形横截面试样，推荐其宽厚比不超过 8：1。

试样原始标距与原始横截面积有 $L_0 = k\sqrt{S_0}$ 关系者称为比例试样。国际上使用的比例系数 k 的值为 5.65。原始标距应不小于 15mm。当试样横截面积太小，以致采用比例系数 k 为 5.65 的值不能符合这一最小标距要求时，可以采用较高的值（优先采用 11.3 的值）或采用非比例试样。非比例试样其原始标距（L_0）与其原始横截面积（S_0）无关。

① 机加工的试样

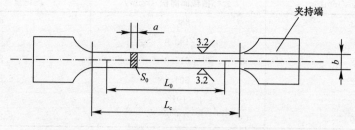

图 3.29 机加工试样

② 为产品一部分的未经机加工试样

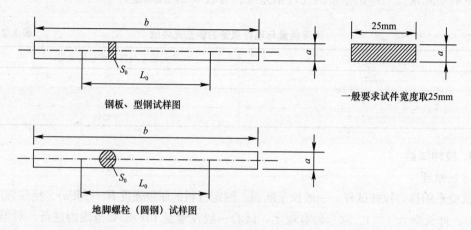

钢板、型钢试样图　　　　　　　一般要求试件宽度取 25mm

地脚螺栓（圆钢）试样图

图 3.30 未经机加工试样

（3）原始横截面积（S_0）的测定

测量计算试样的原始横截面积。

① 圆形截面试样：在标距两端及中间三处横截面上相互垂直两个方向测量直径，以各处两个方向测量的直径的算术平均值计算横截面积；取三处测得横截面积的平均值作为试样原始横截面积。如果试样的公差满足标准要求，原始横截面积可以用名义值，而不必通过实际测量再计算。

② 矩形截面试样：在标距两端及中间三处横截面上测量宽度和厚度，取三处测得横截面积的平均值作为试样原始横截面积。

（4）原始标距（L_0）的标记

试验前，应用小标记、细划线或细墨线标记原始标距，但不得用引起过早断裂的缺口作标记。

对于比例试样，如果原始标距的计算值与其标记值之差小于 $10\%L$，可将原始标距的计算值修约至最接近 5mm 的倍数，中间数值向较大一方修约。原始标距的标记应准确到 $\pm 1\%$。

如平行长度（L_c）比原始标距长许多，例如不经机加工的试样，可以标记一系列套叠的原始标距。有时，可以在试样表面划一条平行于试样纵轴的线，并在此线上标记原始标距。

圆形比例试样：优先采用 5mm、10mm、20mm 小标距，原始标距总长度可采用 $L_0=$ 5d（短试样）和 $L_0=10d$（长试样）。

对于钢筋，一般情况下，采用连续打点机，在试样的中部打出 40 个小标距（每个小标距长 10mm），并对每个标距点涂黑。多量标距点易于满足断后标距的卡取。

（5）试验速率

在弹性范围内和直至上屈服强度，试验机夹头的分离速率应尽量保持恒定并在表 3.22 规定的应力速率范围内。

应力速率（GB/T 228.1—2010）　　　　　　　　表 3.22

材料弹性模量 $E(N/mm^2)$	应力速率（N/mm^2）/s	
	最小	最大
<150000	2	20
$\geqslant150000$	6	60

（6）断后伸长率的测定

将试样断裂的部分仔细地配接在一起使其轴线处于同一直线上，并采取特别措施确保试样断裂部分适当接触，使用分辨力优于 0.1mm 的量具或测量装置测定断后标距（L_u），准确到 ±0.25mm。

原则上只有断裂处与最接近的标距标记的距离不小于原始标距的三分之一情况方为有效。但断后伸长率大于或等于规定值，不管断裂位置处于何处测量均为有效。

如断裂处与最接近的标距标记的距离小于原始标距的三分之一，可以采用位移法测定断后伸长率。移位法测定断后伸长率的步骤如下：

① 试验前将原始标距（L_0）细分为 N 等份。

② 试验后，以符号 X 表示断裂后试样短段的标距标记，以符号 Y 表示断裂试样长段的等分标记，此标记与断裂处的距离最接近于断裂处至标记 X 的距离。设 X 与 Y 之间的分格数为 n。

③ 如果 $N-n$ 为偶数，测量 X 与 Y 和 Y 与 Z 之间的距离，使 Y 与 Z 之间的分格数为 $(N-n)/2$。按式（3-74）计算断后伸长率（见图 3.31）：

④ 如果 $N-n$ 为奇数，测量 X 与 Y、Y 与 Z' 和 Y 与 Z'' 之间的距离，使 Y 与 Z' 和 Y 与 Z'' 之间的分格数分别为 $(N-n-1)/2$ 和 $(N-n+1)/2$。按式（3-75）计算断后伸长率（见图 3.32）：

$$A = \frac{XY + 2YZ - L_0}{L_0} \times 100 \tag{3-74}$$

$$A = \frac{XY + YZ' + YZ'' - L_0}{L_0} \times 100 \tag{3-75}$$

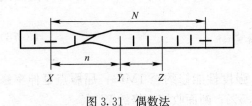

图 3.31　偶数法　　　　　　　　　图 3.32　奇数法

（7）屈服强度（R_e）的测定

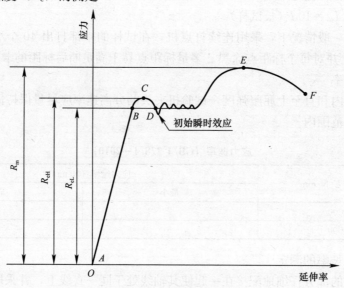

图 3.33　应力-应变曲线

① 从 A 到 B 的直线表示弹性区域内荷载与变形的关系，只要荷载不超过 B 点，当卸载后，试样会恢复到原来的尺寸和形状，B 点的应力称为材料的弹性极限。

② 在 B 到 D 点阶段，卸载后试样无法恢复原始状态。在 C 点，塑性变形速率很快，以至于由塑性变形导致应力松弛率超过了材料的抵抗力，所以应变增加的同时，应力不再增加，反而下降，C 点称为屈服点。

③ 在 D 点，曲线突然升高，表明材料已经加工硬化，必须增加荷载才能使材料继续变形。在 E 点前，材料的变形速率不断增加，E 点是材料的极限强度（拉伸试验时称为抗拉强度）。

当应力超过弹性极限后，进入屈服阶段后，变形增加较快，此时除了产生弹性变形外，还产生部分塑性变形。当应力达到 B 点后，塑性应变急剧增加，应力应变出现微小波动，这种现象称为屈服。这一阶段的最大、最小应力分别称为上屈服点和下屈服点。由于下屈服点的数值较为稳定，因此以它作为材料抗力的指标，称为屈服点或屈服强度（R_{eL} 或 $R_{p0.2}$）。

有些钢材（如高碳钢）无明显的屈服现象，通常以发生微量的塑性变形（0.2%）时的应力作为该钢材的屈服强度，称为条件屈服强度（Yield strength）。

建筑钢材以屈服强度作为设计应力的依据。

（8）抗拉强度（R_m）的测定

读取试验过程中的最大力。最大力除以试样原始横截面积（S_0）得到抗拉强度（MPa）：

$$R_m = F_m/S_0 \tag{3-76}$$

（9）试验结果处理

GB/T 228.1—2010 标准的修约规定如下：强度性能修约至 1MPa；屈服点延伸率修约至 0.1%，其他延伸率和断后伸长率修约至 0.5%；断面收缩率修约至 1%。

130

1）如果一组（1根或若干根）拉伸试样中，每根试样的所有试验结果都符合产品标准的规定，则判定该组试样拉伸试验合格。

2）如果有一根试样的某一项指标（屈服强度、抗拉强度或伸长率）试验结果不符合产品标准的规定，则应加倍取样，重新检测全部拉伸试验指标。如果仍有一根试样的某一项指标不符合规定，则判定该组试样拉伸试验不合格。

3）当试样断在标距外或断在机械刻划的标距标记上，而且断后伸长率小于规定最小值，或者试验期间设备发生故障，影响了试验结果，则试验结果无效，应重做同样数量试样的试验。

4）试验后试样出现两个或两个以上的缩颈以及显示出肉眼可见的冶金缺陷（例如分层、气泡、夹渣、缩孔等），应在试验记录和报告中注明。

5）钢筋闪光对焊接头、电弧焊接头、电渣压力焊接头、气压焊接头拉伸试验结果按以下标准评定：

① 符合下列条件之一，应判定该批接头拉伸试验合格：

a）3个试件均断于钢筋母材，呈延性断裂，其抗拉强度大于或等于钢筋母材抗拉强度标准值。

b）2个试件断于焊缝之外，并应呈延性断裂，其抗拉强度大于或等于钢筋母材抗拉强度标准值。另一个试件断于焊缝，呈脆性断裂，其抗拉强度大于或等于钢筋母材抗拉强度标准值的1.0倍。

② 符合下列条件之一，应进行复验：

a）2个试件断于钢筋母材，呈延性断裂，其抗拉强度大于或等于钢筋母材抗拉强度标准值；另一个试件断于焊缝，呈脆性断裂，其抗拉强度小于钢筋母材抗拉强度标准值的1.0倍。

b）1个试件断于钢筋母材，呈延性断裂，其抗拉强度大于或等于钢筋母材抗拉强度标准值；另2个试件断于焊缝或热影响区，呈脆性断裂。

③ 3个试件均断于焊缝，呈脆性断裂，其抗拉强度均大于或等于钢筋母材抗拉强度标准值的1.0倍，应进行复验。当3个试件中1个试件抗拉强度小于钢筋母材抗拉强度标准值的1.0倍，应评定该批接头拉伸试验不合格。

④ 复验时应再切取6个试件。复验结果，若有4个或4个以上试件断于钢筋母材，呈延性断裂，其抗拉强度大于或等于钢筋母材抗拉强度标准值，另2个或2个以下试件断于焊缝，呈脆性断裂，其抗拉强度大于或等于钢筋母材抗拉强度标准值的1.0倍，应评定该批接头拉伸试验复验合格。

4. 弯曲试验

（1）原理

弯曲试验是以圆形、方形、矩形或多边形横截面试样在弯曲装置上经受弯曲塑性变形，不改变加力方向，直至达到规定的弯曲角度。

弯曲试验时，试样两臂的轴线保持在垂直于弯曲轴的平面内。如为弯曲180°角的弯曲试验，按照相关产品标准的要求，将试样弯曲至两臂相距规定距离且相互平行或两臂直接接触。

采用支辊式弯曲装置进行弯曲试验，如图3.34所示。

① 支辊长度应大于试样宽度或直径。支辊半径应为1~10倍试样厚度。

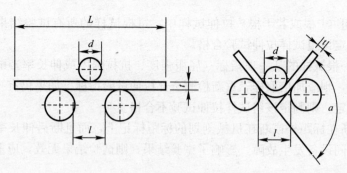

图 3.34　支辊式弯曲装置

② 除非另有规定，支辊间距离应按下式确定：

$$L = (d + 3t) \pm 0.5t \qquad (3-77)$$

③ 弯曲压头直径应在相关产品标准中规定，压头宽度应大于试样宽度或直径，且有足够的硬度。

（2）试样

1）试验使用圆形、方形、矩形或多边形横截面的试样样坯的切取位置和方向应按照相关产品标准的要求。如未具体规定，对于钢产品，应按照 GB/T 2975 的要求，试样应通过机加工去除由于剪切或火焰切割等影响了材料性能的部分。

2）试样宽度应按照相关产品标准的要求。如未具体规定，试样宽度、厚度应按照如下要求：

① 当产品宽度不大于 20mm 时，试样宽度为原产品宽度；

② 当产品宽度大于 20mm，厚度小于 3mm 时，试样宽度为 20±5mm；厚度不小于 3mm 时，试样宽度在 20～50mm 之间（一般用 25mm）。

③ 对于板材、带材和型材，产品厚度不大于 25mm 时，试样厚度应为原产品的厚度；产品厚度大于 25mm 时，试样厚度可以机加工减薄至不小于 25mm，并应保留一侧原表面。弯曲试验时试样保留的原表面应位于受拉变形一侧。

④ 直径或多边形横截面内切圆直径不大于 50mm 的产品，其试样横截面应为产品的横截面，如试验设备能力不足，对于直径或多边形横截面内切圆直径超过 30～50mm 的产品，可以按照图 3.35 将其机加工成横截面内切圆直径为不小于 25mm 的试样。直径或多边形横截面内切圆直径大于 50mm 的产品，应按照图 3.35 将其机加工成横截面内切圆直径为不小于 25mm 的试样。试验时，试样未经机加工的原表面应置于受拉变形的一侧。除另有规定外，钢筋类产品均以其全截面进行试验。

⑤ 试样长度应根据试样厚度和所使用的试验设备确定。采用图 3.34 的方法时可以按照下式：

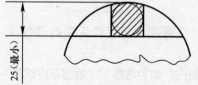

图 3.35　减薄试样横断面形状与尺寸

$$L = 0.5\pi(d + t) + 140mm$$

式中　π 为圆周率，其值取 3.1。

（3）试验程序

试验一般在 10～35℃ 的室温范围内进行。对温度要求严格的试验温度应为 23±5℃。

试样弯曲至 180°角两臂相距规定距离且相互平行的试验，首先对试样进行初步弯曲

132

（弯曲角度应尽可能大），然后将试样置于两平行压板之间连续施加力压其两端使进一步弯曲，直至两臂平行。试验时可以加或不加垫块。除非产品标准中另有规定，垫块厚度等于规定的弯曲压头直径。

（4）试验结果评定

1）如果一组（1根或若干根）弯曲试样中，弯曲试验后每根试样的弯曲外表面均无肉眼可见的裂纹，则判定该组试样弯曲试验合格。

2）如果有一根试样在达到规定弯曲角度之前即发生断裂，或虽已达到规定的弯曲角度但试样弯曲外表面有肉眼可见的裂纹，则应加倍取样，重新进行弯曲试验。如果仍有一根试样不符合要求，则判定该组试样弯曲试验不合格。

3）相关产品标准规定的弯曲角度，在弯曲试验中认作为最小值；规定的弯曲半径，认作为最大值。

4）闪光对焊接头、气压焊接头弯曲试验结果按以下标准评定：

① 一次判定合格的条件：当试验结果，弯至 90° 时，有 2 个或 3 个试件外侧（含焊缝和热影响区）未发生宽度达到 0.5mm 的裂纹，应评定该批接头弯曲试验合格。

② 当有 2 个试件发生宽度达到 0.5mm 的裂纹，应进行复验。

③ 当 3 个试件均发生宽度达到 0.5mm 的裂纹，则一次判定该批接头为不合格品。

④ 复验时，应再切取 6 个试件。复验结果，当有不超过 2 个试件发生宽度达到 0.5mm 的裂纹时，应判定该批接头为合格品。

3.8.2.2 预应力钢绞线试验

近 20 年来，我国预应力混凝土技术发展迅速，预应力筋材料从早期的冷拉钢筋、冷拔钢丝，发展到目前大量使用的高强度低松弛预应力钢绞线，为了确保预应力工程材料的质量，自 1985 年起，我国陆续颁布了有关规范标准，如早期的《预应力混凝土钢绞线》GB 5224—85 等，对预应力行业起到了积极的促进作用，关于预应力钢绞线、锚夹具检测的最新标准是《预应力混凝土用钢绞线》GB/T 5224—2003。预应力钢绞线的截面形状如图 3.36 所示。

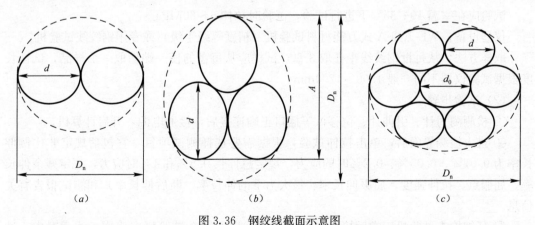

图 3.36 钢绞线截面示意图

(a) 1×2 结构；(b) 1×3 结构；(c) 1×7 结构

1. 试验检测项目和抽样规定

适用于由圆形断面钢丝捻成的做先张和后张预应力混凝土结构、岩石锚固等用途的钢绞线的尺寸检测、屈服强度（伸长1‰时最小强度）、极限抗拉强度、总伸长率、弹性模量等测定。

抽样规定：

（1）预应力用钢绞线应成批验收，每批由同一牌号、同一规格、同一生产工艺制度的钢绞线组成，每批重量不大于60t。

（2）从每批钢绞线中任取3盘，从每盘所选的钢绞线端部正常部位截取一根进行表面质量、直径偏差、捻距和力学性能试验。如每批少于3盘，则应逐盘进行上述检验。屈服和松弛试验每季度抽检一次，每次不少于一根。

2. 尺寸检验

钢绞线的直径应用分度值为0.02mm的量具测量。钢绞线的尺寸和捻距：1×2钢绞线的直径测量应测定图3.36（a）所示的D_n值，1×3钢绞线的直径测量应测定图3.36（b）所示的A值，1×7钢绞线的直径测量应以横穿直径方向的相对两根外层钢丝为准，如图3.36（c）所示D_n值，并在同一截面不同方向上测量两次。

3. 每米质量测量

钢绞线每米质量测量应采用如下方法：取3根长度不小于1m的钢绞线，每根钢绞线长度测量精确到1mm。称量每根钢绞线的质量，精确到1g，然后按下式计算钢绞线的每米质量：

$$M = \frac{m}{L} \tag{3-78}$$

式中　M——钢绞线每米质量（g/m）；

　　　m——钢绞线质量（g）；

　　　L——钢绞线长度（m）。

实测单重取3个计算值的平均值。

4. 拉伸性能试验

（1）试验要求

试验应在室温10~35℃下进行试验，试验时拉伸6~60MPa/s。

仪器设备：WE-1000A式万能材料试验机（精度等级Ⅰ级）或专用钢绞线试验机。

取样方法：从每批钢绞线中任取3盘，试样应从每盘的任一端切取一个样品，试样长度根据试验仪器不同一般1000~1200mm。

（2）试验步骤

① 检测测力计、引伸计、位移计等插口正确连接后，接通电源，开启计算机。

② 进入检测界面后，单击拉伸试验，根据需要选择测试项目（它包括规定非比例伸长率为0.01%、0.05%、0.2%时的应力，规定总伸长0.5%和1%时应力，规定残余伸长率、屈服点、拉伸强度、屈服伸长率、最大力下的伸长率、断后伸长率）和测试报告有关信息。

③ 仔细检查试验机正常后接通电源，将测试样安装在试验机夹头内，注意对中，试验机调零，打开送油阀，将试样拉直后，施加一定的预拉力，关闭送油阀，安装引伸计，同事量取试样标距（此标距对于在执行国标的试样应不小于500mm，对于执行ASTM标准的试样应不小于610mm，否则应重新调整试样标距或另取试样）。

④ 输入试样原尺寸，包括试样标距，引伸计距离、平行长度、试样截面积（钢绞线的公称截面积）等，同时选择试验机、引伸计、位移计。

⑤ 输入预拉力后点击开始键，开动拉力机拉伸试件，当提示按切换键时，按下切换键，同时取下引伸计，继续拉伸试件直至试件破坏，按下停止键。

⑥ 量取试件断后标距并输入试样断后标距，根据显示的数据判断合格与否，同时按上一步直到检测界面时输入合格与不合格。

（3）检验结果处理及判定

结果处理：

① 最大力除以试验钢绞线参考截面积得到抗拉强度，数值修约间隔为 $10N/mm^2$；

② 最大力总伸长率 A_{gt}，数值修约间隔为 0.5%。

判定标准：

根据客户提供的规格型号、强度等级或提供的厂家质量保证材料情况，采用以下相应的标准对检测结果进行判断：预应力混凝土用钢绞线（GB/T 5224—2003）技术性能应符合表 3.23 规定。

预应力钢绞线技术指标   表 3.23

钢绞线结构	钢绞线公称直径（mm）	公称截面面积（mm²）	强度级别（MPa）	屈服荷载（kN）	极限拉力（kN）	伸长率（%）	弹性模量（GPa）
1×7 标准型	9.50	54.8	1860	≥86.6	≥102	≥3.5	195±10
	11.10	74.2	1860	≥117	≥138		
	12.70	98.7	1860	≥156	≥184		
	15.20	139	1720	≥203	≥239		
			1860	≥220	≥259		
1×7 模拔型	12.70	112	1860	≥178	≥209		
	15.20	165	1820	≥255	≥300		

3.8.3 钢结构用钢材试验

结构钢分为：建筑及工程用结构钢和机械制造用结构钢。

建筑及工程用结构钢：又称建造用钢，通常用于建筑、桥梁、船舶、锅炉或其他工程上制作金属结构构件。此类钢大多为低碳钢，它们多要经过焊接施工，因此含碳量不宜过高，一般都是热轧状态下使用，这类钢主要包括两类：

① 普通碳素结构钢，按用途可以分为：一般用途的普通碳素钢和专用普通碳素钢。

② 低合金钢，按用途可以分为：低合金结构钢、耐腐蚀用钢、低温钢、钢筋钢、耐磨钢、特殊用途的专用钢。

机械制造用结构钢：是用于制造设备上结构零件的钢，为优质钢和高级优质钢，在使用中往往需要经过热处理、冷塑成型和机械切削加工。这类钢主要包括优质碳素结构钢和合金结构钢两类。其他还包括易切削结构钢、弹簧钢和滚动轴承钢。前两类钢按其工艺特征又分为调质结构钢、表面硬化结构钢和冷塑性成型用钢。表面硬化结构钢又包括掺碳钢、氮化钢、碳氮共掺钢和表面淬火钢。

3.8.3.1 结构钢的有关规定

1. 结构钢分类

钢结构中采用的钢材主要有以下三类：

（1）碳素结构钢

根据现行的国家标准《碳素结构钢》GB 700—2006 的规定，碳素结构钢的牌号由代表屈服点的字母 Q、屈服点的数值（N/mm²）、质量等级符号和脱氧方法符号等四个部分按顺序组成。

碳素结构钢分为 Q195、Q215、Q235 和 Q275 四种，屈服强度越大，其含碳量、强度和硬度越大，塑性越低。其中 Q235 在使用、加工和焊接方面的性能都比较好，是钢结构常用钢材之一。质量等级分为 A、B、C、D 四级，由 A 到 D 表示质量由低到高。不同质量等级钢对化学成分和力学性能的要求不同。A 级无冲击功规定，对冷弯试验只在需方有要求时才进行；B 级、C 级、D 级分别要求保证 20℃、0℃、−20℃时夏比 V 形缺口冲击功不小于 27J（纵向），都要求提供冷弯试验的合格保证。

（2）低合金高强度结构钢

低合金钢是指在炼钢过程中添加一种或几种少量合金元素，其总量低于 5% 的钢材。低合金钢因含有合金元素而具有较高的强度。根据现行国家标准《低合金高强度结构钢》（GB/T 1591）的规定，其牌号与碳素结构钢牌号的表示方法相同，常用的低合金钢有 Q345、Q390、Q420 等。低合金钢质量等级分（A、B、C、D、E）五级，强度等级分为 Q345、Q390、Q420、Q460、Q500、Q550、Q620、Q690 共 8 个等级。

（3）桥梁用结构钢

桥梁用结构钢的牌号类似于建筑工程，但增加了部分内容，如 Q420qD 含义如下：

Q 表示屈服强度"屈"字汉语拼音的首字母；420 表示屈服强度值，单位 MPa；q 表示"桥"字汉语拼音的首字母；D 表示质量等级为 D 级。

桥梁用结构钢质量等级共有 A、B、C、D、E5 个级别，A 级最低，E 级最高。强度等级有 Q235q、Q345q、Q370q、Q420q、Q460q、Q500q、Q550q、Q620q 和 Q690q 共 9 个等级。

2. 力学性能要求

（1）碳素结构钢

拉伸性能及冲击性能见表 3.24。冷弯试验要求见表 3.25。

碳素结构钢厚度不小于 12mm 或直径不小于 16mm 的钢材应做冲击试验，试样尺寸取 10mm×10mm×55mm 的标准试样。厚度为 6～12mm 或直径 12～16mm 的可以做冲击试验，试样尺寸 10mm×7.5mm×55mm 或 10mm×5mm×55mm 或 10mm×产品厚度×55mm。

碳素结构钢拉伸及冲击性能　　　　　　　　　　　表 3.24

牌号	等级	屈服强度① R_{eH}(N/mm²)，不小于						抗拉强度② R_m(N/mm²)	断后伸长率 A（%），不小于					冲击试验（V型缺口）	
		厚度（或直径）（mm）							厚度（或直径）（mm）					温度（℃）	冲击吸收功（纵向）（J）不小于
		≤16	>16～40	>40～60	>60～100	>100～150	>150～200		≤40	>40～60	>60～100	>100～150	>150～200		
Q195	—	195	185	—	—	—	—	315～430	33	—	—	—	—	—	—

牌号	等级	屈服强度① R_{eH}(N/mm²)，不小于						抗拉强度② R_m(N/mm²)	断后伸长率 A（%），不小于					冲击试验（V型缺口）	
		厚度（或直径）（mm）							厚度（或直径）（mm）					温度（℃）	冲击吸收功（纵向）（J）不小于
		≤16	>16~40	>40~60	>60~100	>100~150	>150~200		≤40	>40~60	>60~100	>100~150	>150~200		
Q215	A	215	205	195	185	175	165	335~450	31	30	29	27	26	—	—
	B													+20	27
Q235	A	235	225	215	215	195	185	370~500	26	25	24	22	21	—	—
	B													+20	27③
	C													0	
	D													−20	
Q275	A	275	265	255	245	225	215	410~540	22	21	20	18	17	—	—
	B													+20	27
	C													0	
	D													−20	

① Q195 的屈服强度值仅供参考，不作交货条件；
② 厚度大于 100mm 的钢材，抗拉强度下限允许降低 20N/mm²。宽带钢（包括剪切钢板）抗拉强度上限不作交货条件；
③ 厚度小于 25mm 的 Q235B 级钢材，如供方能保证冲击吸收功值合格，经需方同意，可不作检验。

碳素结构钢冷弯试验要求　　　　　　　　　　　　　　　表 3.25

牌号	试样方向	冷弯试验 180° $B-2a$①	
		钢材厚度（或直径）② （mm）	
		≤60	>60~100
		弯心直径 d	
Q195	纵	0	—
	横	0.5a	
Q215	纵	0.5a	1.5a
	横	a	2a
Q235	纵	a	2a
	横	1.5a	2.5a
Q275	纵	1.5a	2.5a
	横	2a	3a

① B 为试样宽度，a 为试样厚度（或直径）；
② 钢材厚度（或直径）大于 100mm 时，弯曲试验由双方协商确定。

（2）低合金高强结构钢

低合金高强结构钢拉伸性能，应满足表 3.26 和表 3.27 要求。

低合金高强结构钢拉伸性能　　　　　　　　　　　　　　表 3.26

牌号	质量等级	拉伸性能													
		以下公称厚度（直径，边长）抗拉强度 R_m(MPa)							以下公称厚度（直径，边长）下屈服强度 R_{eL}(MPa)						
		≤16mm	>15~40mm	>40~63mm	>63~80mm	>80~100mm	>100~150mm	>150~200mm	≤16mm	>15~40mm	>40~63mm	>63~80mm	>80~100mm	>100~150mm	>150~200mm
Q345	A	≥345	≥335	≥325	≥315	≥305	≥285	≥275	470~630						450~600
	B														
	C														
	D														
	E														

牌号	质量等级	以下公称厚度（直径，边长）抗拉强度 R_m（MPa）					
		≤40mm	>40～63mm	>63～100mm	>100～150mm	>150～250mm	>250～4000mm
Q345	A	≥20	≥19	≥19	≥18	≥17	—
	B						
	C	≥21	≥20	≥20	≥19	≥18	
	D						≥17
	E						

低合金高强结构钢当钢材厚度不小于 6mm 或直径不小于 12mm 的应做冲击试验，冲击试样尺寸取 10mm×10mm×55mm 的标准试样，当钢材不足以制作标准试样时，可以采用 10mm×7.5mm×55mm 或 10mm×5mm×55mm 的小尺寸试样。冲击吸收能量应分别不小于表 3.28 规定值的 75％ 或 50％，优先采用较大尺寸试样。

牌号	质量等级	试验温度（℃）	冲击吸收能量（KV_2）[1]（J）		
			公称厚度（直径、边长）		
			12～150mm	>150～250mm	>250～400mm
Q345	B	20	≥34	≥27	—
	C	0			
	D	−20			27
	E	−40			
Q390	B	20	≥34	—	—
	C	0			
	D	−20			
	E	−40			
Q420	B	20	≥34	—	—
	C	0			
	D	−20			
	E	−40			

[1] 冲击试验取纵向试样。

（3）桥梁用结构钢

桥梁用结构钢拉伸及冲击性能要求如表 3.29 所示。桥梁用结构钢的冲击试验要求同低合金高强结构钢。

牌号	质量等级	拉伸试验[1],[2]				V 型冲击试验[3]	
		下屈服强度 R_d（MPa）		抗拉强度 R_m（MPa）	断后伸长率 A（％）	试验温度（℃）	冲击吸收能量 KV_2（J）
		厚度（mm）					
		≤50	>50～100				
		不小于					不小于
Q235q	C	235	225	400	26	0	34
	D					−20	
	E					−40	

牌号	质量等级	拉伸试验[①,②]				V 型冲击试验[③]	
		下屈服强度 R_d（MPa）		抗拉强度 R_m（MPa）	断后伸长率 A（%）	试验温度（℃）	冲击吸收能量 KV_2（J）
		厚度（mm）					
		≤50	>50～100				
		不小于					不小于
Q345q[④]	C	345	335	490	20	0	47
	D					−20	
	E					−40	
Q370q[④]	C	370	360	510	20	0	47
	D					−20	
	E					−40	
Q420q[④]	C	420	410	540	19	0	47
	D					−20	
	E					−40	
Q460q	C	460	450	570	17	0	47
	D					−20	
	E					−40	

① 当屈服不明显时，可测量 $R_{p0.2}$ 代替下屈服强度。
② 钢材及钢带的拉伸试验取横向试样，型钢的拉伸试验取纵向试样。
③ 冲击试验取横向试样。
④ 厚度不大于 16mm 的钢材，断后伸长率提高 1‰（绝对值）。

3. 抽样频率和取样方法

碳素结构钢、低合金高强结构钢和桥梁用结构钢的抽样频率和数量相同，规定如下：

（1）抽样频率：同一牌号、同一炉号、同一规格、同一轧制制度及同一热处理制度的钢材组成。每批重量不大于 60t。

（2）取样数量

原材：每批抽取拉伸试件 1 个、弯曲试件 1 个、冲击试件一组 3 个。

焊材：同一批钢板，同一焊接工艺制作的钢板为一验收批。拉伸：2 支；面弯、背弯各 2 支。钢板厚度小于 14mm，做拉伸、面弯和背弯；钢板厚度大于或等于 14mm，做拉伸和侧弯。

（3）取样长度和宽度：拉伸试样和弯曲试样长度一般为 40～50cm，试样宽度一般取 20～30mm。

（4）制试样时宜采用机械切削方法，避免用烧割、打磨法加工试样。

4. 结构钢试验方法

结构钢拉伸试验方法和冷弯试验方法与混凝土结构用钢材相同。下面重点介绍结构钢的夏比冲击试验技术。

3.8.3.2 夏比冲击试验

金属材料夏比冲击试验方法是用于测定金属材料韧性应用最广泛的一种传统力学性能试验，也是评定金属材料在冲击载荷下韧性的重要手段之一。对于金属材料力学性能的要求，除了具有足够的强度、硬度和塑性之外，还应具有一定的韧性，即在一定条件下受到冲击载荷时，在断裂过程中吸收足够能量的能力，以保证金属构件及零件的安全性。本试验方法的标准化对于金属材料的质量保证、新材料新工艺的研制以及冶金、压力容器、机械、船舶、军工等部门设备及构件的安全性提供了可靠保证。

夏比冲击试验是由法国工程师夏比（Charpy）建立起来的，虽然试验中测定的冲击吸收功 A_k 值缺乏明确的物理意义，不能作为表征金属制件实际抵抗冲击载荷能力的韧性判据，但因其试样加工简便、试验时间短，试验数据对材料组织结构、冶金缺陷等敏感而成为评价金属材料冲击韧性应用最广泛的一种传统力学性能试验。

夏比冲击试验按试验温度可分为高温、低温和常温冲击试验，按试样的缺口类型可分为 V 型和 U 型两种冲击试验，根据摆锤锤刃为 2mm 和 8mm，冲击吸收能量可表示为 KV_2、KU_2、KV_8、KU_8，前两者表示 2mm 锤刃 V 型和 U 型的冲击值，后两者表示 8mm 锤刃的冲击值。

下面以常温下冲击试验进行讲解。

1. 仪器设备

摆锤式冲击试验机主要由机架、摆锤、试样支座、指示装置及摆锤释放、制动和提升机构等组成。目前国产的摆锤式冲击试验机型号很多，各种试验机的基本技术参数是相同的，结构形式及操作方法也基本一致，例如最大打击能量分别为 300J（±10J）和 150J（±10J）两档。冲击试验一般取试验机量程的 10%～80%，如图 3.37 所示。

2. 试验前的准备工作

（1）试验温度：10～35℃。严格时试验在 20±2℃。

（2）检查试样尺寸。

（3）选择冲击试验机：在试验机摆锤最大能量的 10%～90% 范围内。

（4）进行空打试验：将摆锤扬起至扬角位置，把从动针拨到最大冲击能量位置（如果使用的是数字显示装置，则应清零），释放摆锤，读取零点附近的被动指针的示值（即回零差），回零差不应超过最小分度值的 1/4（以最大量程 300J 为例，最小分度值为 2J，1/4 分度值为 0.5J，其回零差应不超过 0.5J）。

图 3.37　冲击试验机

3. 试验操作要点

（1）试样的定位

如图 3.38 所示，将试样紧贴支座放置，并使试样缺口的背面朝向摆锤刀刃。试样缺口用专用的对中夹钳或定位规收中，使缺口对称面位于两支座对称面上，其偏差不应大于 0.5mm。

（2）操作过程

将摆锤扬起至预扬角位置并锁住，把从动指针拨到最大冲击能量位置（如果使用的是数字显示装置，则清零），放好试样，确认摆锤摆动危险区无人后，释放摆锤使其下落打断试样，并任其向前继续摆动，直到达到最高点并向回摆动至最低点时，使用制动闸将摆锤刹住，使其停止在垂直稳定位置，读取被动指针在示值度盘上所指的数值（数字显示装

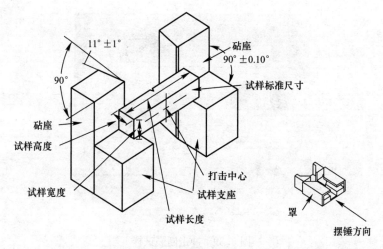

图 3.38　冲击试样安放示意图

置的显示值），此值即为冲击吸收功。

（3）试样数量

由于冲击试验结果比较离散，一般对每一种材料试验的试样数量不少于 3 个。

4. 冲击试验结果处理及试验报告

（1）冲击吸收功的有效位数

冲击吸收功应至少保留 2 位有效数字，即冲击吸收功在 100J 及以上时，应是 3 位数字，如 120J；冲击吸收功在 10～100J 时，应为 2 位数字，如 75J；冲击吸收功在 10J 以下时，应保留小数点后 1 位数字，一般修约到 0.5J，如 7.5J，修约方法按 GB 8170 执行。这样报告的试验结果基本上能与试验测量系统的不确定度相适应，如果过多保留有效位数则夸大了试验的测量精确度，有效位数不够则增大了误差。

（2）试验结果

钢材冲击试验结果取一组 3 个试样的算术平均值，允许其中 1 个试验值低于规定值，但不应低于规定值的 70%，否则，应从同一抽样产品上再取 3 个试样进行试验，先后 6 个试样试验结果的算术平均值不得低于规定值，允许有 2 个试样的试验结果低于规定值，但其中低于规定值 70% 的试样只允许有一个。

（3）试验中几种情况的处理

① 由于试验机打击能量不足使试样未完全折断时，应在试验数据之前加大于符号">"，其他情况则应注明"未折断"。

② 试验后试样断口有肉眼可见裂纹或缺陷时，应在试验报告中注明。

③ 试验中如出现误操作，或试样打断时有卡锤现象时，此时得到的结果已不准确，因此试验结果无效，应重新补做试验。

冲击断裂试样见图 3.39。

（4）试验结果对比

由于冲击试样尺寸及缺口形状对冲击吸收功影响非常大，所以不同类型和尺寸试样的试验结果不能直接对比，也不能换算。

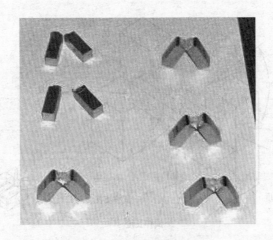

图 3.39　冲击断裂试样

3.9　混凝土拌合用水检测

依据混凝土拌合用水标准，检验水质能否用于拌制混凝土，是保证混凝土质量的措施之一。

3.9.1　拌合用水类型

水是混凝土的重要组成部分，一般认为饮用水就可作为混凝土拌合用水，水的品质会影响混凝土的和易性、凝结时间、强度发展和耐久性等，水中的氯离子对钢筋特别是预应力钢筋会产生腐蚀作用。

符合国家标准的生活饮用水可直接用作混凝土拌合水。

地表水、地下水，应经检验合格后方能作为混凝土拌合用水。

海水只能作为素混凝土的拌合用水，不得用于拌制钢筋混凝土和预应力混凝土及有饰面要求的混凝土。

工业废水必须经过处理，经检验合格后才能作为混凝土拌合用水。

3.9.2　技术要求

拌合用水所含物质对混凝土、钢筋混凝土和预应力混凝土不应产生以下有害作用：

（1）影响混凝土和易性及凝结。

（2）有损于混凝土强度发展。

（3）降低混凝土的耐久性，加快钢筋腐蚀及导致预应力钢筋脆断。

（4）污染混凝土表面。

用拌合水和蒸馏水（或符合国家标准的生活饮用水）进行水泥净浆流动度试验所得的水泥初凝时间差及终凝时间差均不得大于 30min，且初凝和终凝时间应符合水泥国家标准的规定。

用拌合水配制的水泥砂浆或混凝土的 28d 抗压强度与用蒸馏水（或符合国家标准的生

活饮用水）拌制的对应砂浆或混凝土 28d 抗压强度比应不小于 95％。

水的 pH 值、不溶物、可溶物、氯化物、硫酸盐的含量应符合表 3.30 的规定。

化学物质含量限值 表 3.30

项目	预应力混凝土	钢筋混凝土	素混凝土
pH 值	≥5.0	≥4.5	≥4.5
不溶物（mg/L）	≤2000	≤2000	≤5000
可溶物（mg/L）	≤2000	≤5000	≤10000
氯化物（以 Cl^- 计，mg/L）	≤500	≤1000	≤3500
硫酸盐（以 SO_4^{2-} 计，mg/L）	≤600	≤2000	≤2700

注：使用钢丝或经热处理的预应力混凝土用钢筋时，水中氯化物含量不得超过 350mg/L。

3.9.3 质量检验

1. 取样

采集的水样应具有代表性。井水、钻孔水及自来水水样应放水冲洗管道或排除积水后采集。江河、湖泊和水库水样一般应在中心部位或经常流动的水面下 300～500mm 处采集。采集时应注意防止人为污染。

采集水样用容器应预先彻底洗净，采集时再用待采集水样冲洗三次后，才能采集水样。水样采集后应加盖蜡封，保持原状。

采集水样应注意季节、气候、雨量的影响，并在取样记录中予以注明。

水质分析用水样不得少于 5L。水样采集后，应及时检验。pH 值最好在现场测定。硫化物测定用水样应专门采集，并应按检验方法的规定在现场固定。全部水质检验项目应在 7d 内完成。

测定水泥凝结时间用水样不得少于 1L；测定砂浆强度用水样不得少于 2L；测定混凝土强度用水样不得少于 15L。

2. 检验频次及检验指标

检验频次及检验指标见表 3.31。

混凝土用拌合水检验表 表 3.31

检验项目		进场检验		型式检验		日常检验	
		项目	频次	项目	频次	项目	频次
拌合水	pH 值			√	下列任一情况为一批，每批检验一次：① 任何新水源；② 同一水源的水使用达一年者	√	同一水源的涨水季节检验一次
	不溶物含量			√		√	
	可溶物含量			√		√	
	氯化物含量			√		√	
	硫酸盐含量			√		√	
	硫化物含量			√		√	

3.9.4 试验检测方法

1. pH 值检测

依据标准《水质 pH 值的测定 玻璃电极法》GB 6920—1986

143

原理：pH 值由测量电池的电动势而得。该电池通常由饱和甘汞电极为参比电极，玻璃电极为指示电极所组成。在 25℃，溶液中每变化 1 个 pH 单位，电位差改变为 59.16mV，据此在仪器上直接以 pH 的读数表示。温度差异在仪器上有补偿装置。

（1）标准缓冲溶液

1）配制方法

蒸馏水煮沸并冷却。用 pH 标准试剂配制（每包各溶于 250mL 水中）。

2）保存

① 标准溶液要在聚乙烯瓶或硬质玻璃瓶中密封保存。

② 在室温条件下标准溶液一般以保存 1～2 个月为宜，当发现有浑浊、发霉或沉淀现象时，不能继续使用。

③ 在 4℃ 冰箱内存放，且用过的标准溶液不允许再倒回去，这样可延长使用期限。

（2）仪器

酸度计、玻璃电极与甘汞电极。

（3）样品保存

最好现场测定。否则，应在采样后把样品保持在 0～4℃，并在采样后 6h 之内进行测定。

（4）步骤

1）仪器校准。先将水样与标准溶液调到同一温度，记录测定温度，并将仪器温度补偿旋钮调到该温度上。操作程序按仪器使用说明书进行。

用标准溶液校正仪器。该标准溶液与水样 pH 值相差不超过 2 个 pH 单位。从标准溶液中取出电极，彻底冲洗并用滤纸吸干。再将电极浸入第二个标准溶液中，其 pH 值大约与第一个标准溶液相差 3 个 pH 单位，如果仪器相应的示值与第二个标准溶液的 pH 值之差大于 0.1pH 单位，就要检查仪器、电极或标准溶液是否存在问题。当三者均正常时，方可用于测定样品。

2）样品测定

测定样品时，先用蒸馏水认真冲洗电极，再用水样冲洗，然后将电极浸入样品中，小心摇动或进行搅拌使其均匀，静置，待读数稳定时记下 pH 值。

注：① 玻璃电极在使用前先放入蒸馏水中浸泡 24h 以上。

② 测定 pH 值时，为减少空气和水样中二氧化碳的溶入和挥发，在测水样之前，不应提前打开水样瓶。

2. 可溶物（溶解性总固体）的测定——称量法

依据《生活饮用水标准检验方法感官性状和物理指标》GB/T 5750.4—2006

检测原理：水样经过滤后，在一定温度下烘干，所得的固体残渣称为溶解性总固体，包括不易挥发的可溶物盐类、有机物及能通过滤器的不溶性微粒等。

烘干温度一般采用 105±3℃。但 105℃ 的烘干温度不能彻底除去高矿化水样中盐类所含的结晶水。采用 180±3℃ 的烘干温度，可得到较为准确的结果。

当水样的溶解性总固体中含有多量氯化钙、硝酸钙、氯化镁、硝酸镁时，由于这些化合物具有强烈的吸湿性使称量不能恒定质量。此时可在水样中加入适量碳酸钠溶液而得到改进。

（1）仪器和试剂

分析天平，感量 0.1mg。

水浴锅、电恒温干燥箱、瓷蒸发皿（100mL）、干燥器（用硅胶做干燥剂）。

中速定量滤纸或滤膜（孔径 $0.45\mu m$）及相应滤器。

碳酸钠溶液（10g/L）：称取 10g 无水碳酸钠（Na_2CO_3），溶入纯水中，稀释至 1000mL。

（2）分析步骤（在 $180\pm3^\circ C$ 烘干）

① 将蒸发皿洗净，放在 $180\pm3^\circ C$ 烘箱内 30min，取出，于干燥器内冷却 30min，称量，直至恒定质量。

② 吸取 100mL 水样于蒸发皿中，精确加入 25.0mL 碳酸钠溶液（10g/L）于蒸发皿中，混匀。同时做一个只加 25.0mL 碳酸钠溶液（10g/L）的空白试验。计算水样结果时应减去碳酸钠空白的质量。

（3）计算

$$\rho(TDS) = (m_1 - m_0) \times 1000 \times 1000/V \tag{3-79}$$

式中　ρ（TDS）——水样中溶解性总固体的质量浓度（mg/L）；

　　　　m_0——蒸发皿的质量（g）；

　　　　m_1——蒸发皿和溶解性总固体的质量（g）；

　　　　V——水样体积（mL）。

3. 不溶物含量的测定

依据《水质 悬浮物的测定 重量法》GB 11901—1989

原理：水质中的悬浮物是指水样通过孔径为 $0.45\mu m$ 的滤膜，截留在滤膜上并于 $103\sim105^\circ C$ 烘干至恒重的固体物质。

（1）仪器和试剂

蒸馏水或同等纯度的水。

全玻璃微孔滤膜过滤器、吸滤瓶、真空泵、无齿扁嘴镊子、滤膜（孔径 $0.45\mu m$）。

（2）样品贮存

采集的水样应尽快分析测定。如需放置，应贮存在 $4^\circ C$ 冷藏箱中，但最长不得超过 7 天。

注：不能加入任何保护剂，以防破坏物质在固、液间的分配平衡。

（3）步骤

① 滤膜准备

用扁嘴无齿镊子夹取微孔滤膜放于事先恒重的称量瓶里，移入烘箱中于 $103\sim105^\circ C$ 烘干半小时后取出置干燥器内冷却至室温，称其重量。反复烘干、冷却、称量，直至两次称量的重量差≤0.2mg。将恒重的微孔滤膜正确地放在滤膜过滤器的滤膜托盘上，加盖配套的漏斗，并用夹子固定好。以蒸馏水湿润滤膜，并不断吸滤。

② 测定

量取充分混合均匀的试样 100mL 抽吸过滤。使水分全部通过滤膜。再以每次 10mL 蒸馏水连续洗涤三次，继续吸滤以除去痕量水分。停止吸滤后，仔细取出载有悬浮物的滤膜放在原恒重的称量瓶里，移入烘箱中于 $103\sim105^\circ C$ 下烘干一小时后移入干燥器中，使冷却到室温，称其重量。反复烘干、冷却、称量，直至两次称量的重量差≤0.4mg 为止。

注：滤膜上截留过多的悬浮物可能夹带过多的水分，除延长干燥时间外，还可能造成过滤困难，遇此情况，可酌情少取试样。滤膜上悬浮物过少，则会增大称量误差，影响测定精度，必要时，可增大试

样体积。一般以 5～100mg 悬浮物量作为量取试样体积的适用范围。

（4）结果的表示

悬浮物含量 C（mg/L）按下式计算：

$$C = \frac{(A-B) \times 10^6}{V}$$ (3-80)

式中　C——水中悬浮物浓度（mg/L）；

　　　A——悬浮物＋滤膜＋称量瓶重量（g）；

　　　B——滤膜＋称量瓶重量（g）；

　　　V——试样体积（mL）。

4. 氯化物含量的测定

依据《水质 氯化物的测定 硝酸银滴定法》GB 11896—1989

原理：在中性至弱碱性范围内（pH6.5～10.5），以铬酸钾为指示剂，用硝酸银滴定氯化物时，由于氯化银的溶解度小于铬酸银的溶解度，氯离子首先被完全沉淀出来，然后铬酸盐以铬酸银的形式被沉淀出，产生砖红色，指示滴定终点到达。该沉淀滴定时反应如下：

$$Ag^+ + Cl^- \longrightarrow AgCl\downarrow$$

$$2Ag^+ + CrO_4^{2-} \longrightarrow Ag_2CrO_4\downarrow（砖红色）$$

（1）仪器和试剂

① 锥形瓶、滴定管（25mL，棕色）、吸管。

② 硝酸银标准溶液，C（AgNO₃）＝0.0141mol/L：称取 2.3950g 于 105℃烘干半小时的硝酸银（AgNO₃），溶于蒸馏水中，在容量瓶中稀释至 1000mL，贮于棕色瓶中。（用氯化钠标准溶液标定其浓度：用吸管准确吸取 25.00mL 氯化钠标准溶液于 250mL 锥形瓶中，加蒸馏水 25mL。另取一锥形瓶，量取蒸馏水 50mL 作空白滴定。各加入 1mL 铬酸钾溶液，在不断的摇动下用硝酸银标准溶液滴定至砖红色沉淀刚刚出现为终点。计算每毫升硝酸银溶液所相当的氯化物量，然后校正其浓度，再作最后标定。1.00mL 此标准溶液相当于 0.50mg 氯化物。）

③ 铬酸钾溶液，50g/L：称取 5g 铬酸钾（K₂CrO₄）溶于少量蒸馏水中，滴加硝酸银溶液至有红色沉淀生成。摇匀，静置 12h，然后过滤并用蒸馏水将滤液稀释 100mL。

（2）样品

采集代表性水样，放在干净且化学性质稳定的玻璃瓶或聚乙烯瓶内。保存时不必加入特别的防腐剂。

（3）测定

① 用吸管吸取 50mL 水样或经过预处理的水样（若氯化物含量高，可取适量水样用蒸馏水稀释至 50mL），置于锥形瓶中。另取一锥形瓶加入 50mL 蒸馏水作空白试验。

② 如水样 pH 值在 6.5～10.5 范围时，可直接滴定，超出此范围的水样应以酚酞作指示剂，用稀硫酸或氢氧化钠的溶液调节至红色刚刚退去。

③ 加入 1mL 铬酸钾溶液，用硝酸银标准溶液滴定至砖红色沉淀刚刚出现即为滴定终点。

同法作空白滴定。

④ 氯化物含量 C（mg/L）按下式计算：

$$C = (V_2 - V_1) \times M \times 35.45 \times 1000/V \qquad (3-81)$$

式中　V_1——蒸馏水消耗硝酸银标准溶液量（mL）；

　　　V_2——试样消耗硝酸银标准溶液量（mL）；

　　　M——硝酸银标准溶液浓度（mol/L）；

　　　V——试样体积（mL）。

5. 硫酸盐含量的测定

依据《水质 硫酸盐的测定 重量法》GB 11899—1989

原理：在盐酸溶液中，硫酸盐与加入的氯化钡反应生成硫酸钡沉淀，沉淀反应在接近沸腾的温度下进行，并陈化一段时间之后过滤，用水洗到无氯离子，烘干或灼烧沉淀，称硫酸钡的重量。

（1）试剂

① 盐酸（1+1）：盐酸与蒸馏水的体积比为 1∶1。

② 二水合氯化钡溶液，100g/L：将 100g 二水合氯化钡（$BaCl_2 \cdot 2H_2O$）溶于约 800mL 水中，加热有助于溶解，冷却溶液并稀释至 1L。贮存在玻璃或聚乙烯瓶中。此溶液能长期保持稳定。此溶液 1mL 可沉淀为 $40mgSO_4^{2-}$。

③ 氨水（1+1）：氨水与蒸馏水的体积比为 1∶1。

④ 甲基红指示剂溶液，1g/L：将 0.1g 甲基红钠盐溶解在乙醇中，并稀释到 100mL。

⑤ 硝酸银溶液，约 0.1mol/L：将 1.7g 硝酸银溶解在 80 mL 水中，加 0.1mL 浓硝酸，稀释至 100mL，贮存于棕色玻璃瓶中，避光保存长期稳定。

⑥ 碳酸钠，无水。

（2）仪器

蒸汽浴、烘箱、马弗炉、干燥器、熔结玻璃坩埚、瓷坩埚。

分析天平，感量 0.1mg。

慢速定量滤纸及中速定量滤纸、滤膜（孔径 0.45μm）。

（3）采样和样品

① 样品可以采集在硬质玻璃或聚乙烯瓶中。为了不使水样中可能存在的硫化物或亚硫酸盐被空气氧化，容器必须被水样完全充满。不必加保护剂，可以冷藏较长时间。

② 试料的制备取决于样品的性质和分析的目的。为了分析可滤态的硫酸盐，水样应在采样后，立即在现场（或尽可能快地）用 0.45μm 的微孔滤膜过滤，滤液留待分析。需要测量硫酸盐的总量时，应将水样摇匀后取试样，适当处理后进行分析。

（4）步骤

1）预处理

① 将量取的适量可滤态试料（例如含 $50mgSO_4^{2-}$）置于 50mL 烧杯中，加两滴甲基红指示剂，用适量的盐酸或氨水调至呈橙黄色，再加 2mL 盐酸，加水使烧杯中溶液的总体积至 200mL，加热煮沸至少 5min。

② 如果需要测总量而试料中又含有不溶解的硫酸盐，则将试料用中速定量滤纸过滤，并用少量热水洗涤滤纸，并将滤液和洗液合并，将滤纸移到铂蒸发皿中，在低温燃烧器上加热灰化滤纸，将 4g 无水碳酸钠同皿中残渣混合，并在 900℃加热使混合物熔融，放冷，

用 50mL 水将熔融混合物移到 500mL 烧杯中，使其溶解，并将滤液和洗液合并，按①调节酸度。

2）沉淀

将预处理所得的溶液加热至沸，在不断搅拌下缓慢加入 10 ± 5mL 热氯化钡溶液，直到不再出现沉淀，然后多加 2mL，在 80～90℃下保持不少于 2h，或在室温至少放置 6h，最好过夜以陈化沉淀。（注：缓慢加入氯化钡溶液、煮沸均为促使沉淀凝聚减少其沉淀的可能性。）

3）过滤沉淀灼烧或烘干

① 灼烧沉淀法：用少量无灰过滤纸纸浆与硫酸钡沉淀混合，用定量致密滤纸过滤，用热水转移并洗涤沉淀，用几份少量温水反复洗涤沉淀物，直至洗涤液不含氯化物为止。滤液和沉淀一起，置于事先在 800℃灼烧衡重后的瓷坩埚里烘干，小心灰化滤纸后（不要让滤纸烧出火焰），将坩埚移入高温炉里，在 800℃灼烧 1h，放在干燥器中冷却，称重，直至灼烧至恒重。

② 烘干沉淀法：用在 105℃干燥器并已恒重后的熔结玻璃坩埚（G4）过滤沉淀，用带橡皮头的玻璃棒及温水将沉淀定量移到坩埚中去，用几份少量的温水反复洗涤沉淀，直至洗涤液不含氯化物。取下坩埚，并在烘箱内 105 ± 2℃干燥 1～2h，放在干燥器中冷却，称重，直至干燥至恒重。

洗涤过程中氯化物的检验：在含约 5mL 硝酸银溶液的小烧杯中收集约 5mL 的洗涤水，如果没有沉淀生成或不显浑浊，既表明沉淀中已不含氯离子。

（5）结果的表示

硫酸根（SO_4^{2-}）的含量 m（mg/L）按下式进行计算：

$$m = m_1 \times (411.6 \times 1000)/V \tag{3-82}$$

式中　　m_1——从试料中沉淀出来的硫酸钡重量（g）；

　　　　V——试料的体积（mL）；

　　411.6——$BaSO_4$ 质量换算为 SO_4^{2-} 的因数。

第4章 混凝土和砂浆试验与检测

4.1 普通水泥混凝土配合比设计

混凝土配合比设计宜依据《普通混凝土配合比设计规程》JGJ 55—2011 进行设计和试配，并应满足混凝土拌合物的工作性能、力学性能和耐久性能的设计要求，并在此基础上提高其经济性能。试配混凝土拌合物性能、力学性能和耐久性能的试验方法应分别符合现行国家标准《普通混凝土拌合物性能试验方法标准》GB/T 50080—2002、《普通混凝土力学性能试验方法标准》GB/T 50081—2002 和《普通混凝土长期性能和耐久性能试验方法标准》GB/T 50082—2009 的规定。

混凝土配合比设计应采用工程实际使用的原材料，并应满足国家现行标准的有关要求；配合比设计应以干燥状态骨料为基准，细骨料含水率应小于 0.5%，粗骨料含水率应小于 0.2%；混凝土的最大水胶比应符合《混凝土结构设计规范》GB 50010—2010 的规定；除配制 C15 及其以下强度等级的混凝土外，混凝土的最小胶凝材料用量应符合表 4.1 的规定。

混凝土的最小胶凝材料用量　　　　　　表 4.1

最大水胶比	最小胶凝材料用量（kg/m³）		
	素混凝土	钢筋混凝土	预应力混凝土
0.60	250	280	300
0.55	280	300	300
0.50	320		
≤0.45	330		

矿物掺合料在混凝土中的掺量应通过试验确定。钢筋混凝土中矿物掺合料最大掺量宜符合表 4.2 的规定；预应力钢筋混凝土中矿物掺合料最大掺量宜符合表 4.3 的规定。对基础大体积混凝土，粉煤灰、粒化高炉矿渣粉和复合掺合料的最大掺量可增加 5%。采用掺量大于 30% 的 C 类粉煤灰的混凝土应以实际使用的水泥和粉煤灰掺量进行安定性检验。

钢筋混凝土中矿物掺合料最大掺量　　　　　　表 4.2

矿物掺合料种类	水胶比	最大掺量（%）	
		硅酸盐水泥	普通硅酸盐水泥
粉煤灰	≤0.40	≤45	≤35
	>0.40	≤40	≤30
粒化高炉矿渣粉	≤0.40	≤65	≤55
	>0.40	≤55	≤45
钢渣粉	—	≤30	≤20

矿物掺合料种类	水胶比	最大掺量（%）	
		硅酸盐水泥	普通硅酸盐水泥
磷渣粉	—	≤30	≤20
硅灰	—	≤10	≤10
复合掺合料	≤0.40	≤60	≤50
	>0.40	≤50	≤40

注：1. 采用其他通用硅酸盐水泥时，宜将水泥混合材掺量20%以上的混合材量计入矿物掺合料；
2. 复合掺合料各组分的掺量不宜超过单掺时的最大掺量；
3. 在混合使用两种或两种以上矿物掺合料时，矿物掺合料总掺量应符合表中复合掺合料的规定。

预应力钢筋混凝土中矿物掺合料最大掺量　　　　　　　表 4.3

矿物掺合料种类	水胶比	最大掺量（%）	
		硅酸盐水泥	普通硅酸盐水泥
粉煤灰	≤0.40	≤35	≤30
	>0.40	≤25	≤20
粒化高炉矿渣粉	≤0.40	≤55	≤45
	>0.40	≤45	≤35
钢渣粉	—	≤20	≤10
磷渣粉	—	≤20	≤10
硅灰	—	≤10	≤10
复合掺合料	≤0.40	≤50	≤40
	>0.40	≤40	≤30

注：掺合料备注说明和表4.2注完全一致。

混凝土拌合物中水溶性氯离子最大含量应符合表4.4的要求。混凝土拌合物中水溶性氯离子含量应按照现行行业标准《水运工程混凝土试验规程》JTJ 270中混凝土拌合物中氯离子含量的快速测定方法进行测定。

混凝土拌合物中水溶性氯离子最大含量　　　　　　　表 4.4

环境条件	水溶性氯离子最大含量（%，水泥用量的质量百分比）		
	钢筋混凝土	预应力混凝土	素混凝土
干燥环境	0.30		
潮湿但不含氯离子的环境	0.20	0.06	1.00
潮湿而含有氯离子的环境、盐渍土环境	0.10		
除冰盐等侵蚀性物质的腐蚀环境	0.06		

长期处于潮湿或水位变动的寒冷和严寒环境以及盐冻环境的混凝土应掺用引气剂。引气剂掺量应根据混凝土含气量要求经试验确定；掺用引气剂的混凝土最小含气量应符合表4.5的规定，最大不宜超过 7.0%。

掺用引气剂的混凝土最小含气量　　　　　　　表 4.5

粗骨料最大公称粒径（mm）	混凝土最小含气量（%）	
	潮湿或水位变动的寒冷和严寒环境	盐冻环境
40.0	4.5	5.0
25.0	5.0	5.5
20.0	5.5	6.0

注：含气量为气体占混凝土体积的百分比。

对于有预防混凝土碱骨料反应设计要求的工程，混凝土中最大碱含量不应大于 3.0kg/m³，并宜掺用适量粉煤灰等矿物掺合料；对于矿物掺合料碱含量，粉煤灰碱含量可取实测值的 1/6，粒化高炉矿渣粉碱含量可取实测值的 1/2。

1. 设计方法

（1）绝对体积法

该法认为混凝土材料的 1m³ 体积等于水泥、砂、石、掺合料、外加剂和水六种材料的绝对体积和含空气体积之和，外加剂掺量较少，可忽略不计，其数学表达式为：

$$\frac{m_{c0}}{\rho_c} + \frac{m_{f0}}{\rho_f} + \frac{m_{g0}}{\rho_g} + \frac{m_{s0}}{\rho_s} + \frac{m_{w0}}{\rho_w} + 0.01\alpha = 1 \tag{4-1}$$

式中
ρ_c——水泥密度（kg/m³），应按《水泥密度测定方法》GB/T 208 测定，也可取 2900～3100kg/m³；

ρ_f——矿物掺合料密度（kg/m³），可按《水泥密度测定方法》GB/T 208 测定；

ρ_g——粗骨料的表观密度（kg/m³），应按现行行业标准《普通混凝土用砂、石质量及检验方法标准》JGJ 52 测定；

ρ_s——细骨料的表观密度（kg/m³），应按现行行业标准《普通混凝土用砂、石质量及检验方法标准》JGJ 52 测定；

ρ_w——水的密度（kg/m³），可取 1000kg/m³；

m_{c0}、m_{f0}、m_{s0}、m_{g0}、m_{w0}——每立方米混凝土的水泥、掺合料、细骨料、粗骨料、用水量（kg/m³）；

α——混凝土的含气量百分数，在不使用引气型外加剂时，α 可取为 1。

（2）质量法（假定表观密度法）

该法认为 1m³ 混凝土拌合物的假定质量等于 1m³ 混凝土中各组分材料用量之和，即：

$$m_{f0} + m_{c0} + m_{g0} + m_{s0} + m_{w0} = m_{cp} \tag{4-2}$$

式中　m_{c0}、m_{f0}、m_{s0}、m_{g0}、m_{w0}——每立方米混凝土的水泥、掺合料、细骨料、粗骨料、用水量（kg/m³）；

m_{cp}——每立方米混凝土拌合物的假定质量（kg/m³），可取 2350～2450kg/m³。

2. 混凝土配合比设计

混凝土配合比设计要经过计算（基准）配合比阶段、试验室配合比阶段、施工配合比设计三个阶段。

（1）计算（基准）配合比

计算配合比是设计的基础，主要是确定单方用水量 W、水胶比 W/B、砂率 β_s 三个参数，一般经过以下几个步骤。

1）了解设计资料

① 混凝土强度等级及混凝土工作性能和耐久性的要求；

② 选用水泥的品种及等级；

③ 选用的集料的品种、质量、级配情况、表观密度等；

④ 掺合料的品种、等级、表观密度等；

⑤ 混凝土施工方法、养护方法、施工质量水平等。

2) 确定混凝土的配制强度

① 当混凝土的设计强度等级小于 C60 时，配制强度应按下式计算：

$$f_{cu,0} \geq f_{cu,k} + 1.645\sigma \tag{4-3}$$

式中　$f_{cu,0}$——混凝土配制强度（MPa）；

　　　$f_{cu,k}$——混凝土立方体抗压强度标准值，这里取设计混凝土强度等级值（MPa）；

　　　σ——混凝土强度标准差（MPa）。

② 当设计强度等级大于或等于 C60 时，配制强度应按下式计算：

$$f_{cu,0} \geq 1.15 f_{cu,k} \tag{4-4}$$

3) 确定混凝土强度标准差

① 当具有近 1 个月～3 个月的同一品种、同一强度等级混凝土的强度资料时，其混凝土强度标准差 σ 应按下式计算：

$$\sigma = \sqrt{\frac{\sum_{i=1}^{n} f_{cu,i}^2 - nm_{fcu}^2}{n-1}} \tag{4-5}$$

式中　σ——混凝土强度标准差；

　　$f_{cu,i}$——第 i 组的试件强度（MPa）；

　　m_{fcu}——n 组试件的强度平均值（MPa）；

　　n——试件组数，n 值应大于或者等于 30。

对于强度等级不大于 C30 的混凝土：当 σ 计算值不小于 3.0MPa 时，应按式（4-5）计算结果取值；当 σ 计算值小于 3.0MPa 时，σ 应取 3.0MPa。对于强度等级大于 C30 且小于 C60 的混凝土：当 σ 计算值不小于 4.0MPa 时，应按式（4-5）计算结果取值；当 σ 计算值小于 4.0MPa 时，σ 应取 4.0MPa。

② 当没有近期的同一品种、同一强度等级混凝土强度资料时，其强度标准差 σ 可按表 4.6 取值。

标准差 σ 值（MPa）   表 4.6

混凝土强度标准值	≤C20	C25～C45	C50～C55
σ	4.0	5.0	6.0

4) 计算水胶比

混凝土强度等级大于 C60 等级时应通过试验确定水胶比，强度等级不大于 C60 等级时，混凝土水胶比宜按下式计算：

$$W/B = \frac{\alpha_a \cdot f_b}{f_{cu,0} + \alpha_a \cdot \alpha_b \cdot f_b} \tag{4-6}$$

式中　W/B——混凝土水胶比；

　α_a 和 α_b——回归系数，取值应根据工程所使用的原材料，通过试验建立的水胶比与混凝土强度关系式来确定，当不具有试验统计资料时，按可按表 4.7 确定；

　　　f_b——胶凝材料（水泥与矿物掺合料按使用比例混合）28d 胶砂抗压强度（MPa），试验方法应按现行国家标准《水泥胶砂强度检验方法（ISO 法）》

GB/T 17671 执行；当无实测值时，可按下式计算：

$$f_b = \gamma_f \gamma_s f_{ce} \qquad (4-7)$$

式中　γ_f、γ_s——粉煤灰影响系数和粒化高炉矿渣粉影响系数，可按表 4.8 选用；

　　　　f_{ce}——水泥 28d 胶砂抗压强度（MPa），可实测，也可按式（4-8）计算。

回归系数 α_a 和 α_b 选用表　　　　表 4.7

系数 ＼ 粗骨料品种	碎　石	卵　石
α_a	0.53	0.49
α_b	0.20	0.13

粉煤灰影响系数（γ_f）和粒化高炉矿渣粉影响系数（γ_s）　　表 4.8

掺量（%）＼ 种类	粉煤灰影响系数 γ_f	粒化高炉矿渣粉影响系数 γ_s
0	1.00	1.00
10	0.90～0.95	1.00
20	0.80～0.85	0.95～1.00
30	0.70～0.75	0.90～1.00
40	0.60～0.65	0.80～0.90
50	—	0.70～0.85

注：1. 宜采用Ⅰ级、Ⅱ级粉煤灰宜取上限值；
　　2. 采用 S75 级粒化高炉矿渣粉宜取下限值，采用 S95 级粒化高炉矿渣粉宜取上限值，采用 S105 级粒化高炉矿渣粉可取上限值加 0.05；
　　3. 当超出表中的掺量时，粉煤灰和粒化高炉矿渣粉影响系数应经试验确定。

当水泥 28d 胶砂抗压强度（f_{ce}）无实测值时，可按下式计算：

$$f_{ce} = \gamma_c f_{ce,g} \qquad (4-8)$$

式中　γ_c——水泥强度等级值的富余系数，可按实际统计资料确定；当缺乏实际统计资料时，也可按表 4.9 选用；

　　　　$f_{ce,g}$——水泥强度等级值（MPa）。

水泥强度等级值的富余系数（γ_c）　　　　表 4.9

水泥强度等级值	32.5	42.5	52.5
富余系数	1.12	1.16	1.10

5）确定用水量和外加剂用量

① 确定每立方米干硬性或塑性混凝土的用水量（m_{w0}）时，当混凝土水胶比在 0.40～0.80 范围时，可按表 4.10 和表 4.11 选取；当混凝土水胶比小于 0.40 时，可通过试验确定。

干硬性混凝土的用水量（kg/m³）　　　　表 4.10

拌合物稠度		卵石最大公称粒径（mm）			碎石最大粒径（mm）		
项目	指标	10.0	20.0	40.0	16.0	20.0	40.0
维勃稠度（s）	16～20	175	160	145	180	170	155
	11～15	180	165	150	185	175	160
	5～10	185	170	155	190	180	165

153

拌合物稠度		卵石最大粒径（mm）				碎石最大粒径（mm）			
项目	指标	10.0	20.0	31.5	40.0	16.0	20.0	31.5	40.0
坍落度（mm）	10~30	190	170	160	150	200	185	175	165
	35~50	200	180	170	160	210	195	185	175
	55~70	210	190	180	170	220	105	195	185
	75~90	215	195	185	175	230	215	205	195

注：1. 本表用水量系采用中砂时的取值；采用细砂时，每立方米混凝土用水量可增加 5~10kg；采用粗砂时，可减少 5~10kg；

2. 掺用矿物掺合料和外加剂时，用水量应相应调整。

② 掺外加剂时，每立方米流动性或大流动性混凝土的用水量（m_{w0}）可按下式计算：

$$m_{w0} = m_{w0'}(1 - \beta) \tag{4-9}$$

式中　m_{w0}——满足实际坍落度要求的每立方米混凝土用水量（kg/m³）；

　　　$m_{w0'}$——未掺外加剂时推定的满足实际坍落度要求的每立方米混凝土用水量（kg/m³），以表 4.11 中 90mm 坍落度的用水量为基础，按每增大 20mm 坍落度相应增加 5kg/m³ 用水量来计算，当坍落度增大到 180mm 以上时，随坍落度相应增加的用水量可减少；

　　　β——外加剂的减水率（%），应经混凝土试验确定。

③ 每立方米混凝土中外加剂用量（m_{a0}）应按下式计算：

$$m_{a0} = m_{b0}\beta_a \tag{4-10}$$

式中　m_{a0}——每立方米混凝土中外加剂用量（kg/m³）；

　　　m_{b0}——计算配合比每立方米混凝土中胶凝材料用量（kg/m³）；

　　　β_a——外加剂掺量（%），应经混凝土试验确定。

6）胶凝材料、矿物掺合料和水泥用量

① 每立方米混凝土的胶凝材料用量（m_{b0}）应按下式计算：

$$m_{b0} = \frac{m_{w0}}{W/B} \tag{4-11}$$

　　　m_{b0}——计算配合比每立方米混凝土中胶凝材料用量（kg/m³）；

　　　m_{w0}——计算配合比每立方米混凝土的用水量（kg/m³）；

　　W/B——混凝土水胶比。

② 每立方米混凝土的矿物掺合料用量（m_{f0}）应按下式计算：

$$m_{f0} = m_{b0}\beta_f \tag{4-12}$$

式中　m_{f0}——计算配合比每立方米混凝土中矿物掺合料用量（kg/m³）；

　　　β_f——矿物掺合料掺量（%）。

③ 每立方米混凝土的水泥用量（m_{c0}）应按下式计算：

$$m_{c0} = m_{b0} - m_{f0} \tag{4-13}$$

式中　m_{c0}——计算配合比每立方米混凝土中水泥用量（kg/m³）。

7）选择合理砂率

砂率（β_s）应根据骨料的技术指指标、混凝土拌合物性能和施工要求，参考既有历史资料确定。当缺乏砂率的历史资料时，混凝土砂率的确定应符合下列规定：

① 坍落度小于 10mm 的混凝土，其砂率应经试验确定。

② 坍落度为 10～60mm 的混凝土砂率，可根据粗骨料品种、最大公称粒径及水灰比按表 4.12 选取。

③ 坍落度大于 60mm 的混凝土砂率，可经试验确定，也可在表 4.12 的基础上，按坍落度每增大 20mm、砂率增大 1% 的幅度予以调整。

混凝土的砂率（%）　　　　　　　　　　　　　　　　　　　　表 4.12

水胶比 (W/B)	卵石最大公称粒径（mm）			碎石最大粒径（mm）		
	10.0	20.0	40.0	16.0	20.0	40.0
0.40	26～32	25～31	24～30	30～35	29～34	27～32
0.50	30～35	29～34	28～33	33～38	32～37	30～35
0.60	33～38	32～37	31～36	36～41	35～40	33～38
0.70	36～41	35～40	34～39	39～44	38～43	36～41

注：1. 本表数值系中砂的选用砂率，对细砂或粗砂，可相应地减少或增大砂率；
　　2. 采用人工砂配制混凝土时，砂率可适当增大；
　　3. 只用一个单粒级粗骨料配制混凝土时，砂率应适当增大。

8）计算粗、细骨料用量

① 采用质量法计算粗、细骨料用量时，应按式（4-14）和式（4-15）组成的方程组计算：

$$m_{f0} + m_{c0} + m_{g0} + m_{s0} + m_{w0} = m_{cp} \tag{4-14}$$

$$\beta_s = \frac{m_{s0}}{m_{g0} + m_{s0}} \times 100\% \tag{4-15}$$

② 当采用体积法计算混凝土配比时，应按式（4-16）和式（4-15）组成的方程组计算粗、细骨料用量。

$$\frac{m_{c0}}{\rho_c} + \frac{m_{f0}}{\rho_f} + \frac{m_{g0}}{\rho_g} + \frac{m_{s0}}{\rho_s} + \frac{m_{w0}}{\rho_w} + 0.01\alpha = 1 \tag{4-16}$$

9）混凝土配合比的试配、调整与确定

按照初步计算配合比，称取相应数量的材料，进行试拌并检验混凝土拌合物的工作性，当坍落度低于实际要求时，应保持水胶比不变，适当增加水和胶凝材料的用量；当坍落度大于实际要求时，可保持水胶比和砂率不变，增加砂石集料；如果黏聚性和保水性不良时，可保持水胶比不变，适当增大砂率。

当试拌合格后，测出拌合物的表观密度 $\rho_{c,t}$，并记录试拌时水泥、掺合料、粗骨料、细骨料、拌合水的量，即 m_c、m_f、m_g、m_s、m_w，计算出拌合物的表观密度 $\rho_{c,c}$ 和校正系数 δ。

$$\rho_{c,c} = m_c + m_f + m_g + m_s + m_w \tag{4-17}$$

$$\delta = \frac{\rho_{c,t}}{\rho_{c,c}} \tag{4-18}$$

当混凝土拌合物表观密度实测值与计算值之差的绝对值不超过计算值的 2% 时，试拌合格的配合比可维持不变；当二者之差超过 2% 时，应将试拌配合比中每项材料用量均乘以校正系数 δ。最后重新计算 1m³ 混凝土拌合物的各种材料用量。$C_j = \delta C_b$；$F_j = \delta F_b$；$G_j = \delta G_b$；$S_j = \delta S_b$；$W_j = \delta W_b$。即为基准配合比。

试配调整时需要注意以下几点：

① 在试拌配合比的基础上，用水量（m_w）和外加剂用量（m_a）应根据确定的水胶比

作调整；

② 胶凝材料用量（m_b）应以用水量乘以确定的胶水比计算得出；

③ 粗骨料和细骨料用量（m_g 和 m_s）应对用水量和胶凝材料用量进行调整。

④ 试拌时每盘混凝土试配的最小搅拌量应符合表 4.13 的规定，并不应小于搅拌机公称容量的 1/4 且不应大于搅拌机公称容量。

混凝土试配的最小搅拌量　　　　　　　　　　表 4.13

粗骨料最大公称粒径（mm）	最小搅拌的拌合物量（L）
≤31.5	20
40.0	25

（2）试验室配合比设计

为了检验混凝土强度，应至少采用 3 个不同的配合比，其中一个为基准配合比，另外两个配合比的水胶比值应在基准配合比的水胶比基础上分别增加和减少 0.05，其用水量与基准配合比相同，砂率可分别增加和减少百分之一，每种配合比至少应制备一组试件，标准养护 28d，试压得出三种配合比混凝土强度，用作图法求出与试配强度 $f_{cu,0}$ 相对应或略大于试配强度对应的胶水比值 B/W。然后按此胶水比对其他用料适当调整，最终得出试验室配合比。

（3）施工配合比设计

试验室得出的配合比都是以干料为基准，而施工现场所用的集料都含有一定的水分，因此施工时应根据集料含水情况，对试验室配合比进行修正。如果施工现场集料中细集料含水率为 $a\%$，粗集料含水率为 $b\%$，则施工配合比修正值如下：

$$C' = C$$
$$F' = F$$
$$S' = S$$
$$G' = G$$
$$W' = W - S \cdot a\% - G \cdot b\%$$

3. 配合比设计计算实例

【例 3.1】 某一混凝土工程需要配制强度等级为 C40、坍落度为 50mm 的普通水泥混凝土。环境等级要求最大水胶比不得大于 0.5，胶凝材料用量不得低于 420kg/m³。初步确定单位用水量 $W_{50} = 190$kg，合理砂率 $\beta_s = 35\%$，粉煤灰控制掺量 $\beta_f = 20\%$。

原材料如下：

水泥：P·O42.5，实测 28d 抗压强度为 49.5MPa，表观密度 $\rho_c = 3100$kg/m³

粉煤灰：Ⅱ级，表观密度 $\rho_f = 2300$kg/m³，影响系数取 $\gamma_f = 0.80$

粗骨料：碎石，$D_{max} = 31.5$mm，连续级配，表观密度 $\rho_g = 2700$kg/m³

细骨料：天然河砂，细度模数 2.5，级配Ⅱ区，表观密度 $\rho_s = 2650$kg/m³

拌合用水：饮用水，表观密度 $\rho_w = 1000$kg/m³

（1）采用体积法计算该混凝土的初步计算配合比（以 1m³ 混凝土各材料用量表示：标准差 $\sigma = 5.0$MPa，系数 $\alpha_a = 0.53$，$\alpha_b = 0.20$）。

（2）经试配，（1）中计算所得的配合比满足工作性及强度要求，可作为试验室配合比应用于施工。某日，施工现场的砂、石含水率分别为 5%、1%，若不经含水率调整直接将上述配合比用于施工，试分析实际配合比如何？对混凝土性能造成什么影响？

（3）由于设备改进，拟改用大坍落度的泵送混凝土，要求坍落度为 180mm，采用减水剂，减水率为 24%，掺量 1%（占用胶凝材料质量百分比）。根据（1）中计算结果进行调整，计算 $1m^3$ 混凝土中用水量及外加剂用量（提示：普通混凝土拌合物的坍落度每增加 20mm，用水量增加 5kg）。

解（1）：

① 试配强度：$f_{cu,0} = f_{cu,k} + 1.645\sigma = 40 + 1.645 \times 5 = 48.23MPa$

② 水胶比计算：胶凝材料实际强度 $f_b = \gamma_f \gamma_s f_{ce} = 0.80 \times 49.5 = 39.6MPa$

由保罗比公式得：

$$W/B = \frac{\alpha_a \cdot f_b}{f_{cu,0} + \alpha_a \cdot \alpha_b \cdot f_b} \tag{4-19}$$

则 $W/B = 0.40$，满足耐久性对最大水胶比 0.5 的要求。

③ 单位用水量：坍落度为 50mm 时，$W_{50} = 190kg$

胶凝材料用量：$B = 190/0.40 = 475kg$，满足耐久性 $B_{min} = 420kg$ 的要求。

粉煤灰用量：$F = B \times \beta_f = 95kg$

水泥用量：$C = B - F = 475 - 95 = 380kg$

④ 砂石用量：

$$\begin{cases} \dfrac{S}{2650} + \dfrac{G}{2700} = 1 - \dfrac{380}{3100} - \dfrac{95}{2300} - \dfrac{190}{1000} - 0.01 \\ \dfrac{S}{S+G} \times 100\% = 35\% \end{cases}$$

代入各已知条件，得到：$S = 597kg$，$G = 1108kg$

⑤ 配合比计算结果：$W = 190kg$，$C = 380kg$，$F = 95kg$，$S = 597kg$，$G = 1108kg$

解（2）：

$C_1 = C = 380kg$；$F_1 = F = 95kg$；$S_1 = S/(1 + 5\%) = 569kg$；$G_1 = G/(1 + 1\%) = 1097kg$；

$W_1 = W + (S - S_1) + (G - G_1) = 229kg$，水灰比由 $W/C = 190/475 = 0.4$ 变为 $W_1/C_1 = 229/475 = 0.48$，将导致混凝土强度显著降低。

解（3）：

由（1）坍落度为 50mm 时 $W_{50} = 190kg$

推算坍落度 180mm 时 $W_{180} = W_{50} + 5 \times (180 - 50)/20 = 222.5kg$

使用减水剂，则 $W = (1 - 0.24) \times 222.5 = 169.1kg$

胶凝材料用量：$B = 169.1/0.40 = 423kg$，满足耐久性 $B_{min} = 420kg$ 要求。

外加剂用量：$A = B \times 1\% = 4.2kg$

【例 3.2】 某工程现浇室内钢筋混凝土梁，混凝土设计强度等级为 C30，施工采用机械拌合和振捣，坍落度为 30～50mm。所用原材料如下：

水泥：普通水泥 P.O42.5，28 天实测水泥强度为 48.0MPa；$\rho_c = 3100kg/m^3$；砂：中砂，级配 2 区合格，$\rho'_s = 2650kg/m^3$；石子：卵石 5～40mm，$\rho'_g = 2650kg/m^3$；水：自来水，$\rho_w = 1000kg/m^3$；试计算试验室配合比并进行强度检验。

解：

（一）配合比的计算

（1）计算混凝土的施工配制强度 $f_{cu,0}$

根据题意可得：$f_{cu,k} = 30.0$MPa，查表 4.6 取 $\sigma = 5.0$MPa，则

$$f_{cu,0} = f_{cu,k} + 1.645\sigma = 30.0 + 1.645 \times 5.0 = 38.2\text{MPa}$$

（2）确定混凝土水灰比 m_w/m_c

① 按强度要求计算混凝土水灰比 m_w/m_c

根据题意可得：$f_{ce} = 1.13 \times 42.5$MPa，$\alpha_a = 0.48$，$\alpha_b = 0.33$，则混凝土水灰比为：

$$\frac{m_w}{m_c} = \frac{\alpha_a \cdot f_{ce}}{f_{cu,0} + \alpha_a \cdot \alpha_b \cdot f_{ce}} = \frac{0.48 \times 48.0}{38.2 + 0.48 \times 0.33 \times 48.0} = 0.50$$

② 按耐久性要求复核

由于是室内钢筋混凝土梁，属于正常的居住或办公用房屋内，查表 4.1 知混凝土的最大水灰比值为 0.60，计算出的水灰比 0.50 未超过规定的最大水灰比值，因此 0.50 能够满足混凝土耐久性要求。

（3）确定用水量 m_{w0}

根据题意，集料为中砂，卵石，最大粒径为 40mm，查表 4.11 取 $m_{w0} = 160$kg。

（4）计算水泥用量 m_{c0}

① 计算：$m_{c0} = \dfrac{m_{w0}}{m_w/m_c} = \dfrac{160}{0.50} = 320$kg

② 复核耐久性

由于是室内钢筋混凝土梁，属于正常的居住或办公用房屋内，查表 4.1 知每立方米混凝土的水泥用量为 260kg，计算出的水泥用量 320kg 不低于最小水泥用量，因此混凝土耐久性合格。

（5）确定砂率 β_s

根据题意，混凝土采用中砂、卵石（最大粒径 40mm）、水灰比 0.50，查表 4.12 可得 $\beta_s = 28\% \sim 33\%$，取 $\beta_s = 30\%$。

（6）计算砂、石子用量 m_{s0}、m_{g0}

若采用体积法计算该混凝土的初步配合比：

将已知数据和已确定的数据代入体积法的计算公式，取 $\alpha = 0.01$，可得：

$$\begin{cases} \dfrac{m_{s0}}{2650} + \dfrac{m_{g0}}{2650} = 1 - \dfrac{320}{3100} - \dfrac{160}{1000} - 0.01 \\ \dfrac{m_{s0}}{m_{s0} + m_{g0}} \times 100\% = 30\% \end{cases}$$

解方程组，可得 $m_{s0} = 578$kg，$m_{g0} = 1348$kg。

若采用质量法计算该混凝土的初步配合比，取砂率为 30%，代入质量法方程组：

则 $m_{c0} + m_{s0} + m_{g0} + m_{w0} = 2400$

联立 $m_{s0} / (m_{s0} + m_{g0}) = 30\%$

解得 $m_{s0} = 576$kg；$m_{g0} = 1344$kg。

（7）按体积法计算基准配合比（初步配合比）（下同）

$$m_{c0} : m_{s0} : m_{g0} = 320 : 578 : 1348 = 1 : 1.81 : 4.21, \quad m_w/m_c = 0.50。$$

（二）配合比的试配、调整与确定

在试验室试拌 25L 检验和易性，各种材料用量分别为：

水泥：8.00kg；砂：14.45kg；石：33.70kg；水：4.00kg。

经检验坍落度为 20mm，增加 5％水泥浆后，水泥用量增加了 0.40kg，用水量增加了 0.20kg，重新检验和易性，坍落度为 40mm，黏聚性和保水性均良好。

则调整后配合比为：水泥：砂：石 ＝（8.00＋0.40）：14.45：33.70 ＝ 1：1.72：4.01；水灰比为 0.5 不变。

$$理论体积密度 = \frac{8.00 + 0.40 + 14.45 + 33.70 + 4.00 + 0.20}{0.025 + \frac{0.40}{3100} + \frac{0.20}{1000}} = \frac{60.75}{0.0252} = 2411 kg/m^3$$

实测体积密度为 2403kg/m³

每立方米各种材料的用量分别为：

$$水泥 = \frac{8.40}{8.40 + 14.45 + 33.70 + 4.20} \times 2411 = 333 kg$$

$$砂 = \frac{14.45}{8.40 + 14.45 + 33.70 + 4.20} \times 2411 = 573 kg$$

$$石 = \frac{33.70}{8.40 + 14.45 + 33.70 + 4.20} \times 2411 = 1337 kg$$

$$水 = \frac{4.20}{8.40 + 14.45 + 33.70 + 4.20} \times 2411 = 166 kg$$

基准配合比为：水泥：砂：石＝333：573：1337＝1：1.72：4.01；水灰比为 0.5

试拌第二组混凝土配合比：水灰比＝0.5＋0.05＝0.55；用水量＝166kg

则水泥用量＝166/0.55＝302kg

取砂率＝31％

$$\begin{cases} \dfrac{m_{s0}}{2650} + \dfrac{m_{g0}}{2650} = 1 - \dfrac{302}{3100} - \dfrac{166}{1000} - 0.01 \\ \dfrac{m_{s0}}{m_{s0} + m_{g0}} \times 100\% = 31\% \end{cases}$$

解方程组，可得 m_{s0}＝598kg，m_{g0}＝1328kg。

配合比的试配、调整与确定：

在试验室试拌 25L 检验和易性，各种材料用量分别为：

水泥：7.55kg；砂：14.95kg；石：33.20kg；水：4.15kg。

经检验坍落度为 50mm，黏聚性和保水性均良好。

$$理论体积密度 = \frac{7.55 + 14.95 + 33.20 + 4.15}{0.025} = \frac{59.85}{0.025} = 2394 kg/m^3$$

实测体积密度为 2389kg/m³

每立方米各种材料的用量分别为：

$$水泥 = \frac{7.55}{59.85} \times 2394 = 302 kg$$

$$砂 = \frac{14.95}{59.85} \times 2394 = 598 kg$$

$$石=\frac{33.20}{59.85}\times 2394=1328kg$$

$$水=\frac{4.15}{59.85}\times 2394=166kg$$

所以该组混凝土配合比为：水泥：砂：石＝302：598：1328＝1：1.98：4.40；水灰比为0.55

第三组混凝土配合比：水灰比＝0.5－0.05＝0.45；用水量＝166kg

则水泥用量＝166/0.45＝369kg

取砂率＝29％

$$\begin{cases} \dfrac{m_{s0}}{2650}+\dfrac{m_{g0}}{2650}=1-\dfrac{369}{3100}-\dfrac{166}{1000}-0.01 \\[2ex] \dfrac{m_{s0}}{m_{s0}+m_{g0}}\times 100\%=29\% \end{cases}$$

解方程组，可得$m_{s0}=543kg$，$m_{g0}=1325kg$。

配合比的试配、调整与确定：

在试验室试拌25L检验和易性，各种材料用量分别为：

水泥：9.22kg；砂：13.58kg；石：33.12kg；水：4.15kg。

经检验坍落度为35mm，黏聚性和保水性均良好。

$$理论体积密度=\frac{9.22+13.58+33.12+4.15}{0.025}=\frac{60.07}{0.025}=2403kg/m^3$$

实测体积密度为2386kg/m³

每立方米各种材料的用量分别为：

$$水泥=\frac{9.22}{9.22+13.58+33.12+4.15}\times 2403=369kg$$

$$砂=\frac{13.58}{60.07}\times 2403=543kg$$

$$石=\frac{33.12}{60.07}\times 2403=1325kg$$

$$水=\frac{4.15}{60.07}\times 2403=166kg$$

所以该组混凝土配合比为：水泥：砂：石＝369：543：1325＝1：1.47：3.59，水灰比为0.45。

（三）强度检验

将以上三组配合比每组做3块试块，在标准养护条件下养护至28d龄期，经强度试验后分别得出其对应的立方体抗压强度如表4.14所示。

立方体抗压强度   表4.14

水灰比（W/C）	灰水比（C/W）	强度实测值（MPa）
0.45	2.22	38.6
0.50	2.00	35.6
0.55	1.82	32.6

以灰水比为横坐标，强度为纵坐标绘图（可得直线图4.1）。

从图中可判断配制强度为 38.2MPa 对应的灰水比为 2.18，即水灰比为 0.46。至此可以初步确定每立方米混凝土各种材料用量为：

$$水＝166kg$$

$$水泥＝\frac{166}{0.46}＝361kg$$

砂率取 30%，根据联立方程组，则砂为 562kg，石为 1313kg。

以上定出的配合比，还需根据混凝土的实测体积密度和计算体积密度进行校正。按调整后的配合比实测的体积密度为 2396kg/m³，计算体积密度为 166＋361＋562＋1313＝2402kg/m³。

由于 $\frac{2402－2396}{2402}＝0.25\%＜2\%$

所以试验室配合比为水泥：砂：石＝361：562：1313；水灰比＝0.46。

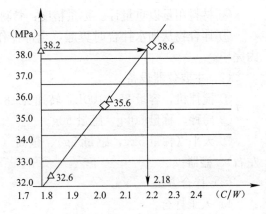

图 4.1　灰水比-强度曲线

4.2　普通水泥混凝土拌合物和力学性能试验

1. 试验目的

① 通过测定和评价普通混凝土拌合物工作性（和易性），验证所设计的初步配合比。

② 通过普通混凝拌合物表观密度的测定，校正混凝土的初步设计配合比。

③ 通过混凝土立方体 28d 抗压强度的测定，来评价混凝土强度是否满足设计强度要求。

2. 取样方法

① 混凝土拌合物试验用料应根据不同要求，从同一盘搅拌或同一车运送的混凝土中取出。

② 混凝土工程施工中取样进行混凝土试验时，其取样方法和原则应按现行《混凝土结构工程施工质量验收规范》以及其他有关规定执行。

③ 拌合物取样后应尽快进行试验。试验前，试样应经人工略加翻拌，以保证其质量均匀。

3. 拌制方法

（1）一般规定

① 拌混凝土的原材料应符合有关技术要求，并与施工实际用料相同，水泥如有结块，应用 0.9mm 筛将结块筛除。

② 在试验室拌制混凝土进行试验时，拌合用的骨料应提前运入室内。拌合时试验室的温度应保持在 20±5℃。需要模拟施工条件下所用的混凝土时，试验室原材料的温度宜保持与施工现场一致。

③ 材料用量以重量计。称量精度：骨料为±1%，水、水泥和外加剂均为±0.5%。

④ 拌合物从加水拌合时算起，全部操作（包括稠度测定或试件成型等）须在30min内完毕。

（2）主要仪器设备

① 搅拌机，容量75～100L，转速为18～22r/min。

② 磅秤，称量50kg，感量50g。

③ 天平（称量5kg，感量5g）、量筒（200mL，1000mL）、拌铲、拌板（1.5m×2m左右）、盛器。

（3）拌合方法

1）人工拌合

① 按配合比称量各材料。

② 将拌板和拌铲用湿布润湿后，将砂、水泥倒在拌板上，用拌铲自拌板的一端翻拌至另一端，如此重复直至颜色均匀，再加上石子，翻拌至均匀。

③ 将干混合料堆成堆，在中间作一凹坑，倒入部分拌合用水，然后仔细翻拌，逐步加入全部用水，继续翻拌直至均匀为止。

④ 拌合时间从加水时算起，在10min内完毕。

2）机械拌合

① 按配合比称量各材料。

② 按配合比先预拌适量混凝土进行挂浆，以免正式拌合时浆体的损失。

③ 开动搅拌机，向搅拌机内依次加入石子、砂子和水泥，干拌均匀，再将水徐徐加入，全部加料时间不超过2min，水全部加入后，继续拌合2min。

④ 将拌合物自搅拌机中卸出，倾倒在拌板上，再人工拌合1～2min，使其均匀。

4. 试验依据

《普通混凝土拌合物性能试验方法标准》GB/T 50080—2002

《普通混凝土力学性能试验方法标准》GB/T 50081—2002

《普通混凝土长期性能和耐久性能试验方法标准》GB/T 50082—2009

《混凝土强度检验评定标准》GB/T 50107—2010

《混凝土质量控制标准》GB 50164—2011

《预拌混凝土》GB/T 14902—2012

4.2.1 普通混凝土拌合物工作性试验

4.2.1.1 坍落度法

本方法适用于骨料最大粒径不大于40mm、坍落度值不小于10mm的混凝土拌合物稠度测定。

1. 仪器设备

（1）坍落度筒是由薄钢板或其他金属制成的圆台形筒（见图4.2），其内壁应光滑、无凸凹部位。底面和顶面应互相平行并与锥体的轴线垂直。在坍落筒外三分之二高度处安两个手把，下端应焊脚踏板。筒的内部尺寸为：

底部直径200±2mm；

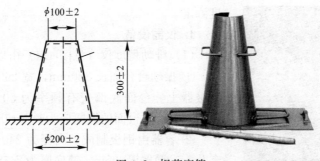

图 4.2 坍落度筒

顶部直径 100 ± 2mm；

高度 300 ± 2mm；

筒壁厚度不小于 1.5mm。

（2）捣棒是直径 16mm、长 600mm 的钢棒，端部应磨圆。

2. 试验步骤

（1）湿润坍落度筒及其他用具，并把筒放在不吸水的刚性水平底板上，然后用脚踩住两边的脚踏板，使坍落度筒在装料时保持位置固定。

（2）把按要求取得的混凝土试样用小铲分三层均匀地装入筒内，使捣实后每层高度为筒高的三分之一左右。每层用捣棒插捣 25 次。插捣应沿螺旋方向由外向中心进行，各次插捣应在截面上均匀分布。插捣应贯穿整个深度，插捣第二层和顶层时，捣棒应插透本层至下一层的表面。

浇灌顶层时，混凝土应灌到高出筒口。插捣过程中，如混凝土沉落到低于筒口，则应随时添加。顶层插捣完后，刮去多余的混凝土，并用抹刀抹平。

（3）清除筒边底板上的混凝土后，垂直平稳地提起坍落度筒，坍落度筒的提离过程应在 5～10s 内完成。

从开始装料到提坍落度筒的整个过程应不间断地进行，并应在 150s 内完成。

（4）提起坍落度筒后，量测筒高与坍落后混凝土试体最高点之间的高度差，即为该混凝土拌合物的坍落度值。

混凝土拌合物坍落度以毫米为单位，结果表达精确到 5mm。

坍落度筒提离后，如混凝土发生崩坍或一边剪坏现象，则应重新取样另行测定。如第二次试验仍出现上述现象，则表示该混凝土和易性不好。应予记录备查。

（5）观察坍落后的混凝土试体的黏聚性及保水性。

黏聚性的检查方法是用捣棒在已坍落的混凝土锥体侧面轻轻敲打。此时，如果锥体逐渐下沉出表示黏聚性良好，如果锥体倒塌、部分崩裂或出现离析现象，则表示黏聚性不好。

保水性以混凝土拌合物中稀浆析出的程度来评定、坍落度筒提起后如有较多的稀浆从底部析出，锥体部分的混凝土也因失浆而骨料外露，表明此混凝土拌合物的保水性能不好。如坍落度筒提起后无稀浆或仅有少量稀浆自底部析出，则表示此混凝土拌合物保水性良好。图 4.3 为塑性混凝土的坍落度试验，黏聚性及保水性良好。

4.2.1.2 维勃稠度法

本方法适用于骨料最大粒径不大于 40mm，维勃稠度在 5～30s 之间的混凝土拌合物稠度测定。

图 4.3　塑性混凝土坍落
高度 300±2mm。

1. 仪器设备

（1）维勃稠度仪（见图 4.4）由以下部分组成：

① 振动台台面长 380mm，宽 260mm，支承在四个减振器上。台面底部安有频率为 50±3Hz 的振动器。装有空容器时台面的振幅应为 0.5±0.1mm。

② 容器由钢板制成，内径为 240±5mm，高为 200±2mm，筒壁厚 3mm，筒底厚 7.5mm。

③ 坍落度筒其内部尺寸为：

底部直径 200±2mm；

顶部直径 100±2mm；

④ 旋转架与测杆及喂料斗相连。测杆下部安装有透明且水平的圆盘，并用测杆螺丝把测杆固定在套管中。旋转架安装在支柱上，通过十字凹槽来固定方向，并用定位螺丝来固定其位置。就位后，测杆或喂料斗的轴线均应与容器的轴线重合。

透明圆盘直径为 230±2mm，厚度为 10±2mm。荷重块直接固定在圆盘上。由测杆、圆盘及荷重块组成的滑动部分总重量应为 2750±50g。

（2）捣棒直径 16mm、长 600mm 的钢棒端部应磨圆。

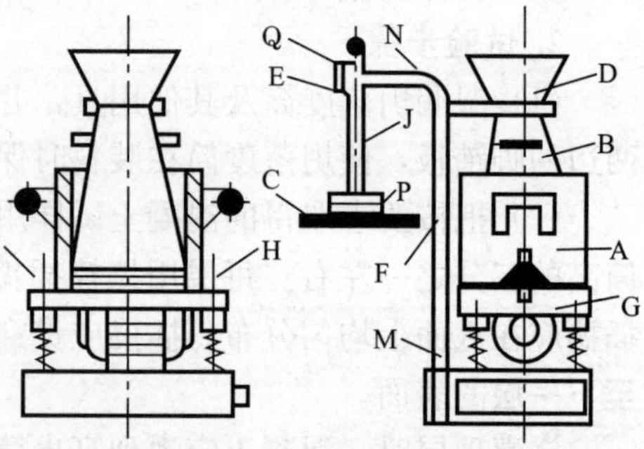

图 4.4　维勃稠度仪

A—容器；B—坍落度筒；C—透明圆盘；D—料斗；
E—套管；F—定位螺丝；G—振动台；
H—固定螺丝；J—测杆；M—支柱；N—旋转架；
P—荷重块；Q—测杆螺丝

2. 试验步骤

（1）把维勃稠度仪放置在坚实水平的地面上，用湿布把容器、坍落度筒、喂料斗内壁及其他用具润湿。

（2）将喂料斗提到坍落度筒上方扣紧，校正容器位置，使其中心与喂料斗中心重合，然后拧紧固定螺丝。

（3）把按要求取得的混凝土试样用小铲分三层经喂料斗均匀地装入筒内。

（4）把喂料斗转离，垂直地提起坍落度筒，此时应注意不使混凝土试体产生横向的扭动。

（5）把透明圆盘转到混凝土圆台体顶面，放松测杆螺丝，降下圆盘，使其轻轻接触到混凝土顶面。

（6）拧紧定位螺丝，并检查测杆螺丝是否已经完全放松。

（7）在开启振动台的同时用秒表计时，当振动到透明圆盘的底面被水泥浆布满的瞬间停表计时，并关闭振动台。

（8）由秒表读出的时间（s）即为该混凝土拌合物的维勃稠度值。

4.2.2 拌合物表观密度试验

1. 仪器设备

(1) 容量筒金属制成的圆筒，两旁装有手把。对骨料最大粒径不大于 40mm 的拌合物采用容积为 5L 的容量筒，其内径与筒高均为 186±2mm，筒壁厚为 3mm；骨料最大粒径大于 40mm 时，容量筒的内径与筒高均应大于骨料最大粒径的 4 倍。容量筒上缘及内壁应光滑平整，顶面与底面应平行并与圆柱体的轴垂直。

(2) 台秤称量 100kg，感量 50g。

(3) 振动台频率应为 50±3Hz，空载时的振幅应为 0.5±0.1mm。

(4) 捣棒为直径 10mm、长 600mm 的钢棒，端部应磨圆。

2. 试验步骤

(1) 用湿布把容量筒内外擦干净，称出筒重，精确至 50g。

(2) 混凝土的装料及捣实方法应根据拌合物的稠度而定。坍落度不大于 70mm 的混凝土，用振动台振实为宜，大于 70mm 的用捣棒捣实为宜。

① 采用捣棒捣实时，应根据容量筒的大小决定分层与插捣次数。用 5L 容量筒时，混凝土拌合物应分两层装入，每层的插捣次数应为 25 次。用大于 5L 的容量筒时，每层混凝土的高度不应大于 100mm，每层插捣次数按 100cm² 截面不小于 12 次计算。各次插捣应均匀地分布在每层截面上，插捣底层时捣棒应贯穿整个深度，插捣第二层时，捣棒应插透本层至下一层的表面。每一层捣完后可把捣棒垫在筒底，将筒左右交替地颠击地面各 15 次。

② 采用振动台振实时，应一次将混凝土拌合物灌到高出容量筒口。装料时可用捣棒稍加插捣，振动过程中如混凝土沉落到低于筒口，则应随时添加混凝土，振动直至表面出浆为止。

(3) 用刮尺齐筒口将多余的混凝土拌合物刮去，表面如有凹陷应予填平。将容量筒外壁擦净，称出混凝土与容量筒总重，精确至 50g。

3. 结果处理

混凝土拌合物密度 ρ_h（kg/m³）应按下列公式计算：

$$\rho_h = \frac{W_2 - W_1}{V} \times 1000 \tag{4-20}$$

式中 W_1——容量筒重量（kg）；

W_2——容量筒及试样总重（kg）；

V——容量筒容积（L）。

试验结果的计算精确至 10kg/m³。

容量筒容积应经常予以校正。校正方法可采用一块能覆盖住容量筒顶面的玻璃板，先称出玻璃板和空桶的重量，然后向容量筒中灌入清水，灌到接近上口时，一边不断加水，一边把玻璃板沿筒口徐徐推入盖严。应注意使玻璃板下不带入任何气泡。然后擦净玻璃板面及筒壁外的水分，将容量筒连同玻璃板放在台秤上称重。两次称量之差（以 kg 计）即为容量筒的容积（L）。

4.2.3 立方体抗压强度试验

1. 仪器设备

压力试验机：混凝土立方体抗压强度试验所采用试验机的精度（示值的相对误差）至少应为±2%，其量程应能使试件的预期破坏荷载值不小于全量程的20%，也不大于全量程的80%。

试验机上、下压板及试件之间可各垫以钢垫板，钢垫板的两承压面均应机械加工。与试件接触的压板或垫板的尺寸应大于试件的承压面，其不平度应为每100mm不超过0.02mm。

2. 试件以及试件制作与养护

混凝土试件的尺寸应根据混凝土中骨料的最大粒径按表4.15选定为100mm×100mm×100mm的试件（图4.5）。

混凝土立方体试件尺寸选用表   表4.15

试件尺寸（mm）	骨料最大粒径（mm）
100×100×100	30
150×150×150	40
200×200×200	60

3. 试件制作

试件的成型方法应根据混凝土的稠度而定。坍落度不大于70mm的混凝土，宜用振动台振实；大于70mm的宜用捣棒人工捣实。检验现浇混凝土工程和预制构件质量的混凝土，试件成型方法应与实际施工采用的方法相同。

制作试件前应将试模（图4.6）清擦干净并在其内壁涂上一层矿物油脂或其他脱膜剂。

图4.5 混凝土试件   图4.6 试模

（1）采用振动台成型时，应将混凝土拌合物一次装入试模，装料时应用抹刀沿试模内壁略加插捣并使混凝土拌合物高出试模上口。振动时应防止试模在振动台上自由跳动。振动应持续到混凝土表面出浆为止，刮除多余的混凝土，并用抹刀抹平。

试验室用振动台的振动频率应为50±3Hz，空载时振幅约为0.5mm。

（2）人工插捣时，混凝土拌合物应分层装入试模，每层的装料厚度大致相等。插捣用的钢制捣棒长为600mm，直径为16mm，端部应磨圆。插捣应按螺旋方向从边缘向中心均匀进行，插捣底层时，捣棒应达到试模表面，插捣上层时，捣棒应穿入下层深度为20～

30mm，插捣时捣棒应保持垂直，不得倾斜。同时，还应用抹刀沿试模内壁插入数次。每层的插捣次数应根据试件的截面而定，一般每 100cm² 截面积不应少于 12 次。插捣完后，刮除多余的混凝土，并用抹刀抹平。

4. 试件养护

根据试验目的不同，试件可采用标准养护或与构件同条件养护（图 4.7）。

试件一般养护到 28d 龄期（由成型时算起）进行试验。但也可以按要求（如需确定拆模、起吊、施加预应力或承受施工荷载等时的力学性能）养护到所需的龄期。

(1) 采用标准养护的试件成型后应覆盖表面，以防止水分蒸发，并应在温度为 20±5℃情况下静置一昼夜

图 4.7　混凝土养护

至两昼夜，然后编号拆模。拆模后的试件应立即放在温度为 20±3℃的不流动水中养护。水的 pH 值不应小于 7.0。

(2) 同条件养护的试件成型后应覆盖表面。试件的拆模时间可与实际构件的拆模时间相同，拆模后，试件仍需保持同条件养护。

5. 试验步骤

试件从养护地点取出后，应尽快进行试验，以免试件内部的温湿度发生显著变化。

(1) 先将试件擦拭干净，测量尺寸，并检查其外观。试件尺寸测量精确至 1mm，并据此计算试件的承压面积。如实测尺寸与公称尺寸之差不超过 1mm，可按公称尺寸进行计算。试件承压面的不平度应为每 100mm 不超过 0.05mm，承压面与相邻面的不垂直度不应超过±1 度。

图 4.8　混凝土试压

(2) 将试件安放在试验机的下压板上，试件的取压面应与成型时的顶面垂直。试件的中心应与试验机下压板中心对准（图 4.8）。开动试验机，当上压板与试件接近时，调整球座，使接触均衡。混凝土试件的试验应连续而均匀地加荷，加荷速度应为：混凝土强度等级低于 C30 时，取每秒钟 0.3～0.5MPa；混凝土强度等级高于或等于 C30 时，取每秒钟 0.5～0.8MPa。当试件接近破坏而开始迅速变形时，停止调整试验机油门，直至试件破坏。然后记录破坏荷载。

6. 结果处理与评定

(1) 混凝土立方体试件抗压强度应按下式计算：

$$f_{cc} = \frac{P}{A} \tag{4-21}$$

式中　f_{cc}——混凝土立方体试件抗压强度（MPa）；

　　　P——破坏荷载（N）；

　　　A——试件承压面积（mm²）；

混凝土立方体抗压强度计算应精确至 0.1MPa。

（2）以 3 个试件测值的算术平均值作为该组试件的抗压强度值。3 个测值中的最大值或最小值中如有一个与中间值的差值超过中间值的 15% 时，则把最大及最小值一并舍除，取中间值作为该组试件的抗压强度值。如有两个测值与中间值的差均超过中间值的 15% 时，则该组试件的试验结果无效。

取 150mm×150mm×150mm 试件的抗压强度为标准值，用其他尺寸试件测得的强度值均应乘以尺寸换算系数，其值为：对 200mm×200mm×200mm 试件为 1.05；对 100mm×100mm×100mm 试件为 0.95。

4.2.4 劈裂抗拉强度试验

1. 仪器设备

（1）试验机要求同立方体抗压强度试验机。

（2）垫条采用直径为 150mm 的钢制弧形垫条，其截面尺寸如图 4.9 所示。垫条的长度不应短于试件的边长。

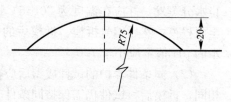

垫条与试件之间应垫以木质三合板垫层，垫层宽应为 15～20mm，厚 3～4mm，长度不应短于试件边长，垫层不得重复使用。

图 4.9　劈裂抗拉试验用垫条

2. 试件

劈裂抗拉强度试验应采用 150mm×150mm×150mm 的立方体作为标准试件，制作标准试件所用混凝土中骨料的最大粒径不应大于 40mm。

必要时，可采用 100mm×100mm×100mm 非标准尺寸的立方体试件，非标准试件混凝土所有骨料的最大粒径不应大于 20mm。

3. 试验步骤

试件从养护地点取出后，应及时进行试验。试验前，试件应保持与原养护地点相似的干湿状态。

（1）先将试件擦拭干净，测量尺寸检查外观，并在试件中部画线定出劈裂面的位置。劈裂面应与试件成型时的顶面垂直。

试件尺寸测量精确至 1mm，并据此计算试件的劈裂面面积。如实测尺寸与公称尺寸之差不超过 1mm，可按公称尺寸计算。

试件承压区的不平度应为每 100mm 不超过 0.05mm，承压线与相邻面的不垂直度应不超过±1 度。

（2）将试件放在试验机下压板的中心位置，在上、下压板与试件之间垫以圆弧形垫层各一条，垫条应与成型时的顶面垂直（图 4.10）。为了保证上、下垫条对准提高试验效率，可以把垫条安装在定位架上使用。

开动试验机，当上压板与试件接近时，调整球座，使接触均衡。

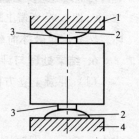

图 4.10　劈裂抗拉
试验示意图
1—上压板；2—垫条；
3—垫层；4—下压板

试件的试验应连续而均匀地加荷，加荷速度应为：混凝土强度等级低于 C30 时，取每秒钟 0.02～0.05MPa；强度等级高于或等于 C30 时，取每秒钟 0.05～0.08MPa。当试件接近破坏时，应停止调整试验机油门，直至试验破坏，然后记下破坏荷载。

4. 结果处理与评定

（1）混凝土劈裂抗拉强度应按下式计算：

$$f_{ts} = \frac{2P}{\pi A} = 0.637\frac{P}{A} \tag{4-22}$$

式中 f_{ts}——混凝土劈裂抗拉强度（MPa）；

P——破坏荷载（N）；

A——试件劈裂面面积（mm^2）。

劈裂抗拉强度计算精确到 0.01MPa。

（2）以 3 个试件测值的算术平均值作为该组试件的壁裂抗拉强度值。3 个测值中的最大值或最小值中如有一个与中间值的差值超过中间值的 15%，则把最大及最小值一并舍除，取中间值作为该组试件的劈裂抗拉强度值。如有两个测值与中间值的差均超过中间值的 15%，则该组试件的试验结果无效。采用 100mm×100mm×100mm 非标准试件取得的劈裂抗拉强度值，应乘以尺寸换算系数 0.85。

4.3 商品混凝土强度评定试验

1. 试验目的

学习混凝土强度的评定方法，保证混凝土强度符合混凝土工程质量的要求。

2. 试验、评定依据

《混凝土结构工程施工质量验收规范》GB 50204—2002（2010 版）

《混凝土强度检验评定标准》GB/T 50107—2010

《混凝土质量控制标准》GB 50164—2011

《预拌混凝土》GB/T 14902—2012

3. 符号与基本规定

（1）符号

$m_{f_{cu}}$——同一检验批混凝土立方体抗压强度的平均值；

$f_{cu,k}$——混凝土立方体抗压强度标准值；

$f_{cu,min}$——同一检验批混凝土立方体抗压强度的最小值；

$S_{f_{cu}}$——标准差未知评定方法中，同一检验批混凝土立方体抗压强度的标准差；

σ_U——标准差已知评定方法中，检验批混凝土立方体抗压强度的标准差；

λ_1、λ_2、λ_3、λ_4——合格评定系数；

$f_{cu,i}$——第 i 组混凝土试件的立方体抗压强度代表值；

n——样本容量。

（2）基本规定

① 混凝土的强度等级应按立方体抗压强度标准值划分。混凝土强度等级应采用符号 C 与立方体抗压强度标准值（以 N/mm^2 或 MPa 计）表示。

② 立方体抗压强度标准值应为按标准方法制作和养护的边长为 100mm 的立方体试件，用标准试验方法在 28d 龄期测得的混凝土抗压强度总体分布中的一个值，强度低于该值的概率应为 5%。

③ 混凝土强度应分批进行检验评定。一个检验批的混凝土应由强度等级相同、试验龄期相同、生产工艺条件和配合比基本相同的混凝土组成。

④ 对大批量、连续生产混凝土的强度应按统计方法评定。对小批量或零星生产混凝土的强度应按非统计方法评定。

4. 混凝土的取样与试验

(1) 混凝土的取样

1) 混凝土的取样，宜根据本标准规定的检验评定方法要求制定检验批的划分方案和相应的取样计划。

2) 混凝土强度试样应在混凝土的浇筑地点随机抽取。

3) 试件的取样频率和数量应符合下列规定：

① 每 100 盘，但不超过 100m³ 的同配合比混凝土，取样次数不应少于一次；

② 每一工作班拌制的同配合比混凝土，不足 100 盘和 100m³ 时其取样次数不应少于一次；

③ 当一次连续浇筑的同配合比混凝土超过 1000m³ 时，每 200m³ 取样不应少于一次；

④ 对房屋建筑，每一楼层、同一配合比的混凝土，取样不应少于一次。

4) 每批混凝土试样应制作的试件总组数，除满足本节（5. 混凝土强度的检验评定）要求的混凝土强度评定所必需的组数外，还应留置为检验结构或构件施工阶段混凝土强度所必需的试件。

(2) 混凝土试件的制作与养护

① 每次取样应至少制作一组标准养护试件。

② 每组 3 个试件应由同一盘或同一车的混凝土中取样制作。

③ 检验评定混凝土强度用的混凝土试件，其成型方法及标准养护条件应符合现行国家标准《普通混凝土力学性能试验方法标准》GB/T 50081—2002 的规定。

④ 采用蒸汽养护的构件，其试件应先随构件同条件养护，然后应置入标准养护条件下继续养护，两段养护时间的总和应为设计规定龄期。

(3) 混凝土试件的试验

1) 混凝土试件的立方体抗压强度试验应根据现行国家标准《普通混凝土力学性能试验方法标准》GB/T 50081 的规定执行。每组混凝土试件强度代表值的确定，应符合下列规定：

① 取 3 个试件强度的算术平均值作为每组试件的强度代表值；

② 当一组试件中强度的最大值或最小值与中间值之差超过中间值的 10% 时，取中间值作为该组试件的强度代表值；

③ 当一组试件中强度的最大值和最小值与中间值之差均超过中间值的 15% 时，该组试件的强度不应作为评定的依据。

注：对掺矿物掺合料的混凝土进行强度评定时，可根据设计规定，采用大于 28d 龄期的混凝土强度。

2）当采用非标准尺寸试件时，应将其抗压强度乘以尺寸折算系数，折算成边长为100mm 的标准尺寸试件抗压强度。尺寸折算系数按下列规定采用：

① 当混凝土强度等级低于 C60 时，对边长为 100mm 的立方体试件取 0.95，对边长为 200mm 的立方体试件取 1.05；

② 当混凝土强度等级不低于 C60 时，宜采用标准尺寸试件；使用非标准尺寸试件时，尺寸折算系数应由试验确定，其试件数量不应少于 30 对组。

5. 混凝土强度的检验评定

（1）统计方法评定

采用统计方法评定时，应按下列规定进行：

① 当连续生产的混凝土，生产条件在较长时间内保持一致，且同一品种、同一强度等级混凝土的强度变异性保持稳定时，应按以下规定进行评定。

一个检验批的样本容量应为连续的 3 组试件，其强度应同时符合下列规定：

$$m_{f_{cu}} \geqslant f_{cu,k} + 0.7\sigma_0 \tag{4-23}$$

$$f_{cu,min} \geqslant f_{cu,k} - 0.7\sigma_0 \tag{4-24}$$

检验批混凝土立方体抗压强度的标准差应按下式计算：

$$\sigma_0 = \sqrt{\frac{\sum_{i=1}^{n} f_{cu,i}^2 - nm_{f_{cu}}^2}{n-1}} \tag{4-25}$$

当混凝土强度等级不高于 C20 时，其强度的最小值尚应满足下式要求：

$$f_{cu,min} \geqslant 0.85 f_{cu,k} \tag{4-26}$$

当混凝土强度等级高于 C20 时，其强度的最小值尚应满足下列要求：

$$f_{cu,min} \geqslant 0.9 f_{cu,k} \tag{4-27}$$

式中 $m_{f_{cu}}$——同一检验批混凝土立方体抗压强度的平均值（N/mm²），精确到 0.1N/mm²；

$f_{cu,k}$——混凝土立方体抗压强度标准值（N/mm²），精确到 0.1N/mm²；

σ_0——检验批混凝土立方体抗压强度的标准差（N/mm²），精确到 0.01N/mm²；当检验批混凝土强度标准差 σ_0 计算值小于 2.5N/mm² 时，应取 2.5N/mm²；

$f_{cu,i}$——前一个检验期内同一品种、同一强度等级的第 i 组混凝土试件的立方体抗压强度代表值（N/mm²），精确到 0.1N/mm²；该检验期不应少于 60d，也不得大于 90d；

n——前一检验期内的样本容量，在该期间内样本容量不应少于 45；

$f_{cu,min}$——同一检验批混凝土立方体抗压强度的最小值（N/mm²），精确到 0.1N/mm²。

② 其他情况时，按以下规定进行：

当样本容量不少于 10 组时，其强度应同时满足下列要求：

$$m_{f_{cu}} \geqslant f_{cu,k} + \lambda_1 S_{f_{cu}} \tag{4-28}$$

$$f_{cu,min} \geqslant \lambda_2 \cdot f_{cu,k} \tag{4-29}$$

同一检验批混凝土立方体抗压强度的标准差应按下式计算：

$$S_{f_{cu}} = \sqrt{\frac{\sum_{i=1}^{n} f_{cu,i}^2 - nm_{f_{cu}}^2}{n-1}} \tag{4-30}$$

式中　$S_{f_{cu}}$——同一检验批混凝土立方体抗压强度的标准差（N/mm²），精确到 0.01N/mm²；当检验批混凝土强度标准差 $S_{f_{cu}}$ 计算值小于 2.5N/mm² 时，应取 2.5N/mm²；

λ_1、λ_2——合格评定系数，按表 4.16 取用；

n——本检验期内的样本容量。

混凝土强度的合格评定系数　　　　　　　表 4.16

试件组数	10～14	15～19	≥20
λ_1	1.15	1.05	0.95
λ_2	0.90	0.85	

（2）非统计方法评定

① 当用于评定的样本容量小于 10 组时，应采用非统计方法评定混凝土强度。

② 按非统计方法评定混凝土强度时，其强度应同时符合下列规定：

$$m_{f_{cu}} \geqslant \lambda_3 \cdot f_{cu,k} \tag{4-31}$$

$$f_{cu,min} \geqslant \lambda_4 \cdot f_{cu,k} \tag{4-32}$$

式中　λ_3、λ_4——合格评定系数，应按表 4.17 取用。

混凝土强度的非统计法合格评定系数　　　　　表 4.17

混凝土强度等级	<C60	≥C60
λ_3	1.15	1.10
λ_4	0.95	

（3）混凝土强度的合格性评定

① 当检验结果满足统计或非统计方法评定的规定时，则该批混凝土强度应评定为合格；当不能满足上述规定时，该批混凝土强度应评定为不合格。

② 对评定为不合格批的混凝土，可按国家现行的有关标准进行处理。

4.4　混凝土长期及耐久性能试验

1. 相关试验标准

《普通混凝土长期性能和耐久性能试验方法标准》GB/T 50082—2009

《普通混凝土力学性能试验方法标准》GB/T 50081—2002

2. 主要试验仪器设备及工具

（1）冻融试验箱；

（2）1 级精度压力试验机：（TYE-2000C 型压力机，NYL-2000D 型压力机）；

（3）钢直尺（量程大于 600mm、分度值为 0.5mm）；直角尺；塞尺；

（4）弹性模量测定仪（精度为 0.001mm，固定架的标距为 150mm）；

（5）混凝土动弹性模量测定仪；

（6）混凝土抗渗仪（自动加水压）；

（7）玻璃胶等密封材料；脱模装置（千斤顶）；破型装置（压力机）；

（8）混凝土氯离子电通量测定仪；

（9）非接触法混凝土收缩测定仪；

（10）混凝土收缩仪：测量标距为 540mm，装有精度为 0.01mm 的百分表；

（11）收缩测头：由不锈钢或其他不锈的材料制作，测头顶端直径为 6mm，长为 40mm；

（12）混凝土早期抗裂试验装置。

3. 试验环境

试验室环境温度为 10～35℃。

4. 试验内容

抗冻性；抗渗性；抗氯离子渗透性；收缩性；早起抗裂；混凝土中钢筋锈蚀；抗压疲劳变形。

5. 试验准备

（1）样品检查

1）检试员接收任务并领取样品和样品单，核对样品单与样品信息是否一致，检查样品数量、样品尺寸偏差和可检状态并签名确认。若样品不符合检测要求，及时与接样员沟通，通知客户重新确认。

试件最小横截面尺寸 表 4.18

骨料最大粒径（mm）	试件最小横截面尺寸（mm）
31.5	100×100 或 ϕ100
40	150×150 或 ϕ150
63	200×200 或 ϕ200

最大粒径应符合现行行业标准《普通混凝土用砂、石质量及检验方法标准》JGJ 52 的规定。并且试件应采用符合现行行业标准《混凝土试模》JG 237 规定的试模制作。

2）试件的尺寸公差应符合下列规定：

① 试件的承压面的平面度公差不得超过 0.0005d（d 为试件边长）；

② 试件的相邻面间的夹角应为 90°，其公差不得超过 0.5°；

③ 试件各边长、直径和高的尺寸的公差不得超过 1mm。

（2）试件的制作和养护

① 试件的制作和养护应符合现行国家标准《普通混凝土力学性能试验方法标准》GB/T 50081 中的规定。

② 在制作混凝土长期性能和耐久性能试验用试件时，不应采用憎水性脱模剂。

③ 在制作混凝土长期性能和耐久性能试验用试件时，宜同时制作与相应耐久性能试验龄期对应的混凝土立方体抗压强度用试件。

④ 制作混凝土长期性能和耐久性能试验用试件时，所采用的振动台和搅拌机应分别

符合现行行业标准《混凝土试验用振动台》JG/T 245 和《混凝土试验用搅拌机》JG 244 的规定。

（3）环境条件检查并记录

环境温度是否符合标准要求，不符合暂停试验；待符合要求后再进行后续试验检测程序，并记录到试验检测原始记录上。

（4）仪器设备的选用和检查

① 根据样品种类、规格等级和测量精度、分度值要求，选用合适的仪器设备和量程，使预估测量值处于仪器设备量程的 20%～80% 或在测量范围内。

② 检查仪器设备上的设备标签和合格证标签，确认仪器设备的编号和是否在检定或自校有效期内；在使用前后均应检查仪器设备性能及各部件是否正常，并记录到该仪器设备使用记录和检测原始记录上。有异常立即申报，查找原因并消除后再进行后续检测程序。

③ 校零（调零、清零）：所选用的仪器设备在使用前均应进行校零（调零或清零）。

4.4.1　抗冻试验（慢冻法）

1. 试验规定

抗冻试验适用于测定混凝土试件在气冻水融条件下，以经受的冻融循环次数来表示的混凝土抗冻性能。慢冻法抗冻试验所采用的试件及试验设备应符合下列规定：

试验应采用尺寸为 100mm×100mm×100mm 的立方体试件。慢冻法试验所需要的试件组数应符合表 4.19 的规定，每组试件应为 3 块。

慢冻法试验所需要的试件组数　　　　　　　　　　　　表 4.19

设计抗冻等级	F25	F50	F100	F150	F200	F250	F300	F300 以上
检查强度所需冻融次数	5	50	50 及 100	100 及 150	150 及 200	200 及 250	250 及 300	300 及设计次数
鉴定 28d 强度所需试件组数	1	1	1	1	1	1	1	1
冻融试件组数	1	1	2	2	2	2	2	2
对比试件组数	1	1	2	2	2	2	2	2
总计试件组数	3	3	5	5	5	5	5	5

试验设备应符合下列规定：

（1）冻融试验箱应能使试件静止不动，并应通过气冻水融进行冻融循环。在满载运转的条件下，冷冻期间冻融试验箱内空气的温度应能保持在 −20～−18℃ 范围内；融化期间冻融试验箱内浸泡混凝土试件的水温应能保持在 18～20℃ 范围内；满载试验时冻融试验箱内各点温度极差不超过 2℃。

（2）采用自动冻融设备时，控制系统还应具有自动控制、数据曲线实时动态显示、断电记忆和试验数据自动存储等功能。

（3）试件应采用不锈钢或其他耐腐蚀材料制作，其尺寸应与冻融试验箱和所装的试件相适应。

（4）称量设备最大量程应为 20kg，感量不超过 5g。

（5）压力试验机应符合现行国家标准《普通混凝土力学性能试验方法标准》GB/T

50081 的相关要求。

(6) 温度传感器的温度检测范围不应小于−20～20℃，测量精度±0.5℃。

2. 慢冻试验步骤

(1) 在标准养护室内或同条件养护的冻融试验的试件应在养护龄期为 24d 时提前将试件从养护地点取出，随后应将试件放在 20±2℃水中浸泡，浸泡时水面应高出试件顶面 20～30mm，在水中浸泡时间应为 4d，试件应在 28d 龄期时开始进行冻融试验。始终在水中养护的冻融试验的试件，当试件养护龄期到达 28d 时，可直接进行后续试验，对此种情况，应在试验报告中予以说明。

(2) 当试件养护龄期到达 28d 时应及时取出冻融试验的试件，用湿布擦除表面水分后应对外观尺寸进行测量，试件的外观尺寸应满足本节"样品检查"部分的要求，并应分别编号，称重。然后按编号置入试件架内，且试件架与试件的接触面积不宜超过试件底面的 1/5。试件与箱体内壁之间应至少留有 20mm 的空隙。试件架中各试件之间应至少保留 30mm 的空隙。

(3) 冷冻时间应在冻融箱内温度降至-18℃时开始计算。每次从装完试件到温度降到−18℃所需的时间应在 1.5～2.0h 内，冻融箱内的温度在冷冻时应保持在−20～−18℃。

(4) 每次冻融循环中试件的冷冻时间不应小于 4h。

(5) 冷冻结束后，应立即加温度为 18～20℃的水，使试件转入融化状态，加水时间不应超过 10min。控制系统应确保在 30min 内，水温不低于 10℃，且在 30min 后水温能保持在 18～20℃。冻融试验箱内的水面应至少高出试件表面 20mm。融化时间不应小于 4h。融化完毕视为该次冻融循环结束，可进入下次冻融循环。

(6) 每 25 次循环宜对冻融试件进行一次外观检查，当出现严重破坏时，应立即进行称重。当一组试件的平均质量损失超过 5%，可停止其冻融循环试验。

(7) 试件在达到 GB/T 50082 规定的冻融循环次数后，试件应称重并进行外观检查，应详细记录表面破损、裂缝及边角缺损情况。当试件表面破损严重时，应用高强石膏找平，然后进行抗压强度试验。抗压强度应符合现行国家标准 GB/T 50081 的相关规定。

(8) 当冻融循环因故中断且试件处于冷冻状态时，试件应继续保持冷冻状态，直至恢复冻融试验为止，并应将故障原因及暂停时间在试验结果中注明。当试件在融化状态下因故中断时，中断时间不应超过两个冻融循环时间，在整个试验过程中，超过两个冻融循环时间的中断故障次数不得超过两次。

(9) 当部分试件由于失效破坏或者停止试验被取出时，应用空白试件填补空位。

(10) 对比试件应继续保持原有的养护条件，直到完成冻融循环后，与冻融试验的试件同时进行抗压强度试验。

3. 判定

当冻融循环出现下列三种情况之一时，可停止试验：

(1) 已达到规定的循环次数；

(2) 抗压强度损失率已达到 25%；

(3) 质量损失率已达到 5%。

4. 试验结果计算及处理

应符合下列规定

（1）强度损失率应按下式计算：

$$\Delta f_c = (f_{c0} - f_{cn})/f_{c0} \times 100 \qquad (4\text{-}33)$$

Δf_c——N 次冻融循环后混凝土抗压强度损失率（%），精确至 0.1；

f_{c0}——对比用的一组混凝土试件的抗压强度测定值（MPa），精确至 0.1MPa；

f_{cn}——经 N 次冻融循环后的一组混凝土试件抗压强度测定值（MPa），精确至 0.1MPa。

（2）f_{c0} 和 f_{cn} 应以三个试件抗压强度试验结果的算术平均值作为测定值；当最大值和最小值均超过中间值的 15%，应剔除此值，再取其余两值的算术平均值作为测定值；当最大值和最小值均超过中间值的 15%时，应取中间值作为测定值。

（3）单个试件的质量损失率应按下式计算：

$$质量损失率 = \frac{冻融前试件质量平均值 - 冻融后试件质量平均值}{冻融前试件质量平均值} \times 100\% \qquad (4\text{-}34)$$

（4）每组试件的平均质量损失率应以 3 个试件的质量损失率试验结果的算术平均值作为测定值。当某个试验结果出现负值，应取 0，再取 3 个试件的算术平均值。当 3 个值中最大值或最小值与中间值之差超过 1%时，应剔除此值，再取其余两值的算术平均值作为测定值；当最大值和最小值与中间值之差均超过 1%时，应取中间值作为测定值。

（5）抗冻等级应以抗压强度损失率不超过 25%或者质量损失率不超过 5%时的最大冻融循环次数按表 4.19 确定。

4.4.2 抗冻试验（快冻法）

本方法适用于在水中经快速冻融来测定混凝土的抗冻性能。快冻法抗冻性能的指标可用能经受快速冻融循环的次数或耐久性系数来表示。本方法特别适用于抗冻性要求高的混凝土。本试验采用 100mm×100mm×400mm 的棱柱体试件。混凝土试件每组 3 块，在试验过程中可连续使用，除制作冻融试件外，尚应制备同样形状尺寸、中心埋有热电偶的测温试件，制作测温试件所用混凝土的抗冻性能应高于冻融试件。

1. 设备装置要求

（1）快速冻融装置：能使试件静置在水中不动，依靠热交换液体的温度变化而连续、自动地进行冻融循环，满载运转时冻融箱内各点温度的极差不得超过 2℃。

（2）试件盒：由 1～2mm 厚的钢板制成。其净截面尺寸应为 110mm×110mm，高度应比试件高出 50～100mm。试件底部垫起后盒内水面应至少能高出试件顶面 5mm。

（3）案秤：称量 10kg，感量 5g，或称量 20kg，感量 10g。

（4）动弹性模量测定仪：共振法或敲击法动弹性模量测定仪。

（5）热电偶、电位差计：应在 −20～20℃ 范围内测定试件中心温度，测量精度不低于±0.5℃。

2. 试验要求和步骤

（1）如无特殊规定，试件应在 28d 龄期时开始冻融试验。冻融试验前四天应把试件从养护地点取出，进行外观检查，然后在温度为 15～20℃ 的水中浸泡（包括测温试件）。浸泡时水面至少应高出试件顶面 20mm，试件浸泡 4d 后进行冻融试验。

（2）浸泡完毕后，取出试件，用湿布擦除表面水分，称重，并测定其横向基频的初始值。

（3）将试件放入试件盒内，为了使试件受温均衡，并消除试件周围因水分结冰引起的附加压力，试件的侧面与底部应垫放适当宽度与厚度的橡胶板，在整个试验过程中，盒内水位高度应始终保持高出试件顶面 5mm 左右。

（4）把试件盒放入冻融箱内。其中装有测温试件的试件盒应放在冻融箱的中心位置。此时即可开始冻融循环。

（5）冻融循环过程应符合下列要求：

① 每次冻融循环应在 2～4h 内完成，其中用于融化的时间不得小于整个冻融时间的 1/4。

② 在冻结和融化过程中，试件中心最低和最高温度应分别控制在 -18±2℃ 和 5±2℃ 内。在任意时刻，试件中心温度不得高于 7℃，且不得低于 -20℃。

③ 每块试件从 3℃ 降至 -16℃ 所用的时间不得少于冻结时间的 1/2。每块试件从 -16℃ 升至 3℃ 所用的时间也不得少于整个融化时间的 1/2，试件内外的温差不宜超过 28℃。

④ 冻和融之间的转换时间不宜超过 10min。

（6）试件一般应每隔 25 次循环作一次横向基频测量，测量前应将试件表面浮渣清洗干净，擦去表面积水，并检查其外部损伤及重量损失。横向基频的测量方法及步骤应按本节（4.3.3 动弹性模量试验）规定执行。测完后，应立即把试件掉一个头重新装入试件盒内。试件的测量、称量及外观检查应尽量迅速，以免水分损失。

（7）为保证试件在冷液中冻结时温度稳定均衡，当有一部分试件停冻取出时，应另用试件填充空位。如冻融循环因故中断时，试件应保持在冻结状态直到恢复冻融试验为止，并应将故障原因及暂停时间在试验结果中注明。并最好能将试件保存在原容器内用冰块围住。如无这试件处在融解状态下的时间不宜超过两个冻融循环的时间。在整个试验过程中，超过两个循环时间的中断故障次数不得超过两次。

（8）冻融到达以下 3 种情况之一即可停止试验：

① 已达到规定的冻融循环次数；

② 相对动弹性模量下降到 60% 以下；

③ 重量损失率达 5%。

3. 试验评定

（1）凝土试件的相对动弹性模量可按下式计算：

$$P_i = \frac{f_{ni}^2}{f_{oi}^2} \times 100 \tag{4-35}$$

$$P = \frac{1}{3} \sum_{i=1}^{3} P_i \tag{4-36}$$

式中　　P_i——经 N 次冻融循环后第 i 个试件的相对动弹性模量（%），精确到 0.1%；

　　　　P——经 N 次冻融循环后试件的相对动弹性模量（%），以 3 个试件的平均值计算；

　　　　f_{ni}——N 次冻融循环后试件的横向基频（Hz）；

　　　　f_{oi}——冻融循环试验前测得的试件横向基频初始值（Hz）。

（2）混凝土试件冻融后的重量损失率应按下式计算：

$$\Delta W_{ni} = \frac{W_{oi} - W_{ni}}{W_{oi}} \times 100 \tag{4-37}$$

$$\Delta W_{\mathrm{n}} = \frac{\sum\limits_{i=1}^{3} \Delta W_{\mathrm{ni}}}{3} \times 100 \tag{4-38}$$

式中　ΔW_{ni}——N 次冻融循环后第 i 个试件的重量损失率（%），精确到 0.01%；

ΔW_{n}——N 次冻融循环后试件的重量损失率（%），以 3 个试件的平均值计算，精确到 0.1%；

W_{oi}——冻融循环试验前的试件重量（g）；

W_{ni}——N 次冻融循环后的试件重量（g）。

每组试件的平均质量损失率应以 3 个试件的质量损失率试验结果的算术平均值作为测定值。当某个试验结果出现负值时，应取 0，再取 3 个试件的平均值。当 3 个值中的最大或者最小值与中间值之差超过 1% 时，应剔除此值，取另外两个值的平均值作为测定值；当最大和最小值与中间值之差都超过 1% 时，应取中间值作为测定值。

混凝土抗冻等级应以同时满足相对动弹性模量值不小于 60% 或者质量损失率不超过 5% 时的最大循环次数来确定，并用 F 来表示。

（3）混凝土耐久性系数应按下式计算：

$$K_{\mathrm{n}} = P \times N/100 \tag{4-39}$$

式中　K_{n}——混凝土耐久性系数；

N——达到停止要求的冻融循环次数；

P——经 N 次冻融循环后试件的相对动弹性模量。

4.4.3　动弹性模量试验

本方法适用于测定混凝土的动弹性模量，以检验混凝土在经受冻融或其他侵蚀作用后遭受破坏的程度，并以此评定它们的耐久性能。试验采用截面为 100mm×100mm 的棱柱体试件，其高宽比一般为 3～5。

1. 设备要求

（1）共振法混凝土动弹性模量测定仪（简称共振仪）。输出频率可调范围为 100～20000Hz，输出功率应能激励试件产生受迫振动，以便能用共振的原理定出试件的基频振动频率（基频）。

（2）试件支承体为约 20mm 厚的软泡沫塑料垫（密度 18～20kg/m³）。

（3）称量设备的最大量程为 20kg，感量 5g。

2. 试验步骤

（1）测定试件的重量和尺寸。试件重量的测量精度应在 ±0.5% 以内，尺寸的测量精度应在 ±1% 以内。每个试件的长度和截面尺寸均取 3 个部位测量的平均值。

（2）将试件安放在支承体上，并定出换能器或敲击及接收点的位置，以共振法测量试件的横向基频振动频率时，其支承和换能器的安装位置见图 4.11。

（3）用共振法测量混凝土动弹性模量时，先调整共振仪的激振功率和接收增益旋钮至适当位置，变换激振频率，同时注意观察指示电表的指针偏转，当指针偏转为最大时，即表示试件达到共振状态，这时所显示的激振频率即为试件的基频振动频率。每一测量应重复测读两次以上，如两次连续测值之差不超过 0.5%，取这两个测值的平均值作为该试件

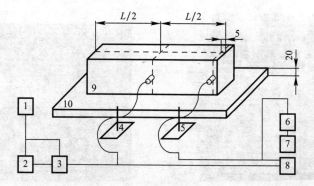

图 4.11　共振法测量动弹性模量各部件连接相对位置示意图

1—振荡器；2—频率计；3—放大器；4—激振换能器；5—接收换能器；6—放大器；

7—电表；8—示波器；9—试件；10—试件支撑体

的测试结果。

采用以示波器作显示的仪器时，示波器的图形调成一个正圆时的频率即为共振频率。当仪器同时具有指示电表和示波器时，以电表指针达最大值时的频率作为共振频率。在测试过程中，如发现两个以上峰值时，宜采用以下方法测出其真实的共振峰：

将输出功率固定，反复调整仪器输出频率，从指示电表上比较幅值的大小，幅值最大者为真实的共振峰；接收换能器移至距端部 0.224 倍试件长处，此时如指示电表示值为零，即为真实的共振峰值。

3. 结果评定

混凝土动弹性模量应按下式计算：

$$E_d = 13.244 \times 10^{-4} \times WL^3 f^2 / a^4 \tag{4-40}$$

式中　E_d——混凝土动弹性模量（MPa）；

　　　a——正方形截面试件的边长（mm）；

　　　L——试件的长度（mm）；

　　　W——试件的重量（kg）；

　　　f——试件横向振动时的基振频率（Hz）。

混凝土动弹性模量以 3 个试件的平均值作为试验结果，计算精确到 100MPa。

4.4.4　抗水渗透试验（逐级加压法）

本方法适用于通过逐级施加水的压力来测定以抗渗等级来表示的混凝土的抗水渗透性能。

1. 仪器设备

（1）抗渗仪（图 4.12）应符合现行行业标准《混凝土抗渗仪》JG/T 249 的规定，并应能使水压按规定的制度稳定地作用在试件上。抗渗仪施加水压力范围应为 0.1～0.2MPa。

（2）试模（图 4.13）上口内部直径为 175mm，下口内部直径为 185mm，高度为 150mm 的圆台体。

图 4.12　混凝土抗渗仪

图 4.13　混凝土抗渗试模

（3）密封材料宜用石蜡加松香或水泥加黄油等材料，也可采用橡胶套等其他有效的密封材料。

（4）安装试件的加压设备可为螺旋加压或其他加压形式，其压力应能保证将试件压入试件套内。

2. 试验步骤

（1）每组试件为 6 个，采用人工插捣成型，分两层装入混凝土拌合物，每层插捣 25 次，试件成型后 24h 拆模，用钢丝刷除去两端面的水泥浆膜后送标养室养护，标养试件养护至检测前一天取出，将表面晾干后检测；同条件养护试件到龄期后即可检测。

（2）在试件侧面涂一层熔化的密封材料，随即在螺旋或其他加压装置上，将试件压入经烘箱预热过的试件套中，稍冷却后，即可解除压力，连同试件套装在抗渗仪上进行检测。

（3）检测水压从 0.1MPa 开始，以后每隔 8h 增加水压 0.1MPa，并且要随时注意观察试件端面的渗水情况（自动加水压的混凝土抗渗仪不必人工加压，只需设定压力）。

（4）当 6 个试件中有 3 个试件端面有渗水现象时，即可停止检测，记录当时的水压。

（5）在检测过程中，如发现水从试件周边渗出，则应停止检测，重新密封。

（6）水压一直加到样品抗渗等级规定的压力再加 0.1MPa，加压结束后，记录各个试件有无端面渗透情况。

（7）将试件用脱模装置（千斤顶）从试件套中脱出，并用破型装置（压力机）从中轴线劈开，记录每个试件的水的渗透高度。

3. 数据处理及结果判定

（1）混凝土抗渗等级以每组 6 个试件中 4 个试件未出现渗水时的最大压力计算，其计算式为：

$$P = 10H - 1 \tag{4-41}$$

式中　P——抗渗等级；

　　　H——6 个试件中 3 个渗水时的水压力（MPa）。

（2）如果 3 个及以上的试件在水压未达到设定压力就出现渗漏，则该组试件抗渗性能不合格。

4.4.5　抗氯离子渗透试验（电通量法）

本方法适用于以通过混凝土试件的电通量为指标来确定混凝土抗氯离子渗透性能。本方法不适用于掺有亚硝酸盐和钢纤维等良导电材料的混凝土抗氯离子渗透试验。

1. 试验装置、试剂和用具的要求

(1) 电通量试验装置应满足现行行业标准《混凝土氯离子电通量测定仪》JG/T 261 的规定。

(2) 仪器设备和化学试剂应符合下列要求：

① 直流稳压电源的电压范围应为 0～80V，电流范围应为 0～10A，并应能稳定输出 60V 直流电压，精度应为±0.1V。

② 标准电阻精度应为±0.1%；直流数字电流表量程应为 0～20A，精度应为±0.1%。

③ 阴极溶液应用化学纯试剂配制的质量浓度为 3.0% 的 NaCl 溶液。

④ 阳极溶液应用化学纯试剂配制的摩尔浓度为 0.3mol/L 的 NaOH 溶液。

⑤ 密封材料应采用硅胶或树脂等密封材料。

2. 试验步骤

(1) 电通量试验采用直径 100±1mm、高度 50±2mm 的圆柱体试件。试件的制作、养护应符合 GB/T 50082 规定。当试件表面涂有涂料等附加材料时，应预先去除，且试样内不得含有钢筋等良导电材料。在试件移送试验室前，应避免冻伤或其他物理伤害。

(2) 电通量试验宜在试件养护到 28d 龄期进行，对于掺有大量矿物掺合料的混凝土，可在 56d 龄期进行试验。先将养护到龄期的试件暴露于空气中至表面干燥，并以硅胶或树脂等密封材料涂刷试件圆柱侧面，还应填补涂层中的孔洞。

(3) 电通量试验前应先将试件进行真空饱水。将试件放入真空容器中，然后启动真空泵，并应在 5min 内将真空容器中的绝对压强减少至 1～5kPa，应保持该真空度 3h，然后在真空泵仍然运转的情况下，注入足够的蒸馏水或者去离子水，直至淹没试件，在试件浸没 1h 后恢复常压，并继续浸泡 18±2h。

(4) 在真空饱水结束后，从水中取出试件，并抹掉多余水分，且保持试件所处环境的相对湿度在 95% 以上。将试件安装于试验槽内，并采用螺杆将两试验槽和端面装有硫化橡胶垫的试件夹紧。试件安装好后，采用蒸馏水或者其他有效方式检查试件和试验槽之间的密封性能。

(5) 检查试件和试件槽之间的密封性能后，将质量浓度为 3.0%NaCl 溶液和摩尔浓度为 0.3mol/L 的 NaOH 溶液分别注入试件两侧的试验槽中，注入 NaCl 溶液的试验槽内的铜网应连接电源负极，注入 NaOH 溶液的试验槽中的铜网应连接电源正极。

(6) 正确连接电源线后，在保持试验槽中充满溶液的情况下接通电源，对上述两铜网施加 60±0.1V 直流恒电压，并记录电流初始读数，开始每 5min 记录一次电流值，当电流值变化不大时，可每隔 30min 记录一次电流值，直至通电 6h。

(7) 当采用自动采集数据的测试装置时，记录电流的时间间隔可设定为 5～10min。电流测量值应精确至±0.5mA。

(8) 试验结束后，及时排除试验溶液，并用凉开水和洗涤剂冲洗试验槽 60s 以上，然后用蒸馏水洗净并用电吹风冷风档吹干。

(9) 试验应在 20～50℃的室内进行。

3. 试验结果计算及处理

(1) 试验过程中或试验结束后，应绘制电流与时间的关系图。应通过将各点数据以光滑曲线连接起来，对曲线做面积积分，或按梯形法进行面积积分，得到试验 6h 通过的电通量（C）。

（2）每个试件的总电通量可采用下列简化公式计算：

$$Q = 900(I_0 + 2I_{30} + 2I_{60} + \cdots + 2I_t + \cdots + 2I_{300} + 2I_{330} + 2I_{360})\tag{4-42}$$

式中　　Q——通过试件的总电通量（C）；

　　　　I_0——初始电流（A），精确至 0.001A；

　　　　I_t——在时间 t（min）的电流（A），精确至 0.001A。

（3）计算得到的通过试件的总电通量应换算成直径 95mm 试件的电通量值，应通过将计算总电通量乘以一个直径为 95mm 的试件和实际试件横截面积的比值来换算，换算可按下式进行：

$$Q_s = Q_x(95/x)^2\tag{4-43}$$

式中　　Q_s——通过直径为 95mm 的试件的电通量（C）；

　　　　Q_x——通过直径为 $x$mm 的试件的电通量（C）；

　　　　x——试件的实际直径（mm）。

（4）每组应取 3 个试件电通量的算术平均值作为该试件的电通量测定值。当某一个电通量值与中值的差值超过中值的 15％时，应取其余两个试件的电通量的算术平均值作为该组试件的试验结果测定值。当有两个测值与中值的差值超过中值的 15％时，应取中值作为该组试件的电通量试验结果测定值。

4.4.6　收缩试验

4.4.6.1　非接触法

本方法主要适用于测定早龄期混凝土的自由收缩变形，也可用于无约束状态下的混凝土自收缩变形的测定。本方法应采用尺寸为 100mm×100mm×515mm 的棱柱体试件。每组应为 3 个试件。

1. 试验设备要求

（1）非接触法混凝土收缩变形测定仪应设计成整机一体化装置，并应具备自动采集和处理数据，能设定采样时间间隔等功能。整个测试装置应固定于具有避振功能的固定式试验台面上。

（2）应有可靠方式将反射靶固定于试模上，使反射靶在试件成型浇筑振动过程中不会移位偏斜，且在成型完成后应能保证反射靶与试模之间的摩擦力尽可能小。试模应采用具有足够刚度的钢模，且本身的收缩变形小。试模的长度应能保证混凝土试件的测量标距不小于 400mm。

（3）传感器的测试量程不应小于试件测量标距的 0.5％或量程不应小于 1mm，测试精度不应低于 0.002mm。且应采用可靠方式将传感器测头固定，并能使测头在测量整个过程中与试模相对位置保持固定不变。试验过程中应能保证反射靶能够随着混凝土收缩而同步移动。

2. 非接触法收缩试验步骤

（1）试验应在温度为 20±2℃、相对湿度为 60％±5％的恒温恒湿条件下进行。非接触法收缩试验应带模进行测试。

(2) 试模准备好后，在试模内涂刷润滑油，然后在试模内铺设两层塑料薄膜或者放置一片聚四氟乙烯片并在薄膜或聚四氟乙烯片与试模接触的面上均匀涂抹一层润滑油。将反射靶固定在试模两端。

(3) 将混凝土拌合物注入试模后，振动成型并抹平，然后立即带模移入恒温恒湿室。成型试件的同时，测定混凝土初凝时间。混凝土初凝试验和早龄期收缩试验的环境应相同。当混凝土初凝时，开始测读试件左右两侧的初始读数，此后至少每隔一小时或按设定时间的间隔测定试件两侧的变形读数。

(4) 在整个测试过程中，试件在变形测定仪上放置的位置，方向均应始终保持固定不变。

(5) 需要测定混凝土自收缩值的试件，应在浇筑振捣后立即采用塑料薄膜作密封处理。

3. 非接触法收缩试验结果的计算和处理

混凝土收缩应按下式计算：

$$\varepsilon_{st} = \frac{(L_{10} - L_{1t}) + (L_{20} - L_{2t})}{L_0} \tag{4-44}$$

式中　ε_{st}——测试期为 $t(h)$ 的混凝土收缩率，t 从初始读数时算起；

L_{10}——左侧非接触法位移传感器初始读数（mm）；

L_{1t}——左侧非接触法位移传感器测试期为 $t(h)$ 的读数（mm）；

L_{20}——右侧非接触法位移传感器初始读数（mm）；

L_{2t}——右侧非接触法位移传感器测试期为 $t(h)$ 的读数（mm）；

L_0——试件测量标距（mm），等于试件长度减去两个反射靶沿试件的长度方向埋入试件中的长度之和。

每组应取 3 个试件测试结果的算术平均值作为该组混凝土试件的早龄期收缩测定值，计算应精确至 1.0×10^{-6}。作为对比的混凝土早期收缩值应以 3d 龄期测试得到的混凝土收缩值为准。

4.4.6.2　接触法

本方法适用于测定无约束和规定的温度条件下硬化混凝土收缩试件的收缩变形性能。

1. 测试方法步骤

试件应在 3d 龄期（从搅拌混凝土加水时算起）从标准养护室取出立即移入恒温恒湿室（温度为 20 ± 2℃，相对湿度为 $60\% \pm 5\%$）测定其初始长度 L_0。

测量前对每一试件标明记号，保证试件每次在收缩仪上放置的位置、方向均保持一致。

测量时先用标准杆校正仪表的零点，并在半天的测定过程中至少再校核 1～2 次（其中一次在全部试件测量完后）。如校核时发现零点与原值的偏差超过 0.01mm，应调零后重新测定。

测量时应有两个检试员配合测定，其中一人拉百分表的顶端，避免试件接触百分表，影响结果。另一名检试员轻轻拿起试件放到收缩仪上，勿碰撞表架及表杆。如发生碰撞，应取下试件，重新以标准杆校核调零。每次重复测读 3 次。

测读完毕后将试件移至恒温恒湿室内放置的不吸水的搁架上，底面架空，其总支撑面积不应大于 100 乘以试件断面边长（mm），每个试件之间至少留有 30mm 的间隙。

然后按 1d、3d、7d、14d、28d、45d、60d、90d、120d、150d、180d（从移入恒温恒

湿室内算起），即混凝土龄期为 4d、6d、10d、17d、31d、48d、63d、93d、123d、153d、183d 时间间隔测量其变形读数 L_t。

测定混凝土自缩值的试件在 3d 龄期时从标准养护室取出后立即密封处理，密封处理可采用金属套或蜡封，采用金属套时试件装入后应盖严焊死，不得留有任何能使内外湿度交换的空隙，外露测头的周围应用石蜡反复封堵严实。采用蜡封时至少应涂蜡 3 次，每次涂前应用浸蜡的纱布或蜡纸包缠严实，蜡封后应套以塑料加以保护。自缩检测期间，试件应无重量变化，如在 180d 检测间隔期内重量变化超过 10g，该试件的检测结果无效。

2. 数据处理

混凝土收缩应按下式计算：

$$\varepsilon_t = \frac{L_0 - L_t}{L_b} \tag{4-45}$$

ε_t——试验期为 t 天的混凝土收缩值，t 从测定初始长度时算起；

L_b——试件测量标距，用混凝土收缩仪测定时等于两测头内侧的距离，即等于混凝土试件的长度（不计测头凸出部分）减去 2 倍测头埋入深度（mm）；

L_0——试件长度的初始读数（mm）；

L_t——试件在试验期为 t 时测得的长度（mm）。

取 3 个试件的算术平均值作为该混凝土的收缩值，计算精确到 10×10^{-6}。

4.4.7 早期抗裂试验

本方法适用于测试混凝土试件在约束条件下的早期抗裂性能。

1. 试验装置及试件尺寸要求

（1）本方法应采用尺寸为 800mm×600mm×100mm 的平面薄板型试件，每组应至少两个试件。混凝土骨料最大公称粒径不应超过 31.5mm。

（2）风扇的风速应可调节，并且应能保证试件表面中心处的风速不小于 5m/s。

（3）刻度放大镜的倍数不应小于 40 倍，分度值不应大于 0.01mm。

（4）钢直尺的最小刻度应为 1mm。

2. 试验步骤

（1）试验宜在温度为 20±2℃、相对湿度为 60%±5% 的恒温恒湿室中进行。

（2）将混凝土浇筑至模具内以后，立即将混凝土摊平，表面应比模具边框略高，控制好振捣时间，防止过振和欠振。

（3）在振捣后用抹子抹平，使骨料不外露，且使表面平实。

（4）在试件成型 30min 后，立即调节风扇位置和风速，使试件表面中心正上方 100mm 处风速为 5±0.5m/s，并使风向平行于试件表面和裂缝诱导器。

（5）试验试件从混凝土搅拌加水开始计算，在 24±0.5h 测读裂缝。裂缝长度用钢直尺测量，取裂缝两端直线距离为裂缝长度，当一个刀口上有两个裂缝时，可将两条裂缝的长度相加，折算成一条裂缝。

（6）裂缝宽度采用放大倍数至少 40 倍的读数显微镜进行测量，并测量每条裂缝的最大宽度。

（7）平均开裂面积、单位面积的裂缝数目和单位面积上的总开裂面积应根据混凝土浇筑 24h 测量得到的裂缝数据来计算。

3. 试验结果计算及确定

每条裂缝的平均开裂面积应按下式计算：

$$a = \frac{1}{2N} \sum_{i=1}^{N} (W_i \times L_i) \tag{4-46}$$

单位面积的裂缝数目应按下式计算：

$$b = \frac{N}{A} \tag{4-47}$$

单位面积上的总开裂面积应按下式计算：

$$c = a \times b \tag{4-48}$$

式中：W_i——第 i 条裂缝的最大宽度（mm），精确到 0.01mm；

L_i——第 i 条裂缝的长度（mm），精确到 1mm；

N——总裂缝数目（条）；

A——平板的面积（m²），精确到小数点后两位；

a——每条裂缝的平均开裂面积（mm²/条），精确到 1mm²/条；

b——单位面积的裂缝数目（条/m²），精确到 0.1 条/m²；

c——单位面积上的总开裂面积（mm²/m²），精确到 1mm²/m²。

每组应分别以 2 个或多个试件的平均开裂面积（单位面积上的裂缝数目或单位面积上的总开裂面积）的算术平均值作为该组试件平均开裂面积的测定值。

4.5 砂浆试验

1. 试验目的及依据

（1）试验目的：学习砂浆性质的检验方法，熟悉砂浆的主要技术性质，对其进行基本的性能参数试验。

（2）试验、评定依据：国家标准《建筑砂浆基本性能试验方法标准》JGJ/T 70—2009

2. 样品制备——取样与缩分

（1）取样

① 建筑砂浆试验用料应从同一盘砂浆或同一车砂浆中取样。取样量应不少于试验所需量的 4 倍。

② 施工中取样进行砂浆试验时，其取样方法和原则应按相应的施工验收规范执行。一般在使用地点的砂浆槽、砂浆运送车或搅拌机出料口，至少从三个不同部位取样。现场取来的试样，试验前应人工搅拌均匀。

③ 从取样完毕到开始进行各项性能试验不宜超过 15min。

（2）试样的制备

① 在试验室制备砂浆拌合物时，所用材料应提前 24h 运入室内。拌合时试验室的温度应保持在 20±5℃。

注：需要模拟施工条件下所用的砂浆时，所用原材料的温度宜与施工现场保持一致。

② 试验所用原材料应与现场使用材料一致。砂应通过公称粒径5mm筛。

③ 试验室拌制砂浆时，材料用量应以质量计。称量精度：水泥、外加剂、掺合料等为±0.5%；砂为±1%。

④ 在试验室搅拌砂浆时应采用机械搅拌，搅拌机应符合《试验用砂浆搅拌机》JG/T 3033的规定，搅拌的用量宜为搅拌机容量的30%～70%，搅拌时间不应少于120s。掺有掺合料和外加剂的砂浆，其搅拌时间不应少于180s。

4.5.1　砂浆稠度试验

1. 仪器设备

① 砂浆稠度仪：如图4.14所示，由试锥、容器和支座三部分组成。试锥由钢材或铜材制成，试锥高度为145mm，锥底直径为75mm，试锥连同滑杆的重量应为300±2g；盛载砂浆的容器由钢板制成，筒高为180mm，锥底内径为150mm；支座分底座、支架及刻度显示三个部分，由铸铁、钢及其他金属制成。

② 钢制捣棒：直径10mm、长350mm，端部磨圆。

③ 秒表等。

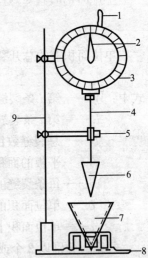

图4.14　砂浆稠度仪
1—齿条测杆；2—摆针；
3—刻度盘；4—滑杆；
5—制动螺丝；6—试锥；
7—盛装容器；8—底座；
9—支架

2. 试验步骤

① 用少量润滑油轻擦滑杆，再将滑杆上多余的油用吸油纸擦净，使滑杆能自由滑动；

② 用湿布擦净盛浆容器和试锥表面，将砂浆拌合物一次装入容器，使砂浆表面低于容器口约10mm左右。用捣棒自容器中心向边缘均匀地插捣25次，然后轻轻地将容器摇动或敲击5～6下，使砂浆表面平整，然后将容器置于稠度测定仪的底座上。

③ 拧松制动螺丝，向下移动滑杆，当试锥尖端与砂浆表面刚接触时，拧紧制动螺丝，使齿条侧杆下端刚接触滑杆上端，读出刻度盘上的读数（精确至1mm）。

④ 拧松制动螺丝，同时计时间，10s时立即拧紧螺丝，将齿条测杆下端接触滑杆上端，从刻度盘上读出下沉深度（精确至1mm），二次读数的差值即为砂浆的稠度值。

⑤ 盛装容器内的砂浆，只允许测定一次稠度，重复测定时，应重新取样测定。

3. 结果计算

① 取两次试验结果的算术平均值，精确至1mm。

② 如两次试验值之差大于10mm，应重新取样测定。

4.5.2　砂浆密度试验

1. 仪器设备

（1）容量筒：金属制成，内径108mm，净高109mm，筒壁厚2mm，容积为1L。

（2）天平：称量5kg，感量5g。

（3）钢制捣棒：直径 10mm，长 350mm，端部磨圆。

（4）砂浆密度测定仪（图 4.15）。

（5）振动台：振幅 0.5±0.05mm，频率 50±3Hz。

（6）秒表。

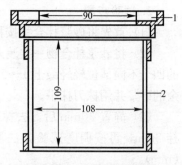

2. 试验步骤

（1）按规定测定砂浆拌合物的稠度。

（2）用湿布擦净容量筒的内表面，称量容量筒质量 m_1，精确至 5g。

图 4.15　砂浆密度测定仪
1—漏斗；2—容量筒

（3）捣实可采用手工或机械方法。当砂浆稠度大于 50mm 时，宜采用人工插捣法，当砂浆稠度不大于 50mm 时，宜采用机械振动法。

采用人工插捣时，将砂浆拌合物一次装满容量筒，使稍有富余，用捣棒由边缘向中心均匀地插捣 25 次，插捣过程中如砂浆沉落到低于筒口，则应随时添加砂浆，再用木锤沿容器外壁敲击 5～6 下。采用振动法时，将砂浆拌合物一次装满容量筒连同漏斗在振动台上振 10s，振动过程中如砂浆沉入到低于筒口，应随时添加砂浆。

（4）捣实或振动后将筒口多余的砂浆拌合物刮去，使砂浆表面平整，然后将容量筒外壁擦净，称出砂浆与容量筒总质量 m_2，精确至 5g。

3. 结果计算

$$\rho = (m_2 - m_1)/V \times 1000 \tag{4-49}$$

式中　ρ——砂浆拌合物的质量密度（kg/m^3）；

　　m_1——容量筒质量（kg）；

　　m_2——容量筒及试样质量（kg）；

　　V——容量筒容积（L）。

取两次试验结果的算术平均值，精确至 $10kg/m^3$。

注意：容量筒容积的校正，可采用一块能覆盖住容量筒顶面的玻璃板，先称出玻璃板和容量筒质量，然后向容量筒中灌入温度为 20±5℃ 的饮用水，灌到接近上口时，一边不断加水，一边把玻璃板沿筒口徐徐推入盖严。应注意使玻璃板下不带入任何气泡。然后擦净玻璃板面及筒壁外的水分，称量容量筒、水和玻璃板质量（精确至 5g）。后者与前者质量之差（以 kg 计）即为容量筒的容积（L）。

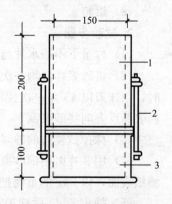

4.5.3　砂浆分层度试验

1. 仪器设备

（1）砂浆分层度筒：见图 4.16 内径为 150mm，上节高度为 200mm，下节带底净高为 100mm，用金属板制成，上、下层连接处需加宽到 3～5mm，并设有橡胶热圈。

（2）振动台：振幅 0.5±0.05mm，频率 50±3Hz。

（3）稠度仪、木锤等。

图 4.16　砂浆分层度筒
1—无底圆筒；2—连接螺栓；
3—有底圆筒

2. 试验步骤

（1）首先将砂浆拌合物按稠度试验方法测定稠度。

（2）将砂浆拌合物一次装入分层度筒内，待装满后，用木锤在容器周围距离大致相等的四个不同部位轻轻敲击 1～2 下，如砂浆沉落到低于筒口，则应随时添加，然后刮去多余的砂浆并用抹刀抹平。

（3）静置 30min 后，去掉上节 200mm 砂浆，剩余的 100mm 砂浆倒出放在拌合锅内拌 2min，再按稠度试验方法测其稠度。前后测得的稠度之差即为该砂浆的分层度值（mm）。

注：也可采用快速法测定分层度，其步骤是：（1）按稠度试验方法测定稠度；（2）将分层度筒预先固定在振动台上，砂浆一次装入分层度筒内，振动 20s；（3）然后去掉上节 200mm 砂浆，剩余 100mm 砂浆倒出放在拌合锅内拌 2min，再按稠度试验方法测其稠度，前后测得的稠度之差即为该砂浆的分层度值。但如有争议时，以标准法为准。

3. 结果计算

（1）取两次试验结果的算术平均值作为该砂浆的分层度值。

（2）两次分层度试验值之差如大于 10mm，应重新取样测定。

4.5.4 砂浆保水性试验

1. 仪器设备

（1）金属或硬塑料圆环试模：内径 100mm、内部高度 25mm。

（2）可密封的取样容器：应清洁、干燥。

（3）2kg 的重物。

（4）医用棉纱：尺寸为 110mm×110mm，宜选用纱线稀疏、厚度较薄的棉纱。

（5）超白滤纸：符合《化学分析滤纸》GB/T 1914 中速定性滤纸，直径 110mm，$200g/m^2$。

（6）2 片金属或玻璃的方形或圆形不透水片，边长或直径大于 110mm。

（7）天平：量程 200g，感量 0.1g；量程 2000g，感量 1g。

（8）烘箱。

2. 试验步骤

（1）称量下不透水片与干燥试模质量 m_1 和 8 片中速定性滤纸质量 m_2。

（2）将砂浆拌合物一次性填入试模，并用抹刀插捣数次，当填充砂浆略高于试模边缘时，用抹刀以 45°角一次性将试模表面多余的砂浆刮去，然后再用抹刀以较平的角度在试模表面反方向将砂浆刮平。

（3）抹掉试模边的砂浆，称量试模、下不透水片与砂浆总质量 m_3。

（4）用 2 片医用棉纱覆盖在砂浆表面，再在棉纱表面放上 8 片滤纸，用不透水片盖在滤纸表面，以 2kg 的重物把不透水片压住。

（5）静止 2min 后移走重物及不透水片，取出滤纸（不包括棉砂），迅速称量滤纸质量 m_4。

（6）用砂浆的配比及加水量计算砂浆的含水率，若无法计算，可按规定测定砂浆的含水率。

3. 结果计算

$$W = [1 - \alpha \times (m_3 - m_1)]/(m_4 - m_2) \times 100\% \qquad (4\text{-}50)$$

式中　W——保水性（％）；

　　　m_1——下不透水片与干燥试模质量（g）；

　　　m_2——8 片滤纸吸水前的质量（g）；

　　　m_3——试模、不透水片与砂浆总质量（g）；

　　　m_4——8 片滤纸吸水后的质量（g）；

　　　α——砂浆含水率（％）。

取两次试验结果的平均值作为试验结果，如两个测定值中有 1 个超出平均值的 5％，则此组试验结果无效。

4.5.5　砂浆立方体抗压强度试验

1. 仪器设备

（1）试模：尺寸为 70.7mm×70.7mm×70.7mm 的带底试模，材质应具有足够的刚度并拆装方便。试模的内表面应机械加工，其不平度应为每 100mm 不超过 0.05mm，组装后各相邻面的不垂直度不应超过±0.5°。

（2）钢制捣棒：直径为 10mm，长为 350mm，端部应磨圆。

（3）压力试验机：精度为 1％，试件破坏荷载应不小于压力机量程的 20％，且不大于全量程的 80％。

（4）垫板：试验机上、下压板及试件之间可垫钢垫板，垫板的尺寸应大于试件的承压面，其不平度应为每 100mm 不超过 0.02mm。

（5）振动台：空载中台面的垂直振幅应为 0.5±0.05mm，空载频率应为 50±3Hz，空载台面振幅均匀度不大于 10％，一次试验至少能固定（或用磁力吸盘）3 个试模。

2. 试件成型及养护

（1）采用立方体试件，每组试件 3 个。

（2）应用黄油等密封材料涂抹试模的外接缝，试模内涂刷薄层机油或脱模剂，将拌制好的砂浆一次性装满砂浆试模，成型方法根据稠度而定。当稠度≥50mm 时采用人工振捣成型，当稠度<50mm 时采用振动台振实成型。

① 人工振捣：用捣棒均匀地由边缘向中心按螺旋方式插捣 25 次，插捣过程中如砂浆沉落低于试模口，应随时添加砂浆，可用油灰刀插捣数次，并用手将试模一边抬高 5～10mm 各振动 5 次，使砂浆高出试模顶面 6～8mm。

② 机械振动：将砂浆一次装满试模，放置到振动台上，振动时试模不得跳动，振动5～10s 或持续到表面出浆为止，不得过振。

（3）待表面水分稍干后，将高出试模部分的砂浆沿试模顶面刮去并抹平。

（4）试件制作后应在室温为 20±5℃ 的环境下静置 24±2h，当气温较低时，可适当延长时间，但不应超过两昼夜，然后对试件进行编号、拆模。试件拆模后应立即放入温度为20±2℃、相对湿度为 90％ 以上的标准养护室中养护。养护期间，试件彼此间隔不小于10mm，混合砂浆试件上面应覆盖以防有水滴在试件上。

3. 砂浆立方体试件抗压强度试验步骤

（1）试件从养护地点取出后应及时进行试验。试验前将试件表面擦拭干净，测量尺寸，并检查其外观。并据此计算试件的承压面积，如实测尺寸与公称尺寸之差不超过1mm，可按公称尺寸进行计算。

（2）将试件安放在试验机的下压板（或下垫板）上，试件的承压面应与成型时的顶面垂直，试件中心应与试验机下压板（或下垫板）中心对准。开动试验机，当上压板与试件（或上垫板）接近时，调整球座，使接触面均衡受压。承压试验应连续而均匀地加荷，加荷速度应为每秒钟 0.25～1.5kN（砂浆强度不大于 5MPa 时，宜取下限，砂浆强度大于5MPa 时，宜取上限），当试件接近破坏而开始迅速变形时，停止调整试验机油门，直至试件破坏，然后记录破坏荷载。

4. 结果计算

$$f_{m,cu} = N_u/A \tag{4-51}$$

式中　$f_{m,cu}$——砂浆立方体试件抗压强度（MPa）；

　　　N_u——试件破坏荷载（N）；

　　　A——试件承压面积（mm^2）。

砂浆立方体试件抗压强度应精确至 0.1MPa。

以 3 个试件测值的算术平均值的 1.3 倍（f_2）作为该组试件的砂浆立方体试件抗压强度平均值（精确至 0.1MPa）。当 3 个测值的最大值或最小值中如有一个与中间值的差值超过中间值的 15％时，则把最大值及最小值一并舍除，取中间值作为该组试件的抗压强度值；如有两个测值与中间值的差值均超过中间值的 15％时，则该组试件的试验结果无效。

4.5.6　砂浆收缩性试验

1. 仪器设备

（1）立式砂浆收缩仪：标准杆长度为 176±1mm，测量精度为 0.01mm（图 4.17）。

（2）收缩头：黄铜或不锈钢加工而成。

（3）试模：尺寸为 40mm×40mm×160mm 的棱柱体，且在试模的两个端面中心，各开一个 ϕ6.5mm 的孔洞。

2. 试验步骤

（1）将收缩头固定在试模两端面的孔洞中，使收缩头露出试件端面 8±1mm。

（2）将拌合好的砂浆装入试模中，振动密实，置于

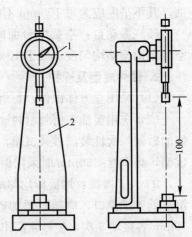

图 4.17　收缩仪（mm）
1—千分表；2—支架

20±5℃的预养室中，4h 之后将砂浆表面抹平，砂浆带模在标准养护条件（温度为 20±2℃，相对湿度为 90％以上）下养护，7d 后拆模，编号，标明测试方向。

（3）将试件移入温度 20±2℃、相对湿度 60％±5％的测试室中预置 4h，测定试件的初始长度，测定前，用标准杆调整收缩仪的百分表的原点，然后按标明的测试方向立即测定试件的初始长度。

（4）测定砂浆试件初始长度后，置于温度 $20\pm2℃$、相对湿度为 $60\%\pm5\%$ 的室内，到第 7d、14d、21d、28d、56d、90d 分别测定试件的长度，即为自然干燥后长度。

3. 结果计算

$$\varepsilon_{at} = (L_0 - L_t)/(L - L_d) \tag{4-52}$$

式中　ε_{at}——相应为 t 天（7d、14d、21d、28d、56d、90d）时的自然干燥收缩值；

　　　L_0——试件成型后 7d 的长度即初始长度（mm）；

　　　L——试件的长度 160mm；

　　　L_d——两个收缩头埋入砂浆中长度之和，即 $20\pm2mm$；

　　　L_t——相应为 t 天（7d、14d、21d、28d、56d、90d）时试件的实测长度（mm）。

4. 试验结果评定

（1）干燥收缩值取 3 个试件测值的算术平均值，如一个值与平均值偏差大于 20%，应剔除，若有两个值超过 20%，则该组试件无效。

（2）每块试件的干燥收缩值取两位有效数字，精确至 10×10^{-6}。

4.6　回弹法推定结构混凝土强度

1. 试验目的

（1）通过测定混凝土构件的表面硬度，根据混凝土强度和硬度之间的相关关系来推定结构混凝土的强度。

（2）掌握通过测定混凝土的碳化来修正混凝土表面硬度参数方法。

（3）掌握混凝土结构质量检测中回弹法来间接推定混凝土强度的思想方法和过程。

2. 试验依据

《回弹法检测混凝土抗压强度技术规程》（JGJ/T 23—2011）

3. 混凝土回弹检测施工准备

（1）技术准备

1）资料准备：

① 工程名称、设计单位、施工单位；

② 构件名称、数量及混凝土类型、强度等级；

③ 水泥安定性，外加剂、掺合料品种，混凝土配合比等；

④ 施工模板，混凝土浇筑、养护情况及浇筑日期等；

⑤ 必要的设计图纸和施工记录；

⑥ 检测原因。

2）回弹仪在检测前后，均应在钢砧上做率定试验，并应符合下列要求：

① 水平弹击时，在弹击锤脱钩瞬间，回弹仪的标称能量应为 2.207J；

② 弹击锤与弹击杆碰撞的瞬间，弹击拉簧应处于自由状态，且弹击锤起跳点应位于指针指示刻度尺上"0"处；

③ 在洛氏硬度 HRC 为 60 ± 2 的钢砧上,回弹仪的率定值应为 80 ± 2;

④ 数字式回弹仪应带有指针直读示值系统;数字显示的回弹值与指针直读示值相差不应超过 1。

3)检测方法:

现场混凝土抗压强度回弹检测按批量进行检测,对于存在质量疑义的构件进行单个构件检测。

① 批量检测:

对于混凝土生产工艺、强度等级相同,原材料、配合比、养护条件基本一致且龄期相近的一批同类构件的检测应采用批量检测。按批量进行检测时,应随机抽取构件,抽检数量不宜少于同批构件总数的 30% 且不宜少于 10 件。当检验批构件数量大于 30 个时,抽样构件数量可适当调整,并不得少于国家现行有关标准规定的最少抽样数量。

② 对质量存在疑义的混凝土构件应进行单个构件检测,具体要求如下:

a)对于一般构件,测区数不宜少于 10 个。当受检构件数量大于 30 个且不需提供单个构件推定强度或受检构件某一方向尺寸不大于 4.5m 且另一方向尺寸不大于 0.3m 时,每个构件的测区数量可适当减少,但不应少于 5 个。

b)相邻两测区的间距不应大于 2m,测区离构件端部或施工缝边缘的距离不宜大于 0.5m,且不宜小于 0.2m。

c)测区宜选在能使回弹仪处于水平方向的混凝土浇筑侧面。当不能满足这一要求时,也可以选在使回弹仪处于非水平方向的混凝土浇筑表面或地面。

d)测区宜布置在构件的两个对称的可测面上,当不能布置在对称的可测面上时,也可布置在同一可测面上,且应均匀分布。在构件的重要部位及薄弱部位应布置测区,并应避开预埋件。

e)测区的面积不宜大于 $0.04m^2$。

f)测区表面应为混凝土原浆面,并应清洁、平整,不应有疏松层、浮浆、油垢、涂层以及蜂窝、麻面。

g)对于弹击时产生颤动的薄壁、小型构件,应进行固定。

4)测区应标有清晰的编号,并宜在记录纸上绘制测区布置示意图和描述外观质量情况。

(2)现场准备

为了保证回弹检测的数值准确、稳定、可靠,应确保受检构件处于一个良好且稳定的环境中,有便捷的安全通道,构件周围无障碍物,温度应为 $-4\sim40℃$ 范围内,避开潮湿天气进行检测。

为了保证回弹检测的真实性,现场回弹检测应在监理人员见证下进行。

(3)劳动力配置计划

① 检测情况可根据需要设置若干个回弹检测小组,每个小组分别配置测试、记录及计算人员各一人。

② 为了统一现场使用回弹仪检测普通混凝土抗压强度的方法,保证检测的准确性和可靠性,所有小组人员应进行统一培训,回弹操作人员应持有资格证书。

（4）主要器具和材料配置

回弹检测过程中使用的器具和检测材料的性能直接影响回弹检测数值的准确性及可靠性。现场主要器具及材料配置包括并不限于：

回弹仪、钢砧、HT-225B 型回弹仪、碳化深度尺、砂轮、毛刷、锤子、钢锥、注射器（10mL）、浓度 1%～2% 的酚酞酒精溶液。为了回弹梁的强度，还需要配置扶梯等。安全防护用品还要包括安全帽、手套等劳保用品。

4. 试验步骤

（1）回弹值测量

① 每次进行回弹检测前和检测结束时，回弹仪均应在钢砧上进行率定，确保回弹检测数值的准确性及可靠性。

② 测量回弹值前，应用砂石将构件待测面表面的浮浆抹掉，并用毛刷清扫干净。

③ 测量回弹值时，回弹仪的轴线应始终垂直于混凝土检测面，并应缓慢施压、准确读数、快速复位。

④ 每一测区应读取 16 个回弹值，每一测点的回弹值读数应精确至 1。测点宜在测区范围内均匀分布，相邻两测点的净距离不宜小于 20mm；测点距外露钢筋、预埋件的距离不宜小于 30mm；测点不应在气孔或外露石子上，同一测点应只弹击一次。

⑤ 检测泵送混凝土强度时，测区应选在混凝土浇筑侧面。

（2）碳化深度值测量

1）回弹值测量完毕后，应在有代表性的测区上测量碳化深度值，测点数不应少于构件测区数的 30%，应取其平均值作为该构件每个测区的碳化深度值。当碳化深度值极差大于 2.0mm 时，应在每一测区分别测量碳化深度值。

2）碳化深度值的测量应符合下列规定：

① 可采用工具在测区表面形成直径约 15mm 的孔洞，其深度应大于混凝土的碳化深度；

② 应清除孔洞中的粉末和碎屑，且不得用水擦洗；

③ 应采用浓度为 1%～2% 的酚酞酒精溶液滴在孔洞内壁的边缘处，当已碳化与未碳化界线清晰时，应采用碳化深度测量仪测量已碳化与未碳化混凝土交界面到混凝土表面的垂直距离，并应测量 3 次，每次读数应精确至 0.25mm；

④ 应取 3 次测量的平均值作为检测结果，并应精确至 0.5mm。

（3）混凝土回弹值的计算

① 计算测区平均回弹值时，应从该测区的 16 个回弹值中剔除 3 个最大值和 3 个最小值，其余的 10 个回弹值按下式计算：

$$R_m = \frac{\sum_{i=1}^{n} R_i}{n} \tag{4-53}$$

式中　R_m——测区平均回弹值，精确至 0.1；

　　　R_i——第 i 个测点的回弹值。

② 非水平方向检测混凝土浇筑侧面时，测区的平均回弹值应按下式修正：

$$R_m = R_{mc} + R_{ac} \tag{4-54}$$

式中 R_{mc}——非水平方向检测时测区的平均回弹值，精确至 0.1；

R_{ac}——非水平方向检测时回弹值修正值，应按附录 C 取值。

③ 水平方向检测混凝土浇筑表面或浇筑底面时，测区的平均回弹值应按下列公式修正：

$$R_m = R_m^t + R_a^t \tag{4-55}$$
$$R_m = R_m^b + R_a^b \tag{4-56}$$

式中 R_m^t、R_m^b——水平方向检测混凝土浇筑表面、底面时，测区的平均回弹值，精确至 0.1；

R_a^t、R_a^b——混凝土浇筑表面、底面回弹值的修正值，应按附录 D 取值。

④ 当回弹仪为非水平方向且测试面为混凝土的非浇筑侧面时，应先对回弹值进行角度修正，并应对修正后的回弹值进行浇筑面修正。

（4）混凝土抗压强度推定值的计算

1）构件第 i 个测区混凝土强度换算值（$f_{cu,i}^c$），可按本节试验步骤（3）所求得的平均回弹值（R_m）及本节试验步骤（2）所求得的平均碳化深度值（d_m）由附录 A、附录 B 查表或计算得出。

2）构件的测区混凝土强度平均值应根据各测区的混凝土强度换算值计算。当测区数为 10 个及以上时，还应计算强度标准差。平均值及标准差应按下列公式计算：

$$m_{f_{cu}^c} = \frac{\sum_{i=1}^{n} f_{cu,i}^c}{n} \tag{4-57}$$

$$S_{f_{cu}^c} = \sqrt{\frac{\sum_{i=1}^{n} (f_{cu,i}^c)^2 - n(m_{f_{cu}^c})^2}{n-1}} \tag{4-58}$$

式中 $m_{f_{cu}^c}$——构件测区混凝土强度换算值的平均值（MPa），精确至 0.1MPa。

n——对于单个检测的构件，取该构件的测区数；对批量检测的构件，取所有被抽检构件测区数之和；

$S_{f_{cu}^c}$——结构或构件测区混凝土强度换算值的标准差（MPa），精确至 0.01MPa。

3）构件的现龄期混凝土强度推定值（$f_{cu,e}$）应符合下列规定：

① 当构件测区数少于 10 个时，应按下式计算：

$$f_{cu,e} = f_{cu,min}^c \tag{4-59}$$

式中 $f_{cu,min}^c$——构件中最小的测区混凝土强度换算值。

② 当构件的测区强度值中出现小于 10.0MPa 时，应按下式确定：

$$f_{cu,e} < 10.0MPa \tag{4-60}$$

③ 当构件测区数不少于 10 个时，应按下式计算：

$$f_{cu,e} = m_{f_{cu}^c} - 1.645 S_{f_{cu}^c} \tag{4-61}$$

④ 当批量检测时，应按下式计算：

$$f_{cu,e} = m_{f_{cu}^c} - kS_{f_{cu}^c} \qquad (4\text{-}62)$$

式中　k——推定系数，宜取 1.645。当需要进行推定强度区间时，可按国家现行有关标准的规定取值。

4）对按批量检测的构件，当该批构件混凝土强度标准差出现下列情况之一时，该批构件应全部按单个构件检测：

① 当该批构件混凝土强度平均值小于 25MPa、$S_{f_{cu}^c}$ 大于 4.5MPa 时；

② 当该批构件混凝土强度平均值不小于 25MPa 且不大于 60MPa、$S_{f_{cu}^c}$ 大于 5.5MPa 时。

5）回弹法检测混凝土抗压强度原始记录见表 4.20，报告可按表 4.21 示例编写。

回弹法检测混凝土抗压强度检验原始记录　　　　　表 4.20

委托编号：　　　　　　　检验编号：　　　　　　　　　　　　质监站编制

委托单位								检验类别									委托日期		年　月　日
工程名称								回弹仪型号及自编号									检验日期		年　月　日
施工单位								检验依据									施工日期		年　月　日
建设单位								设计强度等级									龄期（d）		
项目 编号		回弹值 R															角度修正后 R_m	浇筑面修正后 R_m	碳化深度 L（mm）	测区混凝土强度换算值 F（MPa）
构件	测区	1	2	3	4	5	6	7	8	9	10	11	12	13	14	15	16	R_m			
	1																				
	2																				
	3																				
	4																				
	5																				
	6																				
	7																				
	8																				
	9																				
	10																				
测试面状态		侧面、底面、表面、 风干、潮湿、光洁、粗糙							构件测区混凝土强度换算值的平均值 M											MPa
测试角度	水平	向上				向下				构件测区混凝土强度换算值的标准差 S										MPa
	0°	90°	60°	45°	30°	−30°	−45°	−60°	−90°	构件混凝土强度推定值 F										MPa
备注																				

审核：　　　　　　　　　　　　　　　检验：

回弹法测混凝土抗压强度报告 表 4.21

编号（ ）第 号＿＿＿   第 页共 页＿＿＿ ＿＿＿

委 托 单 位   施工单位：

工程名称：   混凝土类型：

强度等级：   浇筑日期：

检测原因：   检测依据：

环境温度：   检测日期：

回弹仪型号：   回弹仪校定证书：

检 测 结 果

构件		测区混凝土抗区压强度换算值（MPa）			构件现龄期混凝土强度推定值（MPa）	备注
名称	编号	平均值	标准差	最小值		
（有需要说明的问题或表格不够请续页）						
批准： 审核： 主检 上岗证书号 主检 上岗证书号 报告日期 年 月 日						

第 5 章　沥青混合料试验与检测

作为高等级道路路面的主要结构形式之一，沥青路面以其表面平整、坚实、无接缝、行车平稳、舒适、噪声小等优点，在国内外得到广泛的应用。为了保证高等级公路在高速、安全、经济和舒适四个方面的功能要求，沥青混合料除了要具备一定的力学强度，还要具备高温稳定性、低温抗裂性、耐久性、抗滑性等各项技术要求。因此在设计和施工过程中，应对沥青结合料和沥青混合料的各项性能进行准确的检验，以确保沥青路面的工程质量。本章简略介绍沥青混合料的组成结构和技术性能，重点介绍热拌沥青混合料及SMA 混合料技术性能指标的试验检测技术。

5.1　沥青混合料的分类及其性能

沥青混合料是由适当比例的粗集料、细集料及填料组成的矿质混合料与粘结材料沥青经拌合而成的混合材料。一般我们将沥青混凝土（简称 AC）和沥青碎石（简称 AM）通称为沥青混合料，只是沥青混凝土所含的粗集料较少，细集料和填料较多，沥青用量较大。

5.1.1　沥青混合料的分类

1. 定义

沥青混合料是沥青混凝土混合料和沥青碎石混合料的总称。

（1）沥青混凝土混合料（简称 AC）：由适当比例的粗集料、细集料及填料与沥青在严格控制条件下拌合的沥青混合料。

（2）沥青碎石混合料（简称 AM）：由适当比例的粗集料、细集料及填料（或不加填料）与沥青拌合的沥青混合料。

2. 沥青混合料的分类

（1）按结合料分类

① 石油沥青混合料：以石油沥青为结合料的沥青混合料。

② 煤沥青混合料：以煤沥青为结合料的沥青混合料。

（2）按施工温度分类

按沥青混合料拌制和摊铺温度分为：

① 热拌热铺沥青混合料：简称热拌沥青混合料。沥青与矿料在热态拌合、热态铺筑的混合料。

② 常温沥青混合料：以乳化沥青或稀释沥青与矿料在常温状态下拌制、铺筑的混合料。

（3）按矿质混合料级配类型分类

① 连续级配沥青混合料：沥青混合料中的矿料是按级配原则，从大到小各级粒径都有，按比例相互搭配组成的混合料，称为连续级配沥青混合料。

② 间断级配沥青混合料：连续级配沥青混合料矿料中缺少一个或两个档次粒径的沥青混合料称为间断级配沥青混合料。

（4）按混合料密实度分类

① 密级配沥青混凝土混合料：按密实级配原则设计的连续型密级配沥青混合料，但其粒径递减系数较小，剩余空隙率小于10%。密级配沥青混凝土混合料按其剩余空隙率又可分为：

Ⅰ型沥青混凝土混合料：剩余空隙率3%~6%；

Ⅱ型沥青混凝土混合料：剩余空隙率4%~10%。

② 开级配沥青混凝土混合料：按级配原则设计的连续型级配混合料，但其粒径递减系数较大，剩余空隙率大于15%。

（5）按最大粒径分类

沥青混凝土混合料的集料最大粒径可分为下列四类：

① 粗粒式沥青混合料：集料最大粒径等于或大于26.5mm的沥青混合料。

② 中粒式沥青混合料：集料最大粒径为16mm或19mm的沥青混合料。

③ 细粒式沥青混合料：集料最大粒径9.5mm或13.2mm的沥青混合料。

④ 砂粒式沥青混合料：集料最大粒径等于或小于4.75mm的沥青混合料，也称为沥青石屑或沥青砂。

5.1.2 沥青混合料的结构类型

沥青混合料是一种复合材料，主要由粗集料、细集料、矿粉和沥青组成。由于研究混合料结构组成的理论不同，所用材料组成的比例也不同，由此可形成不同的组成结构，从而表现为不同的力学性质。目前主要有两种相互独立的组成结构理论，一是传统的表面理论，另一种是近代的胶浆理论。

表面理论：

胶浆理论：

沥青混合料的组成结构类型可分为以下三种，由于它们的结构常数不同，其稳定性也有明显的差异：

（1）悬浮—密实结构

当采用连续密级配沥青混合料时，虽然可获得很大的密实度，但由于各级集料均为次级集料所隔开，不能直接接触形成骨架，而悬浮于次级集料和沥青胶浆之间。这种结构的沥青混合料具有较高的黏聚力，较低的内摩擦角，因此高温稳定性较差。

（2）骨架—空隙结构

当采用连续开级配沥青混合料时，矿质混合料粒径递减系数较大，粗集料较多，细集料过少，因此形成骨架—空隙结构。这种结构的沥青混合料具有较高的内摩擦角，较低的黏聚力。

（3）密实—骨架结构

当采用间断密级配沥青混合料时，由于有较多数量的粗集料可形成空间骨架，同时又有相当数量的细集料可填密骨架空隙，因此形成密实—骨架结构。这种结构的沥青混合料具有较高的黏聚力和较高的内摩擦角。

5.1.3　沥青混合料的强度参数

沥青混合料是由起骨架作用的粒料和起粘结作用的沥青所组成，根据其结构特点，可以认为沥青混合料的抗剪强度是由两个方面所构成，用下式表示：

$$\tau = c + \sigma\tan\varphi \tag{5-1}$$

式中　τ——沥青混合料抗剪强度（MPa）；

　　　σ——正应力（MPa）；

　　　c——沥青混合料的黏聚力（MPa）；

　　　φ——沥青混合料的内摩擦角（°）。

沥青混合料的抗剪强度主要取决于黏聚力 c 和内摩擦角 φ 两个参数，其值一般可通过三轴试验直接获得，亦可通过测定无侧限抗压强度和抗拉强度进行换算。也可以直接利用摩尔圆求得。

5.1.4　沥青混合料的技术性质及技术标准

在荷载与自然因素的长期作用下，路面结构的使用性能在不断变化，为了保证公路，尤其是高等级公路在高速、安全、经济和舒适四个方面的功能要求，沥青混合料应满足高温稳定性、低温抗裂性、抗疲劳性能、水稳性、耐久性、抗滑性、抗老化性等方面的技术要求。反映沥青混合料技术性质的主要检测指标见表5.1。主要依据《公路沥青路面施工技术规范》JTG F40—2004。

沥青混合料技术性质主要检测指标　　　　　　表 5.1

技术性质	检测指标	技术性质	检测指标
高温温度性	马歇尔稳定度、流值、动稳定度	耐久性	饱和度、沥青用量
低温抗裂性	低温破坏应变	抗滑性	集料的磨光值、沥青用量
水稳定性	沥青与集料的粘附性质、残留稳定度、冻融劈裂强度比		

我国的现行标准《公路沥青路面施工技术规范》JTG F40—2004对密级配沥青混合料马歇尔试验技术标准的规定见表5.2。对不同等级道路的马歇尔试验指标（包括稳定度、

流值、空隙率、沥青饱和度和残留稳定度等）提出了不同要求，对不同组成结构的混合料，按类别也分别提出了不同的要求。见表5.3和表5.4。

密级配沥青混合料马歇尔试验技术指标　　　　表 5.2

试验指标		单位	高速公路				其他等级公路	行人道路
			夏炎热区 (1-1、1-2、1-3、1-4 区)		夏炎热区及夏凉区 (2-1、2-2、2-3、2-4 区)			
			中轻交通	重载交通	中轻交通	重载交通		
击实次数（双面）		次	75				50	50
试件尺寸		mm	$\phi101.6mm \times 63.5mm$					
空隙率 VV	深约 90mm 以内	%	3～5	4～6	2～4	3～5	3～6	2～4
	深约 90mm 以下	%	3～6		2～4	3～5	3～6	—
稳定度 MS 不小于		kN	8				5	3
流值 FL		mm	2～4	1.5～4	2～4.5	2～4	2～4.5	2～5
矿料间隙 MVA， 不小于	设计空隙率（%）	相应于一下公称最大粒径（mm）的最小 VMA 及 VFA 的技术要求（%）						
		26.5	19	16	13.2	9.5	4.75
	2	10	11	11.5	12	13	15
	3	11	12	12.5	13	14	16
	4	12	13	13.5	14	15	17
	5	13	14	14.5	15	16	18
	6	14	15	15.5	16	17	19
沥青饱和度 VFA（%）			55～70		65～75		70～85	

注：1. 对空隙率大于 5% 的夏炎热区重载交通路段，施工时应至少提高压实度一个百分点；
　　2. 当设计的空隙率不是整数时，由内插确定要求的 VMA 最小值；
　　3. 对改性沥青混合料，马歇尔试验的流值可适当放宽。

沥青稳定碎石混合料马歇尔试验配合比设计技术标准　　　　表 5.3

试验指标	单位	密级配级层 （ATB）	半开级配面层 （AM）	排水式开级 配磨耗层（OGFC）	排水式开级配基层 （ATPB）
公称最大粒径	mm	26.5mm	等于或大于 32.5mm	等于或小于 26.5mm	所有尺寸
马歇尔 试件尺寸	mm	$\phi101.6mm \times$ 63.5mm	$\phi152.4mm \times$ 95.3mm	$\phi101.6mm \times$ 63.5mm	$\phi101.6mm \times$ 63.5mm	$\phi152.4mm \times$ 95.3mm
击实次数（双面）	次	75	112	50	50	75
空隙率 VV	%	3～6		6～10	不小于 18	不小于 18
稳定度 不小于	kN	7.5	15	15	3.5	—
流值	mm	1.5-4	实测	—	—	—
沥青饱和度 VFA	%	55～70		40～70	—	—

试验指标	单位	密级配级层 （ATB）	半开级配面层 （AM）	排水式开级 配磨耗层（OGFC）	排水式开级配基层 （ATPB）
密级配级层 ATB 的矿料间隙率 VMA（%），不小于		设计空隙率（%）	ATB-40	ATB-30	ATB-25
		4	11	11.5	12
		5	12	12.5	13
		6	13	13.5	14

注：在干旱地区，可将密级配沥青稳定碎石基层的孔隙率适当放宽到 8%。

沥青混合料车辙试验动稳定度技术要求　　　　表 5.4

气候条件与技术指标		相应于下列气候分区所要求的动稳定度（次/mm）										试验方法
七月平均最高气温（℃） 试验方法及气候分区		>30				20~30				<20		
		1. 夏炎热区				2. 夏热区				3. 夏凉区		
		1-1	1-2	1-3	1-4	2-1	2-2	2-3	2-4	3-2		
普通沥青混合料，不小于		800		1000		600		800		600		T 0719
改性沥青混合料，不小于		2400		2800		2000		2400		1800		
SMA 混合料	非改性， 不小于	1500										
	改性，不小于	3000										
OGFC 混合料		1500 一般交通路段、3000 重交通量路段										

5.2　沥青混合料组成材料的技术性质

　　沥青混合料主要是由沥青、粗集料、细集料和填料所组成，因此混合料的技术性质取决于组成材料的性质、配合比例和混合料的制备工艺等因素。为保证沥青混合料的技术性质，首先应正确选择符合质量要求的组成材料。

5.2.1　道路石油沥青

　　道路石油沥青的质量应符合表 5.5 规定的技术要求。各个沥青等级的适用范围应符合表 5.6 的规定。经建设单位同意，沥青的 PI 值、60℃动力黏度、10℃延度可作为选择性指标。

　　沥青路面采用的沥青标号，宜按照公路等级、气候条件、交通条件、路面类型及在结构层中的层位及受力特点、施工方法等，结合当地的使用经验，经技术论证后确定。对高速公路、一级公路，夏季温度高、高温持续时间长、重载交通、山区及丘陵区上坡路段、服务区、停车场等行车速度慢的路段，尤其是汽车荷载剪应力大的层次，宜采用稠度大、60℃黏度大的沥青，也可提高高温气候分区的温度水平选用沥青等级；对冬季寒冷的地区或交通量小的公路、旅游公路宜选用稠度小、低温延度大的沥青；对温度日温差、年温差大的地区宜注意选用针入度指数大的沥青。当高温要求与低温要求发生矛盾时应优先考虑满足高温性能的要求。当缺乏所需标号的沥青时，可采用不同标号掺配的调和沥青，其掺配比例由试验决定。

表 5.5

道路石油沥青技术要求

指标	单位	等级	160号④	130号④	110号	90号	70号⑦	50号	30号④	试验方法①
针入度(25℃, 5s, 100g)	mm		140~200	120~140	100~120	80~100	60~80	40~60	20~40	T 0604
适用的气候分区⑥			注④	注④	2-1 2-2 3-2	1-1 1-2 1-3 2-2 2-3	1-3 1-4 2-2 2-3 2-4	1-4	注④	
针入度指数PI②		A	注⑥	注⑥	-1.5~+1.0	-1.5~+1.0	-1.5~+1.0	-1.5~+1.0	-1.5~+1.0	T 0604
		B	注⑥	注⑥	-1.8~+1.0	-1.8~+1.0	-1.8~+1.0	-1.8~+1.0	-1.8~+1.0	
软化点(R&B), 不小于	℃	A	38	40	43	45	46	49	55	T 0606
		B	36	39	42	43	44	46	53	
		C	35	37	41	42	43	45	50	
60℃动力黏度②, 不小于	Pa·s	A	—	60	120	160	180	200	260	T 0620
10℃延度②, 不小于	cm	A	50	50	40	45 30 20 30 20	20 15 25 20 15	15	10	T 0605
		B	30	30	30	30 20 15 20 15	15 10 20 15 10	10	8	
15℃延度, 不小于	cm	A、B	80	80	60	100	40	80	50	
		C				50		30	20	
蜡含量(蒸馏法), 不大于	%	A	2.2	2.2	2.2	2.2	2.2	2.2	2.2	T 0615
		B	3.0	3.0	3.0	3.0	3.0	3.0	3.0	
		C	4.5	4.5	4.5	4.5	4.5	4.5	4.5	
闪点, 不小于	℃		230	230	230	245	260	260	260	T 0611
溶解度, 不小于	%		99.5	99.5	99.5	99.5	99.5	99.5	99.5	T 0607
密度(15℃)	g/cm³		实测记录	实测记录	实测记录	实测记录	实测记录	实测记录	实测记录	T 0603
TFOT (或 RTFOT) 后⑤										
质量变化, 不大于	%		±0.8	±0.8	±0.8	±0.8	±0.8	±0.8	±0.8	T 0610 或 T 0609

指标	单位	等级	沥青标号							试验方法①
			160号④	130号④	110号	90号	70号④	50号	30号④	
残留针入度比，不小于	%	A	48	54	55	57	61	63	65	T 0604
		B	45	50	52	54	58	60	62	
		C	40	45	48	50	54	58	60	
残留延度（10℃），不小于	cm	A	12	12	10	8	6	4	—	T 0605
		B	10	10	8	6	4	2	—	
残留延度（15℃），不小于	cm	C	40	35	30	20	15	10	—	T 0605

① 试验方法按照现行《公路工程沥青及沥青混合料试验规程》JTG E20—2011规定的方法执行。用于仲裁试验求取 PI 时的 5 个温度的针入度关系数不得小于 0.997。

② 经建设单位同意，表中 PI 值、60℃动力黏度、10℃延度可作为选择性指标，也可不作为施工质量检验指标。

③ 70 号沥青可根据需要要求提供针入度范围为 60~70 或 70~80 的沥青，50 号沥青可根据需要要求提供针入度范围为 40~50 或 50~60 的沥青。

④ 30 号沥青仅适用于沥青稳定基层。130 号和 160 号沥青除寒冷地区可直接在中低级公路上直接应用外，通常用作乳化沥青、稀释沥青、改性沥青的基质沥青。

⑤ 老化试验以 TFOT 为准，也可以 RTFOT 代替。

⑥ 气候分区见有关规定。

沥青等级	适用范围
A 级沥青	各个等级的公路，适用于任何场合和层次
B 级沥青	①高速公路、一级公路沥青下面层及以下的层次，二级及二级以下公路的各个层次； ②用作改性沥青、乳化沥青、改性乳化沥青、稀释沥青的基质沥青
C 级沥青	三级及三级以下公路的各个层次

沥青必须按品种、标号分开存放。除长期不使用的沥青可在自然温度下存储外，沥青在储罐中的贮存温度不宜低于 130℃，并不得高于 170℃。桶装沥青应直立堆放，加盖苫布。道路石油沥青在贮运、使用及存放过程中应有良好的防水措施，避免雨水或加热管道蒸汽进入沥青中。

5.2.2 粗集料

沥青层用粗集料包括碎石、破碎砾石、筛选砾石、钢渣、矿渣等，但高速公路和一级公路不得使用筛选砾石和矿渣。粗集料必须由具有生产许可证的采石场生产或施工单位自行加工。

粗集料应该洁净、干燥、表面粗糙，质量应符合表 5.7 的规定。当单一规格集料的质量指标达不到表中要求，而按照集料配比计算的质量指标符合要求时，工程上允许使用。对受热易变质的集料，宜采用经拌合机烘干后的集料进行检验。

沥青混合料用粗集料质量技术要求 表5.7

指 标	单位	高速公路及一级公路		其他等级公路	试验方法
		表面层	其他层次		
石料压碎值，不大于	%	26	28	30	T 0316
洛杉矶磨耗损失，不大于	%	28	30	35	T 0317
视密度，不小于	t/m³	2.60	2.50	2.45	T 0304
吸水率，不大于	%	2.0	3.0	3.0	T 0304
坚固性，不大于	%	12	12	—	T 0314
针片状颗粒含量（混合料），不大于	%	15	18	20	T 0312
其中粒径大于 9.5mm，不大于	%	12	15	—	
其中粒径小于 9.5mm，不大于	%	18	20	—	
水洗法 <0.075mm 颗粒含量，不大于	%	1	1	1	T 0310
软石含量，不大于	%	3	5	5	T 0320

注：1. 坚固性试验可根据需要进行；
　　2. 用于高速公路、一级公路时，多孔玄武岩的视密度可放宽至 2.45t/m³，吸水率可放宽至 3%，但必须得到建设单位的批准，且不得用于 SMA 路面；
　　3. 对 S14 即 3~5 规格的粗集料，针片状颗粒含量可不予要求，<0.075mm 含量可放宽到 3%。

粗集料的粒径规格应按表 5.8 的规定生产和使用。

沥青混合料用粗集料规格 表5.8

规格名称	公称粒径（mm）	通过下列筛孔（mm）的质量百分率（%）												
		106	75	63	53	37.5	31.5	26.5	19.0	13.2	9.5	4.75	2.36	0.6
S1	40~75	100	90~100	—	—	0~15	—	0~5						
S2	40~60		100	90~100	—	0~15	—	0~5						

规格名称	公称粒径（mm）	通过下列筛孔（mm）的质量百分率（%）												
		106	75	63	53	37.5	31.5	26.5	19.0	13.2	9.5	4.75	2.36	0.6
S3	30~60		100	90~100	—	—	0~15	—	0~5					
S4	25~50			100	90~100	—	—	0~15	—	0~5				
S5	20~40				100	90~100	—	—	0~15	—	0~5			
S6	15~30					100	90~100	—	—	0~15	—	0~5		
S7	10~30					100	90~100	—	—		0~15	0~5		
S8	10~25						100	90~100	0~15		0~5			
S9	10~20							100	90~100		0~15	0~5		
S10	10~15								100	90~100	0~15	0~5		
S11	5~15								100	90~100	40~70	0~15	0~5	
S12	5~10									100	90~100	0~15	0~5	
S13	3~10									100	90~100	40~70	0~20	0~5
S14	3~5										100	90~100	0~15	0~3

　　采石场在生产过程中必须彻底清除覆盖层及泥土夹层。生产碎石用的原石不得含有土块、杂物，集料成品不得堆放在泥土地上。

　　高速公路、一级公路沥青路面的表面层（或磨耗层）的粗集料的磨光值应符合表 5.9 的要求。除 SMA、OGFC 路面外，允许在硬质粗集料中掺加部分较小粒径的磨光值达不到要求的粗集料，其最大掺加比例由磨光值试验确定。

粗集料与沥青的粘附性、磨光值的技术要求 表 5.9

雨量气候区	1（潮湿区）	2（湿润区）	3（半干区）	4（干旱区）	试验方法
年降雨量（mm）	＞1000	1000~500	500~250	＜250	参见规范
粗集料的磨光值 PSV，不小于 高速公路、一级公路表面层	42	40	38	36	T 0321
粗集料与沥青的粘附性，不小于 高速公路、一级公路表面层	5	4	4	3	T 0616
高速公路、一级公路的其他层次及其他等级公路的各个层次	4	4	3	3	T 0663

　　粗集料与沥青的粘附性要求，当使用不符合要求的粗集料时，宜掺加消石灰、水泥或用饱和石灰水处理后使用，必要时可同时在沥青中掺加耐热、耐水、长期性能好的抗剥落剂，也可采用改性沥青的措施，使沥青混合料的水稳定性检验达到要求。掺加外加剂的剂量由沥青混合料的水稳定性检验确定。

破碎砾石应采用粒径大于 50mm、含泥量不大于 1% 的砾石轧制，破碎砾石的破碎面应符合表 5.10 的要求。

<table>
<tr><td colspan="4" style="text-align:right">粗集料对破碎面的要求　　　　　　　　　　　表 5.10</td></tr>
<tr><td rowspan="2">路面部位或混合料类型</td><td colspan="2">具有一定数量破碎面颗粒的含量（%）</td><td rowspan="2">试验方法</td></tr>
<tr><td>1 个破碎面</td><td>2 个或 2 个以上破碎面</td></tr>
<tr><td>沥青路面表面层
高速公路、一级公路
其他等级公路</td><td>100
80</td><td>90
60</td><td rowspan="4">T 0346</td></tr>
<tr><td>沥青路面中下面层、基层
高速公路、一级公路
其他等级公路</td><td>90
70</td><td>80
50</td></tr>
<tr><td>SMA 混合料</td><td>100</td><td>90</td></tr>
<tr><td>贯入式路面</td><td>80</td><td>60</td></tr>
</table>

筛选砾石仅适用于三级及三级以下公路的沥青表面处治路面。经过破碎且存放期超过 6 个月以上的钢渣可作为粗集料使用。除吸水率允许适当放宽外，各项质量指标应符合有关规定的要求。钢渣在使用前应进行活性检验，要求钢渣中的游离氧化钙含量不大于 3%，浸水膨胀率不大于 2%。

5.2.3　细集料

沥青路面的细集料包括天然砂、机制砂、石屑。细集料必须由具有生产许可证的采石场、采砂场生产。细集料应洁净、干燥、无风化、无杂质，并有适当的颗粒级配，其质量应符合表 5.11 的规定。细集料的洁净程度，天然砂以小于 0.075mm 含量的百分数表示，石屑和机制砂以砂当量（适用于 0~4.75mm）或亚甲蓝值（适用于 0~2.36mm 或 0~0.15mm）表示。

<table>
<tr><td colspan="5" style="text-align:right">沥青混合料用细集料质量要求　　　　　　　　表 5.11</td></tr>
<tr><td>项　　目</td><td>单位</td><td>高速公路、一级公路</td><td>其他等级公路</td><td>试验方法</td></tr>
<tr><td>视密度，不小于</td><td>t/m³</td><td>2.50</td><td>2.45</td><td>T 0328</td></tr>
<tr><td>坚固性（>0.3mm 部分），不小于</td><td>%</td><td>12</td><td>—</td><td>T 0340</td></tr>
<tr><td>含泥量，（小于 0.075mm 的含量）不大于</td><td>%</td><td>3</td><td>5</td><td>T 0333</td></tr>
<tr><td>砂当量，不小于</td><td>%</td><td>60</td><td>50</td><td>T 0334</td></tr>
<tr><td>亚甲蓝值，不大于</td><td>g/kg</td><td>25</td><td>—</td><td>T 0349</td></tr>
<tr><td>棱角性（流动时间），不小于</td><td>s</td><td>30</td><td>—</td><td>T 0345</td></tr>
</table>

注：坚固性试验可根据需要进行。

天然砂可采用河砂或海砂，通常宜采用粗、中砂，其规格应符合表 5.12 的规定，砂的含泥量超过规定时应水洗后使用，海砂中的贝壳类材料必须筛除。开采天然砂必须取得当地政府主管部门的许可，并符合水利及环境保护的要求。热拌密级配沥青混合料中天然砂的用量通常不宜超过集料总量的 20%，SMA 和 OGFC 混合料不宜使用天然砂。

沥青混合料用天然砂规格 表 5.12

筛孔尺寸（mm）	通过各孔筛的质量百分率（%）		
	粗砂	中砂	细砂
9.5	100	100	100
4.75	90～100	90～100	90～100
2.36	65～95	75～90	85～100
1.18	35～65	50～90	75～100
0.6	15～30	30～60	60～84
0.3	5～20	8～30	15～45
0.15	0～10	0～10	0～10
0.075	0～5	0～5	0～5

石屑是采石场破碎石料时通过 4.75mm 或 2.36mm 的筛下部分，其规格应符合表 5.13 的要求。采石场在生产石屑的过程中应具备抽吸设备，高速公路和一级公路的沥青混合料，宜将 S14 与 S16 组合使用，S15 可在沥青稳定碎石基层或其他等级公路中使用。

沥青混合料用机制砂或石屑规格 表 5.13

规格	公称粒径（mm）	水洗法通过各筛孔的质量百分率（%）							
		9.5	4.75	2.36	1.18	0.6	0.3	0.15	0.075
S15	0～5	100	90～100	60～90	40～75	20～55	7～40	2～20	0～10
S16	0～3		100	80～100	50～80	25～60	8～45	0～25	0～15

注：当生产石屑采用喷水抑制扬尘工艺时，应特别注意含水量不得超过表中要求。

机制砂宜采用专用的制砂机制造，并选用优质石料生产，其级配应符合 S16 的要求。

5.2.4 填料

沥青混合料的矿粉必须采用石灰岩或岩浆岩中的强基性岩石等憎水性石料经磨细得到的矿粉，原石料中的泥土杂质应除净。矿粉应干燥、洁净，能自由地从矿粉仓流出，其质量应符合表 5.14 的技术要求。

拌合机的粉尘可作为矿粉的一部分回收使用。但每盘用量不得超过填料总量的 25%，掺有粉尘填料的塑性指数不得大于 4%。

粉煤灰作为填料使用时，用量不得超过填料总量的 50%，粉煤灰的烧失量应小于 12%，与矿粉混合后的塑性指数应小于 4%，其余质量要求与矿粉相同。高速公路、一级公路的沥青面层不宜采用粉煤灰作填料。

沥青混合料用矿粉质量要求 表 5.14

项 目	单 位	高速公路、一级公路	其他等级公路	试验方法
视密度，不小于	t/m³	2.50	2.45	T 0352
含水量，不大于	%	1	1	T 0103 烘干法
粒度范围 ＜0.6mm	%	100	100	
＜0.15mm	%	90～100	90～100	T 0351
＜0.075mm	%	75～100	70～100	
外观		无团粒结块		
亲水系数		＜1		T 0353
塑性指数		＜4		T 0354
加热安定性		实测记录		T 0355

207

5.2.5 纤维稳定剂

在沥青混合料中掺加的纤维稳定剂宜选用木质素纤维、矿物纤维等，木质素纤维的质量应符合表5.15的技术要求。

木质素纤维质量技术要求 表 5.15

项 目	单位	指 标	试验方法
纤维长度，不大于	mm	6	水溶液用显微镜观测
灰分含量	%	18±5	高温 590～600℃燃烧后测定残留物
pH值		7.5±1.0	水溶液用 pH 试纸或 pH 计测定
吸油率，不小于		纤维质量的 5 倍	用煤油浸泡后放在筛上经振敲后称量
含水率（以质量计），不大于	%	5	105℃烘箱烘 2h 后冷却称量

纤维应在250℃的干拌温度不变质、不发脆，使用纤维必须符合环保要求，不危害身体健康。纤维必须在混合料拌合过程中能充分分散均匀。

矿物纤维宜采用玄武岩等矿石制造，易影响环境及造成人体伤害的石棉纤维不宜直接使用。

纤维应存放在室内或有棚盖的地方，松散纤维在运输及使用过程中应避免受潮，不结团。

纤维稳定剂的掺加比例以沥青混合料总量的质量百分率计算，通常情况下用于 SMA 路面的木质素纤维不宜低于 0.3%，矿物纤维不宜低于 0.4%，必要时可适当增加纤维用量。纤维掺加量的允许误差宜不超过±5%。

5.3 沥青混合料配合比设计及相关试验方法

5.3.1 沥青混合料配合比设计方法

1. 热斑沥青混合料配合比设计方法

我国现行《公路沥青路面施工技术规范》JTG F40—2004 规定，热拌密级配沥青混凝土及沥青碎石混合料的配合比应通过目标配合比设计、生产配合比设计和生产配合比验证三个阶段，以确定沥青混合料的材料品种、规格、生产厂家及配合比、矿料级配组成及最佳沥青用量。采用马歇尔试验配合比设计方法。

2. 材料选择与准备

配合比设计的各种矿料必须按《公路工程集料试验规程》规定的方法，从工程实际使用的材料中选取代表性样品。进行生产配合比设计时，取样至少应在干拌 5 次以后进行。配合比设计所用的各种材料必须符合气候和交通条件的需要。其质量应符合《公路沥青路面施工技术规范》JTG F40—2004 规定的技术要求。当单一规格的集料某项指标不合格。但不同粒径规格的材料按级配组成的集料混合料指标能符合规范要求时，允许使用。

3. 矿料配合比设计

沥青混合料必须在对同类公路配合比设计和使用情况调查研究的基础上，充分借鉴成功的经验，选用符合要求的材料，进行配合比设计。

沥青混合料的矿料级配应符合工程规定的设计级配范围。密级配沥青混合料宜根据公路等级、气候及交通条件按表5.16选择采用粗型（C型）或细型（F型）混合料，并在表5.17范围内确定工程设计级配范围，通常情况下工程设计级配范围不宜超出表5.17的要求。其他类型的混合料宜直接以表5.18～表5.22作为工程设计级配范围。

粗型和细型密级配沥青混凝土的关键性筛孔通过率　　　　表 5.16

混合料类型	公称最大粒径（mm）	用以分类的关键性筛孔（mm）	粗型密级配		细型密级配	
			名称	关键性筛孔通过率（%）	名称	关键性筛孔通过率（%）
AC-25	26.5	4.75	AC-25C	<40	AC-25F	>40
AC-20	19	4.75	AC-20C	<45	AC-20F	>45
AC-16	16	2.36	AC-16C	<38	AC-16F	>38
AC-13	13.2	2.36	AC-13C	<40	AC-13F	>40
AC-10	9.5	2.36	AC-10C	<45	AC-10F	>45

密级配沥青混凝土混合料矿料级配范围　　　　表 5.17

级配类型		通过下列筛孔（mm）的质量百分率（%）												
		31.5	26.5	19	16	13.2	9.5	4.75	2.36	1.18	0.6	0.3	0.15	0.075
粗粒式	AC-25	100	90～100	75～90	65～83	57～76	45～65	24～52	16～42	12～33	8～24	5～17	4～13	3～7
中粒式	AC-20		100	90～100	78～92	62～80	50～72	26～56	16～44	12～33	8～24	5～17	4～13	3～7
	AC-16			100	90～100	76～92	60～80	34～62	20～48	13～36	9～26	7～18	5～14	4～8
细粒式	AC-13				100	90～100	68～85	38～68	24～50	15～38	10～28	7～20	5～15	4～8
	AC-10					100	90～100	45～75	30～58	20～44	13～32	9～23	6～16	4～8
砂粒式	AC-5						100	90～100	55～75	35～55	20～40	12～28	7～18	5～10

沥青玛蹄脂碎石混合料矿料级配范围　　　　表 5.18

级配类型		通过下列筛孔（mm）的质量百分率（%）											
		26.5	19	16	13.2	9.5	4.75	2.36	1.18	0.6	0.3	0.15	0.075
中粒式	SMA-20	100	90～100	72～92	62～82	40～55	18～30	13～22	12～20	10～16	9～14	8～13	8～12
	SMA-16		100	90～100	65～85	45～65	20～32	15～24	14～22	12～18	10～15	9～14	8～12
细粒式	SMA-13			100	90～100	50～75	20～34	15～26	14～24	12～20	10～16	9～14	8～12
	SMA-10				100	90～100	28～60	20～32	14～26	12～22	10～18	9～16	8～13

开级配排水式磨耗层混合料矿料级配范围　　　　表 5.19

级配类型		通过下列筛孔（mm）的质量百分率（%）										
		19	16	13.2	9.5	4.75	2.36	1.18	0.6	0.3	0.15	0.075
中粒式	OGFC-16	100	90～100	70～90	45～70	12～30	10～22	6～18	4～15	3～12	3～8	2～6
	OGFC-13		100	90～100	60～80	12～30	10～22	6～18	4～15	3～12	3～8	2～6
细粒式	OGFC-10			100	90～100	50～70	10～22	6～18	4～15	3～12	3～8	2～6

密级配沥青碎石混合料矿料级配范围

表 5.20

级配类型		通过下列筛孔（mm）的质量百分率（%）													
		53	37.5	31.5	26.5	19	16	13.2	9.5	4.75	2.36	1.18	0.6	0.3	0.15	0.075
特粗式	ATB-40	100	90~100	75~92	65~85	49~71	43~63	37~57	30~50	20~40	15~32	10~25	8~18	5~14	3~10	2~6
	ATB-30		100	90~100	70~90	53~72	44~66	39~60	31~51	20~40	15~32	10~25	8~18	5~14	3~10	2~6
粗粒式	ATB-25			100	90~100	60~80	48~68	42~62	32~52	20~40	15~32	10~25	8~18	5~14	3~10	2~6

半开级配沥青碎石混合料矿料级配范围

表 5.21

级配类型		通过下列筛孔（mm）的质量百分率（%）											
		26.5	19	16	13.2	9.5	4.75	2.36	1.18	0.6	0.3	0.15	0.075
中粒式	AM-20	100	90~100	60~85	50~75	40~65	15~40	5~22	2~16	1~12	0~10	0~8	0~5
	AM-16		100	90~100	60~85	45~68	18~40	6~25	3~18	1~14	0~10	0~8	0~5
细粒式	AM-13			100	90~100	50~80	20~45	8~28	4~20	2~16	0~10	0~8	0~6
	AM-10				100	90~100	35~65	10~35	5~22	2~16	0~12	0~9	0~6

开级配沥青碎石混合料矿料级配范围

表 5.22

级配类型		通过下列筛孔（mm）的质量百分率（%）													
		53	37.5	31.5	26.5	19	16	13.2	9.5	4.75	2.36	1.18	0.6	0.3	0.15	0.075
特粗式	ATPB-40	100	70~100	65~90	55~85	43~75	32~70	20~65	12~50	0~3	0~3	0~3	0~3	0~3	0~3	0~3
	ATPB-30		100	80~100	70~95	53~85	36~80	26~75	14~60	0~3	0~3	0~3	0~3	0~3	0~3	0~3
粗粒式	ATPB-25			100	80~100	60~100	45~90	30~82	16~70	0~3	0~3	0~3	0~3	0~3	0~3	0~3

采用马歇尔试验配合比设计方法，沥青混合料技术要求应符合表 5.23～表 5.26 的规定，并有良好的施工性能。当采用其他方法设计沥青混合料时，应按 JTG F40—2004 规定进行马歇尔试验及各项配合比设计检验，并报告不同设计方法各自的试验结果。二级公路宜参照一级公路的技术标准执行。表中气候分区按有关规定执行。长大坡度的路段按重载交通路段考虑。

密级配沥青混凝土混合料马歇尔试验技术标准
（本表适用于公称最大粒径≤26.5mm 的密级配沥青混凝土混合料）

表 5.23

试验指标		单位	高速公路、一级公路				其他等级公路	行人道路
			夏炎热区（1-1、1-2、1-3、1-4 区）		夏热区及夏凉区（2-1、2-2、2-3、2-4、3-2 区）			
			中轻交通	重载交通	中轻交通	重载交通		
击实次数（双面）		次	75				50	50
试件尺寸		mm	$\phi101.6mm×63.5mm$					
空隙率 VV	深约 90mm 以内	%	3~5	4~6[②]	2~4	3~5	3~6	2~4
	深约 90mm 以下	%	3~6		2~4	3~5	3~6	—
稳定度 MS 不小于		kN	8				5	3
流值 FL		mm	2~4	1.5~4	2~4.5	2~4	2~4.5	2~5

设计空隙率（%）	相应于以下公称最大粒径（mm）的最小 VMA 及 VFA 技术要求（%）					
	26.5	19	16	13.2	9.5	4.75
矿料间隙率 VMA（%）不小于	2	10	11	11.5	12	13	15
	3	11	12	12.5	13	14	16
	4	12	13	13.5	14	15	17
	5	13	14	14.5	15	16	18
	6	14	15	15.5	16	17	19
沥青饱和度 VFA（%）	55～70		65～75		70～85	

注：1. 对空隙率大于5%的夏炎热区重载交通路段，施工时应至少提高压实度1%；
2. 当设计的空隙率不是整数时，由内插确定要求的 VMA 最小值；
3. 对改性沥青混合料，马歇尔试验的流值可适当放宽。

沥青稳定碎石混合料马歇尔试验配合比设计技术标准　　表 5.24

试 验 指 标	单位	密级配基层（ATB）		半开级配面层（AM）	排水式开级配磨耗层（OGFC）	排水式开级配基层（ATPB）
公称最大粒径	mm	26.5mm	等于或大于31.5mm	等于或小于26.5mm	等于或小于26.5mm	所有尺寸
马歇尔试件尺寸	mm	$\phi101.6mm\times63.5mm$	$\phi152.4mm\times95.3mm$	$\phi101.6mm\times63.5mm$	$\phi101.6mm\times63.5mm$	$\phi152.4mm\times95.3mm$
击实次数（双面）	次	75	112	50	50	75
空隙率 VV①	%	3～6		6～10	不小于18	不小于18
稳定度，不小于	kN	7.5	15	3.5	3.5	—
流值	mm	1.5～4	实测	—	—	—
沥青饱和度 VFA	%	55～70		40～70	—	—
密级配基层 ATB 的矿料间隙率 VMA 不小于（%）		设计空隙率（%）	ATB-40	ATB-30	ATB-25	
		4	11	11.5	12	
		5	12	12.5	13	
		6	13	13.5	14	

① 在干旱地区，可将密级配沥青稳定碎石基层的空隙率适当放宽到8%。

SMA 混合料马歇尔试验配合比设计技术要求　　表 5.25

试验项目	单位	技术要求		试验方法
		不使用改性沥青	使用改性沥青	
马歇尔试件尺寸	mm	$\phi101.6mm\times63.5mm$		T 0702
马歇尔试件击实次数①		两面击实 50 次		T 0702
空隙率 VV②	%	3～4		T 0705
矿料间隙率 VMA②，不小于	%	17.0		T 0705
粗集料骨架间隙率 VCA_{mix}③，不大于		VCA_{DRC}		T 0705
沥青饱和度 VFA	%	75～85		T 0705
稳定度④，不小于	kN	5.5	6.0	T 0709
流值	mm	2～5	—	T 0709

试验项目	单位	技术要求		试验方法
		不使用改性沥青	使用改性沥青	
谢伦堡沥青析漏试验的结合料损失	%	不大于 0.2	不大于 0.1	T 0732
肯塔堡飞散试验的混合料损失 或浸水飞散试验	%	不大于 20	不大于 15	T 0733

① 对集料坚硬不易击碎，通行重载交通的路段，也可将击实次数增加为双面 75 次；

② 对高温稳定性要求较高的重交通路段或炎热地区，设计空隙率允许放宽到 4.5%，VMA 允许放宽到 16.5%（SMA-16）或 16%（SMA-19），VFA 允许放宽到 70%；

③ 试验粗集料骨架间隙率 VCA 的关键性筛孔，对 SMA-19、SMA-16 是指 4.75mm，对 SMA-13、SMA-10 是指 2.36mm；

④ 稳定度难以达到要求时，容许放宽到 5.0kN（非改性）或 5.5kN（改性），但动稳定度检验必须合格。

OGFC 混合料技术要求   表 5.26

试验项目	单位	技术要求	试验方法
马歇尔试件尺寸	mm	$\phi101.6mm \times 63.5mm$	T 0702
马歇尔试件击实次数		两面击实 50 次	T 0702
空隙率	%	18～25	T 0708
马歇尔稳定度，不小于	kN	3.5	T 0709
析漏损失	%	<0.3	T 0732
肯特堡飞散损失	%	<20	T 0733

对用于高速公路和一级公路的公称最大粒径等于或小于 19mm 的密级配沥青混合料（AC）及 SMA、OGFC 混合料需在配合比设计的基础上按下列步骤进行各种使用性能检验，不符合要求的沥青混合料，必须更换材料或重新进行配合比设计。二级公路参照此要求执行。

（1）必须在规定的试验条件下进行车辙试验，并符合表 5.27 的要求。

沥青混合料车辙试验动稳定度技术要求   表 5.27

气候条件与技术指标		相应于下列气候分区所要求的动稳定度（次/mm）								试验方法
七月平均最高气温（℃）及气候分区		>30				20～30			<20	
		1. 夏炎热区				2. 夏热区			3. 夏凉区	
		1-1	1-2	1-3	1-4	2-1	2-2	2-3	2-4	3-2	
普通沥青混合料，不小于		800		1000		600		800		600	
改性沥青混合料，不小于		2400		2800		2000		2400		1800	
SMA 混合料	非改性，不小于	1500									T 0719
	改性，不小于	3000									
OGFC 混合料		1500（一般交通路段）、3000（重交通量路段）									

注：1. 如果其他月份的平均最高气温高于七月时，可使用该月平均最高气温；

2. 在特殊情况下，如钢桥面铺装、重载车特别多或纵坡较大的长距离上坡路段、厂矿专用道路，可酌情提高动稳定度的要求；

3. 对因气候寒冷确需使用针入度很大的沥青（如大于 100），动稳定度难以达到要求，或因采用石灰岩等不很坚硬的石料，改性沥青混合料的动稳定度难以达到要求等特殊情况，可酌情降低要求；

4. 为满足炎热地区及重载车要求，在配合比设计时采取减少最佳沥青用量的技术措施时，可适当提高试验温度或增加试验荷载进行试验，同时增加试件的碾压成型密度和施工压实度要求；

5. 车辙试验不得采用二次加热的混合料，试验必须检验其密度是否符合试验规程的要求；

6. 如需要对公称最大粒径等于和大于 26.5mm 的混合料进行车辙试验，可适当增加试件的厚度，但不宜作为评定合格与否的依据。

(2) 必须在规定的试验条件下进行浸水马歇尔试验和冻融劈裂试验检验沥青混合料的水稳定性，并同时符合表 5.28 中的两个要求。达不到要求时必须按粗集料第 6 条的要求采取抗剥落措施，调整最佳沥青用量后再次试验。

沥青混合料水稳定性检验技术要求　　　表 5.28

气候条件与技术指标	相应于下列气候分区的技术要求（%）				试验方法
年降雨量（mm）及气候分区	>1000	500～1000	250～500	<250	
	1. 潮湿区	2. 湿润区	3. 半干区	4. 干旱区	
浸水马歇尔试验残留稳定度（%），不小于					
普通沥青混合料	80		75		
改性沥青混合料	85		80		T 0709
SMA 混合料　普通沥青	75				
SMA 混合料　改性沥青	80				
冻融劈裂试验的残留强度比（%），不小于					
普通沥青混合料	75		70		
改性沥青混合料	80		75		T 0729
SMA 混合料　普通沥青	75				
SMA 混合料　改性沥青	80				

(3) 宜对密级配沥青混合料在温度 $-10℃$、加载速率 $50mm/min$ 的条件下进行弯曲试验，测定破坏强度、破坏应变、破坏劲度模量，并根据应力应变曲线的形状，综合评价沥青混合料的低温抗裂性能。其中沥青混合料的破坏应变宜不小于表 5.29 的要求。

沥青混合料低温弯曲试验破坏应变（με）技术要求　　　表 5.29

气候条件与技术指标	相应于下列气候分区所要求的破坏应变（με）								试验方法
年极端最低气温（℃）及气候分区	<-37.0		-21.5～-37.0			-9.0～-21.5		>-9.0	
	1. 冬严寒区		2. 冬寒区			3. 冬冷区		4. 冬温区	
	1-1	2-1	1-2	2-2	3-2	1-3	2-3	1-4　2-4	
普通沥青混合料，不小于	2600		2300			2000			T 0715
改性沥青混合料，不小于	3000		2800			2500			

(4) 宜利用轮碾机成型的车辙试验试件，脱模架起进行渗水试验，并符合表 5.30 的要求。

沥青混合料试件渗水系数（mL/min）技术要求　　　表 5.30

级配类型	渗水系数要求（mL/min）	试验方法
密级配沥青混凝土，不大于	120	
SMA 混合料，不大于	80	T 0730
OGFC 混合料，不小于	实测	

(5) 对使用钢渣作为集料的沥青混合料，应按现行试验规程（T 0363）进行活性和膨胀性试验，钢渣沥青混凝土的膨胀量不得超过 1.5%。

(6) 对改性沥青混合料的性能检验，应针对改性目的进行。以提高高温抗车辙性能为主要目的时，低温性能可按普通沥青混合料的要求执行；以提高低温抗裂性能为主要目的时，高温稳定性可按普通沥青混合料的要求执行。

高速公路、一级公路沥青混合料的配合比设计应在调查以往类同材料的配合比设计经验和使用效果的基础上，按以下步骤进行：

(1) 目标配合比设计阶段。用工程实际使用的材料按有关标准规定的方法，优选矿料级配、确定最佳沥青用量，符合配合比设计技术标准和配合比设计检验要求，以此作为目标配合比，供拌合机确定各冷料仓的供料比例、进料速度及试拌使用。

(2) 生产配合比设计阶段。对间歇式拌合机，应按规定方法取样测试各热料仓的材料级配，确定各热料仓的配合比，供拌合机控制室使用。同时选择适宜的筛孔尺寸和安装角度，尽量使各热料仓的供料大体平衡。并取目标配合比设计的最佳沥青用量 OAC、OAC±0.3%三个沥青用量进行马歇尔试验和试拌，通过室内试验及从拌合机取样试验综合确定生产配合比的最佳沥青用量，由此确定的最佳沥青用量与目标配合比设计的结果的差值不宜大于±0.2%。对连续式拌合机可省略生产配合比设计步骤。

(3) 生产配合比验证阶段。拌合机按生产配合比结果进行试拌、铺筑试验段，并取样进行马歇尔试验，同时从路上钻取芯样观察空隙率的大小，由此确定生产用的标准配合比。标准配合比的矿料合成级配中，至少应包括 0.075mm、2.36mm、4.75mm 及公称最大粒径筛孔的通过率接近优选的工程设计级配范围的中值，并避免在 0.3~0.6mm 处出现"驼峰"。对确定的标准配合比，宜再次进行车辙试验和水稳定性检验。

(4) 确定施工级配允许波动范围。根据标准配合比中各筛孔的允许波动范围，制定施工用的级配控制范围，用以检查沥青混合料的生产质量。

经设计确定的标准配合比在施工过程中不得随意变更。但生产过程中应加强跟踪检测，严格控制进场材料的质量，如遇材料发生变化并经检测沥青混合料的矿料级配、马歇尔技术指标不符合要求时，应及时调整配合比，使沥青混合料的质量符合要求并保持相对稳定，必要时重新进行配合比设计。

二级及二级以下其他等级公路热拌沥青混合料的配合比设计可按上述步骤进行。当材料与同类道路完全相同时，也可直接引用成功的经验。

5.3.2 沥青混合料的制备和试件成型

1. 试验目的

本方法规定了用标准击实法或大型击实法制作沥青混合料试样的方法，以供试验室进行沥青混合料物理力学性质试验使用。根据沥青混合料的力学指标（稳定度和流值）以及物理指标和饱和度，可以确定沥青混合料的配合组成（即沥青最佳用量）。

2. 试验仪具

(1) 击实仪：由击实锤、ϕ98.5mm 平圆形压实头及带手柄的导向棒组成。用人工或机械将压实锤举起从 453.2±1.5mm 高度沿导向棒自由落下击实，标准击实锤重量 4536±9g。

(2) 标准击实台：用以固定试模，在 200mm×200mm×457mm 的硬木墩上面有一块 305mm×305mm×25mm 的钢板，木墩用 4 根型钢固定在下面的水泥混凝土板上。木墩采用青冈杆、松或其他干密度为 0.67~0.77g/cm³ 的硬木制成。人工击实或机械击实必须有此标准击实台。

(3) 试验室用沥青混合料拌合机：能保证拌合温度并充分拌合均匀，可控制拌合时间，容量不少于 10L，搅拌叶自转速度 70~80r/min，公转速度 40~50r/min。

（4）脱模器：电动或手动，可无破损地推出圆柱体试件，备有标准圆柱体试件及大型圆柱体试件尺寸的推出环。

（5）试模：由高碳钢或工具钢制成，每组包括内径 101.6±0.2mm、高约 87mm 的圆柱形金属筒，底座（直径约 120.6mm）和套筒（内径 101.6mm，高约 70mm）各 1 个。

大型圆柱体试件的试模与套筒。套筒外径 165.1mm，内径 155.6mm±0.3mm，总高 83mm。试模内径 152.4mm±0.2mm，总高 115mm。底座板厚 12.7mm，直径 172mm。

（6）烘箱：大、中型各一台，装有温度调节器。

（7）天平或电子秤：用于称量矿料的感量不大于 0.5g；用于称量沥青的感量不大于 0.1g。

（8）沥青运动黏度测定设备：毛细管黏度计或赛波特重油黏度计。

（9）插刀或大螺丝刀。

（10）温度计：分度为 1℃，量程 0~300℃。

（11）其他：电炉或煤气炉、沥青熔化锅、拌合铲、试验筛、滤纸（或普通纸）、胶布、卡尺、秒表、粉笔、棉纱等。

3. 试验方法

（1）准备工作

1）确定制作沥青混合料试件的拌合与压实温度。

① 用毛细管黏度计测定沥青的黏度，绘制黏温曲线，当使用石油沥青时，以运动黏度为 170±20mm²/s 时的温度为拌合温度；以 280±30mm²/s 时的温度为压实温度。亦可用赛氏黏度计测定赛波特黏度，以 85±10s 时的温度为拌合温度；以 140±15s 时的温度为压实温度。

② 缺乏运动黏度测定条件时，试件的拌合与压实温度可按表 5.31 选用，并根据沥青品种和标号作适当调整。针入度小、稠度大的沥青取高限；针入度大、稠度小的沥青取低限，一般取中值。

沥青混合料试件的拌合与及压实温度　　　表 5.31

沥青种类	拌合温度（℃）	压实温度（℃）	沥青种类	拌合温度（℃）	压实温度（℃）
石油沥青	130~160	110~130	煤沥青	90~120	80~110

2）将各种规格的矿料置 105±5℃ 的烘箱中烘干至恒重（一般不少于 4~6h）。根据需要，粗集料可先用水冲洗干净后烘干。也可将粗细集料过筛后，用水冲洗再烘干备用。

3）按规定试验方法分别测定不同粒径粗、细集料规格及填料（矿粉）的各种密度，并测定沥青的密度。

4）将烘干分级的粗细集料，按每个试件设计级配要求称其质量，在一金属盘中混合均匀，矿粉单独加热，置烘箱中预热至沥青拌合温度以上约 15℃（石油沥青通常为 163℃）备用。一般按一组试件（每组 4~6 个）备料，但进行配合比设计时宜对每个试件分别备料。

5）将沥青试样，用电热套或恒温烘箱熔化加热至规定的沥青混合料拌合温度备用，但不得超过 175℃。当不得已采用燃气炉或电炉直接加热进行脱水时，必须使用石棉垫隔开。

6）用沾有少许黄油的棉纱擦净试模、套筒及击实座等置于 100℃ 左右烘箱中加热 1h 备用。常温沥青混合料的试模不加热。

（2）混合料拌制

① 将沥青混合料拌合机预热至拌合温度以上 10℃ 备用。

② 将每个试件预热的粗细集料置于拌合机中，用小铲适当混合，然后再加入需要数量的已加热至拌合温度的沥青，开动拌合机一边搅拌，一边将拌合叶片插入混合料中拌合 1~1.5min，然后暂停拌合，加入单独加热的矿粉，继续拌合至均匀为止，并使沥青混合料保持在要求的拌合温度范围内，标准的总拌合时间为 3min。

（3）试件成型

① 将拌好的沥青混合料，均匀称取一个试件所需的用量（标准试件约 1200g，大型试件约 4050g）。当一次拌合几个试件时，宜将其倒入经预热的金属盘中，用小铲拌合均匀分成几份，分别取用。试件制作过程中，为防止混合料温度下降，应连盘放入烘箱中保温。

② 从烘箱中取出预热的试模及套筒，用沾有少许黄油的棉纱擦拭套筒、底座及击实锤底面，将试模装在底座上（也可垫一张圆形的吸油性小的纸），按四分法从四个方向用小铲将混合料铲入试模中，用插刀沿周边插捣 15 次，中间 10 次。插捣后将沥青混合料表面整平成凸圆弧面。对大型马歇尔试件，混合料分两次加入，每次插捣次数同上。

③ 插入温度计，至混合料中心附近，检查混合料温度。

④ 待混合料温度符合要求的压实温度后，将试模连同底座一起放在击实台上固定（也可在装好的混合料上垫一张吸油性小的圆纸），再将装有击实锤及导向棒的压实头插入试模中，然后开启电动机（或人工）将击实锤从 457mm 的高度自由落下击实规定的次数（75 次、50 次或 35 次）。对大型马歇尔试件，击实次数为 75 次（相应于标准击实 50 次的情况）或 112 次（相应于标准击实 75 次的情况）。

⑤ 试件击实一面后，取下套筒，将试模掉头，装上套筒，然后以同样的方式和次数击实另一面。

⑥ 试件击实结束后，如上下面垫有圆纸，应立即用镊子取掉；用卡尺量取试件离试模上口的高度并由此计算试件高度，如高度不符合要求时，试件应作废，并按式（5-2）调整试件的混合料数量，使高度符合 63.5±1.3mm（标准试件）或 95.3±2.5mm（大型试件）的要求。

$$q = q_0 \frac{63.5}{h_0} \tag{5-2}$$

式中　q——调整后沥青混合料用量（g）；

　　　q_0——制备试件的沥青混合料实际用量（g）；

　　　h_0——制备试件的实际高度（mm）。

⑦ 卸去套筒的底座，将装有试件的试模横向放置冷却至室温后（不少于 12h），置脱模机上脱出试件。将试件仔细置于干燥洁净的平面上，供试验用。

5.3.3　沥青混合料物理指标测定

1. 试验目的

测定沥青混合料的表观密度，并按组成材料原始数据计算其空隙率、沥青体积百分率、矿料间隙率和沥青饱和度等物理指标，结合稳定度、流值，根据沥青混合料技术标准确定沥青最佳用量。

2. 试验仪具

（1）浸水天平或电子秤：当最大称量在 3kg 以下时，感量不大于 0.1g；最大称量在 3kg 以上时，感量不大于 0.5g；最大称量在 10kg 以上时，感量不大于 5g，应有测量水中重的挂钩。

（2）网篮。

（3）溢流水箱：使用洁净水，有水位溢流装置，保持试件和网篮浸入水中后的水位一定。试验时的水温应在 15～25℃范围内，并与测定集料密度时的水温相同。

（4）试件悬吊装置：天平下方悬吊网篮及试件的装置，吊线应采用不吸水的细尼龙线绳，并有足够的长度，对轮碾成型机成型的板块状试件可用铁丝悬挂。

（5）秒表、电扇或烘箱。

3. 试验方法

（1）选择适宜的浸水天平（或电子秤），最大称量应不小于试件质量的 1.25 倍，且不大于试件质量的 5 倍。

（2）除去试件表面的浮粒，称取干燥试件在空气中的质量（m_a），根据选择的天平的感量读数，准确至 0.1g、0.5g 或 5g。

（3）挂上网篮浸入溢流水箱的水中，调节水位，将天平调平或复零，把试件置于网篮中（注意不要使水晃动），待天平稳定后立即读数，称取水中质量（m_w）。

（4）对从路上钻取的非干燥试件，可先称取水中质量（m_w），然后用电风扇将试件吹干至恒重（一般不少于 12h，当不需进行其他试验时，也可用 60±5℃的烘箱烘干至恒重），再称取在空气中的质量（m_a）。

4. 计算物理常数

（1）表观密度

密实的沥青混合料试件的表观密度，按式（5-3）计算，取 3 位小数。

$$\rho_s = \frac{m_a}{m_a - m_w} \rho_w \tag{5-3}$$

式中 ρ_s——试件的表观密度（g/cm³）；

m_a——干燥试件的空中质量（g）；

m_w——试件的水中质量（g）；

ρ_w——常温水的密度，约等于 1g/cm³。

（2）理论密度

① 当试件沥青按油石比 P_a 计算时，试件的理论密度 ρ_t 按式（5-4）计算，取 3 位小数。

$$\rho_t = \frac{100 + P_a}{\dfrac{P_1}{\gamma_1} + \dfrac{P_2}{\gamma_2} + \cdots + \dfrac{P_n}{\gamma_n} + \dfrac{P_a}{\gamma_a}} \cdot \rho_w \tag{5-4}$$

② 当沥青按沥青含量 P_b 计算时，试件的理论密度 ρ_t 按式（5-5）计算：

$$\rho_t = \frac{100 + P_b}{\dfrac{P_1'}{\gamma_1} + \dfrac{P_2'}{\gamma_2} + \cdots + \dfrac{P_n'}{\gamma_n} + \dfrac{P_b}{\gamma_a}} \cdot \rho_w \tag{5-5}$$

式中　　　ρ_t——理论密度（g/cm³）；

P_1、…、P_n——各种矿料的配合比，矿料总和为 $\sum\limits_{i=1}^{n}P_i=100$；

P_1'、…、P_n'——各种矿料的配合比，矿料与沥青之和为 $\sum\limits_{i=1}^{n}P_i'+P_b=100$；

γ_1、…、γ_n——各种矿料与水的相对密度；

　　　　　P_a——油石比（沥青与矿料的质量比），％；

　　　　　P_b——沥青含量（沥青质量占沥青混合料总质量的百分率，％）；

　　　　　γ_a——沥青的相对密度（25/25℃）。

在稳定度仪上测定其稳定度和流值，以这两项指标来表征其高温时的稳定性和抗变形能力。

（3）空隙率

试件的空隙率按式（5-6）计算，取 1 位小数。

$$VV=\left(1-\frac{\rho_s}{\rho_t}\right)\times100 \tag{5-6}$$

式中　VV——试件的空隙率（％）；

　　　ρ_t——按式（5-6）或式（5-7）计算的理论密度（g/cm³）；

　　　ρ_s——实测的沥青混合料最大密度（g/cm³）。

（4）沥青体积百分率

试件中沥青的体积百分率是压实后的沥青混合料试件中沥青的体积占沥青混合料体积的百分率，按式（5-7）或式（5-8）计算，取 1 位小数。

$$VA=\frac{P_a\rho_s}{\gamma_b\rho_w} \tag{5-7}$$

$$或\quad VA=\frac{100P_a\rho_s}{(100+P_a)\gamma_b\rho_w} \tag{5-8}$$

式中　VA——沥青混合料试件的体积百分率（％）。

（5）矿料间隙率

试件的矿料间隙率是压实后的沥青混合料试件中矿料以外的体积占沥青混合料体积的百分率，按式（5-9）计算，取 1 位小数。

$$VMA=VA+VV \tag{5-9}$$

式中　VMA——沥青混合料试件的矿料间隙率（％）。

（6）沥青饱和度

沥青饱和度是压实后的沥青混合料试件中沥青的体积占矿料以外体积的百分率，按式（5-10）计算，取 1 位小数。

$$VFA=\frac{VA}{VA+VV}\times100\% \tag{5-10}$$

式中　VFA——沥青混合料试件的沥青饱和度（％）。

对于Ⅰ型沥青混合料试件应采用水中重法测定；表面较粗但较密实的Ⅰ型或Ⅱ型沥青混合料，使用吸水性的Ⅰ型沥青混合料试件应采用表干法测定，对吸水率大于 2％的Ⅰ、Ⅱ型沥青混合料、沥青碎石混合料等不能用表干法测定的试件应采用蜡封法测定。

5.3.4 沥青混合料配合比相关试验

沥青混合料配合比设计相关的主要试验内容有：马歇尔稳定度试验、高温稳定性试验（车辙试验）、沥青混合料的渗水系数试验（渗水试验）、水稳定性试验（冻融劈裂强度试验）和低温抗裂性能试验（低温弯曲试验）。

5.3.4.1 沥青混合料的密度试验

沥青混合料的密度是指压实沥青混合料常温条件下单位体积的干燥质量。相对密度是所测定的密度与同温度条件下水的密度比值。

沥青混合料的毛体积密度是指在规定条件下，单位毛体积（包括混合料实体、开口孔隙及闭口孔隙等颗粒表面轮廓线所包围的全部毛体积）压实沥青混合料的干质量。可以由表干法、蜡封法或体积法测定。

沥青混合料的表观密度是指在规定条件下，单位表观体积（包括混合料的实体、闭口孔隙，不包括开口孔隙）压实沥青混合料的干质量，也称视密度。

测定沥青混合料试件的密度，其目的是计算混合料的空隙率、沥青体积百分率、矿料间隙率和沥青饱和度等物理指标；结合稳定度、流值，根据沥青混合料技术标准确定沥青最佳用量。

不同类型的沥青混合料，其空隙率大小不同，在检测混合料密度时采用不同的试验方法，常用的方法有表干法、水中重法、蜡封法和体积法。表干法适用于测定吸水率不大于2%的各种沥青混合料试件，包括Ⅰ型或较密实的Ⅱ型沥青混凝土、抗滑表层混合料、沥青玛蹄脂碎石混合料的毛体积密度；水中重法适用于测定几乎不吸水的密实的Ⅰ型沥青混合料试件的表观密度；蜡封法适用于测定吸水率大于2%的沥青混凝土或沥青碎石混合料试件的毛体积密度；体积法用于混合料空隙率特别大，不能用以上方法测定时使用。下面以表干法和蜡封法为例介绍沥青混合料密度的测定方法。

1. 表干法

（1）仪具与材料

① 浸水天平或电子秤：当最大称量在 3kg 以下时，感量不大于 0.1g；最大称量在 3kg 以上时，感量不大于 0.5g；最大称量在 10kg 以上时，感量不大于 5g，应有测量水中重的挂钩。

② 网篮。

③ 溢流水箱：使用洁净水，有水位溢流装置，保持试件和网篮浸入水中后的水位一定。试验时的水温应在 15~25℃ 范围内，并与测定集料密度时的水温相同。

④ 试件悬吊装置：天平下方悬吊网篮及试件的装置，吊线应采用不吸水的细尼龙线绳，并有足够的长度，对轮碾成型机成型的板块状试件可用铁丝悬挂。

⑤ 秒表、毛巾、电扇或烘箱。

（2）试验方法

① 选择适宜的浸水天平（或电子秤），最大称量应不小于试件质量的 1.25 倍，且不大于试件质量的 5 倍。

② 除去试件表面的浮粒，称取干燥试件在空气中的质量，根据选择的天平的感量读数，精确至 0.1g、0.5g 或 5g。

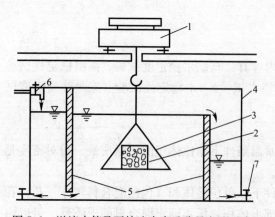

图 5.1 溢流水箱及下挂法水中重称量方法示意图
1—浸水天平或电子秤；2—试件；3—网篮；
4—溢流水箱；5—水位隔板；6—注入口；7—放水阀门

③ 挂上网篮浸入溢流水箱的水中，调节水位，将天平调平或复零，把试件置于网篮中（注意不要使水晃动），浸水约 3～5min，称取水中质量，如图 5.1 所示。若天平读数持续变化，不能很快达到稳定，则说明试件吸水较严重，不适用于此方法，应改用蜡封法测定。

④ 从水中取出试件，用洁净柔软的拧干湿毛巾轻轻擦去试件的表面水（不得吸走空隙内的水），称取试件的表干质量。

⑤ 对从路上钻取的非干燥试件，可先称取水中质量，然后用电风扇将试件吹干至恒重（一般不少于 12h，当不需进行其他试验时，也可用 $60\pm15℃$ 的烘箱烘干至恒重），再称取在空气中的质量。

（3）结果计算

① 试件的吸水率

试件的吸水率是指试件吸水体积占沥青混合料毛体积的百分率，取 1 位小数。

$$S_a = \frac{m_f - m_a}{m_f - m_w} \times 100 \tag{5-11}$$

式中　S_a——试件的吸水率（%）；

　　　m_a——干燥试件的空间质量（g）；

　　　m_w——试件的水中质量（g）；

　　　m_f——试件的表干质量（g）；

② 试件的毛体积密度和毛体积相对密度

密实的沥青混合料试件的毛体积密度和毛体积相对密度，分别按以下两式计算，取 3 位小数。

$$\gamma_f = \frac{m_a}{m_f - m_w} \tag{5-12}$$

$$\rho_f = \frac{m_a}{m_f - m_w}\rho_w \tag{5-13}$$

式中　ρ_f——试件的毛体积密度（g/cm³）；

　　　γ_f——试件的毛体积相对密度；

　　　ρ_w——4℃时水的密度，取 1g/cm³。

当试件的吸水率 $S_a > 2\%$ 时，应改用蜡封法测定。

在测定沥青混合料密度方法中，水中重法最为简单，也是我国长期使用的传统方法，但在国外一般不采用这种方法，只采用表干法和蜡封法。水中重法测定的是表观密度，表干法和蜡封法测的是毛体积密度，各自的意义不同。当试件非常致密，几乎不吸水时，试件的表干质量与空中质量差别极小，可用水中重法测定的表观密度代替表干法测定的毛体积密度。用水中重法测定的沥青混合料试件表观相对密度按下式计算：

$$\gamma_a = \frac{m_a}{m_a - m_w} \tag{5-14}$$

式中 γ_a——沥青混合料试件表观相对密度。

2. 蜡封法

（1）仪具与材料

① 浸水天平或电子秤：当最大称量在 3kg 以下时，感量不大于 0.1g；最大称量在 3kg 以上时，感量不大于 0.5g；最大称量在 10kg 以上时，感量不大于 5g，应有测量水中重的挂钩。

② 网篮。

③ 溢流水箱：使用洁净水，有水位溢流装置，保持试件和网篮浸入水中后的水位一定。试验时的水温应在 15～25℃范围内，并与测定集料密度时的水温相同。

④ 试件悬吊装置：天平下方悬吊网篮及试件的装置，吊线应采用不吸水的细尼龙线绳，并有足够的长度，对轮碾成型机成型的板块状试件可用铁丝悬挂。

⑤ 熔点已知的石蜡。

⑥ 冰箱：可保持温度为 4～5℃。

⑦ 铅或铁块等重物。

⑧ 滑石粉、秒表、电风扇、电炉或燃气炉。

（2）方法与步骤

1）选择适宜的浸水天平（或电子秤），最大称量应不小于试件质量的 1.25 倍，且不大于试件质量的 5 倍。

2）称取干燥试件的空中质量，根据选择的天平感量读数，精确至 0.1g、0.5g 或 5g，当为钻芯法取得的非干燥试件时，应用电风扇吹干 12h 以上至恒重作为空中质量，但不得用烘干法。

3）将试件置于冰箱中，在 4～5℃条件下冷却不少于 30min。

4）将石蜡融化至其熔点以上 5.5±0.5℃。

5）从冰箱中取出试件立即浸入石蜡液中，至全部表面被石蜡封住后迅速取出试件，在常温下放置 30min，称取蜡封试件的空中质量。

6）挂上网篮，浸入溢流水箱中，调节水位，将天平调平或复零。将蜡封试件放入网篮浸水约 1min，读取水中质量。

7）如果试件在测定密度后还需要做其他试验时，为便于除去石蜡，可事先在干燥试件表面涂一薄层滑石粉，称取涂滑石粉后的试件质量，然后再蜡封测定。

8）用于蜡封法测定时，石蜡对水的相对密度按下列步骤实测确定：

① 取一块铅或铁之类的重物，称取空中质量；

② 测定重物的水中质量；

③ 待重物干燥后，按上述试件蜡封的步骤将重物蜡封后测定其空中质量及水中质量。

按下式计算石蜡对水的相对密度：

$$\gamma_p = \frac{m_d - m_g}{(m_d - m_g) - m'_d - m'_g} \tag{5-15}$$

式中 γ_p——在常温条件下石蜡对水的相对密度；

m_g——重物的空中质量（g）；

m'_g——重物的水中质量（g）；

m_d——蜡封后重物的空中质量（g）；

m'_d——蜡封后重物的水中质量（g）。

（3）结果计算

计算试件的毛体积相对密度，取 3 位小数。

① 蜡封法测定的试件毛体积相对密度按下式计算：

$$\gamma_f = \frac{m_a}{m_p - m_c - (m_p - m_a)/\gamma_p} \tag{5-16}$$

式中　γ_f——由蜡封法测定的试件毛体积相对密度；

m_a——试件的空中质量（g）；

m_p——蜡封试件的空中质量（g）；

m_c——蜡封试件的水中质量（g）。

② 涂滑石粉后用蜡封法测定的试件毛体积相对密度按下式计算：

$$\gamma_f = \frac{m_a}{m_p - m_c - [(m_p - m_s)/\gamma_p + (m_s - m_a)/\gamma_s]} \tag{5-17}$$

式中　m_s——试件涂滑石粉后的空中质量（g）；

γ_s——滑石粉对水的相对密度。

③ 试件的毛体积密度按下式计算：

$$\rho_f = \gamma_f \rho_w \tag{5-18}$$

式中　ρ_f——蜡封法测定的试件毛体积密度（g/cm³）；

ρ_w——常温水的密度，取 1g/cm³。

（4）报告。

应在试验报告中注明沥青混合料的类型及采用的密度测定方法。

3. 压实沥青混合料物理常数的计算

（1）沥青混合料压实试件的理论最大密度或理论最大相对密度

当试件沥青按油石比 P_a 计算时，试件的理论最大密度按下式计算，计算结果取 3 位小数。

$$\rho_t = \frac{100 + P_a}{\dfrac{P_1}{\gamma_1} + \dfrac{P_2}{\gamma_2} + \dfrac{P_3}{\gamma_3} + \cdots + \dfrac{P_n}{\gamma_n} + \dfrac{P_a}{\gamma_a}} \rho_w \tag{5-19}$$

当沥青按含量 P_b 计算时，试件的理论最大密度 ρ_t 按下式计算：

$$\rho_t = \frac{100}{\dfrac{P'_1}{\gamma_1} + \dfrac{P'_2}{\gamma_2} + \dfrac{P'_3}{\gamma_3} + \cdots + \dfrac{P'_n}{\gamma_n} + \dfrac{P'_b}{\gamma_b}} \rho_w \tag{5-20}$$

试件的理论最大相对密度按式 5-21 计算：

$$\gamma_t = \frac{\rho_t}{\rho_w} \tag{5-21}$$

式中　　　　　　ρ_t——试件的理论最大密度（g/cm³）；

P_1、P_2、P_3、…、P_n——各种矿料占矿料总质量的百分率（%）；

P_1'、P_2'、P_3'、$\cdots$、P_n'——各种矿料占沥青混合料总质量的百分率（%）；

γ_1、γ_2、γ_3、$\cdots$、γ_n——各种矿料对于水的相对密度；

P_a——油石比（沥青与矿料的质量比，%）；

P_b——沥青含量（沥青质量占沥青混合料总质量的百分率，%）；

γ_a——沥青的相对密度（25/25℃）。

（2）空隙率

试件的空隙率按下式计算，取 1 位小数。

$$VV = \left(1 - \frac{\gamma_f}{\gamma_t}\right) \times 100 \tag{5-22}$$

式中 VV——试件的空隙率（%）；

γ_t——沥青混合料理论最大相对密度；

γ_f——试件的毛体积相对密度。

（3）沥青体积百分率

试件中沥青的体积百分率是指压实后的沥青混合料试件中沥青的体积占沥青混合料体积的百分率，按以下两式计算，取 1 位小数。

$$VA = \frac{P_b \gamma_f}{\gamma_a} \tag{5-23}$$

$$VA = \frac{100 P_a \gamma_f}{(100 + P_a)\gamma_a} \tag{5-24}$$

式中 VA——沥青混合料试件的沥青体积百分率（%）。

（4）矿料间隙率

试件的矿料间隙率是压实后的沥青混合料试件中矿料以外的体积占沥青混合料体积的百分率，按下式计算，取 1 位小数。

$$VMA = VA + VV \tag{5-25}$$

式中 VMA——沥青混合料试件的矿料间隙率（%）。

（5）沥青饱和度

沥青饱和度是压实后的沥青混合料试件中沥青的体积占矿料以外体积的百分率，按下式计算，取 1 位小数。

$$VFA = \frac{VA}{VA + VV} \times 100 \tag{5-26}$$

式中 VFA——沥青混合料试件中的沥青饱和度（%）。

5.3.4.2　沥青混合料马歇尔稳定度试验

马歇尔试验是目前沥青混合料中最重要的一个试验方法，由于试验时条件有所不同，将其分别称为标准马歇尔试验、浸水马歇尔试验或真空马歇尔试验。其中标准马歇尔试验主要用来检测沥青混合料的高温性能，所测定的指标有马歇尔稳定度、流值和马歇尔模数，并以这些指标来表征其高温时的稳定性和抗变形能力；稳定度是指在规定的温度和加荷速率下，标准试件的破坏荷载；流值是最大破坏荷载时，试件的垂直变形；马歇尔模数为稳定度除以流值的商。浸水马歇尔试验主要用来检验沥青混合料受水损害时抵抗剥落的能力，表征指标为残留稳定度。

1. 目的与适用范围

沥青混合料稳定度试验的目的是进行沥青混合料配合比设计和沥青路面施工质量检验，适用于标准的马歇尔试件或大型马歇尔试件。

2. 仪具与材料

（1）马歇尔稳定度试验仪：符合国家标准《马歇尔稳定度试验仪》JT/T 119—2006技术要求的产品，对用于高速公路和一级公路的沥青混合料宜采用自动马歇尔试验仪，用计算机或 X-Y 记录仪记录荷载-位移曲线，并具有自动测定荷载与试件垂直变形的传感器、位移计，能自动显示和打印试验结果。对标准的马歇尔试件，试验仪最大荷载不小于 25kN，读数准确度为 100N，加载速率应保持 50±5mm/min。钢球直径 16mm，上下压头曲率半径为 50.8mm。

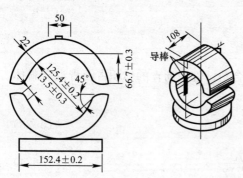

图 5.2 大型马歇尔试验压头

当采用大型马歇尔试件时，试验仪最大荷载不得小于 50kN，读数准确度为 100N。上下压头曲率内径为 152.4±0.2mm，上下压头间距为 19.05±0.1mm，如图 5.2 所示。

（2）恒温水槽：控温准确度为 1℃，深度不小于 150mm。

（3）真空饱水容器：由真空泵和真空干燥器组成。

（4）烘箱。

（5）天平：感量不大于 0.1g。

（6）温度计：分度为 1℃。

（7）卡尺。

（8）其他：棉纱、黄油。

3. 试验方法

（1）按照《公路沥青及沥青混合料试验规程》JTG E20—2011 中的方法成型马歇尔试件，标准的马歇尔试件尺寸应符合直径 101.6±0.2mm、高 63.5±1.3mm 的要求。对于大型马歇尔试件，尺寸应符合直径 152.4±0.2mm、高 95.3±2.5mm 的要求，一组试件不得少于 4 个。

（2）测量试件直径和高度：用卡尺测量试件中部的直径，用马歇尔试件高度测定器或卡尺在十字对称的 4 个方向量测距试件边缘 10mm 处的高度，精确至 0.1mm，并取 4 个值的平均值作为试件的高度。如试件高度不符合 63.5±1.3mm 或 95.3±2.5mm 要求或两侧高度差大于 2mm 时，此试件应作废。

（3）将测定密度后的试件置于恒温水槽中，对于标准的马歇尔试件保温需 30～40min，对大型的马歇尔试件需 45～60 时 min。试件之间应有间隔，并架起，试件离水槽底部不小于 5cm。

恒温水槽的温度分别为：黏稠石油沥青或烘箱养生的乳化沥青混合料温度为 60±1℃，煤沥青混合料为 33.8±1℃，空气养生的乳化沥青或液体沥青混合料为 25±1℃。

（4）将马歇尔试验仪的上下压头放入水槽或烘箱中达到同样温度。将上下压头从水槽或烘箱中取出擦拭干净内表面。为使上下压头滑动自如，可在上下压头的导棒上涂少许黄油。再将试件取出置于下压头上，盖上上压头，然后装在加载设备上。

（5）在上压头的球座上放妥钢球，并对准荷载测定装置的压头。

（6）当采用自动马歇尔试验仪时，将自动马歇尔试验仪的压力传感器、位移传感器与计算机或 X-Y 记录仪正确连接，调整好适宜的放大比例。调整好计算机程序或将 X-Y 记录仪的记录笔对准原点。

（7）当采用压力环和流值计时，将流值计安装在导棒上，使导向套管轻轻地压住上压头，同时将流值计读数调零。调整压力环中百分表，对零。

（8）启动加载设备，使试件承受荷载，加载速度为 50 ± 5mm/min。计算机或 X-Y 记录仪自动记录传感器压力和试件变形曲线并将数据自动存入计算机。

（9）当试验荷载达到最大值的瞬间，取下流值计，同时读取应力环中百分表或荷载传感器读数及流值计的流值读数。

（10）从恒温水槽中取出试件至测出最大荷载值的时间，不应超过 30s。

4. 浸水马歇尔试验方法

浸水马歇尔试验方法是将沥青混合料试件在规定温度（黏稠沥青混合料为 60 ± 1℃）的恒温水槽中保温 48h，然后测定其稳定度。其余方法与标准马歇尔试验方法相同。

5. 结果计算

（1）当采用自动马歇尔试验仪时，将计算机采集的数据绘制成压力和试件变形曲线，或由 X-Y 记录仪自动记录的荷载-变形曲线，按图 5.3 所示的方法在切线方向延长曲线与横坐标相交于 O_1，将 O_1 作为修正原点，从 O_1 起量取相应于最大荷载值时的变形作为流值，以 mm 计，精确至 0.1mm。最大荷载即为稳定度 MS，以 kN 计，精确至 0.01kN。

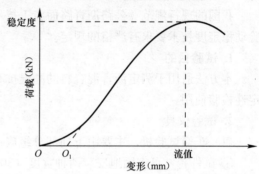

图 5.3　马歇尔试验结果的修正方法

（2）采用应力环百分表和流值计测定时，根据应力环标定曲线，将应力环中百分表的读数换算为荷载值，即试件的稳定度 MS，以 kN 计，精确至 0.01kN。由流值计及位移传感器测定装置读取的试件垂直变形，即为试件的流值 FL，以 mm 计，精确至 0.1mm。

① 计算马歇尔模数

$$T = \frac{MS}{FL} \tag{5-27}$$

式中　T——试件的马歇尔模数（kN/mm）；

　　MS——试件的稳定度（kN）；

　　FL——试件的流值（mm）。

② 计算残留稳定度

根据试件的浸水马歇尔稳定度和标准马歇尔稳定度，可按下式求得浸水残留稳定度：

$$MS_0 = \frac{MS_1}{MS} \times 100 \tag{5-28}$$

式中　MS_0——试件的浸水残留稳定度（％）；

MS_1——试件浸水 48h 后的稳定度（kN）。

6. 报告

（1）当一组测定值中某个数值与平均值之差大于标准差 k 倍时，该测定值应予舍弃，并以其余测定值的平均值作为试验结果。当试验数 n 为 3、4、5、6 时，k 值分别为 1.15、1.46、1.67、1.82。

（2）采用自动马歇尔试验仪时，试验结果应附上荷载-变形曲线原件或打印结果，并报告马歇尔稳定度、流值、马歇尔模数以及试件尺寸、试件的密度、空隙率、沥青用量、沥青体积百分率、沥青饱和度、矿料间隙率等各项物理指标。

5.3.4.3 沥青混合料高温稳定性试验（车辙试验）

沥青混合料车辙试验是用一块经碾压成型的板块试件（通常尺寸为 300mm×300mm×50mm），在规定温度条件（通常为 60℃）下，以一个轮压力 0.7MPa 的实心橡胶轮胎在其上行走，测量试件在变形稳定期时，每增加 1mm 变形需要行走的次数，即称为"动稳定度"，以次/mm 表示。

动稳定度是评价沥青混凝土路面高温稳定性的一个指标；也是沥青混合料配合比设计时的一个辅助性检验指标。

我国的现行规范《公路沥青路面施工技术规范》JTG F40—2004 对沥青混合料车辙试验动稳定度技术要求有严格的规定。

1. 试验目的

本方法适用于测定沥青混合料的高温抗车辙能力，供混合料配合比设计时进行高温稳定性检验使用。

2. 试验仪具

（1）车辙试验机，主要由下列部分组成：

① 试件台：可牢固地安装两种宽度（300mm 和 150mm）的规定尺寸试件的试模。

② 试验轮：橡胶制的实心轮胎。外径 ϕ220mm，轮宽 50mm，橡胶层厚 15mm。橡胶硬度（国际标准硬度）20℃时为 84±4；60℃时为 78±2，试验轮行走距离为 230±10mm，往返碾压速度为 42±1 次/min（21 次往返/min），允许采用曲柄连杆驱动试验台运动（试验台不动）的任一种方式。

③ 加载装置：使试验轮与试件的接触压强在 60℃时为 0.7±0.05MPa，施加的总荷载为 700N 左右，根据需要可以调整。

④ 试模：钢板制成，由底板及侧板组成，试模内侧尺寸长为 300mm，宽为 300mm，厚为 50mm。

⑤ 变形测量装置：自动检测车辙变形并记录曲线的装置，通常用 LVDT、电测百分表或非接触位移计。

⑥ 温度检测装置：自动检测并记录试件表面及恒温室内温度的温度传感器、温度计（精度 0.5℃）。

（2）恒温室：车辙试验机安放在恒温室内，装有加热器、气流循环装置及装有自动温度控制设备，能保持恒温室温度 60±1℃（试件内部温度 60±0.5℃），根据需要亦可为其他需要的温度。用于保温试件并进行检验。温度应能自动连续记录。

（3）台秤：称量 15kg，感量不大于 5g。

3. 试验方法

（1）测定试验轮压强（应符合 $0.7\pm0.05MPa$），将试件装于原试模中。

（2）将试件连同试模一起，置于达到试验温度 $60\pm1℃$ 的恒温室中，保温不少于 5h，也不多于 24h，在试件的试验轮不行走的部位上，粘贴一个热电偶温度计，控制试件温度稳定在 $60\pm0.5℃$。

（3）将试件连同试模置于车辙试验机的试验台上，试验轮在试件的中央部位，其行走方向须与试件碾压方向一致。开动车辙变形自动记录仪，然后启动试验机，使试验轮往返行走，时间约 1h，或最大变形达到 25mm 为止。试验时，记录仪自动记录变形曲线（图 5.4）及试件温度。

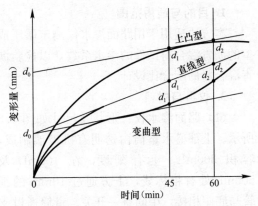

图 5.4　车辙试验变形曲线

4. 结果计算

（1）从图 5.4 读取 45min（t_1）及 60min（t_2）时 的 车 辙 变 形 d_1 及 d_2，精 确 至 0.01mm，如变形过大，在未到 60min 变形已达到 25mm 时，则以达到 25mm（d_2）时的时间为 t_2，将其前 15min 为 t_1，此时的变形量为 d_1。

（2）沥青混合料试件的动稳定度按下式计算：

$$DS = \frac{(t_2 - t_1) \cdot 42}{d_2 - d_1} \cdot C_1 \cdot C_2 \qquad (5\text{-}29)$$

式中　DS——沥青混合料的动稳定度（次/mm）；

　　　　d_1——时间 t_1（一般为 45min）的变形量（mm）；

　　　　d_2——时间 t_2（一般为 60min）的变形量（mm）；

　　　　42——试验轮每分钟行走次数（次/min）；

　　　　C_1——试验机类型修正系数，曲柄连杆驱动试件的变速行走方式为 1.0，链驱动试验轮的等速方式为 1.5；

　　　　C_2——试件系数，试验室制备的宽 300mm 的试件为 1.0，从路面切割的宽 150mm 的试件为 0.8。

5. 报告

（1）同一沥青混合料或同一路段的路面，至少应平行试验 3 个试件，当 3 个试件动稳定度变异系数小于 20% 时，取其平均值作为试验结果。变异系数大于 20% 时应分析原因，并追加试验。如计算动稳定值大于 6000 次/mm 时，记作 ＞6000 次/mm。

（2）试验报告应注明试验温度、试验轮接地压强、试件密度、空隙率及试件制作方法等。

重复性试验动稳定度变异系数的允许值为 20%。

5.3.4.4　沥青混合料的渗水系数试验（渗水试验）

因沥青路面渗水导致基层承载力下降而发生的路面破坏所占的比例相当大。虽然在沥青混合料结构设计时强调面层必须有一层以上是基本不透水的，但由于在配合比设计阶段没有对渗水系数提出要求，当混合料铺筑完成后，即使路面透水严重，也已无法补救。所以沥青混合料配合比设计阶段的渗水试验是非常重要的，尤其是沥青玛蹄脂碎石混合料。

1. 目的与适用范围

本方法适用于用路面渗水仪测定碾压成型的沥青混合料试件的渗水系数，以检验沥青混合料的配合比设计。

2. 仪具与材料

（1）路面渗水仪：形状及尺寸如图5.5所示。上部盛水量筒由透明有机玻璃制成，容积600mL，上有刻度，在100mL及500mL处有粗标线，下方通过10mm的细管与底座相接，中间有一开关。量筒通过支架联结，底座下方开口内径150mm，外径165mm，仪器附铁圈压重2个，每个质量约5kg，内径160mm。

（2）水筒及大漏斗。

（3）秒表。

（4）密封材料：黄油、玻璃腻子、油灰或橡皮泥等，也可采用其他任何能起到密封作用的材料。

（5）排水容器。

（6）其他：水、红墨水、粉笔、扫帚等。

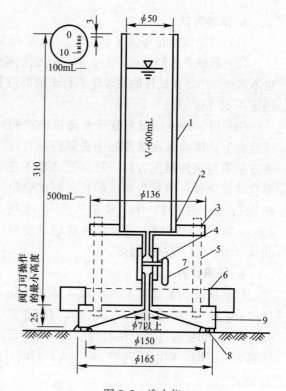

图5.5 渗水仪

1—透明有机玻璃筒；2—螺纹连接；3—顶板；4—阀；5—立柱支架；6—压重钢圈；7—把手；8—密封材料；9—底座

3. 方法与步骤

（1）准备工作

① 在洁净的水筒内滴入几滴红墨水，使水成淡红色。

② 组装好路面渗水仪。

③ 按照沥青混合料试件成型方法（轮碾法）制作沥青混合料试件，试件尺寸为30cm×30cm×5cm，脱模，揭去成型试件时垫在表面的纸。

（2）试验步骤

① 将试件放置于坚实的平面上，在试件表面上沿渗水仪底座圆圈位置抹一薄层密封材料，边涂边压紧，使密封材料嵌满试件表面混合料的缝隙，且牢固地粘结在试件上，密封料圈的内径与底座内径相同，约150mm。将渗水试验仪底座用力压在试件密封材料圈上，再加上铁圈压重压住仪器底座，以防压力水从底座与试件表面间流出。

② 用适当的垫块，如混凝土试件或木块，在左右两侧架起试件，试件下方放置一个接水容器。关闭渗水仪细管下方的开关，向仪器的上方量筒中注入淡红色的水至满，总量为600mL。

③ 迅速将开关全部打开，水开始从细管下部流出，待水面下降 100mL 时，立即开动秒表，每间隔 60s，读记仪器管的刻度一次，至水面下降 500mL 时为止。测试过程中，应观察渗水的情况，正常情况下水应该通过混合料内部空隙从试件的反面及四周渗出，如水是从底座与密封材料间渗出，说明底座与试件密封不好，应另采用干燥试件重新操作。如水面下降速度很慢，从水面下降至 100mL 开始，测得 3min 的渗水量即可停止。若试验时水面下降至一定程度后基本保持不动，说明试件基本不透水或根本不透水。这些情况都需在报告中注明。

以上步骤对同一种材料制作 3 个试件测定渗水系数，取其平均值，作为检测结果。

4. 结果计算

沥青混合料试件的渗水系数按下式计算，计算时以水面从刻度线 100mL 下降至刻度线 500mL 所需的时间为标准，若渗水时间过长，亦可采用 3min 通过的水量计算。

$$C_w = \frac{V_2 - V_1}{t_2 - t_1} \times 60 \tag{5-30}$$

式中　C_w——沥青混合料试件的渗水系数（mL/min）；

　　　V_1——第一次的读数（mL），通常为 100mL；

　　　V_2——第二次的读数（mL），通常为 500mL；

　　　t_1——第一次读数时的时间（s）；

　　　t_2——第二次读数时的时间（s）。

5. 报告

逐点报告每个试件的渗水系数及 3 个试件的平均值。若试件不透水，应在报告中注明。

5.3.4.5　沥青混合料水稳定性试验（冻融劈裂强度试验）

沥青混合料的水稳性，是指沥青混合料抵抗由于水的浸蚀作用而产生的沥青膜剥离、掉粒、松散等破坏的能力。评价沥青路面的水稳性，通常采用的方法为两大类：第一类是沥青与矿料的粘附性试验，这类试验方法主要是用于判断沥青与粗集料（不包括矿粉）的粘附性；第二类是沥青混合料的水稳性试验，测试方法有浸水马歇尔试验和冻融劈裂试验，这里主要介绍冻融劈裂试验方法。

1. 目的与适用范围

本方法适用于在规定条件下对沥青混合料进行冻融循环，测定混合料试件在受到水损害前后劈裂破坏的强度比，以评价沥青混合料的水稳性。未经注明，试验温度为 25℃，加载速率为 50mm/min。

本方法采用马歇尔击实法成型的圆柱体试件，击实次数为双面各 50 次，集料公称最大粒径不得大于 26.5mm。

2. 仪具与材料

（1）试验机：能保持规定加载速率的材料试验机，也可采用马歇尔试验仪。试验机负荷应满足最大测定荷载不超过其量程的 80% 且不小于其量程的 20% 的要求，宜采用 40kN 或 60kN 传感器，读数精度为 10N。

（2）恒温冰箱：能保持温度为 −18℃，当缺乏专用的恒温冰箱时，可采用家用电冰箱的冷冻室代替，控温准确度为 2℃。

（3）恒温水槽：用于试件保温，温度范围能满足试验要求，控温准确度为 0.5℃。

（4）压条：上下各一根，试件直径为 100mm 时，压条宽度为 12.7mm，内侧曲率半径 50.8mm，压条两端均应磨圆。

（5）劈裂试验夹具：下压条固定在夹具上，压条可上下自由活动。

（6）其他：塑料袋、卡尺、天平、记录纸、胶皮手套等。

3. 方法与步骤

（1）按击实法制作圆柱体试件。用马歇尔击实仪双面击实各 50 次，试件不少于 8 个。

（2）按规定方法测定试件的直径及高度，精确至 0.1mm。试件尺寸应符合直径 101.6±0.25mm，高 63.5±1.3mm 的要求。在试件两侧通过圆心画上对称的十字标记。

（3）按规程规定的方法测定试件的密度、空隙率等各项物理指标。

（4）将试件随机分成两组，每组不少于 4 个，将第一组试件置于平台上，在室温下保存备用。

（5）将第二组试件按《公路工程沥青及沥青混合料试验规程》JTG E20—2011 中的标准饱水试验方法真空饱水，在 98.3～98.7kPa 的真空度下保持 15min，然后打开阀门，恢复常压，试件在水中放置 0.5h。

（6）取出试件放入塑料袋中，加入约 10mL 的水，扎紧袋口，将试件放入恒温冰箱（或家用冰箱的冷冻室），冷冻温度为 -18±2℃，保持 16±1h。

（7）将试件取出后，立即放入已保温为 60±0.5℃ 的恒温水槽中，撤去塑料袋，保温 24h。

（8）将第一组与第二组全部试件浸入温度为 25±0.5℃ 的恒温水槽中不少于 2h，水温高时可适当加入冷水或冰块调节，保温时试件之间的距离不小于 10mm。

（9）取出试件立即用 50mm/min 的加载速率进行劈裂试验，得到试验的最大荷载。

4. 结果计算

（1）劈裂抗拉强度按下二式计算：

$$R_{T1} = 0.006287 \times \frac{P_{T1}}{h_1} \tag{5-31}$$

$$R_{T2} = 0.006287 \times \frac{P_{T2}}{h_2} \tag{5-32}$$

式中　R_{T1}——未进行冻融循环的第一组试件的劈裂抗拉强度（MPa）；

　　　　R_{T2}——经受冻融循环的第二组试件的劈裂抗拉强度（MPa）；

　　　　P_{T1}——第一组试件的试验荷载的最大值（N）；

　　　　P_{T2}——第二组试件的试验荷载的最大值（N）；

　　　　h_1——第一组试件的试件高度（mm）；

　　　　h_2——第二组试件的试件高度（mm）。

（2）冻融劈裂抗拉强度比按下式计算：

$$TSR = \frac{R_{T2}}{R_{T1}} \times 100 \tag{5-33}$$

式中　TSR——冻融劈裂试验强度比（%）。

　　　　R_{T2}——冻融循环后第二组试件的劈裂抗拉强度（MPa）；

　　　　R_{T1}——未冻融循环的第一组试件的劈裂抗拉强度（MPa）；

5. 报告

(1) 每个试验温度下，一组试验的有效试件不得少于 3 个，取其平均值作为试验结果。当一组测定值中某个数据与平均值之差大于标准差的 k 倍时，该测定值应予舍弃，并以其余值的平均值作为试验结果。当试件数目 n 为 3、4、5、6 时，k 值分别为 1.15、1.46、1.67、1.82。

(2) 试验结果均应注明试件尺寸、成型方法、试验温度、加载速率。

5.3.4.6 低温抗裂性能试验（低温弯曲试验）

1. 目的与适用范围

(1) 本方法适用于测定热拌沥青混合料在规定温度和加载速率时弯曲破坏的力学性质。试验温度和加载速率根据有关规定和需要选用，如无特殊规定，采用试验温度为 $15\pm0.5℃$。当用于评价沥青混合料低温拉伸性能时，采用试验温度 $-10\pm0.5℃$，加载速率宜为 50mm/min。采用不同的试验温度和加载速率时应予注明。

(2) 本方法适用于由轮碾成型后切制的长 250 ± 2.0mm，宽 30 ± 2.0mm，高 35 ± 2.0mm 的棱柱体小梁，其跨径为 200 ± 0.5mm，若采用其他尺寸时，应予注明。

2. 仪具与材料

(1) 万能试验材料试验机或压力机：荷载由传感器测定，最大荷载应满足不超过其量程的 80%，且不小于量程的 20% 的要求。一般应采用 1kN 或 5kN。分度值为 10N。具有梁式支座。下支座中心距 200mm。上压头位置居中，上压头及支座为半径 10mm 的圆弧形固定钢棒，上压头可以活动，与试件紧密接触。应具有环境保温箱，控温精密度 $\pm0.5℃$。加载速率可以选择。试验机应有伺服系统，在加载过程中速度基本不变。

(2) 跨中位移测定装置：LVDT、电测百分表或类似的位移计。

(3) 数据采集系统或 X-Y 记录仪：能自动采集传感器及位移计的电测信号，在数据采集系统中储存或在 X-Y 记录仪上绘制荷载与跨中挠度曲线。

(4) 恒温水槽或冰箱、烘箱：控温准确度为 $\pm0.5℃$，当试验温度低于 $0℃$ 时，恒温水槽可采用 1:1 的甲醛溶液水或防冻液做冷媒介质，恒温水槽中的液体应能循环回流。

(5) 卡尺，秒表，温度计：分度为 $0.5℃$，天平感量为 0.1g。

(6) 其他：平板玻璃等。

3. 准备工作

(1)《公路工程沥青和沥青混合料试验规程》JTG E20—2011 规定：沥青混合料试件制作方法由轮碾成型的板块状试件上涌切割法制作棱柱体试件，试件尺寸应符合长 250 ± 2.0mm、宽 30 ± 2.0mm、高 35 ± 2.0mm 要求，一块 300mm×300mm×50mm 板块最多可切制 8 根试件。

(2) 在跨中及两点断面用卡尺量取试件的尺寸，当两支点断面的高度（或宽度）只差超过 2mm 时，试件应作废。跨中断面的宽度为 b，高度为 h，取相对两侧的平均值，准确至 0.1mm。

(3) 按《公路工程沥青和沥青混合料试验规程》JTG E20—2011 规定的方法量测试件的密度、空隙率等各项物理指标。

(4) 将试件置于规定温度的恒温水槽中保温 45min 直至试件内部温度达到要求的试验温度 $\pm0.5℃$ 为止。保温时试件应放在支起的平板玻璃上，试件之间的距离不应小于

10mm。

（5）将试验机环境保温箱达到要求的试验温度，当加载速率等于或大于50mm/min时，允许不使用环境保温箱。

（6）将试验机梁式试件支座准确安放好，测定支点间距为200±0.5mm，使上压头与下压头保持平行，并两侧等距离，然后将位置固定住。

4. 试验步骤

（1）将试件从恒温水槽或空气浴中取出，立即对称安放在支座上，试件上下方向应与试件成型时方向一致。

（2）在梁跨下正中央安放位移测定装置，支座固定在试验机身上。位移计测头支于试件跨中下缘中央或两侧。选择适宜的量程，有效量程应大于预计的最大挠度的1.2倍。

（3）将荷载传感器、位移计与数据采集系统或X-Y记录仪连接，以X轴为位移，Y轴为荷载，选择适宜的量程后调零。跨中挠度可以用LVDT、电测百分表或类似的位移测定仪具测定。当以高精度电液伺服试验机压头的位移作为小梁挠度时，可以由加载速率及X-T记录仪记录的时间求得挠度，为正确记录跨中挠度曲线，当采用50mm/min速率加载时，X-T记录仪X轴走纸速度根据温度高低宜采用500~5000mm/min。

（4）开动压力机以规定速率在跨中央施以集中荷载，直至试件破坏。记录仪同时记录荷载-跨中挠度曲线。

（5）当试验机无环境保温箱时，自试件从恒温箱中取出至试验结束的时间应不超过45s。

5. 计算

（1）将荷载-挠度曲线的直线段按图5.6所示方法延长与横轴相交作为曲线的原点，由图中量取峰值时的最大荷载P_a及跨中挠度d。

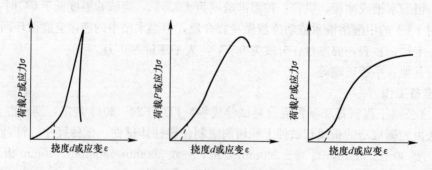

图5.6　荷载-跨中挠度曲线

（2）按式（5-34）、式（5-35）及式（5-36）计算试件破坏时的抗弯拉强度R_B、破坏时的梁底最大弯拉应变ε_B和破坏时的弯曲劲度模量S_B。

$$R_B = 3LP_B/2bh^2 \tag{5-34}$$

$$\varepsilon_B = 6hd/L^2 \tag{5-35}$$

$$S_B = R_B/\varepsilon_B \tag{5-36}$$

式中　R_B——试件破坏时的抗弯拉强度（MPa）；

ε_B——试件破坏时的最大弯拉应变；

S_B——试件破坏时的弯曲劲度模量（MPa）；

b——跨中断面试件的宽度（mm）；

h——跨中断面试件的高度（mm）；

L——试件的跨径（mm）；

P_B——试件破坏时的最大荷载（N）；

d——试件破坏时的跨中挠度（mm）。

注：计算时小梁的自重影响略去不计，故本方法不适用于试验温度高于30℃的情况。

（3）需要计算加载过程中任一加载时刻的应力、应变、劲度模量的方法同上，只需读取该时刻的荷载及变形代替上式的最大荷载及破坏变形即可。

（4）当记录的荷载-变形曲线在小变形区有一定的直线段时，可以试验的最大荷载 P_B 的 0.1～0.4 倍范围内的直线段的斜率计算弹性阶段的劲度模量，或以此范围内各测点的 σ、ε 及 S 计算，方法同（1）～（3）。

6. 报告

（1）当一组测定值中某个数据与平均值之差大于标准差的 k 倍时，该测定值应予以舍弃，并以其余测定值的平均值作为试验结果。当试验数目 n 为 3、4、5、6 个时，k 值分别为 1.15、1.46、1.67、1.82。

（2）试验结果均应注明试件尺寸、成型方法、试验温度及加载速率。

5.4　沥青混合料生产过程中质量控制的相关工艺试验及检测

沥青混合料的取样是非常重要的，是否取到代表性的样品关系到试验的效果。每个代表性试样的取样方法、取样地点和取样数量等都会影响到试验质量，应根据取样的目的和试验需要来确定。

本方法适用于在拌合厂及道路施工现场采集热拌沥青混合料或常温沥青混合料试样，供施工过程中的质量检验或在试验室测定沥青混合料的各项物理力学性质。所取的试样应有充分的代表性。

1. 仪具与材料

（1）铁锹、手铲、搪瓷盘或其他金属盛样容器、塑料编织袋。

（2）温度计：分度为1℃，宜采用有金属插杆的热电偶沥青温度计，金属插杆的长度应不小于 300mm。量程 0～300℃，数字显示或度盘指针的分度 0.1℃，且有留置读数功能。

（3）其他：标签、溶剂（汽油）、棉纱等。

2. 取样数量

取样数量应符合下列要求：

（1）试验数量根据试验目的决定，试样数量宜不少于试验用量的 2 倍。按现行规范规定进行沥青混合料试验的每一组代表性取样见表 5.32。

常用沥青混合料试验项目的样品数量			表 5.32
试验项目	试验目的	最少试验量（kg）	取样量（kg）
马歇尔试验、抽提筛分	施工质量检验	12	20
车辙试验	高温稳定性检验	40	60
浸水马歇尔试验	水稳性检验	12	20
冻融劈裂试验	水稳性检验	12	20
弯曲试验	低温性检验	15	25

平行试验应加倍取样。在现场取样直接装入试模或盛样盒成型时，也可等量取样。

（2）根据沥青混合料公称最大粒径，取样应不少于下列数量：

细粒式沥青混合料，不少于 4kg；

中粒式沥青混合料，不少于 8kg；

粗粒式沥青混合料，不少于 12kg；

特粗式沥青混合料，不少于 16kg。

（3）取样材料用于仲裁试验时，取样数量除应满足本取样方法规定外，还应保留一份有代表性的试样，直到仲裁结束。

3. 取样方法

沥青混合料取样应是随机的，并具有充分的代表性，以检查拌合质量（如油石比、矿料级配）为目的时，应从拌合机一次放料的下方或提升斗中取样，不得多次取样混合后使用；以评定混合料质量为目的时，必须分几次取样，拌合均匀后作为代表性试样。

（1）在沥青混合料拌合厂取样

在拌合厂取样时，宜用专用的容器（一次可装 5～8kg）装在拌合机装料斗下方，每放一次料取一次样，顺次装入试样容器中，每次倒在清扫干净的平板上，连续几次取样，混合均匀，按四分法取样至足够数量。取样装置见图 5.7。

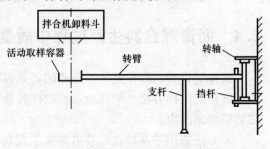

图 5.7 装在拌合机上的沥青混合料取样装置

（2）在沥青混合料运料车上取样

在运料汽车上取沥青混合料样品时，宜在装料一半后将车开出去，于汽车车厢内分别用铁锹从不同方向的 3 个不同高度处取样，然后混在一起用手铲适当拌合均匀，取出规定数量。运料车到达施工现场后取样时，应在卸掉一半后将车开出去，从不同方向的 3 个不同高度处取样。宜从 3 辆不同的车上取样混合使用。

注意：在运料车上取样时不得仅从满载的运料车车顶上取样，且不允许仅在一辆车上取样。

（3）在道路施工现场取样

在道路施工现场取样时，应在摊铺后未碾压前于摊铺宽度的两侧 1/2～1/3 位置处取样，用铁锹将摊铺层全厚铲出，但不得将摊铺层下的其他层料铲入。每摊铺一车料取一次样，连续 3 车取样后，混合均匀按四分法取样至足够数量。对现场制件的细粒式沥青混合料，也可在摊铺机经螺旋拨料杆均匀的一端，一边前进一边取样。

（4）对热拌沥青混合料每次取样时，都必须用温度计测量温度，精确至 1℃。

（5）乳化沥青常温混合料试样的取样方法与热拌沥青混合料相同，但宜在乳化沥青破乳水分蒸发后装袋，对袋装常温沥青混合料亦可直接从贮存的混合料中随机取样，取样袋数不少于 3 袋，使用时将 3 袋混合料倒出作适当拌合，按四分法取出规定数量试样。

（6）液体沥青常温沥青混合料的取样方法同上，当用汽油稀释时，必须在溶剂挥发后方可封袋保存。当用煤油或柴油稀释时，可在取样后即装袋保存。保存时应特别注意防火安全。其余与热拌沥青混合料相同。

（7）从碾压成型的路面上取样时，应随机选取 3 个以上不同地点，钻孔、切割或刨取混合料至全厚度，仔细清除杂物及不属于这一层的混合料。需重新制作试件时，应加热拌匀按四分法取样至足够数量。

4. 试样的保存与处理

（1）热拌热铺的沥青混合料试样需送至中心试验室或质量检测机构作质量评定且二次加热会影响试验结果（如车辙试验）时，必须在取样后趁高温立即装入保温桶内，送试验室立即成型试件，试件成型温度不得低于规定要求。

（2）热混合料需要存放时，可在温度下降至 60℃后装入塑料编织袋内，扎紧袋口，并宜低温保存，应防止受潮、淋雨等，且时间不要太长。

（3）在进行沥青混合料质量检验时，由于采集的热拌混合料试样温度下降或稀释沥青溶剂挥发结成硬块已不符合试验要求时，宜用微波炉或烘箱适当加热重塑，且只容许加热一次，不得重复加热，不得用电炉或燃气炉明火局部加热。用微波炉加热沥青混合料时不得使用金属容器或带有金属的物件。沥青混合料的加热温度以达到符合压实温度要求为度，控制最短的加热时间，通常用烘箱加热时不宜超过 4h，用工业微波炉加热约 5～10min。

5. 样品的标记

（1）取样后当场试验时，可将必要的项目一并记录在试验记录报告上。此时，试验报告必须包括取样时间、地点、混合料温度、取样数量、取样人等栏目。

（2）取样后转送试验室试验或存放后用于其他项目试验时应附有样品标签，样品标签应记载下列事项：

① 工程名称、拌合厂名称及拌合机型号。

② 样品概况：包括沥青混合料种类及摊铺层次、沥青品种、标号、矿料种类、取样时混合料温度及取样位置或用以摊铺的路段桩号等。

③ 试样数量。

④ 取样人，提交试样单位及责任者姓名。

⑤ 取样目的或用途（送达单位）。

⑥ 样品标签填写人，取样日期。

第6章 路基工程试验与检测

6.1 土基的回弹模量试验检测

1. 目的与适用范围

适用于在现场土基表面,通过承载板对土基逐级加载、卸载的方法,测出每级荷载下相应的土基回弹变形值,经过计算求得土基回弹模量。本方法测定的土基回弹模量可作为路面设计参数使用。

2. 仪器与材料

本试验需要下列仪器与材料:

(1)加载设施:载有铁块或集料等重物,后轴重不小于60kN的载重汽车一辆,作为加载设备。在汽车大梁的后轴之后约80cm处,附设加劲小梁一根作反力架。汽车轮胎充气压力0.50MPa。

(2)现场测试装置,如图6.1所示,由千斤顶、测试力计(测力环或压力表)及球座组成。

(3)刚性承载板一块,板厚20mm,直径为φ30cm,直径两端设有立柱和可以调整高度的支座,供安放弯沉仪测头,承载板安放在土基表面上。

(4)路面弯沉仪两台,由贝克曼梁、百分表及支架组成。

(5)液压千斤顶一台,80~100kN,装有经过标定的压力表或测力环,其容量不小于土基强度,测定精度不小于测力计量程的1/100。

(6)秒表。

(7)水平尺。

(8)其他:细砂、毛刷、垂球、镐、铁锹、铲等。

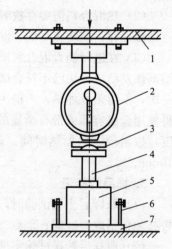

图6.1 承载板试验现场测试装置
1—加劲横梁;2—测力计;3—钢板及球座;4—钢圆筒;5—加载千斤顶;6—立柱及支座;7—承载板

3. 方法与步骤

(1)准备工作

① 根据需要选择有代表性的测点,测点应位于水平的路基上,土质均匀,不含杂物。

② 仔细平整土基表面,撒干燥洁净的细砂填平土基凹处,砂子不可覆盖全部土基表面,避免形成一层砂面。

③ 安置承载板,并用水平尺进行校正,使承载板置于水平状态。

④ 将试验车置于测点上,在加劲小梁中部悬挂垂球测试,使之恰好对准承载板中心,

然后收起垂球。

⑤ 在承载板上安放千斤顶，上面衬垫钢圆筒、钢板，并将球座置于顶部与加劲横梁接触。如用测力环时，应将测力环置于千斤顶与横梁中间，千斤顶衬垫物必须保持垂直，以免加压时千斤顶倾倒发生事故并影响测试数据的准确性。

⑥ 安放弯沉仪，将两台弯沉仪的测头分别置于承载板立柱的支座上，百分表对零或其他合适的初始位置上。

(2) 测试步骤

① 用千斤顶开始加载，注视测力环或压力表，至预压 0.05MPa，稳压 1min，使承载板与土基紧密接触，同时检查百分表的工作情况是否正常，然后放松千斤顶油门卸载，稳压 1min 后，将指针对零或记录初始读数。

② 测定土基的压力-变形曲线。用千斤顶加载，采用逐级加载卸载法，用压力表或测力环控制加载量，荷载小于 0.1MPa 时，每级增加 0.02MPa，以后每级增加 0.04MPa 左右。为了使加载和计算方便，加载数值可适当调整为整数。每次加载至预定荷载（P）后，稳定 1min，立即读记两台弯沉仪百分表数值，然后轻轻放开千斤顶油门卸载至 0，待卸载稳定 1min 后，再次读数，每次卸载后百分表不再对零。当两台弯沉仪百分表读数之差小于平均值的 30% 时，取平均值。如超过 30%，则应重测。当回弹变形值超过 1mm 时，即可停止加载。

③ 各级荷载的回弹变形和总变形，按以下方法计算：

回弹变形（L）=（加载后读数平均值−卸载后读数平均值）×弯沉仪杠杆比

总变形（L'）=（加载后读数平均值−加载初始前读数平均值）×弯沉仪杠杆比

④ 测定总影响量 α。最后一次加载卸载循环结束后，取走千斤顶，重新读取百分表初读数，然后将汽车开出 10m 以外，读取终读数，两只百分表的初、终读数差之平均值即为总影响量 α。

⑤ 在试验点下取样，测定材料含水量。取样数量如下：

最大粒径不大于 5mm，试样数量约 120g；

最大粒径不大于 25mm，试样数量约 250g；

最大粒径不大于 40mm，试样数量约 500g。

⑥ 在紧靠试验点旁边的适当位置，用灌砂法或环刀法等测定土基的密度。

4. 计算

(1) 各级压力的回弹变形值加上该级的影响量后，则为计算回弹变形值。表 6.1 是以后轴重 60kN 的标准车为测试车的各级荷载影响量的计算值。当使用其他类型测试车时，各级压力下的影响量 a_i 按下式计算：

$$a_i = \frac{(T_1 + T_2)\pi D^2 p_i}{4T_1 Q} \times a \tag{6-1}$$

式中　T_1——测试车前后轴距（m）；

　　　T_2——加劲小梁距后轴距离（m）；

　　　D——承载板直径（m）；

　　　Q——测试车后轴重（N）；

　　　p_i——该级承载板压力（MPa）；

a——总影响量（0.01mm）；

a_i——该级压力的分级影响量（0.01mm）。

各级荷载影响量（后轴 60kN） 　　　　　　　　　　　　　　　　　　　**表 6.1**

承载板压力（MPa）	0.05	0.10	0.15	0.20	0.30	0.40	0.50
影响量	$0.06a$	$0.12a$	$0.18a$	$0.24a$	$0.36a$	$0.48a$	$0.60a$

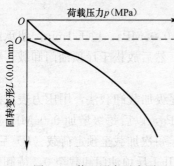

图 6.2　修正原点示意图

（2）将各级计算回弹变形值点绘于标准计算纸上，排除显著偏离的异常点并绘出顺滑的 $p \sim L$ 曲线，如曲线起始部分出现反弯，应按图 6.2 所示修正原点 O，O' 则是修正后的原点。

（3）按下式计算相应于各级荷载下的土基回弹模量 E_i 值：

$$E_i = \frac{\pi D}{4} \times \frac{p_i}{L_i}(1 - \mu_0^2) \tag{6-2}$$

式中　E_i——相应于各级荷载下的土基回弹模量（MPa）；

　　　μ_0——土的泊松比；

　　　D——承载板直径，30cm；

　　　p_i——承载板压力（MPa）；

　　　L_i——相对于该级荷载时的回弹变形（cm）。

（4）取结束试验前的各回弹变形值按线性回归方法由下式计算土基回弹模量 E_0 值：

$$E_0 = \frac{\pi D}{4} \times \frac{\Sigma p_i}{\Sigma L_i}(1 - \mu_0^2) \tag{6-3}$$

式中　E_0——土基回弹模量（MPa）；

　　　μ_0——土的泊松比，根据《公路沥青路面设计规范》JTG D50—2006 规定选用；

　　　L_i——结束试验前的各级实测回弹变形值；

　　　p_i——对应于 L_i 的各级压力值。

5. 报告

试验报告应记录下列结果：

（1）试验时所采用的汽车。

（2）近期天气情况。

（3）试验时土基的含水量（%）。

（4）土基密度和压实度。

（5）相应于各级荷载下的土基回弹模量 E_i 值。

（6）土基回弹模量 E_0 值（MPa）。

6.2　路基土的 CBR 试验检测

CBR 又称加州承载比，是 California Bearing Ration 的缩写，美国加利福尼亚州公路局首先提出，用于评定路基土和路面材料的强度指标。在国外多采用 CBR 作为路面材料和路基土的设计参数。

我国现行沥青和水泥混凝土路面设计规范，对路面、路基的设计参数系采用回弹模量指标，而在境外修建的公路工程多采用 CBR 指标。为了进一步积累经验用于实际，以促进国际学术交流，参考了国内外的情况，将 CBR 指标列入《公路路基设计规范》JTG D30—2004 和《公路路面基层施工技术规范》JTJ 034—2000，作为路基填料选择的依据。

路基填料最小强度要求见表 6.2。

路基填料最小强度和最大粒径要求 表 6.2

项目分类		路面底面下深度（cm）	填料最小强度 CBR（%）		填料最大粒径（mm）
			高速公路、一级公路	其他等级公路	
填方路堑	上路床	0～30	8	6	10
	下路床	30～80	5	4	10
	上路堤	80～150	4	3	15
	下路堤	150 以下	3	2	15
零填及路堑路床		0～30	8	6	10

注：1. 当路床填料 CBK 值达不到表列要求时，可采取掺石灰或其他稳定材料等措施进行处理。
　　2. 其他公路铺筑高级路面时，应采用高速公路、一级公路的规定值。

6.2.1　CBR 值室内试验

1. 目的和适用范围

本试验只适用于在规定的试筒制件后，对各种土和路面基层、底基层材料进行承载比试验。试样的最大粒径宜控制在 25mm 以内，最大不得超过 38mm。

2. 仪器设备

(1) 圆孔筛：孔径 38mm、25mm 及 20mm 筛各一个。

(2) 重型标准击实仪器设备：试筒（图 6.3）、夯锤等。

(3) 贯入杆：端面直径 50mm、长 100mm 的金属柱。

(4) 路面材料强度或其他载荷装置（图 6.4）：能量不小于 50kN。

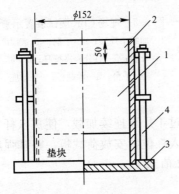

图 6.3　CBR 试筒

1—试筒；2—套环；
3—夯击底板；4—拉杆

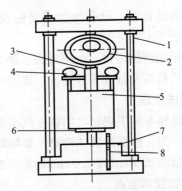

图 6.4　手摇测力计式载荷装置示意图

1—框架；2—量力环；3—贯入杆；
4—百分表；5—试件；6—升降台；
7—蜗轮蜗杆箱；8—摇把

（5）百分表、测力环、载荷板等。

3. 试验原理

试验时，按路基施工时的最佳含水量及压实度要求在试筒内制备试件。为了模拟材料在使用过程中的最不利状态，加载前饱水 4 昼夜。在浸水过程中及贯入试验时，在试件顶面施加荷载板以模拟路面结构对土基的附加应力。贯入试验中，材料的承载能力越高，对其压入一定贯入深度所需施加的荷载越大。所谓 CBR 值，就是试料贯入量达到 2.5mm 或 5mm 时的单位压力与标准碎石压入相同贯入量时的标准荷载强度（7MPa 或 10.5MPa）的比值，用百分数表示。

4. 试验技术要求

（1）试验采用风干试料，按四分法备料。

（2）做击实试验，求试料的最大干密度和最佳含水量。

（3）按最佳含水量制备试件。

（4）试件泡水 4 昼夜。

（5）做贯入试验：加荷使贯入杆以 1～1.25mm/min 的速度压入试件，记录不同贯入量及相应荷载。总贯入量应超过 7mm。

（6）绘制压力 p 与贯入量 L 关系曲线，必要时进行原点修正。

（7）从 p-L 关系曲线上读取贯入量分别为 2.5mm 和 5.0mm 所对应的压力。$p_{2.5}$ 和 p_5，则

$$\mathrm{CBR}_{2.5} = \frac{p_{2.5}}{7\mathrm{MPa}} \times 100\% \qquad (6\text{-}4)$$

$$\mathrm{CBR}_5 = \frac{p_5}{10.5\mathrm{MPa}} \times 100\% \qquad (6\text{-}5)$$

一般采用 $\mathrm{CBR}_{2.5}$，如 $\mathrm{CBR}_5 > \mathrm{CBR}_{2.5}$，则重做试验。如果结果仍然如此，则采用 CBR_5。

6.2.2 土基现场 CBR 值测试方法

1. 主要仪器

（1）荷载装置：设有加劲横梁的载重汽车，后轴重不小于 60kN。

（2）现场测试装置：由千斤顶、测力计、球座、贯入杆、荷载板及百分表等组成，如图 6.5 所示。

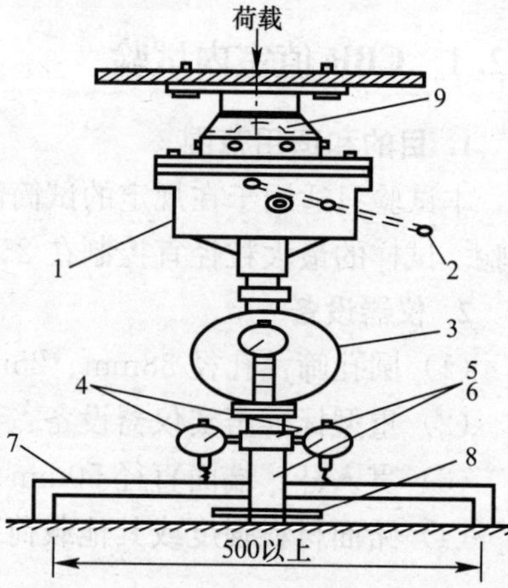

2. 测试原理

在公路路基施工现场，用载重汽车作为反力架，通过千斤顶连续加载，使贯入杆匀速压入土基。为了模拟路面结构对土基的附加应力，在贯入杆位置安放荷载板。路基强度越高，贯入量为 2.5mm 或 5.0mm 时的荷载越大，即 CBR 值越大。

3. 测试技术要点

（1）将测点约直径 30cm 范围的表面找平。

（2）安装现场测试装置，使贯入杆与土基表面紧密接触。

图 6.5 现场 CBR 测试装置示意图
1—加载千斤顶；2—手柄；3—测力计；
4—百分表；5—百分表夹持具；6—贯入杆；
7—平台；8—承载板；9—球座

（3）启动千斤顶，使贯入杆以 1mm/min 的速度压入土基，记录不同贯入量及相应荷载。贯入量达 7.5mm 或 12.5mm 时结束试验。

（4）卸载后在测点取样，测定材料含水量。

（5）在测点旁用灌砂法或环刀法等测定土基的密度。

（6）绘制荷载压强-贯入量曲线，必要时进行原点修正。

应当注意，公路现场条件下测定 CBR 值，土基的含水量和压实度与室内试验条件不同，也未经泡水，故与室内试验 CBR 值不一样。应通过试验，寻找两者之间的关系，换算为室内试验 CBR 值后，再利用路基施工强度检验或评定。

6.2.3 落球仪快速测定土基现场 CBR 值试验

本方法适用细粒土路基施工现场 CBR 值的测定，试验精度较高，方法可靠，快速简便，能满足路基施工现场检验的要求。

1. 主要仪器

（1）落球仪：结构与形状如图 6.6 所示。

（2）卡尺或钢板尺、刮刀、水平尺等。

2. 试验原理

一定质量的球从一定高度自由下落到土基表面，陷入深度越小，表明路基强度越高。根据落球在一定高度自由下落陷入土面所作的功与室内标准试验贯入深度所作的功相等的原理，推导出由落球陷痕直径 D 值计算现场 CBR 值的公式。

3. 试验技术要点

（1）将测点土基表面刮平。

（2）将落球仪置于测点，使球体自由落下，用卡尺量取落球陷痕直径 D 值。

（3）计算现场 CBR 值。

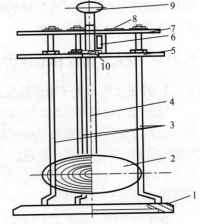

图 6.6 落球仪的结构与形状
1—底座；2—球体；3—立柱；4—导杆；
5—下顶板；6—刻度标尺；7—上顶板；
8—调平气泡；9—提手；10—卡口开关

$$现场 CBR = C\alpha \qquad (6-6)$$

式中 C——有效系数，与土质有关，可通过试验建立现场 CBR 值与用落球仪测定的陷痕直径 D 的相关关系予以确定；当无此条件时，黏性土类可取 0.35，砂性土类可取 0.45；

α——仪器系数，其值为：

$$\alpha = \frac{(H+R-\sqrt{R^2-D^4/4})m}{1.01D^{1.39}(R-\sqrt{R^2-D^2/4})^{1.62}} \qquad (6-7)$$

式中 D——落球陷痕直径（cm）；

m——导杆与落球质量，$m=4.5$kg；

H——球体落高，$H=60$cm；

R——球体半径，$R=4.70$cm。

应当指出，落球仪测定的现场 CBR 值，因土基的含水量和压实度与室内 CBR 试验标准条件不同，也未经泡水，所测结果与前述"土基现场 CBR 值测试方法"所得现场 CBR 值相近。同样，应通过对比试验建立落球仪 CBR 值与室内试验 CBR 值的换算关系后，再利用路基施工强度检验或评定。

6.3 压实度的试验检测

路基路面压实质量是道路工程施工质量管理最重要的内在指标之一，只有对路基、路面结构层进行充分压实，才能保证路基路面的强度、刚度及路面的平整度，并可以保证及延长路基路面工程的使用寿命。

现场压实质量用压实度表示，对于路基土及路面基层，压实度是指工地实际达到的干密度与室内标准击实试验所得的最大干密度的比值；对沥青路面，压实度是指现场实际达到的密度与标准密度的比值。

6.3.1 最大干密度和最佳含水量的确定方法

1. 路基土的最大干密度和最佳含水量确定方法

路基受到的荷载应力，随深度增加而迅速减少，所以路基上部的压实度应高一些。另外，公路等级高，其路面等级也高，对路基强度的要求则相应提高，所以对路基压实度的要求也应高一些。因此，高速、一级公路路基的压实度标准，对于路床 0～80cm 应不小于 96%，路堤 80～150cm 应不小于 94%，150cm 以上应不小于 93%；对于零填及路堑、路槽底面以下 0～80cm 应不小于 96%。

在平均年降雨量少于 150mm 且地下水位低的特殊干旱地区（相当于潮湿系数不大于 0.25 的地区）的压实度标准可降低 2%～3%。因为这些地区雨量稀少，地下水位低，天然土的含水量大大低于最佳含水量，要加水到最佳含水量条件下进行压实确有很大困难，压实度标准适当降低也不致影响路基的强度和稳定性。在平均年降雨量超过 2000mm，潮湿系数大于 2 的过湿地区和不能晾晒的多雨地区，天然土的含水量超过最佳含水量 5% 时，要达到上述的要求极为困难，应进行稳定处理后再压实。

由于土的性质、颗粒的差别，确定最大干密度的方法也有区别，除了一般土的击实法以外，还有粗粒土和巨粒土最大干密度的确定方法。不同性质土的最大干密度确定方法及各方法的适用范围不同。

（1）击实法适用于细粒土粒径不大于 25mm 和粗粒土粒径不大于 38mm 的土。击实试验中按采集土样的含水量，分湿土法和干土法；按土能否重复使用，也分为两种，即土能重复使用和不能重复使用。选择时应根据下列原则进行：根据土的性质选用干土法或湿土法，对于高含水量土宜选用湿土法；对于非高含水量土则选用干土法；除易击碎的试样外，试样可以重复使用。

（2）振动台法与表面振动压实仪法均是采用振动方法测定土的最大干密度。前者是整个土样同时受到垂直方向的振动作用，而后者是振动作用自土体表面垂直向下传递的。研究结果表明，对于无黏聚性自由排水土这两种方法最大干密度试验的测定结果基本一致，但前者试验设备及操作较复杂，后者相对容易，且更接近于现场振动碾压的实际状况。因此，使用时可根据试验设备情况择其一即可，但推荐优先采用表面振动压实仪法。

（3）振动台法与表面振动压实仪法的适用范围：①测定无黏性自由排水粗粒土和巨粒土（包括堆石料）的最大干密度。②适用于通过 0.074mm 标准筛的干颗粒质量百分含量不大于 15％的无黏性自由排水粗粒土和巨粒土。③对于最大颗粒大于 60mm 的巨粒土，因受试筒允许最大粒径的限制，宜按相似级配法的规定处理。已有的国内外研究结果表明，对于砂、卵、漂石及堆石料等无黏聚性自由排水土而言，一致公认采用振动方法而不是普通击实法。因此，建议采用振动方法测定无黏聚性自由排水土的最大干密度。

各试验方法的仪器设备、试验步骤等详见《公路土工试验规程》。

2. 路面基层混合料最大干密度及最佳含水量确定方法

常见的路面基层材料有半刚性基层及粒料类基层，粒料类基层最大干密度的确定可参照粗粒土和巨粒土的振动法。半刚性基层材料按照《公路工程无机结合料稳定材料试验规程》JTG E51—2009 执行，用标准击实法求得。

3. 沥青混合料标准密度确定方法

沥青混合料标准密度，以沥青拌合厂取样试验的马歇尔密度或者试验段密度为准，当采用前一方法时，压实度标准比后者高。

6.3.2 现场密度试验检测方法

现场密度主要检测方法及各方法的适用范围如下：①灌砂法适用于在现场测定基层（或底基层）、砂石路面及路基土的各种材料压实层的密度和压实度，也适用于沥青表面处治、沥青贯入式面层的密度和压实度检测，但不适用于填石路堤等有大孔洞或大孔隙材料的压实度检测。②环刀法适用于细粒土及无机结合料稳定细粒土的密度测试，但对无机结合料稳定细粒土，其龄期不宜超过 2d，且宜用于施工过程中的压实度检验。③核子法适用于现场用核子密度仪以散射法或直接透射法测定路基或路面材料的密度和含水量，并计算施工压实度。适用于施工质量的现场快速评定，不宜用作仲裁试验或评定验收试验。④钻芯法适用于检验从压实的沥青路面上钻取的沥青混合料芯样试件的密度，以评定沥青面层的施工压实度，同时适用于龄期较长的无机结合料稳定类基层和底基层的密度检测。

灌砂法和环刀法试验见本书第 2 章。

6.3.2.1 核子密湿度仪测定压实度试验方法

1. 目的与适用范围

该法是利用放射性元素（通常是 γ 射线和中子射线）测量土或路面材料的密度和含水量。这类仪器的特点是测量速度快，需要人员少。该类方法适用于测量各种土或路面材料的密度和含水量。它的缺点是，放射性物质对人体有害，另外需要打洞的仪器，在打洞过程中使洞壁附近的结构遭到破坏，影响测定的准确性。对于核子密度湿度仪法，可作施工控制使用，但需与常规方法比较，以验证其可靠性。

本方法适用于现场用核子密湿度仪以散射法或直接法测定路基或路面材料的密度和含水率，并计算施工压实度。

2. 仪具与材料

核子密度湿度仪：符合国家规定的关于健康保护和安全使用标准，密度的测定范围为 $1.12 \sim 2.73 \mathrm{g/cm^3}$，测定误差不大于 $\pm 0.03 \mathrm{g/cm^3}$，含水率测量范围为 $0.1 \sim 0.64 \mathrm{g/cm^3}$。

它主要包括下列部件：

（1）γ射线源：双层密封的同位素放射源，如铯-137、钴-60 或镭-226 等。

（2）中子源：如镅（241）、铍等。

（3）探测器：γ射线探测器或中子探测器等。

（4）读数显示设备：如液晶显示器、脉冲计数器、数率表或直接读数表。

（5）标准板：提供检验仪器操作和散射计数参考标准用。

（6）安全防护设备：符合国家规定要求的设备。

（7）刮平板、钻杆、接线等。

（8）细砂：粒径为 0.15～0.3mm。

（9）天平或台秤。

（10）其他：毛刷等。

3. 方法与步骤

（1）本方法用于测定沥青混合料面层的压实密度或硬化水泥混凝土等难以打孔材料的密度时宜使用散射法；用于测定土基、基层材料或非硬化水泥混凝土等可以打孔材料的密度及含水率时，应使用直接透射法。

（2）在表面用散射法测定，所测定沥青面层的层厚应不大于根据仪器性能决定的最大厚度。用于测定土基或基层材料的压实密度及含水率时，打洞后用直接透射法测定，测定层的厚度不宜大于 30cm。

（3）准备工作

1）每天使用前或者对测试结果有怀疑的时候，按下列步骤用标准计数块测定仪器的标准值：

① 进行标准值测定时的地点至少离开其他放射源 10mm 的距离，地面必须经压实而且平整。

② 接通电源，按照仪器使用说明书建议的预热时间，预热测定仪。

③ 在测定前，应检查仪器性能是否正常，将仪器在标准计数块上放置平整，按照仪器使用说明书的要求进行标准化计数并判断标准化计数值必须符合要求。如标准化计数值超过规定的限值时，应确认标准化计数的方法和环境是否符合要求，并重复进行标准化计数；若第二次标准化计数值仍超出规定限值时，需视作故障并进行仪器检查。

2）在进行沥青混合料压实层密度测定前，应用核子法对钻孔取样的试件进行标定；测定其他材料密度时，宜与挖坑灌砂法的结果进行标定。标定的步骤如下：

① 选择压实的路表面，按要求的测定步骤用核子密度仪测定密度，读数。

② 在测定的同一位置用钻机钻孔法或挖坑灌砂法取样，量测厚度，按规定的标准方法测定材料的密度。

③ 对同一种路面厚度及材料类型，在使用前至少测定 15 处，求取两种不同方法测定的密度的相关关系，其相关系数 R 应不小于 0.95。

3）测试位置的选择。

① 按照随机取样方法选择测试位置，但距路面边缘或其他物体的最小距离不得小于 30cm。核子密湿度仪距其他放射线源的距离不得少于 10m。

a）当用散射法测定时，应按图 6.7 的方法用细砂填平测试位置路表结构凹凸不平的空隙，使路表面平整，能与仪器紧密接触。

b）当使用直接透射法测定时，应按图 6.8 的方法用导板和钻杆打孔，在拟测试材料的表面打一个垂直的测试孔，测试孔要以插进探测杆后仪器在测点表面上不倾斜为准。孔深必须大于探测杆达到的测试深度。再按图 6.8 的方法将探测杆放下插入已打好的测试孔内，前后或左右移动仪器，使之安放稳固。

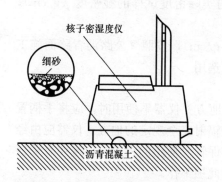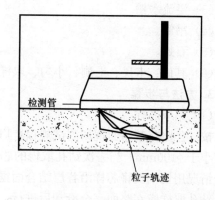

图 6.7　用细砂填平测试位置的方法图　　　图 6.8　在路表面上打孔的方法

c）按照规定的时间，预热仪器。

② 测定步骤

a）如用散射法测定时，应按图 6.9 所示的方法将核子仪平稳地置于测试位置上，测点应随机选择，测定湿度应与试验段测定时一致，一组不少于 13 点，取平均值。检测精度通过试验路段与钻孔试件比较评定。

b）如用直接透射法测定时，应按图 6.10 所示的方法将放射源棒放下插入已预先打好的孔内。

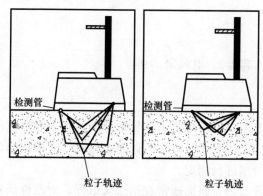

图 6.9　用散射法测定的方法　　　　　　图 6.10　用直接透射法测定的方法

c）打开仪器，测试员退至距仪器 2m 以外。按照选定的测定时间进行测量，到达测定时间后，读取显示的各项数值，并迅速关机。

4. 计算

按下列二式计算施工干密度及压实度。

$$\rho_d = \frac{\rho_w}{1+w} \tag{6-8}$$

$$K = \frac{\rho_s}{\rho_0} \times 100 \tag{6-9}$$

式中 K——测试地点的施工压实度（%）；

        w——含水率，以小数表示；

        ρ_w——试样的湿密度（g/cm）；

        ρ_d——由核子密湿度仪测定的压实沥青混合料的实际密度试样的湿密度（g/cm），一组不少于 13 个点，取平均值；

        ρ_0——沥青混合料的实际密度试样的标准密度（g/cm），按照《公路沥青路面施工技术规范》JTG F40—2004 附录 E 的规定选用。

5. 安全注意事项

仪器工作时，所有人员均应退到距仪器 2m 以外的地方。仪器不使用时，应将手柄置于安全位置，仪器应装入专用的仪器箱内放置在符合核辐射安全规定的地方。仪器应由经有关部门审查合格的专人保管、专人使用。对从事仪器保管及使用的人员，应遵照有关核辐射检测的规定，不符合核防护规定的人员，不宜从事此项工作。

6.3.2.2 钻芯法测定沥青面层密度

1. 目的与适用范围

沥青混合料面层的压实度是指按施工规范规定方法测得的混合料试样的毛体积密度与标准密度之比值，以百分率表示。适用于检验从压实的沥青路面上钻取的沥青混合料芯样试件的密度，以评定沥青路面的施工压实度。

2. 仪具与材料技术要求

（1）路面取芯钻机。

（2）天平：感量不大于 0.1g。

（3）溢流水槽。

（4）吊篮。

（5）石蜡。

（6）其他：卡尺、毛刷、小勺、取样袋（容器）、电风扇。

3. 方法与步骤

（1）钻取芯样

按《公路路基路面现场测试规程》JTG E60—2008 取样方法钻取路面芯样，芯样直径不宜小于 φ100mm。当一次钻孔取得的芯样包含有不同层位的沥青混合料时，应根据结构组合情况用切割机将芯样沿各层结合面锯开分层进行测定。

钻孔取样应在路面完全冷却后进行，对普通沥青路面通常在第二天取样，对改性沥青及 SMA 路面宜在第三天以后取样。

（2）测定试件密度

① 将钻取的试件在水中用毛刷轻轻刷净粘附的粉尘。如试件边角有松散颗粒，应清除。

② 将试件晾干或用电风扇吹干不少于 24h，直至恒重。

③ 按现行《公路工程沥青及沥青混合料试验规程》JTG E20—2011 的沥青混合料试件密度试验方法测定试件。通常情况下采用表干法测定试件的毛体积相对密度；对吸水率

大于2‰的试件，宜采用蜡封法测定试件的毛体积相对密度；对吸水率小于0.5%特别致密的沥青混合料，在施工质量检验时，允许采用水中重法测定表观相对密度。

（3）根据《公路沥青路面施工技术规范》JTG F40—2004附录E的规定，确定计算压实度的标准密度。

4. 计算

当计算压实的标准密度采用每天试验室实测的马歇尔击实试件密度或试验路段钻孔取样密度时，沥青面层的压实度按下式计算：

$$K = \frac{\rho_s}{\rho_0} \times 100 \qquad (6-10)$$

式中　K——沥青面层某一测定部位的压实度（%）；

　　　ρ_s——沥青混合料芯样试件的实际密度（g/cm^3）；

　　　ρ_0——沥青混合料的标准密度（g/cm^3）。

计算压实度的标准密度采用最大理论密度时，沥青面层的压实度按下式计算：

$$K = \frac{\rho_s}{\rho_1} \times 100 \qquad (6-11)$$

式中　ρ_s——沥青混合料芯样试件的实际密度（g/cm^3）；

　　　ρ_1——沥青混合料的最大理论密度（g/cm^3）。

按规范规定的方法，计算一个评定路段检测的压实度的平均值、标准差、变异系数，并计算代表压实度。

5. 报告

压实度试验报告应记载压实度检查的标准密度及依据，并列表表示各测点的试验结果。

6.3.2.3　落锤频谱式路基压实度快速测定仪

落锤频谱式路基压实度快速测定仪是利用落锤的冲击使土体产生反弹力，并利用低频电波测出土体响应值的一种无需测含水量就能得到路基压实度的测试仪器。检测时，不需挖坑，每测一个点，只需2～3min。该仪器体积小（仪器外形尺寸为320mm×140mm×300mm，冲击架高460mm），质量轻（8.8kg），携带使用方便；既可在施工工地现场使用，也可在试验室土槽中使用。

1. 工作原理

落锤频谱式路基压实度快速测定仪的原理如图6.11所示。在已碾压的路基表面上，使落锤自由落下，接触地面时，土体表面随即产生一反弹力。从理论上讲，土体愈密实，吸能作用愈弱，则反弹力愈强。反弹力随即使加速度传感器工作，记录加速度值。经过电荷放大器的前置放大，并以电压信号输出，随即又通过低频滤波器，进入峰值采样保持电路。然后，再由峰值触发电路，进入10位数（精度高）A/D转换装置，由单片机进行信

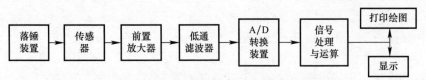

图6.11　落锤频谱式路基压实度快速测定仪原理框图

号处理与运算。最后，由 LED 显示器显示，同时，由打印机输出压实度数值。

2. 使用技术要点

（1）压实度曲线的标定

路基压实度曲线的标定工作十分重要，应在仪器各部分功能正常的情况下进行。标定工作实质上就是制作标定线，这种工作一般在试验室内进行。标定时一定要选择工程所使用的土类，而且选择的土类要具有工程代表性，这是确保标定精度的必要条件。压实度标定就是建立压实度加速度传感器响应值与压实度大小的关系。

（2）测点数与测点布置

路基压实度测定以两次平均值作为测点压实度数值。如两次压实度测值的相对误差超过 1%，则需要进行第三次实测，利用三次平均值作为压实度最终结果。几次测定测点位置的安排主要取决于落锤的底面直径 d，以及路基土冲击后回弹恢复的时间 t。当 $t \leqslant 1\text{min}$ 时，就要将落锤的位置向旁侧移动 $1.50d$ 的距离作第二次测定；当 $t = 3\text{min}$ 时，则可在同一位置测定第二次，这样的安排能避免引起大的误差。

第7章　路面工程试验与检测

7.1　路面基层的试验检测

7.1.1　概述

路面基层材料主要有无机结合料稳定类、有机结合料稳定类和粒料类，高等级公路路面基层广泛采用无机结合料稳定类，有时也使用有机结合料稳定类。本章主要讨论无机结合料稳定类基层材料的试验检测方法。

无机结合料稳定类（俗称半刚性基层）还可分为水泥稳定类、石灰稳定类、综合稳定类和工业废渣稳定类（主要是石灰粉煤灰稳定类），包括水泥稳定土、石灰稳定土、水泥石灰综合稳定土、石灰粉煤灰稳定土、水泥粉煤灰稳定土及水泥石灰粉煤灰稳定土等。

无机结合料稳定土强度应满足表7.1的要求。

强度标准（MPa）　　　　　　　　　　　　　　　　　　表7.1

材料名称	高速公路和一级公路		二级和二级以下公路	
	基层	底基层	基层	底基层
水泥稳定土	3～4	≥15	2～3	≥15
石灰稳定土		≥0.8	≥0.8	0.5～0.7
二灰稳定土	≥0.8	≥0.5	≥0.6	≥0.5

1. 无机结合料稳定土

在粉碎的或原来松散的土（包括各种粗、中、细粒土）中，掺入足量的水泥和水，经拌合压实得到的混合料在压实及养生后，当其抗压强度符合规定的要求时，称为水泥稳定土。如果用石灰代替水泥掺入土中，则称石灰稳定土。

同时用水泥和石灰稳定某种土得到的混合料，简称综合稳定土。

一定数量石灰和粉煤灰或石灰和煤渣与其他集料相配合，加入适量的水（通常为最佳含水量），经拌合、压实及养生后得到的混合料，当其抗压强度符合规定要求时，称为石灰工业废渣稳定土。

按照土中单个颗粒（指碎石、砾石和砂颗粒）的粒径大小和组成，将土分为细粒土、中粒土和粗粒土三种。

（1）细粒土：颗粒的最大粒径小于9.5mm，且其中小于2.36mm的颗粒含量不少于90%；

（2）中粒土：颗粒的最大粒径小于26.5mm，且其中小于19.0mm的颗粒含量不少于90%；

（3）粗粒土：颗粒的最大粒径小于 37.5mm，且其中小于 31.5mm 的颗粒含量不少于 90%。

2. 无机结合料稳定土组成材料要求

（1）土

① 水泥稳定土

凡能被经济地粉碎的土都可用水泥稳定，其最大颗粒和颗粒组成应满足规范的要求。对细粒土而言，土的均匀系数应大于 5，液限不应超过 40，塑性指数不应大于 17。

集料的压碎值要求为：对于二级和二级以下公路基层不大于 35%；对于二级和二级以下公路底基层不大于 40%；对于高速公路和一级公路不大于 30%。

② 石灰稳定土

塑性指数为 15～20 的黏性土以及含有一定数量黏性土的中粒土和粗粒土（如天然砂砾土、砾石土、旧级配砾石和泥结碎石路面等）均适宜于用石灰稳定。

用石灰稳定不含黏性土或无塑性指数的级配砂砾、级配碎石和未筛分碎石时，应添加 15% 左右的黏性土。

硫酸盐含量超过 0.8% 的土和有机质含量超过 10% 的土，不宜用石灰稳定。

石灰稳定土中集料压碎值的要求：一般公路的底基层不大于 40%；高速公路和一级公路的底基层、二级以下公路的基层不大于 35%；二级公路的基层不大于 30%。

③ 石灰工业废渣稳定土宜采用塑性指数为 12～20 的黏性土（粉质黏土），有机质含量超过 10% 的土不宜选用。最大颗粒和颗粒组成应满足规范的要求。集料压碎值要求同水泥稳定土。

（2）水泥

普通水泥、矿渣水泥、火山灰水泥等都可使用，但应选用终凝时间较长（宜在 6h 以上）的水泥，快硬水泥、早强水泥以及已受潮变质的水泥不应使用。宜采用强度等级较低（如 32.5）的水泥。

（3）石灰

石灰质量应满足合格品以上的生石灰或消石灰的技术指标，要尽量缩短石灰的存放时间。石灰在野外堆放时间较长时，应妥善覆盖保管，不应遭日晒雨淋。

等外石灰、贝壳石灰、珊瑚石灰等应通过试验检测，只要石灰稳定土混合料的强度符合表 7.1 的标准，就可以使用。

对于高速公路和一级公路，宜采用磨细生石灰粉。

（4）粉煤灰

粉煤灰中 SiO_2、Al_2O_3 和 Fe_2O_3 的总含量应大于 70%，烧失量不应超过 20%，其比面积宜大于 $2500cm^2/g$。

干粉煤灰和湿粉煤灰都可以应用。干粉煤灰如堆在空地上应加水，防止飞扬造成污染。湿粉煤灰的含水量不宜超过 35%。

使用时，应将凝固的粉煤灰块打碎或过筛，同时清除有害杂质。

（5）煤渣

煤渣是煤经锅炉燃烧后的残渣，它的主要成分是 Al_2O_3 和 Fe_2O_3，它的松干密度在 700～1100kg/m³ 之间。煤渣的最大粒径不应大于 30mm，颗粒组成宜有一定级配，且不宜含杂质。

（6）强度标准

无机结合料稳定土强度标准见表7.1。

3. 基层和底基层材料试验检测项目

基层和底基层材料试验检测项目汇总于表7.2。

公路基层、底基层试验检测项目一览表　　　　　　表7.2

		检验项目	检验频率	质量标准
天然砂砾底基层	混合料原材料	压碎值	每5000m³一组	小于30%
		针片状	每5000m³一组	小于20%
		颗粒分析	每5000m³一组	良好级配
		承载力CBR	每5000m³一组	大于60%
	混合料	压实度	每5000m³一组	96%
		含水量	每5000m³一组	高于最佳含水量0.5%~1%
水稳基层	原材料	水泥	每100t一组	初凝3h以上，终凝6h以上，强度42.5MPa以上，含盐量小于0.5%
		颗粒分析	每5000m³一组	符合要求
		含泥量	每5000m³一组	小于5%
		塑性指数	每5000m³一组	
		压碎值	每5000m³一组	小于30%
		有机质含量	每5000m³一组	小于2%
		含盐量	每5000m³一组	硫酸钠小于0.25%，盐总量小于3%
		水	每5000m³一组	pH值大于4
	混合料	含水量	每2000m³一组	最佳含水量±1%
		颗粒分析	每2000m³一组	符合要求
		液塑限	每2000m³2组	液限小于28%，塑性指数小于9%
		相对密度，吸水率	每2000m³一组	实测
		压碎值	每2000m³一组	小于30%
		有机质，硫酸盐	每2000m³一组	有机质小于2%，硫酸盐小于0.25%，盐总量小于3%
		击实	使用前	实测
	现场	压实度	每2000m³6组	大于98%
		含水量	每2000m³6组	大于最佳含水量0.5%~1%
	室内	颗粒分析	每天一次	符合要求
		含水量	每天一次	大于最佳含水量0.5%~1%
		无侧限抗压强度	每天一次	大于3.5MPa

7.1.2　水泥或石灰剂量测定方法——EDTA滴定法

1. 目的和适用范围

（1）本试验方法适用于在工地快速测定水泥和石灰稳定土中水泥和石灰的剂量，并可用以检查拌合的均匀性。用于稳定的土可以是细粒土，也可以是中粒土和粗粒土。本方法不受水泥和石灰稳定土龄期（7d以内）的影响。工地水泥和石灰稳定土含水量的少量变化（±2％），实际上不影响测定结果。用本方法进行一次剂量测定，只需10min左右。

（2）本方法也可以用来测定水泥和石灰稳定土中结合料的剂量。

2. 仪具

（1）滴定管（酸式）：50mL，一支。

（2）滴定台：一个。

（3）滴定管夹：一个。

（4）大肚移液管：10mL，10支。

（5）锥形瓶（三角瓶）：200mL，20个。

（6）烧杯：2000mL（或1000mL），一只；300mL，10只。

（7）容量瓶：1000mL，一个。

（8）搪瓷杯：容量大于1200mL，10只。

（9）不锈钢棒（或粗玻璃棒），10根。

（10）量筒：100mL和5mL，各一只；50mL，两只。

（11）棕色广口瓶：60mL，一只（装钙红）。

（12）托盘天平：称500g，感量0.5g和称量100g，感量0.1g，各一台。

（13）秒表一只。

（14）表面皿：ϕ9cm10个。

（15）研钵：ϕ12～13cm，一个。

（16）土样筛：筛孔2.0mm或2.5mm，一个。

（17）洗耳球1两或2两：一个。

（18）精密试纸：pH12～pH14。

（19）聚乙烯桶：20L，一个（装蒸馏水）；10L，两个（装氯化铵及EDTA二钠标准液）；5L，一个（装氢氧化钠）。

（20）毛刷、去污粉、吸水管、塑料勺、特种铅笔、厘米纸。

（21）洗瓶（塑料）：500mL，一只。

3. 试剂

（1）0.1mol/m^{3}乙二胺四乙酸二钠（简称EDTA二钠）标准液：准确称取EDTA二钠（分析纯）37.226g，用微热的无二氧化碳蒸馏水溶解，待全部溶解并冷却至室温后，定容至1000mL。

（2）10％氯化铵（NH$_4$cl）溶液：将500g氯化铵（分析纯或化学纯）放在10L聚乙烯桶内，加蒸馏水4500mL，充分振荡，使氯化铵完全溶解。也可以分批在1000mL的烧杯内配制，然后倒入塑料桶内摇匀。

（3）1.8％氢氧化钠（内含三乙醇胺）溶液：用100g架盘天平称18g氢氧化钠（NaOH，分析纯），放入洁净干燥的1000mL烧杯中，加入1000mL蒸馏水使其全部溶解，待溶解冷却至室温后，加入2mL三乙醇胺（分析纯），搅拌均匀后储于塑料桶中。

（4）钙红指示剂：将0.2g钙试剂羟酸钠（分子式C$_{21}$H$_{13}$O$_7$N$_2$SN$_a$，相对分子质量460.39）与20g预先在105℃烘箱中烘1h的硫酸钾混合，一起放入研钵中，研成极细粉末，储于棕色广口瓶中，以防受潮。

4. 准备标准曲线

（1）取样：取工地用石灰和集料，风干后分别过 2.0mm 或 2.5mm 筛，用烘干法或酒精燃烧法测其含水量（如为水泥可假定其含水量为 0%）。

（2）混合料组成的计算。

干料质量＝湿料质量/（1＋含水量）

计算方法：

① 干混合料质量＝300g/（1＋最佳含水量）；

② 干土质量＝干混合料质量/（1＋石灰或水泥剂量）；

③ 干石灰（或水泥）质量＝干混合料质量－干土质量；

④ 湿土质量＝干土质量×（1＋土的风干含水量）；

⑤ 湿石灰质量＝干石灰×（1＋石灰的风干含水量）；

⑥ 石灰土中应加入的水＝300g－湿土质量－湿石灰质量。

（3）准备五种试样，每种两个样品（以水泥集料为例），具体要求如下：

一种：称两份 300g 集料（如为细粒土，则每份质量可减为 100g）分别放在两个搪瓷杯内，集料的含水量应等于工地预期达到的最佳含水量。集料中所加的水应与工地所用的水相同（300g 为湿质量）。

两种：准备两份水泥剂量为 2% 的水泥土混合料试样，每份均 300g，并分别放在两个搪瓷杯内。水泥土混合料的最佳含水量应等于工地预期达到的最佳含水量。混合料中加的水应与工地所用的水相同。

三种、四种、五种：各准备两份水泥剂量分别为 4%、6%、8% 的水泥土混合料试样，每份均为 300g，并分别放在六个搪瓷杯内，其他要求同一种。

在此，准备标准曲线的水泥剂量为 0%、2%、4%、6% 和 8%，实际工作中应使工地实际所用水泥或石灰的剂量位于准备标准曲线时所用剂量的中间。

（4）取一个盛有试样的搪瓷杯，在杯内加 600mL10% 氯化铵溶剂（当仅用 100g 混合料时，只需 200mL10% 氯化铵溶液），用不锈钢搅拌棒充分搅拌 3min（每分钟搅 110～120次）。如水泥（或石灰）土混合料中的土是细粒土，则也可以用 1000mL 具塞三角瓶代替搪瓷杯，手握三角瓶（瓶口向上）用力振荡 3min（每分钟 120±15 次），以代替搅拌棒搅拌。放置沉淀 4min，如 4min 后得到的是混浊悬浮液，则应增加放置沉淀时间，直到出现澄清悬浮液为止，并记录所需的时间。以后所有该种水泥（或石灰）土混合料的试验，均应以同一时间为准，然后将上部清液转移到 300mL 烧杯内，搅匀，加盖表面皿待测。

（5）用移液管吸取上层（液面下 1～2cm）悬浮液 10.0mL 放入 200mL 的三角瓶内，用量筒取 500mL1.8% 氢氧化钠（内含三乙醇胺）倒入三角瓶中，此时溶液 pH 值为12.5～13.0（可用 pH 值 12～14 精密试纸检验），然后加入钙红指示剂（体积约为黄豆大小），摇匀，溶剂呈玫瑰红色。用 EDTA 二钠标准液滴定到纯蓝色为终点，记录 EDTA 二钠的耗量（以 mL 计，读至 0.1mL）。

（6）对其他几个搪瓷杯中的试样，用同样的方法进行试验，并记录各自 EDTA 二钠的耗量。

（7）以同一水泥或石灰剂量混合料消耗 EDTA 二钠毫升数的平均值为纵坐标，以水泥或石灰剂量的百分含量为横坐标制图。两者的关系应是一根顺滑的曲线，如图 7.1 所

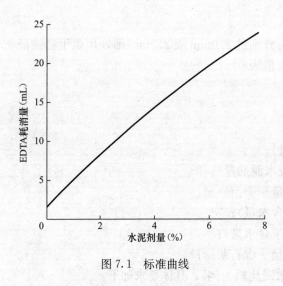

图 7.1　标准曲线

示。如集料或水泥或石灰改变，必须重做标准曲终。

5. 试验步骤

（1）选取有代表性的水泥土或石灰土混合料，称 300g 放在搪瓷杯中，用搅拌棒将结块搅散，加 600mL 10％氯化铵溶液，然后如前述步骤那样进行试验。

（2）利用所绘制的标准曲线，根据所消耗的 EDTA 二钠体积，确定混合料中的水泥或石灰剂量。

6. 注意事项

（1）每个样品搅拌的时间、速度和方式应力求相同，以增加试验的精度。

（2）做标准曲线时，如工地实际水泥剂量较大，素集料和低剂量水泥的试样可以不做，而直接用较高的剂量做试验，但应有两种剂量大于实用剂量，以及两种剂量小于实用剂量。

（3）配制的氯化铵溶液最好当天用完，不要放置过久，以免影响试验的精度。

7.1.3　无侧限抗压强度试验

1. 目的和适用范围

本试验方法适用于测定无机结合料稳定土（包括稳定细粒土、中粒土和粗粒土）试件的无侧限抗压强度，有室内配合比设计试验及现场检测。本试验方法包括：按照预定干密度用静力压实法制备试件以及用锤击法制备试件，试件都是高：直径＝1：1 的圆柱体。应该尽可能用静力压实法制备等干密度的试件。

室内配合比设计试验和现场检测两者在试料准备上是不同的，前者根据设计配合比称取试料并拌合，按要求制备试件；后者则在工地现场取拌合的混合料作试料，并按要求制备试件。

2. 取样频率

在现场按规定频率取样，按工地预定达到的压实度制备试件。试件数量每 2000m² 时或每工作班为：稳定细粒土、中粒土或粗粒土，当多次试验结果的偏差系数 $C_v \leqslant 10\%$ 时，可为 6 个试件；$C_v = 10\% \sim 15\%$ 时，可为 9 个试件；$C_v > 15\%$ 时，则需 13 个试件。

3. 仪器设备

（1）圆孔筛：孔径 40mm、25mm（或 20mm）及 5mm 的筛各一个。

（2）试模：适用于下列不同土的试模尺寸。

细粒土（最大粒径不超过 10mm）：试模的直径×高＝50mm×50mm；

中粒土（最大粒径不超过 25mm）：试模的直径×高＝100mm×100mm；

粗粒土（最大粒径不超过 40mm）：试模的直径×高＝150mm×150mm。

（3）脱模器。

（4）反力框架：规格为 400kN 以上。

（5）液压千斤顶（200~1000kN）。

（6）击锤和导管：击锤的底面直径为50mm，总质量为4.5kg，击锤在导管内的总行程为450mm。

（7）密封湿气箱或湿气池：放在保持恒温的小房间内。

（8）水槽：深度应大于试件高度50mm。

（9）路面材料强度试验仪或其他合适的压力机，但后者的最大量程应不大于200kN。

（10）天平：感量0.01g。

（11）台秤：称量10kg，感量5g。

（12）量筒、拌合工具、漏斗、大小铝盒、烘箱等。

4. 试件制备

（1）试料准备

将具有代表性的风干试料（必要时也可以在50℃烘箱内烘干）用木锤和木碾捣碎，但应避免破碎粒料的原粒径。将土过筛并进行分类，如试料为粗粒土，则除去粒径大于40mm的颗粒备用；如试料为中粒土，则除去粒径大于25mm或20mm的颗粒备用；如试料为细粒土，则除去粒径大于10mm的颗粒备用。

在预定做试验的前一天，取有代表性的试料测定其风干含水量。对于细粒土，试样应不少100g；对于粒径小于25mm的中粒土，试样应不少于1000g；对于粒径小于40mm的粗粒土，试样应不少于2000g。

（2）按《公路工程无机结合料稳定材料试验规程》JTG E51—2009确定无机结合料混合料的最佳含水量和最大干密度。

（3）配制混合料

① 对于同一无机结合料剂量的混合料，需要制备相同状态的试件数量（即平行试验的数量）与土类及操作的仔细程度有关。对于无机结合料稳定细粒土，至少应该制6个试件；对于无机结合料稳定中粒土和粗粒土，至少分别应该制9个和13个试件。

② 称取一定数量的风干土并计算干土的质量，其数量随试件大小而变。对于尺寸为50mm×50mm的试件，1个试件约需干土180~210g；对于100mm×100mm的试件，1个试件约需干土1700~1900g；对于150mm×150mm的试件，一个试件约需干土5700~6000g。

对于细粒土，可以一次称取6个试件的土；对于中粒土，可以一次称取2个试件的土；对于粗粒土，一次只称取一个试件的土。

③ 将称好的土放在长方盘（约400mm×600mm×70mm）内。向土中加水，对于细粒土（特别是黏性土）使其含水量较最佳含水量小3%，对于中粒土和粗粒土可按式（7-1）加水。将土和水拌合均匀后放在密闭容器内浸润备用。如为石灰稳定土和水泥石灰综合稳定土，可将石灰和土一起拌匀后进行浸润。

浸润时间：黏性土12~24h；粉性土6~8h；砂性土、砂砾土、红土砂砾、级配砂砾等可以缩短到4h左右；含土很少的未筛分碎石、砂砾及砂可以缩短到2h。

④ 在浸润过的试料中，加入预定数量的水泥或石灰（水泥或石灰剂量按干土即集料质量的百分率计）并拌合均匀，在拌合过程中，应将预留的3%的水（对于细粒土）加入土中，使混合料的含水量达到最佳含水量。拌合均匀的加有水泥的混合料应在1h内按下

述方法制成试件，超过 1h 的混合料应该作废。其他结合料稳定土的混合料虽不受此限制，但也应尽快制成试件。

（4）按预定的干密度制备试件

用反力框架和液压千斤顶，制备预定干密度的试件，需要的稳定土混合料质量可按下式计算：

$$m_1 = \rho_d V(1 + 0.01w) \tag{7-1}$$

式中　m_1——稳定土混合料的质量（g）；

　　　V——试模的体积（m³）；

　　　w——稳定土混合料的含水量（%）；

　　　ρ_d——稳定土试件的干密度（g/m³）。

将试模的下压柱放入试模的下部，但外露 2cm 左右。将称量的规定数量的稳定土混合料分 2 至 3 次灌入试模中（利用漏斗），每次灌入后用夯棒轻轻均匀插实。如制备的是 50mm×50mm 的小试件，则可以将混合料一次倒入试模中，然后将上压柱放入试模内，应使上压柱也外露 2cm 左右（即上下压柱露出试模外的部分应该相等）。

将整个试模（连同上下压柱）放到反力框架内的千斤顶上（千斤顶下应放一扁球座），加压直到上下压柱都压入试模为止。维持压力 1min，解除压力后，取下试模，拿去上压柱，并放到脱模器上将试件顶出（利用千斤顶和下压柱）。称试件的质量 m_2，小试件精确至 1g；中试件精确至 2g；大试件精确至 5g。然后用游标卡尺量试件的高度 h，精确至 0.1mm。

用击锤制备试件步骤同前，只是用击锤（可以利用作击实试件的锤，但压柱顶面需要垫 1 块牛皮或胶皮，以保护锤面和压柱顶面不受损伤）将上下压柱打入试模内。

5. 养生

试件从试模内脱出并称量后，应立即放到密封湿气箱和恒温室内进行保温保湿养生。但中试件和大试件应先用塑料薄膜包覆，有条件时可采用蜡封保湿养生。养生时间视需要而定，作为工地控制，通常都只取 7d。整个养生期间的温度，在北方地区应保持 20±12℃，在南方地区应保持 25±12℃。养生期的最后一天，应该将试件浸泡在水中，水的深度应使水面在试件顶上约 2.5mm。在浸泡水中前，应再次称试件的质量 m_3。在养生期间，试件质量的损失应该符合下列规定：小试件不超过 1g；中试件不超过 4g；大试件不超过 10g。质量损失超过此规定的试件，应该作废。

6. 无侧限抗压强度试验

（1）将已浸水一昼夜的试件从水中取出，用软的旧布吸试件表面的可见自由水，并称试件的质量 m_4。

（2）用游标卡尺量试件的高度 h_1，精确至 0.1mm。

（3）将试件放到路面材料强度试验仪的升降台上（台上先放一扁球座）进行抗压试验。试验过程中，应使试件的形变等速增加，并保持速率约为 1mm/min。记录试件破坏时的最大压力 P（单位为 N）。

（4）从试件内部取有代表性的样品（经过打破）测定其含水量 w_1。

7. 结果计算

（1）试件的无侧限抗压强度 R_c，用下列相应的公式计算：

对于小试件：$R_c = \dfrac{P}{A} = 0.00051P$

对于中试件：$R_c = \dfrac{P}{A} = 0.000127P$

对于大试件：$R_c = \dfrac{P}{A} = 0.00057P$

式中　P——试件破坏时的最大压力（N）；

　　　A——试件的截面积（mm^2）。

（2）若干次平行试验的偏差系数 C_v 应符合下列规定：

小试件，不大于 10%；

中试件，不大 15%；

大试件，不大于 20%。

8. 报告

报告应包括以下内容：

（1）材料的颗粒组成；

（2）水泥的种类和强度等级或石灰的等级；

（3）确定最佳含水量时的结合料用量、最佳含水量和最大干密度；

（4）水泥或石灰剂量或石灰（或水泥）、粉煤灰和集料的比例；

（5）试件干密度（精确至 $0.01g/cm^3$）或压实度；

（6）吸水量以及测抗压强度时的含水量；

（7）抗压强度：小于 2.0MPa 时采用两位小数，并用偶数表示；大于 2.0MPa 时采用 1 位小数；

（8）若干个试验结果的最小值和最大值、平均值 $\bar{R}_c$、标准差 S、偏差系数 C_v 和 95% 概率的值 $R_{c0.95}$（$R_c0.95 = \bar{R}_c - 1.645S$）。

7.2　路基路面弯沉值测试方法

7.2.1　概述

国内外普遍采用回弹弯沉值来表示路基路面的承载能力，回弹弯沉值越大，承载能力越小，反之则越大。通常所说的回弹弯沉值是指标准后轴载双轮组轮隙中心处的最大回弹弯沉值。在路表测试的回弹弯沉值可以反映路基路面的综合承载能力。回弹弯沉值在我国已广泛使用且有很多的经验及研究成果，它不仅用于路面结构的设计中（设计回弹弯沉），用于施工控制及施工验收中（竣工验收弯沉值），同时还用在旧路补强设计中，是公路工程的一个基本参数，所以正确的测试具有重要的意义。

1. 弯沉值的几个概念

（1）弯沉

弯沉是指在规定的标准轴载作用下，路基或路面表面轮隙位置产生的总垂直变形（总弯沉）或垂直回弹变形值（回弹弯沉），以 0.01mm 为单位。

（2）设计弯沉值

根据设计年限内一个车道上预测通过的累计当量轴次、公路等级、面层和基层类型而确定的路面弯沉设计值。

2. 弯沉值的测试方法

弯沉值的测试方法较多，目前用得最多的是贝克曼梁法，在我国已有成熟的经验，但由于其测试速度等因素的限制，各国都对快速连续或动态测定进行了研究，现在用得比较普遍的有法国洛克鲁瓦式自动弯沉仪，丹麦等国家发明并几经改进形成的落锤式弯沉仪（FWD），美国的振动弯沉仪等。这些在我国均有引进，现将几种方法各自的特点作简单比较：①贝克曼梁弯沉方法：传统方法，速度慢，静态测试，比较成熟，测定的是回弹弯沉，目前属于标准方法。②自动弯沉仪方法：利用贝克曼梁原理快速连续测定属静态测试范畴，测定的是总弯沉，因此，使用时应用贝克曼梁进行标定换算。③落锤式弯沉仪方法：利用重锤自由落下的瞬间产生的冲击荷载测定弯沉，属于动态弯沉，并能反算路面的回弹模量，快速连续测定，使用时应用贝克曼梁进行标定换算。

7.2.2 贝克曼梁法

1. 试验目的和适用范围

（1）本方法适用于测定各类路基、路面的回弹弯沉，用以评定其整体承载能力，可供路面结构设计使用。

（2）本方法测定的路基、柔性路面的回弹弯沉值可供交工和竣工验收使用。

（3）本方法测定的路面回弹弯沉可为公路养护管理部门制定养路修路计划提供依据。

（4）沥青路面的弯沉以标准温度 20℃时为准，在其他温度（超过 20±2℃范围）测试时，对厚度大于 5cm 的沥青路面，弯沉值应予温度修正。

2. 仪具与材料技术要求

本方法需要下列仪具与材料：

（1）标准车：双轴、后轴双侧 4 轮的载重车。其标准轴荷载、轮胎尺寸、轮胎间隙及轮胎气压等主要参数应符合表 7.3 的要求。测试车应采用后轴 10t 标准轴载 BZZ-100 的汽车。

弯沉测定用的标准车参数

表 7.3

标准轴载等级	BZZ-10
后轴标准轴载 P（kN）	100±1
一侧双轮轴载（kN）	50±0.5
轮胎充气压力（MPa）	0.7±0.05
单论传压面当量圆直径（mm）	21.3±0.5
轮隙宽度（mm）	应满足能自由插入弯沉仪测头测试要求

（2）路面弯沉仪：由贝克曼梁、百分表及表架组成，贝克曼梁由铝合金制成，上有水准泡，其前臂（接触路面）与后臂（装百分表）长度比为 2∶1。弯沉仪长度有两种：一种长 3.6m，前后臂分别为 2.4m 和 1.2m；另一种加长的弯沉仪长 5.4m，前后臂分别为 3.6m 和 1.8m。当在半刚性基层沥青路面或水泥混凝土路面上测定时，宜采用长度为

5.4m的贝克曼梁弯沉仪,对柔性基层或混合式结构沥青路面可采用长度为3.6m的贝克曼梁弯沉仪。弯沉值采用百分表量得,也可用自动记录装置进行测量。

(3)接触式路面温度计:端部为平头,分度不大于1℃。

(4)其他:皮尺、口哨、白油漆或粉笔、指挥旗等。

3. 方法与步骤

(1)准备工作

① 检查并保持测定用标准车的车况及刹车性能良好,轮胎胎压符合规定充气压力。

② 向汽车车槽中装载(铁块或集料),并用地衡称量后轴总质量,符合要求的轴重规定,汽车行驶及测定过程中,轴重不得变化。

③ 测定轮胎接地面积,在平整光滑的硬质路面上用千斤顶将汽车后轴顶起,在轮胎下方铺一张新的复写纸,轻轻落下千斤顶,即在方格纸上印上轮胎印痕,用求积仪或数方格的方法测算轮胎接地面积,精确至$0.1cm^2$。

④ 检查弯沉仪百分表测量灵敏情况。

⑤ 当在沥青路面上测定时,用路表温度计测定试验时气温及路表温度(一天中气温不断变化,应随时测定),并通过气象台了解前5d的平均气温(日最高气温与最低气温的平均值)。

⑥ 记录沥青路面修建或改建时材料、结构、厚度、施工及养护等情况。

(2)测试步骤

① 在测试路段布置测点,其距离随测试需要而定。测点应在路面行车车道的轮迹带上,并用白油漆或粉笔画上标记。

② 将试验车后轮轮隙对准测点后约3~5cm处的位置上。

③ 将弯沉仪插入汽车后轮之间的缝隙处,与汽车方向一致,梁臂不得碰到轮胎,弯沉仪于测点上(轮隙中心前方3~5cm处),并安装百分表于弯沉仪的测定杆上,百分表调零,轻轻叩打弯沉仪,检查百分表是否稳定回零。弯沉仪可以是单侧测定,也可以双侧同时测定。

④ 测定者吹哨发令指挥汽车缓缓前进,百分表随路面变形的增加而持续向前转动。当表针转动到最大值时,迅速读取初读数d_1。汽车仍在继续前进,表针反向回转,待汽车驶出弯沉影响半径(3m以上)后,吹口哨或挥动红旗指挥停车。待表针回转稳定后读取终读数d_2。汽车前进的速度宜为5km/h左右。

(3)弯沉仪的支点变形修正

① 当采用长度为3.6m的弯沉仪进行弯沉测定时,有可能引起弯沉仪支座处变形。在测定时应检验支点有无变形。如果有变形,此时应用另一台检测用的弯沉仪安装在测定用弯沉仪的后方,其测点架于测定用弯沉仪的支点旁。当汽车开出时,同时测定两台弯沉仪的弯沉读数,如检验弯沉仪百分表有读数,即应该记录并进行支点变形修正。当在同一结构层上测定时,可在不同位置测定5次,求取平均值,以后每次测定时以此作为修正值。支点变形修正的原理如图7.2所示。

② 当采用长度为5.4m的弯沉仪时,可不进行支点变形修正。

4. 结果计算整理

(1)路面测点的回弹弯沉值按下式计算:

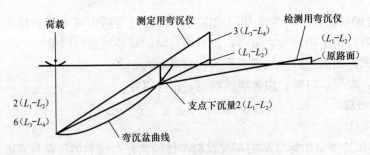

图 7.2 弯沉仪支点变形修正原理

$$l_1 = (L_1 - L_2) \times 2 \tag{7-2}$$

式中　l_1——在路面温度为 t 时的回弹弯沉值（0.01mm）；

　　　L_1——车轮中心临近弯沉仪测头时百分表的最大读数（0.01mm）；

　　　L_2——汽车驶出弯沉影响半径后百分表的终读数（0.01mm）。

（2）当需进行弯沉仪支点变形修正时，路面测点回弹弯沉值按下式计算：

$$l_1 = (L_1 - L_2) \times 2 + (L_3 - L_4) \times 6 \tag{7-3}$$

式中　l_1——在路面温度为 t 时的回弹弯沉值（0.01mm）；

　　　L_1——车轮中心临近弯沉仪测头时百分表的最大读数（0.01mm）；

　　　L_2——汽车驶出弯沉影响半径后百分表的终读数（0.01mm）；

　　　L_3——车轮中心临近弯沉仪测头时检验用弯沉仪的百分表的最大读数（0.01mm）；

　　　L_4——汽车驶出弯沉影响半径后检验用弯沉仪百分表的终读数（0.01mm）。

注：此式适用于测定用弯沉仪支座处有变形，但百分表架处路面已无变形的情况。

（3）沥青面层厚度大于 5cm 的沥青路面，回弹弯沉值应进行温度修正。温度修正及回弹弯沉的计算宜按下列步骤进行。

① 测定时的沥青层平均温度按下式计算：

$$t = (t_{25} + t_m + t_n)/3 \tag{7-4}$$

式中　t——测定时沥青层平均温度（℃）；

　　　t_{25}——根据 t_0 由图 7.3 确定的路表下 25mm 处的温度（℃）；

　　　t_m——根据 t_0 由图 7.3 确定的沥青层中间深度的温度（℃）；

　　　t_n——根据 t_0 由图 7.3 确定的沥青层底面处的温度（℃）；

图 7.3 中 t_0 为测定时路表温度与测定前 5d 日平均气温值之和（℃），日平均气温为日最高气温与最低气温的平均值。

② 根据沥青层平均温度 t 及沥青层厚度，分别由图 7.4 及图 7.5 求取不同基层的沥青路面弯沉值的温度修正系数 K。

③ 沥青路面回弹弯沉按下式计算：

$$l_{20} = l_t \times K \tag{7-5}$$

式中　K——温度修正系数；

　　　l_{20}——换算为 20℃ 的沥青路面回弹弯沉值（0.01mm）；

　　　l_t——测定时沥青面层的平均温度为 t 时的回弹弯沉值（0.01mm）。

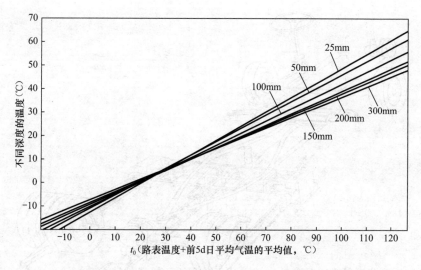

图 7.3 沥青层平均温度的确定（纸上的数字表示从路表向下的不同深度，mm）

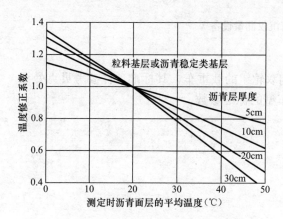

图 7.4 路面弯沉温度修正系数曲线
（适用于粒料基层及沥青稳定基层）

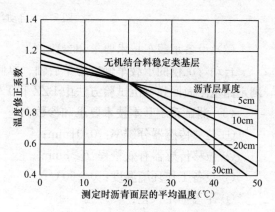

图 7.5 路面弯沉温度修正系数曲线
（适用于无机结合料稳定的半刚性基层）

5. 报告

报告应包括下列内容：

（1）弯沉测定表、支点变形修正值、测试时的路面温度及温度修正值。

（2）每一个评定路段的各测点弯沉平均值、标准差及代表弯沉。

7.2.3 自动弯沉仪测定路面弯沉试验方法

1. 目的与适用范围

（1）本方法适用于各类 Lactoix 型自动弯沉仪在新建、改建路面工程的质量验收中，在无严重坑槽、车辙等病害的正常通车条件下连续采集路面弯沉数据。

（2）本方法的数据采集、传输、记录和处理分别由专用软件自动控制进行。

2. 仪具与材料技术要求

（1）Lactoix 型自动弯沉仪：由承载车、测量机架控制系统、位移、温度和距离传感器、数据采集与处理系统等基本部分组成，如图 7.6 所示。

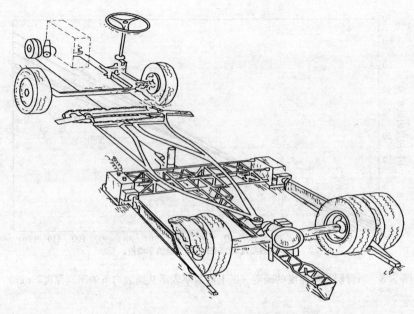

图 7.6　自动弯沉仪测量设备

（2）设备承载车技术要求和参数：

自动弯沉仪的承载车辆应为单后轴、单侧双轮组的载重车，其标准条件参考贝克曼梁测定路基路面回弹弯沉试验方法中 BZZ-100 车型的标准参数。

（3）测试系统基本技术要求和参数：

① 位移传感器分辨率：0.01mm；

② 位移传感器有效量程：≥3mm；

③ 设备工作环境温度：0～60℃；

④ 距离标定误差：≤1%。

3. 方法与步骤

（1）准备工作

① 位移传感器标定。每次测试之前必须按照设备使用手册规定的方法进行位移传感器的标定，记录标定数据并存档。

② 检查承载车轮胎气压，每次测试之前都必须检查后轴轮胎气压，应满足 0.7±0.05MPa 的要求。

③ 检查承载车轮载，一般每年检查一次，如果承载车因改装等原因改不了后轴载，也必须进行此项工作，后轴载应满足 100±1kN 的要求。

④ 检查测量架的易损部件情况，及时更换损坏部件。

⑤ 打开设备电源进行检查，控制面板功能键、指示灯、显示器等应正常。

⑥ 开动承载车测试 2～3 个步距，观察测试机构，测试机构应正常，否则需要调整。

（2）测试步骤

① 测试系统在开始测试前需要通电预热，时间不少于设备操作手册要求，并开启工作警灯和导向标灯警告标志。

② 在测试路段前 20m 处将测量架放落在路面上，并检查各机构的部件情况。

③ 操作人员按照设备使用手册的规定和测试路段的现场技术要求设置完毕所需的测试状态。

④ 驾驶员缓慢加速承载车到正常测试速度，沿正常行车轨迹驶入测试路段。

⑤ 操作人员将测试路段起终点、桥涵等特殊位置的桩号输入到记录数据中。

⑥ 当测试车辆驶出测试路段后，操作人员停止数据采集和记录，并恢复仪器各部分值初始状态，驾驶员缓慢停止承载车，提起测量架。

⑦ 操作人员检查数据文件，文件应完整，内容应正常，否则需要重新测试。

⑧ 关闭测试系统电源，结束。

4. 计算

(1) 采用自动弯沉仪采集路面弯沉盆峰值数据。

(2) 数据组中左臂测值、右臂测值按单独弯沉处理。

(3) 对原始弯沉测试数据进行温度、坡度、相关性等修正。

5. 弯沉值的横坡修正

当路面横坡不超过 4% 时，不进行超高影响修正；当横坡超 4% 时，超高影响的修正参照表 7.4 的规定进行。

弯沉值横坡修正　　　　　　　　　　　　　　　　　　　　表 7.4

横坡范围	高位修正系数	低位修正系数
≥4%	$\dfrac{1}{1-i}$	$\dfrac{1}{1+i}$

注：i 是路面横坡（%）。

7.2.4 落锤式弯沉仪测试弯沉试验方法

利用贝克曼梁方法测出的回弹弯沉是静态弯沉。自动弯沉仪检测弯沉时，因为汽车行进速度很慢，所测得的弯沉也接近静态弯沉。为了模拟汽车快速行驶的实际情况，不少国家开发了动态弯沉的测试设备。落锤式弯沉仪（Falling Weight Deflector meter，简称 FWD）模拟行车作用的冲击荷载下的弯沉量测，计算机自动采集数据，速度快，精度高。近年来，采用落锤式弯沉仪（FWD）测定路面的动态弯沉，并用来反算路面的回弹模量，已成为世界各国道路界的热门课题。这种设备特别适用于高等级公路路面和机场的弯沉量测和承载能力评定。落锤式弯沉仪是目前国际上最先进的路面强度无损检测设备之一。

1. 主要设备

落锤式弯沉仪的测量系统示意图如图 7.7 所示，落锤式弯沉仪分为拖车式和内置式。拖车式便于维修与存放，而内置式则较小巧、灵便。

(1) 荷载发生装置：包括落锤和直径 300mm 的 4 分式扇形承载板。

(2) 弯沉检测装置：由 5～7 个高精度传感器组成。

(3) 运算及控制装置。

(4) 牵引装置：牵引 FWD 并安装运算及控制装置等的车辆。

2. 工作原理

将测定车开到测定地点，通过计算机控制下的液压系统，启动落锤装置，使一定质量的落锤从一定高度自由落下，冲击力作用于承载板上并传递到路面，导致路面产生弯沉，

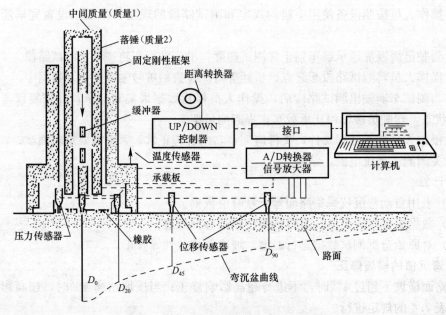

图 7.7　落锤式弯沉仪测量系统示意图

分布于距测点不同距离的传感器检测结构层表面的变形，记录系统将信号输入计算机，得到路面测点弯沉及弯沉盆。

3. 使用技术要点

（1）通过调节锤重和落高可调整冲击荷载大小。我国路面设计标准轴载为 BZZ-100，落锤质量应选为 5t，因为承载板直径为 30cm，对路面的压强恰为 0.7MPa。

（2）检测时，拖车式落锤弯沉仪牵引速度最大可达 80km/h，根据我国的实际情况，牵引速度以 50km/h 左右为宜。内置式落锤弯沉仪最高时速大于 100km/h，每小时可测 65 点。

（3）传感器分布位置：1 个位于承载板中心，其余布置在传感器支架上。路面结构不同，弯沉影响半径亦不同。路基或柔性基层沥青路面传感器分布在距荷载中心 2.5m 范围内即可，我国高等级公路大多采用半刚性基层沥青路面结构，弯沉影响半径已达 3～5m，传感器分布范围应布置在距荷载中心 3～4m 范围内，以量测路面弯沉盆形状。

（4）每一测点重复测定不少于 3 次，舍去第一个测定值，取以后几次测定值的平均值作为计算依据，因为第一次测定的结果往往不稳定。

弯沉检测装置操作方式为计算机控制下的自动量测，所有测试数据均可显示在屏幕上或打印出来或存储在软盘上；可输出作用荷载、弯沉（盆）、路表温度及测点间距等；可打印弯沉平均值、标准差、变异系数及代表弯沉值等数据。

应当注意，落锤式弯沉仪所测弯沉为动态总弯沉，与贝克曼梁所测的静态回弹弯沉不同。可通过对比试验，得到两者之间的相关关系，并据此将落锤式弯沉仪所测弯沉值换算为贝克曼梁的静态回弹弯沉值。

可利用计算机按弹性层状体系理论的计算模式和程序，根据落锤式弯沉仪所测弯沉盆数据反算路面各层材料的弹性模量。关于落锤式弯沉仪测定路面弯沉试验方法详见《公路路基路面现场测试规程》JTG E60—2008。

7.2.5　激光弯沉测定仪

1. 激光检测概述

我国近几十年来，研制与开发了一大批具有现代水平的激光测量仪器，如激光雷达、激光测速陀螺与激光测距仪等，对国家科学技术以及激光总体水平的提高起到了促进作用。然而，激光用于道路与交通检测技术方面，特别是在公路工程路基路面的质量与指标的检测技术上发展比较缓慢，为了推动这一尖端现代技术在道路路基路面检测中的应用，特别是路面上的应用，下面对激光的特性作一叙述。

激光之所以能被广泛应用，是由于它有着独特的技术特点，这些特点是其他光束或测量技术无可替代的，现就与路基路面检测有关的主要技术归纳如下：

（1）激光具有特高的亮度

激光的亮度是其他光线的亮度所无法比拟的。据科学测算，激光的亮度要比太阳表面光的亮度高出 10 倍。

（2）激光具有极高的方向性或极小的光点

激光器发出的激光束是几乎只向一个方向射出的一束平行光，光束十分集中或狭窄，这是别的光无法实现的。

（3）激光具有很好的相干性与衍射性

所谓相干性，是将两束平行单色光通过全反射镜折射到屏幕上时，当两束光的路程差或光程差 Δx 为该单色光波长 λ 的整数倍 k 时，即 $\Delta x = k\lambda$ 时，则两束光互相加强，在屏幕上将观察到亮点或亮条；但当光程差 Δx 为该单色光波长 λ 的奇数倍时，或 $\Delta x = k\lambda + \lambda/2$ 时，则两束单色光互相削弱，在屏幕上将出现暗点或暗条；当不断地改变 Δx 距离，则会出现明暗交替变化。激光不但具有特好的相干性，还有特好的衍射特性。当激光发射遇到障碍物或小孔时，其障碍物或小孔大小比光波波长小或差不多大小时，就会发生激光的衍射，即可在屏幕上同样看到明暗相间的条纹，而且十分清晰，这就可以根据明暗条纹来测量孔径大小，而实际上孔径大小即反映了变形大小。在实际中利用这一原理，可测量微变弯沉值，因此，对路基路面野外检测十分有用。

（4）激光具有很高的光强

所谓光强是指单位面积中光能的集中程度。激光的亮度是光能强度的表征，因此，从激光的亮度就可判断激光光强的强弱。由于激光的亮度较一般白光（阳光等）的亮度有成万或亿倍的提高，由此可得出激光光强的巨大性。激光光强的特殊性主要由于激光在发射中具有无限高的集中度而形成。激光光强的这一特点，对在路基路面检测中，利用激光和硅光电池检测路基路面强度等方面，有着重要的现实意义与科学价值。

（5）激光具有很高的测微精度

在用尺子作长度测量中，尺子的刻度愈多或间隔愈小，则读数误差愈小，精度愈高。如一尺中间没有刻度，那么，它的精度只有 0.5 尺，若一尺中间有一条刻度，则它的测量精度就达到 0.25 尺，总之，分格愈小，精度愈高。激光可以用它的波长作为尺子来测量物体长度，激光的波长为 $1\mu m$，则读数精度可以精确到 $0.5\mu m$，这样高的精度，对于利用激光作为测微器，其精度可完全满足要求。

(6) 激光具有很高的时间分辨率

激光的时间分辨率要比声波高 3000 倍。激光每秒行距 300000km，若激光通过 1cm 长度，只需要 $0.33 \times 10^{-7} \mu s$（微秒），而通过 1mm 长度，则需要时间更短，为 $0.33 \times 10^{-8} \mu s$，亦就是说，只需要 1cm 的 1/10 时间差，1m 的 1‰ 时间差，这样的级差为用时间因子表示微距离时提供了条件。

(7) 激光具有全息反映能力

全息反映能力是用激光全息照相达到的。所谓全息照相就是除了在底片上记录物体反射光线的强弱信息外，同时，还要把物光的相位也记录下来，也就是把物光的所有信息都记录下来，并通过一定手续"再现"出物体的立体图像，故而称为全息照相，这种专门技术称为全息照相术。物体的全息技术可以用激光相干技术反映，物光相干时，可从照片上得到物体的形状信息，又可得到明暗相间的条纹。物体的形象信息反映了物体相位情况，而明暗条纹则反映了光束的强弱。光束越强，明暗变化越显著，反差越大。由于激光光强远比一般光大，因此，激光全息摄影效果十分显著。一般利用路面受力状态下的全息照相，研究路面在不同受力状态下的力学变化与物理状态变化，对防止路面破坏与延长路面使用寿命具有重要价值。

2. 激光检测基本原理

用激光进行路基路面检测，目前只限于激光纹理测定、弯沉测定与平整度测定等领域，现根据原理分三类进行叙述。

第一类是激光衍射原理。这类技术是利用了激光遇狭缝发生衍射的原理，激光在衍射时，屏幕上出现亮暗相间的条纹，而亮暗相间条纹又与狭缝宽窄有关，当狭缝变宽时，亮条或暗条增加，狭缝变窄时，亮条或暗条相应减少。这样，可根据亮条或暗条的数目来确定缝的宽狭，即可得到实际的弯沉位移变形大小。

第二类是光电转化原理。激光光强愈强，则光能愈大，而光能愈大，则说明光电流愈强。如果用一个光电转化器，将光能转换成电能（例如硅光电池），则当激光光强发生变化时，光电流也随之发生变化。当事先做好光电流-位移变形标定线后，即可根据光电流的变化反算弯沉位移的变化量多少。

第三类是光时差原理。激光能用反射时间差来记录所测量的极短长度。由于激光能反映极短的时间差，例如 1mm 与 1cm 的时间差为 1/10，如以 mm 为基准，则时间差为 10 时，即长度读数为 10mm 或 1cm，同样，时间为 5 时，所反映的长度读数即为 5mm，依此类推。因此，可利用激光所走路程的时间差来反求实际长度，这个办法对测量路面结构纹理的短小深度以及平整性能比较有效。由于激光光束集中，光强高，发射时散射量特别小，光时稳定，因此，用这种办法无接触式地测量极短长度或不平整度具有很好的相关效果。

3. 激光弯沉测定仪

由于采用贝克曼梁测定弯沉基本上是静态弯沉，与汽车荷载作用下的实际情况有所不同，而且整个过程为人工操作，速度慢、精度低，目前各国都正在对快速连续或动态测定进行研究；当前使用比较普遍的有激光弯沉仪及落锤式弯沉仪等。激光弯沉仪依靠光线作为臂长，可以射得很远，激光发射角窄，光点小而红亮，10m 之远仍清晰可见，读数稳定，精度高，且操作简易。

(1) 激光弯沉测定仪主要结构与功能

激光弯沉测定仪的主要结构与功能见图 7.8。对于野外作业激光发生器应选择半导体激光器为宜。光电转化测头是将激光能量转化为电能的一种转化装置，也是本仪器中的一个核心部件。

(2) 仪器工作基本原理（如图 7.9 所示）

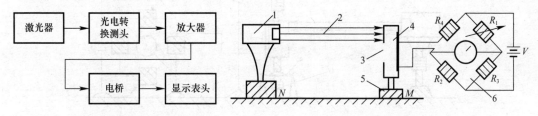

图 7.8　激光弯沉测定仪结构框图　　　　　7.9　激光弯沉测量原理图

1—激光器；2—激光束；3—进光小孔；4—硅光电池；

5—测头稳块；6—电桥

激光器 1 需要稳定，如安置在路面的汽车荷载作用下不下沉的 N 点处，发出平行激光束 2 后，射到硅光电池测头的小孔 3 的下部。测头安置在汽车后轮隙中间，与弯沉仪测端一样，且有重块 5 稳定在轮隙下面的路面（或路基）M 处。在测量之前，需将激光束 2 调节在小孔 3 的上部，但须有微量的光束穿过小孔射到硅光电池 4（传感器），这种调法目的是知道光束 2 是在待测位置，并把此时的位置作为零值点。由于有微量的光束射到硅光电池 4 上，因此，4 上即会产生电流，这时，可靠电桥 6 来补偿调节置零，只要调节可变电位器 R_1，即能使硅光电池上出现的光电流置零。

在上述准备工作做完后，让被测汽车驶离，M 点路面就徐徐地回弹，硅光电池测头（传感器）也随之向上，激光束落入小孔且射到硅光电池上，即刻产生当生电流。光落入的激光能越多，光生伏特效应越厉害，产生的光电流也越多；当激光落入少时，则光电流也随之减小。由图 7.9 看出，光电流的增加或减少完全与硅光电池测头的变动距离有密切关系，光电流少时，落入小孔的激光量也少，此时，路面回弹变形也小，而当光电流大时，落入小孔且射到硅光电池上的激光量增加，则意味着路面（或路基）回弹变形增大。因此，通过光电流的大小，完全可以测出路面实际回弹变形（回弹弯沉）的数值，这就是利用激光-硅光电池原理测定路基路面回弹弯沉值的基本工作原理。

激光弯沉仪操作简易、精度高、读数稳定、体积小、质量特轻、造价低，而且容易开发研制，特别是这种仪器是依靠光线作为臂长，可以射得很远，由于激光发射角窄，光点小而红亮，10m 之远仍能清晰可见，这给重刚度路面的弯沉测量带来了技术之光。根据我国目前的路面刚度情况，激光射程光束取 5m 较好。

(3) 仪器设计与应用技术要点

① 仪器标定

激光弯沉测定仪与其他路基路面力学测量仪器一样，也需要标定，以得到实用的"标定线"。仪器标定工作一般在室内进行，根据我国目前的路面刚度情况，可将激光的射程光束定为 5m。标定工作需千分表头、表架各一个，变形架一个，激光器弯沉测定仪一套，标定装置结构如图 7.10 所示。标定程序为：先对光，然后调零，调零可以用螺丝 3 进行，准备工作做好后，即可进行标定。调节 6，以 $10\mu m$ 的速率变形上升，然后，将光电流记录下来，就得到了"变形量-光电流"——对应变化关系。

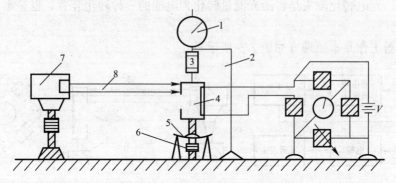

图 7.10　激光弯沉仪标定装置图
1—千分表；2—表头支架；3—调节螺丝；4—硅光电池测；5—变形架；
6—变形升降杆；7—激光器；8—激光束

实践证明，变形量与光电流在低值时为线性对应关系，如下式所示：

$$L = a + kA \tag{7-6}$$

式中　L——变形量（μm 或 mm）；

　　　A——光电流（μA）；

　　　a——常数，（μm 或 mm）对于一定激光器，一定光距时，a 值一定；

　　　k——系数，（μm 或 μA）由光强与硅光电池特性所决定。

② 硅光电池选择

硅光电池是激光弯沉仪的核心部件，在设计仪器时可根据变形量需要精心选择。一般激光器的发射功率以及入射光强出厂时均有规定，如没有规定，可由试验确定，这样，便可根据入射光强以及变形量变化大小综合挑选。

（4）光电流温度修正

一般，硅光电池的工作温度为 $30℃$，当超过 $30℃$ 时，光电流产生将要受到温度影响，而野外进行弯沉测定有时路面温度超过 $30℃$，为此，需要对光电流进行温度影响修正。温度影响修正的速率以 $5℃$ 间隔上升为宜，并在 $20\sim60℃$ 范围内变化，且量取它们的变化值，即可得到光电流温度影响修正值曲线。

（5）光点的校正

激光器发射出的激光是红色圆点，在晴朗阳光下清晰可见，然而，以受光面积大小取得光电流强弱的方法，用自然产生的激光光点就不适宜，可以由下式说明：

$$A = C + \varepsilon E \tag{7-7}$$

式中　A——光生伏特效应电流（μA）；

　　　E——激光入射强度（mV/cm^2）；

　　　C——常数（μA），激光器一定，硅光电池一定时，常数值一定；

　　　ε——系数。

由上式可以看出，入射光的光强与产生的光电流呈线性关系，而这一种关系是在入射光光强均匀变化时才能得到，也就是入射光照射到硅光电池上的光面积必须是方形或长方形时，才会出现这种正比关系，而当光点是圆形时，落入硅光电池测头小孔中的光强成圆弧形变化，引起的光电流也成圆弧状变化规律。为此，必须对自然光点进行技术处理。这种技术处理比较简单，只需要在激光器发射口套一个光罩，其上开一个方形口子，大小可以调节，便使落在硅光电池上的光成为正方形光束。一般这种正方形光束的面积就略大于硅光电池面积，在布局上左右两边对称，以利光束正常工作。

7.3 平整度试验检测方法

7.3.1 概述

平整度是路面施工质量与服务水平的重要指标之一。它是指以规定的标准量规，间断地或连续地量测路表面的凹凸情况，即不平整度的指标。路面的平整度与路面各结构层次的平整状况有着一定的联系，即各层次的平整效果将累积反映到路面表面上，路面面层由于直接与车辆及大气接触，不平整的表面将会增大行车阻力，并使车辆产生附加振动作用。这种振动作用会造成行车颠簸，影响行车的速度和安全及驾驶的平稳和乘客的舒适。同时，振动作用还会对路面施加冲击力，从而加剧路面和汽车机件损坏和轮胎的磨损，并增大油耗。而且，不平整的路面会积滞雨水，加速路面的破坏。因此，平整度的检测与评定是公路施工与养护的一个非常重要的环节。

平整度的测试设备分为断面类及反应类两大类。断面类实际上是测定路面表面凹凸情况的，如最常用的 3m 直尺及连续式平整度仪，还可用精确测定高程得到；反应类测定路面凹凸引起车辆振动的颠簸情况。反应类指标是司机和乘客直接感受到的平整度指标，因此它实际上是舒适性能指标，最常用的测试设备是车载式颠簸累积仪。现已有更新型的自动化测试设备，如纵断面分析仪，路面平整度数据采集系统测定车等。国际上通用国际平整度指数 IRI 衡量路面行驶舒适性或路面行驶质量，可通过标定试验得出 IRI 与标准差 σ 或单向累计值 VBI 之间的关系。

7.3.2 3m 直尺测定平整度试验方法

3m 直尺测定法有单尺测定最大间隙及等距离（1.5m）连续测定两种。两种方法测定的路面平整度有较好的相关关系。前者常用于施工质量控制与检查验收，单尺测定时要计算出测段的合格率；等距离连续测试也可用于施工质量检查验收，要算出标准差，用标准差来表示平整程度。

1. 试验目的和适用范围

（1）本方法规定用 3m 直尺测定路表面的平整度，定义 3m 直尺基准面距离路表面的最大间隙表示路基路面的平整度。

（2）本方法适用于测定压实成型的路面各层表面的平整度，以评定路面的施工质量。也可用于路基表面成型后的施工平整度检测。

2. 仪具与材料技术要求

本方法需要下列仪具与材料

（1）3m 直尺：测量基准面长度为 3m 长，基准面应平直，用硬木或铝合金铜等材料制成。

(2) 最大间隙测量器具：

① 楔形塞尺：硬木或金属制的三角形塞尺，有手柄。塞尺的长度与高度之比不小于10，宽度不大于15mm，边部有高度标记，刻度读数分辨率小于或等于0.2mm。

② 深度尺：金属制的深度测量尺，有手柄。深度尺测量杆端头直径不小于10mm，刻度读数分辨率小于或等于0.2mm。

(3) 其他：皮尺或钢尺、粉笔等。

3. 方法与步骤

(1) 准备工作

① 按有关规范规定选择测试路段。

② 测试路段的测试地点选择：当为沥青路面施工过程中的质量检测时，测试地点应选在接缝处，以单杆测定评定；除高速公路以外，可用于其他等级公路路基路面工程质量检查验收或进行路况评定。每200m测2处，每处连续测量10尺，除特殊需要者外，应以行车道一侧车轮轮迹作为连续测定的标准位置。对旧路已形成车辙的路面，应取车辙中间位置为测定位置，用粉笔在路面上做好标记。

③ 清扫路面测定位置处的污物。

(2) 测试步骤

① 在施工过程中检测时，按根据需要确定的方向，将3m直尺摆在测试地点的路面上。

② 测3m直尺底面与路面之间的间隙情况，确定间隙为最大的位置。

③ 有高度标线的塞尺塞进间隙处，量测其最大间隙的高度（mm）；或者用深度尺在最大间隙位置量测直尺上顶面距地面的深度，该深度减去尺高即为测试点的最大间隙的高度，准确至0.2mm。

4. 计算

单杆检测路面的平整度计算，以3m直尺与路面的最大间隙为测定结果。连续测定10尺时，判断每个测定值是否合格，根据要求计算合格百分率，并计算10个最大间隙的平均值。

$$合格率＝（合格尺数/总测尺数）×100\%$$

5. 报告

单杆检测的结果应随时记录测试位置及检测结果。连续测定10尺时，应报告平均值、合格尺数、合格率。

7.3.3 连续式平整度仪测定平整度试验方法

1. 试验目的与适用范围

该方法规定用连续式平整度仪量测路面的不平整度的标准差以表示路面的平整度，以mm计。适用于测定路表面的平整度，评定路面的施工质量和使用质量，但不适用于在已有较多坑槽、破损严重的路面上测定。

2. 仪具与材料技术要求

本方法需要下列仪具与材料。

（1）连续式平整度仪：

① 整体结构：连续式平整度仪构造如图 7.11 所示。除特殊情况外，连续式平整度仪的标准长度为 3m，其质量应符合仪器标准的要求。中间为一个 3m 长的机架，机架可缩短或折叠，前后各有 4 个行走轮，前后两组轮的轴间距离为 3m。

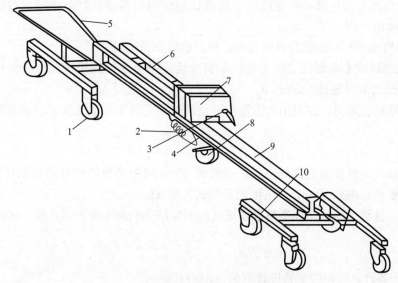

图 7.11　连续式平整度仪构造图

1—脚轮；2—拉簧；3—离合器；4—测架；5—牵引架；
6—前架；7—纵断面绘图仪；8—测定轮；9—纵梁；10—后架

② 标准差量测传感器：安装在机架中间，可以是能起落的测定轮，或非接触式位移传感器，如激光或超声位移量测传感器。

③ 其他辅助结构：蓄电池电源、距离传感器，与数据采集、处理、存储、输出部分配套的采集控制箱及计算机、打印机等。

④ 测定间距为 10cm 每一计算区间的长度为 100m 并输出一次结果。

⑤ 可记录测试长度（m）、曲线振幅大于某一定值（如 3mm、5mm、8mm、10mm 等）的次数、曲线振幅的单向（凸起或凹下）累计值以 3m 机架为基准的中点路面偏差曲线图，计算打印。

⑥ 机架头装有一牵引钩及手拉柄，可用人力或汽车牵引。

（2）牵引车：小面包车或其他小型牵引汽车。

（3）皮尺或测绳。

3. 方法与步骤

（1）准备工作

① 选择测试路段。

② 当为施工过程中质量检测需要时，测试地点根据需要决定；当为路面工程质量检查验收进行路况评定需要时，通常以行车道一侧车轮轮迹带作为连续测定的标准位置。对旧路已形成车辙的路面，取一侧车辙中间位置为测定位置。在测试路段路面上确定测试位置，当以内侧轮迹带或外侧轮迹带作为测定位置时，测定位置距车道标线 80～100cm。

③ 清扫路面测定位置处的污物。

④ 检查仪器，检测箱各部分应完好、灵敏、并将各接线接妥，安装记录设备。

（2）测试步骤

① 将连续式平整度测定仪置于测试路段路面起点上。

② 在牵引汽车的后部，将连续式平整度仪与牵引汽车连接好。按照仪器使用手册依次完成各项操作。

③ 随即启动汽车，沿道路纵向行驶，横向位置保持稳定。

④ 确认连续式平整度仪工作正常。牵引连续式平整度仪的速度应保持匀速，速度宜为 5km/h，最大不得超过 125km/h。

在测试路段较短时，亦可用人力拖拉平整度仪测定路面的平整度，但拖拉时应保持匀速前进。

4. 计算

（1）连续式平整度测定仪测定后，可按每 10cm 间距采集的位移值自动计算 100m 计算区间的平整度标准差（mm），还可记录测试长度（mm）。

（2）每一计算区间的路面平整度以该区间测定结果的标准差表示，按下式计算：

$$\sigma_i = \sqrt{\frac{\sum d_i^2 - (\sum d_i)^2 / N}{N-1}} \tag{7-8}$$

式中　σ_i——各计算区间的平整度计算值（mm）；

　　　d_i——以 100m 为一个计算区间，每隔一定距离（自动采集间距为 10cm，人工采集间距为 1.5m）采集的路面凹凸偏差位移值（mm）；

　　　N——计算区间用于计算标准差的测试数据个数。

（3）按《公路工程质量检验评定标准》JTG F80/1—2004 附录 B 的方法计算一个评定路段内各区间平整度标准差的平均值、标准差、变异系数。

5. 报告

试验应列表报告每一个评定路段内各测定区间的平整度标准差、各评定路段平整度的平均值、标准差、变异系数以及不合格区间数。

7.3.4 车载式颠簸累积仪法测定平整度试验方法

1. 目的和适用范围

（1）本方法适用于各类颠簸累积仪在新建、改建路面工程质量验收和无严重坑槽、车辙等病害的正常行车条件下连续采集路段平整度数据。

（2）本方法数据采集、传输、记录和处理分别由专用软件自动控制进行。

2. 仪具与材料技术要求

（1）测试系统：由承载车辆、距离测量装置、颠簸累计值测试系统和主控制系统组成。主控制系统对测试装置的操作实施控制，完成数据采集、传输、存储与计算过程。

（2）设备承载车要求：根据设备供应商的要求选择测试系统承载车辆。

（3）测试系统基本技术要求和参数：

① 测试速度：可在 30～80km/h 范围内选定；

② 最大测试幅值：±20cm；

③ 垂直位移分辨率：1mm；

④ 距离标定误差：<0.5%；

⑤ 系统工作环境温度：0～60℃；

⑥ 系统软件能够依据相关关系公式自动对颠簸累积值进行换算，简洁输出国际平整度指数 IRI。

3. 方法与步骤

（1）准备工作

测试车辆具备下列条件之一时，都应进行仪器测值与国际平整度指数 IRI 的相关性标定，相关系数 R 应不低于 0.99；在正常状态下行驶超过 20000km；标定的时间间隔超过 1 年；减震器、轮胎等发生更换、维修。

① 检查测试车轮胎气压，应达到车辆轮胎规定的标准气压；车轮应清洁，不得粘附杂物；车上载重、人数以及分布应与仪器相关性标定试验时一致。

② 距离测量系统需要现场安装的，根据设备操作手册说明进行安装，确保紧固装置安装牢固。

③ 检查测试系统，各部分应符合测试要求，不应有明显的可视性破损。

④ 打开系统电源，启动控制程序，检查系统各部分的工作状态。

（2）测试步骤

1）测试开始之前应让测试车以测试速度行驶 5～10km，按照设备操作手册规定的预热时间对测试系统进行预热。

2）测试车停在测试起点前 300～500m 处，启动平整度测试系统程序，按照设备操作手册的规定和测试路段的现场技术要求设置完毕所需的测试状态。

3）驾驶员在进入测试路段前应保持车速在规定的测试速度范围内，沿正常行车轨迹驶入测试路段。

① 进入测试路段后，测试人员启动系统的采集和记录程序，在测试过程中必须及时准确地将测试路段的起终点和其他需要特殊标记点的位置输入测试数据记录中。

② 当测试车辆驶出测试路段后，仪器操作人员停止数据采集和记录，并恢复仪器各部分至初始状态。

③ 操作人员检查数据文件，文件应完整，内容应正常，否则需要重新测试。

④ 关闭测试系统电源，结束测试。

4. 计算

颠簸累积仪直接测试输出的颠簸累积值 VBI，要按照相关性标定试验得到相关关系式，并以 100m 为计算区间换算 IRI（以 m/km 计）。

7.4 路面抗滑性能试验检测方法

7.4.1 概述

路面抗滑性能是指车辆轮胎受到制动时沿表面滑移所产生的力。通常，抗滑性能被看作是路面的表面特性，并用轮胎与路面间的摩阻系数来表示。表面特性包括路表面细构造和粗构造，影响抗滑性能的因素有路面表面特性、路面潮湿程度和行车速度。

路表面细构造是指集料表面的粗糙度，它随车轮的反复磨耗而渐被磨光。通常采用石料磨光值（PSV）表征抗磨光的性能。细构造在低速（30～50km/h 以下）时对路表抗滑性能起决定作用。而高速时主要作用的是粗构造，它是由路表外露集料间形成的构造，功能是使车轮下的路表水迅速排除，以避免形成水膜。粗构造由构造深度表征。

抗滑性能测试方法有：制动距离法、偏转轮拖车法（横向力系数测试）、摆式仪法、构造深度测试法（手工铺砂法、电动铺砂法、激光构造深度仪法）。

路面的抗滑摆值是指用标准的手提式摆式摩擦系数测定仪测定的路面在潮湿条件下对摆的摩擦阻力。路表构造深度是指一定面积的路表面凹凸不平的开口孔隙的平均深度。路面横向摩擦系数是指用标准的摩擦系数测定车测定，当测定轮与行车方向成一定角度且以一定速度行驶时，轮胎与潮湿路面之间的摩擦阻力与试验轮上荷载的比值。

7.4.2　构造深度测试方法

1. 手工铺砂法测定路面构造深度试验方法

（1）目的与适用范围

本方法适用于测定沥青路面及水泥混凝土路面表面构造深度，用以评定路面表面的宏观构造、路面表面的排水性能及抗滑性能。

（2）仪具与材料技术要求

1）人工铺砂仪：由圆筒、推平板组成。

① 量砂筒：形状尺寸如图 7.12（a）所示，一端是封闭的，容积为 25±0.15mL，可通过称量砂筒中水的质量以确定其容积 V，并调整其高度，使其容积符合要求。带一专门的刮尺将筒口量砂刮平。

② 推平板：形状尺寸如图 7.12（b）所示，推平板应为木制或铝制，直径 50mm，底面粘一层厚 1.5mm 的橡胶片，上面有一圆柱把手。

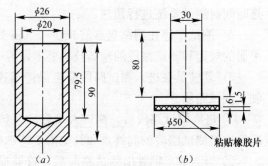

图 7.12　人工铺砂仪（单位：mm）
(a) 量砂筒；(b) 推平板

③ 刮平尺：可用 30cm 钢尺代替。

2）量砂：足够数量的干燥洁净的匀质砂，粒径为 0.15～0.30mm。

3）量尺：钢板尺、钢卷尺或专用的构造深度尺。

4）其他：装砂容器（小铲）、扫帚或毛刷、挡风板等。

（3）方法与步骤

1）准备工作

① 量砂准备：取洁净的细砂、晾干过筛，取 0.15～0.30mm 的砂置于适当的容器中备用。量砂只能在路面上使用一次，不宜重复使用。回收砂必须经干燥、过筛处理后方可使用。

② 按《公路路基路面现场测试规程》JTG E60—2008 附录 A 的方法，对测试路段按

随机取样选点的方法，决定测点所在横断面位置。测点应选在行车道的轮迹带上，距路面边缘不应小于 1m。

2）试验步骤

① 用扫帚或毛刷子将测点附近的路面清扫干净，面积不小于 30cm×30cm。

② 用小铲装砂沿筒向圆筒中注满砂，手提圆筒上方，在硬质路面上轻轻地叩打 3 次，使砂密实，补足砂面用钢尺一次刮平。不可直接用量砂筒装砂，以免影响量砂密度的均匀性。

③ 将砂倒在路面上，用底面粘有橡胶片的推平板，由里向外重复做摊铺运动，稍稍用力将砂细心地尽可能地向外摊开，使砂填入凹凸不平的路表面的空隙中，尽可能将砂摊成圆形，并不得在表面上留有浮动余砂。注意摊铺时不可用力过大或向外推挤。

④ 用钢板尺测量所构成圆的两个垂直方向的直径，取其平均值，准确至 5mm。

⑤ 按以上方法，同一处平行测定不少于 3 次，3 个测点均位于轮迹带上，测点间距 3～5m。该处的测定位置以中间测点的位置表示。

（4）计算

① 路面表面构造深度测定结果按下式计算：

$$TD = \frac{1000V}{\pi D^2/4} = \frac{31831}{D^2} \tag{7-9}$$

式中 TD——路面表面构造深度（mm）；

　　　　V——砂的体积，25cm³；

　　　　D——推平砂的平均直径（mm）。

② 每一处取 3 次路面构造深度的测定结果的平均值作为试验结果，精确至 0.1mm。

③ 计算每一个评定区间路面构造深度的平均值、标准差、变异系数。

（5）报告

① 列表逐点报告路面构造深度的测定值及 3 次测定的平均值，当平均值小于 0.2mm 时，试验结果以＜0.2mm 表示。

② 每一个评定区间路面构造深度的平均值、标准差、变异系数。

2. 电动铺砂法测定路面构造深度试验方法

（1）目的和适用范围

本方法适用于测定沥青路面及水泥混凝土路面表面构造深度，用以评定路面表面的宏观粗糙度及路面表面的排水性能和抗滑性能。

（2）仪具与材料技术要求

① 电动铺砂仪：利用可充电的直流电源将量砂通过砂漏铺设成宽度 5cm、厚度均匀一致的器具，如图 7.13 所示。

② 量砂：足够数量的干燥洁净的匀质砂，粒径为 0.15～0.30mm。

③ 标准量筒：容积 50mL。

④ 玻璃板：面积大于铺砂器，厚 5mm。

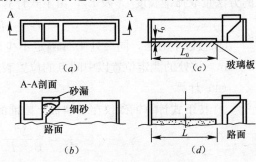

图 7.13 电动铺砂仪

(a) 平面图；(b) A-A 断面；

(c) 标定；(d) 测定

⑤ 其他：直尺、扫帚、毛刷等。

（3）方法与步骤

1）准备工作

① 量砂准备：取洁净的细砂，晾干，过筛，取 0.15～0.3mm 的砂置于适当的容器中备用。已在路面上使用过的砂如回收重复使用时应重新过筛并晾干。

② 对测试路段按随机取样选点的方法，决定测点所在横断面的位置。测点应选在行车道的轮迹带上，距路面边缘不应小于 1m。

2）电动铺砂器标定

① 将铺砂器平放在玻璃板上，将砂漏移至铺砂器端部。

② 将灌砂漏斗口和量筒口大致齐平。通过漏斗向量筒中缓缓注入准备好的量砂至高出量筒成尖顶状，用直尺沿筒口一次刮平，其容积为 50mL。

③ 将漏斗口与铺砂器砂漏上口大致齐平。将砂通过漏斗均匀倒入砂漏，漏斗前后移动，使砂的表面大致齐平，但不得用任何其他工具刮动砂。

④ 开动电动马达，使砂漏向另一端缓缓运动，量砂沿砂漏底部铺成图 7.14 所示的宽 5cm 带状，待砂全部漏完后停止。

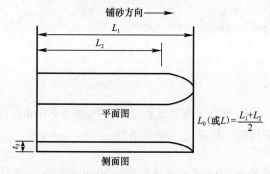

图 7.14 决定 L_0 及 L 的方法

⑤ 按图 7.14，依下式由 L_1 及 L_2 的平均值决定量砂的摊铺长度 L_0，精确至 1mm：

$$L_0 = (L_1 + L_2)/2 \qquad (7\text{-}10)$$

式中 L_0——量砂的摊铺长度（mm）；

L_1 及 L_2——见图 7-14（mm）。

⑥ 重复标定 3 次，取平均值确定 L_0，精确至 1mm。标定应在每次测试前进行，用同一种量砂，由同一试验员承担测试。

3）测试步骤

① 将测试地点用毛刷刷净，面积大于铺砂仪。

② 将铺砂仪沿道路纵向平稳地放在路面上，将砂漏至端部。

③ 按上述电动铺砂器标定②～⑤相同的步骤，在试地点摊铺 50mL 量砂，按图 7.14 的方法量取摊铺长度 L_1 及 L_2，由下式计算 L，准确至 1mm。

$$L = (L_1 + L_2)/2 \qquad (7\text{-}11)$$

④ 按以上方法，同一处平行测定不少于 3 次，3 个测点均位于轮迹带上，测点间距 3～5m。该处的测定位置以中间点的位置表示。

（4）计算

① 按下式计算铺砂仪在玻璃板上摊铺的量砂厚度 t_0：

$$t_0 = \frac{V}{B \times L_0} \times 1000 = \frac{1000}{L_0} \qquad (7\text{-}12)$$

式中 t_0——量砂在玻璃板上摊铺的标定厚度（mm）；

V——量砂体积，50mL；

B——铺砂仪铺砂宽度（50mm）；

L_0——玻璃板上 50mL 量砂摊铺的长度（mm）。

② 按下式计算路面构造深度 TD：

$$TD = \frac{L_0 - L}{L} \times t_0 = \frac{L_0 - L}{L \times L_0} \times 1000 \tag{7-13}$$

式中　TD——路面的构造深度（mm）；

　　　L——路面上 50mL 量砂摊铺的长度（mm）。

③ 每一处均取 3 次路面构造深度的测定结果的平均值作为试验结果，精确至 0.1mm。

④ 计算每一个评定区间路面构造深度的平均值、标准差、变异系数。

（5）报告

① 列表逐点报告路面构造深度的测定值及 3 次测定的平均值，当平均值小于 0.2mm 时试验结果以＜0.2mm 表示。

② 每一个评定区间路面构造深度的平均值、标准差、变异系数。

3. 激光构造深度仪测定路面构造深度试验方法

激光构造深度仪是小型手推式路面构造深度测试仪，也称激光纹理测试仪，具有运输方便，操作快捷，费用低廉，可靠性好等优点。

（1）主要结构

激光构造深度仪主要由装在两轮手推车上的光电测试设备、打印机、仪器操作装置及可拆卸手柄组成。

（2）工作原理

高速脉冲半导体激光器产生红外线投射到道路表面，从投影面上散射光线由接收透镜聚焦到以线性布置的光敏二极管上，接收光线最多的二极管位置给出了这一瞬间到道路表面的距离，通过一系列计算可得出构造深度。

（3）使用技术要点

① 检查仪器，安装手柄。

② 根据被测路面状况，选择测量程序。

③ 适宜的检测速度为 3～5km/h，即人步行的正常速度。

④ 仪器按每一个计算区间打印出该段构造深度的平均值。标准的计算区间长度为 100m，根据需要也可为 10m 或 50m。

应当注意，我国公路路面构造深度以铺砂法为标准测试方法。利用激光构造深度仪测出的构造深度与铺砂法测试结果不同，但两者具有良好的相关关系。因此，激光构造深度仪所测出的构造深度不能直接用以评定路面的抗滑性能，必须换算为铺砂法的构造深度后才能判断路面抗滑性能是否满足要求。关于激光构造深度仪测定沥青路面构造深度试验方法可详见《公路路基路面现场测试规程》JTG E60—2008。

7.4.3 摆式仪测定路面抗滑值试验方法

1. 目的和适用范围

本方法适用于以摆式摩擦系数测定仪（摆式仪）测定沥青路面及水泥混凝土路面的抗滑值，用以评定路面在潮湿状态下的抗滑能力。

2. 仪具与材料

（1）摆式仪：形状及结构如图 7.15 所示，摆及摆的连接部分总质量为（1500±30）

g，摆动中心至摆的重心距离为 410±5mm，测定时摆在路面上滑动长度为 126±1mm，摆上橡胶片端部距摆动中心的距离为 508mm，橡胶片对路面的正向静压力为 22.2±0.5N。

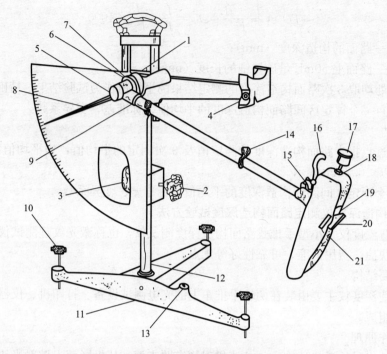

图 7.15　摆式仪结构图

1、2—紧固把手；3—升降把手；4—释放开关；5—转向节螺盖；6—调节螺母；

7—针簧片或毡垫；8—指针；9—连接螺母；10—调平螺栓；11—底座；12—垫块；

13—水准泡；14—卡环；15—定位螺丝；16—举升柄；17—平衡锤；

18—并紧螺母；19—滑溜块；20—橡胶片；21—止滑螺丝

（2）橡胶片：用于测定路面抗滑值时的尺寸为 6.35mm×25.4mm×76.2mm，橡胶质量应符合表 7.5 的要求。当橡胶片使用后，端部在长度方向上磨损超过 1.6mm 或边缘在宽度方向上磨耗超过 3.2mm，或有油污染时，即应更换新橡胶片。新橡胶片应先在干燥路面上测 10 次后再用于测试。橡胶片的有效使用期为 1 年。

橡胶物理性质技术要求　　　　　　　　　　　　　　　　　　表 7.5

性能指标	温度（℃）				
	0	10	20	30	40
弹性（%）	43～49	58～65	66～73	71～77	74～79
硬度	55±5				

（3）标准量尺：长 126mm。

（4）洒水壶。

（5）橡胶刮板。

（6）路面温度计：分度不大于 1℃。

（7）其他：皮尺式钢卷尺、扫帚、粉笔等。

3. 方法与步骤

（1）准备工作

① 检查摆式仪的调零灵敏情况，并定期进行仪器的标定。当用于路面工程检查验收时，仪器必须重新标定。

② 对测试路段按随机取样方法，决定测点所在横断面位置。测点应选在行车车道的轮迹带上，距路面边缘不应小于 1m，并用粉笔作出标记。测点位置宜紧靠铺砂法测定构造深度的测点位置，并与其一一对应。

（2）试验步骤

1）仪器调平

① 将仪器置于路面测点上，并使摆的摆动方向与行车方向一致。

② 转动底座上的调平螺栓，使水准泡居中。

2）调零

① 放松上、下两个紧固把手，转动升降把手，使摆升高并能自由摆动，然后旋紧紧固把手。

② 将摆向右运动，按下安装于悬臂上的释放开关，使摆上的卡环进入开关槽，放开释放开关，摆即处于水平位置，并把指针抬至与摆杆平行处。

③ 按下释放开关，使摆向左带动指针摆动，当摆达到最高位置后下落时，用左手将摆杆接住，此时指针应指向零。若不指零时，可稍旋紧或放松摆的调节螺母，重复本项操作，直至指针指零。调零允许误差为 ±1BPN。

3）校核滑动长度

① 用扫帚扫净路面表面，并用橡胶刮板清除摆动范围内路面上的松散粒料。

② 让摆自由悬挂，提起摆头上的举升柄，将底座上垫块置于定位螺丝下面，使摆头上的滑溜块升高。放松紧固把手，转动立柱上升降把手，使摆缓缓下降。当滑块上的橡胶片刚刚接触路面时，即将紧固把手旋紧，使摆头固定。

③ 提起举升柄，取下垫块，使摆向右运动。然后，手提举升柄使摆慢慢向左运动，直至橡胶片的边缘刚刚接触路面。在橡胶片的外边摆动方向设置标准尺，尺的一端正对准该点。再用手提起举升柄，使滑溜块向上抬起，并使摆继续运动至左边，使橡胶片返回落下再一次接触地面，橡胶片两次同路面接触点的距离应在 126mm（即滑动长度）左右。若滑动长度不符合标准时，则升高或降低仪器底正面的调平螺丝来校正，但需调平水准泡，重复此项校核直至滑动长度符合要求，而后，将摆和指针置于水平释放位置。

校核滑动长度时应以橡胶片长边刚刚接触路面为准，不可借摆力向前滑动，以免标定的滑动长度过长。

4）用喷壶的水浇洒试测路面，并用橡胶刮板刮除表面泥浆。

5）再次洒水，并按下释放开关，使摆在路面滑过，指针即可指示出路面的摆值。但第一次测定，不做记录。当摆杆回落时，用左手接住摆，右手提起举长柄使滑溜块升高，将摆向右运动，并使摆杆和指针重新置于水平释放位置。

6）重复5）的操作测定5次，并读记每次测定的摆值，即 BPN，5次数值中最大值与最小值的差值不得大于 3BPN。如差数大于 3BPN 时，应检查产生的原因，并再次重复上述各项操作，至符合规定为止。取 5 次测定的平均值作为每个测点路面的抗滑值（即摆值 F_B），取整数，以 BPN 表示。

7）在测点位置上用路表温度计测记潮湿路面的温度，精确至 1℃。

8）按以上方法，同一处平行测定不少于 3 次，3 个测点均位于轮迹带上，测点间距 3～5m。该处的测定位置以中间测点的位置表示。每一处均取 3 次测定结果的平均值作为试验结果，精确至 1BPN。

4. 抗滑值的温度修正

当路面温度为 T 时测得的值为 F_{BT}，必须按下式换算成标准温度 20℃ 的摆值 F_{B20}：

$$F_{B20} = F_{BT} + \Delta F \tag{7-14}$$

式中　F_{B20}——换算成标准温度 20℃ 时的摆值（BPN）；

　　　F_{BT}——路面温度时测得的摆值（BPN）；

　　　ΔF——温度修正值，按表 7.6 选用。

温度修正值　　　　　表 7.6

温度 T（℃）	0	5	10	15	20	25	30	35	40
温度修正值 ΔF	−6	−4	−3	−1	0	+2	+3	+5	+7

5. 报告

（1）测试日期、测点位置、天气情况、洒水后潮湿路面的温度，并描述路面类型、外观、结构类型等。

（2）列表逐点报告路面抗滑值的测定值 F_{BT} 经温度修正后的 F_{B20} 及 3 次测定的平均值。

（3）每一个评定路段路面抗滑值的平均值、标准差、变异系数。

6. 结果处理

精密度与允许差：同一个测点，重复 5 次测定的差值不大于 3BPN。

7.4.4　摩擦系数测定车测定路面横向力系数

摩擦系数测定车测定的路面横向力系数既表示车辆在路面上制动时的路面抗力，还表征车辆在路面上发生侧滑时的路面抗力，因此它是路面纵横向摩擦系数的综合指标，反映较高速度下的路面抗滑能力。测试车自备水箱，能直接喷洒在轮前约 30cm 宽的路面上，可控制路面水膜厚度，测速较高，不妨碍交通，特别适宜于在高速公路、一级公路上进行测试。

1. 主要仪器

摩擦系数测定车通常为 SCRIM 型，主要由车辆底盘、测量机构、供水系统、荷载传感器、仪表及操作记录系统、标定装置等组成。

2. 检测原理

测定车上装有与车辆行驶方向成 20°角的测试轮。测定时，供水系统洒水，降下测试轮，并对其施加一定荷载，荷载传感器测量与测试轮轮胎面成垂直的横向力（图 7.16），此力与轮荷载之比即为横向力系数。横向力系数越大，说明路面抗滑能力越强。

3. 检测技术要点

（1）测试前对仪器设备进行标定、检查，保持测试车的规范性。

（2）测试轮重垂直荷载为 2kN。

（3）测速为 50km/h。

（4）可连续或断续测定设定计算区间的横向力系数。设定计算区间可在 5～10mm 范围内任意选定。

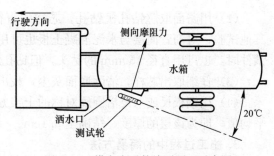

图 7.16　横向力系数检测原理示意图

（5）用计算机控制测试操作。

（6）可计算打印每一个评定段的横向力系数值、统计个数、平均值、标准差、变异系数。

7.5　路面结构层厚度试验检测方法

7.5.1　概述

在路面工程中，各个层次的厚度是和道路整体强度密切相关的。路面各结构层厚度的检测一般与压实度同时进行，当用灌砂法进行压实度检查时，可量取挖坑灌砂深度即为结构层厚度。当用钻芯取样法检查压实度时，可直接量取芯样高度。结构层厚度也可以采用水准仪量测法求得，即在同一测点量出结构层底面及顶面的高程，然后求其差值。这种方法无需破坏路面，测试精度高。目前，国内外还有用雷达、超声波等方法检测路面结构层厚度。对于基层或砂石路面的厚度可用挖坑法测定，沥青面层与水泥混凝土路面板的厚度应用钻孔法测定。

7.5.2　厚度检测方法

1. 挖坑法

（1）根据现行规范的要求，随机取样决定挖坑检查的位置。如为旧路，该点有坑洞等显著缺陷或接缝时，可在其旁边检测。

（2）选一块约 40cm×40cm 的平坦表面作为试验地点，用毛刷将其清扫干净。

（3）根据材料坚硬程度，选择镐、铲、凿子等适当的工具，开挖这一层材料，直至层位底面。在便于开挖的前提下，开挖面积应尽量缩小，坑洞大体呈圆形，边开挖边将材料铲出，置于搪瓷盘中。

（4）用毛刷将坑底清扫，确认为坑底面下一层的顶面。

（5）将钢板尺平放横跨于坑的两边，用另一把钢尺或卡尺等量具在坑的中部位置垂直伸至坑底，测量坑底至钢板尺的距离，即为检查层的厚度，以 cm 计，精确至 0.1cm。

2. 钻孔取样法

（1）根据现行规范的要求，随机取样决定挖坑检查的位置。如为旧路，该点有坑洞等显著缺陷或接缝时，可在其旁边检测。

（2）用路面取芯钻孔机钻孔，芯样的直径应为100mm。如芯样仅供测量厚度，不做其他试验，对沥青面层与水泥混凝土板也可用直径50mm的钻头，对基层材料有可能损坏试件时，也可用直径150mm的钻头，但钻孔深度必须达到层厚。

（3）仔细取出芯样，清除底面灰尘，找出与下层的分界面。

（4）用钢板尺或卡尺沿圆周对称的十字方向四处量取表面至上下层界面的高度，取其平均值，即为该层的厚度，精确至0.1cm。

3. 施工过程中的简易方法

在施工过程中，当沥青混合料尚未冷却时，可根据需要，随机选择测点，用大螺丝刀插入量取或挖坑量取沥青层的厚度（必要时用小锤轻轻敲打），但不得使用铁镐等扰动四周的沥青层。挖坑后清扫坑边，架上钢板尺，用另一钢板尺量取层厚，或用螺丝刀插入坑内量取深度后用尺读数，即为层厚，以cm计，精确至0.1cm。

7.5.3 填补试坑或钻孔

补填工序如有疏忽，易成为隐患而导致开裂。因此，所有挖坑、钻孔均应仔细做好。按下列步骤用取样层的相同材料填补试坑或钻孔：

（1）适当清理坑中残留物，钻孔时留下的积水应用棉纱吸干。

（2）对无机结合料稳定层及水泥混凝土路面板，按相同配比用新拌的材料并用小锤击实。水泥混凝土中宜掺加少量快凝早强的外掺剂。

（3）对无结合料粒料基层，可用挖坑时取出的材料，适当加水拌合后分层填补，并用小锤击实。

（4）对正在施工的沥青路面，用相同级配的热拌沥青混合料分层填补并用加热的铁锤或热夯压实。旧路钻孔也可用乳化沥青混合料修补。

（5）所有补坑结束时，宜比原面层略鼓出少许，用重锤或压路机压实平整。

补填工序如有疏忽，易成为隐患而导致开裂，因此，所有挖坑、钻孔均应仔细做好。

7.5.4 路面雷达快速测厚技术

1. 雷达检测概述

雷达无损检测是一种高新技术。雷达技术用于路基路面物理力学指标的无损检测开始于20世纪80年代后期，欧、美最早应用，到我国应用的时间大约在20世纪90年代初。目前，这种技术用于路基路面检测也只是刚刚开始。雷达检测技术实质上是一种特高频电磁波发射与接收技术。它与地震波不同，地震波是在锤击或小量炸药引爆情况下所产生的一种振动辐射波，一般具有低频性质（频率大致在数百赫的声频范围）；而雷达波由自身激振产生，直接向路基路面中发射射频电磁波，通过波的反射与接收获得路基路面的采样信号，再经过硬件与软件及图文显示系统，得到检测结果。雷达所用的采样频率一般为数MHz左右，而发射与接收的射频频率有的要达到数GHz以上。射频电磁波的产生是依靠一种特制的固体共振腔获得，就好像微波的获得依赖于晶体同轴共振腔一样。雷达波虽然频率很高，波长很短，但毕竟也是一种波，因此，该种电磁波也遵守波的传播规律，即也有入射、反射、折射与衰变等传播特点。人们正是利用这些特点，为工程质量监控服务，达到无损、快速、高精度的检测要求。

路面雷达测试系统，能在高速公路时速下，实时收集公路的雷达信息，然后将信息输入电脑程序内，在很短的时间里，电脑程序便会自动分析出公路或桥面内各层厚度、湿度、空隙位置、破损位置及程度。

目前，我国公路路面厚度测试常采用钻孔测量芯样厚度的方法，给路面造成损坏或留下后患。而路面雷达测试系统是一种非接触、非破损的路面厚度测试技术，检测速度高，精度也较高，检测费用低廉。因此，它不仅适用于沥青路面或水泥混凝土路面各层厚度及总厚度测试，路面下空洞探测，路面下相对高湿度区域检测，路面下的破损状况检测，还可以用于检测桥面混凝土剥落状况，检测桥内混凝土与钢筋脱离状况，测试桥面沥青覆盖层的厚度。

2. 主要设备

（1）路面探测雷达：包括 1～4 套雷达。

（2）数据采集与处理系统：包括计算机、显示器、打印机、数据采集系统和距离量测仪。

（3）Windows 电脑操作软件：具有数据的采集、处理、回放及备份等功能。

（4）交流电源转换器。

（5）雷达检测车。

3. 工作原理

雷达检测车以一定速度在路面上行驶，路面探测雷达发射电磁脉冲，并在短时间内穿过路面，脉冲反射波被无线接收机接收，数据采集系统记录返回时间和路面结构中的不连续电介质常数的突变情况。路面各结构层材料的电介质常数明显不同，因此电介质常数突变处，也就是两结构层的界面。根据测知的各种路面材料的电介质常数及波速，则可计算路面各结构层的厚度或给出含水量、损坏位置等资料。路面雷达原理见图 7.17。

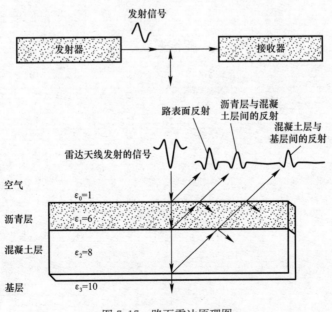

图 7.17　路面雷达原理图

4. 使用技术要点

（1）检测速度可达 80km/h 以上。

（2）检测距离：以 80km/h 的速度对路面及桥面进行连续检测不少于 4h（320km）。

（3）最大探测深度大于 60cm。

（4）厚度数据精度一般为深度的 2%～5%。

（5）检测在计算机控制下进行，可实时地同时进行数据采集、存储及雷达波形显示。

（6）数据经处理后，可显示路面彩色剖面图、三维路面厚度剖面图、雷达波形图、原始雷达波形瀑布图、桥面剥落或破损状况图，打印路面各层厚度表。

第8章 地基基础试验与检测

8.1 概述

作为建筑物的地基（Foundation，subgrade），现在主要采用天然地基、人工地基（含复合地基）及桩基础。不同的地基所采用的检测方法也不尽相同。

地基作为建筑物（构筑物）的主要受力构件，从他的受力机理来讲，概括起来有以下两方面：

（1）强度及稳定性问题

当地基的抗剪强度不足以支承上部结构的自重及外荷载时，地基就会产生局部或整体剪切破坏。它会影响建（构）筑物的正常使用，甚至引起开裂或破坏。承载力较低的地基容易产生地基承载力不足问题而导致工程事故。

土的抗剪强度不足除了会引起建筑物地基失效的问题外，还会引起其他一系列的岩土工程稳定问题，如边坡失稳、基坑失稳、挡土墙失稳、堤坝垮塌、隧道塌方等。

（2）变形问题

当地基在上部结构的自重及外界荷载的作用下产生过大的变形时，会影响建（构）筑物的正常使用，当超过建筑物所能容许的不均匀沉降时，结构可能开裂。

高压缩性土的地基容易产生变形问题。一些特殊土地基在大气环境改变时，由于自身物理力学特性的变化而往往会在上部结构荷载不变的情况下产生一些附加变形，如湿陷性黄土遇水湿陷、膨胀土的遇水膨胀和失水干缩、冻土的冻胀和融沉、软土的扰动变形等。这些变形对建（构）筑物的安全都是不利的。

基于以上两点，对地基的强度及变形检测是非常重要的。

对地基土及复合地基，在规范中将地基的静载试验的重要性提到了一个新的高度，取消了承载力取值表，强调以载荷试验或其他原位测试为主要手段，并结合工程实践经验等方法综合确定。

对桩基：规范中，对于基础设计安全等级为一、二级的项目，均要求以静载试验方式来检验桩的承载力。中国建筑科学研究院李大展研究员在《桩基工程检测的若干问题及建议》中认为静载试验是桩基检测的标准方法，动力检测只能是静载试验的一种补充，在桩的动力检测方法未取得突破性进展之前，桩静载试验仍然是桩承载力检验可靠的评定方法。

检测机构遵循必要的检测工作程序，不但符合我国质量保证体系的基本要求，而且有利于检测工作开展的有序性和严谨性，使检测工作真正做到管理第一、技术第一和服务第一的最高宗旨。具体的检测程序如下所述。

1. 接受委托

正式接手检测工作前，检测机构应获得委托方书面形式的委托函，以帮助了解工程概况，明确检测目的，同时也使即将开展的检测工作进入合法轨道。

2. 调查、资料收集

为进一步明确委托方的具体要求和现场实施的可行性，了解施工工艺和施工中出现的异常情况，应尽可能收集相关的技术资料，必要时检测人员到现场踏勘，使检测工作做到有的放矢，提高检测质量。检测工作应收集的主要资料有：岩土工程勘察报告、设计施工资料、现场辅助条件情况（如道路、水、电等）及施工工艺等等。

3. 制定检测方案与前期准备

在上述两项准备就绪后，应着手制定检测方案，方案的主要内容应包括工程概况、地质概况、检测目的、检测依据、抽检原则、所需的机械或人工配合、检测采用的设备、试验周期等等。

4. 现场检测、数据分析与扩大验证

现场试验必须严格按照规范的要求进行，以使检测数据可靠、减少试验误差。当测试数据因外界因素干扰、人员操作失误或仪器设备故障影响变得异常时，应及时查明原因并加以排除，然后重新组织检测，否则用不正确的测试数据进行分析，得出的结果必然不正确。

扩大验证是指针对检测中出现的缺乏依据、无法或难以定论的情况所进行的同类方法或不同类方法的核验过程，以得到准确和可靠的数据。扩大验证不能盲目进行，应首先会同建设方、设计、施工、监理等有关方分析和判断。然后再依据地质情况、设计及施工中的变异性等因素合理确定，并经有关方认可。

5. 检测结果评价和检测报告

（1）检测结果评价

通过现场监测数据，绘制各种辅助表格、曲线，进行综合分析，得出检测结果。检测结果需结合设计条件（如上部结构形式、地质条件、对地基的沉降控制要求等）与施工质量的可靠性给出。

（2）检测报告

作为技术存档资料，检测报告首先应结论准确，用词规范，具有较强的可读性；其次是内容完整、精炼，其内容包括：

① 委托方名称、工程名称、地点，建设、勘察、设计、施工和监理单位，基础、结构形式，层数，设计要求，检测目的，检测数量，检测日期，样品描述；

② 地质条件描述；

③ 检测点数量、位置和相关施工记录；

④ 检测方法，检测仪器设备，检测过程描述；

⑤ 检测依据，实测与计算分析曲线、表格和汇总结果；

⑥ 与检测有关的结论。

8.2　地基承载力原位测试技术

地基及复合地基基本知识：

（1）天然地基

凡是基础直接建造在未经加固的天然岩土层上时，这种地基称之为天然地基。作为建筑地基的岩土，可分为岩石、碎石土、砂土、粉土、黏性土和人工填土。

（2）人工地基

当天然地基不能满足建筑基础要求时，需要对地基进行加固处理，这样的地基统称为人工地基。这有两层概念：①天然地基很软弱，不能满足地基强度和变形等要求；②随着结构物的荷载日益增大，对变形的要求越来越严，因而原来被评价是良好的地基，也可能在特定的条件下需要处理。人工地基的分类多种多样，按其作用的机理来说，主要有两大类：物理处理和化学处理。实际应用中，应根据不同的地质条件、处理目的，采取不同的处理方式，形成了各种各样的人工地基。

（3）复合地基

复合地基（Composite Ground）也是人工地基的一种，是指地基中部分土体被增强或置换形成增强体，有增强体和周围地基土共同承担荷载的地基。复合地基在我国（尤其是北方地区）得到大量的采用。按照增强体的材料强度，复合地基主要分为：散体材料桩、柔性桩、半刚性桩和刚性桩四种。

1. 原位测试的定义

广义：应包括原位检测和原位试验两部分，即指在工程现场，在不破坏、不扰动或少扰动被测对象或检测对象原有（天然）状态的情况下，通过试验手段测定特定的物理量，进而评价被测对象的性能和状态。

狭义：是岩土工程勘察与地基评价中的重要手段之一，是指利用一定的试验手段在天然状态（天然应力、天然结构和天然含水量）下，测试岩土的反应或一些特定的物理、力学指标，进而依据理论分析或经验公式评定岩土的工程性能和状态。

2. 原位测试技术特点

优点：在工程场地进行测试，无需采样，减少了甚至避免了对试样的扰动（应力解除、样品运输、制样等）和取样难（如淤泥和砂层）的问题；原位测试涉及的试样体积比室内试验样品要大得多，因而更能反映宏观结构（如裂隙、夹层等）对岩土体性质的影响；很多土的原位测试技术方法可连续进行，因而更能反映岩土体剖面及其物理力学性质指标。

现代的原位测试技术一般具有快速、经济的优点，如静力触探车。

缺点：难于控制测试中的边界条件，如排水条件和应力条件；到目前为止，原位测试技术所测出的数据和岩土体的工程性质之间的关系，仍建立在大量统计的经验关系之上。

尽管如此，并不影响原位测试技术在工程实践中的广泛应用。反而可以建立很多适合勘测现场的经验关系，提高测试精度，减少地质钻探和室内试验费用，缩短勘测周期。

本节主要介绍几种常用的原位测试方法：浅层平板试验、深层平板试验、动力触探试验和静力触探试验。

8.2.1 地基土载荷试验

1. 试验依据的技术标准

《建筑地基基础设计规范》GB 50007—2011 指出：地基评价宜采用钻探取样、室内土工试验、触探、并结合其他原位测试方法进行。设计等级为甲级的建筑物应通过载荷试验，为设计提供承载力和变形演算的更可靠指标。《建筑地基基础设计规范》GB 50007—2011 附录 C、D、H 分别列出了浅层平板载荷试验、深层平板载荷试验、岩基载荷试验要点。既有建筑地基土载荷试验应遵照《既有建筑地基基础加固技术规范》JGJ 123—2013 执行，具体操作步骤可参照《建筑地基基础设计规范》GB 50007—2011 的有关规定执行。

地基土载荷试验适用于具有足够厚度的天然地基，这是由于采用平板载荷试验，其作用的主要影响深度约为 1.5～2 倍载荷板边长，对于一个面积为 $0.5m^2$、边长为 0.707m 的方形载荷板，要求天然地基的厚度不小于 1.5m。

试验目的：

（1）地基土浅层平板载荷试验，用于确定浅部地基土层承压板下应力主要影响范围内的承载力和变形特性。

（2）深层平板载荷试验，用于确定深部地基土层及大直径桩桩端土层在承压板下应力主要影响范围内的承载力和变形特性。

2. 试验点位置选择

《岩土工程勘察规范》GB 50021—2001 第 10.2.2 条规定，载荷试验应布置在有代表性的地点，每个场地不宜小于 3 个点，当场地内岩土体不均匀时，应适当增加试验点。

天然地基载荷试验点应布置在有代表性的地点和基础底面标高处，且布置在技术钻孔附近。当场地地质成因单一、土质分布均匀时，试验点离技术钻孔距离不宜超过 10m，反之不应超过 5m，也不宜小于 2m。试验点位置的严格控制，目的是使载荷试验反映的承压板影响范围内地基土的性状与实际基础下地基土的性状基本一致。当然，在实际操作时，要真正做到试验点处地基土的性状能真实反映建筑场地地基土的性状是比较困难的，只能通过对现场地质条件的详细分析，使选择的检测点能代表建筑场地地基土的基本性状，并通过一定测试数量控制，以达到检测结果尽可能具有代表性。

试验点处试验面应开挖成水平面并置于孔底的中央，应在试验面上铺设不超过 20mm 厚中粗砂垫平。

3. 载荷试验加荷设备

平板载荷试验设备，通常有：承压板、加荷系统、反力系统、观测系统四部分。其各部分的机能为：加荷系统控制并稳定加荷大小，通过反力系统将荷载反作用于承压板，承压板将荷载均匀传递给地基土，地基土的变形由观测系统测定。

（1）承压板类型和尺寸

基本要求：承压板应为刚性，要求承压板具有足够刚度、不破损、不挠曲、压板底部光平，尺寸和传力重心准确，搬运方便。

形状：可加工成正方形或圆形。

压板材质：钢板、钢筋混凝土、素混凝土。

承压板面积：对天然地基，规范规定宜用 $0.25\sim0.5m^2$；对软土应采用尺寸大些的承压板，否则易发生倾斜；对碎石土，要注意碎石的最大粒径；对较硬的裂隙性黏土及岩层，要注意裂隙的影响。

对复合地基：单桩复合地基载荷试验，取一根桩承担的处理面积；多桩复合地基载荷试验，按实际桩数所承担的处理面积确定。

（2）加荷系统

加荷系统是指通过承压板对地基施加荷载的装置，分为加荷装置和测量荷载装置。加荷装置大体可分为四类：

① 单个手动液压千斤顶加荷装置；

② 两个或两个以上千斤顶并联加荷，高压油泵；

③ 千斤顶自动控制加荷装置；

④ 压重加荷装置（直接称重堆放）。

（3）测量系统

测量荷载装置有三种方式：

① 油压表量测荷载，在千斤顶侧壁安装油压表显示油压，根据率定的曲线，将千斤顶油压换算成荷载，或在油泵上安装油压表显示油压，换算成荷载。

常用油压表的规格：10MPa、20MPa、40MPa、60MPa、100MPa。

② 标准测力计量测荷载，在千斤顶端放置标准测力计（压力环），由测力计上的百分表直接测量荷载。常用规格：300kN、600kN、1000kN、2000N、3000kN。

③ 荷载传感器量测荷载（称重传感器的一种），通过放置在千斤顶上的荷载传感器，将荷载信号转换成电信号，通过专门显示器显示荷载大小，目前较好的为轮辐式荷载传感器，其抗水平横向能力强。

（4）反力系统

反力系统有多种，常用的可分为四大类：

1）堆重平台反力装置：利用钢锭、混凝土块、砂袋等重物堆放在专门平台上。压重平台反力装置，该种装置应符合以下规定：

① 能提供的反力不得小于最大加载量的 1.2 倍；

② 压重宜在检测前一次加足，并均匀稳固地放置于平台上；

③ 压重施加于地基的压应力不宜大于地基承载力特征值的 1.5 倍。

2）锚桩横梁反力装置：（二桩、四桩、六桩、八桩）最大反力可达 40000kN。

3）伞形构架式地锚反力装置：（12 锚、24 锚、32 锚等）最大反力可达 2000kN。

4）撑壁式反力装置：适用于天然土。土质坑壁稳定，坑深 1.5m 以上。

综合国内的试验装置，常用加荷装置见表 8.1。

常用加荷装置 表 8.1

类别	序号	名称	示意图	主要特点	适用范围
重物加荷	1	荷载台重加荷		结构简单，加工容易，可保持荷载静、稳、恒，但堆载有限，易倾斜，欠安全	适用于试验荷载在 50～100kN 且要求重物几何形状规则

类别	序号	名称	示意图	主要特点	适用范围
液压加荷装置	2	墩式荷载台		重物提供反力，具有较大的反力条件，安全、可靠	适用于具有砌制垛台及吊装重物的条件，垛基距试坑边应大于1.2m
	3	伞形构架式		结构简单，装拆容易，对中灵活，下锚费力，且反力大小取决于土层性质	适用于能下锚的场地及土层条件，地锚距试坑边应大于0.8m
	4	桁架式		反力梁能根据试验需要配备，荷载易保持竖向，安全	适用于采用地锚（或锚桩）的场地，地锚试坑地应大于1m
	5	K形反力构架式		反力装置重心低，稳定性能较好，但开挖成型较困难，且受土质条件约束	适用于地下水位以上的坚实土层条件
	6	坑壁斜撑式		设备简单，反力受坑壁土质强度控制	适用于试验深度大于2m，地下水位以上，硬塑或坚硬的土层
	7	硐室支撑法		装置简单，反力大小取决于硐顶土层性质	适用于黄土等稳定性好，地下水位低，硐顶土层性质良好的条件

（5）观测系统

测定地基土沉降的量测系统。由观测基准支架和测量仪表两部分构成。

① 观测基准支架是用来固定量测仪表的装置，基准支架由基准梁和基准桩组成，基准梁和支承量测仪表的夹具在构造上应确保不受气温、振动和其他外界因素影响而发生竖向变位。基准桩距离承压板中心距离不小于$1.5B$，B为承压板宽度或直径，以确保观测系统稳定。

② 测量仪表，精密水准仪，机械百分表，数字式位移计，常用百分表。量程 0~10mm、0~30mm、0~50mm、0~100mm，分辨力一般不小于0.01mm。

图 8.1 (a)~(d) 给出了仪器设备安装示意图。

4. 试验方法

（1）浅层平板载荷试验

1）试验采用正方形或圆形刚性承压板，面积不小于0.25m²，对于软土不应小于0.5m²，板底高程应与基础底面标高相同。为使地基载荷试验的压板真正处在无埋深条件下，试坑长度和宽度应大于载荷板相应尺寸的3倍。试验土层顶面应保持水平，并保持土层的原状结构和天然湿度。开挖试坑时应避免对基土结构产生扰动，为此，只有到安装承

图 8.1　载荷试验仪器安装示意图

(a) 找平；(b) 放钢板；(c) 安装千斤顶；(d) 安装基准梁

压板前才将试验土层面以上预留的 20～30cm 厚的原土清除。为使压板和地基土接触良好，压板与地基土的接触面处宜采用 10～20mm 厚度的中、粗砂层找平，其厚度不超过 20mm。对流塑状黏性土、松散砂层，在压板周围应铺设 20～30cm 保护层，以防止试压过程中对试验土层的扰动。

2）加荷分级不少于 8 级，最大加载量不应少于设计荷载值的 2 倍。第一级可取 2 倍加载量，以后逐级等量加载。每级荷载在其维持过程中，按间隔 10min、10min、10min、15min、15min 进行测读，以后每隔半小时测读一次，直至沉降稳定。

3）稳定标准：当连续两小时内每小时的沉降量不超过 0.1mm 时，则认为已趋稳定，可加下一级荷载。

4）为了确定地基的极限承载力，应加载至地基破坏，或出现下列条件之一时，可终止加载：

① 承压板周围的土明显出现侧向挤出；

② 沉降量急骤增大，荷载-沉降（p-s）曲线出现陡降段（图 8.2）；

③ 在某级荷载下，24h 内沉降速率不能达到稳定；

当满足上述三种情况之一时，其对应的前一级荷载为极限荷载。

GB 50007—2011 规定，沉降量与承压板的宽度或直径之比大于或等于 0.06，即可终止试验。

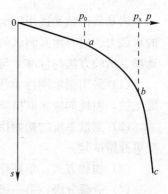

图 8.2　荷载-沉降（p-s）曲线

5）卸载观测：每级卸载为加载时的 2 倍，如为奇数，第一级可为 3 倍。每级卸载后，隔 10min 测读一次，测读 3 次后可卸下一级荷载。全部卸载后，当测读到半小时回弹量小于 0.01mm 时，即认为稳定。

6）承载力特征值的确定应符合下列规定：

① 当 $p\text{-}s$ 曲线上有比例界限时，取该比例界限所对应的荷载值；

② 当极限荷载小于对应比例界限的荷载值的 2 倍时，取极限荷载值的一半；

③ 当不能按上述两种方法确定时，当承压板面积为 0.25～0.5m² 时，可取 $s/b=0.01$ ～0.015 所对应的荷载，但其值不应大于最大加载量的一半。

7）结果处理：

同一土层参加统计的试验点不应少于 3 点，当试验实测值的极差不超过其平均值的 30% 时，取 3 点的平均值作为该土层的地基承载力特征值，如果极差超过 30%，宜分析差距过大原因，在排除试验设备和人为原因外，可考虑适当增加试验点进行综合判定。

（2）深层平板载荷试验

承压板采用直径 0.8m 的刚性板，紧靠压板周边外侧的土层高度不少于 80cm。

1）加荷等级可按预估极限承载力的 1/10～1/15 分级施加。

2）每级荷载后的观测时间间隔、稳定标准同浅层平板载荷试验。

3）当出现下列情况之一时，可终止加载：

① 沉降量急骤增大，荷载-沉降（$p\text{-}s$）曲线上有可判定极限承载力的陡降段，且沉降量超过 0.04d（d 为承压板直径）；

② 在某级荷载下，24h 内沉降速率不能达到稳定标准；

③ 本级沉降量大于前一级沉降量的 5 倍；

④ 当持力层土层坚硬，沉降量很小时，最大加载量不小于设计荷载的 2 倍。

4）卸载观测：每级卸载为加载时的 2 倍，如为奇数，第一级可为 3 倍。每级卸载后，隔 10min 测读一次，测读 3 次后可卸下一级荷载。全部卸载后，当测读到半小时回弹量小于 0.01mm 时，则认为稳定。

5）结果处理：与浅层平板载荷试验相同。

浅层平板载荷试验报告样本见图 8.3。

8.2.2 岩石地基载荷试验

岩基载荷试验适用于确定完整、较完整、较破碎岩基作为天然地基或桩基础持力层时的承载力。岩石地基测试的特殊性，在于岩石地基的强度高而压缩性低。故在压板尺寸的选择、试验方法与标准上与常规载荷试验有一些区别。

（1）采用圆形刚性承压板，直径为 300mm。当岩石埋藏深度较大时，可采用钢筋混凝土桩，但桩周应采取措施以消除桩身与土之间的摩擦力。

（2）测量系统的初始稳定读数观测：加压前，每隔 10min 读数一次，连续 3 次读数不变可开始试验。

（3）加载方式：单循环加载，荷载逐级递增直到破坏，然后分级卸载。

（4）荷载分级：第一级加载值为预估设计荷载的 1/5，以后每级为 1/10。

（5）沉降量测读：加载后立即读数，以后每 10min 读数一次。

浅层平板加载试验汇总表

工程名称: ××××		试验点号: 01	承压板直径: 0.8m

工程名称: ××××　　　　试验点号: 01　　　　承压板直径: 0.8m

加载级	荷载 (kPa)	本级沉降 (mm)	累计沉降 (mm)
2	60	3.530	3.535
3	90	3.325	6.860
4	120	4.315	11.175
5	150	4.980	16.155
6	180	6.075	22.230
7	210	6.805	29.035
8	240	8.615	37.650
9	270	8.860	46.510
10	300	9.460	55.970

p–s曲线

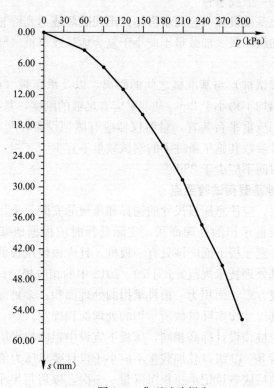

图 8.3　典型试验报告

（6）稳定标准：连续 3 次读数之差均不大于 0.01mm。

（7）终止加载条件：当出现下述现象之一时，即可终止加载：

① 沉降量读数不断变化，在 24h 内，沉降速率有增大的趋势；

② 压力加不上或勉强加上而不能保持稳定。

（8）卸载观测：每级卸载为加载时的 2 倍，如为奇数，第一级可为 3 倍。每级卸载后，隔 10min 测读一次，测读 3 次后可卸下一级荷载。全部卸载后，当测读到半小时回弹量小于 0.01mm 时，即认为稳定。

(9) 承载力的确定

① 对应于 p-s 曲线上起始直线段的终点为比例界限。符合终止加载条件的前一级荷载为极限荷载。将极限荷载除以 3 的安全系数，所得值与对应于比例界限的荷载相比较，取小值；

② 每个场地载荷试验的数量不应少于 3 个，取最小值作为岩石地基承载力特征值。

③ 岩石地基承载力不进行深宽修正。

8.2.3 复合地基载荷试验

复合地基载荷试验是确定复合地基承载力和变形特性的基本方法。复合地基测试的特殊性，主要在于复合地基中存在加固体，测试时必须要加以考虑。基本测试方法有两种：单桩复合地基测试法和桩土分离式测试法。单桩复合地基测试时压板覆盖的区域与一根桩承担的加固面积相适应；而桩土分离式测试法是分别对桩和土进行测试，然后按公式换算出相应的地基参数。当桩的布置很密时，也可采用多桩复合地基测试法。

复合地基载荷试验的一般要求：

(1) 应加载至复合地基或桩体（竖向增强体）出现破坏或达到终止加载条件，也可按设计要求的最大加载量加载。最大加载量不应小于复合地基或单桩（竖向增强体）承载力设计值的 2 倍。

(2) 承压板边缘（或试桩）与基准桩之间的距离，以及承压板（或试桩）与基准桩、压重平台支墩之间的距离均不得小于 2m，基准梁应有足够的刚度，基准桩牢固。

(3) 加荷装置宜采用压重平台装置，量测仪器应有遮挡设备，严禁日光直射基准梁。每个单体建筑在同一设计参数和施工条件下的测试数量不宜少于 3 组，并不小于总桩数的 0.5%～1%；试验间歇时间不应少于 28d。

1. 单桩或多桩复合地基载荷试验要点

采用此种试验方式时，应注意压板尺寸的选择和压板的安装。采用单桩复合地基试验方式时，压板面积为一根桩承担的处理面积，实际选择时应根据地基处理时的施工图计算。压板安装时要特别注意压板下面应该只有一根桩，且应该使压板的中心与桩的中心对正。下面列出《建筑地基处理技术规范》JGJ 79—2012 中的相应规定。

(1) 压板可用圆形或方形，面积为一根桩承担的处理面积；多桩复合地基载荷试验的压板可用方形或矩形，其尺寸按实际桩数所承担的处理面积确定。

(2) 压板底标高应与桩顶设计标高相同，压板下宜设中粗砂找平层。

(3) 加荷等级可分为 8～12 级，总加载量不应小于设计要求压力值的 2 倍。

(4) 每加一级荷载前后应各读记承压板沉降量 s 一次，以后每半小时读记一次。当一小时内沉降增量小于 0.1mm 时，即可加下一级荷载。

(5) 当出现下列现象之一时，可终止试验：

① 沉降急骤增大、土被挤出或承压板周围出现明显的隆起；

② 承压板的累计沉降量已大于其宽度或直径的 6%；

③ 当达不到极限荷载，而最大加载压力已大于设计要求压力值的 2 倍。

(6) 卸载级数可为加载级数的一半，等量进行，每卸一级，间隔半小时，读记回弹量，待卸完全部荷载后间隔 3h 读记总回弹量。

(7) 复合地基承载力特征值的确定：

1) 当压力-沉降曲线上极限荷载能确定，而其值不小于对应比例界限的 2 倍时，可取比例界限；当其值小于对应比例界限的 2 倍时，可取极限荷载的一半；

2) 当压力-沉降曲线是平缓的光滑曲线时，可按相对变形值确定：

① 对振冲桩、砂石桩复合地基或强夯置换墩：当以黏性土为主的地基，可取 s/b 或 $s/d=0.015$ 所对应的压力（b 和 d 分别为承压板宽度和直径，当其值大于 2m 时，按 2m 计算）；当以粉土或砂土为主的地基，可取 s/b 或 $s/d=0.01$ 所对应的压力。

② 对土挤密桩、石灰桩或柱锤冲扩桩复合地基，可取 s/b 或 $s/d=0.012$ 所对应的压力。对灰土挤密桩复合地基，可取 s/b 或 $s/d=0.008$ 所对应的压力。

③ 对水泥粉煤灰碎石桩或夯实水泥土桩复合地基，当以卵石、圆砾、密实粗中砂为主的地基，可取 s/b 或 $s/d=0.008$ 所对应的压力；当以黏性土、粉土为主的地基，可取 s/b 或 $s/d=0.01$ 所对应的压力。

④ 对水泥土搅拌桩或旋喷桩复合地基，可取 s/b 或 $s/d=0.006$ 所对应的压力。

(8) 试验点的数量不应少于 3 点，当满足其极差不超过平均值的 30% 时，可取其平均值为复合地基承载力特征值。

2. 桩土分离式试验要点

一般试验过程与常规压板试验相同，只是在选择承压板时，进行桩体测试的压板应与桩的截面相适应，进行土体测试的压板可按常规地基测试的压板选择，但应注意其覆盖面内不应有桩体存在，且应留有适当余地。压板安装时也应仔细检查。

测试完成后，分别对桩体和土体进行统计分析，得出桩的承载力特征值和土的承载力特征值，然后按下式计算复合地基承载力特征值：

$$f_{spk} = mf_{pk} + (1-m)f_{sk} \tag{8-1}$$

式中 f_{spk}——复合地基的承载力特征值；

f_{pk}——桩体单位截面积承载力特征值；

f_{sk}——桩间土的承载力特征值；

m——加固体的面积置换率。

变形模量的计算可以类似方法进行。

8.2.4 动力触探试验

圆锥动力触探试验习惯上称为动力触探试验（DPT：dynamic penetration test）或简称动探，它是利用一定的锤击动能，将一定规格的圆锥形探头打入土中，根据每打入土中一定深度的锤击数（或贯入能量）来判定土的物理力学特性和相关参数的一种原位测试方法。将探头换为标准贯入器，则称为标准贯入试验，标贯的探头是一个空心贯入器，试验过程中还可以取土。

动力触探的应用目的：

① 定性评价：划分不同性质的土层；评定场地土层的均匀性；查明土洞、滑动面和软硬土层界面；确定软弱土层或坚硬土层的分布；检验评估地基土加固与改良的效果。

② 定量评价：确定土的物理力学性质指标，如砂土的孔隙比、相对密实度、粉土和黏性土的状态、土的强度和变形参数，评价天然地基土承载。

抽样数量：

《公路路基设计规范》JTG D30—2004 和《公路工程地质勘察规范》JTG C20—2011 规定：动力触探点的数量每不适宜土段宜采用断面控制方式，断面间距一般控制在 10～20m 之间，小范围不适宜土段可加密，每个断面宜布置 3～5 个测试点，按路基范围左、中、右布置，点距 15m 左右。

《建筑地基基础设计规范》GB 50007—2011 和《岩土工程勘察规范》GB 50021—2001（2009 年版）规定（详细勘察阶段）：

① 进行原位测试的勘探点数量，应根据地层结构、地基土的均匀性和设计要求确定，对地基基础设计等级为甲级的建筑物每栋不应少于 3 个。

② 每个场地每一主要土层的原状土试样或原位测试数据不应少于 6 组；当 N120 动力触探既作为测试手段又作为勘探手段应用时，触探点的间距应满足勘察规范的要求和符合场地的岩土工程条件。

③ 在地基主要受力层内，对于厚度大于 0.5m 的夹层或透镜体，应采取土试样或进行原位测试。

④ 当土层性质不均匀时，应增加取土数量或原位测试工作量。

⑤ 对于桩基或透镜状软弱夹层较多的场地，触探点的间距一般应达到 12～24m，必要时可适当加密。

用于地基复验阶段的触探点数量一般不少于 3 个。

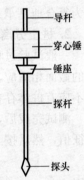

图 8.4 动力触探现场试验

1. 试验设备

动力触探使用的设备，包括动力设备和贯入系统两大部分。动力设备的作用是提供动力源，为便于野外施工，多采用柴油发动机；对于轻型动力触探也有采用人力提升方式的。贯入部分是动力触探的核心，由穿心锤、探杆和探头组成，如图 8.4 所示。

根据所用穿心锤的质量将动力触探试验分为轻型、中型、重型和超重型等种类。动力触探类型及相应的探头和探杆规格见表 8.2，各种动力触探探头形式见图 8.5 和图 8.6。

常用动力触探类型及规格 表 8.2

类 型		轻 型	重 型	标贯试验	超重型
落锤	锤的质量（kg）	10±0.2	63.5±0.5	63.5±0.5	120±1
	落距（cm）	0.50±0.02	0.76±0.02	0.76±0.02	100±0.02
探头	直径（mm）	40	74	对开管外径 51mm，内径 35mm	74
	锥角（°）	60	60	刃角 18-22	60
探杆直径（mm）		25	42，50	42，50	50～63
指标		贯入 30cm 的锤击数 N_{10}	贯入 10cm 的锤击数 $N_{63.5}$	贯入 30cm 的锤击数 $N_{63.5}$	贯入 10cm 的锤击数 N_{120}

根据锤击能量分为轻型、重型和超重型 3 种。轻型动力触探适用于一般黏质土及素填

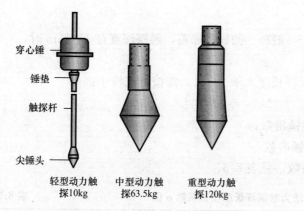

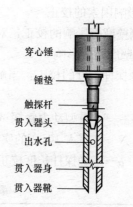

图 8.5　动力触探探头形式　　　　　图 8.6　标准贯入探头形式

土；重型动力触探适用于中、粗、砂砾和碎石土；超重型适用于卵石、砾石类土。标准贯入适用于除淤泥及碎石土之外土。

2. 试验方法

（1）轻型动力触探：用于触探深度小于 4m 的土层，一般用于黏性土、黏性素填土层。

① 先用轻便钻具钻至试验土层标高以上 0.3m 处，然后对所需试验土层连续进行触探。

② 试验时，穿心锤落距为 0.50±0.02m，使其自由下落。记录每打入土层中 0.30m 时所需的锤击数（最初 0.30m 可以不记）。

③ 若需描述土层情况时，可将触探杆拨出，取下探头，换钻头进行取样。

④ 如遇密实坚硬土层，当贯入 0.30m 所需锤击数超过 100 击或贯入 0.15m 超过 50 击时，即可停止试验。如需对下卧土层进行试验时，可用钻具穿透坚实土层后再贯入。

⑤ 本试验一般用于贯入深度小于 4m 的土层。必要时，也可在贯入 4m 后，用钻具将孔掏清，再继续贯入 2m。

（2）重型动力触探：触探试验深度 1～16m，一般适用于砂土和碎石土。

1）试验前将触探架安装平稳，使触探保持垂直地进行。垂直度的最大偏差不得超过 2%。触探杆应保持平直，连接牢固。

2）贯入时，应使穿心锤自由落下，落锤高度为 0.76±0.02m。地面上的触探杆的高度不宜过高，以免倾斜与摆动太大。

3）锤击速率宜为每分钟 15～30 击。打入过程应尽可能连续，所有超过 5min 的间断都应在记录中予以注明。

4）及时记录每贯入 10cm 所需的锤击数。其方法可在触探杆上每 10cm 划出标记，然后直接（或用仪器）记录锤击数；也可以记录每一阵击的贯入度，然后再用式（8-2）换算为每贯入 10cm 所需的锤击数。最初贯入的 1m 内可不记读数。

$$N = \frac{10K}{S} \tag{8-2}$$

式中　N——每贯入 10cm 的实测锤击数；

　　　K——阵击的锤击数；

　　　S——相应于一阵击的贯入量（cm）。

5) 影响因素的校正

① 侧壁摩擦影响的校正：对于一般砂、圆砾和卵石，触探深度在 1～15m 时，一般可不考虑侧壁摩擦的影响。

② 触探杆长度的校正：当触探杆长度大于 2m 时，需按下式校正：

$$N_{63.5} = \alpha N \qquad (8\text{-}3)$$

式中　$N_{63.5}$——重型动力触探试验锤击数；

　　　N——贯入 10cm 的实测锤击数；

　　　α——触探杆长度校正系数，见表 8.3。

重型动力触探杆长度校正系数 α 值　　　　　　　　表 8.3

N	杆长（m）										
	≤2	4	6	8	10	12	14	16	18	20	22
≤1	1.00	0.98	0.96	0.93	0.90	0.87	0.84	0.81	0.78	0.75	0.72
5	1.00	0.96	0.93	0.90	0.86	0.83	0.80	0.77	0.74	0.71	0.68
10	1.00	0.95	0.91	0.87	0.83	0.79	0.76	0.73	0.70	0.67	0.64
15	1.00	0.94	0.89	0.84	0.80	0.76	0.72	0.69	0.66	0.63	0.60
20	1.00	0.90	0.85	0.81	0.77	0.73	0.69	0.66	0.63	0.60	0.57

③ 地下水影响的校正：对于地下水以下的中、粗、砾砂和圆砾、卵石，锤击数可按下式修正：

$$N_{63.5} = 1.1 N'_{63.5} + 1.0 \qquad (8\text{-}4)$$

式中　$N_{63.5}$——经地下水影响校正后的锤击数；

　　　$N'_{63.5}$——未经地下水影响校正而经触探杆长度影响校正后的锤击数。

6) 每贯入 0.1m 所需锤击数连续三次超过 50 击时，即停止试验。如需对下部土层继续进行试验时，可改用超重型动力触探。

7) 本试验也可在钻孔中分段进行，一般可先进行贯入，然后进行钻探，直至动力触探所测深度以上 1m 处，取出钻具将触探器放入孔内再进行贯入。

(3) 超重型动力触探：触探试验深度一般不宜超过 20m，一般用于密实的碎石土或埋深厚度较大的碎石土。

1) 贯入时穿心锤自由下落，落距为 1.00±0.02m。贯入过程应尽量连续，锤击速率宜为 15～25 击/min。贯入深度一般不宜超过 20m。

2) 影响因素的校正

① 触探杆长度的校正：当触探杆长度大于 1m 时，需按下式校正：

$$N_{120} = \alpha N \qquad (8\text{-}5)$$

式中　N_{120}——超重型动力触探试验锤击数；

　　　N——贯入 10cm 的实测锤击数；

　　　α——触探杆长度校正系数，见表 8.4。

超重型动力触探试验触探杆长度校正系数 α　　　　　　　　表 8.4

杆长（m）	≤1	2	4	6	8	10	12	14	16	18	20
α	1.00	0.93	0.87	0.72	0.65	0.59	0.54	0.50	0.47	0.44	0.42

② 触探杆侧壁摩擦影响的校正

$$N_{120} = F_n N \tag{8-6}$$

式中　F_n——触探杆侧壁摩擦影响校正系数，按表 8.5 确定；

超重型动力触探试验触探杆长度校正系数 F_n　　　　　　表 8.5

N	1	2	3	4	6	8~9	10~12	13~17	18~24	25~31	32~50	>50
F_n	0.92	0.85	0.82	0.802	0.78	0.76	0.75	0.74	0.73	0.72	0.71	0.70

其他符号同前。

（4）标准贯入试验

① 先用钻具钻至试验土层标高以上 0.15m 处，清除残土。清孔时，应避免试验土层受到扰动。当在地下水位以下的土层中进行试验时，应使孔内水位保持高于地下水位，以免出现涌砂和塌孔；必要时，应下套管或用泥浆护壁。

② 贯入前应拧紧钻杆接头，将贯入器放入孔内，避免冲击孔底，注意保持贯入器、钻杆、导向杆连接后的垂直度。孔口宜加导向器，以保证穿心锤中心施力。贯入器放入孔内后，应测定贯入器所在深度，要求残土厚度不大于 0.1m。

③ 将贯入器以每分钟击打 15~30 次的频率，先打入土中 0.15m，不计锤击数；然后开始记录贯入 0.30m 的锤击数 N，并记录贯入深度与试验情况。若遇密实土层，锤击数超过 50 击时，不应强行打入，并记录 50 击的贯入深度。

④ 旋转钻杆，然后提出贯入器，取贯入器中的土样进行鉴别、描述记录，并测量其长度。将需要保存的土样仔细包装、编号，以备试验之用。

⑤ 重复 1~4 步骤，进行下一深度的标贯测试，直至所需深度。一般每隔 1m 进行一次标贯试验。

（5）试验技术要求

① 锤击能量是最重要的因素。规定落锤方式采用控制落距的自动落锤，使锤能量比较恒定，注意保持探杆垂直，探杆的偏斜度不超过 2%。锤击时防止偏心及探杆晃动。

② 触探杆与土间的侧摩阻力是另一个重要的因素。试验过程中，可采取下列措施减少侧摩阻力的影响。

③ 使探杆直径小于探头直径。在砂土中探头直径与探杆直径比应大于 1.3，而在黏土中可小些。

④ 贯入一定深度后旋转探杆（每 1m 转动一圈或半圈），以减少侧摩阻力；贯入深度超过 10m，每贯入 0.2m，转动一次。

⑤ 探头的侧摩阻力与土类、土性、杆的外形、刚度、垂直度、触探深度等均有关，很难用一固定的修正系数处理，应采取切合实际的措施，减少侧摩阻力，对贯入深度加以限制。

⑥ 锤击速度也影响试验成果，一般采用每分钟 15~30 击；在砂土、碎石土中，锤击速度影响不大，刚可采用每分钟 60 击。

⑦ 贯入过程应不间断地连续击入，在黏性土中击入的间歇会使侧摩阻力增大。

⑧ 地下水位对击数与土的力学性质的关系没有影响，但对击数与土的物理性质（砂土孔隙比）的关系有影响，故应记录地下水位埋深。

注意事项：

① 试验前或试验过程中，应认真检查机具设备。

② 在设备安装过程中，部件连接处丝扣应完好，连接紧固。

③ 触探架应安装平稳，在作业过程中触探架不得偏移，保持触探孔垂直。

3. 试验成果的整理分析

（1）轻型动力触探以每层实测击数的算术平均值作为该层的触探击数平均值 N_{10}。

（2）GB 50021—2001（2009 年版）规定：当采用重型圆锥动力触探确定碎石土密度时，锤击数 $N_{63.5}$ 应按下式修正：

$$N_{63.5} = \alpha_1 N'_{63.5} \tag{8-7}$$

式中　$N_{63.5}$——修正后的重型圆锥动力触探锤击数；

　　　$N'_{63.5}$——实测重型圆锥动力触探锤击数；

　　　α_1——修正系数，见表 8.6。

重型圆锥动力触探锤击数修正系数 α_1　　　　表 8.6

杆长（m）	$N'_{63.5}$								
	5	10	15	20	25	30	35	40	≥50
2	1.00	1.00	1.00	1.00	1.00	1.00	1.00	1.00	
4	0.96	0.95	0.93	0.92	0.90	0.89	0.87	0.86	0.84
6	0.93	0.90	0.88	0.85	0.83	0.81	0.79	0.78	0.75
8	0.90	0.86	0.83	0.80	0.77	0.75	0.73	0.71	0.67
10	0.88	0.83	0.79	0.75	0.72	0.69	0.67	0.64	0.61
12	0.85	0.79	0.75	0.70	0.67	0.64	0.61	0.59	0.55
14	0.82	0.76	0.71	0.66	0.62	0.58	0.56	0.53	0.50
16	0.79	0.73	0.67	0.62	0.57	0.54	0.51	0.48	0.45
18	0.77	0.70	0.63	0.57	0.53	0.49	0.46	0.43	0.40
20	0.75	0.67	0.59	0.53	0.48	0.44	0.41	0.39	0.36

（3）GB 50021—2001（2009 年版）B.0.2 规定：当采用超重型圆锥动力触探确定碎石土密实度时，锤击数 N_{120} 应按下式修正

$$N_{120} = \alpha_2 N'_{120} \tag{8-8}$$

式中　N_{120}——修正后的超重型圆锥动力触探锤击数；

　　　N'_{120}——实测超重型圆锥动力触探的锤击数；

　　　α_2——修正系数，按表 8.7 取值。

超重型圆锥动力触探锤击数修正系数 α_2　　　　表 8.7

杆长（m）	N'_{120}											
	1	3	5	7	9	10	15	20	25	30	35	40
1	1.00	1.00	1.00	1.00	1.00	1.00	1.00	1.00	1.00	1.00	1.00	1.00
2	0.96	0.92	0.91	0.90	0.90	0.90	0.90	0.89	0.89	0.88	0.88	0.88
3	0.94	0.88	0.86	0.85	0.84	0.84	0.84	0.83	0.82	0.82	0.81	0.81
5	0.92	0.82	0.79	0.78	0.77	0.77	0.76	0.75	0.74	0.73	0.72	0.72
7	0.90	0.78	0.75	0.74	0.73	0.72	0.71	0.70	0.68	0.68	0.67	0.66
9	0.88	0.75	0.72	0.70	0.69	0.68	0.67	0.66	0.64	0.63	0.62	0.62

杆长（m）	N'_{120}										
	1	3	5	7	9	10	15	20	25	30	35	40
11	0.87	0.73	0.69	0.67	0.66	0.66	0.64	0.62	0.61	0.60	0.59	0.58
13	0.86	0.71	0.67	0.65	0.64	0.63	0.61	0.60	0.58	0.57	0.56	0.55
15	0.86	0.69	0.65	0.63	0.62	0.61	0.59	0.58	0.56	0.55	0.54	0.53
17	0.85	0.68	0.63	0.61	0.60	0.60	0.57	0.56	0.54	0.53	0.52	0.50
19	0.84	0.66	0.62	0.69	0.58	0.58	0.56	0.54	0.52	0.51	0.50	0.48

4. 试验结果的应用

（1）划分土类或土层剖面

根据动力触探击数可粗略划分土类。一般来说，锤击数越少，土的颗粒越细；锤击次数越多，土的颗粒越粗。根据触探击数和触探曲线的形状，将触探击数相近的一段作为一层，据之可以划分土层剖面，并求出每一层触探击数的平均值，定出土的名称。

（2）确定地基土的承载力

用动力触探和标准贯入的成果确定地基土的承载力已被多种规范所采纳，各规范均提出了相应的方法和配套使用的表格。

如《铁路工程地质原位测试规程》TB 10018—2003 规定，地基承载力可由表 8.8 和表 8.9 得到。

用 N_{10} 评价黏性土的承载力   表 8.8

N_{10}	15	20	25	30
基本承载力（kPa）	100	140	180	220
极限承载力（kPa）	180	260	330	400

注：表中数值可以线性内插。

用 $N_{63.5}$ 评定粗粒土的承载力   表 8.9

击数平均值 $N_{63.5}$	3	4	5	6	7	8	9	10	12	14
碎石土	140	170	200	240	280	320	360	400	480	540
中砂、砾砂	120	150	180	220	260	300	340	380	—	—
击数平均值 $N_{63.5}$	16	18	20	22	24	26	28	30	35	40
碎石土	600	660	720	780	830	870	900	930	970	1000

注：值进行触探杆长度修正。

此外还有类似经验公式用于估算地基承载力，如中国地质大学（武汉）对黏性土地基承载力经验公式：

$$f_k = 32.3 N_{63.5} + 89 \quad (2 \leqslant N_{63.5} \leqslant 16) \tag{8-9}$$

式中 f_k——地基土承载力标准值；

    $N_{63.5}$——重型动探击数（击/10cm）。

（3）确定桩尖持力层和单桩容许承载力

在地层层位分布规律比较清楚的地区，特别是上软下硬的二元结构地层，用动力触探能很快地确定端承桩的桩尖持力层，但在地层变化复杂和无经验地区不宜单独用动力触探确定桩尖持力层。

初步设计阶段可通过动力触探指标，用经验公式确定单桩承载力。

（4）按动力触探和标准贯入击数确定粗粒土的密实度

动力触探主要用于粗粒土，用动力触探和标准贯入测定粗粒土的状态有其独特的优势。标准贯入可用于砂土，动力触探可用于砂土和碎石土。

总之，动探和标贯的优点很多，应用广泛。对难以取原状土样的无黏性土和用静探难以贯入的卵砾石层，动探是十分有效的勘测和检验手段。但是，影响其测试成果精度的因素很多，所测成果的离散性大。因此，它是一种较粗糙的原位测试方法。在实际应用时，应与其他测试方法配合；在整理和应用测试资料时，运用数理统计方法，效果会好一些。

（5）确定地基土的抗剪强度和变形模量

用动力触探指标（触探击数或动贯入阻力）可查表或通过经验公式确定地基土的变形模量。

【例 8.1】 某民用建筑场地中钻孔 ZK，0～5m 为黏性土，5.0～13.0m 为粗砂土，地下水位为 1.5m，对 4.0m 黏土进行重型动力触探试验时，共进行 3 阵击，第一阵击贯入 5.0cm，锤击数为 6 击，第二阵击贯入 5.2cm，锤击数为 6 击，第三阵击贯入 5.0cm，锤击数为 7 击，触探杆长度为 5m。在砂土层 8m 处进行重型动力触探时，贯入 14cm 的锤击数为 28 击，触探杆长度为 9m，该黏土层和砂土层中修正后的锤击数分别为多少？

解：

① 黏土层中重型动力触探锤击数的修正

贯入深度 S：$5+5.2+5=15.2$cm

锤击数 K：$6+6+7=19$ 击

贯入 10cm 的实测锤击数 $N = \dfrac{10K}{S} = \dfrac{10 \times 19}{15.2} = 12.5$

杆长 4m，$N=12.5$ 时的修正系数 $\alpha_{(4,12.5)} = (0.95+0.94)/2 = 0.945$

杆长 6m，$N=12.5$ 时的修正系数 $\alpha_{(6,12.5)} = (0.91+0.89)/2 = 0.90$

杆长 5m，$N=12.5$ 时的修正系数 $\alpha_{(5,12.5)} = (0.945+0.90)/2 = 0.9225$

4m 处修正后的锤击数 $N_{63.5} = \alpha N = 0.9225 \times 12.5 = 11.5$

② 粗砂土层中重型动力触探锤击数的修正

贯入深度为 10cm 的锤击数 $N = \dfrac{10K}{S} = \dfrac{10 \times 28}{14} = 20$

杆长 9.0m，$N=20$ 时的杆长修正系数 $\alpha_{(9,20)} = (0.81+0.77)/2 = 0.79$

杆长修正后的锤击数 $N'_{63.5} = \alpha N = 0.79 \times 20 = 15.8$

地下水影响修正后的锤击数 $N_{63.5} = 1.1 N'_{63.5} + 1.0 = 1.1 \times 15.8 + 1.0 = 18.4$

黏土层 4.0m 处修正后的重型动力触探锤击数为 11.5，砂土层中 8.0m 处修正后的重型动力触探锤击数为 18.4。

【例 8.2】 某碎石土场地地下水埋深为 1.5m，在 12.0m 处进行重型动力触探，贯入 14cm 的锤击数为 63 击，地面以上触探杆长度为 1.0m，如确定碎石土的密实度，求修正后的锤击数。

解：

① 实测锤击数 $N'_{63.5} = \dfrac{10K}{S} = 10 \times \dfrac{63}{14} = 45$

② 实测锤击的修正

触探杆长度：$l = 1 + 12 = 13m$

$l = 13m$，$N'_{63.5} = 40$ 时的修正系数 $\alpha_{1(13,40)} = \dfrac{1}{2} \times (0.59 + 0.53) = 0.56$

$l = 13m$，$N'_{63.5} = 50$ 时的修正系数 $\alpha_{1(13,50)} = \dfrac{1}{2} \times (0.55 + 0.50) = 0.525$

$l = 13m$，$N'_{63.5} = 45$ 时的修正系数 $\alpha_{1(13,45)} = \dfrac{1}{2} \times (0.56 + 0.525) = 0.543$

修正后的锤击数为：$N_{63.5} = \alpha_{1(13,45)} N'_{63.5} = 0.543 \times 45 = 24.4$

8.3 桩基试验与检测

桩基是隐蔽工程，支撑着地面上的建筑物，它是建筑物的基础，其质量优劣直接影响到这些建筑物的安全。在桩基础的施工过程中，桩基检测是一个不可缺少的环节。近年来桩基础在高层建筑和铁路建设中广泛使用，随着建设单位对工程质量要求的提高，基桩检测技术将发挥越来越重要的作用。

按设计和施工质量验收规范所规定的具体检测项目方式，宏观上可分为两种检测方法：

（1）直接法。通过现场原型试验直接检测项目结果的检测方法。主要有桩身完整性检测（钻孔取芯法）和承载力检测（静载荷试验）。

（2）间接法。在现场原型试验基础上，同时基于一些理论假设和工程实践经验并加以综合分析才能最终获得检测项目结果的检测方法。主要包括以下三种方法：低应变法、高应变法和声波透射法。

8.3.1 桩基完整性试验

桩身的完整性检测是通过现场动力试验来判断桩身质量、内部缺陷的一种方法，常见的内部缺陷有夹泥、断裂、缩颈、混凝土离析及桩顶混凝土密实性较差等。

8.3.1.1 低应变法

低应变法：在桩顶面施加低能量的瞬态或稳态激振，使桩在弹性范围内做弹性振动，并由此产生应力波纵向传播，同时利用波动和振动理论对桩身的完整性作出评价。低应变法是普查基桩的完整性，判定桩身缺陷程度和位置的一种常用方法。适合钢筋混凝土灌注桩，预应力混凝土桩（实心放桩、实心圆桩、管桩）等。该方法测试设备简单轻便，检测速度快、成本低，是基桩质量完整性普查的良好手段，如图8.7所示。

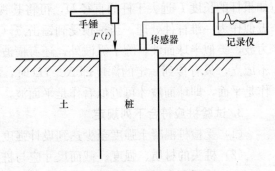

图8.7 低应变测桩示意图

优势：如设备简单，方法快速，费用低，是普查桩身质量的一种有力手段，最受建设单位和施工单位的欢迎。

局限性：①对于多缺陷桩，应力波在桩中产生多次反射和透射，对实测波形的判断非常复杂且不准确，第二、第三缺陷的判断会有较大误差，一般不判断第三个缺陷。②不能定量计算桩底沉渣厚度。对端承桩的嵌岩效果只能作定性判断。因嵌岩有时出现较强的负向反射波，会严重影响桩底反射波和桩底沉渣的判断。③只能对桩身质量作定性描述，不能作定量分析。不能识别纵向裂缝，能反映水平裂缝和接缝，但程度很难掌握，易误判为严重缺陷。④桩身渐变扩径后的相对缩径易误判为缩径，渐变缩径或离析且范围较大时，缺陷反射波形不明显。⑤不能提供桩身混凝土强度。

1. 抽样方法和数量

（1）柱下三桩或三桩以下的承台抽检桩数不得少于 1 根。

（2）设计等级为甲级，或地质条件复杂、成桩质量可靠性较低的灌注桩，抽检数量不应少于总桩数的 30%，且不得少于 20 根；其他桩基工程的抽检数量不应少于总桩数的 20%，且不得少于 10 根。

① 对端承型大直径灌注桩，应在上述两款规定的抽检桩数范围内，选用钻芯法或声波透射法对部分受检桩进行桩身完整性检测。抽检数量不应少于总桩数的 10%。

②地下水位以上且终孔后桩端持力层已通过核验的人工挖孔桩，以及单节混凝土预制桩，抽检数量可适当减少，但不应少于总桩数的 10%，且不应少于 10 根。

（3）当符合下述条款规定的桩数较多，或为了全面了解整个工程基桩的桩身完整性情况时，应适当增加抽检数量：

① 施工质量有疑问的桩；

② 设计方认为重要的桩；

③ 局部地质条件出现异常的桩；

④ 施工工艺不同的桩；

（4）当抽测的 Ⅲ、Ⅳ 类桩总数超过抽测数的 20% 时，在未检桩中继续扩大抽测。

2. 基本原理

用小锤冲击桩顶，通过粘结在桩顶的传感器接受来自桩中的应力波信号，采用应力波理论来研究桩土体系的动态响应，反演分析实测速度信号，获得桩的完整性。一维应力波理论有一个重要的假设即平截面假设，即假设力和速度只是深度和时间的函数。理论上，如果杆的长度 L 远大于杆的直径 D，可将其视为一维杆，实际上，如果 $L/D>7$，认为可近似作为一维杆件处理。当桩顶受到锤击点（点振源）锤击时，将产生一个四周传播的应力波，类似半球面波，除了纵波外，还有横波和表面波，在桩顶附近区域内，平截面假设不成立，只有传到一定的深度即 $X>7D$ 时，应力波沿桩身向下传播的波阵面才可近似看作是平面，即球面波才可近似看作是平面波，一维应力波理论才能成立。

3. 试验桩应符合下列规定

（1）受检桩混凝土强度至少达到设计强度的 70%，且不小于 15MPa。

（2）桩头的材质、强度、截面尺寸应与桩身基本等同。

（3）桩顶面应平整、密实，并与桩轴线基本垂直。桩头的处理应注意两点：

① 灌注桩的桩头往往有一层浮浆，特别是人工挖孔灌注桩，由于桩头一般低于地面，

成桩后经沉淀作用，会使桩身上部出现一层较厚的浮浆，这使得在用小锤激振时能量不够集中，发散较快，激振的脉冲波频较低，影响检测效果，因此在检测时必须将浮浆打掉，同时保持桩头平整。

② 预制桩在贯入过程中桩头可能产生破损，灌注桩在破除浮浆时也可使桩头产生破碎，这将使弹性波能量快速衰减，严重时使激发的脉冲波不规则，严重影响检测效果，甚至造成误判现象。

4. 仪器设备

(1) 基桩完整性检测仪

(2) 配套力锤（或力棒）：激振脉冲波的频率大约在 300～1500Hz 左右。不同的桩长和桩型，其激振的频率不一样，一般 60m 左右的摩擦桩或 30m 左右的摩擦端承桩，脉冲波的主频在 300～500Hz 左右；10～20m 的短桩，脉冲波的主频在 500～1000Hz 左右；小于 10m 的短桩，脉冲波主频可高至 1000～1500Hz。

激振时另外一个要注意的问题是激振的能量要适中，并不是能量越大越好。对于硬地层，由于桩身内脉冲波能量扩散较多，其所需的激振能量应稍微大一些。此外，激振时要干脆、利索，不要拖泥带水，最好是由有经验的人专门激振。

(3) 耦合剂：常用的耦合剂有石膏粉、橡皮泥、蛇皮膏、黄油等，此外，有些检测人员还使用咀嚼后的口香糖作为粘结剂。在这些粘结剂中，石膏粉粘结的耦合频率较高，而后几种的耦合频率较低。应该注意的是，当桩头较湿时，采用橡皮泥和蛇皮膏作为粘结剂其粘结的效果不是很好，此时最好用石膏粉。

5. 测量传感器安装和激振操作

应符合下列规定：

(1) 传感器安装应与桩顶面垂直；用耦合剂粘结时，应具有足够的粘结强度。

(2) 实心桩的激振点位置应选择在桩中心，测量传感器安装位置宜为距桩中心 2/3 半径处；空心桩的激振点与测量传感器安装位置宜在同一水平面上，且与桩中心连线形成的夹角宜为 90°，激振点和测量传感器安装位置宜为桩壁厚的 1/2 处。

(3) 激振点与测量传感器安装位置应避开钢筋笼的主筋影响。

(4) 激振方向应沿桩轴线方向。

(5) 瞬态激振应通过现场敲击试验，选择合适重量的激振力锤和锤垫，宜用宽脉冲获取桩底或桩身下部缺陷反射信号，宜用窄脉冲获取桩身上部缺陷反射信号。

(6) 稳态激振应在每一个设定频率下获得稳定响应信号，并应根据桩径、桩长及桩周土约束情况调整激振力大小。

6. 检测数据分析

(1) 桩身波速平均值的确定应符合下列规定：

① 当桩长已知、桩底反射信号明确时，在地质条件、设计桩型、成桩工艺相同的基桩中，选取不少于 5 根 I 类桩的桩身波速值按下式计算其平均值：

$$c_{\mathrm{m}} = \frac{1}{n} \sum_{i=1}^{n} c_i \tag{8-10}$$

$$c_i = \frac{2000L}{\Delta T} \tag{8-11}$$

$$c_i = 2L \cdot \Delta f \tag{8-12}$$

式中　c_m——桩身波速的平均值（m/s）；

　　　c_i——第 i 根受检桩的桩身波速值（m/s），且 $|c_i - c_m|/c_m \leqslant 5\%$；

　　　L——测点下桩长（m）；

　　　ΔT——速度波第一峰与桩底反射波峰间的时间差（ms）；

　　　Δf——幅频曲线上桩底相邻谐振峰间的频差（Hz）；

　　　n——参加波速平均值计算的基桩数量（$n \geqslant 5$）。

② 当无法按上款确定时，波速平均值可根据本地区相同桩型及成桩工艺的其他桩基工程的实测值，结合桩身混凝土的骨料品种和强度等级综合确定。

（2）桩身缺陷位置应按下列公式计算：

$$x = \frac{1}{2000} \cdot \Delta t_x \cdot c \tag{8-13}$$

$$x = \frac{1}{2} \cdot \frac{c}{\Delta f'} \tag{8-14}$$

式中　x——桩身缺陷至传感器安装点的距离（m）；

　　　Δt_x——速度波第一峰与缺陷反射波峰间的时间差（ms）；

　　　c——受检桩的桩身波速（m/s），无法确定时用 c_m 值替代；

　　　$\Delta f'$——幅频信号曲线上缺陷相邻谐振峰间的频差（Hz）。

7. 实测桩低应变波形曲线

实际施工中桩身材料不是非常均匀一致的，因此实际波形曲线没有理论曲线归整，也就是平直段不完全是一条直线。

（1）完整桩实测波形曲线，见图 8.8。

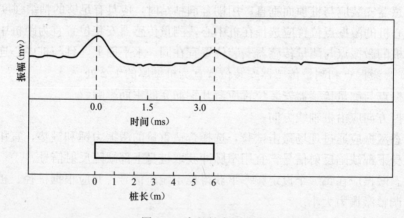

图 8.8　完整桩实测曲线

（2）扩径桩实测波形曲线，见图 8.9。

（3）缩径桩实测波形曲线，见图 8.10。

（4）离析桩实测曲线

在桩身离析和胶结不良处有 $\rho_1 = \rho_2$，$c_1 = c_2$，$A_1 = A_2$，其反射系数 $R > 0$，故反射波与入射波理论上应该同相，但由于波速发生改变，使得波的频率也发生变化，其高频成分衰减较快，使得波形变得平坦，如图 8.11 所示。至于是由离析还是胶结不良引起的，则要结合施工时的情况和地质报告等辅助资料来加以区分。

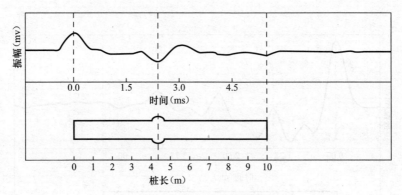

图 8.9 扩径桩实测曲线

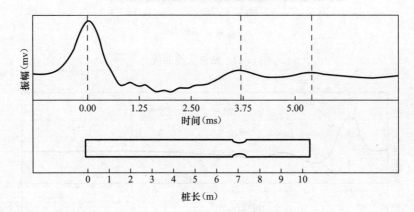

图 8.10 缩径桩实测曲线

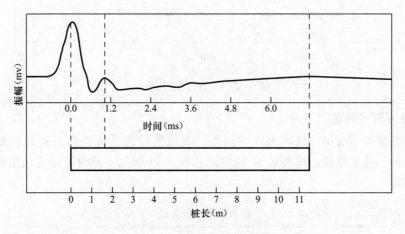

图 8.11 离析桩实测曲线

（5）断桩实测波形曲线，见图 8.12。

（6）嵌岩桩实测波形曲线

对嵌岩桩，如果桩底没有浮渣或浮渣比较少，桩和基岩接触良好，则桩底反射信号不明显，但经过指数放大等技术处理，有时可以见到一反相反射信号；如果桩底浮渣较多，有时可以看到一同相反射波出现；由于浮渣对波的吸收较强，有时也很难见到反射信号（图 8.13）。

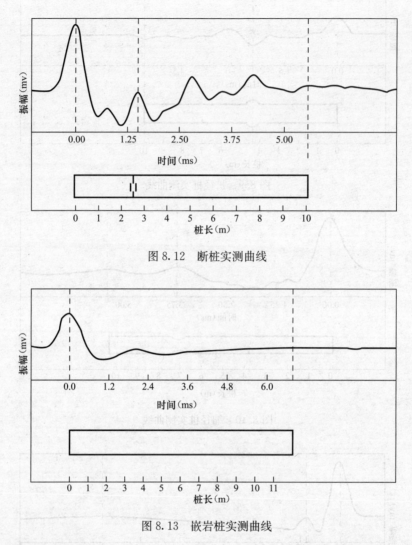

图 8.12　断桩实测曲线

图 8.13　嵌岩桩实测曲线

8. 桩身完整性判定

桩身完整性类别应结合缺陷出现的深度、测试信号衰减特性以及设计桩型、成桩工艺、地质条件、施工情况，按表 8.10 的规定和表 8.11 所列实测时域或幅频信号特征进行综合分析判定。

桩身完整性分类表　　　　　　　　　　　　　　　　　表 8.10

桩身完整性类别	分类原则
Ⅰ 类桩	桩身完整
Ⅱ 类桩	桩身有轻微缺陷，不会影响桩身结构承载力的正常发挥
Ⅲ 类桩	桩身有明显缺陷，对桩身结构承载力有影响
Ⅳ 类桩	桩身存在严重缺陷

类　别	时域信号特征	幅频信号特征
Ⅰ	$2L/c$ 时刻前无缺陷反射波，有桩底反射波	桩底谐振峰排列基本等间距，其相邻频差 $\Delta f \approx c/2L$
Ⅱ	$2L/c$ 时刻前出现轻微缺陷反射波，有桩底反射波	桩底谐振峰排列基本等间距，其相邻频差 $\Delta f \approx c/2L$，轻微缺陷产生的谐振峰与桩底谐振峰之间的频差 $\Delta f' > c/2L$
Ⅲ	有明显缺陷反射波，其他特征介于Ⅱ类和Ⅳ类之间	
Ⅳ	$2L/c$ 时刻前出现严重缺陷反射波或周期性反射波，无桩底反射波；或因桩身浅部严重缺陷使波形呈现低频大振幅衰减振动，无桩底反射波	缺陷谐振峰排列基本等间距，相邻频差 $\Delta f' > c/2L$，无桩底谐振峰；或因桩身浅部严重缺陷只出现单一谐振峰，无桩底谐振峰

注：对同一场地、地质条件相近、桩型和成桩工艺相同的基桩，因桩端部分桩身阻抗与持力层阻抗相匹配导致实测信号无桩底反射波时，可按本场地同条件下有桩底反射波的其他桩实测信号判定桩身完整性类别。

（1）对于混凝土灌注桩，采用时域信号分析时应区分桩身截面渐变后恢复至原桩径并在该阻抗突变处的一次反射，或扩径突变处的二次反射，结合成桩工艺和地质条件综合分析判定受检桩的完整性类别。必要时，可采用实测曲线拟合法辅助判定桩身完整性或借助实测导纳值、动刚度的相对高低辅助判定桩身完整性。

（2）对于嵌岩桩，桩底时域反射信号为单一反射波且与锤击脉冲信号同向时，应采取其他方法核验桩底嵌岩情况。出现下列情况之一，桩身完整性判定宜结合其他检测方法进行：

① 实测信号复杂，无规律，无法对其进行准确评价。

② 设计桩身截面渐变或多变，且变化幅度较大的混凝土灌注桩。

9. 检测报告

应包括下列内容：

（1）桩身波速取值。

（2）桩身完整性描述、缺陷的位置及桩身完整性类别。

（3）时域信号时段所对应的桩身长度标尺、指数或线性放大的范围及倍数；或幅频信号曲线分析的频率范围、桩底或桩身缺陷对应的相邻谐振峰间的频差。

（4）委托方名称，工程名称、地点，建设、勘察、设计、监理和施工单位，基础、结构形式，层数，设计要求，检测目的，检测依据，检测数量，检测日期。

（5）地质条件描述。

（6）受检桩的桩号、桩位和相关施工记录。

（7）检测方法，检测仪器设备，检测过程叙述。

（8）受检桩的检测数据，实测与计算分析曲线、表格和汇总结果。

（9）与检测内容相应的检测结论。

8.3.1.2　高应变法

桩基高应变动检测，就是利用重锤（重量为预估单桩极限承载力的 $1\% \sim 1.5\%$）自由下落锤击桩顶，对桩顶进行瞬态冲击，使桩周土产生塑性变形，在桩头实测力和速度的时程曲线，通过应力波理论分析得到桩土体系的有关参数，揭示桩土体系在接近极限阶段时

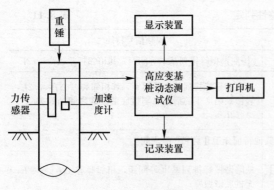

图 8.14　基桩高应变测试系统

的工作性能，分析桩身质量（完整性），确定桩的极限承载力，如图 8.14 所示。

高应变法动力试桩的主要功能：

（1）判定单桩竖向抗压承载力（简称单桩承载力）。单桩承载力是指单桩所具有的承受荷载的能力，其最大的承载能力称为单桩极限承载力。

高应变法判定单桩承载力是桩身结构强度满足轴向荷载的前提下判定地基土对桩的支承能力。

（2）判定桩身完整性。高应变作用在桩顶的能量大，检测桩的有效深度大。对预制方桩和预应力管桩接头是否焊缝开裂等缺陷判断优于低应变法；对等截面桩可以由截面完整系数 β 定量判定缺陷程度，从而判定缺陷是否影响桩身结构的承载力。

（3）打入式预制桩的打桩应力监控；桩锤效率、锤击能量的传递检测，为沉桩工艺、选择锤击设备提供依据。

（4）对桩身侧阻力和端阻力进行估算。

1. 检测前试桩的检查项目

（1）为确保检测时锤击力的正常传递，对混凝土灌注桩、桩头严重破损的混凝土预制桩，检测前应对桩头进行修复或加固处理。

（2）混凝土桩桩头顶面应水平、平整，桩头中轴线与桩身中轴线应重合，桩头截面积应与原桩身截面积相同。桩头主筋应全部直通至桩顶混凝土保护层之下，各主筋应在同一高度上。

（3）距桩顶 1 倍桩径范围内，宜用厚度为 3～5mm 的钢板围裹或距桩顶 1.5 倍桩径范围内设置箍筋，间距不宜大于 150mm。桩顶应设置钢筋网片 2～3 层，间距 60～100mm。

（4）桩头混凝土强度等级宜比桩身混凝土提高 1～2 级，且不得低于 C30。

2. 仪器设备

（1）锤击装置

① 自由落锤：锤重≥（1.0%～1.5%）Q_u（Q_u 为预估单桩极限承载力）；高径（宽）比不小于 1；铸铁或铸钢整体锤；组合锤。

② 筒式柴油锤；蒸汽锤；液压锤。不宜采用导杆式柴油锤（锤下落压缩汽缸中气体对桩施力，F、V 上升缓慢，V 畸变）。

（2）桩垫：厚 10～30mm 的木板或胶合板；面积比锤底面积稍大。

（3）传感器：

① 应变式力传感器，应变测量范围：混凝土桩＞±1000$\mu\varepsilon$；钢桩＞±1500$\mu\varepsilon$；

② 加速度计：（a）带内装放大压电式加速度计；（b）电荷放大压电式加速度计。量程：混凝土桩 1000～2000g；钢桩 3000～5000g。

（4）传感器安装：桩径 $D\leqslant800$mm，对称安装在 2D 处的桩侧表面；$D＞800$mm，对称安装在 1D 处桩侧表面；加速度和速度传感器距离不大于 80mm，传感器中心轴和桩中心轴保持平行。

（5）测桩仪：采样时间间隔 $50\sim200\mu s$；信号采样点 1024 点。应具有保存、显示 F、V 信号、信号处理和分析的功能。

（6）贯入度量测：采用精密水准仪。

3. 测量仪器的安装要求

（1）应变传感器和加速度传感器应分别对称安装在桩顶以下桩身两侧，传感器与桩顶之间的垂直距离，对于一般桩型，不宜小于 2 倍桩的直径或边长。对于大直径桩，不得小于 1 倍桩的直径或边长。

（2）安装传感器的桩身表面应平整，且其周围不得有缺损或断面突变，安装面范围内的材质和截面尺寸应与原桩身等同。

（3）应变传感器的中心与加速度传感器中心应位于同一水平线上，两者之间的水平距离不宜大于 10cm。

（4）当采用膨胀螺栓固定传感器时，安装时应符合下列规定：

① 螺栓孔应与桩身中轴线垂直，其孔径应与采用的膨胀螺栓尺寸相匹配；

② 安装完毕后的应变传感器固定面应紧贴桩身表面，初始变形值不得超过规定值，检测过程中不得产生相对滑动。

4. 检测结果判断方法

（1）桩身结构完整性评价

1）首先对所采集的信号作定性检查：

① 对力和速度波形作定性分析，观察桩身缺陷的情况和位置；

② 观察连续锤击情况下，缺陷的扩大或逐步闭合的情况。

2）根据桩土参数和成桩工艺用实测曲线拟合法评价。

3）对于等截面桩，可用结构完整性系数 β 值来评价（见表 8.12）。

桩身完整性判定 表 8.12

β 值	评 价
$\beta=1.0$	完整桩
$0.8\leqslant\beta<1.0$	轻微缺陷桩
$0.6\leqslant\beta<0.8$	明显缺陷桩
$\beta<0.6$	严重缺陷或断桩

4）出现下列情况之一的，桩身结构完整性评价宜按工程地质条件和施工工艺结合实测曲线拟合法综合进行：

① 桩身有扩径的桩；

② 桩身截面面积不规则的混凝土灌注桩；

③ 力和速度曲线在峰值附近比例失调，桩身有浅部缺陷的桩；

④ 锤击力波上升缓慢，力与速度曲线比例失调的桩。

（2）基桩承载力判定

根据《建筑桩基检测技术规范》JGJ 106—2003 有关规定可采用实测曲线拟合法或凯司法判定桩承载力（详细内容参见规范）。

对单桩承载力的统计和单桩竖向抗压承载力特征值的确定应符合下列规定：

① 参加统计的试桩结果，当满足其极差不超过平均值的 30％时，取其平均值为单桩承载力统计值。

② 当极差超过 30％时，应分析极差过大的原因，结合工程具体情况综合确定。必要时可增加试桩数量。

③ 单位工程同一条件下的单桩竖向抗压承载力特征值应按本方法得到的单桩承载力统计值的一半取值。

8.3.1.3　声波透射法

声波透射法是在桩内预埋纵向声测管道，将超声脉冲发射和接收探头置于声测管中，管中充满清水作耦合剂，由仪器发出周期性电脉冲通过发射探头发射并穿透混凝土，被接收探头接收并转换成电信号。由仪器中的测量系统测出超声脉冲穿过桩体所需时间、接收波幅值、接收脉冲主频率、接收波形及频谱等参数。最后由数据处理系统按判断软件对接收信号的各种参数进行综合判断和分析，即可对混凝土各种内部缺陷的性质、大小、位置作出判断，并给出混凝土总体均匀性和强度等级的评价指标。

1. 基本原理及方法

混凝土是由多种材料组成的多相非匀质体。对于正常的混凝土，声波在其中传播的速度是有一定范围的，当传播路径遇到混凝土有缺陷时，如断裂、裂缝、夹泥和密实度差等，声波要绕过缺陷或在传播速度较慢的介质中通过，声波将发生衰减，造成传播时间延长，使声时增大，计算声速降低，波幅减小，波形畸变，利用超声波在混凝土中传播的这些声学参数的变化，来分析判断桩身混凝土质量。声波透射法检测桩身混凝土质量，是在桩身中预埋 2~4 根声测管。将超声波发射、接收探头分别置于 2 根导管中，进行声波发射和接收，使超声波在桩身混凝土中传播，用超声仪测出超声波的传播时间 t、波幅 A 及频率 f 等物理量，就可判断桩身结构完整性。

2. 适用范围

声波透射法适用于检测桩径大于 0.6m 的混凝土灌注桩的完整性，因为桩径较小时，声波换能器与检测管的声耦合会引起较大的相对测试误差，其桩长不受限制。

3. 仪器设备

（1）试验装置

声波透射法试验装置包括超声检测仪、超声波发射及接收换能器（亦称探头）、预埋测管等，也有加上换能器标高控制绞车和数据处理计算机（图 8.15）。

如 ZBL-U570\520 多通道超声测桩仪。

（2）超声检测仪的技术性能应符合下列规定

接收放大系统的频带宽度宜为 5~50kHz，增益应大于 100dB，并带有 0~60（或 80）dB 的衰减器，其分辨率应为 1dB，衰减器的误差应小于 1dB，其档间误差应小于 1％。发射系

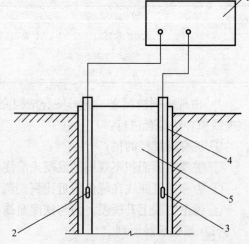

图 8.15　声波透射法试验装置
1—超声检测仪；2—发射换能器；
3—接收换能器；4—声测管；5—试桩

统应输出 250~1000V 的脉冲电压，其波形可为阶跃脉冲，或矩发射系统应输出 250~1000V 的脉冲电压，其波形可为阶跃脉冲或矩形脉冲。显示系统应同时显示接收波形和声波传播时间，其显示时间范围宜大于 300μs，计时精度应大于 1μs，仪器必须稳定可行，2h 中声时漂移不得大于 ±0.2μs。

（3）换能器

换能器应采用柱状径向振动的换能器，将超声仪发出的电脉冲信号转换成机械振动信号，其共振频率宜为 25~50kHz，外形为圆柱形，外径 φ30mm，长度 200mm。换能器宜装有前置放大器，前置放大器的频带宽度宜为 5~50kHz。绝缘电阻应达 5MΩ，其水密性应满足在 1MPa 水压下不漏水。桩径较大时，宜采用增压式柱状探头。

（4）声测管

声测管是声波透射法检测装置的重要组成部分，宜采用钢管、塑料管或钢质波纹管，其内径宜为 50~60m。

4. 试验检测主要步骤

（1）声测管埋设应符合以下规定：

桩径 0.6~1.0m 应埋设双管；1.0~2.5m 应埋设三根管；桩径 2.5m 以上应埋设四根（图 8.16）。声测管底端及接头应严格密封，保证管外泥冰在 1MPa 压力下不会渗入管内。上端应加盖。声测管可焊接或绑扎在钢筋笼的内侧，检测管之间应互相平行，在检测管内应注满清水。

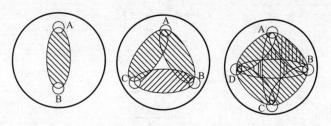

图 8.16　声测管布置图

（2）检测时间。被检测灌注桩混凝土强度应超过设计强度的 70%，且不小于 15MPa。若因桩身混凝土强度等级低而影响测试波形，应推迟检测时间。

（3）现场检测前准备工作应符合下列规定：

① 采用标定法确定仪器系统延迟时间。

② 计算声测管及耦合水层声时修正值。

③ 在桩顶测量相应声测管外壁间净距离。

④ 将各声测管内注满清水，检查声测管畅通情况；换能器应能在全程范围内正常升降。

（4）现场检测步骤应符合下列规定：

① 将发射与接收声波换能器通过深度标志分别置于两根声测管中的测点处。

② 发射与接收声波换能器应以相同标高（图 8.17a）或保持固定高差（图 8.17b）同步升降，测点间距不应大于 250mm。

③ 实时显示和记录接收信号的时程曲线，读取声时、首波峰值和周期值，宜同时显示频谱曲线及主频值。

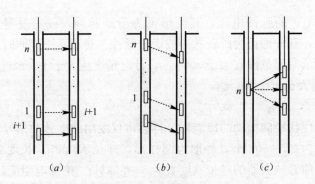

图 8.17 平测、斜测和扇形扫测示意图

(a) 平测法；(b) 斜测法（c）；扇形扫测法

④ 将多根声测管以两根为一个检测剖面进行全组合，分别对所有检测剖面完成检测。

⑤ 在桩身质量可疑的测点周围，应采用加密测点，或采用斜测（图 8.17b）、扇形扫测（图 8.17c）进行复测，进一步确定桩身缺陷的位置和范围。

⑥ 在同一检测剖面的检测过程中，声波发射电压和仪器设置参数应保持不变。

5. 检测数据分析与判定

(1) 各测点的声时 t_c、声速 v、波幅 A_p 及主频 f 应根据现场检测数据，按下列各式计算，并绘制声速-深度（v-z）曲线和波幅-深度（A_p-z）曲线，需要时可绘制辅助的主频-深度（f-z）曲线。

$$t_{ci} = t_i - t_0 - t' \tag{8-15}$$

$$v_i = \frac{l'}{t_{ci}} \tag{8-16}$$

$$A_{pi} = 20\lg \frac{a_i}{a_0} \tag{8-17}$$

$$f_i = \frac{1000}{T_i} \tag{8-18}$$

式中　t_{ci}——第 i 测点声时（μs）；

　　　t_i——第 i 测点声时测量值（μs）；

　　　t_0——仪器系统延迟时间（μs）；

　　　t'——几何因素声时修正值（μs）；

　　　l'——每检测剖面相应两声测管的外壁间净距离（mm）；

　　　v_i——第 i 测点声速（km/s）；

　　　A_{pi}——第 i 测点波幅值（dB）；

　　　a_i——第 i 测点信号首波峰值（V）；

　　　a_0——零分贝信号幅值（V）；

　　　f_i——第 i 测点信号主频值（kHz），也可由信号频谱的主频求得；

　　　T_i——第 i 测点信号周期（μs）。

(2) 声速临界值应按下列步骤计算：

① 将同一检测剖面各测点的声速值 v_i 由大到小依次排序，即

$$v_1 \geqslant v_2 \geqslant \cdots v_{n-k} \geqslant \cdots v_{n-1} \geqslant v_n \tag{8-19}$$

式中 v_i——按序排列后的第 i 个声速测量值；

n——检测剖面测点数；

k——从零开始逐一去掉式（8-19）v_i 序列尾部最小数值的数据个数。

② 对从零开始逐一去掉式（8-19）v_i 序列中最小数值后余下的数据进行统计计算。当去掉最小数值的数据个数为 k 时，对包括 v_{n-k} 在内的余下的数据 $v_1 \sim v_{n-k}$ 按下列公式进行统计计算：

$$v_0 = v_m - \lambda \cdot s_x \tag{8-20}$$

$$v_m = \frac{1}{n-k} \sum_{i=1}^{n-k} v_i \tag{8-21}$$

$$s_x = \sqrt{\frac{1}{n-k-1} \sum_{i=1}^{n-k} (v_i - v_m)^2} \tag{8-22}$$

式中 v_0——异常判断值；

v_m——（$n-k$）个数据的平均值；

s_x——（$n-k$）个数据的标准差；

λ——由表 8.13 查得的与（$n-k$）相对应的系数。

统计数据个数（$n-k$）与对应的 λ 值　　　　　　　　　表 8.13

$n-k$	20	22	24	26	28	30	32	34	36	38
λ	1.64	1.69	1.73	1.77	1.80	1.83	1.86	1.89	1.91	1.94
$n-k$	40	42	44	46	48	50	52	54	56	58
λ	1.96	1.98	2.00	2.02	2.04	2.05	2.07	2.09	2.10	2.11
$n-k$	60	62	64	66	68	70	72	74	76	78
λ	2.13	2.14	2.15	2.17	2.18	2.19	2.20	2.21	2.22	2.23
$n-k$	80	82	84	86	88	90	92	94	96	98
λ	2.24	2.25	2.26	2.27	2.28	2.29	2.29	2.30	2.31	2.32
$n-k$	100	105	110	115	120	125	130	135	140	145
λ	2.33	2.34	2.36	2.38	2.39	2.41	2.42	2.43	2.45	2.46
$n-k$	150	160	170	180	190	200	220	240	260	280
λ	2.47	2.50	2.52	2.54	2.56	2.58	2.61	2.64	2.67	2.69

③ 将 v_{n-k} 与异常判断值 v_0 进行比较，当 $v_{n-k} \leqslant v_0$ 时，v_{n-k} 及其以后的数据均为异常，去掉 v_{n-k} 及其以后的异常数据；再用数据 $v_1 \sim v_{n-k-1}$ 重复计算步骤，直到 v_i 序列中余下的全部数据满足：

$$v_i > v_0 \tag{8-23}$$

此时，v_0 为声速的异常判断临界值 v_c。

④ 声速异常时的临界值判据为：

$$v_i \leqslant v_c \tag{8-24}$$

当式（8-24）成立时，声速可判定为异常。

(3) 当检测剖面 n 个测点的声速值普遍偏低且离散性很小时，宜采用声速低限值判据：

$$v_i < v_L \tag{8-25}$$

式中 v_i——第 i 测点声速 (km/s);

v_L——声速低限值 (km/s), 由预留同条件混凝土试件的抗压强度与声速对比试验结果, 结合本地区实际经验确定。

当式 (8-25) 成立时, 可直接判定为声速低于低限值异常。

(4) 波幅异常时的临界值判据应按下列公式计算:

$$A_m = \frac{1}{n} \sum_{i=1}^{n} A_{pi} \tag{8-26}$$

$$A_{pi} < A_m - 6 \tag{8-27}$$

式中 A_m——波幅平均值 (dB);

n——检测面测点数。

当式 (8-27) 成立时, 波幅可判定为异常。

(5) 当采用斜率法的 PSD 值作为辅助异常点判据时, PSD 值应按下列公式计算:

$$PSD = K \cdot \Delta t \tag{8-28}$$

$$K = \frac{t_{ci} - t_{ci-1}}{z_i - z_{i-1}} \tag{8-29}$$

$$\Delta t = t_{ci} - t_{ci-1} \tag{8-30}$$

式中 t_{ci}——第 i 测点声时 (μs);

t_{ci-1}——第 $i-1$ 测点声时 (μs);

z_i——第 i 测点深度 (m);

z_{i-1}——第 $i-1$ 测点深度 (m)。

根据 PSD 值在某深度处的突变, 结合波幅变化情况, 进行异常点判定。

(6) 当采用信号主频值作为辅助异常点判据时, 主频-深度曲线上主频值明显降低可判定为异常。

(7) 资料分析及基桩质量评判

① 桩身缺陷: 以声速临界值、波幅临界值以及 PSD 判据进行综合判定。

② 桩身均匀性声速离散系数 C_v 分为 A、B、C、D 四级。见表 8.14。

声速离散系数级别   表 8.14

混凝土匀质性等级	A	B	C	D
C_v (%)	$C_v < 5$	$5 \leqslant 5C_v < 10$	$10 \leqslant C_v < 15$	$C_v \geqslant 15$

③ 根据桩身混凝土的均匀性, 是否存在缺陷以及缺陷的严重程度, 将桩身的完整性按四类划分, 见表 8.15 和表 8.16:

桩身完整性分类   表 8.15

桩身完整性类别	分类原则
Ⅰ类桩	桩身完整
Ⅱ类桩	桩身有轻微缺陷, 不会影响桩身结构承载力的正常发挥
Ⅲ类桩	桩身有明显缺陷, 对桩身结构承载力有影响
Ⅳ类桩	桩身存在严重缺陷

桩身完整性判定　　　　　　　　　　　　　　　　　表 8.16

类　别	特　征
I	各检测剖面的声学参数均无异常，无声速低于低限值异常
II	某一检测剖面个别测点的声学参数出现异常，无声速低于低限值异常
III	某一检测剖面连续多个测点的声学参数出现异常； 两个或两个以上检测剖面在同一深度测点的声学参数出现异常； 局部混凝土声速出现低于低限值异常
IV	某一检测剖面连续多个测点的声学参数出现明显异常； 两个或两个以上检测剖面在同一深度测点的声学参数出现明显异常； 桩身混凝土声速出现普遍低于低限值异常或无法检测首波或声波接收信号严重畸变

6. 检测报告主要内容

（1）委托方名称，工程名称、地点，建设、勘察、设计、监理和施工单位，基础、结构形式，层数，设计要求，检测目的，检测依据，检测数量，检测日期；

（2）地质条件描述；

（3）受检桩的桩号、桩位和相关施工记录；

（4）检测方法，检测仪器设备，检测过程叙述；

（5）各桩的检测数据，实测与计算分析曲线、表格和汇总结果；

① 声测管布置图；

② 受检桩每个检测剖面声速-深度曲线、波幅-深度曲线，并将相应判据临界值所对应的标志线绘制于同一个坐标系；

③ 当采用主频值或 PSD 值进行辅助分析判定时，绘制主频-深度曲线或 PSD 曲线，缺陷分布图示。

（6）与检测内容相应的检测结论。

8.3.1.4　钻芯法

钻芯法适用于检测混凝土灌注桩的桩长、桩身混凝土强度、桩底沉渣厚度和桩身完整性，判定或鉴别桩端持力层岩土性状，见图 8.18。

1. 钻芯设备

（1）钻取芯样宜采用液压操纵的钻机。

（2）钻机应配备单动双管钻具以及相应的孔口管、扩孔器、卡簧、扶正稳定器和可捞取松软渣样的钻具。钻杆应顺直，直径宜为 50mm。

（3）钻头应根据混凝土设计强度等级选用合适粒度、浓度、胎体硬度的金刚石钻头，且外径不宜小于 100mm。钻头胎体不得有肉眼可见的裂纹、缺边、少角、倾斜及喇叭口变形。

（4）水泵的排水量应为 $50\sim160$L/min，泵压应为 $1.0\sim2.0$MPa。

（5）锯切芯样试件用的锯切机应具有冷却系统和牢固夹紧芯样的装置，配套使用的金刚石圆锯片应有足够刚度。

图 8.18　钻芯法试验现场

（6）芯样试件端面的补平器和磨平机应满足芯样制作的要求。

2. 试验操作

（1）每根受检桩的钻芯孔数和钻孔位置宜符合下列规定：

① 桩径小于 1.2m 的桩钻 1 孔，桩径为 1.2～1.6m 的桩钻 2 孔，桩径大于 1.6m 的桩钻 3 孔。

② 当钻芯孔为一个时，宜在距桩中心 10～15cm 的位置开孔；当钻芯孔为两个或两个以上时，开孔位置宜在距桩中心（0.15～0.25）D 内均匀对称布置。

③ 对桩端持力层的钻探，每根受检桩不应少于一孔，且钻探深度应满足设计要求。

（2）钻机设备安装必须周正、稳固、底座水平。钻机立轴中心、天轮中心（天车前沿切点）与孔口中心必须在同一铅垂线上。应确保钻机在钻芯过程中不发生倾斜、移位，钻芯孔垂直度偏差不大于 0.5%。

（3）当桩顶面与钻机底座的距离较大时，应安装孔口管，孔口管应垂直且牢固。

（4）钻进过程中，钻孔内循环水流不得中断，应根据回水含砂量及颜色调整钻进速度。

（5）提钻卸取芯样时，应拧卸钻头和扩孔器，严禁敲打卸芯。

（6）每回次进尺宜控制在 1.5m 内；钻至桩底时，宜采取适宜的钻芯方法和工艺钻取沉渣并测定沉渣厚度，并采用适宜的方法对桩端持力层岩土性状进行鉴别。

（7）钻取的芯样应由上而下按回次顺序放进芯样箱中，芯样侧面上应清晰标明回次数、块号、本回次总块数，并应按规定的格式及时记录钻进情况和钻进异常情况，对芯样质量进行初步描述。

（8）钻芯过程中，应按规定的格式对芯样混凝土、桩底沉渣以及桩端持力层详细编录。

（9）钻芯结束后，应对芯样和标有工程名称、桩号、钻芯孔号、芯样试件采取位置、桩长、孔深、检测单位名称的标示牌的全貌进行拍照。

（10）当单桩质量评价满足设计要求时，应采用 0.5～1.0MPa 压力，从钻芯孔孔底往上用水泥浆回灌封闭；否则应封存钻芯孔，留待处理。

3. 芯样试件截取与加工

（1）截取混凝土抗压芯样试件应符合下列规定：

① 当桩长为 10～30m 时，每孔截取 3 组芯样；当桩长小于 10m 时，可取 2 组，当桩长大于 30m 时，不少于 4 组。

② 上部芯样位置距桩顶设计标高不宜大于 1 倍桩径或 1m，下部芯样位置距桩底不宜大于 1 倍桩径或 1m，中间芯样宜等间距截取。

③ 缺陷位置能取样时，应截取一组芯样进行混凝土抗压试验。

④ 当同一基桩的钻芯孔数大于一个，其中一孔在某深度存在缺陷时，应在其他孔的该深度处截取芯样进行混凝土抗压试验。

（2）当桩端持力层为中、微风化岩层且岩芯可制作成试件时，应在接近桩底部位截取一组岩石芯样；遇分层岩性时宜在各层取样。

（3）每组芯样应制作三个芯样抗压试件。芯样试件应按《建设基桩检测技术规范》JGJ 106—2003 附录 E 进行加工和测量。

4. 芯样试件抗压强度试验

（1）芯样试件抗压强度试验判定应符合下列规定：

① 受检桩、承台、基础梁、基础的芯样试件制作完毕后可立即进行抗压强度试验。不能立即进行抗压强度试验的芯样试件，当构件位于潮湿环境中时，应按潮湿条件进行养护，试验前把试件放在 20℃的清水中浸泡 40～48h，从水中取出擦干水滴后立即进行抗压强度试验。

② 芯样试件的抗压强度试验应按现行国家《普通混凝土力学性能试验方法》GB/T 50081—2002 标准中对立方体试件抗压试验的有关规定进行；岩芯单轴抗压强度试验符合《建筑地基基础设计规范》GB 50007—2011 的有关规定。

（2）芯样试件抗压强度计算：

① 芯样试件的混凝土强度换算是指钻芯法测得的芯样强度换算成相应于测度龄期的边长为 150mm 的立方体试件的抗压强度值。

② 芯样试件的混凝土抗压强度换算值，应按下列公式算：

$$f_{cu} = \xi \cdot \frac{4P}{\pi d^2} \tag{8-31}$$

式中　f_{cu}——混凝土芯样试件抗压强度（MPa），精确至 0.1MPa；

　　　P——芯样试件抗压试验测得的破坏荷载（N）；

　　　d——芯样试件的平均直径（mm）；

　　　ξ——混凝土芯样试件抗压强度折算系数，应考虑芯样尺寸效应、钻芯机械对芯样扰动和混凝土成型条件的影响，通过试验统计确定；当无试验统计资料时，宜取为 1.0。

③ 抗压试验后，若发现试件混凝土内粗骨料最大粒径的两倍大于试件平均直径，且强度值异常时，该试件的抗压强度换算值无效，不参与统计计算。

④ 同一受检桩同一深度部位有多个芯样试件抗压强度换算值，取其平均值为该深度处的抗压强度换算值（桩顶水平力较大时，极差不应超过 30%，不满足要求时，应分析具体原因）。不同深度的芯样试件抗压强度换算值中的最小值为受检桩的混凝土抗压强度代表值，当每一深度的芯样仅有一个时，以芯样试件抗压强度换算值中的最小值为受检桩的混凝土抗压强度代表值。

⑤ 基础梁、承台等构件强度检测时，一组芯样试件抗压强度换算值中取最小值为该构件混凝土抗压强度代表值，若一组芯样最大值与最小值差值超过 30%时，应分析原因，或增加抽检数量，或取最小值。

5. 检测数据的分析与判定

（1）混凝土芯样试件抗压强度代表值应按一组三块试件强度值的平均值确定。同一受检桩同一深度部位有两组或两组以上混凝土芯样试件抗压强度代表值时，取其平均值为该桩该深度处混凝土芯样试件抗压强度代表值。

（2）受检桩中不同深度位置的混凝土芯样试件抗压强度代表值中的最小值为该桩混凝土芯样试件抗压强度代表值。

（3）桩端持力层性状应根据芯样特征、岩石芯样单轴抗压强度试验、动力触探或标准贯入试验结果，综合判定桩端持力层岩土性状。

（4）桩身完整性类别应结合钻芯孔数、现场混凝土芯样特征、芯样单轴抗压强度试验结果，按表 8.17 的特征进行综合判定。

桩身完整性判定 表 8.17

类 别	特 征
I	混凝土芯样连续、完整、表面光滑、胶结好、骨料分布均匀、呈长柱状、断口吻合、芯样侧面仅见少量气孔
II	混凝土芯样连续、完整、胶结较好、骨料分布基本均匀、呈柱状、断口基本吻合、芯样侧面局部见蜂窝麻面、沟槽
III	大部分混凝土芯样胶结较好，无松散、夹泥或分层现象，但有下列情况之一： 芯样局部破碎且破碎长度不大于 10cm； 芯样骨料分布不均匀； 芯样多呈短柱状或块状； 芯样侧面蜂窝麻面、沟槽连续。
IV	钻进很困难； 芯样任一段松散、夹泥或分层； 芯样局部破碎且破碎长度大于 10cm

（5）成桩质量评价应按单桩进行。当出现下列情况之一时，应判定该受检桩不满足设计要求：

① 桩身完整性类别为Ⅳ类的桩。

② 受检桩混凝土芯样试件抗压强度代表值小于混凝土设计强度等级的桩。

③ 桩长、桩底沉渣厚度不满足设计或规范要求的桩。

④ 桩端持力层岩土性状（强度）或厚度未达到设计或规范要求的桩。

（6）钻芯孔偏出桩外时，仅对钻取芯样部分进行评价。

6. 试验检测报告主要内容：

（1）钻芯设备情况；

（2）检测桩数、钻孔数量，架空、混凝土芯进尺、岩芯进尺、总进尺，混凝土试件组数、岩石试件组数、动力触探或标准贯入试验结果；

（3）按《建筑基桩检测技术规范》JGJ 106—2003 附录 D 附表 D.0.1-3 的格式编制每孔的柱状图；

（4）芯样单轴抗压强度试验结果；

（5）芯样彩色照片；

（6）异常情况说明。

8.3.2　基桩荷载试验

桩基础按照桩的数量不同可以分为：单桩基础和群桩基础，群桩基础中的单桩称为基桩。桩基础属于地表以下隐蔽工程，由于地质条件复杂，桩基础施工过程中容易受到多种因素影响，单桩承载力不满足设计要求，因此，必须对施工完成后的桩基进行承载力评价。《建筑基桩检测技术规范》JGJ 106—2003 规定：工程桩应进行单桩承载力和桩身完整性抽样检测。

桩基静载试验，就是指按桩的使用功能，分别在桩顶逐级施加轴向压力、轴向上拔力或在桩基承台底面标高一致处施加水平力，观测桩的相应检测点随时间产生的沉降、上拔位移或水平位移，判定相应的单桩竖向抗压承载力、单桩竖向抗拔承载力或单桩水平承载力的试验方法。

桩基础静载试验的分类：桩基础静载试验分为竖向荷载试验与水平荷载试验。竖向荷载试验又可分为静压试验和静拔试验。

桩基静载试验的目的：桩基静载试验的主要目的是确定桩的承载能力，即确定桩的允许荷载和极限荷载，查明桩基础强度的安全储备，了解桩基础的变位情况，以确保桩基础的安全性与经济性。

本节主要介绍单桩静压试验。

8.3.2.1 单桩受力状态

1. 单桩抗压受力机理

桩的作用就是要将上层结构的荷载通过桩承台、桩身再传送到地基土层中去，使建筑物得以稳固地支承在地基上，不致发生过大的沉降和保持稳定。其受力过程为：

（1）当竖向荷载开始逐步施加在桩顶时，桩身上部首先受到压缩而产生相对于土的向下位移。这时，桩侧表面开始受到土的向上摩阻力。

（2）桩顶荷载在沿着桩身向下传递的过程中必须不断地克服这种摩阻力，因此桩身的轴向力随深度增大而减小。

（3）荷载逐渐增大，随着桩身位移的增大，侧摩阻力逐渐发挥出来，直到桩身位移量增大到一定数值，桩侧摩阻力达到极限值，这时若桩身进一步下沉，则在桩与周围土之间将产生相对滑动，侧摩阻力不再增大，甚至稍有降低。

（4）由于桩身压缩量的累积，桩身各断面的位移量是不相等的，在位移最大的顶部，摩阻力首先达到极限值，随着荷载的增加，下部桩身的侧摩阻力也逐渐增大，桩底土受到压缩而产生桩端承载力，由于桩端土受到压缩，增加了桩土相对位移，从而使摩阻力进一步得到发挥。

（5）随着荷载的增大，桩端阻力逐渐增大，当桩身侧摩阻力全部达到极限值以后，再增加的荷载将全部由桩端阻力平衡。

（6）荷载进一步增加，桩端持力层土的大量压缩，使位移迅速增大，直至最后塑性挤出，桩就进入破坏阶段，桩端阻力达到极限，桩也达到极限承载力。这时作用于桩顶的荷载就是桩的极限荷载。

桩侧摩阻力达到极限值时，桩与土体的相对极限位移 s_u 与土质有关：对于黏性土约为 5～10mm；对于砂类土、粉土约为 10mm；对于杂填土等松软土体 s_u 可能小于 5mm。

桩的端阻力，达到极限时的桩下沉量与土类状况及桩的直径有关：一般黏性土约为 0.25D（D 为桩的直径）；硬黏土约为 0.1D；中密以上的砂土约为（0.08～0.1）D，一般桩径都在 300m 以上，所以只有桩端下沉量达到 30mm 以上时，桩端阻力才能充分发挥。对于钻孔桩还应考虑虚土的影响，当虚土较多时，所需下沉压密位移更大。

2. 单桩竖向抗压破坏模式

静载试验中，桩的破坏模式包括桩身强度破坏和地基土的强度破坏。

桩身结构强度破坏：桩身缩颈、离析、松散、夹泥，混凝土强度低等都会造成桩身强度破坏；灌注桩桩底沉渣太厚，预制桩接头脱节等会导致承载力偏低也属于成桩质量问题；桩帽制作不符合要求，如桩帽与原桩身不对中、桩帽混凝土强度低，导致试验无法顺利进行，则属于广义的桩身破坏。

地基土强度破坏：地基土强度破坏与地基土的性质密切相关，对于单桩 I 向抗压静载试验来说，土对桩的抗力分为桩侧阻力和桩端阻力。地基土塑性挤出（表现为荷载不增加而沉降量显著加大），此破坏是可以恢复的，也就是当卸荷后再加荷，其最大加荷值仍可达原极限值。有些桩虽然承载力尚能增加，但其总下沉量已达必须的控制程度，此桩也作为破坏看待。

以桩上作用的荷载 Q（向右为正）与桩的下沉量 S（向下为正）绘制而成的 Q-S 关系曲线反映了桩的受力、变形及破坏特征。

从桩的受力机理及达到极限值的过程分析，一个理想的完整的试桩曲线可分为四个阶段：第一阶段桩身压缩并产生侧摩阻，桩端阻力未产生；第二阶段桩身不断下沉，侧摩阻力不断加大至极限，端土逐渐压密，处弹性压密状态，端阻力不断加大；第三阶段侧摩阻力至极限不再增大，端阻力加大，端土剪切变形发展逐步形成塑性区；第四阶段为端土塑性区形成，端土挤出，下沉急剧。第二、三阶段的交点一般称第一拐点，第三、四阶段的交点一般称第二拐点。

根据 Q-S 曲线的形状特点，桩达极限状态的情况可分为"陡降型"与"缓变型"两类："陡降型"的有明显的第二拐点，破坏特征是承载力控制；"缓变型"的无第二拐点，渐进地下沉量增大到必须控制的程度，其破坏特征是沉降量控制。

因此，Q-S 曲线的前段主要受侧摩阻力制约，而后段则主要受端阻力制约。但是对于下列情况则例外：

① 超长桩（$L/D > 100$），Q-S 曲线全程受侧阻性状制约；

② 短桩（$L/D < 10$）和支承于较硬持力层上的短至中长（$L/D \leqslant 25$）扩底桩，Q-S 曲线前段同时受侧阻和端阻性状的制约；

③ 支承 T 岩层上的短桩，Q-S 曲线全程受端阻及嵌岩阻力制约。

静载试验所得荷载-沉降曲线的形态随桩端土层的分布与性质、成桩工艺、桩的形状和尺寸（桩径、桩长及其比值）等诸多因素而变化，一般情况如下：

（1）打入式预制桩

打入式钢筋混凝土预制桩，其施工条件使桩周与桩端土受挤密，使桩的摩阻力与端阻力能共同协调地发挥作用，根据桩长与地基土的工程地质条件不同，其 Q-S 曲线如图 8.19 所示，曲线 1 对应桩身较短及桩端土层较松的情况；曲线 2 对应桩身较短及桩端土较密的情况；曲线 3 对应桩身较长及桩端土层较松的情况。Q-S 曲线以第一拐点及第二拐点而分为三段：

① 第一拐点前的第一线段基本上保持直线，摩阻力与端阻力均处于弹性变形阶段，一般摩阻力起主要作用。

② 第一拐点与第二拐点间的第二线段呈双曲线形，桩侧摩阻力达到极限，桩尖阻力从线性变形阶段向弹塑性变形阶段发展。

③ 第二拐点后的曲线为第三线段，曲

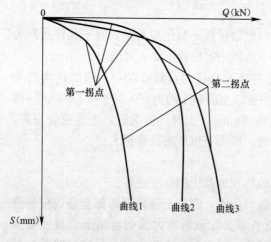

图 8.19 预制桩 Q-S 曲线示意图

线呈直线形向下或下偏右发展。此时桩端阻力也进入极限状态。如桩尖土层较密时，土层较快形成塑性区向两侧挤出移动而沉降突然加大，使桩进入破坏状态，如曲线2所示。如桩尖土层较松时，土壤须经一阶段压密后，才能形成塑性区移动，而此压密阶段导致桩身的下沉量过大，超过控制值而达桩的破坏状态，如曲线1、曲线3所示。

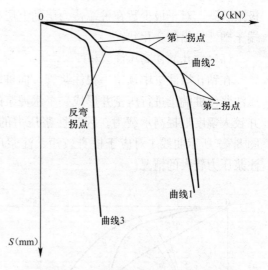

图8.20　沉管灌注桩Q-S曲线示意图

（2）沉管灌注桩

沉管灌注桩在施工中，由于尖瓣空隙进土及桩尖处混凝土振捣不实，因此在桩受力初期，近似摩擦桩受力状态，桩端受力较小，其Q-S曲线如图8.20曲线1所示。摩阻力渐达到极限状态，桩尖虚土层逐渐压实，Q-S曲线向下斜度（$\frac{\Delta S}{\Delta Q}$）加大；至虚土被完全压实后，$Q$-$S$曲线达到反弯拐点，桩尖土层的端阻力协调发挥作用；当继续增加荷载时，Q-S曲线呈现斜度变小，以后似预制桩一样发展。当桩身出现断条情况时，则如曲线3所示变化。当采用预制桩尖时，则Q-S曲线如曲线2所示，与预制桩相似。

（3）钻孔灌注桩

钻孔灌注桩根据土层的地质特性与施工中虚土存在与处理程度的不同，其Q-S曲线如图8.21所示。图中曲线3为桩尖无虚土，或虚土经很好处理的情况，桩的摩阻力与端阻力从受力开始就能协调一致地工作，它类似于预制桩的情况。曲线1为桩端部虚土甚厚的情况，因此桩的承载几乎完全靠摩阻力，它类似于桩端土层很软的摩擦桩情况。曲线2为多数钻孔灌注桩的情况，其第一拐点与第二拐点间有时出现反弯拐点，而第一拐点与反弯点间的沉降量差值取决于桩尖部虚土厚度与处理的程度。提高钻孔灌注桩质量主要是从设计与施工两方面尽量使其Q-S曲线不出现反弯拐点，并向曲线3靠近，要避免出现曲线1的情况。

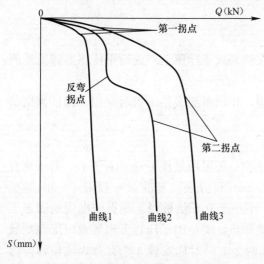

图8.21　钻孔灌注桩Q-S曲线示意图

（4）挖孔灌注桩

挖孔灌注桩由于桩身较大（大于0.8m）及扩底，因此单桩承载力较大，而且桩的承载力主要由端阻力构成。一般人工挖孔桩均有桩身混凝土护壁，桩底亦是人工清理虚土，因此施工质量较稳定，其Q-S曲线特征及桩的承载力主要决定于桩端土的工程地质特性，如图8.22所示。稍密与中密端土层呈曲线1型变化；密实土层呈曲线2型变化，此两种形式的桩一般均由沉降量控制其极限状态。对于极少数在桩端持力层的上层有软土夹层的特殊情况，也可能出现曲线 3 桩端土塑性挤出的变化状况。

（5）钻孔灌注高压注浆桩

在钻孔灌注桩中预留一根注浆管，向桩端注入高压水泥浆，其压力高达 $2\sim3MPa$。高压注浆使桩端土进行压密并形成一个水泥浆的扩大头，使钻孔桩的桩端虚土得到很好处理并较大幅度地提高承载力。因为注浆压力的大小取决于桩长形成的摩阻力的反力，因此图 8.23 所示曲线 1 对应于桩身较短、注浆压力较小的情况，而曲线 2 对应于桩身较长、注浆压力较大的情况。

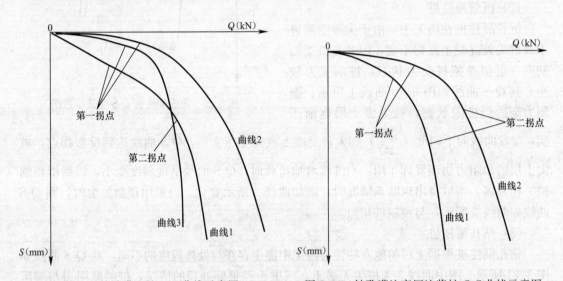

图 8.22 挖孔灌注桩 Q-S 曲线示意图   图 8.23 钻孔灌注高压注浆桩 Q-S 曲线示意图

实际试桩中，由于受锚桩锚固力的限制或试验设备的限制，Q-S 曲线不能完整地显示 4 个阶段，出现两个拐点，尤其是大直径扩底挖孔灌注桩一般较难试验至出现第二拐点。

8.3.2.2 单桩竖向静压试验准备

1. 试验设备及仪表

（1）加荷设备

千斤顶、油泵加载装置。配备压力表（装在油泵或千斤顶上）或荷重传感器等荷重测量装置。

用压力表系统显示加荷值应该定期进行标定，作出对照表供试桩时应用。保证测试荷载值准确度。

（2）位移测读设备

百分表或精密水准仪及基准梁。对于锚桩试验一般可用量程 1cm 的百分表，对于垂直荷载、水平荷载试验的桩一般用量程 30mm、50mm 百分表。基准梁一般用 $4\sim5m$ 的型钢。沉降测定平面宜在桩顶 200mm 以下位置，不小于 0.5 倍桩径，测点应牢固地固定于桩身，即不得在承压板上或千斤顶上设置沉降观测点，避免因承压板变形导致沉降观测数据失实。直径或边宽大于 500mm 的桩，应在其两个方向对称安置 4 个百分表或位移传感器，直径或边宽小于 500mm 的桩可对称安置 2 个百分表或位移传感器。

（3）反力系统

目前，单桩静载抗压试验的反力系统主要有四类：

① 堆载反力梁装置

堆载反力梁装置就是在桩头上以桩头为中心使用钢梁设置一承重平台，上堆重物，依靠放在桩头上的千斤顶将平台逐步顶起，从而将力施加到桩头上。反力装置的主梁可以选用型钢，也可用自行加工的箱梁，平台形状可以根据需要设置为方形或矩形，堆载用的重物可以选用砂袋、混凝土预制块、钢锭，甚至就地取土装袋，也有用水箱的。

② 锚桩反力梁装置

锚桩反力梁装置在具体的应用中又可根据反力锚的不同分为两种：将反力架与锚桩连接在一起提供反力的，俗称锚桩反力梁装置；将几只螺旋钻钻入地下使用地锚提供反力，俗称锚杆反力梁装置。

锚桩反力梁装置就是将被测桩周围对称的几根锚桩用锚筋与反力架连接起来，依靠桩头上的千斤顶将反力架顶起，由被连接的锚桩提供反力。提供反力的大小由锚桩的数量、反力架的强度和被连接的锚桩的抗拔力决定。锚桩反力梁装置一般不会受现场条件和加载吨位数的限制，当条件允许，采用工程桩作锚桩是最经济的，但在试验的过程中需要观测锚桩的上拔量，以免拔断，造成工程损失。

③ 地锚装置

对于小吨位的复合地基，小巧易用的地锚就显示出了工程上的优越性。地锚根据螺旋钻受力方向的不同可分为斜拉式（也即伞式）和竖直式，斜拉式中的螺旋钻受土的竖向阻力和水平阻力，竖直式中的螺旋钻只受土的竖向阻力。地锚提供反力的大小与螺旋钻叶片大小和地层土质有关。

④ 联合装置

另外还有一些反力装置比如锚桩与堆重平台联合反力装置，以及将现有建筑物或特殊地形用做反力装置等。

无论哪种反力系统，其主要由主梁、次梁、锚桩或压重平台等反力装置组成，通过锚桩或配重提供，其间用钢梁（或桁架）联系于千斤顶。钢梁与锚桩的布置有图8.24几种形式。根据试桩最大加荷值的要求及锚桩的数量、布置选择钢梁的布置，一般试桩用"工"字形布置较多。在试验中选择一字形、

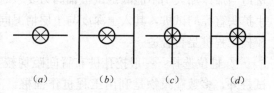

图 8.24 钢梁布置形式

(a) 一字形；(b) 工字形；(c) 十字形；(d) 王字形

十字形布置时应注意安全，钢梁需根据预先设定的最大桩加荷值设计制作。钢梁设计时按简支梁跨中集中作用力计算弯矩，按工字形截面的抗弯刚度进行截面设计。为了方便钢梁的运输与吊装，主梁可以设计成双片并列的，另外次梁也可设计成钢桁架式。钢梁的长度应根据现场桩位布置情况合理组合设计，一般常用7.6m、6.6m 及5.5m，单根重1~3t。

（4）工具

① 铁砖、钢垫板：增加千斤顶位移值或固定百分表磁力表座。

② 桩头铁箍与角钢卡子、磁力表座。

③ 手电、电线、开关接线板及灯泡。

④ 活扳子、钳子、螺丝刀、试电笔、手锤、铁模、木模等。

2. 试验方案拟定

(1) 收集有关文件资料

① 工程名称：建设单位、设计单位；

② 工程概况：建筑位置平面图、桩基布置图、桩基类型、单桩承载力要求及桩基承台梁剖面图；

③ 工程地质资料：钻孔布置、地质剖面图、土的物理力学性质分析；

④ 施工及现场情况：施工队名称、桩基施工设备、运输道路情况、桩基施工记录。

(2) 试桩位置与型号确定

1) 在一个建筑物中若有一种型号的桩，例如一般除人工挖孔桩外的各种小桩均采用同一构造尺寸、同一施工参数及同一承载力要求，设计者用调整桩的不同间距来满足建筑物各部位不同的荷载分布要求。对于这样的桩，试桩位置根据下列诸因素选定：

① 施工质量较差的部位：例如桩长较短、贯入度较大、虚土较多等情况的桩。

② 地质条件较差部位：从工程地质剖面图中，选择桩尖活力层密实度较差（表现为贯入度 N 与动力触探值 $N_{63.5}$ 较小）的部位。

③ 有较多的工程桩作锚桩。因此试桩宜选择中间桩，并且试桩与锚桩的中心距离大于 3 倍桩直径。

④ 便于运输及吊装：应选择在道路两旁即避开工地临时建筑物或仓库。

⑤ 与主梁长度相适应：例如在中间布置试桩时，用相邻的工程桩作锚桩时，主梁长度应大于两相邻锚桩间距尺寸之和。

2) 有多种型号的桩，对于这样的桩基，其桩型与位置由下列因素选定：

① 桩型选择：一个工程中有多种桩型时，其中数量较多的为主桩型。在尽量利用工程桩作锚桩的条件下，最好选择此桩型为试桩。在桩的承载力很大，利用工程桩或将工程桩适当加深加大仍不能满足试桩锚固力要求时，可以考虑利用现有工程桩作锚桩而设计较小扩头直径的试桩，其入土深度与土层情况同工程桩，试桩后反算桩尖土层的端阻力，再校核工程桩是否合适。

② 桩位选择：一般挖孔桩布置间距均较大，除少数多层砖混结构可能利用工程桩作试桩外，多数建筑物是利用工程桩作锚桩，专门布置与制作试桩并使试、锚桩间距大于 $2D$。试桩、锚桩与基准桩间中心距按表 8.18 执行。

试桩、锚桩与基准桩间中心距 (L)　　　　　　　　表 8.18

反力系统	试桩与锚桩（或压重平台支墩边）	试桩与基准梁	基准桩与锚桩（或压重平台支墩边）
锚桩横梁反力装置 压重平台反力装置	≥4D 且 ≮2.0m	≥4D 且 ≮2.0m	≥4D 且 ≮2.0m

注：D 为试桩或锚桩的设计直径，取其较大值。

(3) 试桩加压力计算

试桩最小加压力 Q_{ua} (kN) 计算：

由设计单位提出的作用于单桩的荷载标准值 Q_k 或设计值 Q 计算：

$$Q_{ua} = 2.7Q_k \tag{8-32}$$

$$Q_{ua} = 2.0Q \tag{8-33}$$

由工程地质勘察报告提供的土层特性并查有关规范得出土层侧摩阻力特征值 q_{sa} 及端阻力特征值 q_{pa} 计算：

$$Q_{ua} = 2.7\left[u\sum q_{sa}L_i + q_{pa}A_D\right] \tag{8-34}$$

式中　u——桩周长；

　　　A_D——桩端截面积。

当按式 (8-34) 计算得到的 Q_{ua} 与按式 (8-32) 和式 (8-33) 计算的 Q_{ua} 相差较大时，应向设计单位或建设单位反映，供其考虑。

(4) 锚桩抗拔力计算

① 单桩摩擦抗拔力 P_{b1} (kN)

$$P_{b1} = \pi D\sum q_{sa}L_i + 16D^2L \tag{8-35}$$

式中　D——桩扩大头直径，当为等直径桩时即为桩身直径。

② 单桩柱形土体抗拔力 P_{b2} (kN)

$$P_{b2} = 5\pi S^2\left(L - \frac{S}{3}\right) \tag{8-36}$$

式中　L——桩入土全长 (m)；

　　　S——锚桩间距 (m)。

取 P_{b1} 与 P_{b2} 中的较小值为锚桩抗拔力 P_b。

若锚桩为工程桩，则根据主、次梁布置情况，在千斤顶一侧布置较少的锚桩数 n_1 计算锚桩极限抗拔力为：

$$P_{ub} = 2n_1P_b \tag{8-37}$$

要求 $P_{ub} > Q_{ua}$。

若锚桩按试桩加压力要求设置或选择，则总锚桩数 n 为：

$$n = \frac{Q_{ua}}{P_b} \tag{8-38}$$

n 根锚桩应均匀布置在千斤顶两侧的主、次梁下。

③ 锚桩锚筋的计算

每根锚桩所需锚筋的钢筋截面积 A_g 的计算如下：

$$A_g = \frac{P_b}{\beta f_y} \tag{8-39}$$

式中　f_y——锚筋设计强度；

　　　β——折减系数，按表 8.19 取值。

锚筋设计强度折减系数 β 表　　　　　　　　　　　　　　表 8.19

使用条件　锚筋钢种	气温 0℃ 以下		气温 0℃ 以上	
	剪切受力	拉伸受力	剪切受力	拉伸受力
Ⅰ 级	0.7	1.0	0.7	1.0
Ⅱ 级	0.5	0.8	0.6	1.0

注：表中剪切受力条件是指钢筋直接冷弯成Ⅱ形筋挂在钢梁上与锚桩伸出钢筋焊接；拉伸受力条件是指用特制的Ⅱ形钢架挂在钢梁上，锚筋与钢梁焊接。

（5）试桩方案制定

将以上各项调查、计算与布置结果制定出试桩方案，检测方案宜包括以下内容：工程概况、检测方法及其依据标准、抽样方案、所需的机械或人工配合、试验周期，检测方案拟定完成后提交施工单位准备，并提交有关单位审查与协调执行。

8.3.2.3 单桩静载加压试验

1. 静载加压时间及要求

（1）静载加压时间选择

① 打入式预制桩的试桩除了应按有关规范及规程附表记录有关施工参数外，对于饱和的软泥、粉砂、砂质黏土应在打试桩后"歇息"两天后，进行复打动载荷试验。做此种试验时，锤击 3~5 下。将每次锤击之贯入度分别测记。静载试验对于砂性土应在打入桩 7d 后进行。如为黏性土应视土的强度恢复而定，一般不得少于 15d，对于饱和软黏土不得少于 25d。

② 对于现场灌注桩，应按有关规程附表做好现场施工记录，并留试块与桩同条件养护，试桩前应压试块鉴定桩身强度达 70% 设计强度后并保持一定的制桩至试验的间歇时间：对砂类土不少于 10d，黏性土 20d，饱和软黏土 30d。

混凝土强度增长速率参考表 8.20。

混凝土强度增长速率参考表　　　　　　　　　　表 8.20

水泥品种	龄期（d）	养护温度（0℃）						
		5	10	15	20	25	30	35
普通硅酸盐水泥	2	—	—	28	32	37	43	47
	3	18	28	35	42	47	52	56
	5	33	43	52	57	62	66	70
	7	40	51	62	69	76	81	85
	10	50	60	70	78	85	88	91
	15	60	70	78	80	93	95	98
	21	69	78	86	93	98	103	107
	28	76	85	95	100	105	108	115

（2）试桩桩数要求

试桩选择：

① 在同一条件下的试桩数量竖向或水平静载试桩数量不宜少于总桩数的 1% 且不应少于 3 根。当工程桩总数在 50 根以内时不应少于 2 根。

② 竖向静载试验的试桩和锚桩可利用工程桩，但锚桩的抗拔力应经验算满足要求。水平静载试验不宜利用工程桩做试桩。

此外，试桩的桩顶应完好无损，桩顶露出地面的长度应满足试桩仪器设备安装的需要，一般不小于 600mm。

2. 试桩桩头处理

（1）试桩桩头标高：试桩桩头四周土面高度应采取桩基承台梁面标高。桩头标高宜高出土面 500mm 以上，以便对桩头进行加固处理及进行桩基沉降量测试。对于挖孔桩及预制桩等不需桩头加固的桩，桩头露出地面可减至 200mm。

（2）试桩桩头处理：对于现场灌注的桩宜在桩头用钢板箍或 8♯ 铁丝进行绑扎加固。将桩头的钢筋截断或弯折，然后在上面抹 1：2 早强水泥砂浆，厚度超出钢筋端（侧）面 10mm。初凝后，表面铺筛过的砂子 20mm 厚，然后可放置压桩千斤顶。

3. 安装压桩反力系统

锚桩法主要由锚梁、横梁和液压千斤顶等组成，如图 8.25 所示。用千斤顶逐级施加荷载，反力通过横梁、锚梁传递给已经施工完毕的桩基，用油压表或压力传感器量测荷载的大小，用百分表或位移计量测试桩的下沉量，以便进一步分析。锚桩一般采用 4 根，如入土较浅或土质较松散时可增加至 6 根。锚桩与试桩的中心间距，当试桩直径（或边长）小于或等于 800mm 时，可为试桩直径（或边长）的 5 倍；当试桩直径大于 800mm 时，上述距离不得小于 4m。锚桩承载梁反力装置能提供的反力，应不小于预估最大荷载的 1.3～1.5 倍。

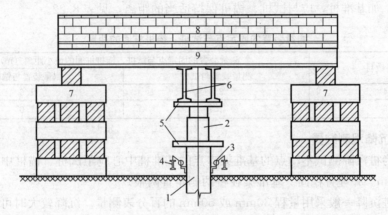

图 8.25 压重法反力装置

1—试桩；2—千斤顶；3—百分表；4—基准桩；5—钢板；6—主梁；7—枕木；8—堆放的荷载；9—次梁

压重法，也称为堆载法，是在试桩的两侧设置枕木垛，上面放置型钢或钢轨，将足够重量的钢锭或铅块堆放其上作为压重，在型钢下面安放主梁，千斤顶则放在主梁与桩顶之间，通过千斤顶对试桩逐级施加荷载，同时用百分表或位移计量测试桩的下沉量，如图 8.26 所示。由于这种加载方法临时工程量较大，多用于承载力较小的桩基静载试验。压重不得小于预估最大试验荷载的 1.2 倍，压重应在试验开始前一次加上。

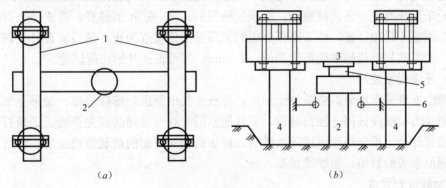

（a）　　　　　　　　　　　（b）

图 8.26 锚桩法反力装置

（a）俯视图；（b）侧面图

1—次梁；2—试桩；3—反力主梁；4—反力桩；5—千斤顶；6—位移测量装置

测量仪表必须精确，一般使用百分表、水平仪等。支承仪表的基准梁应有足够的刚度和稳定性。基准梁的一端在其支承桩上可以自由移动而不受温度影响引起上拱或下挠。基准桩应埋入地基表面以下一定深度，不受气候条件等影响。基准桩中心与试桩、锚桩中心（或压重平台支承边缘）之间的距离宜符合表 8.21 的规定。

基准桩中心至试桩、锚桩中心（或压重平台支承边）的距离　　　　　　　表 8.21

反力系统	基准桩与试桩	基准桩与锚桩（或压重平台支承边）
锚桩法反力装置	$\geqslant 4D$	$\geqslant 4D$
压重法反力装置	$\geqslant 2.0m$	$\geqslant 2.0m$

注：当试桩直径（或边长）小于或等于 800mm 时，可为试桩直径（或边长）的 5 倍；当试桩直径大于 800m 时，上述距离不得小于 4m。

试桩受力后，会引起其周围的土体变形，为了能够准确地量测试桩的下沉量，测量装置的固定点，如基准桩，应与试桩、锚桩保持适当的距离，见表 8.22。

测量装置的固定点与试桩、锚桩桩间的距离　　　　　　　表 8.22

锚桩数目	测量装置的固定点与试桩、锚桩桩间的最小距离（m）	
	测量装置与试桩	测量装置与锚桩
4	2.4	1.6
6	1.7	1.0

4. 布设沉降观测装置

（1）作为桩沉降测试不动点的基准梁支点的基准桩中心应距试桩、锚桩中心的距离不小于 4D 或 2m。并埋置稳固。基准梁在桩两侧布置两根。

（2）试桩沉降一般采用量程 30mm 或 50mm 的百分表测量。沉降较大时可以倒表来解决，磁力表座固定在角钢卡子（固定在小桩桩头上）或挖孔桩端面的铁砖上，不准固定在千斤顶或桩头垫铁。在桩直径的两端对称安置 2 个百分表。

（3）利用工程桩作锚桩时，对部分受力较大的锚桩亦要布表监测上拔量。

5. 布设加荷装置

（1）加荷一般用油压千斤顶。压小桩一般用手工加压，用荷载传感器、电子秤或固定在千斤顶上的压力表显示荷载值。压大桩一般用电动油泵加压，用油泵上的压力表显示荷载值。需接电源时要由专职电工来完成，接通后先试车，没问题再正式通电工作。

（2）千斤顶对中。正式试验前，取预估极限的 1/20 或 5t 加卸载，测读 2 个百分表的沉降值，调整千斤顶位置，使 2 个百分表的沉降量读值接近为止。然后将百分表调整到一个整数，使零载初读值的平均值为 2mm 或 5mm，即可正式开始加荷试验。

（3）异常现象处理

加荷中发现异常现象，应该停止加荷，检查并找出原因，排除故障。如果在加荷中钢筋不均衡受力拉断应该停止加荷补焊，或其他原因需卸荷处理的应先读数，记录百分表与压力表值再卸荷，重新焊接或排除故障后，再加荷到卸荷前的荷载值稳定后，将百分表读数调整到原来表的数值，再继续加荷。

6. 加载试验方法

（1）试桩的加载、卸载方法

在测试方法上，我国大部分的检测规范（规定）都制定的是"慢速维持荷载法"，具体做法是按一定要求将荷载分级加到桩上，在桩下沉未达到某一规定的相对稳定标准前，该级荷载维持不变；当达到稳定标准时，继续加下一级荷载；当达到规定的终止试验条件时终止加载；然后再分级卸载到零。试验周期一般为 3～7d。

加荷分级：分级荷载宜为最大加载量或预估极限承载力的 $\frac{1}{10}$，其中第 1 级荷载可取分级荷载的 2 倍，最后几级荷载可减小一些。

卸载应分级进行，每级卸载量取加载时分级荷载的 2 倍，逐级卸载。

加、卸载时应使荷载传递均匀、连续、无冲击，每级荷载在持荷过程中的变化幅度不得超过分级荷载的 ±10%。

（2）试验步骤

① 每级荷载施加后按第 5min、15min、30min、45min、60min 测读桩顶沉降量，以后每隔 30min 测读一次，当试桩达到相对稳定标准时，可进行下一级加载。

② 试桩沉降相对稳定标准：每 1 小时内的桩顶沉降量不超过 0.1mm，并连续出现 2 次（从分级荷载施加后第 30min 开始，按 1.5h 连续 3 次每 30min 的沉降观测值计算）。对砂类土中的桩可放宽到半小时沉降不超过 0.1mm，并连续出现两次。

③ 卸载时，每级荷载维持 1h，按第 15min、30min、60min 测读桩顶沉降量后，即可卸下一级荷载。卸载至零后，应测读桩顶残余沉降量，维持时间为 3h，测读时间为第 15min、30min，以后每隔 30min 测读 1 次。

（3）终止加载条件

当出现下列情况之一时，一般认为试桩已达破坏状态，所施加的荷载即为破坏荷载，试桩即可终止加载。

① 试桩在某级荷载作用下的沉降量，大于前一级荷载沉降量的 5 倍。试桩桩顶的总沉降量超过 40mm。若桩长大于 40m，则控制的总沉降量可放宽，桩长每增加 10m，沉降量限值相应地增大 10mm。

② 试桩在某级荷载作用下的沉降量大于前一级荷载沉降量的 2 倍，且经 24h 尚未达到相对稳定。

③ 已达到设计要求的最大加载量。

④ 当工程桩作锚桩时，锚桩上拔量已达到允许值。

⑤ 当荷载-沉降曲线呈缓变型时，可加载至桩顶总沉降量 60～80mm；在特殊情况下，可根据具体要求加载至桩顶累计沉降量超过 80mm。

单桩垂直静载试验的记录如表 8.23 所示。

单桩垂直静载试验记录表

	工程名称：		试验日期：	桩号：		试验序号：				**表 8.23**
油压表读数 (MPa)	荷载 (kN)	读数时间	时间间隔 (min)	读数（mm）					沉降（mm）		备注
				表 1	表 2	表 3	表 4	平均	本次	累计	

试验：　　　　　　　　　　　整理：　　　　　　　　　　　校核：

7. 资料整理及加载试验结果分析

（1）资料整理

① 试桩及锚桩布置平面图：在桩基平面图中示出试桩及锚桩的位置。

② 单桩垂直静载试验概况表：桩构造、施工工艺、试桩穿过土层的情况尤其是土层的 N 及 $N_{63.5}$ 值等，见表 8.24。

单桩垂直静载试验概况表　　　　　　　　　　　　表 8.24

工程名称		地点			试验单位		
试桩编号		桩型			试验起止时间		
成桩工艺		桩断面尺寸			桩长		
混凝土编号	设计	灌注桩虚土厚度		配筋	规格	配筋率	
	实际	灌注充盈系数			长度		

综合桩状图						试桩平面布置示意图	
层次	土层名称	描述	地质符号	相对标高	桩身剖面		
1							
2							
3							
4							
5							

土的力学指标							
层次	土层名称	标贯 N	动力触探 $N_{63.5}$	f_{ak}（kPa）	q_{sa}（kPa）	q_{pa}（kPa）	备注

试验：　　　　　　　　　整理：　　　　　　　　　　　　　　校核：

③ 根据试桩记录整理出桩垂直静载试验结果汇总表 8.25。

桩垂直静载试验结果汇总表　　　　　　　　　　　表 8.25

序号	时间（h）		荷载 Q（kN）		沉降量 S（mm）		锚桩上抬量（mm）	备注
	本级	累计	本级	累计	本级	累计		

试验：　　　　　　　　　整理：　　　　　　　　　　　　　　校核：

④ 绘制有关试验成果曲线：主要是绘制荷载 Q 与沉降量 S 关系曲线，其次是 S-$\log Q$

曲线或 $S\text{-}\log t$ 曲线。$Q\text{-}S$ 曲线用毫米方格纸绘制；$S\text{-}\log Q$ 或 $S\text{-}\log t$ 用单对数坐标纸绘制。同一工程中所有桩用相同的横、竖坐标比例。

（2）单桩极限承载力的分析根据 $Q\text{-}S$ 试验结果进行分析。

① 当陡降段明显时，取相应于陡降段起点的荷载值。

② 当某级荷载作用下，其沉降增量与相应荷载增量的比值 $\Delta S_{i+1}/\Delta Q_{i+1} \geqslant 0.15\text{mm/kN}$（用于预制桩及沉管桩），$\Delta S_{i+1}/\Delta Q_{i+1} \geqslant 0.2\text{mm/kN}$（用于钻孔桩）时，取前一级荷载 Q_i 为极限荷载 R_u。

③ 总沉降量超过 $10\%D$ 后再加两级荷载仍无斜率超限或陡降段时，取 $10\%D$ 对应荷载为极限荷载。

按参加统计的试桩数，取极限承载力的试验平均值，并要求其极差不超过平均值的 30%。对于柱下基桩数为 3 根及 3 根以下的桩基，取基桩承载力试验的最小值。

（3）单桩竖向承载力特征值的确定

① 用选定的极限荷载除以安全系数 2 作为承载力特征值，其对应沉降量不超过 $3\%D$（一般小桩）或 $2.5\%D$（大直径灌注桩）。

② 当极限荷载难以确定时，可以 $Q\text{-}S$ 曲线上取下列沉降之对应荷载为承载力特征值：

预制桩及高压注浆桩：取 $1.2\%D$；

钻孔灌注桩：取 $1.3\%D$；

沉管桩：取 $1.25\%D$；

挖孔桩：取 $1.3\%D$。

同时要求试验终止荷载大于等于此项标准值的 1.5 倍。

③ 若桩身在试桩时压裂或压折断，则将其破坏荷载被安全系数 1.6 除后为承载力标准值。将各试桩的各种分析评定结果列入各试桩垂直承载力特征值分析表，如表 8.26 所示。具体计算详见有关规范。

各试桩垂直承载力特征值分析表　　　　　　　　　　　表 8.26

试桩编号	由 $Q\text{-}S$ 及 $S\text{-}\log Q$ 曲线评定		由下沉量为桩径的百分比确定承载力特征值	综合评定单桩承载力特征值	备注
	极限荷载（kN）	承载力特征值（kN）			
1					
2					
3					
4					
5					
6					

试验：　　　　　　　　　整理：　　　　　　　　　　　　校核：

（4）单桩竖向抗压极限承载力统计值的确定

应符合下列规定：

① 参加统计的试桩结果，当满足其极差不超过平均值的 30% 时，取其平均值为单桩竖向抗压极限承载力。

② 当极差超过平均值的 30% 时，应分析极差过大的原因，结合工程具体情况综合确定，必要时可增加试桩数量。

③ 对桩数为 3 根或 3 根以下的柱下承台，或工程桩抽检数量少于 3 根时，应取低值。

单位工程同一条件下的单桩竖向抗压承载力特征值应按单桩竖向抗压极限承载力统计值的一半取值。

第9章 桥涵工程试验与检测

9.1 概述

随着我国经济建设的快速发展，我国的公路桥梁网日渐完善。在现代化的公路桥涵工程中，试验检测质量控制技术贯穿于工程施工质量管理的全过程，是工程施工质量控制和竣工验收评定工作中不可缺少的环节。试验检测工作能有效指导公路桥涵工程的各种材料和构件质量的评定，有效控制工程项目的施工工期和建造费用，具有良好的经济效益。因此，提高和完善公路桥涵工程试验检测技术具有非常重要的现实意义。

1. 试验检测内容及方法

（1）原材料

公路桥涵工程的原材料主要有以下几种：首先是生产桥梁混凝土所使用的各种原材料（如砂石料、水泥、水以及外加剂等）；其次是各种普通钢筋结构用具（如各种预应力结构用钢筋、混凝土结构用钢筋、夹具、钢绞线、钢丝、各种型钢以及锚具连接器等）；第三是用于公路桥涵铺装的原材料（如用于桥面铺装层的沥青混凝土、用于铺装桥头搭板下无机结合料垫层的各种原材料等）。

（2）桥梁各部位结构尺寸及外观

公路桥涵工程的各部位结构尺寸以及外观是桥梁工程的重要评定指标。在施工过程中桥梁各部位的结构尺寸及外观都是试验检测的内容。在对其进行试验检测时，一般可以使用钢尺、水准仪、经纬仪以及全站仪等对桥梁的放样位置及结构尺寸进行评定，检测的前提是这些所用测量仪器的测试精度以及相关的性能都满足桥公路桥涵工程的规范要求，对桥梁位置以及结构尺寸的评价也应依据这些相关规范进行。一般采用目测就可以实现对桥梁外观的质量检测，混凝土桥梁表面的蜂窝、平整度以及麻面的深度和面积等都是试验检测的相关内容。

（3）构件混凝土强度、缺陷及承载能力

对公路桥涵的试验检测内容还包括桥梁结构构件的混凝土强度、结构缺陷以及承载能力等。一般可以使用超声法检测桥梁结构构件强度以及混凝土内部缺陷，这种方法是利用超声脉冲在到达混凝土内部缺陷部位时能够发生绕射、散射以及折射等现象引起的超声脉冲的主频、波幅以及声速等发生变化，根据超声脉冲的这些参数的变化即可实现对混凝土结构缺陷的试验检测目的。如果要对公路桥涵的桩身混凝土结构缺陷进行相关的检测，我们除了采用超声法进行检测外，还可以利用反射波法。反射波法进行结构缺陷检测具有操作简单、快捷的优势，因而应用也比较普遍，其进行检测的原理是，锤击应力波在桩身混凝土结构缺陷部位能够产生反射波，根据反射波的特征即可实现目的。

我们在对公路桥涵进行试验检测时，不仅要检测公路桥涵混凝土结构构件的外观、尺寸等，混凝土结构构件的承载能力也是一项重要的检测内容。其中混凝土的承载能力包括梁体的承载力以及单桩的承载力等方面。一般可以利用重物堆载的方式对桥梁的梁体进行载荷试验，采用相关仪器如挠度仪、应变计等测定各桥梁梁体各个截面的挠度以及应力等；对单桩的承载力进行测定时，目前比较常用的方法是静载试验，也可以在对单桩的承载力经动、静对比载荷试验的基础上利用高应变动测方法对其进行试验检测，在进行以上试验检测时所用到仪器的测试精度应满足相关规范的要求。

（4）桥梁载荷试验

如果公路桥涵的施工过程中采用了新型结构、新工艺、新材料，或者是属于大中型的桥梁，我们需要对其进行现场载荷试验的方法对桥梁的整体承载能力进行较为准确的检测，以保障公路桥涵工程的安全可靠性；如果桥涵工程过于庞大，则为了保证施工质量有必要在桥梁竣工时对其进行现场载荷试验；此外，如果桥梁工程是属于对破损、老化的桥梁进行加固、拓宽处理的情况，为了对桥梁工程的承载能力进行评估，也常常采用现场载荷试验的方法对其进行试验检测。

根据载荷试验类型的不同可将桥梁的现场载荷试验分为动载试验、静载试验及振动试验三种载荷试验。对公路桥涵工程进行试验检测是保证工程施工质量的直接有效的手段。当前针对桥梁工程的检测项目越来越复杂，也不断产生新方法、新技术，相关的试验检测人员应不断学习，加强掌握各种检测技术的能力，能够依据其基本原理、基本操作及相关的数据处理工作对公路桥涵工程进行相关的试验检测。

2. 试验检测的任务

（1）明确公路桥涵工程结构的使用条件以及承载能力。如果公路桥涵的施工过程中采用了新型结构、新工艺、新材料，或者是属于大中型的桥梁，为了评价所建造桥梁的结构性能和施工质量，我们需要对桥涵工程进行试验检测，明确新建桥涵工程的实际承载能力。对于结构较为复杂或者较为新型的公路桥梁结构，根据规范化桥涵试验检测可以详细了解桥涵结构在荷载作用下的受力的实际情况，分析桥梁结构的受力行为的客观规律，为我国的公路桥梁事业的发展留下宝贵的资料。

（2）对公路桥涵工程的承载能力以及使用性能进行全面掌握。既有公路桥涵工程在正常使用期间，由于受人为因素（如因桥梁结构设计施工不科学而产生严重的结构缺陷，或者经常性的超载荷使用而使桥梁破损等）以及自然因素（如因受地震、水害、热胀冷缩等而使老化现象严重等），其承载能力和使用性能会不断地降低。为了保证这些既有公路桥涵工程能够继续安全地使用，则需要对其进行试验检测以重新评估其当前的承载能力与使用性能，这样有助于既有公路桥涵工程改建、加固、限载以及养护工作等。

（3）根据桥梁结构的实际受力情况研究桥梁构件受力的客观规律。随着当前科学技术的不断发展，我国的公路桥梁工程也在不断采用新工艺、新材料、新结构，原有的公路桥涵规范则渐渐不能满足当前桥梁建设事业的需要。为了不断完善相关的建造规范，为当前的公路桥梁建设指明方向，我们就需要对公路桥涵工程进行大量的试验以研究桥梁构件受力的客观规律。

桥涵工程试验检测项目可以分为三大类：

（1）施工准备阶段的试验检测项目

① 桥位放样测量

② 钢材原材料试验

③ 钢结构连接性能试验

④ 预应力锚具、夹具和连接器试验

⑤ 水泥性能试验

⑥ 混凝土粗细集料试验

⑦ 混凝土配合比试验

⑧ 砌体材料性能试验

⑨ 台后压实标准试验

⑩ 其他成品、半成品试验检测

（2）施工过程中的试验检测项目

① 地基承载力试验检测

② 基础位置、尺寸和标高检测

③ 钢筋位置、尺寸和标高检测

④ 钢筋加工检测

⑤ 混凝土强度抽样试验

⑥ 砂浆强度抽样试验

⑦ 桩基检测

⑧ 墩、台位置、尺寸和标高检测

⑨ 上部结构（构件）位置、尺寸检测

⑩ 上部结构（构件）变形、内力检测

（3）施工完成后的试验检测项目

① 桥梁总体检测

② 桥梁荷载试验

③ 桥梁使用性能监测

本章主要介绍桥梁附属件试验（橡胶支座）、桥梁静载试验和桥梁动载试验，其他内容参见本书其他章节或相关教材。

9.2 桥梁支座力学性能试验

桥梁支座设置在梁板式体系中主梁与墩台之间，是将上部结构的各种荷载传递给墩台，并能适应上部结构的荷载、温度变化、混凝土收缩等各种因素所产生的自由变形，使上下部结构的实际受力情况符合设计要求。

目前使用极为广泛的是板式橡胶支座、盆式橡胶支座和球型支座。

执行标准、规范：

《公路桥梁板式橡胶支座》JT/T 4—2004

《公路桥梁盆式橡胶支座》JT/T 391—2009

《公路桥梁球型支座》GB/T 17955—2009

1. 主要力学性能指标

公路桥梁板式橡胶支座、公路桥梁盆式橡胶支座及球型支座主要力学性能检测指标有：

(1) 抗压弹性模量试验

(2) 抗剪弹性模量试验

(3) 抗剪粘结性能试验

(4) 抗剪老化试验

(5) 摩擦系数试验

(6) 转角试验

(7) 极限抗压强度试验

(8) 盆式支座荷载试验

(9) 盆式橡胶支座摩阻系数试验

(10) 盆式橡胶支座转角试验

(11) 球型橡胶支座荷载试验

(12) 球型橡胶支座摩擦因数试验

(13) 球型橡胶支座转动试验

(14) 自定义抗压弹性模量试验

2. 取样方法

(1) 板式橡胶支座

试样随机抽取实样，每种规格试样数量为三对，凡与油及其他化学药品接触过的支座不得用作试样（试样试验前应暴露在标准温度 23±5℃下，放置 24h 使试样内外温度一致）。

(2) 盆式橡胶支座

试样随机抽取实样，每种规格试样数量为三组，试样样品原则应选实体支座，对大型支座进行试验，经协商可选用小型支座代替。

3. 试验条件

(1) 试样试验前应暴露在标准温度 23±5℃下，放置 24h 使试样内外温度一致。

(2) 试验室的标准温度为 23±5℃，且不能有腐蚀性气体及影响检测的振动源。

4. 技术要求

(1) 板式支座力学性能要求

如表 9.1 所示。

板式支座力学性能要求   表 9.1

项　目		指　标
极限抗压强度 R_U（MPa）		$\geqslant 70$
实测抗压弹性模量 E_1（MPa）		$E \pm G \times 20\%$
实测抗剪弹性模量 G_1（MPa）		$G \pm G \times 15\%$
实测老化后抗剪弹性模量 G_2（MPa）		$G + G \times 15\%$
实测转角正切值 $\tan\theta$	混凝土桥	$\geqslant 1/300$
	钢　桥	$\geqslant 1/500$
实测四氟板与不锈钢板表面摩擦系数 μ_f（加硅脂时）		$\leqslant 0.03$

（2）盆式橡胶支座力学性能要求

① 竖向承载力：在竖向设计荷载作用下，支座压缩变形值不得大于支座总高度的2%，盆环上口径变形不得大于盆环外径的0.5‰，支座残余变形不得超过总变形量的5%。

② 水平承载力：标准系列中，固定支座在各方向和单向活动支座非滑移方向的水平承载力均不得小于支座竖向承载力的10%，抗震型支座水平承载力不得小于支座竖向承载力的20%。

③ 转角：支座转角不得小于0.02rad。

④ 摩阻系数：加5201硅胶油后，常温型活动支座设计摩阻系数最小取0.03。加5201硅胶油后，耐寒型活动支座设计摩阻系数最小取0.06。

（3）球型支座力学性能要求

① 在竖向设计荷载作用下，支座竖向压缩变形不得大于支座总高度的1%。

② 固定支座和单向活动支座约束向所承受的水平力为支座竖向设计荷载的10%。

③ 活动支座的设计摩擦因数。在支座竖向设计荷载作用下，聚四氧乙烯板有硅脂润滑条件下的设计摩擦因数取值如下：常温（-25~60℃）0.03；室温（-40~25℃）0.05。

5. 试验使用仪器设备

YAW-10000J微控电液伺服压剪试验机，能自动、平稳、连续加载、卸载，且无冲击和颤动现象，自动持荷、自动采集数据、自动绘制应力-应变图，且自动储存试验原始记录及曲线图和自动打印结果。

以板式橡胶支座为例，介绍其抗压弹性模量和抗剪弹性模量的试验过程。

6. 试验要点

（1）抗压弹性模量试验

将试样放在试验机的承载板上，预压，正式加载，以承载板四角所测得的变化值的平均值作为各级荷载下试样的累计竖向压缩变形。

抗压弹性模量计算如下：

$$E_1 = \frac{\sigma_{10} - \sigma_4}{\varepsilon_{10} - \varepsilon_4} \tag{9-1}$$

式中　E_1——试样实测的抗压弹性模量计算值（MPa），精确至1%；

σ_4、ε_4——4MPa试验荷载下的压应力和累积压缩应变值；

σ_{10}、ε_{10}——10MPa试验荷载下的压应力和累积压缩应变值。

每一块试样的抗压弹性模量E_1为三次加载过程所得的三个实测结果的算术平均值。但单项结果和算术平均值之间的偏差不应大于算术平均值的3%，否则应对该试样进行复核试验一次。

（2）抗剪弹性模量试验

在试验机的承压板上，使支座顺其短边方向受剪，将试样及中间钢拉板按双剪组合放置好，使试样及中间钢拉板的对称轴和试验机承压板中心轴处于同一垂直面上，精度应小于1%的试件短边尺寸。

试验机连续均匀加载至平均压应力，并在整个抗剪试验过程中保持不变。

先预加水平荷载，后正式加载直至试验结束。

试样的实测抗剪弹性模量按下式计算：

$$G = \frac{\tau_{1.0} - \tau_{0.3}}{\dfrac{\Delta s_{1.0}}{t_e} - \dfrac{\Delta s_{0.3}}{t_e}}$$ (9-2)

式中 G——试样的实测抗剪弹性模量计算值（MPa），精确至 1%；

$\tau_{1.0}$、$\Delta s_{1.0}$——1.0MPa 试验荷载下的剪应力和累计水平剪切变形；

$\tau_{0.3}$、$\Delta s_{0.3}$——0.3MPa 试验荷载下的剪应力和累计水平剪切变形。

每对检验支座所组成试样的综合抗剪弹性模量 G_1，为该对试件三次加载所得到的三个结果的算术平均值。但各单项结果和算术平均值之间的偏差不应大于算术平均值的 3%，否则应对该试样进行复核试验一次。

（3）极限抗压强度试验

将试样放置在试验机的承压板上，上下承压板与支座接触面不得有油污，对准中心位置，精度应小于试件短边尺寸的 1%；以 0.1MPa/s 的速率连续加载至试样极限抗压强度 R_U 不小于 70MPa 为止，绘制应力时间曲线，并随时观察试样受力状态及变化情况，试样是否完好。

7. 试验结果判定

实测抗压弹性模量、抗剪弹性模量均应满足要求。

支座在不小于 70MPa 压应力作用下，橡胶层未发生挤坏、中间层钢板未断裂，则抗压强度满足要求。

支座在两倍剪应力作用下，橡胶层未被剪坏，中间钢板未断裂错位，卸载后，支座变形恢复，则认为试样抗剪性能满足要求。

支座力学性能试验时，随机抽取三块（或三对）支座，若有两块（或两对）不能满足要求，则认为该批产品不合格。若有一块（或一对）支座不能满足要求时，则应从该批产品中随机再抽取双倍支座对不合格项目进行复检，若仍有一项不合格，则判定该批产品不合格。

9.3 桥梁静载试验

桥梁结构静载试验：将静止的荷载作用于桥梁上的指定位置，以便能够测试出结构的静应变、静位移以及裂缝等，从而推断桥梁结构在荷载作用下的工作状态和使用能力的试验称为静力荷载试验。对于桥梁结构来说，静载往往是指以缓慢速度行驶到桥上指定荷重级别的车辆荷载。当试验现场条件受限制时，有时也以施加荷重（如堆置铸铁块、水泥、预制块件、水箱等）或者以液压千斤顶装置施力等方式来模拟某一等级的车辆荷载，借以达到试验的目的。

桥梁静载检测目的：

（1）检验桥梁结构设计与施工质量；

（2）验证桥梁结构设计理论和计算方法；

（3）直接了解桥梁结构承载情况，借以判断桥梁结构实际的承载能力；

（4）积累科学技术资料，充实与发展桥梁计算理论和施工技术。

桥梁静载检测程序：

桥梁结构的静载检测一般包含：加载方案拟定、加载及测试准备、加载与观测、试验数据整理四个阶段。

1. 加载方案拟定

（1）桥梁结构的调查

① 桥梁结构的技术资料调查

桥梁技术资料包括桥梁设计文件、施工文件、施工控制文件、监理记录、原始试验资料、桥梁养护与维修记录，现有车流量和重载车辆情况等方面，掌握了这些资料即对试验桥梁的技术状况有一个初步认识。

② 实桥调查

实桥调查主要包括：桥梁结构的实际技术状况是否与设计资料一致，包括上、下部结构和支座的外观检查，支座是否老化，钢结构主要是检查锈蚀以及使用扭力扳手抽查螺栓松紧度等，查明上下部结构物的裂缝、缺陷、损坏和钢筋锈蚀状况，为桥梁结构的试验提供一个宏观认识和判断。另外，尚需对桥梁结构的两端线路技术状况、供配电、交通量等进行调查，为加载方案的拟定提供基础资料。

（2）桥梁结构理论计算

根据桥梁结构调查资料，分析设计参数与实桥调查参数的差异，如经检查发现结构的尺寸超过规定的误差，或材料质量没有达到设计要求，应按照结构的实际状况，根据实际加载等级、加载位置及加载重量，计算出各级试验荷载作用下桥梁结构各测点的反应，如变位、应力等，以便与实测值进行比较。对于重要大型桥梁结构计算出标准设计荷载内力，最好与原设计单位的理论计算成果进行对比，尽量达到一致。

（3）加载方案

包括测试内容的确定、加载设备、加载分级与控制、观测方案设计、仪器仪表选用、人员分组等方面。

（4）测点布置

桥梁结构静载检测的测点主要有三类：①设计单位或建设单位要求点；②影响结构安全的主控截面的受力、位移及挠度点；③非主控截面但内力或变位相对较大点。

（5）测试仪器的选择

测试仪器可以分为：应变测量仪器，位移或挠度测量仪器，倾角测量仪表，裂缝观测仪器，索力观测仪器及温度观测仪器六大类。

2. 加载及测试准备

（1）量测装置及量测附属设施

（2）加载位置的确定

（3）仪器检查与安装

（4）加载物的称重

（5）试验人员组织及分工

也包括搭设工作脚手架、设置测量仪表支架、测点放样及表面处理、测试元件布置、测量仪器仪表安装调试等现场准备工作。

3. 加载与观测

加载与观测阶段是整个检测工作的中心环节。这一阶段的工作是在各项准备工作就绪的基础上，按照预定的试验方案与试验程序，利用适宜的加载设备进行加载，运用各种测试仪器，观测试验结构受力后的各项性能指标如挠度、应变、裂缝宽度、加速度等，并采用人工记录或仪器自动记录手段记录各种观测数据和资料。有时，为了使某一加载、观测方案更为完善，可先进行试探性试验，以便更完满地达到原定的试验目的。需要强调的是，对于静载试验，应适时根据当前所测得的各种技术数据与理论计算结果进行现场分析比较，以判断受力后结构行为是否正常，是否可以进行下一级加载，以确保试验结构、仪器设备及试验人员的安全，这一点对于存在病害的既有桥梁结构进行试验时尤为重要。

4. 试验步骤：

（1）试验演习；

（2）预加载；

（3）加载试验；

（4）仪表的测读与记录；

（5）加载过程的观察；

（6）裂缝观测；

（7）终止加载控制条件。

5. 试验数据整理与结构评定

试验数据整理与结构评定阶段是对原始测试资料进行综合分析的过程。原始测试资料包括大量的观测数据、文字记载和图片等材料，受各种因素的影响，一般显得缺乏条理性与规律性，未必能深刻揭示试验结构的内在行为规律。因此，应对它们进行科学的分析处理，去伪存真，去粗取精，综合分析比较，从中提取有价值的资料。对于一些数据或信号，有时还需按照数理统计的方法进行分析，或依靠专门的分析仪器和分析软件进行分析处理，或按照有关规程的方法进行计算。这一阶段的工作，直接反映整个检测工作的质量。测试数据经分析处理后，按照相关规范、规程以及检测的目的要求，对检测对象作出科学的判断与评价。全部检测工作体现在最后提交的试验研究报告中。内容包括：

（1）测试数据的修正；

（2）测点变形计算；

（3）校验系数及和相对残余变形的计算；

（4）力或位移影响线；

（5）荷载横向分布系数；

（6）偏载系数；

（7）裂缝发展状况。

9.3.1 静载检测常用传感器

1. 机械式检测仪表

（1）应变测量

① 手持式应变仪

图9.1为手持式应变仪，为主要由两片弹簧钢片连接两个刚性骨架组成，两个骨架可作

无摩擦的相对运动。骨架两端带有锥形插脚，测量时将插脚插入结构表面上预置的脚座中，结构表面上的两个预置脚座之间的距离为测量标距。试件的应变由装在骨架上的千分表读出。

② 千分表测应变装置

图 9.2 是一个自制的应变测量装置，它有两个粘贴在试件上的脚座，分别固定千分表和刚性杆，测量标距可通过调节刚性杆任意确定。构件伸长（缩短）量由千分表读出，除以标距即算得应变。

它的特点是装置构造简单，廉价；测量精度较高；可重复利用；由于脚座较长，不适合测量有弯曲变形的构件。

图 9.1　手持式应变仪

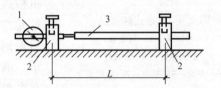

图 9.2　自制应变测量装置
1—千分表；2—脚座；3—刚性杆

（2）位移测量

① 机械式百分表和千分表

机械式百分表外观如图 9.3 所示。当滑动的测杆跟随被测物体运动时，带动百分表内部的精密齿轮转动，精密齿轮机构将微小的直线运动放大为齿轮的转动，从百分表的表盘就可读出线位移量。百分表的表盘按 0.01mm 刻度，读数精度可以达到 0.005mm。百分表的量程一般为 10mm、30mm 和 50mm。百分表通过百分表座安装，安装时应注意保证百分表测杆运动方向平行，被测物体表面一般应与百分表测杆垂直。千分表的构造与百分表基本相同，但精密齿轮的放大倍数不同，其测量精密度可达到 0.001mm 或 0.002mm，量程一般不超过 2mm。

② 张拉式位移传感器

张拉式位移传感器（图 9.4）通过钢丝与被测物体

图 9.3　机械式百分表

相连，钢丝缠绕在张拉式位移传感器的转轴上，钢丝的另一端悬挂一重锤。当被测物体发生位移时，重锤牵引缠绕钢丝推动传感器指针旋转，然后从传感器的表盘读数。这种位移传感器最大的优点是量程几乎不受限制，可以用于大变形条件下的位移测量。传感器表盘的读数精度为 0.1mm。在野外条件下采用张拉式位移传感器时，应注意温度影响钢丝长度的变化，从而影响测量精度。

③ 机械式角位移测量仪器：水准式倾角仪

图 9.5 为水准式倾角仪的构造。水准管 1 安置在弹簧片 4 上，一端铰接于基座 6 上，另一端被微调螺丝 3

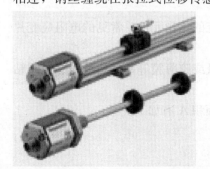

图 9.4　张拉式位移传感器

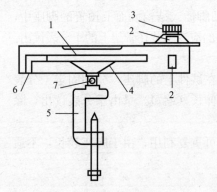

图 9.5 水准式倾角仪

1—水准管；2—刻度盘；

3—微调螺丝；4—弹簧片；

5—夹具；6—基座；7—活动铰

顶住。当仪器用夹具 5 安装在测点上后，用微调螺丝使水准管的气泡居中，结构变形后气泡漂移，再扭动微调螺丝，使气泡重新居中，度盘前后两次读数的差即为测点的转角。仪器的最小读数可达 $1''\sim2''$，量程为 $3°$。其优点为尺寸小、精度高。缺点是受湿度及振动影响大，在阳光下曝晒会引起水准管爆裂。

（3）力值测量

机械式力传感器的种类很多，其基本原理是利用机械式仪器测量弹性元件的变形，再将变形转换为弹性元件所受的力。图 9.6 为环箍式拉力计，它由两片弓形钢板组成一个环箍。在拉力作用下，环箍产生变形，通过一套机械传动放大系统带动指针转动，指针在度盘上的示值即为外力值。图 9.7 是另一种环箍式拉压测力计。它用粗大的钢环作"弹簧"，钢环在拉压力作用下的变形，经过杠杆放大后推动位移计工作。位移计显示值与环箍变形关系应预先标定。这种测力计大多只用于测定压力。

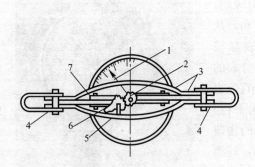

图 9.6 环箍式拉力计

1—指针；2—中央齿轮；3—弓形弹簧；

4—耳环；5—连杆；6—扇动齿轮；7—可动接板

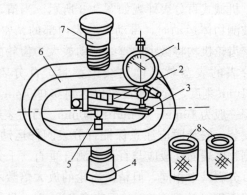

图 9.7 环箍式拉压测力计

1—位移计；2—弹簧；3—杠杆；

4、7—上、下压头；5—立柱；6—钢环；8—拉力夹头

2. 应变式电测技术

（1）应变测量

电阻应变计，又称电阻应变片，是电阻应变量测系统的感受元件。常见的电阻应变片见图 9.8。

纸基丝绕式电阻应变片构造如图 9.9 所示。在拷贝纸或胶薄膜等基底与覆盖层之间粘贴合金敏感栅（电阻栅），端部加引出线组成。

由物理学可知，金属电阻丝的电阻 R 与长度 l 和截面积 A 有如下关系：

$$R = \rho \frac{l}{A} \tag{9-3}$$

式中 ρ——电阻率（Ω）；

l——电阻丝长度（m）；

A——电阻丝截面积（mm^2）。

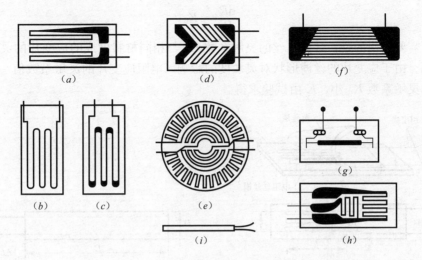

图 9.8　各种电阻应变计

(a)、(d)、(e)、(f)、(h) 箔式电阻应变计；

(b) 丝绕式电阻应变计；(c) 短接式电阻应变计；

(g) 半导体应变计；(i) 焊接电阻应变计

当电阻丝受到拉伸或压缩后，如图 9.9 所示，相应的电阻变化可由式（9-3）两边进行微分后即得：

$$dR = \frac{\partial R}{\partial l}dl + \frac{\partial R}{\partial A}dA + \frac{\partial R}{\partial \rho}d\rho = (\frac{\rho}{A})dl - (\frac{\rho l}{A^2})dA + (\frac{l}{A})d\rho \tag{9-4}$$

上式两端同除以 R，有：

$$\frac{dR}{R} = \frac{dl}{l} - \frac{dA}{A} + \frac{d\rho}{\rho} \tag{9-5}$$

如果设电阻丝的泊松比为 υ，则有：

$$\frac{dA}{A} = \frac{\frac{\pi}{4} \cdot 2DdD}{\frac{\pi D^2}{4}} = 2\frac{dD}{D} = -2\upsilon\frac{dl}{l} = -2\upsilon\varepsilon \tag{9-6}$$

将式（9-6）和 $\frac{dl}{l} = \varepsilon$ 代入式（9-5），得：

$$\frac{dR}{R} = \frac{d\rho}{\rho} + (1 + 2\upsilon)\varepsilon = \left[\frac{\frac{d\rho}{\rho}}{\varepsilon} + (1 + 2\upsilon)\right]\varepsilon \tag{9-7}$$

令 $K_0 = \frac{d\rho}{\rho}/\varepsilon + (1 + 2\upsilon)$，则：

$$\frac{dR}{R} = K_0\varepsilon \tag{9-8}$$

式中　K_0——电阻应变计的单丝灵敏系数，对确定的金属或合金而言为常数。

式（9-8）说明电阻丝感受的应变和它的电阻相对变化呈线性关系，当金属电阻丝用胶贴在构件上与构件共同变形时，可由式（9-8）测得试件的应变。

345

式（9-8）也可以用电阻应变片的灵敏系数 K 来表示：

$$\frac{\mathrm{d}R}{R} = K\varepsilon \qquad (9-9)$$

这里需要指出的是：金属单丝的灵敏系数 K_0 与相同材料做成的应变片的灵敏系数 K 稍有不同。由于应变片的丝栅形状对灵敏度的影响，电阻应变片的灵敏系数值一般比单根电阻丝的灵敏系数 K_0 小，K 由试验求得。

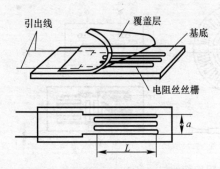

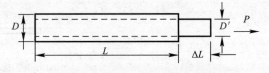

图 9.9　电阻应变片构造示意图　　　　图 9.10　金属丝的电阻应变原理

电阻应变片主要有下列几项性能指标：

① 标距 L

电阻丝栅在纵轴方向的有效长度。

② 电阻值 R

通常，电阻应变片的电阻值为 120Ω。当使用非 120Ω 应变计时，应按电阻应变仪的说明进行修正。

③ 灵敏系数 K

电阻应变片的灵敏系数 K 取值范围在 1.9～2.3 之间，通常，$K＝2.0$。

其他还包括应变极限、机械滞后、疲劳寿命、零漂、蠕变、绝缘电阻、横向灵敏系数、温度特性、频响特性等性能。

应变片出厂时，应根据每批电阻应变片的电阻值、灵敏系数、机械滞后等指标对其名义值的偏差程度分成若干等级；使用时，根据试验量测的精度要求选定所需电阻应变片的等级。

（2）位移测量

① 电阻应变式位移传感器

电阻应变式位移传感器的测杆通过弹簧与一固定在传感器内的悬臂梁相连，在悬臂梁的根部粘贴电阻应变片。测杆移动时，带动弹簧使悬臂梁受力产生变形，通过电阻应变仪测量电阻应变片的应变变化，再转换为位移量。

② 滑动电阻式位移传感器

滑动电阻式位移传感器的基本原理是将线位移的变化转换为传感器输出电阻的变化。与被测物体相连的弹簧片在滑动电阻上移动，使电阻 R_1 输出电压值发生变化，通过与 R_2 的参考电压值比较，即可得到 R_1 输出电压的改变量。

③ 线性差动电感式位移传感器

线性差动电感式位移传感器，简称为 LVDT。LVDT 的工作原理是通过高频振荡器产生一参考电磁场，当与被测物体相连的铁芯在两组感应线圈之间移动时，由于铁芯切割磁力线，改变了电磁场强度，感应线圈的输出电压随即发生变化。通过标定，可确定感应电压的变化与位移量变化的关系。

④ 电子式角位移测量仪器：电子倾角仪

电子倾角仪实际上是一种传感器。它通过电阻变化测定结构某部位的转动角度。仪器的构造原理如图 9.11 所示。其主要装置是一个盛有高稳定性的导电液体的玻璃器皿，在导电液体中插入三根电极 A、B、C 并加以固定。电极等距离设置且垂直于器皿底面，当传感器处于水平位置时，导电液体的液面保持水平，三根电极浸入液内的长度相等，故 A、B 极之间的电阻值等于 B、C 极之间的电阻值，即 $R_1 = R_2$。使用时将倾角仪固定在试件测点上，试件发生微小转动时倾角仪随之转动。因导电液面始终保持水平，因而插入导电液体内的电极深度必然发生变化，使 R_1 减小 ΔR，R_2 增大 ΔR。若将 AB、BC 视作惠斯登电桥的两个臂，则建立电阻改变量 ΔR 与转动角度 α 间的关系就可以用电桥原理测量和换算倾角 α，$\Delta R = K\alpha$。

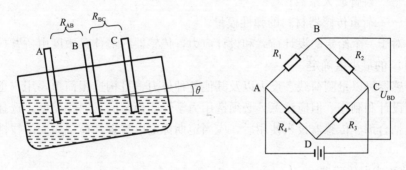

图 9.11　电子倾角仪构造原理

（3）力值测量

① 电阻应变式力传感器

电阻应变式测力传感器是目前应用最广泛的一种测力仪器。它是利用安装在力传感器上的电阻应变片测量传感器弹性变形体的应变，再将弹性体的应变值转换电信号输出，并用电子仪器显示的测力计，称为测力传感器，也称荷载传感器。根据荷载性质不同，荷载传感器的形式分为拉伸型、压缩型和拉—压型三种。各种荷载传感器的外部形状基本相同，其核心部件是一个厚壁筒。壁筒的横断面取决于材料允许的最大应力。在筒壁上贴有电阻应变片以便将机械变形转换为电量变化。如图 9.12 所示，在筒壁的轴向和横向布置应变片，并按全桥接入电阻应变仪工作电桥，根据桥路输出特性可得 $U_{BD} = \dfrac{U_{AC}}{4} K\varepsilon (1 + \gamma) \cdot 2$，此时电桥输出放大系数 $A = 2(1 + \gamma)$，提高了其量测灵敏度。

荷重传感器的灵敏度可表达为每单位荷重下的应变，与设计的最大应力成正比，与最大负荷能力成反比。即灵敏度 K_0 为

$$K_0 = \frac{\varepsilon A}{P} = \frac{\sigma A}{PE} \tag{9-10}$$

式中　P、σ——荷重传感器的设计荷载和设计应力；

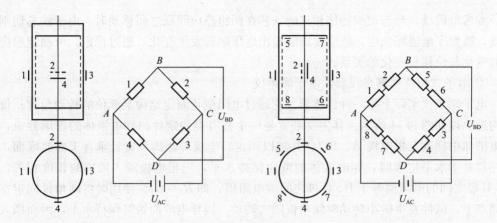

图 9.12 荷载传感器全桥接线
1~8—电阻应变片

  A —— 桥臂放大系数；

  E —— 荷重传感器材料的弹性模量。

  可见，对于一个给定的设计荷载和设计应力，传感器的最佳灵敏度由桥臂放大系数 A 的最大值和 E 的最小值确定。

  荷载传感器可以量测荷载、反力以及其他各种外力，且构造很简单，用户也可根据实际需要自行设计和制作。但应注意，必须选用力学性能稳定的材料作筒壁，选择稳定性好的应变片及粘合剂。传感器投入使用后，应当定期标定以检查其荷载应变的线性性能和标定常数。

  ② 振动弦式力传感器

  振动弦式力传感器的测试原理与电阻应变式力传感器的测量原理基本相同。在振动弦式力传感器中，安装了一根张紧的钢弦，当传感器受力产生微小的变形时，钢弦张紧程度发生变化，使得其自振频率随之变化，测量钢弦的自振频率，就可以通过传感器的变形得到传感器所受到的力。

  采用液压系统加载时，还可以采用间接测量测力方法，例如，采用压力传感器测量液压系统的工作压力，将测量的工作压力乘以加载油缸活塞的有效面积，就可以得到加载油缸对试体所施加的力。

3. 光测式量测装置

（1）光纤位移传感器

  光纤传感器是 20 世纪 70 年代中期发展起来的一门新技术，光纤最早用于通信，随着光纤技术的发展，光纤传感器得到进一步发展。与其他传感器相比较，光纤传感器有不受电磁干扰，防爆性能好，不会漏电打火；可根据需要做成各种形状，可以弯曲；可以用于高温、高压、绝缘性能好，耐腐蚀等优点。本节介绍了光纤的结构、传输原理、光纤传感器类型，以及反射式光纤位移传感器的原理和应用。光纤传感器的详细内容详见相关资料。

（2）光纤传感器类型

  光纤目前可以测量 70 多种物理量，光纤的类型较多，大致可分为功能型和非功能型两类。

① 功能型（function type fiber optic sensor）FF 又称传感型

功能型光纤传感是利用光纤本身对外界被测对象具有敏感能力和检测功能，光纤不仅起到传光作用，而且在被测对象作用下，如光强、相位、偏振态等光学特性得到调制，调制后的信号携带了被测信息。如果外界作用时光纤传播的光信号发生变化，使光的路程改变，相位改变，将这种信号接收处理后，可以得到被测信号的变化。

② 非功能型（non- function fiber-optic sensor）NFF 又称传光型

非功能型光纤传感的光纤只当作传播光的媒介，待测对象的调制功能是由其他光电转换元件实现的，光纤的状态是不连续的，光纤只起传光作用。

③ 反射式光纤位移传感器

我们常常将机械量转换成位移来检测，利用光纤可实现无接触位移测量。光纤位移测量原理是：光源经一束多股光纤将光信号传送至端部，并照射到被测物体上。另一束光纤接受反射的光信号，并通过光纤传送到光敏元件上，两束光纤在被测物体附近汇合。被测物体与光纤间距离变化，反射到接受光纤上光通量发生变化。再通过光电传感器检测出距离的变化。

9.3.2　静载试验内容、工况及测点布置

1. 静载试验内容

（1）确定静载试验的目的；

（2）静载试验准备工作；

（3）设计加载方案；

（4）测点布置与测试；

（5）加载控制与安全措施；

（6）静载试验结果分析与承载力评定；

（7）静载试验报告编写。

2. 静载试验工况

桥梁静载试验工况设置目的：为了满足鉴定桥梁承载力的要求，试验荷载工况的选择应反映桥梁结构的最不利受力状况，简单桥梁结构可选1～2个工况，复杂桥梁结构可适当多选几个工况，具体数量根据桥梁形式确定但不宜过多。在进行各荷载工况布置时，须参考桥梁截面内力（或变形）影响线进行，一般设两三个主要荷载工况，同时可根据检测桥梁结构体系的具体情况再设若干个附加荷载工况，但主要荷载工况必须予以保证。常见桥型荷载工况设置见表9.2。

常见桥型荷载工况设置　　　　　　　　　　　　　　　　　　表9.2

序号	桥型	主要荷载工况	附加荷载工况
1	简支梁桥	① 跨中最大正弯矩工况 ② 1/4跨最大正弯矩工况	① 支点最大剪力工况 ② 桥墩最大竖向反力工况
2	连续梁桥	① 主跨跨中最大正弯矩工况 ② 主跨支点负弯矩工况 ③ 主跨桥墩最大竖向反力工况	① 主跨支点最大剪力工况 ② 边跨最大正弯矩工况

序号	桥型	主要荷载工况	附加荷载工况
3	悬臂梁桥、T形刚构桥	① 支点（墩顶）最大负弯矩工况 ② 锚固孔跨中最大正弯矩工况 ③ 挂孔跨中最大正弯矩工况	① 支点最大剪力工况 ② 挂孔支点最大剪力
4	拱桥	① 拱顶截面最大正弯矩及挠度工况 ② 拱脚最大负弯矩工况	① 拱脚最大推力工况 ② 正负挠度绝对值之和最大工况
5	刚架桥	① 跨中截面最大弯矩工况 ② 节点附近截面最大应力工况	① 柱腿截面最大应力工况
6	悬索桥	① 主梁控制截面最大弯矩应力工况 ② 主梁最大挠度工况 ③ 塔顶最大水平变位工况 ④ 主索最大索力工况	① 主梁扭转变形工况 ② 塔柱底截面最大应力工况 ③ 吊索最大索力工况
7	斜拉桥	① 主梁跨中最大弯矩工况 ② 主梁最大挠度工况 ③ 塔顶最大水平变位工况 ④ 斜拉索最大索力工况	① 主梁扭转变形工况 ② 主塔控制截面最大应力工况

尚需注意的是，对桥梁施工中的薄弱截面或缺陷修补后的截面，或者旧桥结构损坏部位、比较薄弱的桥面结构，可以专门进行荷载工况设计，以检验该部位或截面对结构整体性能的影响，因此在加载方案设计阶段应与建设单位和施工单位及时沟通，了解结构的实际状态，以便针对性地制定加载工况，特别是旧桥荷载试验（或结构性鉴定），原有施工资料已经不健全，应加强实桥调查，以便确定加载工况。

3. 静载试验测点布置

（1）挠度测点的布设

一般情况下，对挠度测点的布设要求能够测量结构的竖向挠度、侧向挠度和扭转变形，应能给出受检跨及相邻跨的挠曲线和最大挠度。每跨一般需布设 3～5 个测点。挠度测试结果应考虑支点下沉修正，应观测支座下沉量、墩台的沉降、水平位移与转角、连拱桥多个墩台的水平位移等。有时为了验证计算理论，要实测控制截面挠度的纵向和横向影响线。对较宽的桥梁或偏载应取上下游平均值或分析扭转效应。

（2）结构应变测点的布设

应力应变测点的布设应能测出内力控制截面的竖向、横向应力分布状态。对组合构件应测出组合构件的结合面上下缘应变。每个截面的竖向测点沿截面高度不少于 5 个测点，包括上、下缘和截面突变处，应能说明平截面假定是否成立。横向截面抗弯应变测点应布设在截面横桥向应力可能分布较大的部位，沿截面上下缘布设，横桥向设置一般不少于 3 处，以控制最大应力的分布，宽翼缘构件应能给出剪滞效应的大小。对于箱形断面，顶板和底板测点应布设"十"字应变花，而腹板测点应布设 45°应变花，T 形断面下翼缘可用单向应变片。

对于公路钢桥，如是钢板梁结构则应全断面布置测点，测点数量以能测出应力分布为原则；钢桁梁应给出杆件轴向力和次应力等。此外，一般还应实测控制断面的横向应力增大系数；当结构横向连系构件质量较差，连接较弱时则必须测定控制断面的横向应力增大系数。简支梁跨中截面横向应力增大系数的测定，既可采用观测跨中沿桥宽方向应变变化的方法，也可采用观测跨中沿桥宽方向挠度变化的方法来进行计算或用两种方法互校。

（3）混凝土结构应变测点的布设

对于预应力混凝土结构，应变测点可用长标距（5mm×150mm）应变片构成应变花贴在混凝土表面，而对部分预应力混凝土结构，受拉区则应测受拉钢筋的拉应变，可凿开混凝土保护层直接在钢筋上设置拉应力测点，但在试验完后必须修复保护层。

当采用测定混凝土表面应变的方法来确定混凝土结构中钢筋承受的拉力时，考虑到混凝土表面已经和可能产生的裂缝对观测的影响，可用测定与钢筋同高度的混凝土表面上一定间距的两点间平均应变，来确定钢筋的拉应力。选择这两点的位置时，应使其标距大致等于裂缝的间距或裂缝间距的倍数，可以根据结构受力后如下三种情况进行选择：

① 加载后预计混凝土不会产生裂缝情况下，可以任意选择测定位置及标距，但标距不应小于 4 倍混凝土最大粒径。

② 加载前未产生裂缝，加载后可能产生裂缝的情况时，可按图 9.13 的方法选择相连的 20cm、30cm 两个标距。当加载后产生裂缝时可分别选用 20cm、30cm 或（20＋30）cm 标距的测点读数来适应裂缝间距。

③ 加载前已经产生裂缝，为避免加载后产生新裂缝的影响，可根据裂缝间距按图 9.14 的方法选择测点位置及标距。为提高测试精度，也可增大标距，跨越两条以上的裂缝，但测点在裂缝间的相对位置仍应不变。

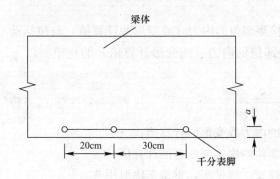

图 9.13　无裂缝测点布置图

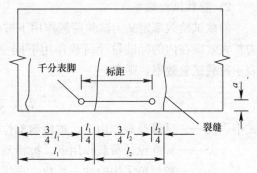

图 9.14　有裂缝测点布置图

（4）剪切应变测点的布设

对于剪切应变测点一般采取设置应变花的方法进行观测。为了方便，对于梁桥的剪应力也可在截面中性轴处主应力方向设置单一应变测点来进行观测。梁桥的实际最大剪应力截面应设置在支座附近而不是支座上，具体设置位置如下：

从梁底支座中心起向跨中作与水平线成 45° 斜线，此斜线与截面中性轴高度线相交的交点即为梁桥最大剪应力位置。可在这一点沿最大压应力或最大拉应力方向设置应变测点（见图 9.15），距支座最近的加载点则应设置在 45° 斜线与桥面的交点上。

（5）温度测点的布设

选择与大多数测点较接近的部位设置 1～2 处气温观测点，此外可根据需要在桥梁主要测点部位设置一些构件表面温度测点，尤其对于温度敏感的大跨径索支承体系桥梁，宜沿跨径长度方向多设置一些温度测点。

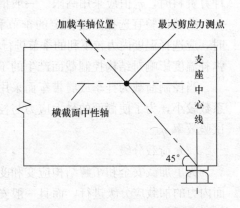

图 9.15　梁桥最大剪应力测点布置

4. 加载试验

(1) 荷载等级确定

1) 静载试验控制荷载

为了保证荷载试验的效果，必须先确定试验的控制荷载。桥梁需要鉴定承载能力的荷载有以下三种：

① 汽车和人群（标准荷载）；

② 平板挂车或履带车（标准荷载）；

③ 需通行的特殊重型车辆。

分别计算以上几种荷载对控制截面产生的最不利内力，用产生最不利内力较大的荷载作为静载试验的控制荷载。

静载试验尽量采用与控制荷载相同的荷载，但由于客观条件的限制，实际采用的试验荷载与控制荷载会有所不同，为保证试验效果，在选择试验荷载大小和加载位置时采用静载试验效率 η_q、动载试验效率 η_d 进行控制。按结构计算或检测的控制截面的最不利工作条件布置荷载，使控制截面达到最大试验效率。

2) 静载试验效率

静载试验效率定义为试验荷载作用下被检测部位的内力（或变形的计算值）与包括动力扩大效应在内的标准设计荷载作用下同一部位的内力（或变形计算值）的比值。以 η_q 表示荷载试验效率，则有：

$$\eta_q = \frac{S_{st}}{S(1+\mu)} \tag{9-11}$$

式中　S_{st}——试验荷载作用下，被检测部位的内力或变形的计算值；

　　　S——标准设计荷载作用下，被检测部位的内力或变形的计算值；

　　　μ——按规范采用的冲击系数，平板挂车、履带车，重型车辆取用 0。

按荷载效率 η_q，荷载试验分为基本荷载试验（$1 \geqslant \eta_q > 0.8$）、重荷载试验（$\eta_q > 1.0$，其上限按具体结构情况和所通行特型荷载来定）、轻荷载试验（$0.8 \geqslant \eta_q > 0.5$），当 $\eta_q \leqslant 0.5$ 时，试验误差较大，不易充分发挥结构的效应和整体性。

一般的静载试验，η_q 值可采用 0.8～1.05。当桥梁的调查、检算工作比较完善而又受加载设备能力所限，η_q 值可采用低限；当桥梁的调查、检算工作不充分，尤其是缺乏桥梁计算资料时，η_q 值应采用高限。一般情况下 η_q 值不宜小于 0.95。

荷载试验宜选择温度稳定的季节和天气进行。当温度变化对桥梁结构内力影响较大时，应选择温度内力较不利的季节进行荷载试验，否则应考虑用适当增大静载试验效率 η_q 来弥补温度影响对结构控制截面产生的不利内力。

当控制荷载为挂车或履带车而采用汽车荷载加载时，考虑到汽车荷载的横向应力增大系数较小，为了使截面的最大应力与控制荷载作用下截面最大应力相等，可适当增大静载试验效率 η_q。

(2) 荷载分级

为了加载安全和了解结构应变和变形随加载内力增加的变化关系，对桥梁主要控制截面内力的加载应分级进行，而且一般安排在开始的几个加载程序中执行。附加控制截面一般只设置最大内力加载程序。

1) 分级控制的原则

① 当加载分级较为方便时，可按最大控制截面分为 4～5 级。基本荷载（等于或接近设计荷载）一般分为 4 级；超过基本荷载部分，其每级加载量比基本荷载的加载量减小一半。

② 当使用载重车加载，车辆称重有困难时也可分为 3 级加载。

③ 当桥梁的调查和验算工作不充分或桥况较差，应尽量增多加载分级，如限于条件加载分级较少时，应注意每级加载时，车辆荷载逐辆缓缓驶入预定加载位置。必要时可在加载车辆未到达预定加载位置前分次对控制测点进行读数以确保试验安全。

④ 在安排加载分级时，应注意加载过程中其他截面内力亦应逐渐增加，且最大内力不应超过控制荷载作用下的最不利内力。

⑤ 根据具体条件决定分级加载的方法，最好每级加载后卸载，也可逐级加载达到最大荷载后逐级卸载。

2) 车辆荷载加载分级的方法

① 逐渐增加加载车数量；

② 先上轻车后上重车；

③ 加载车位于内力影响线的不同部位；

④ 加载车分次装载重物。

上述加载方法也可综合采用。

3) 加卸载的时间选择与控制

为了减少温度变化对试验造成的影响，加载试验时间以晚 22 时至早 6 时近乎恒温的条件下进行为宜，尤其是采用重物直接加载，加卸载周期比较长的情况下只能在夜间进行试验。对于采用车辆等加卸载迅速的试验方式，如夜间试验照明等有困难时亦可安排在白天进行试验，但在晴天或多云的天气下进行加载试验时每一加卸载周期所花费的时间不宜超过 20min。

(3) 加载设备确定

① 可行式车辆：可选用装载重物的汽车或平板车，也可就近利用施工机械车辆。选择装载的重物时，要考虑车厢能否容纳得下，装载是否方便。装载的重物应置放稳妥，以避免车辆行驶时因摇晃而改变重物的位置。采用车辆加载优点很多，如便于调运和加载布置，加卸载迅速等。采用汽车荷载既能做静载试验又能做动载试验，这是目前较常采用的一种方法。

② 重物直接加载：一般可按控制荷载的着地轮迹先搭设承载架，再在承载架上堆放重物或设置水箱进行加载。如加载仅为满足控制截面内力要求，也可采取直接在桥面堆放重物或设置水箱的方法加载。承载架的设置和加载物的堆放应安全、合理，能按要求分布加载质量，并不使加载设备与桥梁结构共同承载而形成"卸载"现象。重物直接加载准备工作量大，加卸载所需周期一般较长，交通中断时间亦较长，且试验时温度变化对测点的影响较大，因此宜安排在夜间。

此外，其他一些加载方式也可根据加载要求与测试目的因地制宜采用，如可采用移动方便的轻型集中荷载设备或千斤顶加载（须有平衡重或锚固装置配合使用）。

（4）加载重量的称量

加载重物的称量一般有称量法、体积法和综合法三种。

① 称量法：当采用重物直接在桥上加载时，可将重物化整为零称重后按逐级加载要求分堆置放，以便加载取用。当采用车辆加载时，可将车辆逐辆驶上称重台进行称重。如没有现成可供利用的称重台，可自制专用称重台进行称重。

② 体积法：一般适用于具有恒定密度或容重的液体加载方法，如采用水箱加载，可通过测量储水的体积来换算出储水的重量。

③ 综合法：根据车辆出厂规格确定空车轴重（注意考虑车辆零配件的更换和添减，汽油、水、乘员重力的变化）。再根据装载重物的重力及其重心将其分配至各轴。装载物最好采用规则外形的物体整齐码放或采用松散均匀材料（如砂子等）在车厢内摊铺平整，以便准确确定其重心位置。

可根据不同的加载方法和具体条件选用以上几种方法对所加重物进行称量，但无论采用哪种方法，均应做到称重准确可靠，其称量误差控制在5%之内。必要时采用两种称重方法互相校核。

（5）车辆加载轮位轨迹确定

试验荷载的轮位选择，对铁路桥梁而言，分单线加载、双线一侧加载、双线两侧加载三种；对公路桥梁而言，既要考虑沿桥轴方向加载，也要考虑垂直于桥轴方向加载，见图9.16。纵向加载轮位要考虑桥跨的最大弯矩、挠度、剪力控制部位，横向加载轮位分对称和偏心两种。某三跨连续梁桥静载试验加载示意见图9.17。

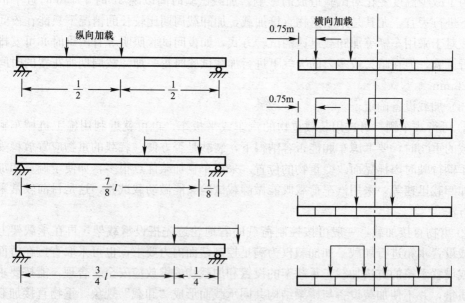

图9.16　常用轮位图

结构的力和位移影响线，是检查复杂结构受载后的整体及局部工作性能的一项重要指标。支座工作状况及整体刚度的分布均会带来实测影响线与计算值的差别。

实测桥跨结构控制截面的力或位移影响线的加载一般均采用纵向单排、横向对称布置的重车同步移动，荷载移动的步长依桥的长度和对影响线的精度要求来定，一般不大于跨

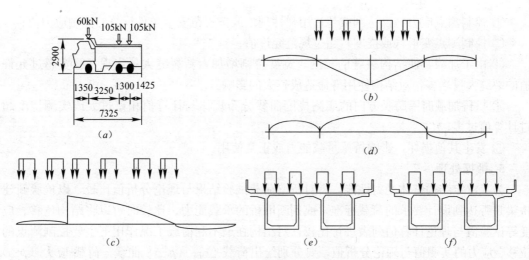

图 9.17 三跨连续梁静载试验加载示意图

长的 1/8～1/10。

（6）加载程序

加载试验应在指挥人员指挥下严格按设计的加载程序进行加载，荷载的大小、截面内力的大小都应由小到大逐渐增加，并随时做好停止加载和卸载的准备。

采用重物加载时按荷载分级逐级施加，位置准确、整齐稳定。荷载施加完毕后，逐级卸载。

采用车辆加载时，先由零载加载至第一级荷载，卸载至零载；再由零载加至第二级荷载，卸载至零载……，直至所有荷载施加完毕（有时为确保试验结果准确无误，每一级荷载重复施加 1～2 次）。每一级荷载施加次序为纵向先施加两侧标准车；横向先施加桥中心的车辆，后施加外侧的车辆。

（7）加载稳定时间控制

为控制加载和卸载稳定时间，应选择一个控制观测点（如梁的跨中挠度或应变测点），在每级加载或卸载后立即测读一次，计算其与加载前或卸载前测读值之差值 S_g，然后每隔 2min 测读一次，计算前后两次读数的差值 ΔS，并计算相对读数差值 m：

$$m = \frac{\Delta S}{S_g} \tag{9-12}$$

当 m 值小于 1‰或小于量测仪器的最小分辨值时即认为结构基本稳定，可进行各观测点读数。当进行主要控制截面最大内力荷载工况加载程序时荷载在桥上稳定时间应不少于 5min。对尚未投入营运的新桥应适当延长加载稳定时间。

（8）加载过程观测

加载过程中随时观测结构各部位可能产生的新裂缝，注意观察构件薄弱部位是否有开裂、破损，组合构件的结合是否有开裂错位，支座附近混凝土是否开裂，横隔板的接头是否拉裂，结构是否产生不正常的响声，加载时墩台是否发生摇晃现象等，应及时采取相应的措施，因此在加载方案设计前应有保证测试安全的预案。

（9）终止加载条件

发生下列情况之一应终止加载：

① 控制测点应力值已达到或超过用弹性理论或按规范安全条件反算的控制应力值；

② 控制测点变形（或挠度）超过规范允许值；

③ 由于加载，使结构裂缝的长度、宽度急剧增加，新裂缝大量出现，缝宽超过允许值的裂缝大量增多，对结构使用寿命造成较大的影响；

④ 拱桥加载时沿跨长方向的实测挠度曲线分布规律与计算值相差过大或实测挠度超过计算值过多；

⑤ 发生其他损坏，影响桥梁承载能力或正常使用。

5. 数据处理

为了评定结构整体受力性能，需对桥梁荷载试验结果与理论分析值比较，以检验新建桥梁是否达到设计要求的荷载标准，或判断旧桥的承载能力。比较时可以将结构位移、应变等试验值与理论计算值列表进行比较，对结构在最不利荷载工况作用下主要控制测点的位移、应力的实测值与理论分析值，要分别绘出荷载-位移（p-Δ）曲线，荷载-应力（p-σ）曲线，并绘出最不利荷载工况作用下位移沿结构（纵、横向）分布曲线和控制截面应变（沿高度）分布图，绘制结构裂缝分布图（对裂缝编号注明长度、宽度、初裂荷载以及裂缝发展情况）。

（1）测试数据的修正

① 实测值修正

根据各类仪表的标定结果进行测试数据的修正，如机械式仪表的校正系数、电测仪表的率定系数、灵敏系数，电阻应变观测的导线电阻影响等。当这类因素对测值的影响小于1‰时可不予修正。

② 温度影响修正

由于温度影响修正比较困难，一般不进行这项工作，而采取缩短加载时间、选择温度稳定性好的时间进行试验等办法，以尽量减小温度对测试精度的影响。

③ 支点沉降影响的修正

当支点沉降量较大时，应修正其对挠度值的影响，修正量 u 可按下式计算（见图9.18）：

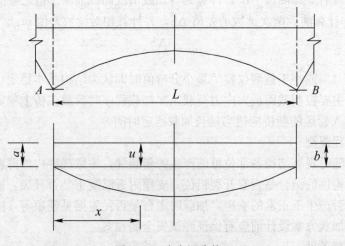

图9.18 支点沉降修正

356

$$u = \frac{L-x}{L}a + \frac{x}{L}b \tag{9-13}$$

式中 u——测点的支点沉降影响修正量；

L——A 支点到 B 支点的距离；

x——挠度测点到 A 支点的距离；

a——A 支点沉降量；

b——B 支点沉降量。

（2）测点变形计算

根据量测数据作下列计算：

总变形（或总应变）$S_t = S_1 - S_i$

弹性变形（或弹性应变）$S_e = S_1 - S_u$

残余变形（或残余应变）$S_p = S_t - S_e = S_u - S_i$

式中 S_i——加载前测值；

S_1——加载达到稳定时测值；

S_u——卸载后达到稳定时测值。

6. 静载试验桥梁结构承载力评定

（1）桥梁结构工作状况评定

对加载试验的主要测点（即控制测点或加载试验频率最大部位测点）进行如下计算：

① 校验系数

$$\eta = \frac{S_e}{S_s} \tag{9-14}$$

式中 S_e——试验荷载作用下量测的弹性变形值；

S_s——试验荷载作用下的理论计算变形值。

S_e 与 S_s 的比较可用实测的横截面平均值与计算值比较，也可考虑荷载横向不均匀分布而选用实测最大值与考虑横向增大系数的计算值进行比较。横向增大系数最好采用实测值，如无实测值也可采用理论计算值。

校验系数是评定结构工作状况，确定桥梁承载能力的一个重要指标。不同结构形式的桥梁 η 值常不相同。η 值常见的范围见表 9.3。

桥梁校验系数 η 常值表   表 9.3

桥梁类型	应力或应变校验系数	挠度校验系数
钢筋混凝土板桥	0.20～0.40	0.20～0.50
钢筋混凝土梁桥	0.40～0.80	0.50～0.90
预应力混凝土桥	0.60～0.90	0.70～1.00
圬工拱桥	0.70～1.00	0.80～1.00

一般要求 η 值不大于 1.0，η 越小说明结构的安全储备越大，但 η 值不宜过大或过小，如 η 值过大可能说明组成结构的材料强度较低，结构各部分联结性能较差，刚度较低等。η 值过小可能说明组成结构材料的实际强度及弹性模量较大，梁桥的混凝土铺装及人行道等与主梁共同受力，支座摩擦力对结构受力的有利影响，以及计算理论或简化的计算图式

偏于安全等。另外，试验加载物的称量误差、仪表的观测误差等对 η 值也有一定的影响。

② 相对残余变形

相对残余变形按下式计算：

$$S'_p = \frac{S_p}{S_t} \times 100\% \tag{9-15}$$

式中　S'_p——相对残余变形。

测点在控制加载程序时的相对残余变位（或应变）S_p/S_t 越小，说明结构越接近弹性工作状况。一般要求 S_p/S_t 值不大于 20%，当 S_p/S_t 大于 20% 时，应查明原因，如确系桥梁承重不足，应在评定时，酌情降低桥梁的承载能力。

③ 力或位移影响线

在移动荷载下实测控制截面的应变和位移，可以转化为内力影响线和挠度曲线的纵坐标。若控制截面为 k，步长为 L/n，则影响线坐标应为 $0, \cdots, i, \cdots, n$，若实测结果为 a_i，其影响线坐标 y_i 为：

$$y_i = \frac{a_i}{\Sigma P_i} D \tag{9-16}$$

式中　ΣP_i——移动荷载总重（kN）；

　　　　D——常数比例因子，如果所测内力是弯矩，$D = E \cdot W$（其中 E 为弹性模量，W 为截面抵抗矩）；若为剪力 $D = GJb/S$（其中 G 为剪切弹性模量，J 为抗扭惯性矩，b 为截面宽度，S 为面积矩）；若为挠度，则 $D = 1$。在上述三种情况下，a_i 分别为移动荷载作用下的弯曲应变、剪应变和挠度值。

④ 荷载横向分布系数

通过实测横向挠度影响线，利用变位互等定理，可以方便地得到某梁在某种加载下的横向挠度分布，如各梁挠度值无关，则第 j 梁的横向分布系数 η_j 为：

$$\eta_j = \frac{f_i}{\Sigma f_i} \tag{9-17}$$

并有 $\Sigma \eta_j = 1$ 来校核测试结果。

⑤ 偏载系数

荷载试验时，通过实测偏载作用下下缘最大应力 σ_{max} 和其平均应力的比值求得实测的偏载系数 K：

$$K = \frac{\sigma_{max}}{\sum\limits_{1}^{n} \sigma_i / n} \tag{9-18}$$

式中　n——下缘测点数。

（2）桥梁结构强度与稳定性评定

当荷载试验项目比较全面时，可采用荷载试验主要挠度测点的校验系数 η 值来评定结构的强度和稳定性。

对于一般新建桥梁，在荷载试验后尚无桥梁检算系数可供查用。为了评定的需要，可参考《公路旧桥承载能力鉴定方法（试行）》中荷载试验后的旧桥检算系数 Z，按有关资料对桥梁结构抗力效应予以提高或折减后检算。

（3）桥梁结构刚度评定

试验荷载作用下，控制截面测点的挠度校验系数应不大于 1.0，各测点的挠度应不超过《公路圬工桥涵设计规范况》JTG D61—2005、《公路钢筋混凝土及预应力混凝土桥涵设计规范》JTG D62—2004 和《公路桥涵钢结构及木结构设计规范》JTJ 025—1986 规定的允许值：

1）圬工拱桥：正负挠度的最大绝对值之和不小于 $L/1000$，履带车和挂车提高 20%。

2）钢筋混凝土桥：

① 梁桥主跨跨中不超过跨度的 $1/600$；

② 梁桥悬臂端不超过跨度的 $1/300$；

③ 桁架、拱桥不超过跨度的 $1/300$。

（4）桥梁结构裂缝发展状况评定

当裂缝数量较少时，可根据试验前后观测情况及裂缝观测表对裂缝状况进行描述；当裂缝发展较多时，应选择结构有代表性部位描绘裂缝展开图，图上应注明各加载程序裂缝长度和宽度的发展。

预应力桥跨结构在标准设计荷载下，一般不出现裂缝，或按预应力程度的不同，按相应规范查取，普通混凝土桥，标准设计荷载下，最大裂缝宽度一般不大于 0.2mm。其他非受力裂缝如施工、收缩和温度裂缝受载后亦不应超过容许值。

结构出现第一条受力裂缝的试验荷载值应大于理论计算初裂缝荷载的 90%。

（5）地基与基础评定

当试验荷载作用下墩台沉降、水平位移及倾角较小，符合上部结构检算要求，卸载后变形基本回复时，认为地基与基础在检算荷载作用下能正常工作。

当试验荷载作用下墩台沉降、水平位移、倾角较大或不稳定，卸载后变形不能回复时，应进一步对地基、基础进行探查、检算，必要时应对地基基础进行加固处理。

通过对桥梁结构工作状况、强度稳定性、刚度和抗裂性各项指标进行综合评定，并结合结构下部评定和动力性能评定，综合给出桥梁承载能力评定结论，将评定结论写入桥梁承载能力鉴定报告。

9.3.3 静载试验报告编制

在全部试验资料整理与分析的基础上，提出桥梁结构静载试验报告，其内容应该包括下列各项：

1. 试验概况

简要介绍被试验的桥梁结构的形式、构造特点、施工概况。对于鉴定性试验，还要说明在施工设计中存在的技术问题，以及其对使用的影响等。对于科研性试验，还要说明设计中需要解决的问题。文中要适当附上必要的简图。

2. 试验目的

根据试验对象的特点，要有针对性地说明结构静载试验所要达到的目的和要求。

3. 试验方案设计

这一部分要说明根据试验目的确定的测试项目和测试的方法、仪器配备、测点布置情况，并附以简图。同时要说明试验荷载的情况，如试验荷载的形成（是标准列车或汽车荷载，还是模拟的等代荷载）以及加载的程序。

4. 试验日期及试验的过程

说明具体组织桥梁静载试验的起止日期、试验准备的阶段情况、整个试验阶段特殊的问题及其解决办法，试验加载控制情况等。

5. 各项试验达到的精度

将本次试验中使用的各种仪器、仪表的类型、精度（最小读数）列表说明，同时还要说明试验中可能使用的夹具对试验精度的影响程度。

6. 试验成果与分析

资料分析时，依据桥梁结构静载试验项目，将理论值、实测值以及有关的参考限值进行对比，说明理论与试验二者的符合程度，从中得出试验结构所具有的实际承载能力、抗裂性以及使用的安全度，以及从试验中所发现的新问题。根据现场检查的综合情况，说明试验桥梁的施工质量。对于一些科研性试验，还要从综合分析中说明设计计算理论的正确性和实用性，以及尚存在未解决的问题。如果材料足够丰富，结合试验统计原理很有可能从综合分析中提出简化计算公式等，为后期该类型桥梁的试验积累经验。

7. 试验记录摘录

将试验中所得的实测的控制数据，以列表或以曲线的形式表达出来。

8. 技术结论

根据综合分析的结果，得出最后的技术结论，对试验桥梁结构做出科学的评价，同时根据存在的问题，提出改进设计或者加强维修养护方面的建议。

9. 经验教训

从结构试验的角度，对本次试验的计划、程序、测试方法，提出不足或改进的意见。

10. 有关图表、照片

在报告的最后一般要附上有关具有代表性的图表、照片等。

9.4　桥梁动载试验

桥梁结构的动载试验是研究桥梁结构的自振特性和车辆动力荷载与桥梁结构的联合振动特性。

桥梁结构是承受以自重和各种车辆为主要荷载的结构物。桥梁的振动主要是由于车辆荷载以一定速度在桥上通过而产生的，同时，车辆驶过桥梁时，由于桥面起伏不平或发动机的振动等原因会使桥梁振动加剧。此外，人群荷载、风荷载、地震作用、漂浮物或其他物体的撞击作用也会引起桥梁的振动。

桥梁的振动问题，影响因素复杂，只靠理论分析不易得到实用的结果。一般需采用与试验相结合的研究方法，而振动测试正是解决桥梁工程振动问题必不可少的手段。桥梁的动载试验是利用某种激振方法激起桥梁结构的振动，测定桥梁结构的固有频率、阻尼比、振型、动力冲击系数、动力响应（加速度、动挠度）等参数的试验项目，从而宏观判断桥梁结构的整体刚度、运营性能。

但桥梁的动载试验与静载试验相比具有其特殊性。首先，引起结构产生振动的振源

（又称输入，例如车辆、人群、阵风或地震作用等）和结构的振动响应（又称输出），都是随时间而变化的，而且结构在动荷载作用下的响应与结构本身的动力特性有密切关系。动荷载产生的动力效应一般大于相应的静力效应；有时，甚至在一个不大的动力作用下，也可能使结构受到严重的损坏。因此用动载试验来确定桥梁在车辆荷载下的动力效应以及使用条件，从而进一步对桥梁做出评价是十分重要的。

近年来研究的桥梁结构病害诊断，实际也是以桥跨结构或构件固有频率的改变为根据的。因此新建的桥梁，运营一定年限后的桥梁以及对其结构承载能力有疑问的桥梁均需进行动载试验。

9.4.1 动载检测常用传感器

目前常用的振动测量方法是电测法。电测法的测振传感器又称为拾振器。拾振器按工作原理分，有压电式、磁电式、电动式、电容式、电感式、电涡流式、电阻式和光电式等。在各类拾振器中，压电式和应变式加速度计使用较为广泛。压电式和应变式加速度计是用质量块对被测物的相对振动来测量被测物的绝对振动，因此又称为惯性式拾振器。

1. 测振传感器

（1）磁电式速度传感器

磁电式测振传感器的主要技术指标有：固有频率、灵敏度、频率响应和阻尼系数等。

图 9.19 为一种典型的磁电式速度传感器，磁钢和壳体固接安装在所测振动体上，并

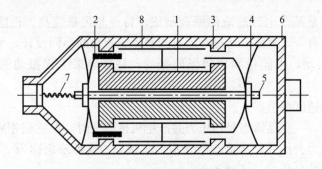

图 9.19　磁电式速度传感器

1—磁钢；2—线圈；3—阻尼环；4—弹簧片；5—芯轴；6—外壳；7—输出线；8—铝架

与振动体一起振动，芯轴与线圈组成传感器的可动系统（质量块），由簧片与壳体连接，质量块测振时惯性质量块和仪器壳体相对移动，因而线圈和磁钢也相对移动，从而产生感应电动势，根据电磁感应定律，感应电动势 E 的大小为：

$$E = BLnv \tag{9-19}$$

式中　B——线圈在磁钢间隙的磁感应强度；

　　　L——每匝线圈的平均长度；

　　　n——线圈匝数；

　　　v——线圈相对于磁钢的运动速度，亦即所测振动物体的振动速度。

从式（9-19）可以看出对于确定的仪器系统 B、L、n 均为常量，所以感应电动势 E 也就是测振传感器的输出电压是与所测振动的速度成正比的。对于这种类型的测振传感器，惯性质量块的位移反映所测振动的位移，而传感器输出的电压与振动速度成正比，所

以也称为惯性式速度传感器。

　　建筑工程中经常需要测10Hz以下甚至1Hz以下的低频振动，这时常采用摆式测振传感器，这种类型的传感器将质量弹簧系统设计成转动的形式，因而可以获得更低的仪器固有频率。图9.20是典型的摆式测振传感器。根据所测振动是垂直方向还是水平方向，摆式测振传感器有垂直摆、倒立摆和水平摆等几种形式，摆式测振传感器也是磁电式传感器，它与差动式的分析方法是一样的，输出电压也与振动速度成正比。

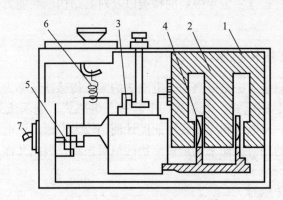

图9.20　摆式测振传感器
1—外壳；2—磁钢；3—重锤；4—线圈；5—十字簧片；6—弹簧；7—输出线

磁电式速度传感器是基于电磁感应的原理制成，特点是灵敏度高、性能稳定、输出阻抗低、频率响应范围有一定宽度。通过对质量弹簧系统参数的不同设计，可以使传感器既能量测非常微弱的振动，也能量测比较强的振动，是多年来工程振动测量常用的测振传感器。

　　（2）压电式加速度传感器

　　从物理学知道，一些晶体当受到压力并产生机械形变时，在它们相应的两个表面上出现异号电荷，当外力去掉后，又重新回到不带电状态，这种现象称为"压电效应"。压电晶体受到外力产生的电荷Q由下式表示：

$$Q = G\sigma A \tag{9-20}$$

式中　G——晶体的压电常数；

　　　σ——晶体的压强；

　　　A——晶体的工作面积。

　　压电式加速度传感器是一种利用晶体的压电效应把振动加速度转换成电荷量的机电换能装置。其结构原理如图9.21所示，压电晶体片上的质量块m，用硬弹簧将它们夹紧在基座上。传感器的力学模型如图9.22所示，质量弹簧系统的弹簧刚度由硬弹簧的刚度K_1和晶体的刚度K_2组成，因此$K = K_1 + K_2$。阻尼系数$c = c_1 + c_2$。在压电式加速度传感器内，质量块的质量m较小，阻尼系数也较小，而刚度K很大，因而质量、弹簧系统的固有频率$\omega_m = \sqrt{K/m}$很高，根据用途可达若干千赫，高的甚至可达100～200kHz。由前面的分析可知，当被测物体的频率$\omega \ll \omega_0$时，质量块相对于仪器外壳的位移就反映所测振动的加速度值。

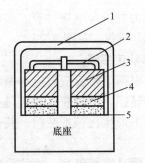
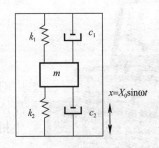

图 9.21　加速度传感器的结构原理
1—外壳；2—硬弹簧；3—质量块；
4—压电晶体；5—输出端

图 9.22　传感器的原理

压电式加速度传感器具有动态范围大、频率范围宽、重量轻、体积小等特点。其主要技术指标有：灵敏度、安装谐振频率、频率响应、横向灵敏度比和幅值范围（动态范围）等。

2. 测振放大器

不管是磁电式传感器还是压电式传感器，传感器本身的输出信号一般比较微弱，需要对输出信号加以放大。常用的测振放大器有电压放大器和电荷放大器两种。

测振放大器是振动测试系统的中间环节，它的输入特性须与拾振器的输出特性相匹配，而它的输出特性又必须满足记录及显示设备的要求，选用时还要注意其频率范围。

对于磁电式速度传感器需要经过电压放大器。放大器应与传感器很好地匹配。首先放大器的输入阻抗要远大于传感器的输出阻抗，这样就可以把信号尽可能多地输入到放大器的输入端。放大器应有足够的电压放大倍数，同时信噪比也要较大。为了同时能够适应于微弱的振动测量和较大的振动测量，放大器通常设置多级衰减器。放大器的频率响应应能满足测试的要求，亦即要同时有好的低频响应和高频响应。完全满足上述要求有时是困难的，因此在选择或设计放大器时要综合考虑各项指标。

对于压电式加速度传感器，由于压电晶体的输出阻抗很高，一般的电压放大器的输入阻抗都比较低，二者连接后，压电片上的电荷就要通过低值输入阻抗释放掉。因此，一般采用前置电压放大器或前置电荷放大器。

前置电压放大器结构简单、价格低廉、可靠性能好，但是输入阻抗较低。

前置电荷放大器是压电式加速度传感器的专用前置放大器，由于压电式加速度传感器的输出阻抗很高，其输出电荷很小，因此必须采用阻抗很高的放大器与之匹配，否则传感器产生的电荷就要经过放大器的输入阻抗释放掉，采用电荷放大器能将高内阻的电荷源转换为低内阻的电压源，而且输出电压正比于输入电荷。电荷放大器的优点是低频响应好，传输距离远，但成本高。

3. 测振记录装置

若将被测振动参数随时间变化的过程记录下来，还需使用记录仪器。传统的结构振动测量记录仪器有 x-y 函数记录仪、磁带记录仪等。现在计算机技术的发展不断推动着国内信号处理领域的新浪潮，在 1985 年，国内就开始应用便携式智能信号处理和动态数据采集仪，替代了磁带机和示波器。

INV303/306 型智能信号采集和处理分析系统是集数据采集、信号处理、模态分析、

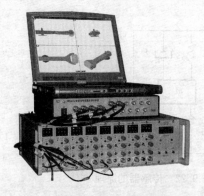

噪声与声强测量、动力修改与响应计算、多功能分析于一体的振动参数采集分析仪，见图 9.23。

4. 电阻应变式振动传感器

应变式加速度计根据电阻应变效应和振动系统惯性力的原理实现信号的转换，电阻应变效应是指导体或半导体材料在外力作用下产生机械形变时，其电阻值也发生相应变化的现象。

电阻应变式传感器具有精度高，性能稳定，测量范围宽，可制成各种机械量传感器；并且结构简单，体积小，重量轻。可在超低温、强振动、强磁场等恶劣环境下工作等特点。

图 9.23　INV303/306 型智能信号采集和处理分析系统

惯性式测振传感器的原理：测量结构物某一点的振动，往往很难找到一个相对不动的基准点来安装仪器，因此就考虑设计这样一种仪器，其内部设置一个"质量弹性系统"。测振时，把它固定在被测物上，使仪器的外壳与结构物仪器振动，直接测量的是质量块相对于外壳的振动。应变式加速度计是将电阻应变效应与系统惯性力原理良好的组合，在实际的测试工作中具有很好的应用性。具有结构简单、低频特性好等优点，但灵敏度相对较低，适用量程为 1～2g，频率范围为 0～100Hz。与动态应变仪配套使用。

电阻应变式加速度计如图 9.24 所示。基础振动带动质量块产生振动，从而使悬臂梁产生弯曲变形，粘贴在梁上的应变片随之变形。由加速度频率特性可知，位移 Z_{01} 与输入加速度 $\ddot{Z}_1$ 成比例，而粘贴在梁上的应变片将质量块的相对壳体位移 Z_{01} 转换成电阻变化，再经电桥转换成电压输出。从其幅频特性电阻应变式加速度计的频率特性主要由加速度计内的弹簧质量系统决定。该类加速度计工作频率较低，为 0～1kHz，可测量超低频振动。一般电阻应变式加速度计常与动态应变仪配合使用。电阻应变式加速度计的安装方法与压电式类似，但应谨防敲击使弹簧质量系统过载而损坏。

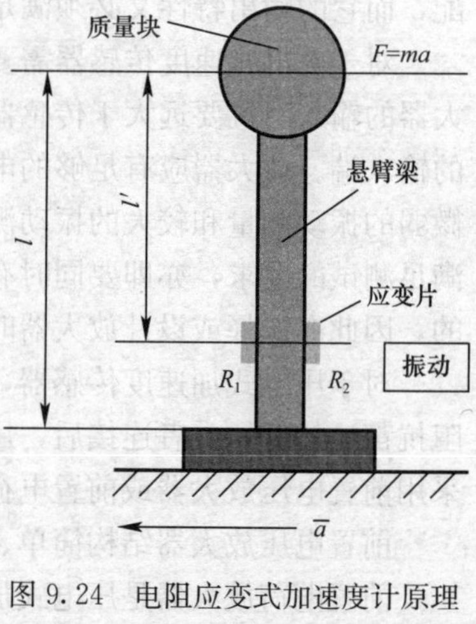

图 9.24　电阻应变式加速度计原理

5. 振弦式传感器

以拉紧的金属弦作为敏感元件的谐振式传感器。当弦的长度确定之后，其固有振动频率的变化量即可表征弦所受拉力的大小，通过相应的测量电路，就可得到与拉力成一定关系的电信号，振弦式压力传感器原理如图 9.25 所示。

振弦的固有振动频率 f 与拉力 T 的关系为 $f = \dfrac{1}{2l}\sqrt{\dfrac{T}{\rho}}$，式中 l 为振弦的长度，ρ 为单位弦长的质量。振弦的材料与质量直接影响传感器的精度、灵敏度和稳定性。钨丝的性能稳定、硬度、熔点和抗拉强度都很高，是常用的振弦材料。此外，还可用提琴弦、高强度钢丝、钛丝等作为振弦材料。振弦式传感器由振弦、磁铁、夹紧装置和受力机构组成。振弦一端固定、一端连接在受力机构上。利用不同的受力机构可做成测压力、扭矩或加速度等的各种振弦式传感器。

6. 光纤光栅传感器

光纤光栅的种类很多，主要分两大类：一是 Bragg 光栅（也称为反射或短周期光栅）；二是透射光栅（也称为长周期光栅）。光纤光栅从结构上可分为周期性结构和非周期性结构，从功能上还可分为滤波型光栅和色散补偿型光栅，色散补偿型光栅是非周期光栅，又称为啁啾光栅（chirp 光栅）。

这些传感器主要包括光纤光栅应变传感器、温度传感器、加速度传感器、位移传感器、压力传感器等。

（1）光纤光栅应变传感器

此种传感器是在工程领域中应用最广泛，技术最成熟的光纤传感器。由于光纤光栅比较脆弱，在恶劣工作环境中非常容易破坏，因而需要对其进行封装后才能使用。

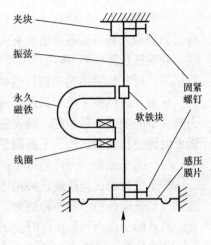

图 9.25　振弦式压力传感器原理图

（2）光纤光栅温度传感器

目前，比较常用的电类温度传感器主要是热电偶温度传感器和热敏电阻温度传感器。光纤温度传感与传统的传感器相比有很多优点，如灵敏度高，体积小，耐腐蚀，抗电磁辐射，光路可弯曲，便于遥测等。基于光纤光栅技术的温度传感器，采用波长编码技术，消除了光源功率波动及系统损耗的影响，适用于长期监测。

（3）光纤光栅位移传感器

目前这种传感器在实际工程中已取得了应用，国内亦具有商品化产品。

（4）光纤光栅加速度计

1996 年，美国的 Berkoff 等人利用光纤光栅的压力效应设计了光纤光栅振动加速度计。这种传感器也在国内已经有了商品化的产品。

（5）光纤光栅压力传感器

对拉力或压力的监测也是监测的一部分重要内容，如桥梁结构的拉索的整体索力、高纬度海洋平台的冰压力，以及道路的土壤压力、水压力等。

除以上介绍的光纤光栅传感器外，光纤光栅研究人员和传感器设计人员基于光纤光栅的传感原理还设计出光纤光栅伸长计、光纤光栅曲率计、光纤光栅湿度计，以及光纤光栅倾角仪、光纤光栅连通管等。

9.4.2　动载试验方案

1. 桥梁动载试验主要内容

桥梁的动载试验主要任务一般可以归结为三类基本问题：

（1）测定桥梁结构的动力特性，如结构或构件的自振频率、阻尼特性及固有振型（模态）等；

（2）测定桥梁在动荷载作用下的响应，如振幅、动应力、冲击系数及疲劳性能等；

（3）测定桥梁荷载的动力特性，即引起结构产生振动的作用力的数值、方向、频率和作用规律等。

一般情况下，只进行（1）、（2）两项内容的动载试验；对于铁路桥梁，要实测机车在桥上的制动力和与旅客舒适度有关的列车过桥时车桥联合振动的动位移和动应变的时程曲线，尚应进行第（3）项内容的动载试验；桥梁结构或构件的疲劳试验一般只在试验室进行试验，研究桥梁结构或构件的疲劳强度。

桥梁动载试验一般包括跑车试验、跳车试验、制动试验和脉动试验。试验时，宜从动力响应小的测试项目做起，即先进行脉动试验，然后进行跑车试验，再进行跳车试验，有需要时再进行制动试验。下面简单介绍这四种测试方法。

（1）跑车试验（无障碍行车试验）

行车试验的试验荷载，采用接近于标准荷载的单辆载重汽车来充当。试验时，让单辆载重汽车分偏载和中载两种情形，以不同车速匀速通过桥跨结构，测定桥跨结构主要控制截面测点的动应力和动挠度时间历程响应曲线。

动载试验一般安排标准汽车车列（对小跨径桥也可用单排）在不同车速时的跑车试验，跑车速度一般定为在最高设计车速下的若干等级，比如 5km/h、10km/h、20km/h、30km/h、40km/h、50km/h、60km/h 等。当车在桥上时为车桥联合振动，当车跨出桥后为自由衰减振功。应测量不同行驶速度下控制断面（一般取跨中或支点处）的动应变和动挠度，记录时间一般以波形完全衰减为止。测试时需记录轴重、车速，并在时程曲线上标出首车进桥和尾车出桥的对应时间。动载测试一般应试验三组，在临界速度时可增跑几趟。全面记录动应变和动位移。

进行跑车试验时，要较准确控制试验车辆的车速，并根据测试传感器的布置，确定试验车辆行驶途中进行数据采集的起止位置，以免测试数据产生遗漏。

（2）跳车试验（有障碍行车）

在预定激振位置设置一块 5cm 高的直角三角木，斜边朝向汽车。一辆满载重车以不同速度行驶，后轮越过三角木由直角边落下后，立即停车。此时桥跨结构的振动是带有一辆满载重车附加质量的衰减振动。在数据处理时，附加质量的影响应给予修正。跳车的动力效应与车速和三角木放置的位置有关。随车速的增加，桥跨结构的动位移、动应力会增加，从而冲击系数也会加大，跳车记录时间与跑车相同。

（3）制动试验

按实际情况，有时需进行制动试验，测定桥梁结构在制动力作用下的响应，以了解桥梁承受活载水平力的性能。制动试验是以行进车辆突然停止作为激振源，可以不同车速停在预定位置。制动可以顺桥向和横桥向进行。一般横桥向由于桥面较窄，难以加速到预定车速。制动试验数据同样需要进行附加质量影响的修正。制动的位移时程曲线可读取自振特性和阻尼特性数据。不过此时是有车的质量参与衰减振动，阻尼也非单纯桥跨结构的阻尼。制动记录项目与跑车相同，对记录的信号（包括振幅、应变或挠度等）进行频谱分析，可以得到相应的强迫振动频率等一系列参数。在进行制动试验时，对车辆荷载的行驶速度及制动位置等均应作专门的考虑。

（4）脉动试验

脉动试验是在桥面无任何交通荷载以及桥址附近无规则振源的情况下，测定桥跨结构由于桥址处风荷载、地脉动、水流等随机荷载激振而引起桥跨结构的微幅振动响应，测得结构的自振频率、振型和阻尼比等动力学特征。

脉动试验是使用高灵敏度的传感器和放大器测量结构在环境振动作用下的振动，然后对其进行谱分析，求出结构自振特性的一种方法，其记录时间一般不宜少于 40min。环境振动是随机的，多种振动的叠加，它输出的能量在相当宽的频段是差不多相等的，而结构在环境（如风、水流、机动车、人的活动等引起的振动）的激励下振动时，由于相位的原因，使得和结构自振频率相同或接近的振动被放大，所以对记录到的数据进行多次平均谱分析，即可得到结构的自振频率及振型。

为了尽可能测出高阶频率，应当先估算结构振型，以便在结构的敏感点布置拾振器。为了进行动力分析或风、地震响应分析，对不同桥型，测量自振频率的阶数可以不同：斜拉桥、悬索桥不少于 15 阶，简支梁、连续梁、刚构和拱桥不少于 9 阶。

2. 动载试验数据分析

桥梁结构的动力特性是与结构的组成形式、刚度、质量分布和材料性质等结构本身的固有性质有关而与荷载等其他条件无关的性质。桥梁的模态参数是整个结构振动系统的基本特性，它是进行桥梁结构动力分析所必需的参数，其结果不仅可以用来分析结构动载作用下的受力情况，而且对桥梁承载力状况评定提供重要指标。

（1）固有频率的测定

对于比较简单的结构，只需结构的一阶频率，对于较复杂的结构动力分析，还应考虑第二、第三及更高阶的频率。桥梁固有频率可以直接通过测试系统实测记录的功率谱图上的峰值、时域历程曲线或其自相关图上确定。由基频还可以推算承重结构的动刚度。

结构的自振频率可根据桥梁承受冲击荷载后产生余振的动应力、动挠度或振动曲线分析而得，也可根据桥上无车时的脉动曲线分析而得，两者应能吻合。当激振荷载对结构振动具有附加质量影响（如用汽车跳车或落锤激振）时，应采用下式求得自振周期：

$$T_0 = T \sqrt{\frac{M_0}{M_0 + M}} \tag{9-21}$$

式中　T_0——修正后的自振周期；

　　　T——实测有附加质量的周期；

　　　M——车辆的附加质量；

　　　M_0——跳车或刹车处，结构的换算质量。

结构的换算质量，可用装载不同质量 M_1、M_2 的重车进行跳车或刹车，分别实测自振周期 T_1 和 T_2，可按下式求得 M_0：

$$M_0 = \frac{T_1^2 M_2 - T_2^2 M_1}{T_2^2 - T_1^2} \tag{9-22}$$

（2）阻尼

桥梁结构的阻尼特性一般由对数衰减率 γ 或阻尼比 ζ 来表示，可由时域信号中的振动衰减曲线求得。另外，也可以从功率谱图中，用半功率带宽法来计算阻尼，一般测试系统软件均可完成此类分析。

若实测得列车或汽车出桥后结构的自由衰减振波。由波形上量得振幅 y_n、y_{n+1}、…、y_{n+m} 和求得周期 T，即可由下式得出阻尼特性系数：

$$\upsilon = \frac{1}{mT} \ln \frac{y_n}{y_{n+m}} \tag{9-23}$$

根据阻尼特性系数，由下式计算平均阻尼比 ζ。

$$\zeta = \frac{\upsilon}{\omega} = \frac{1}{2m\pi}\ln\frac{y_n}{y_{n+m}}$$ (9-24)

式中　m——振幅 $y_n \sim y_{n+m}$ 之间波形数；

　　　T——周期，波形振动一周的时间；

y_n、y_{n+m}——m 个波的初始和终结振幅；

　　　ω——衰减振动圆频率。

与不同振型对应的阻尼比是结构的重要参数，应进行认真分析。产生阻尼的原因有：材料的内阻尼、结构构造及支座形式、环境介质等。阻尼的大小难以计算，只能实测。

（3）振型

一般桥梁结构的基频是动力分析的重要参数。传感器测点的布置根据不同结构形式，通过理论分析后确定。振型的测定一般采用两种方法，一种是使用多个传感器测定，另一种是使用一个传感器变换位置测量，这种情况下需要一个作用参考点，测试时比较烦琐，在条件限制时使用。一般应采取第一种方法测试。

（4）冲击系数

桥梁规范中定义冲击系数 μ 为冲击力与汽车荷载之比。对于线弹性状态下的结构来说，动荷载产生的荷载效应与静荷载产生的荷载效应之比即为 $1+\mu$。因此，冲击系数的测试通常采用测定结构动应变或动挠度的方法。测试前，在梁的跨中（或最大变位、应变处）布置电阻应变片式的位移计或应变计，并通过动态应变仪与电脑相接。试验时，由加载车辆以某一速度从测点驶过，记录其输出应变随时间变化的实时信号。一般情况下，应测试记录多种车速下的输出应变结果，以作分析比较。一般来讲，桥梁在跨径 L 为 30～70m 时，车辆与桥梁的自振频率较接近，易产生共振，在单台车作用下的冲击系数特别大；冲击系数随阻尼比的减小而增大，阻尼比越小，冲击系数受桥梁的影响越明显，预应力混凝土梁桥的冲击系数大于同等跨径的钢筋混凝土梁桥，这些在测试中需注意，以便更好地分析冲击系数的测试结果。事实上，实测汽车冲击系数除了与结构本身有关，还与试验车辆的性质、路面平整度、车速有一定关系。车辆荷载本身是一个带有质量的振动系统，当它在桥上行驶时，与桥产生车桥耦合振动。由于车辆动力特性的复杂性，以及桥梁阻尼的离散性和桥面不平整的随机性，同一座桥梁多次不同的试验，测得的冲击系数也不尽相同。

活载冲击系数（不同速度下）可根据记录的动应变或动挠度曲线，进行分析整理而得，可按下式计算：

$$1+\mu = \frac{S_{\max}}{S_{\mathrm{mean}}}$$ (9-25)

式中　$S_{\max}$——动载作用下该测点最大应变（或挠度）值，即最大波峰值；

　　　S_{mean}——相应的静载作用下该测点最大应变（或挠度）值（可取本次波形的振幅中心轨迹线的顶点值），$S_{\mathrm{mean}} = 1/2(S_{\max}+S_{\min})$。其中 $S_{\min}$ 为与 S_{mean} 相应的最小应变（或挠度）值（即同周期的波谷值）。

不同部位的冲击系数是不同的。一般情况是：梁桥给出跨中和支点部位的冲击系数；斜拉桥和悬索桥给出吊点和加劲梁节段中点部位的冲击系数。

（5）动载试验效率

动载试验的效率为：

$$\eta_d = \frac{S_d}{S} \tag{9-26}$$

式中　S_d——动载试验荷载作用下控制截面最大计算内力值；

　　　S——标准汽车荷载作用下控制截面最大计算内力值（不计入汽车荷载冲击系数）。

η_d 值一般采用 1，动载试验的效率不仅取决于试验车型及车重，而且取决于实际跑车时的车间距，因此在动载试验跑车时应注意保持试验车辆之间的车间距，并应实际测定跑车时的车间距以作为修正动载试验效率 η_d 的计算依据。

3. 动载试验的测点布置

在桥梁结构动载试验中，应根据现有仪器设备和试验人员的实践经验，按照动载试验的要求和目的及桥梁结构具体形式综合确定。在变位和应变较大的部位应布置测点，用于测记结构振动响应测点应尽可能避开振型的节点。

动应变测点一般应布置在结构产生最大拉应变的截面处，并注意温度补偿。具体布置原则与静应变测点布置相同，只是动应变测点数较静应变少。

测定桥梁结构振型时可采用以下两种方法的一种布设拾振器：

（1）在所要测定桥梁结构振型的峰、谷点上布设测振传感器（拾振器），用放大特性相同的多路放大器和记录特性相同的多路记录仪，同时测记各测点的振动响应信号。

（2）将结构分成若干段，选择某一分界点作为参考点，在参考点和各分界点分别布置测振传感器（拾振器），用放大特性相同的多路放大器和记录特性相同的多路记录仪，同时测记各测点的振动响应信号。

9.4.3　动载试验激振方法

桥梁动载试验的激振方法应根据桥梁的结构形式和刚度，选择效果好、易实施的方法。常用的方法有自振法、共振法和脉动法三种。

1. 自振法

自振法的特点是使桥梁产生有阻尼的自由衰减振动，记录到的振动图形是桥梁的衰减振动曲线。为使桥梁产生自由振动，一般常用突加载荷和突卸荷载两种方法。

（1）突加荷载法（冲击法）

在被测结构上急速地施加一个冲击作用力，由于施加冲击作用的时间短促，因此，施加于结构的作用实际上是一个冲击脉冲作用。由振动理论可知，冲击脉冲的动能传递到结构振动系统的时间，要小于振动系统的自振周期，并且冲击脉冲一般都包含了从零到无限大的所有频率的能量，它的频谱是连续谱，只有被测结构的固有频率与之相同或很接近时，冲击脉冲的频率分量才对结构起作用，从而激起结构以其固有频率作自由振动。

对于中、小型桥梁结构：可用落锤激振器（或枕木）垂直地冲击桥梁，激起桥梁竖直方向的自由振动。如果水平方向冲击桥面缘石，则可激起横向振动。

另外一种方法是利用试验车辆在桥面上驶越三角垫木，利用车轮的突然下落对桥梁产生冲击作用，激起桥梁的竖向振动。但此时所测得的结构固有频率包括了试验车辆这一附加质量的影响。

采用突加荷载法时，应注意冲击荷载的大小及其作用位置。如果要激起结构的整体振动，则必须在桥梁的主要受力构件上施加足够的冲击力，冲击荷载的位置可按所测结构的振型来确定，如为了获得简支梁桥的第一振型，则冲击荷载作用于跨中部位，测第二振型时冲击荷载应加于跨度的四分之一处。

冲击法引起的自由振动，一般可记录到第一固有频率的振动图形。如用磁带记录仪录取结构某处之响应，通过频谱分析，则可获得多阶固有频率的参数。

（2）突然卸载法（位移激振法）

采用突然卸载法时，在结构上预先施加一个荷载作用，使结构产生一个初位移，然后突然卸去荷载，利用结构的弹性性质使其产生自由振动。

2. 共振法

共振法，就是用激振器使结构发生强迫共振，并借助共振现象得到结构的动力特性的方法。

根据动载试验的要求和目的要求确定激振器在结构上安装位置和激振方向，改变激振器的频率，当激振力的频率与结构的固有频率相等时，结构出现共振现象，所记录到的频率即为结构的固有频率。

对于较复杂的结构，有时需要知道基频以外的几个次要频率。此时可以连续改变激振力的频率，使结构连续出现第一次共振，第二次共振，……，同时记录结构的振型图形。由此可得到结构的第一频率（基频）、第二频率、……，在此基础上，再在共振频率范围内进行激振试验，则可测定结构的固有频率与振型。

3. 脉动法

对于大跨度悬吊结构，如悬索桥、斜拉索桥跨结构、塔墩以及具有分离式拱助的大跨度下承式或中承式拱桥，可利用结构由于外界各种因素所引起的微小而不规则的振动来确定结构的动力特性。这种微振动通常称为"脉动"，它是由附近的车辆、机器等振动或附近地壳的微小破裂和远处的地震传来的脉动所产生。

结构的脉动有一重要特性，就是它能明显地反映出结构的固有频率，因为结构的脉动是因外界不规则的干扰所引起的，因此它具有各种频率成分，而结构的固有频率的谐量是脉动的主要成分，在脉动图上可直接量出。

如果在结构不同部位同时进行检测，记录在同一张记录纸上，读出同一瞬时各测点的振幅值，并注意它们之间的相位关系，则可分析结构脉动曲线得到某一固有频率的振型。

在桥梁结构的正常运营条件下，结构的动力荷载是各类车辆荷载，在进行桥梁的动载试验时，首先应考虑采用车辆荷载作为试验荷载，以便确定桥梁在使用荷载作用下动力特性及动响应，对需要考虑风动作用或地震作用的桥梁，应结合桥梁的结构形式作进一步的研究。

9.4.4 桥梁结构动力性能评价

桥梁结构动力性能的参数主要包括：固有频率、阻尼比、振型、动力冲击系数、动力响应（动应力、动挠度）等，它们是宏观评价桥梁结构的整体刚度、运营性能的重要指标。也是评价桥梁安全运营性能的主要尺度。一般认为，桥梁结构的动力特性反映了结构整体刚度和耗散外部振动能量输入的能力，另外，过大的动力响应会影响车辆的安全行使，会引起乘客的不舒适感。在实际测试中，主要通过以下几个方面来评价桥梁结构的动力性能：

（1）比较桥梁结构频率的理论值与实测值，如果实测值大于理论计算值，说明桥梁结构的实际刚度较大，反之则说明桥梁结构的刚度偏小，可能存在开裂或其他不正常的现象。由于理论计算中忽略了某些因素或做了某些假定，可能出现理论值大于实测值的情况。

（2）根据动力冲击系数的实测值来评价桥梁结构的行车性能，实测冲击系数较大则说明桥梁结构的行车性能差，桥面平整度不良，反之亦然。

（3）根据实测的加速度和主要频率的范围可以计算出结构的共振频率，从而避免出现引起人桥共振现象发生。

（4）实测阻尼比的大小反映了桥梁结构耗散外部能量输入的能力，阻尼比大，说明桥梁耗散外部能量输入的能力大，振动衰减快；阻尼比小，说明桥梁耗散外部能量输入的能力差，振动衰减得慢。但是，过大的阻尼比可能是由于桥梁结构存在开裂或支座工作不正常等现象引起的。

第 10 章 隧道工程试验与检测

10.1 概述

我国山地、丘陵和高原面积约占国土面积的 69%。过去在山区修筑公路，由于建设资金严重短缺，多以盘山绕行为主，隧道建设非常缓慢，改革开放以来，随着国民经济的迅速发展，交通建设规模日益扩大，技术进步达到新的水平，公路和铁路隧道建设不仅在山区和丘陵地区交通建设中，而且在东部江河桥隧跨越方案比选中，日益引起人们重视，并得到很大的发展。特别是近十年来，我国修建了不少特长隧道、长隧道以及隧道群，隧道占公路和铁路里程比重不断增大，同时隧道建设技术得到了日新月异的提高和发展。

今后，从可持续发展的战略出发，我国隧道工程技术发展的重点，一是隧道工程质量，包括工程质量的控制和施工技术；另一方面是隧道工程与生态环境协调，例如洞口环境的保护、围岩变形和地表沉降的控制、地下水资源的保护等。这些问题不但涉及施工新技术的开发，而且关系到设计理念的转变。

目前，由于设计、施工等方面的原因，国内已建和在建的部分公路和铁路隧道都不同程度地出现了质量问题，有些甚至出现了严重质量问题，其中最常见的有以下几个方面：

(1) 隧道渗漏

目前国内隧道完全无渗漏者寥寥无几，绝大部分隧道都存在着不同程度的渗漏问题，渗漏部位遍及隧道全周。

(2) 衬砌开裂

作用在隧道衬砌结构上的压力，与隧道围岩的性质、地应力的大小以及施工方法等因素有关。由于受技术和资金条件的限制，一些因素在设计前是难以准确确定的，所以隧道衬砌结构设计中常常有一定的盲目性，导致结构强度不够或与围岩压力不协调，造成衬砌结构开裂、破坏。然而，工程上出现的衬砌开裂更多的则是由于施工管理不当造成的，或是因为衬砌厚度不足，或是因为混凝土强度不够。

(3) 限界受侵

在隧道施工过程中，有时会遇到松软地层，当地压较大时，围岩的变形量将很大，如果施工方法不当或支护形式欠妥、支护不及时，则容易导致塌方。为了保证施工安全和避免塌方，往往急于修筑衬砌，忽视断面界限，使建筑限界受侵。另一种施工中的常见现象是衬砌混凝土在浇筑过程中，模板强度、刚度不足，出现走模，也会导致限界受侵。

(4) 衬砌结构同围岩结合不密实

作为初期支护的喷射混凝土层背后设置石块或其他异物取代混凝土充填空间，造成了围岩与初期之间不密实，甚至存在大的空区（洞），在二次衬砌施工过程中，由于泵送混凝土压力不足、流动性不好、重力作用、抽拔泵送管过早过快等原因，拱顶混凝土往往难以饱满，造成模筑混凝土厚度不足，甚至形成较大空区（洞），由此诱发的拱顶上鼓、衬砌内缘压裂、掉块的现象屡见不鲜。

（5）通风、照明不良

在部分运营隧道中有害气体浓度超限、洞内照明昏暗，影响司乘人员健康，威胁行车安全。造成隧道通风与照明不良的原因有以下三个方面：设计欠妥、器材质量存在问题和运营管理不当。

隧道的建造是百年大计，保证工程质量是业主的基本要求。检测技术作为质量管理的重要手段越来越为人们所重视。隧道检测技术涉及面广，内容很多。按隧道修建过程分，其主要内容包括：材料质量检测、超前支护与预加固围岩施工质量检测、开挖质量检测、初期支护施工质量检测、防排水质量检测、施工监控量测、混凝土衬砌质量检测、通风检测、照明检测等。也可按材料检测、施工检测、环境检测等内容分类。

10.2 工程地质超前预报试验

隧道超前地质预报有广义和狭义之分，广义的超前预报包括工程可行性研究阶段、勘察设计阶段和施工阶段的预报；狭义的超前地质预报则表示隧道施工期的超前地质预报。虽然名称有所不同，但这些预报工作都是为保证隧道的顺利施工，避免地下水发育地段突水、突泥的发生，防止地表水、地下水流失，确保隧道施工安全。同时根据隧道开挖揭示的洞身围岩条件的变化趋势和采用各种地球物理探测手段对隧道施工掌子面前方地质情况的探测结果，结合洞内外地质调查、掌子面素描结果和预报人员地质经验，对隧道前方可能遇到的不良地质体及由此可能引发的地质灾害的性质、分布位置、规模的预测。

超前地质预报可以降低地质灾害发生的几率和危害程度，查清隧道开挖工作面前方的工程地质与水文地质条件，指导工程施工的顺利进行，为优化工程设计提供地质依据。

超前地质预报研究内容有很多，主要的研究内容包括：

（1）断层及其影响带和节理密集带的位置、规模和性质；

（2）软弱夹层（含煤层）的位置、规模及其性质；

（3）岩溶发育位置、规模及其性质；

（4）不同岩类间接触界面的位置；

（5）工程地质灾害可能发生的位置及规模；

（6）隧道围岩级别变化及其分界位置；

（7）不同风化程度的分界位置；

（8）不良地质体（带）成灾的可能性；

（9）隧道涌水的位置、水压及水量；

（10）隧道围岩级别的变化及分布。

隧道的设计、施工、工期、造价均受到地质条件的制约。因此，了解隧道穿过地段的地质条件不仅是隧道建设的需要，也是隧道工程地质工作的目的。由于隧道及其他地下工程深埋地下，工程岩体的水文地质与工程地质条件复杂多变，根据现有的地质勘探技术水平及手段，对所取得的资料不能完全满足施工要求，因此，这些问题的解决还有待在施工中开展深入的超前地质预报工作。

超前地质预报的方法主要有：地质素描法、深孔水平钻探、红外探水法、地质雷达、隧道地震波反射法等。

1. 不同地质条件下预报方案的选用原则

隧道地质复杂程度分为复杂、较复杂、中等复杂和简单四级。隧道超前地质预报应根据不同的地质复杂程度分级，针对不同类型的地质问题，选择不同的方法和手段进行，并贯穿于施工全过程：

（1）地质条件复杂隧道（区段）的超前地质预报应以地质调查法为基础，以超前钻探法为主，结合多种物探手段进行综合地质超前预报。

（2）地质条件较复杂隧道（区段）的超前地质预报应以地质调查法为基础，以弹性波反射法为主，辅以红外探测、高分辨直流电法、地质雷达等方法，必要时采用超前钻探验证。当发现局部地段工程地质条件复杂时，应按地质条件复杂隧道（区段）的地质超前预报方案实施。

（3）地质条件中等复杂隧道（区段）的超前地质预报应以地质调查法为主，对重要的地质界面、断层或地面物探异常地段可采用弹性波反射法进行探测，必要时采用红外探测、高分辨直流电法和超前钻探等。

（4）地质条件简单隧道（区段）的超前地质预报可只采用地质调查法进行。

2. 预报方案的制定

研究既有区域地质、工程地质资料，必要时到地表补充测绘，以达到对整个地区地质情况有一个比较全面和深刻的认识，地形地貌、地层岩性、地质构造、不良地质及特殊地质、地下水发育情况、隧道的主要工程地质问题等，通过对这些资料的分析和把握，制定预报预案，针对不同地段的地质情况进行地质预报重要性分级，不同级别的地段采取不同的预报手段：

（1）长距离预报。预报长度 100m 以上。可采用地质调查法、地震波反射法及 100m 以上的超前钻探等。

（2）中长距离预报。预报长度 30～100m。可采用地质调查法、弹性波反射法及 30～100m 的超前钻探等。中长距离预报是在长距离预报的基础上采用地质调查法、弹性波反射法及 30～100m 的超前钻探等对掌子面前方 30～100m 范围内的地质情况作进一步的预报，如溶洞、暗河的位置、规模、充填情况等作较为详细的预报。

（3）短距离预报。预报长度 30m 以内。可采用地质调查法、弹性波反射法、电磁波反射法（地质雷达探测）、红外探测及小于 30m 的超前钻探等。

10.2.1 地质素描法

1. 原理

利用地质理论和作图法，将隧道所揭露的地层岩性、地质构造、结构面产状、地下水出露点位置及出水状态、出水量、煤层、溶洞等准确记录下来并绘制成图表，结合已有勘测资料，进行隧道开挖面前方地质条件的预测预报。

2. 地质素描法的基本方法

随开挖及时进行，地层岩性变化点、构造发育部位、岩溶发育带附近应每开挖循环进行一次素描，其他地段也应每 10～20m 进行一次素描，进行掌子面编录，结合地面地质体投射，预报前方的地质情况。

地质素描包括正洞、平导和辅助导坑洞壁及掌子面素描，其主要内容包括：（1）工程地质，如地层岩性、断层、节理、岩溶；（2）水文地质；（3）摄像和影像，隧道内重要的和具代表性的地质现象如溶洞、暗河等应进行摄像或录像。

3. 地质素描法优缺点

优点：正洞地质素描不占用施工时间，该方法设备简单（地质罗盘）、操作方便、不占用隧道施工时间，不干扰施工，出结果快，预报的效果好，且能为整座隧道提供完整的地质资料，费用低。

缺点：对与隧道交角较大而又向前倾的结构面容易产生漏报，对操作人员地质知识水平要求较高，一般要求地质专业人员来完成。

10.2.2 超前水平钻孔法

1. 原理

超前地质钻孔是利用水平钻机在隧道掌子面进行水平地质钻探获取地质信息的一种超前预报方式。

2. 基本方法

超前水平钻孔，需要时施做，一般每循环 30～40m；断层、节理密集带或其他破碎富水地层每循环可只钻一孔；岩溶发育区每循环 3～5 个孔，当钻到溶洞时可适当增加，并可采用地质雷达及其他物探手段进行精细探测，以满足溶洞处理所需资料为原则；也可进行深孔钻探，比如每循环钻 100～150m，但随着钻孔深度的增加，钻具下垂加大，孔位易偏离设计值；岩溶地段钻孔应终孔于隧道开挖轮廓线以外 5～10m；孔口按计算应安设一定长度的孔口管，并安设闸阀，揭露大量地下水时及时关闭闸阀，使地下水始终处于可控状态，以便有时间制定和采取有效处理措施；连续预报时前后两循环钻孔应重叠 5～8m。

3. 优缺点

优点：

（1）可比较直观地告诉我们钻孔所经过部位的地层岩性、岩体完整程度、裂隙度、溶洞大小、有没有水以及可测水压高低等。

（2）煤系地层可进行孔内煤与瓦斯参数测定，采取适宜防治措施，防治煤与瓦斯突出危险性。

（3）与物探方法相比，它具有直观性、客观性，不存在物探手段经常发生的多解性、不确定性。

缺点：费用高、占用隧道施工时间长，且资料只是一孔之见。理论上讲，由于溶洞发育的复杂性、多变性，几个钻孔也难 100% 地把掌子面前方的管道岩溶提前揭露预报出来。

10.2.3 红外探水法

1. 红外探水法原理

所有物体都发射出不可见的红外线能量，这能量的大小与物体的发射率成正比。而发射率的大小取决于物体的物质和它的表面状况。当隧道掌子面前方及周边介质单一时，所测得的红外场为正常场，当前面存在隐伏含水构造或有水时，它们所产生的场强要叠加到正常场上，从而使正常场产生畸变。据此判断掌子面前方一定范围内有无含水构造。

2. 红外探水法的基本方法

现场测试有两种方法：一是在掌子面上，分上、中、下及左、中、右六条测线的交点测取 9 个数据，根据这 9 个数据之间的最大差值来判断是否有水（图 10.1）；二是由掌子面向掘进后方（或洞口）按左边墙、拱部、右边墙的顺序进行测试，每 5m 或 3m 测取一组数据，共测取 50m 或 30m，并绘制相应的红外辐射曲线，根据曲线的趋势判断前方有无含水（图 10.2）。

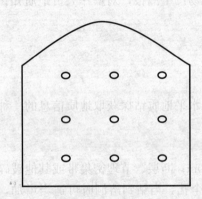

图 10.1　掌子面探点

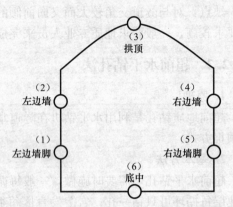

图 10.2　隧道四壁探点

红外辐射曲线上升或下降均可以判定有水，其他情况判定无水。红外探测的特点是可以实现对隧道全空间、全方位的探测，仪器操作简单，能预测到隧道外围空间及掘进前方 30m 范围内是否存在隐伏水体或含水构造，而且可利用施工间歇期测试，基本不占用施工时间。但这种方法只能确定有无水，至于水量大小、水体宽度、具体的位置没有定量的解释。

红外探水方法：红外探测属非接触探测，在隧道壁上来定探点，是用仪器的激光器在壁上打出一个红色斑点。定好探点后扣动扳机，就可在仪器屏幕上读取探测值。具体做法如下：

（1）进入探测地段时，首先沿隧道一个壁，以 5m 点距用记号笔或油漆标好探测顺序号，一直标到终点，或者标到掘进断面处。

（2）在掘进断面处，首先对断面前方探测，在返回的路径上，每迁回到一个顺序号，就站到隧道中央，分别用仪器的激光器打出的红色光斑使之落到左壁中线位置、顶部中线位置、右壁中线位置、底板中线位置，并扣动仪器扳机分别读取探测值，并做好记录。然后转入下一序号点，直至全部探完。

（3）探测数据输入计算机后，由专用软件绘成顶板探测曲线、两壁探测曲线。

图 10.3 给出了某隧道左右边墙红外探水实测图示。

3. 红外探水法的优缺点

优点：红外探水有较高的准确率，属于新技术。

缺点：它对水量、水压等重要参数无法预报。

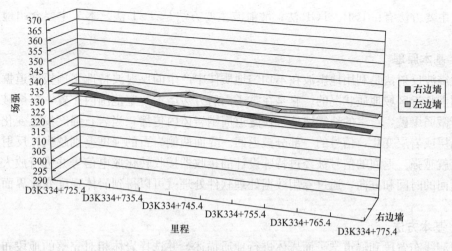

图 10.3 隧道红外探水实例

10.2.4 地质雷达法

1. 预报原理

地质雷达采用的是时间域脉冲雷达，其理论基础为高频电磁波理论。工作方式是以宽频带短脉冲的高频电磁波的反射来探测目的体。雷达系统向被探测物发射电磁脉冲，电磁脉冲穿过介质表面，碰到目标物或不同介质之间的界面而被反射回来，根据电磁波的双程走时的长短差别，确定探测目标的形态及属性，结合工程地质理论分析达到对埋藏目标（地质体）的探测与判断。

2. 基本方法

地质雷达法是目前分辨率最高的地球物理方法，但其预报距离短，且易受洞内机器管线的干扰，目前多用于岩溶洞穴、含水带和破碎带的探测预报。

因地质雷达属高频电磁脉冲探测，对探测环境要求高，开展工作前，掌子面前 20m 左右不得有钢拱架、大型施工平台或机械；清除掌子面前堆积的渣石，使掌子面尽量出露，数据采集前要求作业单位配合对掌子面进行平整处理，使雷达天线与掌子面能有较好的耦合，以利于多布地质雷达测线，测线一般按纵横线布置，纵线 3～4 条，横线 3～4 条，并尽可能修凿平整。

3. 优缺点及适用范围

(1) 探测距离太短，一次只能探测 5～30m。

(2) 地质雷达在地表探测 5～30m 范围内的地下地层或地质异常体（溶洞、土洞、断裂、空隙等）反射信号还是比较明显的，也是一种比较理想的手段；灰岩地区隧道铺底前采用中～低频率的天线作为探明隧底隐伏岩溶洞穴的手段仍是大家经常采用的。

(3) 隧道内的环境条件与地质雷达的理论基础一半无限空间不吻合，加之洞内钢拱架、钢筋网、锚杆、钢轨等金属构件的影响，探测结果一般不太理想。

10.2.5 隧道地震波反射法

依据弹性波理论而发展出的物探手段主要有：反射波、散射波、CT 成像、雷利波。

反射波主要方法有：TSP、TGP 法；散射波主要方法是 TST 法。本节主要介绍地震波反射法。

1. 基本原理

地震波反射法是利用地震波在不均匀地质体中产生的反射波特性来预报隧道掘进面前方及周围临近区域地质状况的。它是在掌子面后方边墙上一定范围内布置一排爆破点，依次进行微弱爆破，产生的地震波信号在隧道周围岩体内传播，当岩石强度发生变化时，比如有断层或岩层变化，信号的一部分被返回。界面两侧岩石的强度差别越大，反射回来的信号也就越强。返回的信号被经过特殊设计的接收器接收转化成电信号并进行放大。根据信号返回的时间和方向，通过专用数据处理软件处理就可以得到岩体强度变化界面的位置及方位。

2. 基本方法

对测线布置段和隧道掌子面岩体进行地质描述，并选择岩体相对完整的地段布置接收孔位置。记录检波器接收孔、激发起至的炮孔的隧道里程，对于不等间距的炮孔要测量炮孔间距（图 10.4），记录隧道掌子面的里程；定向并耦合安置孔中三分量检波器；逐炮孔安置带有计时线的炸药卷，药量一般控制在 60～120g；根据隧道岩体条件选择仪器采集参数：一般软岩条件采样率选择 0.1ms，硬岩条件采样率选择 0.05ms；通过选择采样点数的多少保证地震记录的长度不小于 300～400ms。而后进行逐炮地震波数据的采集工作，测量中要求隧道内具有安静的条件，有关的产生振动施工的项目需要暂时停止。所有炮孔的数据采集完毕，在检查采集数据合格后结束现场测量工作。

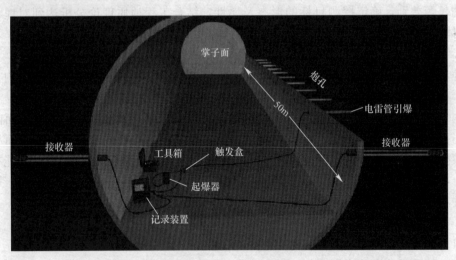

图 10.4　现场工作示意图

3. 优缺点

优点：

（1）适用范围广，适用于极软岩至极硬岩的任何地质情况。

（2）预报距离长，能预报掌子面前方 100～150m 范围内的地质状况，围岩越硬越完整预报长度就越大。

（3）对隧道施工干扰小，它可在隧道施工间隙进行。

缺点：

（1）由于弹性波速度的差异而导致地质体预报位置与实际情况有所差异。

（2）预报断层、弱硬岩接触面等面状结构反射信号较为明显，对小型溶洞反映不明显。

10.3 开挖质量检测

隧道开挖的基本原则：在保证围岩稳定或减少对围岩的扰动的前提条件下，选择恰当的开挖和掘进方式，并应尽量提高掘进速度。

目前，隧道工程的施工主要采用钻爆法施工，爆破成型好坏对后续工序的质量影响极大，目前在检测爆破成型质量技术方面发展很快。发达国家已广泛使用隧道断面仪来及时检测爆破成型质量，我国在一些长大铁路隧道施工中也开始使用断面仪。该仪器可以迅速测取爆破后隧道断面轮廓，并将其与设计开挖断面比较，从而得知隧道的超欠挖情况。此外，应用隧道断面仪还可监测锚喷隧道围岩的变化情况。

隧道开挖质量评定的内容：（1）开挖断面的规整度，采用目测的方法进行评定；（2）超欠挖的控制，采用测量断面的方法。

隧道开挖质量检测的目的：有效控制超欠挖。

断面测量方法可以分为两大类：

（1）直接量测开挖断面法：以内模为参照物测量开挖断面、使用激光束的方法、使用投影机的方法。

（2）非接触式观测法：三维近景摄影法、直角坐标法和极坐标法。目前常用的激光断面仪采用极坐标法。

极坐标法测量原理：它是以某物理方向（如水平方向）为起算方向，按一定间距（角度或距离）依次一一测定仪器旋转中心与实际开挖轮廓线的交点之间的矢径（距离及该矢径与水平方向的夹角），将这些矢径端点依次相连即可获得实际开挖的轮廓线。测出实际开挖断面，并与理论设计断面相叠加，从而得出超挖和欠挖。

隧道激光断面仪的检测方法：将断面仪放置于隧道任何适合测量的位置，并在相应的检查点两侧放设法向点，分别作为激光断面仪的定向点和校正点，如图 10.5 所示。另外，对于直线隧道，定向点也可以放设在平行于隧道中轴线通过检查点的直线上，然后通过对仪器的垂直旋转便可实现法向校正，但此定向点距检查点的距离不宜过长，一般控制在 10m 之内。应该注意的是检查点最好放设在隧道的中心线上，这样便于所测断面轮廓点分布均匀，从而更好地了解隧道的开挖情况。

超欠挖实测实例见图 10.6。

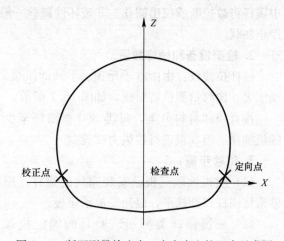

图 10.5　断面测量检查点、定向点和校正点示意图

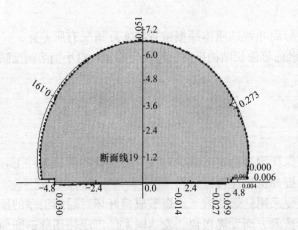

断面数据信息

标准断面面积：58.90

测量断面面积：57.78

超挖面积：0.263

欠挖面积：1.387

最大超挖差：0.051

最大欠挖差：0.273

图 10.6　激光断面仪法测量开挖质量

隧道开挖质量的检测结果应满足下列标准：

（1）应严格控制欠挖。当岩质坚硬完整且岩石抗压强度大于 30MPa，并确认不影响衬砌结构稳定和强度时，允许岩石个别凸出部分（$1m^2$ 内不大于 $0.1m^2$）突入衬砌断面，锚喷支护时突入不大于 3cm，衬砌时不大于 5cm。拱脚、墙脚以上 1m 内严禁欠挖。

（2）应尽量减少超挖。

10.4　初期支护和防排水材料试验

10.4.1　锚杆抗拔力检测

1. 检测目的

锚杆抗拔力是指锚杆能够承受的最大拉力，它是锚杆材料、加工和施工安装质量的综合反映，是锚杆质量检测的一项基本指标。

锚杆拉拔分为破坏性试验和非破坏性试验。破坏性试验一般用于验证设计参数，试验中锚杆将被拉断或拉出锚孔。非破坏性试验一般用于锚杆复验，试验时拉至设计拉力即可停止加载。

2. 检测设备和抽样数量

锚杆拉拔仪：由中空千斤顶、手动油压泵、油压表、位移量测设备组成，如图 10.7 所示。

按直径和材料分类，每类 300 根锚杆至少随机抽样一组 3 根进行拉拔力试验。

3. 试验步骤

（1）随机抽取三根已安装完成的锚杆，用砂浆将锚杆口部抹平，以便安放承压板；

（2）根据锚杆类型和试验目的确定拉拔时间；

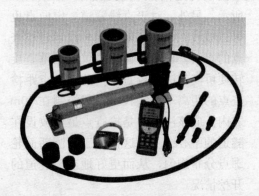

图 10.7　锚杆拉拔仪

（3）在锚杆尾部加上垫板，套上中空千斤顶，将锚杆外端与千斤顶内缸固定，并安装位移量测设备，安装拉拔设备时，应使千斤顶与锚杆同心，避免偏心受拉；

（4）手动加压，从油压表观察油压大小至设计力，加载应匀速，一般以 10kN/min 的速率加载。

锚杆拉拔力现场试验如图 10.8 所示。

4. 结果判定

同组锚杆锚固力或拉拔力的平均值应大于或等于设计值。

图 10.8　锚杆拉拔力现场试验

同组单根锚杆的锚固力或拉拔力不得低于设计值的 90%。

10.4.2　端锚式锚杆施工质量检测

1. 基本原理

对于带有螺栓和托板的端锚式锚杆来说，托板和螺母安装后，可通过拧紧压在托板上的螺母使锚杆杆体受拉，拉力的大小与螺母的拧紧程度有关，拧紧程度又与加在螺母上的力矩有关。利用锚杆拉力与所加力矩之间的关系，可通过给待检测锚杆螺母施加力矩，来间接确定锚杆的锚固质量。由于作用在螺母上的力矩除取决于锚杆拉力外，还与螺母和托板之间的摩擦力有关，因此，必须事先在试验室进行试验，建立力矩-锚固力关系，然后据此关系检测锚杆的锚固质量以及锚杆上的预应力。

2. 检测工具

锚杆螺母扭力矩的量测工具为扭矩扳手。扭矩扳手由力矩臂（数显）、套筒组成。

3. 检测方法

（1）将套筒套在待检测锚杆的螺母上，并将扭力扳手主体与套筒连接。

（2）左手轻按扭力扳手套筒端，右手扳动手柄，同时读取扭力矩的最大读数，并作记录。

（3）根据扭力矩和锚杆拉力之间的对应关系，确定锚杆的拉力。

10.4.3　喷射混凝土质量检测

喷射混凝土是唯一能够与围岩大面积、牢固接触的一种支护方式，能传递径向应力和切向应力；喷射混凝土与岩层的附着力可以把作用在喷射混凝土上的外力分散到围岩上，同时也提供了隧道周边的裂缝和节理等以剪切阻力保持块体的平衡，防止局部掉块，在隧道壁面附近形成一承载环，起到支撑作用。

喷射混凝土的喷射工艺主要有干喷、潮喷、湿喷和混合喷四种。它们之间的主要区别是：每个工艺流程的投料程序不同，尤其是加水和速凝剂的时机不同，其中湿喷混凝土按其输送方式不同，分为风送式、泵送式、抛甩式和混合式，应根据实际情况选用。

（1）干喷：在水泥和骨料拌合后加入速凝剂，用压缩空气压送，在喷嘴处加压水喷射的方式。水灰比的控制程度与操作手的熟练程度和能力有关，不易掌握，且粉尘和回弹量多。

（2）潮喷：将骨料预加少量水，使之成潮湿状，再加水泥拌合，水化较好，以降低上料、拌合和喷射时的粉尘。

（3）湿喷：事先将包括水压在内的各种材料正确地计量，充分拌合后用压缩空气或泵压送，再在喷嘴处加速凝剂后喷出；混凝土质量容易控制，粉尘、回弹量较少。

（4）混合喷：分别由泵送砂浆系统和风送混合料系统两套机具组成。先是将一部分砂加第一次水拌湿，再投入全部用量水泥，强制拌合成以砂为核心外裹水泥壳的球体；然后加第二次水和减水剂拌合成 SEC 砂浆；再将另一部分砂与石、速凝剂按配比配料，强制拌成均匀的干混合料。然后再分别通过砂浆泵和干式喷射机将拌成的砂浆及干混合料由高压胶管输送到混合管混合，最后由喷头喷出。喷射质量好、强度高，但设备规模大，占用空间也大，且操作和工艺复杂。

通过以上四种喷射工艺对比，结合工程实际施工经验，一般选择潮喷和湿喷工艺进行混凝土喷射。影响喷射混凝土质量的因素如下：

（1）影响喷射混凝土强度的因素

① 原材料：为保证喷射混凝土强度，减少粉尘和混凝土硬化后的收缩，减少材料搅拌时水泥的飞扬损失，砂的细度模数、含水率、含泥量及石子颗粒级配、最大粒径等质量指标必须符合《公路隧道施工技术细则》JTG/T F60—2009 中的有关规定。

喷混凝土用水：无杂质的洁净水，不得使用污水、pH 值小于 4 的酸性水。

速凝剂应保证初凝时间不大于 5min，终凝时间不大于 10min。

② 施工作业

严格按照设计配合比，准确称量进行搅拌，确保配合比正确。保证喷射混凝土支护施工作业质量：喷射前冲洗岩面；喷射中控制水灰比和喷射距离；喷射后洒水养护。

（2）影响喷射混凝土厚度的因素

从喷射混凝土施工技术和施工管理方面分析，影响喷射混凝土厚度的因素主要有：

① 爆破效果。如果爆破效果差，隧道断面成型不好，导致超挖处混凝土喷层过厚，欠挖处喷层过薄。

② 回弹率。由于向隧道拱部喷射混凝土时回弹量大，施工操作困难，导致拱部混凝土喷层达不到设计厚度，回弹率应予以控制，拱部不应大于 25%，边墙不应大于 15%。

③ 施工管理。是否按照相关规范和操作过程进行施工管理，直接影响到施工质量。

④ 喷射参数。喷射混凝土的风压、水压、喷头与喷面的距离、喷射角度、喷射料的粒径等，不仅影响喷射混凝土的强度，而且影响对喷层厚度的控制。

同时，缺乏方便、可靠的喷层厚度检测手段和方法，难以对喷层厚度进行有效的质量监督和控制，也是喷射混凝土厚度质量失控的一个重要原因。

1. 喷射混凝土抗压强度试验

（1）试块的制作方法

① 喷大板切割法

在施工的同时，将混凝土喷射在 45cm×35cm×12cm（可制成 6 块）或 45cm×20cm×12cm（可制成 3 块）的模型内，在混凝土达到一定强度后，加工成 10cm×10cm×10cm 的立方体试块，在标准条件下养护至 28d 进行试验（精确到 0.1MPa）

② 凿方切割法

在具有一定强度的支护上，用凿岩机打密排钻孔，取出长 35cm、宽约 15cm 的混凝土块，加工成 10cm×10cm×10cm 的立方体试块，在标准条件下养护至 28d，进行试验（精确到 0.1MPa）。

（2）检查试块的数量

隧道（两车道隧道）每 10 延米，至少在拱部和边墙各取一组试样，材料或配合比变更时另取一组，每组至少取 3 个试块进行抗压强度试验。

（3）判定标准

① 同批（指同一配合比）试块（组数大于或等于 10）的抗压强度平均值不低于设计强度，且任一组试件抗压强度不低于 0.85 倍设计值。

② 同批试块组数小于 10 时，试件抗压强度平均值不低于 1.05 倍的设计值，且任意一组试块抗压强度平均值不得低于设计强度的 0.9 倍。

2. 喷射混凝土厚度的检测

（1）检查方法和数量

① 喷层厚度可用凿孔或激光断面仪、光带摄影等方法检查。凿孔检查时，宜在混凝土喷后 8h 内，用短钎凿出，发现厚度不够时，可及时进行补喷。当混凝土与围岩粘结紧密，颜色相近不易分辨时，可用酚酞试液涂抹孔壁，碱性混凝土即呈现红色。

② 检查断面数量。每 10 延米至少检查一个断面，再从拱顶中线起每隔 2m 凿孔检查一个点。

（2）判定标准

每个断面拱、墙分别统计，全部检查孔处喷层厚度应有 60% 以上不小于设计厚度，平均厚度不得小于设计厚度，最小厚度不应小于设计厚度的 1/2。在软弱破碎围岩地段，喷层厚度不应小于设计规定的最小厚度，钢筋网喷射混凝土的厚度不应小于 6cm。

3. 喷射混凝土与围岩粘结强度试验

（1）检查试块的制作方法

① 成型试验法

在模型内放置面积为 10cm×10cm、厚 5cm 且表面粗糙度近似于实际情况的岩块，用喷射混凝土掩埋。在混凝土达到一定强度后，加工成 10cm×10cm×10cm 的立方体试块，在标准条件下养护至 28d，用劈裂法进行试验。

② 直接拉拔法

在围岩表面预先设置带有丝扣和加力板的拉杆，用喷射混凝土将加力板埋入，喷层厚度约 10cm，试件面积约 30cm×30cm（周围多余的部分应予清除）。经 28d 养护，进行拉拔试验。

（2）强度标准

喷射混凝土与岩石的粘结力，Ⅰ、Ⅱ 级围岩不低于 0.8MPa，Ⅲ 级围岩不低于 0.5MPa。

4. 喷射混凝土施工质量评判

（1）匀质性

喷射混凝土强度的匀质性、可用现场 28d 龄期同 n 组试块抗压强度的标准差 s_n 和变异系数 V_n 表示。

$$s_n = \sqrt{\frac{1}{n-1}\sum_{i=1}^{n}(R_i - \overline{R}_n)^2} \qquad (10\text{-}1)$$

式中　n——同批试块的组数；

　　　R_i——第 i 组试块的强度代表值（MPa）；

　　　$\overline{R}_n$——同批 n 组试块强度的平均值，精确到 0.1MPa。

$$\overline{R}_n = \frac{1}{n}\sum_{i=1}^{n}R_i \qquad (10\text{-}2)$$

$$V_n = \frac{100S_n}{\overline{R}_n}(\%) \qquad (10\text{-}3)$$

（2）抗压强度

① 同批喷射混凝土的抗压强度，应以同批标准试块的强度代表值来评定。

② 每组试块的强度代表值为 3 个试块试验结果的平均值（精确到 0.1MPa）。

③ 喷射混凝土抗压强度的合格标准

同批试件组数 $n \geqslant 10$ 时，试件抗压强度平均值不低于设计值，任意一组试件抗压强度不低于设计值的 85%。

同批试件组数 $n < 10$ 时，试件抗压强度平均值不低于 1.05 倍设计值，任意一组试件抗压强度不低于设计值的 90%。

10.4.4　高分子防水卷材性能检测

合成高分子防水卷材是以合成橡胶、合成树脂或二者的共混体为基料，加入适量的化学助剂和填充剂等，采用密炼、挤出或压延等橡胶或塑料的加工工艺所制成的可卷曲片状防水材料。

主要品种：

（1）合成橡胶类：三元乙丙橡胶防水卷材（EPDM）和氯化聚乙烯（CPE）防水卷材

（2）合成树脂类：聚氯乙烯（PVC）、聚乙烯（PE）

（3）橡塑共混型：氯化聚乙烯——橡胶共混防水卷材

合成高分子防水卷材在我国发展很快，目前修建的公路隧道、地铁和部分铁路隧道都采用不同性能、不同规格的合成高分子卷材作防水夹层，取得了良好的效果。高分子防水卷材试验的项目有：拉伸强度和断裂伸长率、不透水性、低温弯折性等。

取样方法和数量：

（1）取样数量：对于出厂合格的产品，同一生产厂家、同一品种、规格的产品每 5000m 为一批验收，不足 5000m 也作为一批。从每批产品的 1～3 卷中取样，在距端部 300mm 处截取约 3m，用于各项检测所需的样片。

（2）取样环境：温度 23±2℃；相对湿度 60%±15%。

（3）取样调整时间不少于 24h。

1. 拉伸性能试验

（1）试验设备

拉力试验机：量程 0～5000N，示值精度±1%；夹持器的移动速度 80～500mm/min。

（2）试验程序

拉伸性能试验在标准环境下进行。在对裁取的三块样片上，用裁片机对每块样片沿卷材纵向和横向分别将材料按各标准规定的尺寸裁样，如 PVC 材料要裁成 I 形哑铃试样（图 10.9），而沥青防水卷材大多是裁成 500mm×50mm 的长方形样。在标距区内，用测厚仪测量标距中间和两端三点的厚度。取其算数平均值作为试样厚度 d，精确到 0.1mm。测量两标距线间初始长度 L_0，将试验机的拉伸速度调到 250±50mm/min，再将试样置于夹持器的中心，对准夹持线夹紧。开动机器拉伸试样，读取试样断裂时的荷载 P，同时量取试样断裂瞬间的标距线间的长度 L_1。若试样断裂在标距外，则该试样作废，另取试样重做。

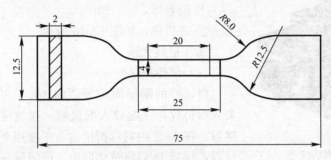

图 10.9　试样形状和尺寸

（3）试验结果计算

① 拉伸强度。按下式计算，精确到 0.1MPa：

$$\sigma = P/(B \times d) \tag{10-4}$$

式中　σ——试样的拉伸强度（MPa）；

　　　P——试样断裂时的荷载（N）；

　　　B——试样标距段的宽度（mm）；

　　　d——试样标距段的厚度（mm）。

② 断裂伸长率 ε（%）

$$\varepsilon = \frac{L_1 - L_0}{L_0} \times 100\% \tag{10-5}$$

式中　L_0——试样标距线间初始有效长度（mm）；

　　　L_1——试样断裂瞬间标距线间的长度（mm）。

分别计算 5 块试样的算术平均值，精确到 1%。

高分子卷材的力学性能指标见表 10.1。

高分子卷材力学性能指标　　　　　　　　　　　　　　表 10.1

项　　目		性能要求		
		I	II	III
拉伸强度		≥7MPa	≥2MPa	≥9MPa
断裂伸长率		≥450%	≥100%	≥10%
低温弯折性		−40℃	−20℃	−20℃
		无裂纹		
不透水性	压力	≥0.3MPa	≥0.2MPa	≥0.3MPa

项 目		性能要求		
		Ⅰ	Ⅱ	Ⅲ
不透水性	保持时间	≥30min		
热老化保持率（80±2℃，168h）	拉伸强度	≥80%		
	断裂伸长率	≥70%		

图 10.10 弯折仪

2. 低温弯折性试验

（1）试验器具

① 低温箱，0～－40℃。

② 弯折仪，如图 10.10 所示。

③ 6 倍放大镜。

（2）试验程序

将试样的耐候面朝外弯曲 180°，边缘重合、齐平，夹入弯折仪，一起放入低温箱，在规定温度下保持 1h。然后，在 1s 之内将弯折仪的上平板压下，达到所调间距位置，保持 1s 后将试样取出。待回复室温后观察试样弯折处是否断裂或是否有裂纹。一次做 2 块试样，2 块试样均不断裂或无裂纹，合格。

3. 抗渗透试验

（1）取样要求

对送来规定的样品，先将试样在温度 23±2℃放置 24h 后进行裁取，每组试样在卷材宽度方向均匀分布裁样，避开卷材边缘 100mm 以上。把要试验的材料用壁纸刀裁剪成 150mm×150mm（3 个直径 130mm 的圆形）。

（2）仪器设备

具有三个透水盘的不透水仪，透水盘底座内径 92mm，透水盘金属压盖上有 7 个均匀分布的直径 25mm 透水孔。压力表测量范围为 0～0.6MPa，精度 2.5 级。小型常用工具：常见一字螺丝刀，内六角扳手，壁纸刀，30cm 钢尺。如图 10.11 所示。

（3）试验步骤

试验在温度 23±5℃进行，产生争议时，在温度 23±2℃、相对湿度 50%±5%进行。

图 10.11 不透水仪

① 试验前准备工作

在使用前根据试件的试验要求把压力表调整好。调节的方法是：压力表的玻璃蒙的中间有调节旋钮，它的上限、下限调节定值，需要借助一字螺丝刀。把上限指针拧到试验规定的压力数的位置，下限指针拧到比上限小 0.05MPa 的位置，这样在工作时当压力达到要求时（上限值）自动停止加压。当渗漏或透水使压力下降到一定数值（下限值）气泵又自动启动补充压力。

试验前检查透水盘出水是否畅通：先用内六角扳手把三个透水盘的压圈松开卸下，把注水口的盖拧开，再把放水阀关严，从注水口慢慢注入清水，至容器的 2/3 处，分别拧开阀门

"1""2""3"（0为放水阀）中间的进水孔冒出水来，溢满透水盘为止，然后把注水口盖拧紧。

把要试验的材料剪成150mm×150mm（3个直径130mm的圆形）待用。

② 试验

把被测试件的上表面朝下放置在透水盘环形胶圈上，再盖上规定的开缝盘，其中一个缝的方向与卷材纵向平行，放上封盖，慢慢夹紧直到试件夹紧在盘上，用布或压缩空气干燥试件的非迎水面，慢慢加压到规定的压力。达到规定压力后，保持压力24h。到压力上限时自动停止加压，此时恒压指示灯亮，按规定时间试验完成后，拧开放水阀，把水放出卸掉压力，再松开压圈取下试件，试验完毕。

（4）结果表示

三块试样表面均无渗水现象时评定为不透水。

10.4.5 土工织物力学性能试验

土工织物也称土工布，是透水性的土工合成材料，按制造方法分为无纺或非织造土工织物和有纺或机织土工织物。对隧道工程比较重要的工程特性有物理特性、力学特性和水力学特性。

土工布的机械性能包括抗拉强度及延伸率、握持强度及延伸率、抗撕裂强度、顶破强度、刺破强度、抗压缩性。其中抗拉强度是土工布的一个基本性能。

1. 抗拉强度试验

抗拉强度及其应变是土工织物主要的特性指标。条带拉伸试验适用于土工合成材料的宽条拉伸试验和窄条拉伸试验。

（1）仪器和仪具

1）拉力机

2）夹具

① 宽条试样有效宽度200mm，夹具实际宽度不小于210mm。

② 窄条试样有效宽度50mm，夹具实际宽度不小于60mm。

③ 为满足某些土工合成材料变形较大的要求，两夹具间的最大净距不小于300mm。

3）动力装置

4）测量和记录装置

① 指示或记录荷载的误差不得大于相应实际荷载的2%。

② 对延伸率超过10%的试样，测量拉伸方向的伸长量可用有刻度的钢尺，精度为1mm。对延伸率小于10%的试样，应采用精度不小于0.01mm的位移测量装置。

③ 可通过传动机构直接记录土工合成材料试样的拉力-伸长量曲线，也可用拉力传感器和位移传感器测量拉力和伸长量。

（2）试样制备

1）试样数量

分别以土工合成材料纵向和横向作试验长边，剪取试样各6块。

2）试样尺寸

① 宽条试样

裁剪试样宽度200mm，长度至少200mm，实际长度视夹具而定，必须有足够的长度使试样伸出夹具，试样计量长度为100mm。

② 窄条试样

裁剪试样宽度50mm，长度至少200mm，必须有足够的长度使试样伸出夹具，试样计量长度为100mm。

（3）试验步骤

① 调整两夹具的初始间距到100mm。

② 选择拉力机的满量程范围，使试样的最大断裂力在满量程的10％～90％范围内，设定拉伸速率为50mm/min。

③ 将试样对中放入夹具内。

④ 测读试样的初始长度L_0。

⑤ 开动试验机，以拉伸速度50mm/min进行拉伸，同时启动记录装置，连续运转直到试样破坏时停机；对延伸率较大的试样，应拉伸至拉力明显降低时方能停机。

⑥ 测量伸长量。

（4）结果整理

① 拉伸强度：土工织物或小孔径土工网的抗拉强度T_s可用下式计算：

$$T_s = P_f / B \tag{10-6}$$

式中　T_s——抗拉强度（N/m，kN/m）；

　　　P_f——测读的最大拉力（N，kN）；

　　　B——试样宽（m）。

② 最大负荷下伸长率％（ε）：

$$\varepsilon = \frac{\Delta L}{L_0 + L_0'} \times 100 \tag{10-7}$$

式中　ε——延伸率（％）；

　　　L_0——名义夹持长度（mm）（使用夹具时为100mm，使用伸长计时为60mm）；

　　　L_0'——预负荷伸长量（mm）。

2. 撕裂强度

试样在撕裂过程中抵抗扩大破损裂口的最大拉力，也称撕破强度。

（1）仪器和仪具

① 拉力机：条带拉伸试验用的拉力机，其拉伸速率为100mm/min。

② 夹具：夹持面尺寸（长×宽）为50mm×84mm，宽度要求不小于84mm，宽度方向垂直于力的作用方向。

③ 梯形模板：用于剪样，标有尺寸。

（2）试样制备

① 试样数量：经向和纬向各取10块试样。

② 试样尺寸：试样为宽75mm、长150mm的矩形试样，在矩形试样中部用梯形模板画一等腰梯形，尺寸如图10.12所示。

③ 取样方法：应符合试样制备的一般原则。

④ 有纺土工织物试样：测定经向纤维的撕裂强度时，剪取试样长边应与经向纤维平行，使试样切缝切断和试验时拉断的为经向纤维。测定纬向撕裂强度时，剪取试样长边

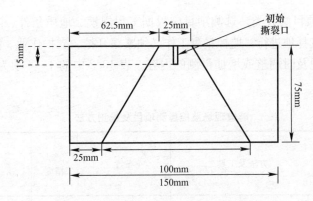

图 10.12 撕裂试样

应与纬向纤维平行，使试样被切断和撕裂拉断的为纬向纤维。

⑤ 无纺土工织物试样：测定经向的撕裂强度时，剪取试样长边应与织物经向平行，使切缝垂直于经向；测定纬向撕裂强度时，剪取试样长边应与织物纬向平行，使切缝垂直于纬向。

⑥ 在已画好的梯形试样短边 1/2 处剪一条垂直于短边的长 15mm 的切缝。

⑦ 准备好试样，如进行湿态撕裂试验，试样从水中取出到试验的时间不超过 10min。

（3）试验步骤

1）调整拉力机夹具的初始距离到 25mm，设定拉力机满量程范围，使试样最大撕裂荷载在满量程的 30%～90% 范围内，设定拉伸速率为 100±5mm/min。

2）将试样放入夹具内，沿梯形不平行的两腰边缘夹住试样。

3）开动拉力机，以拉伸速率 100mm/min 拉伸试样，并记录拉伸过程中的撕裂力，直至试样破坏时停机。撕裂力可能有几个峰值和谷值，取最大值作为撕裂强度。

4）当试样在夹具内有打滑现象或有 1/4 以上的试样在夹具边缘 5mm 范围内发生断裂时，则夹具可作如下处理：

① 夹具内加垫片；

② 与夹具接触部分的织物用固化胶加固；

③ 修改夹具面。

（4）结果整理

① 分别计算顺机向和横机向的平均撕裂强度，精确至 0.1N；

② 分别计算顺机向和横机向撕裂强度的标准差和变异系数，变异系数精确至 0.1%。

10.5 隧道施工监控量测试验

施工监控量测是新奥法施工的一项重要内容，它既是施工安全的保障措施，又是优化结构受力，降低材料消耗的重要手段。监控量测的基本内容有变形量测（隧道围岩和支护结构）和内力量测（支护结构受力和衬砌混凝土受力）。

隧道监控量测的项目应根据工程特点、规模大小和设计要求综合选定。量测项目可分为必测项目和选测项目两大类。选测项目应根据工程规模、地质条件、隧道埋深、开挖方法及其他要求，有选择地进行。监控量测工作必须紧跟开挖、支护作业。按设计要求布设测点，并根据具体情况及时调整或增加量测的内容。表 10.2 中的 1～4 项为必测项目；5～14 项为选测项目。

隧道现场监控量测项目及量测方法　　　　　　　　表 10.2

序号	项目名称	方法及工具	布置	测试精度	量测间隔时间			
					1～15d	16d～1 个月	1～3 个月	3 个月以上
1	洞内外观察（地质和支护状态观察）	岩性、结构面产状及支护裂缝观察和描述，地质罗盘等	开挖后及初期支护后进行	—	每次爆破后进行			
2	周边位移	各种类型收敛计	每 5～50m 一个断面，每断面 2～3 对测点	0.1mm	1～2 次/d	1 次/2d	1～2 次/周	1～3 次/月
3	拱顶下沉	水准测量的方法水准仪、钢尺	每 5～50m 一个断面	0.1mm	1～2 次/d	1 次/2d	1～2 次/周	1～3 次/月
4	地表下沉	水准测量的方法水准仪、钢钢尺	洞口段、浅埋段（$h \leqslant 2b$）（b 为隧道开挖宽度）	0.5mm	开挖面距量测断面前后<$2b$ 时，1～2 次/d；开挖面距量测断面前后<$5b$ 时，1 次/（2～3）d；开挖面距量测断面前后>$5b$ 时，1 次/（3～7）d			
5	围岩内部位移（地表设点）	地面钻孔中安设各类位移计	每代表性地段 1～2 个断面，每断面 3～5 个钻孔	0.1mm	同地表下沉要求			
6	围岩内部位移（洞内设点）	洞内钻孔中安设单点、多点杆式或钢丝式位移计	每代表性地段 1～2 个断面，每断面 3～7 个钻孔	0.1mm	1～2 次/d	1 次/2d	1～2 次/周	1～3 次/月
7	围岩压力及两层支护间压力	各种类型压力盒	每代表性地段 1～2 个断面，每断面 3～7 个测点	0.01MPa	1～2 次/d	1 次/2d	1～2 次/周	1～3 次/月
8	钢支撑内力及外力	支柱压力计或其他测力计	每代表性地段 1～2 个断面，每断面 3～7 个测点或外力一对测力计	0.1MPa	1～2 次/d	1 次/2d	1～2 次/周	1～3 次/月
9	两层支护间压力	压力盒	每代表性地段 1～2 个断面，每断面 3～7 个测点	0.01MPa	1～2 次/d	1 次/2d	1～2 次/周	1～3 次/月
10	支护、衬砌内应力	各类混凝土内应变计及表面应力解除法	每代表性地段 1～2 个断面，每断面 3～7 个测点	0.01MPa	1～2 次/d	1 次/2d	1～2 次/周	1～3 次/月

序号	项目名称	方法及工具	布置	测试精度	量测间隔时间			
					1~15d	16d~1个月	1~3个月	3个月以上
11	锚杆或锚索内力	各类电测锚杆、锚杆测力计及钢筋计	每代表性地段1~2个断面，每断面3~7根锚杆（索），每根锚杆2~4个测点	0.01MPa	1~2次/d	1次/2d	1~2次/周	1~3次/月
12	围岩弹性波速度	各种声波仪及配套探头	在有代表性地段设置	—	—	—	—	—
13	爆破震动	测振及配套传感器	邻近建（构）筑物		随爆破进行			
14	渗水压力、水流量	渗压计、流量计	—	0.01MPa	—	—	—	—

前面提到的隧道断面仪是目前较先进的隧道围岩变形量测仪器，利用它可以迅速测定隧道周边的变形。围岩内部的位移量测，目前常用的还有机械式多点位移计量测方法。

10.5.1 变形量测

10.5.1.1 周边位移量测

周边位移是隧道围岩应力状态变化最直观的反映，通过周边位移量测可以根据变形速率判断围岩稳定状态和二次衬砌施工时间，便于指导隧道施工。

隧道内壁面两点连线方向的位移之和称为"收敛"。采用收敛计或全站仪进行量测。

试验步骤：

1. 量测断面间距和测点布置

根据围岩类别、隧道埋深、开挖方法等确定量测断面间距及测点数量，如表10.3和图10.13所示。

量测断面间距及测点数量 表10.3

围岩类别	断面间距（m）	每断面测点数量	
		净空变化	拱顶下沉
Ⅰ~Ⅱ	5~10	1~2条基线	1~3点
Ⅲ	10~30	1条基线	1点
Ⅳ	30~50	1条基线	1点

一条水平基线　　　　二条水平基线　　　　三条基线

图10.13　隧道周边位移量测基线布置

2. 量测频率

量测频率可根据量测断面距开挖面距离（表10.3）和位移速度（表10.4）确定，二者如出现不一致之处按量测频率的上限考虑。

按位移速度确定量测频率   表 10.4

位移速度（mm/d）	量测频率
≥5	2 次/d
1～5	1 次/d
0.5～1	1 次/2～3d
0.2～0.5	1 次 3/d
<0.2	2 次/7d

3. 仪器设备和量测方法

目前隧道施工中常用的收敛计为机械式的收敛计和数显式收敛计（图 10.14）。

图 10.14　数显收敛计

收敛量测起始读数宜在 3～6h 内完成，其他量测应在每次开挖后 12h 内取得起始读数，最迟不得大于 24h，且在下一循环开挖前必须完成。测点应牢固可靠、易于识别，并注意保护，严禁爆破损坏。测试中按各项量测操作规程安装好仪器仪表，每测点一般测读三次，取算术平均值作为观测值；每次测试都要认真做好原始数据记录，并记录开挖里程、支护施工情况以及环境温度等，保持原始记录的准确性，如图 10.15 所示。

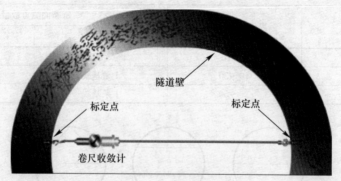

图 10.15　周边收敛测量示意图

周边收敛值计算：测试中读得初始数值 X_0；间隔时间 t 后，用同样的方法可读得 t 时刻的值 X_t，则 t 时刻的周边收敛值 U_t 即为两次的读数差。即：

$$U_t = L_0 - L_t + X_{t1} - X_{t0} \tag{10-8}$$

式中　L_0——初读数时所用尺孔刻度值；

L_t——t 时刻时所用尺孔刻度值；

X_{t1}——t 时刻时经温度修正后的读数值，$X_{t1}=X_t+\varepsilon_t$

X_{t0}——初读数时经温度修正后的读数值，$X_{t0}=X_0+\varepsilon_t$

X_t——t 时刻量测时读数值；

X_0——初始时刻读数值。

温度修正值：

$$\varepsilon_t = a(T_0 - T)L \tag{10-9}$$

式中 a——钢尺线膨胀系数；

T_0——鉴定钢尺的标准温度，$T_0 = 20℃$；

T——每次量测时的平均气温；

L——钢尺长度。

量测作业均应持续到变形基本稳定后 2～3 周后结束。对于膨胀性和挤压性围岩，位移长期没有减缓趋势时，应适当延长量测时间。

10.5.1.2 拱顶下沉量测

拱顶是隧道周边上的挠度最大一个特殊点。隧道拱顶内壁的绝对下沉量称为拱顶下沉值，其量测数据是确认围岩稳定性，判断支护效果，指导施工工序，预防拱顶崩塌，保证施工质量和安全的最基本的资料。单位时间内的拱顶下沉值称为拱顶下沉速度。

量测方法：精密水准仪（0.1mm）或全站仪（±2mm）、激光断面仪实时进行量测。

水准法量测拱顶变位方法采用差值计算法（图 10.16）：

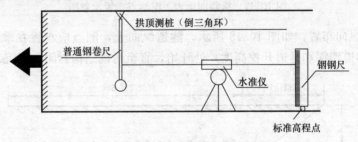

图 10.16　水准仪监测拱顶下沉

（1）将水准仪安放在标准高程点和拱顶测点之间；

（2）水准尺底端在标准高程点上，并将水准尺调整到水平位置，然后后视水准尺记下读数 H_1；

（3）前视钢卷尺记下读数 H_2。

若标准高程为 H_0，则本次测试拱顶高程为：$H_0+H_1+H_2$。

两次不同测试的拱顶高程差即为拱顶下沉值。

量测要求：按表 10.5 量测频率进行。

拱顶下沉量测频率及测点布置　　　　　　　　　　　　表 10.5

方法及工具	测点布置	量测间隔时间		
		1～15d	16d～1 个月	1～3 个月
水准仪、钢尺	每 10～50m 一个断面每断面 3 对测点	1～2 次/d	1 次/d	1～2 次/周

此外，激光断面仪也可以方便地用于拱顶下沉的量测。

10.5.1.3 地表下沉量测

浅埋隧道开挖时一般会引起地层沉陷而波及地表。因此地表下沉量测对浅埋隧道的施工是十分重要的检测项目。

1. 测点布置

（1）隧道横断面上：横向应延伸至隧道中线两侧 $1\sim2$ 倍 $\left(\dfrac{b}{2}+h+h_0\right)$，$b$ 为隧道开挖宽度，h 为隧道埋深，h_0 为隧道开挖高度。至少布置 11 个测点，两测点的距离 $2\sim5m$，隧道中线附件测点应布置密些，远离隧道中线应疏些，如图 10.17 所示。

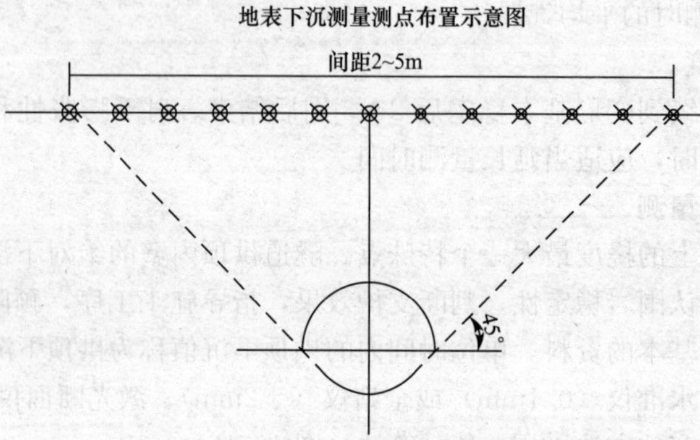

地表下沉测量测点布置示意图

图 10.17 横断面地表下沉测点布置示意图

（2）隧道纵向布置：如图 10.18 所示，隧道纵向上，测点应布置在掌子面前方 $1\sim2$ 倍 $(h+h_0)$（隧道埋深和隧道开挖高度）处开始，直至衬砌结构封闭，下沉基本停止为止。

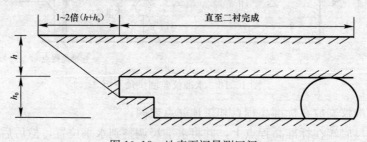

图 10.18 地表下沉量测区间

测量断面沿中线方向的间距，如表 10.6 所示。

地表下沉测点纵向间距　　　　　　　　　　表 10.6

隧道埋深	测点间距（m）
$h>2b$	$20\sim50$
$B<h\leqslant2b$	$10\sim20$
$h\leqslant b$	$5\sim10$

注：b 为隧道开挖宽度。

2. 量测方法

水准仪高程测量法。

3. 量测频率

见表 10.7。

地表下沉量测频率   表 10.7

开挖面距量测断面前后距离	量测频率
$d \leqslant 2b$	1~2 次/d
$2b < d \leqslant 5b$	1 次/2d
$5b < d$	1 次/周

10.5.2 内力量测

内力测量主要检测项目有：围岩压力量测、支护结构间压力量测、钢支撑内力量测、混凝土内力量测等。本节主要介绍围岩压力和钢支撑内力量测方法。

10.5.2.1 围岩压力及两层支护间压力量测

1. 目的

判断复合式初砌中围岩荷载大小，判断初支与二衬分担围岩压力情况，以此评价支护结构的受力状况及合理性。

2. 仪器设备

接触压力量测仪器根据测试原理和测力计结构不同分为液压式测力计和电测式测力计，如图 10.19 所示。

3. 振弦法原理

在传感器中有一根张紧的钢弦，当传感器受外力作用时，弦的内应力发生变化，随着弦的内应力改变，自振频率也相应地发生变化，弦的张力越大，自振频率越高，反之，自振频率越低。因此利用钢弦张拉不同（应力不同）而它的自振频率也相应变化的原理，可由测其钢弦的频率变化而得知引起钢弦应力变化的压力盒薄膜所受压力的变化，其关系为：

图 10.19 振弦式压力盒

$$P = K(f^2 - f_0^2) \tag{10-10}$$

式中 f——压力盒受压后钢弦的频率；

      f_0——压力盒未受压时钢弦的初频；

      P——压力盒薄膜所受的压力；

      K——压力盒系数。

4. 测点布置

布置在围岩周边位移量测的同一断面上，沿隧道周边拱顶、拱腰和边墙埋设压力传感器，将双膜钢弦式压力盒分别埋设在围岩与喷射混凝土之间，喷射混凝土与二次衬砌之间。围岩与喷射混凝土之间的压力盒是在喷混凝土施工以前埋设，喷射混凝土与二次衬砌之间的压力盒是在挂防水板之前进行安装，测取围岩对喷射混凝土压力。每个断面 5~10 测点。如图 10.20、图 10.21 所示。

5. 测量频率

如表 10.8 所示。

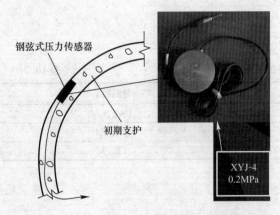

图 10.20　围岩压力传感器布置示意图

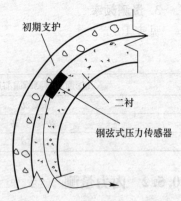

图 10.21　初支与二衬之间接触
压力传感器布置示意图

量测频率　　　　　　　　　　　　　　　　　　　　　表 10.8

项目名称	量测间隔时间			
	1~15d	16d~1 个月	1~3 个月	3 个月以后
围岩压力及支护结构见压力量测	1 次/d	1 次/2d	1~2 次/周	1~3 次/月

10.5.2.2　钢支撑应力量测

一般在Ⅴ、Ⅵ级围岩中常采用型钢支撑，Ⅳ级围岩中常采用格栅支撑。

1. 量测目的

（1）了解钢支撑应力的大小，为钢支撑选型与设计提供依据。

（2）根据钢支撑的受力状态，判断围岩和支护结构的稳定性。

（3）了解钢支撑的实际工作状态，保证隧道施工安全。

2. 量测仪器与方法

型钢支撑应力量测多采用钢弦式表面应变计，格栅支撑应力量测多采用钢弦式钢筋应力计。钢弦式表面应变计、钢弦式钢筋应力计均属于电测法。与压力盒的原理基本相同。

在型钢支撑钢架上（图 10.22），监测时，在横断面上，根据钢架长度和围岩具体情况选择不同的测点，一般在某一测点位置的上下缘布设一对表面应变计。如果钢支撑采用格栅支撑，监测时，选择与格栅主筋直径相同的钢筋计焊接到适当位置，监测钢支撑应力、应变的变化。应力、应变计在隧道周边的布置与压力盒基本相同。在应力、应变计安装时，应尽量使应力计与钢筋同心，防止钢筋计偏心或应变计受扭而影响元件的使用和读数准确性。此外，将钢筋计焊接于格栅主筋时，要注意给钢筋计降温，以防温度过高烧坏钢筋计。埋设时，应注意对测试元件、测线的保护，防止由于埋设不当而使元件不能正常工作，或者埋设后测线扯断。

10.5.3　监测资料整理、数据分析

现场量测所取得的原始数据，不可避免地会具有一定的离散性，其中包含着测量误差。因此，应对所测数据进行一定的数学处理。数学处理的目的是：将同一量测断面的各种量测数据进行分析对比、相互印证，以确定量测数据的可靠性；探求围岩变形或支护系统的受力随时间变化的规律，判定围岩和初期支护系统稳定状态。

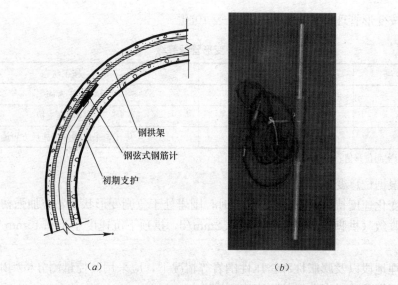

图 10.22　钢支撑内力传感器布置及实物示意图

(a) 布置图；(b) 传感器

在取得监测数据后，及时由专业监测人员整理分析监测数据。结合围岩、支护受力及变形情况，进行分析判断，将实测值与允许值进行比较，及时绘制各种变形或应力-时间关系曲线，预测变形发展趋向及围岩和隧道结构的安全状况，并将结果反馈给设计、监理，从而实现动态设计、动态施工。

目前，回归分析是量测数据数学处理的主要方法，通过对量测数据回归分析预测最终位移值和各阶段的位移速率。具体方法如下：

(1) 将量测记录及时输入计算机系统，根据记录绘制纵横断面地表下沉曲线和洞内各测点的位移 u-时间 t 的关系曲线，见图 10.23。

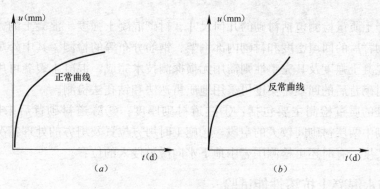

图 10.23　位移 u-时间 t 的关系曲线图

(2) 若位移-时间关系曲线如图 10.23 (b) 所示出现反常，表明围岩和支护已呈不稳定状态，加强支护，必要时暂停开挖并进行施工处理。

(3) 当位移-时间关系曲线如图 10.23 (a) 所示趋于平缓时，进行数据处理或回归分析，从而推算最终位移值和掌握位移变化规律。

(4) 各测试项目的位移速率明显收敛，围岩基本稳定后，进行二次衬砌的施作。

围岩稳定性的综合判别，应根据量测结果按以下方法进行：

（1）按变形管理等级指导施工，见表 10.9。

变形管理等级   表 10.9

管理等级	管理位移	施工状态
Ⅲ	$U < U_0/3$	可正常施工
Ⅱ	$U_0/3 \leqslant U \leqslant 2U_0/3$	应加强支护
Ⅰ	$U > 2U_0/3$	停工，采取特殊措施后方可施工

注：U 为实测位移值；U_0 为最大允许位移值。

（2）根据位移变化速度判别

净空变化速度持续大于 5.0mm/d 时，围岩处于急剧变形状态，应加强初期支护。

水平收敛（拱脚附近）速度小于 0.2mm/d，拱顶下沉速度小于 0.15mm/d，围岩基本达到稳定。

在浅埋地段以及膨胀性和挤压性围岩等情况下，应采用监控量测分析判别。

（3）根据位移时态曲线的形态来判别

当围岩位移速率不断下降时（$d^2u/dt^2 < 0$），围岩趋于稳定状态；

当围岩位移速率保持不变时（$d^2u/dt^2 = 0$），围岩不稳定，应加强支护；

当围岩位移速率不断上升时（$d^2u/dt^2 > 0$），围岩进入危险状态，必须立即停止掘进，加强支护。

围岩稳定性判别是一项很复杂的也是非常重要的工作，必须结合具体工程情况采用上述几种判别准则进行综合评判。

10.6 衬砌混凝土施工质量检测

衬砌混凝土质量检测包括衬砌的几何尺寸、衬砌混凝土强度、混凝土的完整性、混凝土裂缝、衬砌背后的回填密度和衬砌内部钢架、钢筋分布等的检测。其中外观尺寸容易用直尺量测，混凝土强度及其完整性则需用无损探测技术完成，混凝土裂缝可用塞尺等简单方法检测，衬砌背后的回填密实度可采用地质雷达法和钻孔法检测。

隧道衬砌的质量检测主要包括：①隧道衬砌厚度；②隧道衬砌背后未回填的空区；③复合式衬砌中两层衬砌间较大的空段；④施工时坍方位置及坍方的处理情况；⑤衬砌混凝土回填密实度。有时还可检测围岩中地下水向隧道侵入的位置。

10.6.1 防水混凝土抗渗性能试验

隧道的防水技术主要有两大类：（1）提高混凝土自身的防水功能，即采用混凝土自防水；（2）结构的外防水技术，设防水夹层等技术。

防水混凝土又属于隧道自防水技术的一个方面；另一方面是处理好各种施工缝。

隧道工程防水混凝土的一般要求：

（1）一般地区抗渗等级不得小于 S6，平均气温低于 −15℃时抗渗等级不得小于 S8。

（2）试件的抗渗等级应比设计要求提高 0.2MPa。

（3）防水混凝土结构应满足：①衬砌厚度不小于300mm；②裂缝宽度应不大于0.2mm，并不贯通；③迎水面主筋保护层厚度不应小于50mm。

1. 试验目的

主要用于检测混凝土硬化后的防水性能及测定其抗渗等级。

抗渗等级可分三种：设计等级、试验等级（提高0.2MPa）和检验等级。

2. 试件制备

（1）试件形状

① 圆柱体：直径、高度均为150mm。

② 圆台体：上底直径175mm，下底直径185mm，高165mm。

（2）每组试件6个，养护不少于28d，不超过90d。

（3）试件成型后24h拆模，用钢丝刷刷净两端面水泥浆膜。

3. 仪器设备

（1）混凝土渗透仪：应能使水压按规定稳定地作用于试件上，如图10.24所示。

（2）成型试模：上口直径175mm，下口直径185mm，高150mm或上下直径与高度均为150mm。

（3）螺旋加压器、烘箱或电炉。

（4）密封材料：石蜡，内掺松香约2%。

4. 试验步骤

（1）在试件侧面滚涂一层熔化的密封材料，立即放入在螺旋加压器上经烘箱或电炉预热过的试模中，装在渗透仪上进行试验。若水从试件周边渗出，说明密封不好，要重新密封。

图10.24 混凝土渗透仪

（2）试验时，水压从0.2MPa开始，每隔8h增加0.1MPa，并随时观察试件端面情况，一直加到6个试件中3个试件端面渗水，记下此时的水压力，即可停止试验。

（3）当加压到设计抗渗等级，经8h后，第3个试件仍不渗水，表明混凝土满足设计要求，也可停止试验。

5. 试验结果计算

混凝土抗渗等级以每组6个试件中4个未发现有渗水时的最大水压力表示，按下式计算：

$$P = 10H - 1 \tag{10-11}$$

式中 P——混凝土抗渗等级；

H——第三个试件顶面开始渗水时的水压力（MPa）。

抗渗等级分为：P_2、P_4、P_6、P_8、P_{10}、P_{12}，若加压至1.2MPa，经8h后第三个试件仍不渗水，则停止试验，试件的抗渗等级以P_{12}表示。

10.6.2 混凝土强度检测

混凝土是隧道工程建设使用最为广泛的建筑材料。混凝土质量的优劣影响到隧道衬砌结构的适用性、安全性和耐久性，并直接制约着隧道工程经济和社会效益的发挥。混凝土衬砌的质量检控中，强度保证是基本要求。但是混凝土作为多相、多组分的复杂材料体系，在制造过程中，其强度易受到配料、搅拌、成型、养护等多种工艺环节的影响，如技术疏忽或管理不严，便极易造成质量隐患，甚至酿成工程事故。因此在建隧道的施工质量检控和已建隧道衬砌的健康诊断中，混凝土的强度检测十分必要。

衬砌混凝土强度的现场检测，目前常采用回弹仪法、声波法、超声＋回弹法、钻芯法等，详细内容参见本书第 4 章。

1. 回弹法检测混凝土强度

回弹法原理：由于混凝土的抗压强度与其表面硬度存在某种关系，而回弹的弹击锤被一定的弹力打击在混凝土表面上，其回弹高度与混凝土的表面硬度成一定的比例关系。根据表面硬度则可推求混凝土的抗压强度。

测试仪器：回弹仪。

详细内容参见本书第 4 章。

2. 超声波法检测混凝土强度

原理：是根据混凝土的抗压强度 R_c 与纵波的传播速度 v 之间存在着某种函数关系，然后在标准状况下（即各种影响系数 $C=1$ 的情况下）制备标准混凝土试块，并以测得的每个试块的平均传播速度 v 与破损强度 R_c，拟合出曲线方程 $R_c=AvB$，A、B 为经验系数。最后根据波速来测算强度值。

测试仪器：声波仪。

测试方法：超声波探测按探头安放的位置不同可分为：对测法、斜测法、平测法，如图 10.25 所示。

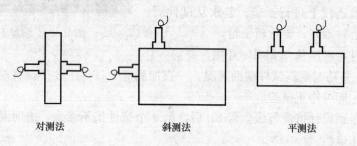

| 对测法 | 斜测法 | 平测法 |

图 10.25　超声波法探测方式

强度影响因素：①横向尺寸效应；②温度和湿度；③钢筋；④骨料；⑤水灰比；⑥龄期；⑦缺陷和损伤。

3. 超声回弹法

超声回弹综合法是利用低频超声波仪和回弹仪对结构或构件同一测区进行原位声速和回弹测试，利用已建立起来的全国统一测强曲线，推算该测区混凝土抗压强度的一种方法。较之于单一的回弹法和超声法，综合测强法具有明显的优势。衬砌混凝土的龄期和含水率都对回弹值和声速有着明显的影响，但在综合测强方法中，龄期、含水率两个因素对回弹值和声速的影响却能在相当程度上相互抵消，从而能较大地提高强度测试的准确性与可靠性。如上所述，回弹法对低强度混凝土测试不敏感，单纯的声速法却对高强度混凝土反应不灵敏，而将两者结合起来的超声-回弹综合法，既能将混凝土内外质量检测结合起来，又能在较低或较高强度区弥补各自的不足，所以，综合测试能较全面地反映混凝土衬砌的整体质量，提高无损检测混凝土强度的精度。

4. 钻芯法检测混凝土强度

钻芯法是利用钻机和人造金刚石空心薄壁钻头，从结构混凝土中钻取芯样以检测混凝土强度和混凝土内部缺陷的方法。

钻芯取样时固定钻芯机的方法有：①配重法；②真空吸附法；③顶杆支撑法；④膨胀锚栓法。隧道混凝土取芯一般采用膨胀锚栓法。

钻芯取样时，一般要求芯样直径（常用 50～75mm）为粗集料直径的 3 倍。

取芯数量同一批构件不得少于 3 个，一般以 5 个为宜，取芯位置一般在整个结构上均匀布置。

10.6.3 衬砌厚度和缺陷的无损检测

随着国家陆路交通的不断发展，铁路公路隧道的数量也在逐年增加，同时在运营过程中暴露出来的隧道病害也在连连告急。隧道混凝土衬砌质量检测包括：（1）隧道衬砌厚度；（2）隧道衬砌缺陷检测：①裂缝；②隧道衬砌背后未回填的空区；③复合式衬砌中两层衬砌间较大的空段；④施工时坍方位置及坍方的处理情况。

常见的衬砌厚度检测方法有：冲击-回波法、超声发射法、激光断面仪法、地质雷达法和直接测量法（钻芯法）等。

常见的衬砌缺陷可以分为两大类：一类是外部缺陷，可以采用刻度放大镜、塞尺等工具进行测量；另外一类是内部缺陷，通常采用地质雷达、超声波、冲击-回波法、红外成像等方法进行检测。

钻芯法测混凝土衬砌厚度原理：是在隧道测线上用钻机在混凝土上钻透衬砌混凝土，然后再用尺量出混凝土衬砌的实际厚度。该方法具有一定的破坏性，通常不予采用。

激光断面仪法原理：是使用激光断面仪对隧道初期支护和二次衬砌前断面进行检测，待二次衬砌完成后，在同一断面再次进行检测，通过相同位置两次检测结果的差值，可得出检测断面衬砌厚度的准确值。

其他方法详细内容参见有关参考书。

在隧道衬砌施工质量现场检测过程中，传统方法如钻芯法、塞尺等来检测衬砌施工质量，虽然安全可靠但费时费力、效率低下，不能满足现场施工需求。这就需要一种高效的能够对隧道衬砌质量进行全面快速的检测方法来适应这种发展，使隧道病害能够提前得到治理。近年来采用地质雷达检测混凝土质量得到了广泛的应用，地质雷达检测方法可以对隧道衬砌混凝土厚度、密实性、脱空等进行快速检测。它不仅克服了传统上以点盖面的只靠目测和打孔抽查来对隧道质量进行不全面检测的缺点，而且是一种采用高科技手段，以其高分辨率和高准确率，能快速、高效地进行无损检测的方法，在隧道工程质量检测中得到广泛的应用。

下面主要介绍地质雷达无损检测方法。

1. 探地雷达法的原理

探地雷达法是一种利用高频脉冲电磁波探测混凝土及下覆介质分布形态的一种无损伤检测方法。由发射机通过天线向混凝土中发射高频宽带电磁波，接收机接收来自介质的反射信号。电磁波在介质中传播时，因介质电磁性变化或介质几何形状改变而产生相位及回波能量、波形的变化。通过计算机使用不同的滤波程序对反射波运行时间、回波能量分布及波形进行处理和分析，从而推断地下地质结构。

2. 探地雷达检测混凝土衬砌厚度及背部空洞的方法

实测时将探地雷达的发射天线和接收天线密贴于衬砌表面，电磁波通过天线进入混凝土衬砌中，遇到钢筋、钢拱架、混凝土中间的不连续面、混凝土与空气分界面、混凝土与岩石的分界面、岩石中的裂面等产生反射；接收天线接收到反射波，测出反射波的入射和反射双向走时，就可计算出反射波走过的路程长度，即有下式：

$$h = V\Delta t/2 \qquad (10\text{-}12)$$

式中　h——天线到反射面的距离（m）；

　　　V——波速（m/ns）；

　　　Δt——波的双程走时（ns），1ns＝10^{-9}s。

对探地雷达工作频段而言，地下介质一般视为准电介质，其波速可近似为下式：

$$V = C/\sqrt{\varepsilon} \qquad (10\text{-}13)$$

式中　V——波速（m/ns）；

　　　C——真空中的光速，0.3m/ns；

　　　ε——介电常数，由波通过的物质决定，可参照表10.10取值。

主要介质特性参数 表10.10

介 质	相对介电常数	波速（m/ns）
混凝土	3～6	0.130～0.170
空气	1	0.300
水	81	0.033

3. 检测步骤

每座隧道沿隧道拱部轴向检测5条测线：拱顶、左拱腰和右拱腰，以及左边墙和右边墙。

可选用的雷达有多种，根据需要探测的深度来选定天线的频率。频率高的天线发射雷达波主频高、分辨率高，但探测深度浅；频率低的天线发射雷达波主频低、分辨率低，但是探测深度大。若选用450～500MHz的工作天线，它的波长约为20～30cm，检测20～30cm的衬砌厚度有足够的分辨率，并可达到2cm左右的探测精度，可探测约2.5m深，适合检测复合衬砌和隧道仰拱；为探测深于3～5m的坍方情况，则需改用100～200MHz天线；对于采用地质雷达做隧道超前预报则适宜使用更低频率的天线。

雷达检测时，需将发射和接收天线与隧道衬砌表面密贴，沿测线滑动，由雷达仪主机高速发射雷达脉冲，进行快速连续采集。为此，需使用工作台架，便于将天线举起密贴衬砌。为保持工效，天线沿测线以5km/h左右的速度滑动。为此，在卡车车厢上或铁路平板车上用钢管搭架并铺木板制成工作平台。雷达每秒发射20～30个脉冲，若检测时天线的行走速度为1m/s（3.6km/h），则每米有测点20～30个；若天线的行走速度为1.5m/s（5.4km/h），则每米测线有测点15～22个。

雷达时间剖面上各测点的位置要和隧道里程相联系。为保证点位的准确，在隧道壁上每 5m 或 10m 作一标记，标上里程。当天线对齐某一标记时，由仪器操作员向仪器输入信号，在雷达记录中每 5m 或 10m 作一里程标记。

4. 探地雷达检测成果

（1）衬砌厚度

由于隧道混凝土衬砌与岩体的介电常数有明显的差别，所以衬砌与围岩之间的界面有明显的电磁波反射现象。用雷达测出电磁波在衬砌中的双程走时，则衬砌厚度为 $h = V\Delta t/2$。

（2）衬砌背部空洞

由于空气和围岩的介电常数有明显的差别，所以在地质雷达成果图上，如果衬砌背部存在空洞，也是易于识别的。

（3）地下水

水对雷达波有强烈的反射，所以地下水在围岩和衬砌中的活动情况也可用地质雷达探测出来。

10.7 隧道环境检测

隧道施工和运营中的通风检测和照明检测是保证施工人员安全、行车安全的重要手段。

试验检测依据标准：

（1）《公路隧道养护技术规范》JTG H12—2003

（2）《公路隧道环境检测设备技术条件》JT/T 611—2004

（3）《公路隧道通风照明设计规范》JTJ 026.1—1999

（4）《高速公路隧道监控系统模式》GB/T 18567—2010

（5）《公路隧道施工技术规范》JTG F60—2009

（6）《铁路隧道运营通风设计规范》TB 10068—2000

（7）《铁路隧道工程施工安全技术规程》TB 10304—2009

（8）《铁路工程基本作业施工安全技术规程》TB 13301—2009

（9）《声环境质量标准》GB 3096—2008

除环境试验或有关标准中另有规定外，隧道环境通风照明试验应在下列环境条件下进行：

（1）温度：15～35℃；

（2）相对湿度：45%～85%；

（3）大气压力：80～100kPa；

（4）风速：0～10m/s。

10.7.1 通风检测

隧道通风可分为施工通风和运营通风。施工通风指将炮烟、运输车辆排放的废气以及施工过程中产生的粉尘、瓦斯排至洞外，为施工人员输送新鲜空气；运营通风之目的是用洞外的新鲜空气置换被来往车辆废气和隧道突发事件（火灾、消防、交通混乱）污染过的洞内空气，提高行车的安全性和舒适性，保护驾乘人员和洞内工作人员的身体健康。

通风检测的内容包括：粉尘浓度测定、瓦斯检测、一氧化碳检测、烟雾浓度检测、隧道内风压测定、流速测定等。

10.7.1.1　粉尘浓度测定

《公路隧道施工技术规范》JTG F60—2009 规定：工作场所空气中粉尘容许浓度见表 10.11。

工作场所空气中粉尘容许浓度（mg/m³）

表 10.11

中文名	TWA	STEL
白云石粉尘 总尘 呼尘	8 4	10 8
沉淀 SiO_2（总尘）	5	10
大理石粉尘 总尘 呼尘	8 4	10 8
电焊烟尘（总尘）	4	6
沸石粉尘（总尘）	5	10
硅灰石粉尘	5	10
硅藻土粉尘 游离 SiO_2 含量<10%（总尘）	6	10
滑石粉尘（SiO_2 含量<10%） 总尘 呼尘	3 1	4 2
煤尘（SiO_2 含量<10%） 总尘 呼尘	4 2.5	6 3.5
膨润土粉尘（总尘）	6	10
石膏粉尘 总尘 呼尘	8 4	10 8
石灰石粉尘 总尘 呼尘	8 4	10 8
石墨粉尘 总尘 呼尘	4 2	6 3
水泥粉尘（SiO_2 含量<10%） 总尘 呼尘	4 1.5	6 2
炭黑粉尘（总尘）	4	8
矽尘 总尘		

中文名	TWA	STEL
含 10%～50% 游离 SiO₂ 的粉尘	1	2
含 10%～80% 游离 SiO₂ 的粉尘	0.7	1.5
含 80% 以上游离 SiO₂ 的粉尘	0.5	1.0
呼尘		
含 10%～50% 游离 SiO₂ 的粉尘	0.7	1.0
含 10%～80% 游离 SiO₂ 的粉尘	0.3	0.5
含 80% 以上游离 SiO₂ 的粉尘	0.2	0.3
其他粉尘	8	10

注：1. TWA-时间加权平均容许浓度（8h）；STEL-短时间接触浓度（15min）。

2. "其他粉尘"指不含有石棉且游离 SiO_2 含量低于 10%，不含有毒物质，尚未制定专项卫生标准的分析。

3. "总粉尘"指直径为 40mm 的滤膜，按标准粉尘测定方法采样所得的粉尘。

4. "呼尘"即呼吸性粉尘，指按呼吸性粉尘采样方法所采集的可进入肺泡的粉尘粒子，其空气动力学直径均在 $7.07\mu m$ 以下，空气动力学直径 5mm 粉尘粒子的采样效率为 50%。

《铁路隧道施工规范》TB 10204—2002 规定：每立方米空气中含 10% 以上游离二氧化碳的粉尘不得大于 2mg。

1. 滤膜测尘法的原理

用抽气装置抽取一定量的含尘空气，使其通过装有滤膜的采样器，滤膜将粉尘截留，然后根据滤膜所增加的质量和通过的空气量计算出粉尘的浓度。

2. 主要器材

（1）滤膜，有直径 75mm 和 40mm 两种，当粉尘浓度高于 $200mg/m^3$ 时，用直径 75mm 的滤膜；当粉尘浓度低于 $200mg/m^3$ 时，用直径 40mm 的滤膜；

（2）采样器；

（3）抽气装置。

3. 粉尘浓度检测过程

（1）准备滤膜；（2）采样。

4. 计算

一般在干燥箱中放置 30min 后便可称重。每 30min 称一次，直到相邻两次质量差不超过 0.2mg 为止。计算公式：

$$G = \frac{m_2 - m_1}{QT} \tag{10-14}$$

式中　G——粉尘浓度（mg/m^3）；

　　m_1——采样前滤膜质量（mg）；

　　m_2——采样后滤膜质量（mg）；

　　Q——流量计读数（m^3/min）；

　　T——采样时间（min）。

两个平行样品分别计算后，其偏差小于 20% 时，方属合格；若不小于 20%，则需重测。

偏差值的公式：

$$P = \frac{2\Delta G}{G_1 + G_2} \times 100\% \tag{10-15}$$

式中 ΔG——平行样品计算结果之差（mg/m³）。

10.7.1.2 一氧化碳检测

一氧化碳无色、无味、无臭、极毒，相对密度 0.97，微溶于水。浓度达到 13%～75% 时遇火爆炸，达到 30% 时，爆炸威力最强。主要来源于：（1）煤的氧化、自燃及火灾；（2）放炮；（3）瓦斯、煤尘爆炸。主要危害：浓度达到 0.016% 时，数小时后稍微不舒服；浓度达到 0.048% 时，1h 内轻微中毒；浓度达到 0.128% 时，0.5～1h 后严重中毒；浓度达到 0.4% 时，很短时间致命中毒；浓度达到 1% 时，呼吸 3～5 口气，迅速死亡。

《公路隧道施工技术规范》JTG F60—2009 和《公路隧道设计规范》JTG D70—2004 中规定：

对于施工隧道：一氧化碳一般情况下不大于 30mg/m³；特殊情况下，施工人员必须进入工作面时，浓度可为 100mg/m³，但工作时间不得超过 30min。

对于营运隧道：采用全横向通风方式与半通风方式时，一氧化碳浓度按表 10.12 取值；采用纵向通风方式时一氧化碳浓度按该表各值增加 50ppm；交通阻滞时，阻滞段的平均一氧化碳的浓度可取 300ppm，经历时间不超过 20min。

公路隧道运营一氧化碳浓度标准 表 10.12

	汽车专用隧道一氧化碳浓度		人车混行隧道一氧化碳浓度	
隧道长度（m）	1000	≥3000	1000	≥3000
δ（ppm）	250	200	150	100

检测仪器：检知管和一氧化碳检测仪。

1. 检知管法

有比色式和比长式两种。检知管是一支直径 4～6mm，长 150mm 左右的密封玻璃管，管内装有易与一氧化碳发生反应的药品。使用时，将管封口打开，通过一定容积的吸气球，使一定量的被测气体通过检知管，吸入气体中的一氧化碳与药品作用，白色的药品颜色迅速变化，比色板上有与各种颜色相对应的一氧化碳的浓度，通过对比，找出与检知管颜色最接近的标准颜色，它所对应的浓度就是被测气样的一氧化碳的浓度。

图 10.26 一氧化碳检测仪

2. 一氧化碳检测仪（图 10.26）

工作原理：利用一氧化碳气体传感器的半导体原理、红外线吸收原理和电化学原理将空气中的一氧化碳气体转化为电信号，经电路转换处理后，由 LED 显示一氧化碳气体浓度。

10.7.1.3 烟雾浓度检测

公路隧道运营中柴油车除排放 SO_2 等有害气体外，还有游离碳素（煤烟）。柴油车排烟量与车重、车速和路面坡度有关。烟雾浓度可通过测定光线在烟雾中的透过率来确定。

光线在烟雾中透过率（τ）

$$\tau = \frac{E}{E_v} \tag{10-16}$$

式中 E、E_v——同一光源通过污染空气和洁净空气后的照度。

τ 与烟雾的厚度 L（m）有关：

$$\tau = e^{-\alpha L} \tag{10-17}$$

式中　α——烟雾吸光系数，$\alpha = -\dfrac{1}{L}\ln\tau$；

令 $K = \alpha$，则：

$$K = -\frac{1}{L}\ln\tau \tag{10-18}$$

K 称为烟雾浓度。在隧道通风中，取 $L = 100m$，测定 τ 后确定 K，则：

$$K = -\frac{1}{100}\ln\tau \tag{10-19}$$

式中　τ——100m 厚烟雾光线的透过率。

从车安全考虑，确定的可见度叫安全可见度。

检测仪器：光透过率仪。

检测方法：测定光路长度 100m，光透过率量程 5%～100%，精度为满量程 5%。

10.7.1.4　隧道风压检测

隧道风压是隧道通风的基本控制参量。

1. 基本概念

(1) 空气静压（静压强）：是气体分子间的压力或气体分子对与之相接触的固体或液体边界所施加的压力，空气的静压在各个方向上均相等。

(2) 空气动压：运动着的物体具有动能，当其运动受到阻碍的时候，就有压力作用在障碍物表面上，压力的大小取决于物体动能的大小。

(3) 全压：风流的全压即静压与动压的代数和。

2. 隧道空气压力测定

(1) 绝对静压测定：通常使用水银气压计和空盒气压计测定空气绝对静压。

(2) 相对静压测定：通常使用型压差计、单管倾斜压差计或补偿式微压计与皮托管配合测定风流的静压、动压和全压。

10.7.1.5　隧道风速检测

隧道风速过小，则不足以稀释排出隧道内的车辆废气；风速过大，则会使隧道内尘土飞扬，使行人感到不适。

《公路隧道设计规范》JTG D70—2004 规定：单向交通隧道风速不宜大于 10m/s，特殊情况可取 12m/s。双向交通隧道风速不应大于 8m/s；人车混用隧道风速不宜大于 7m/s。

断面上的平均风速＝通过流道横断面的风量/流道横断面积。

隧道风速检测常用两种方式：

(1) 用风表检测：常用的风表有杯式和翼式两种。杯式风表常用来检测大于 10m/s 的高风速；翼式风表常用于检测 0.5～10m/s 的中等风速，具有较高灵敏度的翼式风表也可以用于检测 0.1～0.5m/s 的低风速。

风表检测隧道风速时，根据测风员与风流方向的相对位置，分迎面和侧面测风两种：

① 迎面法：测风员面向风流站立，手持风速计，手臂向正前方伸直，然后按一定的路线使风速计均匀移动。由于人体位于风表的正后方，人体的正面阻力减低流经风表的流速，因此，用该法测的风速 v_s 需经校正后才是真实风速 v，校正公式如下：

$$v = 1.14v_s \tag{10-20}$$

② 侧面法：测风员背向隧道壁站立，手持风表，手臂向风流垂直方向伸直，然后按一定的线路使风表均匀移动。使用此方法时，人体与风表在同一断面内，造成流经风表的流速增加。如果测得风速为 v_s，那么实际风速则为：

$$v = v_s(S - 0.4)/S \qquad (10\text{-}21)$$

式中 S——所测隧道的断面积（m^2）；

0.4——人体占据隧道的断面积（m^2）；

③ 风表检测过程：

检测时，先回零，待叶轮转动稳定后打开开关，则指针随着转动，同时记录时间。经 1～2min 后，关闭开关。风表可以测定一点风速，也可以测量隧道的平均风速。

用风表检测隧道的平均风速时，测风员应该使风表正对风流，在所测隧道断面上按一定的路线均匀移动风表。通常采用的路线如图 10.27 所示。

（2）用热电式风速仪和皮托管与压差计检测。详细内容参见有关教材。

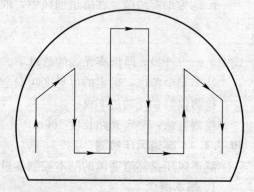

图 10.27　检测断面平均风速的线路

10.7.2　照明检测

车辆在白天或黑夜接近并通过隧道时，司机的视觉会出现一系列的视觉变化。白天，汽车行驶并接近照明不良的隧道时，由于洞内外亮度相差很大，在长隧道的洞口处易产生黑洞效应，在短隧道洞口易产生黑框效应；夜间，汽车通过隧道时，司机视觉也会出现由暗到明，再由明到暗的变化。从视学要求来看，白天在洞内保持一个较高水平的照明可以减弱或消除黑洞、黑框效应，有利于行车安全，但运营成本则相对较高，不能满足经济运营的要求。《公路隧道通风照明设计规范》综合了人的生理视觉需要和运营经济效益等方面的因素，把隧道照明系统分为洞外引道照明、接近段减光设施、人口段照明、过渡段照明、中间段照明、出口段照明和应急照明。

照明基本概念：

（1）光谱光效应：是人眼可见光光谱范围内视觉灵敏度的一种度量。

（2）光通量：是光源发光能力的一种度量，是指光源在单位时间内发出的能被人眼感知的光辐射能的大小。

（3）光强：用于反映光源光通量在空间各个方向上的分布特性，它用光通量的空间角密度来度量，公式：$I = \mathrm{d}\varphi/\mathrm{d}\omega$。

（4）照度：用来表示被照面上光的强弱，以被照场所光通量的面积密度来表示。平均照度＝入射光通量 φ/表面积 A。

（5）亮度：用于反映光源发光面在不同方向上的光学特性。在隧道照明中，路面照明是最重要的技术指标。亮度 L 与照度 E、反射系数 ρ 间存在以下简单的关系，$L = \rho E/3.14$。

照明工程作为公路隧道附属工程的一部分，在前期的施工中和后期的交工验收中都应当引起足够的重视。目前，照明工程交工验收检测包括照明工程施工质量和照明工程使用功能两方面的内容。

照明控制工程质量检测主要检测照明控制箱安装，箱内设备及接线，并进行现场手动控制操作和遥控手动操作。

照明工程使用功能主要对隧道内路面照度进行检测。检测采用数字式照度计。

照明试验检测可以分为试验室模拟试验和现场检测两大类。

10.7.2.1　试验室模拟试验

模拟隧道现场为办公楼楼道，采用节能灯具照明，沿吊顶中线布置。由于楼道长度有限，将作为模拟隧道的楼道沿纵向划分为入口段、过渡段和中间段。

入口段及过渡段照度检测和中间段路面平均照度检测分别按以下方法进行：

1. 入口段及过渡段纵向照度曲线测试

纵向照度曲线测试：按正常隧道检测第一测点宜设在距洞口 10m 处，由于试验室为模拟，第一测点设在距洞口 5～10m 处，之后向内每 1～2m 设一测点，测点深入中间段 10m。测试各点照度，并以隧道路面中线为横轴、以照度为纵轴绘制隧道纵向照度变化曲线。如图 10.28 所示。

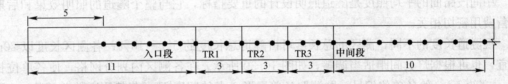

图 10.28　入口段测点及测线布置图（单位：m）

2. 中间段平均照度检测

根据情况选一个长度为 20m 的大测区，即距入口 20～40m 范围，在大测区内划分网格小测区，使各单位长为 2m，宽为 1m，共 20 个小测区；给各小测区编号，并测取各小测区形心点的照度 E_i，则该大测区的平均照度为 $E = \dfrac{1}{n}\sum\limits_{i=1}^{n} E_i$，此即为中间段的平均照度。将平均照度换算成楼面亮度，即，$L = E/C$。本项目楼面可视为等同于水泥混凝土路面，$C = 13$，为常数。如图 10.29 所示。

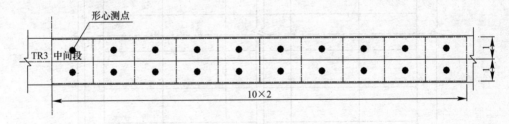

图 10.29　中间段测区布置图（单位：m）

10.7.2.2　现场照度和亮度检测

隧道照度检测可分为洞口段照度检测和中间段照度检测。亮度检测指标有：路面平均亮度和路面亮度均匀度。

1. 照度检测

（1）洞口照度检测

洞口段：纵向照度曲线反映洞口段沿隧道中线照度的变化规律。用便携式照度仪测试各点照度，并以隧道路面中线为横轴、以照度为纵轴绘制隧道纵向照度变化曲线。

横向照度曲线反映照度在隧道路面横向的变化规律。洞口照明段分为入口段和过渡段，过渡段由 TR1、TR2、TR3 三个照明段组成。

携式照度仪。

检测方法：

① 开灯预热半小时左右、待电压稳定。

② 划分段落，布置测点，第一个测点可设在距洞口 10m 处，之后向内每米设一测点，测点深入中间段 10m。在横断面上分路中心、1/4 路面、路缘、侧墙高 1.5m 处共 7 处；同一测区测 3 个横断面，每两个断面纵向间距 1m，另外也可把两灯之间当一个测区，根据纵向距离不等可分为 3、5、7 个横断面进行照度检测。

③ 数据整理，计算画出路面平均照度和总均匀度，画出纵向照度曲线和横向照度曲线。

（2）中间段路面平均照度检测

中间段路面的平均照度是隧道照明设计的重要指标，它与整个隧道的照明效果和后期运营费用密切相关。

视隧道长度的不同，测区的总长度可占隧道总长度的 5%～10%；各测区长度以 20m 为宜，也可根据灯具间距适当调整，如图 10.30 所示。在各测区内划分网格，使各单位长 2m、宽约 1m；给各单位编号，并测取各单元形心点的照度 E_i。若某测区的单元数 n，则该测区的平均照度 E 为：

$$E = \frac{1}{n} \sum_{i=1}^{n} E_i \qquad (10\text{-}22)$$

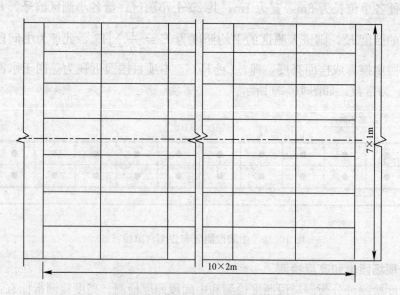

图 10.30　中间段平均照度测点位置

对所有的测区重复以上工作，便可得到各测区的平均照度，最后对各测区的照度再平均，即得全隧道基本段的平均速度。

410

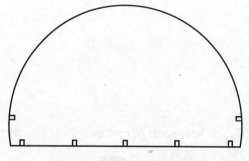

图 10.31 横断面测试布置图

2. 亮度检测

（1）检测断面的选取及测点布置

在隧道入口段、适应段、过渡段、基本段、出口段以及在两个不同段落交替处各取两个区域作为测试区，在横断面上测点分别为路面中心、左 1/4 路面、左路缘、右 1/4 路面、右路缘，共 5 个点。在墙脚以上 1m 到 2m 的地方，补测一点作为背景亮度参考（见图 10.31）。在纵断面上，分别以两灯之间相邻区段作为一检测区域（见图 10.32）。在隧道轴线上测线布置根据相邻灯具之间的距离适当调整，一般两测线之间的距离为 1～2m。

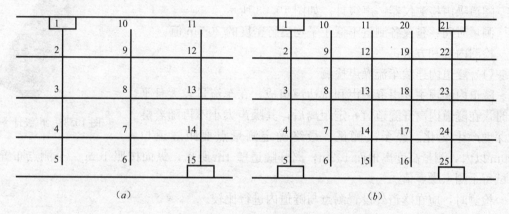

图 10.32 纵断面测试布置图

（a）非对称布灯；（b）对称布灯

（2）数据读取及处理

测试时，同一时刻从两洞口同时向中间测，每一测点读取 3 次数据求其平均值，然后求出该区域内的照度平均值，即为路面的平均照度；再把路面平均照度转化为路面平均亮度，与设计值比较看是否满足规范要求；最后求出该区域内路面亮度总均匀度和路面中线亮度纵向均匀度，看是否符合规范要求。

路面平均亮度（L_{av}）：

$$L_{av} = E_{av}/C \tag{10-23}$$

式中　C——常数，混凝土路面 $C=13$，沥青路面 $C=22$；

　　　E_{av}——路面平均照度。

路面亮度均匀度

① 总均匀度（U_0）：

$$U_0 = \frac{L_{min}}{L_{av}} \tag{10-24}$$

式中　L_{min}——计算区域内路面最低亮度；

　　　L_{av}——计算区域内路面平均亮度。

② 纵向均匀度（U_1）：

$$U_1 = \frac{L'_{\min}}{L_{\max}}\tag{10-25}$$

式中　$L'_{\min}$——路面中线局部亮度最小值；

　　　$L_{\max}$——路面中线亮度最大值。

10.7.3　隧道噪声检测

一般情况下，30～60dB 是人体感到舒服的范围，而 70～80dB 就可以称为噪声了，声音达到了 90～100dB 或更高时，噪声就会对内耳神经的毛细胞造成伤害，严重时会导致听力的下降。当隧道内的噪声达到 120dB 时，会出现耳出血等，达到 160dB 时，人可能会当场死亡。

因此，隧道运营环境要求噪声不得大于 90dB。

隧道噪声检测仪器：声级计。如图 10.33 所示。

测量时间：昼夜各测量不低于平均运行密度的 20min 值。

检测内容和方法：

（1）隧道内连续车流噪声检测

隧道内噪声主要由混响声和直达声组成，在车流量较大且平稳时，在隧道内离开隧道口一定距离后，其噪声大小不再随着隧道深度产生变化。经多次测试，最终确定测量点要距隧道口

图 10.33　声级计

100m 以内，测量高度离地面 1.2m，离开隧道壁 1m 距离，纵向按照 10m 一个测点布置，测试每个测点噪声值。

检测时，应在隧道外设置测点与隧道内进行比较。

（2）隧道内单车噪声检测

根据车流量情况，选择隧道进行单车噪声测量，并在隧道外测量单车噪声，进行单车隧道内、外噪声比较。

第11章 钢结构工程试验与检测

11.1 概述

钢结构工程是以钢材制作为主的结构，是主要的建筑结构类型之一。钢结构是现代建筑工程中较普通的结构形式之一。钢结构在各类工程结构中是应用比较广泛的一种建筑结构，我国是最早用铁制造承重结构的国家，远在秦始皇时代（公元前 246~219 年），就已经用铁做简单的承重结构，而西方国家在 17 世纪才开始使用金属承重结构。公元 3~6 世纪，聪明勤劳的我国人民就用铁链修建铁索悬桥，著名的四川泸定大渡河铁索桥、云南的元江桥和贵州的盘江桥等都是我国早期铁体承重结构的例子。此外，一些高度或跨度较大的结构，荷载或吊车起重量较大的结构，有较大振动或较高温度的厂房结构，要求能活动或经常装拆的结构，在地震多发区的房屋结构，以及采用其他建筑材料有困难或不经济的结构，都可以考虑采用钢结构。

钢结构施工时间短：用于施工的钢结构构件可以工厂化生产、现场安装，大大缩短施工的时间；空间大：由于钢材的抗压、抗侧弯强度均为混凝土的 1.5 倍，因此在同等强度的条件下可以缩小截面从而增大了有效的空间；可循环利用：钢结构建筑的施工材料可以实现再生利用，这样就减少了大量的建筑垃圾；抗震性能好：由于钢结构属于柔性结构，自重轻，能有效地降低地震响应及灾害的影响程度，有利于抗震。

钢结构工程试验和检测内容可以分四个部分：钢结构材料检测、钢结构防腐防火检测、钢结构连接检测及钢结构性能检测。

钢结构材料检测主要是针对钢结构用的结构钢的物理、化学和力学性能检测。此部分参见本书第 3 章中部分章节。

钢结构防腐和防火检测主要针对防腐涂层厚度检测、防火涂层厚度检测和防火性能检测。本书主要介绍钢结构防腐涂层和防火涂层厚度检测方法。

钢结构连接检测主要针对紧固件连接、焊接连接和铆接试验。

钢结构性能的检测包括两个方面，即结构及构件的承载能力及正常使用的变形要求检测，主要检测内容有：

(1) 结构形体及构件几何尺寸的检测；

(2) 结构连接方式及构造的检测；

(3) 结构承受的荷载及效应核定（或测定）；

(4) 结构及构件的强度核算；

(5) 结构及构件的刚度测定及核算；

(6) 结构及构件的稳定性核算；

(7) 结构的变形（挠度等）测定；

（8）结构的动力性能测定及核算；

（9）结构的疲劳性能核算及测定。

结构性能的测定，既需要用专用设备，也需根据相应的国家规范、规程进行复核、计算。对于一个具体的钢结构工程，检测内容一般应由检测单位依据有关检测标准、规范、检测管理法规及设计要求提出，对无明文规定的检测项目可以根据实际需要由检测单位和建设单位共同确定。为保证钢结构工程施工质量，对于施工过程中钢构件的安装质量、钢构件的变形和主体结构变形是质量控制的重点和难点，本书主要针对钢结构工程中常见的钢柱、钢梁、吊车梁等构件的变形、主体结构的变形（挠度）的检测方法、抽样数量、检测结果进行介绍。

11.2 钢结构防腐防火涂层检测

钢结构的最大弱点是防火和防腐性能差。由于钢材表面的铁原子与空气中的氧化合会生成氧化铁锈，锈蚀能够引起应力集中，从而危害钢结构建筑的使用安全，使钢结构建筑寿命减短，因此对钢结构建筑进行有效的防腐措施才能确保其使用时间。同时，钢材的导热系数远远大于钢筋混凝土的导热系数，其耐火性能也远远差于混凝土结构，当温度达到600℃时，钢结构就会基本丧失其全部的强度和刚度。因此在钢结构建筑中抗火被看做重要一环。因此，钢结构规范要求，钢结构必须进行防腐和防火处理，因此，防腐涂层和防火涂层厚度是保证钢结构防腐和防火性能的重要检测指标。

11.2.1 钢筋防腐涂层检测

钢结构常用的防腐方法有涂装法和热镀锌、热喷铝（锌）复合涂层等。涂装法是将涂料涂敷在构件表面上结成薄膜来保护钢结构。防腐涂料通常由底漆—中间漆—面漆或底漆—面漆组成（图 11.1）。

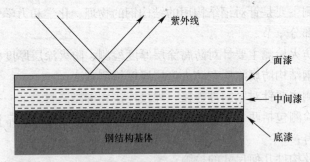

图 11.1 钢结构防腐涂层示意图

钢结构在涂装前要对钢材表面进行除锈处理，表面处理的好坏直接影响其防护效果。涂层质量检测内容包括：

（1）核定涂层设计是否合理。涂层设计包括：钢材表面处理、除锈方法的选用、除锈等级的确定、涂料品种的选择、涂层结构及厚度设计，以及涂装设计要求。

（2）测定涂膜厚度是否达到设计要求。涂膜干膜厚度可用漆膜测厚仪测定。

钢材防腐涂层的厚度是保证钢材防腐效果的重要因素。钢结构涂装工程的验收是按照《钢结构工程施工质量验收规范》GB 50205—2001 验收。

1. 检测前一般规定

钢结构防腐涂层（油漆类）厚度的检测应在涂层干燥后进行，检测时构件表面不应有结露。检测前应清除钢构件测试点表面的灰尘、油污等。

2. 检测位置选择及检测数量

检测部位：确定的检测位置应有代表性，在检测区域内分布宜均匀。防腐涂层厚度检测，应经外观检查无明显缺陷后进行。防火涂料不应有误涂、漏涂，涂层表面不应存在脱皮和返锈等缺陷，涂层应均匀、无明显皱皮、流坠、针眼和气泡等。测点部位的涂层应与钢材附着良好。

检查数量：按构件数抽查 10%，且同类构件不应少于 3 件；每个构件检测 5 处，每处以 3 个相距不小于 50mm 测点的平均值作为该处涂层厚度的代表值。

3. 检测设备

涂层测厚仪的最大测量值不应小于 1200μm，最小分辨率不应大于 2μm，示值相对误差不应大于 3%。

测试构件的曲率半径应符合仪器的使用要求。在弯曲试件的表面上测量，应考虑其对测试准确度的影响。

用涂层测厚仪检测时，宜避免电磁干扰（如焊接等）。

4. 检测步骤

设备名称：涂层测厚仪，以 TT260 为例介绍涂层厚度检测主要步骤。

（1）设备开机。

（2）设备校准和标定。

检测前对仪器进行校准，将标准箔放在标定钢片上，打开仪器，测得标准箔的厚度；测量值及误差根据标准箔上的规定进行比较，经校准后方可开始测试。

检测期间关机再开机后，应对设备重新校准。

（3）涂层厚度测量。

听到仪器"滴"一声后，表示本次测量已完成，测量数字显示在屏幕上，记录下本次测得数值。

测试时，将标定好的仪器测头接触被测量的涂层表面，探头与测点表面垂直接触。探头距试件边缘不宜小于 10mm，并保持 1~2s，读取仪器显示的测量值，对测试值进行打印或记录并依次进行测量。测点距试件边缘或内转角处的距离不宜小于 20mm。

重复上述操作，每个构件检测 5 处，每处的数值为 3 个相距 50mm 测点的平均值。

5. 检测结果的处理

测得的涂层厚度应满足设计要求。当设计对涂层厚度无要求时，《钢结构工程施工质量验收规范》GB 50205—2001 规定涂层干漆膜总厚度：室外应为 150μm，室内应为 125μm，其允许偏差为 -25μm。每遍涂层干漆膜厚度的允许偏差为 -5μm。

11.2.2 钢筋防火涂层检测

未经防火保护处理的钢柱、梁、楼板及屋顶承重构件的耐火极限仅为 0.25h，为了保证人民的生命财产安全，有利于安全疏散和消防灭火，避免和减轻火灾损失，钢结构应进行防火处理。

钢结构防火涂料涂覆在钢基材表面，其目的是进行防火隔热保护，防止钢结构在火灾中迅速升温而失去强度，挠曲变形塌落。钢结构采用防火涂料保护，应符合如下要求：

（1）涂层颜色、外观应符合设计规定；

（2）无漏涂、明显裂缝、空鼓现象；

（3）应对涂层厚度进行测定。

钢结构防火涂层的厚度是保证构件达到预期耐火极限的重要因素。钢结构防火涂料根据其涂层的厚度及性能特点可分为薄涂型和厚涂型两类。薄涂型钢结构防火涂料（B类）的涂层厚度 2～7mm。这类涂料有一定的装饰效果，高温时膨胀增厚，耐火隔热，耐火极限可达 0.5～1.5h。厚涂型钢结构防火涂料（H类）的涂层厚度 8～50mm，它们呈粒状面，密度较小，热导率低，耐火极限可达 1.0～3.0h。

《钢结构工程施工质量验收规范》GB 50205—2001 规定钢结构防火涂层厚度的测定方法如下：

（1）薄涂型防火涂料的涂层厚度应符合有关耐火极限的设计要求。厚度测量与防腐涂层方法相同，采用涂层测厚仪检测。

（2）厚涂型防火涂料涂层的厚度最薄处不应低于设计要求的 85％，且厚度不足部位的连续面积的长度不大于 1m，并在 5m 范围内不再出现类似情况。根据《钢结构防火涂料应用技术规程》CECS24：90 的规定，厚度检测采用符合国家现行标准的测针和钢尺检查测量方法。

对于钢结构厚涂型防火涂层厚度检测，应在涂层干燥后方可进行。下面针对厚涂型防火涂层厚度测量方法进行介绍：

1. 测针与测试图

测针（厚度测量仪，分辨率不应低于 0.5mm）由针杆和可滑动的圆盘组成，圆盘始终保持与针杆垂直并在其上装有固定装置，圆盘直径不大于 30cm，以保证完全接触被测试件的表面，如果厚度测量仪不易插入被插材料中也可使用其他适宜的方法测试。

测试时将测厚探针（图 11.2）垂直插入防火涂层直至钢基材表面上，记录标尺读数。

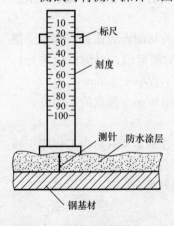

图 11.2　厚度测量示意图

2. 构件抽检数量与测点选定

检查数量：按同类构件数抽查 10％且均不应少于 3 件，且钢结构的梁、柱、斜撑等按其不同截面形状，进行相应检测。

（1）楼板和防火墙的防火涂层厚度测定。可选两相邻纵、横轴线相交中的面积为一个单元，在其对角线上，按每米长度选 1 点进行测试，每个构件不应少于 5 个测点。

（2）全钢框架结构的梁和柱的防火涂层厚度测定。在构件长度每隔 3m 取一截面如图 11.3 所示位置测试，且每个构件不应少于两个截面进行检测。

（3）桁架结构。上弦和下弦按第（2）条的规定每隔 3m 取一截面检测，其他腹杆每根取一截面检测。

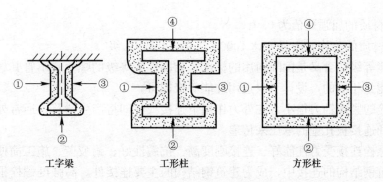

图 11.3　测点示意图

3. 检测步骤

检测前应清除测试点表面的灰尘、附着物等，并避开构件的连接部位。

在测点处，将仪器的探针或窄片垂直插入防火涂层直至钢材防腐涂层表面，记录标尺读数，测试值应精确到 0.5mm。

如探针不易插入防火涂层内部，可采用将防火涂层局部剥除的方法测量。剥除面积不宜大于 15mm×15mm。

4. 测量结果

对于楼板和墙面，在所选择的面积中至少测出 5 个点，对于梁和柱，在所选择的位置中分别测出 6 个和 8 个点。分别计算出它们的平均值精确到 0.5mm。

11.3　钢结构连接试验和检测

钢结构的连接有三种方式：紧固件连接、焊接连接和铆钉连接，其中铆接已经少用，多被紧固件连接所取代。

11.3.1　紧固件连接检测

螺栓作为钢结构的主要连接紧固件，通常用于钢结构构件间的连接、固定和定位等。螺栓有普通螺栓和高强度螺栓两种。

钢结构连接用螺栓性能等级分 3.6、4.6、4.8、5.6、6.8、8.8、9.8、10.9、12.9 等 10 余个等级，其中 8.8 级及以上螺栓材质为低碳合金钢或中碳钢并经热处理（淬火、回火），通称为高强度螺栓，其余通称为普通螺栓。螺栓性能等级标号由两部分数字组成，分别表示螺栓材料的公称抗拉强度值和屈强比值。例如，性能等级 4.6 级的螺栓，其含义是：

（1）螺栓材质公称抗拉强度达 400MPa 级；

（2）螺栓材质的屈强比值为 0.6；

（3）螺栓材质的公称屈服强度达 400×0.6＝240MPa 级。

性能等级 10.9 级高强度螺栓，其材料经过热处理后，能达到：

① 螺栓材质公称抗拉强度达 1000MPa 级；

② 螺栓材质的屈强比值为 0.9；

③ 螺栓材质的公称屈服强度达 1000×0.9＝900MPa 级。

螺栓性能等级的含义是国际通用的标准，相同性能等级的螺栓，不管其材料和产地的区别，其性能是相同的，设计上只选用性能等级即可。

普通螺栓的紧固轴力很小，在外力作用下连接板件即将产生滑移，通常外力是通过螺栓杆的受剪和连接板孔壁的承压来传递。

高强度螺栓连接受力性能好、连接刚度高、抗震性好、耐疲劳、施工简便，它已广泛地被用于建筑钢结构的连接中，成为建筑钢结构的主要连接件。高强度螺栓根据其受力特征的不同可分为摩擦型高强度螺栓和承压型高强度螺栓。摩擦型高强度螺栓是通过螺栓紧固轴力，将连接板件压紧，剪力靠压紧板件间的摩擦阻力传递，以摩擦阻力刚被克服作为连接承载力的极限状态。承压型高强度螺栓当剪力大于摩擦阻力后，连接板件产生相对滑移，栓杆与板件有挤压，它是以栓杆被剪断或连接板件被压坏作为承载力极限状态，其承载力极限值大于摩擦型高强度螺栓。建筑钢结构中常用的高强度螺栓有大六角头高强度螺栓和扭剪型高强度螺栓两种。我国使用的大六角头高强度螺栓有 8.8 级和 10.9 级两种，大六角头高强度螺栓连接副含一个螺栓、一个螺母和两个垫圈。扭剪型高强度螺栓只有 10.9 级一种，扭剪型高强度螺栓连接副含一个螺栓、一个螺母和一个垫圈。

紧固件检测以一个连接副为单位进行，一个连接副包括一个螺栓、一个螺母及垫圈。检测内容包括：连接副扭矩系数、连接摩擦面的抗滑移系数、紧固轴力、螺栓楔负载、螺母保证载荷、螺母硬度和垫圈硬度试验的测定。

试验温度在室温（10～35℃）下进行，连接副的紧固轴力的仲裁试验应在 20±2℃ 下进行。

11.3.1.1 普通螺栓实物最小拉力载荷试验

普通螺栓作为永久性连接螺栓时，当设计有要求或对其质量有疑义时，应进行螺栓实物最小拉力载荷复验，该项为主控项目。

检查数量：每一规格螺栓抽查 8 个。

试验方法：

用专用卡具（图 11.4）将螺栓实物置于拉力试验机上进行拉力试验，为避免试件承受横向载荷，试验机的夹具应能自动调正中心，试验时夹头张拉的移动速度不应超过 25mm/min。

进行试验时，承受拉力载荷的未旋合的螺纹长度应为 6 倍以上螺距。当试验拉力达到现行国家标准《紧固件机械性能 螺栓、螺钉和螺柱》GB/T 3098.1—2010 中规定的最小拉力载荷（A_sb）时不得断裂。当超过最小拉力载荷直至拉断时，断裂应发生在杆部或螺纹部分，而不应发生在螺头与杆部的交接处。

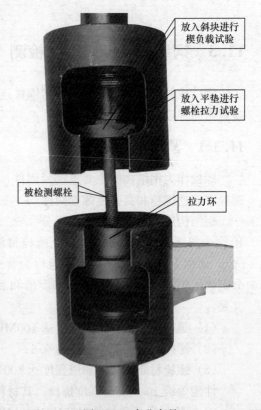

放入斜块进行楔负载试验

放入平垫进行螺栓拉力试验

被检测螺栓

拉力环

图 11.4 专业卡具

螺栓实物的抗拉强度应根据螺纹应力截面积（A_s）计算确定。

其结果应符合现行国家标准《紧固件机械性能 螺栓、螺钉和螺柱》GB/T 3098.1—2010 的规定（表 11.1）。

普通螺栓最小拉力载荷 表 11.1

机械性能和物理性能	性能等级										
	3.6	4.6	4.8	5.6	5.8	6.8	8.8		9.8	10.9	12.9
							$d \leqslant 16$ mm	$d > 16$ mm			
公称抗拉强度公称 σ_b (N/mm^2)	300	400		500		600	800	800	900	1000	1200
最小抗拉强度 $\sigma_{b,min}$ (N/mm^2)	330	400	420	500	520	600	800	830	900	1040	1220

11.3.1.2 高强螺栓连接副试验

在国家标准中，有两种钢结构用高强螺栓连接副，一是钢结构用高强度大六角头螺栓连接副，一是钢结构用扭剪型高强度螺栓连接副，对于不同的国家标准，高强度螺栓连接副有不同的技术标准要求和检测方法。

螺栓连接副连接性能测试中应该注意的几个问题：

（1）试验所用的试样样本必须在同一生产批中选取，同一生产批的含义是：螺栓、螺母、垫圈都为同一批号，螺栓必须与同一生产批的螺母、垫圈配合检测。同样，螺母也必须如此。严禁使用不同生产批的螺栓、螺母、垫圈混合配对检测。

（2）试验用样品必须认真妥善保管，不能与其他批号的螺栓、螺母、垫圈混合存放。同时，对同一批号的螺栓、螺母、垫圈也要做好隔离包装，不能使螺栓、螺母、垫圈相互间产生交叉污染，以免影响检测结果。

（3）所有试验用试样必须保持原有（出厂时的）表面状态。

（4）每一套螺栓连接副（螺栓、螺母、垫圈）只能测试一次，不能重复测试，试验后的螺栓连接副不能再被使用。

（5）为了得到较准确的统计数据，每一试样样本数不得少于 8 个。

1. 扭剪型高强度螺栓连接副预拉力试验

复验用的螺栓应在施工现场待安装的螺栓批中随机抽取，同一生产批号每 3000 套为一批，每批随机抽取 8 套为一组进行试验。

连接副预拉力可采用经计量检定、校准合格的高强螺栓检测仪和专用电动扳手进行测试(图 11.5)。

采用轴力计方法连接副预拉力时，应将螺栓直接插入轴力计。紧固螺栓分初拧、终拧两次进行，初拧采用手动扭矩扳手或专用定扭电动扳手；初拧值应为预拉力标准值的 50% 左右。终拧应采用电动扳手，至尾部梅花头拧掉，读出预应力值。

每套连接副只做一次试验，不得重复使用。在紧固中垫圈发生转动时，应更换连接副，重新试验。

复验螺栓连接副的预拉力平均值和标准偏差应符合表 11.2 的规定。

图 11.5 高强螺栓检测仪及电动扳手

螺栓直径（mm）	16	20	(22)	24
紧固预拉力的平均值 $\bar{P}$	99～120	154～186	191～231	222～270
标准偏差 σ_P	10.1	15.7	19.5	22.7

2. 连接副扭矩系数试验

进行连接副扭矩系数试验时，应同时记录环境温度，试验所用的机具、仪表及连接副均应放置在检测室内至少 2h 以上。

（1）大六角头螺栓连接副的扭矩系数试验

对于钢结构用大六角头螺栓连接副的连接性能要求，在国标中有明确规定：以连接副的连接时扭矩系数的平均值，以及它的标准偏差来考核连接副的连接性能。

复验用螺栓应在施工现场待安装的螺栓批中随机抽取，同一生产批号每 3000 套为一批，每批随机抽取 8 套为一组进行试验。每套连接副只应作一次试验，不得重复使用。在紧固中垫圈发生转动时，应更换连接副，重新试验。进行连接副扭矩系数试验时，螺栓预拉力值应符合规定（表 11.3）。

螺栓预拉力值范围（kN）　　　　　　　　　　　表 11.3

螺栓规格（mm）		M16	M20	M22	M24	M27	M30
预拉力值 P	10.9s	93～113	142～177	175～215	206～250	265～324	325～390
	8.8s	62～78	100～120	125～150	140～170	185～225	230～275

扭矩系数的测试是拿一套螺栓连接副（1 个螺栓、1 个螺母、1 个或 2 个垫圈）安装在螺栓轴力测试仪上，使用扭矩扳手，按照国家标准的要求，把螺母旋紧，一直到轴力仪上的轴向力 P 达到标准所规定的要求，同时读出并记录扭矩扳手上的扭矩值 T，再计算出扭矩系数 K。扭矩系数为无量纲值。

连接副扭矩系数的复验应将螺栓穿入轴力计，在测出螺栓预拉力 P 的同时，应测定施加于螺母上的施拧扭矩值 T，并应按下式计算扭矩系数 K。

$$K = \frac{T}{P \cdot d} \tag{11-1}$$

式中　T——施拧扭矩（N·m）；

　　　　d——高强螺栓公称直径（mm）；

　　　　P——螺栓预拉力（kN）。

该扭矩系数 K 值，标准规定为 0.110～0.150。由于扭矩系数测试不具重现性，每一套螺栓连接副只能得出一个 K 值，因此，为能检测出整批螺栓连接副的连接质量，必须测试出一组 K 值，其样本在 5～8 个或更多些，这样就得到一个统计的数据：标准偏差，该标准偏差能说明整批螺栓连接副的连接性能离散程度，标准规定该标准偏差必须小于或等于 0.010。

（2）扭剪型高强度螺栓连接副扭矩系数试验

扭剪型高强度螺栓连接副当采用扭矩法施工时，同一生产批号每 3000 套为一批，每批随机抽取 8 套为一组进行试验，其扭矩系数按大六角头高强螺栓方法确定。

3. 连接副楔负载试验

（1）抽检数量：

GB/T 16939—1997 规定：同一性能等级、材料牌号、炉号、规格、机械加工、热处理及表面处理工艺的螺栓为同批，M36 以下 5000 件为一批，M36 以上 2000 件为一批；GB/T 1231—2006 钢结构用大六角头螺栓 3000 套为一批。每批大六角头高强螺栓抽 8 套为一组，其他螺栓抽 3 套为一组进行连接副楔负载试验。

（2）仪器设备：万能试验机（精度 1%）、楔负载夹具（参见图 11.4）。

（3）试验步骤：

① 螺栓头下置 4°、6°或 10°楔垫，在拉力试验机上将螺栓拧在带有内螺纹的专用夹具上（至少 6 扣）。

② 试验时夹头的移动速度不应超过 3mm/min。对螺母施加规定的保证载荷，持续 15s，螺母不应脱扣或断裂。当去除载荷后，应可用手将螺母旋出，或者借助扳手松开螺母（但不应超过半扣）后用手旋出，在试验中，如螺纹芯棒损坏，则试验作废。

③ 记录楔负载试验时的拉力荷载、断裂位置以及试验时的环境温度。

对螺栓实物进行楔负载试验时，当拉力荷载在表 11.4 规定的范围内，断裂应发生在螺纹部分或螺纹与螺杆交接处。

拉力荷载   表 11.4

螺纹规格 d	M16	M20	M22	M24	M27	M30
公称应力截面积 A_s（mm^2）	157	245	303	353	459	561
10.9s 拉力荷载（kN）	163～195	255～304	315～376	367～438	477～569	583～696

当螺栓 $l/d \leqslant 3$ 时，如不能进行楔负载试验，允许用拉力荷载试验或芯部硬度试验代替楔负载试验。

11.3.1.3 高强度螺栓连接件的抗滑移系数检测

1. 抽检数量

每 2000t 为一批，不足 2000t 的可视为一批，每批抽取 3 件为一组，每件含钢板 4 块，螺栓连接副 4 套。钢结构工程中如果采用两种及以上表面处理工艺时，每种表面处理工艺应单独抽检检测。

2. 试件准备

抗滑移试验用试样采用双摩擦面、两螺栓（四孔）或三螺栓（六孔）拼接成的拉力构件，如图 11.6 所示。该试件所用钢板与所代表的钢结构构件应为同一材质，同批制作，

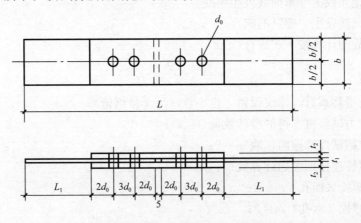

图 11.6　抗滑移系数拼接试件的形状和尺寸

采用相同摩擦面处理工艺以及具有相同的表面状态，该钢板应平整，无油污，孔和板的边缘无飞边、毛刺。试件钢板的厚度 t_1、t_2 应根据钢结构工程中有代表性的板材厚度来确定，同时应考虑在摩擦面滑移之前，试件钢板的净截面始终处于弹性状态；宽度 b 可参照表 11.5 规定取值，L_1 应根据试验机夹具的要求确定。

试件板的宽度（mm）　　　　　　　　　　　　　　表 11.5

螺栓直径 d	16	20	22	24	27	30
板宽 b	100	100	105	110	120	120

3. 摩擦板试样的安装与制作

在用大六角头螺栓连接副或者扭剪型螺栓连接副作为摩擦板试件的连接件时，首先必须获得所用螺栓连接副的扭矩系数或者平均轴力。

试件的组装顺序应符合下列规定：

（1）先将冲钉打入试件孔定位，然后逐个换成装有压力传感器的大六角头高强度螺栓，或换成同批经预拉力复验的扭剪型高强度螺栓。

（2）紧固高强度螺栓应分初拧、终拧。初拧应达到螺栓预拉力标准值的 50% 左右。

（3）对装有压力传感器的大六角头高强度螺栓，终拧后，每个螺栓的预拉力值应在 $0.95P \sim 1.05P$（P 为高强度螺栓设计预拉力值）之间。

（4）对扭剪型高强度螺栓的预拉力（紧固轴力）可按同批复验预拉力的平均值取用，用专业电动扳手拧掉梅花头即可认为达到规定预拉力。

（5）当把装配好的摩擦板试件置于拉力机上时，试件的轴线应与试验机夹具中心严格对中，切记在摩擦板试件的一侧画上记号（直线），以便在钢板一旦滑移后能清晰地发现。

4. 抗滑移系数测试与数据处理

加荷时，应先加 10% 的抗滑移设计荷载值，停 1min 后，再平稳加荷，加荷速度为 $3 \sim 5$kN/s。直拉至滑动破坏，测得滑移荷载 N。

在试验中当发生以下情况之一时，所对应的荷载可定为试件的滑移荷载：

（1）试验机发生回针现象；

（2）试件侧面画线发生错动；

（3）X-Y 记录仪上变形曲线发生突变；

（4）试件突然发生"嘣"的响声。

抗滑移系数的计算按下式进行：

$$\mu = \frac{N}{n_f \cdot m \cdot P} \tag{11-2}$$

式中　μ——抗滑移系数，建议保留三位小数（为无量纲值）；

　　　N——拉力试验机测得的滑移载荷（kN）；

　　　n_f——摩擦试件摩擦面，取 $n_f = 2$；

　　　m——螺栓连接副参加计算数；

　　对于两个螺栓（四孔）$m = 2$；

　　对于三个螺栓（六孔）$m = 3$；

　　　P——螺栓连接副的平均轴力（kN），对大六角头高强螺栓可从装有压力传感器的显示仪获得，对扭剪型高强螺栓取预拉力标准值的均值。

11.3.2 焊接连接无损检测

我们经常遇到的焊缝缺陷有以下几类：

（1）裂纹

裂纹是焊接接头中危害最大的一种缺陷。它对常温下抗拉强度有很大的影响，这种影响随着裂纹所占截面积的增加而增大。另外，裂纹尖端是一个尖锐缺口，它将引起过高应力集中，促使构件在低应力下扩展破坏。

（2）未熔合

未熔合，是指熔焊时，焊道与母材之间或焊道与焊道之间，未完全熔化结合的部分；点焊时母材之间未完全熔化结合的部分。

（3）未焊透

未焊透是指焊接时接头根部未完全熔透的现象。未焊透是一种常见缺陷，严重的未焊透，可使焊缝截面积削弱到总面积的60％，或者更大些，致使显著地降低了焊接接头的机械性能。

（4）气孔

气孔是指焊接时，熔池中的气泡在凝固时未能逸出，而残留下来所形成的空穴。气孔焊缝中由于气孔的残留，必然减少焊缝金属的有效截面，从而使焊接接头的强度降低。特别是密集气孔会使焊缝不致密，降低接头塑性和引起构件的焊缝处泄漏。

（5）夹渣

夹渣是指焊后残留在焊缝中的沉渣，习惯上将由焊接冶金过程中产生，在焊后仍残留在焊缝金属中的非金属杂质（亦称为夹杂物），以及焊后残留在焊缝中的金属颗粒也归入夹渣一类。焊缝金属中的夹渣很不规则，它对机械性能的影响比气孔要大，点状夹渣的危害与气孔相似，但带有尖角的夹渣，其溶渣的尖端应力较集中，往往会在夹渣部位开裂，特别是蝌蚪状夹渣，危害更为严重。

钢结构焊接连接检测内容包括四方面内容：

（1）焊缝尺寸；

（2）焊缝表面质量；

（3）焊缝熔敷金属的力学性能；

（4）焊缝无损探伤。

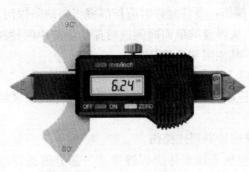

图 11.7　数显焊缝尺

焊缝尺寸检测一般采用机械焊缝尺或数显焊缝尺（图 11.7）进行测量。

焊缝的表面质量可用肉眼观察或用放大镜观察。

焊缝的力学性能应进行试验测定，一般取焊材试件利用万能试验机进行力学性能检测，本部分内容在结构钢原材及焊材试验中已有表述。

焊缝的无损探伤需用无损检测技术，无

损检测 NDT（Non-destructive testing）是工业发展必不可少的有效工具，在一定程度上反映了一个国家的工业发展水平，其重要性已得到公认。无损检测，就是利用声、光、磁和电等特性，在不损害或不影响被检对象使用性能的前提下，检测被检对象中是否存在缺陷或不均匀性，给出缺陷的大小、位置、性质和数量等信息，进而判定被检对象所处技术状态（如合格与否、剩余寿命等）的所有技术手段的总称。

根据受检制件的材质、结构、制造方法、工作介质、使用条件和失效模式，预计可能产生的缺陷种类、形状、部位和方向，选择适宜的无损检测方法。

常规无损检测方法有：

（1）超声检测 Ultrasonic Testing（缩写 UT）；

（2）射线检测 Radiographic Testing（缩写 RT）；

（3）磁粉检测 Magnetic particle Testing（缩写 MT）；

（4）渗透检验 Penetrant Testing（缩写 PT）。

射线和超声检测主要用于内部缺陷的检测；磁粉检测主要用于铁磁体材料制件的表面和近表面缺陷的检测；渗透检测主要用于非多孔性金属材料和非金属材料制件的表面开口缺陷的检测。铁磁性材料表面检测时，宜采用磁粉检测。涡流检测主要用于导电金属材料制件表面和近表面缺陷的检测。

当采用两种或两种以上的检测方法对构件的同一部位进行检测时，应按各自的方法评定级别；采用同种检测方法按不同检测工艺进行检测时，如检测结果不一致，应以危险大的评定级别为准。

在焊缝的无损探伤中，超声波检测是应用最广、操作方便且经济的检测方法，超声波检测主要适用于母材厚度不小于 8mm 的低超声衰减（特别是散射衰减小）金属材料熔化焊焊接接头手工超声检测，检测时焊缝及其母材稳定在 0～60℃之间，母材和焊缝均为铁素体类钢的全焊透焊缝。目前，数字型超声波检测仪常用于焊缝超声探伤检测。

1. 焊缝的超声波探伤方法

焊缝按其接头形式可以分为对接、角接、T 形接头、搭接四种。在钢结构焊缝探伤中，主要是对接。

焊缝超声波探伤有四个检验等级。

（1）A 级。采用一种角度的探头在焊缝的单面单侧进行探伤，不要求检验焊缝的横向缺陷。当母材厚度大于 50mm 时，不得采用此种方法。

（2）B 级。原则上采用一种角度的探头从焊缝的单面两侧进行焊缝全截面探伤，母材厚度大于 100mm 时，应从焊缝两面两侧进行探伤，条件允许时应作焊缝横向缺陷探伤。

（3）C 级。至少要采用两种角度的探头，从焊缝的单面两侧进行探伤，并作两种探头角度和正、反两个方向的焊缝横向缺陷探伤。其他附加条件是：

① 焊缝余高要磨平，以便把探头放在焊缝上探伤；

② 斜探头扫查焊缝时，其两侧的母材，应事先用直探头进行探伤，避免因该区域母材夹层而导致误检；

③ 母材厚度等于和大于 100mm 时，还应增加串列式探伤。

（4）D 级。适用于特殊应用，特殊应用包括非铁素体类焊缝检测、部分熔透焊缝检测、应用自动化设备的焊缝检测和温度在 0～60℃范围外的焊缝检测。

角焊缝和 T 形焊缝的探伤，大多采用斜探头在腹板上进行，从探伤等级来说，应属于 A 级探伤。对于 T 形焊缝，为了精确测定根部未焊透宽度，可在翼板上用直探头进行探伤。对于翼板厚度小于 20mm 时，也可以使用双晶直探头，尤其是隔声片与焊缝长度相平行时最佳。

在测量缺陷指示长度的工作中，使用的测量方法有相对灵敏度测长法、端点相对灵敏度测长法和绝对灵敏度测长法三种。

当缺陷只有一个波高点时采用相对灵敏度测长法测量缺陷指示长度，沿焊缝长度方向左右平移探头，使缺陷回波以缺陷回波最高点为起始点，在缺陷两端分别降低到一个规定的 dB（分贝）值，则此时探头两点距离便视为缺陷的指示长度。

当缺陷有多个波高点时，采用端点相对灵敏度测长法测量缺陷指示长度。在缺陷两端分别从最后一个波高点外移探头，分别使波高点降低一个规定的 dB 值，此时探头两点距离就是缺陷的指示长度。

绝对灵敏度测长法一般在缺陷回波较低、探伤者认为有必要测长时才使用。

2. 焊缝等级及抽样比例

设计要求全焊透的一、二级焊缝应采用超声波探伤进行内部缺陷的检验，超声波探伤不能对缺陷作出判断时，应采用射线探伤，其内部缺陷分级及探伤方法应符合现行国家标准《焊缝无损检测 超声检测 技术、检测等级和评定》GB 11345—2013 或《金属熔化焊接接头射线照相》GB/T 3323—2005 的规定。全焊透的三级焊缝可不进行无损检测。一级二级焊缝的质量等级及缺陷分级根据《钢结构施工验收规范》GB 50205—2001 应符合表 11.6 的规定。

一、二级焊缝质量等级及缺陷分级 表 11.6

焊缝质量等级		一级	二级
内部缺陷超声波探伤	评定等级	Ⅱ	Ⅲ
	检验等级	B 级	B 级
	探伤比例	100%	20%
内部缺陷射线探伤	评定等级	Ⅱ	Ⅲ
	检验等级	AB 级	AB 级
	探伤比例	100%	20%

注：探伤比例的计数方法应按下列原则确定：（1）对工厂制作焊缝，应按每条焊缝计算百分比，且探伤长度应不小于 200mm，当焊缝长度不足 200mm 时，应对整条焊缝进行探伤；（2）对现场安装焊缝，应按同一类型、同一施焊条件的焊缝条数计算百分比，探伤长度应不小于 200mm，并应不少于 1 条焊缝。

3. 超声波试验步骤

（1）检测前的准备

1）探头移动区的修整

探头移动区应无焊接飞溅、铁屑、油垢及其他外部杂质。探头移动区表面的不平整度不应引起探头和工件的接触间隙超过 0.5mm。

2）斜探头入射点和斜率的测定

斜探头声束轴线与探头楔块底面的交点称为斜探头的入射点，商品斜探头都在外壳侧面标志入射点，由于制造偏差和磨损等原因，实际入射点往往与标志位置存在偏差，因此需经常测定。其测定方法如下：用 CSK-ZB 或 IIW 试块测定，将斜探头置于试块 $R100$ 圆心处，探测 $R100$ 圆弧，如图 11.8 所示。前后位移探头，使所获得的反射回波最高。此时探头外壳侧面与 $R100$ 圆心的刻度线所对应的点即为入射点。

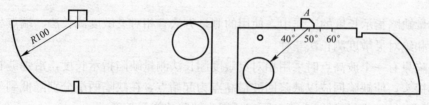

图 11.8　对比试块

斜探头的标称 K 值为斜探头声束在钢中折射角的正切值。K 值与入射点等参数的准确性对缺陷定位精度影响很大，其标称值也因制造、磨损等原因与实际值往往存在差异，因此需在使用前和使用中经常测定。

K 值的测定方法如下：用 CSK-ZB 或 IIW 试块测定，将被测探头置于试块上，探头沿试块侧面前后移动，当对应于 φ50 圆弧面所获得最高反射回波时，斜探头的入射点所对应的试块上的角度刻度或 K 值刻度指示即为该探头的折射角或 K 值（见图 11.8）。

3）时基线的设定

时基线的调整包括零点校正和扫描速度调整。在横波检测时，为了定位方便，需要将声波在斜楔块中的传播时间扣除，以便将探头的入射点作为声程计算的零点，扣除这段声程的作业就是零点校正。扫描速度的调整则是与零点校正同时进行的，可使定位更为直接。

时基线的调整方法有如下几种：

① 按声程调整。调整后荧光屏上的时间基线刻度与声程成正比，具体做法：用斜探头在 IIW 标准试块（或 CSK-ZB 试块）上调试，使横波斜探头的入射点标记同 IIW 标准试块上 $R100$ 圆心（试块上的"0"点）重合。这时，由于 $R100$ 圆弧面的回波被 $R100$ 圆心处的反射槽反射，在荧光屏上会出现 $R100$ 圆弧面的多次回波。根据测量范围的要求，使某两个回波分别对准荧光屏上各自的相应刻度，则荧光屏上多标尺零点即对应于探头入射点（见图 11.9）。满刻度相当于声程 250mm。

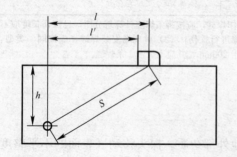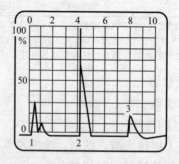

1—楔内回波
2—$R100$ 的回波
3—$R100$ 二次回波

图 11.9　对比试块和声程曲线

② 按水平距离调整。调整后荧光屏上的基线刻度与反射体的水平距离成正比（图 11.10）。将斜探头对准 $R50$ 和 $R100$，调整仪器使其回波 B1、B2 分别对准基线刻度 h_1、h_2 即可。

时基线设定时的温度与焊缝检测时的温度之差不应超过 15℃。如果检测过程中发现时基线偏差值不大于 2%，继续检测前应修正时基线设定。

4）参考灵敏度的设定

应选用下列任一技术设定参考灵敏度：

① 技术 1：以直径为 3mm 横孔作为基准反射体，制作距离-波幅曲线（DAC）。

② 技术 2：以规定尺寸的平底孔（表 11.7 和表 11.8）作为基准反射体，制作纵波/横波距离-增益-尺寸曲线（DGS）。

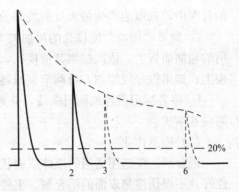

图 11.10　距离-波幅曲线的范围

技术 2 的验收等级 2 和验收等级 3 的参考等级（斜射波束横波检测）　　　表 11.7

标称探头频率（MHz）	母材板厚 t					
	8mm≤t<15mm		15mm≤t<40mm		40mm≤t<100mm	
	验收等级 2（AL2）	验收等级 3（AL3）	验收等级 2（AL2）	验收等级 3（AL3）	验收等级 2（AL2）	验收等级 3（AL3）
1.5～2.5	—	—	D_{DSR}=2.5mm	D_{DSR}=2.5mm	D_{DSR}=3.0mm	D_{DSR}=3.0mm
3.0～5.0	D_{DSR}=1.5mm	D_{DSR}=1.5mm	D_{DSR}=2.0mm	D_{DSR}=2.0mm	D_{DSR}=3.0mm	D_{DSR}=3.0mm

注：D_{DSR} 为平底孔直径。

技术 2 的验收等级 2 和验收等级 3 的参考等级（直射波束纵波检测）　　　表 11.8

标称探头频率（MHz）	母材板厚 t					
	8mm≤t<15mm		15mm≤t<40mm		40mm≤t<100mm	
	AL2	AL3	AL2	AL3	AL2	AL3
1.5～2.5	—	—	D_{DSR}=2.5mm	D_{DSR}=2.5mm	D_{DSR}=3.0mm	D_{DSR}=3.0mm
3.0～5.0	D_{DSR}=2.0mm	D_{DSR}=2.0mm	D_{DSR}=2.0mm	D_{DSR}=2.0mm	D_{DSR}=3.0mm	D_{DSR}=3.0mm

注：D_{DSR} 为平底孔直径。

③ 技术 3：应以宽度和深度为 1mm 的矩形槽作为基准反射体。该技术仅应用于斜探头（折射角≥70°）检测厚度 8mm≤t<15mm 的焊缝。

④ 技术 4：串列技术。以直径为 6mm 的平底孔作为基准反射体，垂直于探头移动区。该技术仅应用于斜探头（折射角为 45°）检测厚度不小于 15mm 的焊缝。

5）距离-波幅（DAC）曲线的绘制

由于相同大小的缺陷因声程不同，回波幅度也不相同。超声波检测时要根据缺陷回波波幅高度判定缺陷是否有害，必须按不同声程的回波波幅进行修正。通常是用指定的对比试块来制作距离-波幅（DAC）曲线。

《焊缝无损检测 超声检测 技术、检测等级和评定》GB 11345—2013 中采用其附录 E 的参考试块上的一系列不同声程的相同反射体回波来绘制（DAC）曲线，其主要步骤如下：

① 将测试范围调整到探伤使用的最大探测范围，并按深度、水平或声程调整时的基线扫描比例。

② 依据工件厚度和曲率选择合适的对比试块，在试块上所有孔深小于等于探测深度

的孔深中，选取能产生最大反射波幅的横孔为第一基准孔。

③ 调节"增益"使该孔的反射波为荧光屏满幅高度的 80%，将其峰值标记在荧光屏前的辅助面板上。依次探测其他横孔，并找到最大反射波高，分别将峰值点标记在辅助面板上；如果做分段绘制，可调节衰减器分段绘制曲线。

④ 将各标记点连成圆滑曲线，并延伸到整个探测范围，该曲线即为 φ3mm 横孔 DAC 曲线基准线。

（2）检测作业

耦合剂：应选用适当的液体或糊状物，典型的耦合剂为水、机油、浆糊和甘油等透声性好且不损伤检测表面的耦合剂。工件检测时的耦合剂应采用与时基范围调节和灵敏度设定相同的耦合剂。

超声波检验应在焊缝及探伤表面经外观检查合格后进行。检验前，应了解受检工件的材质、曲率、厚度、焊接方法、焊缝种类、坡口形式、焊缝余高及背面衬垫、沟槽等情况。

探测区域：应包括焊缝和焊缝两侧至少 10mm 宽母材或热影响区宽度（取二者较大值）的内部区域。

手工扫查路径：在保持探头垂直焊缝作前后移动的同时，还应作 10°的左右转动。

与检测面垂直的缺陷检测：单一斜角检测技术很难检测与检测面垂直的近表面平面型缺欠，此时，宜考虑采用特定的检测技术检测此类缺欠（尤其厚焊缝检测）。

显示位置：所有显示的位置，应参考一个坐标系定义，如图 11.11 所示。应选择检测面的某一点作为测量原点。当从多个面进行检测时，每个检测面都应确定参考点。在这种情况下，应当建立所有参考点之间的位置关系，以便所有显示的绝对位置可以从指定的参考点确定。环形焊缝可在装配前确定外圈的参考点。

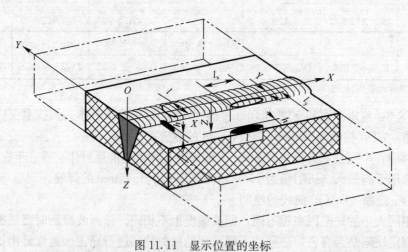

图 11.11 显示位置的坐标

注：O——原点；

h——显示自身高度（mm）；

l——显示长度（mm）；

l_x——显示在 x 方向的投影长度（mm）；

l_y——显示在 Y 方向的投影长度（mm）；

X、Y、Z——显示的纵向位置、横向位置和深度位置（mm）。

4. 显示评定

（1）最大回波幅度：应移动探头找到最大回波幅度，并记录相对于参考等级的幅度差值。

（2）显示长度：纵向显示长度或横向显示长度应尽可能使用验收等级测定。

（3）显示自身高度：仅在技术协议要求时应测定显示自身高度。

5. 质量等级、检测等级和验收等级

根据《焊缝无损检测超声检测技术、检测等级和评定》GB/T 11345—2013 和《焊缝无损检测超声检测验收等级》GB 29712—2013 规定，表 11.9 给出了验收等级、检测等级和质量等级的关系。

超声波检测技术　　　　　　　　　　　　　　　表 11.9

按 GB/T 19418—2003 的焊缝质量等级	按 GB/T 11345—2013 的检测等级	按 GB 29712—2013 的验收等级
B	至少 B	2
C	至少 A	3
D	至少 A	3①

① 不推荐做超声检测，但可在规范中规定后使用（与 C 级焊缝质量要求一致）。

6. 检测报告

检测报告应包含以下信息：

（1）被检对象特征：材质和产品门类、尺寸、被检焊缝或焊接接头所处位置、几何结构草图、焊接工艺和技术协议及热处理状态、制造状态、表面状态和被检对象稳定；

（2）合同要求，如工艺、导则和特殊协议等；

（3）检测地点和日期；

（4）检测结构标识和检测人员资格认证信息；

（5）超声检测仪制造商、机型和编号；

（6）探头制造商、类型、标称频率、晶片尺寸、实际折射角度和编号；

（7）参考试块编号；

（8）耦合剂；

（9）检测等级和引用的书面检测工艺规程；

（10）检测范围；

（11）探头移动区位置；

（12）参考点和所用坐标系详情；

（13）探头放置位置；

（14）时基线范围；

（15）灵敏度设定方法和所用值（参考等级的增益设定和传输修正值）；

（16）参考等级；

（17）母材检测结果；

（18）显示坐标，给出相关检测探头及其位置；

（19）最大回波幅度；

（20）显示长度；

（21）按规定的验收等级给出评价结果。

11.4 钢构件和主体结构现场检测技术

钢结构工程施工过程中，由于施工方法、梁柱拼接工艺、施工人员素质等原因，钢结构构件及主体结构施工精度不满足设计或标准要求，施工过程中质量检测项目可以分为三大类：钢构件的连接强度、钢构件的变形及施工完成后主体结构变形。

钢构件的连接强度方面主要针对梁梁节点、梁柱节点的高强螺栓施工终拧扭矩是否符合设计和标准要求。

钢结构构件的变形主要指梁、柱的变形测量：

（1）对于竖向构件（如柱），可采用经纬仪或全站仪测量其倾斜度或倾斜量，其侧屈挠度或不直程度可通过两端点间拉弦线的方法测跨中或最大挠曲点挠度或偏差。

（2）对于水平构件（如梁），可用水平仪或拉弦线的方法测量其端点偏差及挠曲度。

（3）对于斜向构件（如杆、梁），可用拉弦线的方法测量其跨中或最大挠曲点的挠度。

（4）对于构件的扭转屈曲（如梁、柱、杆），可采用经纬仪或全站仪测量出构件的扭曲变形量。

（5）对于构件的局部屈曲测量，可采用拉线的方法测量局部屈曲（翘曲）或凸曲处的变形量。对于精度要求较高的构件，也可采用光栅照片分析方法测量并计算其屈曲变形量。

（6）吊车梁的垂直度和侧面弯曲变形。

如果测量结果表明，受损伤结构的节点坐标与理论设计坐标的偏差在《钢结构工程施工质量验收规范》GB 50205—2001 要求范围之内，则该结构形体与原结构理论设计形体相同。否则，该构件为受损伤构件或带缺陷构件，缺陷值为测量所得的变形值。

主体结构变形：指钢结构主体施工完成后的整体垂直度和整体平面弯曲。

下面分别对节点连接高强螺栓施工扭矩、钢柱变形、钢梁变形、吊车梁变形和主体结构变形检测技术进行介绍。

11.4.1 高强螺栓施工扭矩检测

施工中用高强螺栓一般有大六角头和扭剪型两大类，下面分别对其施工扭矩检测方法进行介绍。

11.4.1.1 大六角型高强螺栓施工扭矩检测

高强度螺栓连接副施工扭矩检验主要检测终拧扭矩是否达到设计或规范要求。

抽检数量：首先分别统计每种规格高强螺栓连接节点总数，分别按其不同螺栓规格节点总数抽检 3%且并不少于 3 个节点，每节点按螺栓数抽检 10%，且不少于 2 个螺栓进行检测。

检测设备：数显扭矩扳手（3%）。如图 11.12 所示。

图 11.12 数显扭矩扳手及套筒

430

高强度螺栓连接副扭矩检验分扭矩法检验和转角法检验两种，原则上检验与施工法应相同。扭矩检验应在施拧 1h 后，48h 内完成。

1. 扭矩法检验

检验方法：在螺尾端头和螺母相对位置划线，将螺母退回 60°左右，用扭矩扳手测定拧回至原来位置时的扭矩值。该扭矩值与施工扭矩值的偏差在 10% 以内为合格。

高强度螺栓连接副终拧扭矩值按下式计算：

$$T_c = K \cdot P_c \cdot d \qquad (11\text{-}3)$$

式中　T_c——终拧扭矩值（N·m）；

　　　P_c——施工预拉力值标准值（kN），取值见表 11.10；

　　　d——螺栓公称直径（mm）；

　　　K——扭矩系数，试验测试得到。

高强螺栓连接副施工预拉力标准值（kN）　　　　　　表 11.10

螺栓的性能等级	螺栓公称直径（mm）					
	M16	M20	M22	M24	M27	M30
8.8s	75	120	150	170	225	275
10.9s	110	170	210	250	320	390

高强度大六角螺栓连接副初拧扭矩值 T_0 按 $0.5T_c$ 取值。

扭剪型高强度螺栓连接副初拧扭矩值 T_0 可按下式计算：

$$T_0 = 0.065 P_c \cdot d \qquad (11\text{-}4)$$

式中　T_0——初拧扭矩值（N·m）；

　　　P_c——施工预拉力值标准值（kN），取值见表 11.10。

　　　d——螺栓公称直径（mm）。

2. 转角法检验

检验方法：

（1）检查初拧后在螺母与相对位置所画的终拧起始线和终止线所夹的角度是否达到规定值。

（2）在螺尾端头和螺母相对位置划线，然后全部卸松螺母，再按规定的初拧扭矩和终拧角度重新拧紧螺栓，观察与原划线是否重合。终拧转角偏差 10°以内为合格。

终拧转角与螺栓直径、长度等因素有关，应由试验确定。

转角法高强螺栓施工终拧扭矩检测结果参考表 11.11。

大六角高强螺栓施工终拧扭矩检测结果　　　　　　表 11.11

序　号	检测位置	螺栓规格	终拧扭矩（N·m）					判定
			标准值	允许偏差	螺栓 1		螺栓 2	
					检测值	实际偏差	检测值	实际偏差	
1	梁柱 12/K	M30	1556	±155	1433	−123	1468	−88	合格
2	梁柱 15/N	M30	1556	±155	1444	−112	1476	−80	合格
3	梁柱 17/G	M30	1556	±155	1467	−89	1505	−51	合格

11.4.1.2 扭剪型高强螺栓施工扭矩检测

检验方法：观察尾部梅花头拧掉情况。尾部梅花头被拧掉者视同其终拧扭矩达到合格质量标准；尾部梅花头未被拧掉者应按上述扭矩法或转角法检验。

抽样数量：按节点数抽检3%，并不少于3个节点，每节点螺栓全部检查。

检测结果参考表11.12。

扭剪型高强螺栓施工终拧扭矩检测结果   表 11.12

序　号	检测位置	螺栓规格	观察梅花头拧掉情况			判　定
			节点螺栓总个数	拧掉个数	未拧掉个数	
1	梁梁 11/A-C	M20	10	10	0	合格
2	梁梁 11/E-G	M20	10	10	0	合格
3	梁梁 18/A-C	M20	10	10	0	合格

11.4.2 钢构件变形检测

按《钢结构工程施工质量验收规范》GB 50205—2001、《建筑结构检测技术标准》GB/T 50344—2004、《钢结构现场检测技术标准》GB/T 50621—2010 规定，钢构件中钢柱垂直度、钢梁跨中垂直度和侧向弯曲矢高、钢梁跨中垂直度和侧向弯曲矢高应符合标准要求。

抽样数量：依据标准《钢结构工程施工质量验收规范》GB 50205—2001 规定，钢屋（托）架、桁架、钢梁、吊车梁垂直度及侧向弯曲、钢柱垂直度、网架挠度按构件数随机抽检3%，且不少于3个。钢网架总拼完成后及屋面工程完成后应分别测量其挠度值，跨度 24m 及以下的钢网架结构测量下弦中央一点，跨度 24m 以上钢网架结构测量下弦中央一点及各向下弦跨度的四等分点。

11.4.2.1 钢柱变形检测

柱垂直度控制测量是钢构件检测中的一个重点，由于垂直度的好坏是直接反应施工质量的最重要的因素之一，垂直度偏差过大，容易造成钢构件受力的改变，容易导致安全事故的发生。

常用检测设备：全站仪、钢尺、吊线等，全站仪一般采用免棱镜全站仪，视距是 300m，测角精度为 $2''$，测距精度为 $\pm$（2mm＋2ppm），完全能够达到测量所需的精度。

下面就介绍如何用全站仪测量钢构件的垂直度。

垂直度指的是在规定的高度范围内，构件表面偏离重力线的程度，使用全站仪测量垂直度的方法为投点法，观测时，应在柱底观测点位置安置水平读数尺等量测仪器，在每测站安置全站仪投影时，应按正倒镜法测出每对上下观测点标志间的水平位移分量，再按矢量加法求得水平位移值（倾斜量）和位移方向（倾斜方向），在用全站仪对钢柱进行测量的过程中有以下几点注意事项：

（1）在用全站仪对柱进行测量时，全站仪与被测柱所在轴线的夹角应小于10°。

（2）单节柱的垂直度应在 $H/1000$ 的允许范围之内，H 表示柱长度，当 $H \geqslant 10m$ 时，应在 10mm 的范围内。

在用全站仪进行垂直度测量时，视线要从柱顶中心线向柱底中心线测量，在水平读数尺上读出其具体偏差。

实测结果参见表 11.13。

钢柱垂直度实测结果（mm）　　　　　　表 11.13

编　号	轴线位置	高度 H（mm）	允许值（mm） （H/1000，且≤25.0mm）	实测值（mm）
1	12/A	11700	≤11.7mm	9.8
2	8/G	12000	≤12.0mm	8.7
3	8/K	13100	≤13.1mm	9.4

单层钢结构中柱子安装允许偏差见表 11.14。

单层钢结构中柱子安装允许偏差 △（mm）　　　　　　表 11.14

柱轴线垂直度	单层柱	$H\leqslant10m$	$H/1000$	
		$H>10m$	$H/1000$，且不应大于 25.0	
	多节柱	单节柱	$H/1000$，且不应大于 10.0	
		柱全高	35.0	

11.4.2.2　钢梁变形检测

钢屋（托）架、桁架、梁及受压杆件的侧向弯曲矢高测量。

侧向弯曲矢高的测量也是钢构件检测中需要控制的一个重点。侧向弯曲矢高是指构件上距离构件两端连线中点的最大值，一般情况下最大值出现在构件的中点位置。

钢构件的侧向弯曲矢高一般通过用全站仪测量测点的坐标的方法来实现。测量前，根据现场踏勘情况布设一个自闭和的图根导线，图根点均在地面上做固定的刻记，以方便复测使用，图根导线的技术要求严格按照规程规定。利用免棱镜全站仪进行观测。

观测点的选择：在每个钢构件上选择 3 个观测点，中间的点悬在钢构件的侧面正中间，两边的点选在钢构件两侧的位置，分别测得 3 点的坐标，再求得中间点距两端点连线的距离即为所需的侧向弯曲矢高值。

测量结果见表 11.15。

钢梁跨中垂直度和侧向弯曲矢高实测结果　　　　　　表 11.15

编号	轴线位置	跨中梁高 H（mm）	跨长 l（mm）	跨中垂直度（mm） H/250 且≤15.0mm		侧向弯曲矢高（mm） l/1000 且≤10.0mm	
				允许值	实测值	允许值	实测值
1	10/A-G	600	30000	≤2.4	2.0	≤10.0	8.7
2	17/A-G	600	30000	≤2.4	1.9	≤10.0	7.9
3	8/G-K	600	30000	≤2.4	2.2	≤10.0	9.1

钢屋架、桁架、梁及受压杆件垂直度和侧向弯曲矢高的允许偏差见表11.16。

钢屋架、桁架、梁及受压杆件垂直度和侧向弯曲矢高的允许偏差（mm）　　表 11.16

项　　目		允许偏差	图　　例
跨中的垂直度 Δ		h/250，且不应大于 15.0	
侧向弯曲矢高 f	l≤30m	l/1000，且不应大于 10.0	
	30m<l≤60m	l/1000，且不应大于 30.0	
	l>60m	l/1000，且不应大于 50.0	

11.4.2.3　吊车梁变形检测

吊车梁是支撑桁车运行的路基，用于钢结构厂房中（图11.13）。吊车梁上有吊车轨道，桁车就通过轨道在吊车梁上来回行驶。吊车梁跟钢梁相似，区别在于吊车梁腹板上焊有密集的加劲板，为桁车吊运重物提供支撑力。按支承形式可以分为简支吊车梁和连续吊车梁。简支梁的制作简单、安装方便、受力明确，工程中普遍采用。吊车梁起拱：为减小大跨度吊车梁使用时可能产生的较大向下挠曲现象，以避免影响吊车的正常运行，在制作吊车梁时，要使梁预先向上拱起。因此钢吊车梁施工过程中跨中不得下挠，此外还需满足跨中垂直度和侧面弯曲符合规范要求。

图 11.13　钢吊车梁安装图式

检测设备：免棱镜全站仪、吊线、钢尺等。

吊车梁跨中垂直度和侧面弯曲检测可采用全站仪空间坐标法：分别测量支座处和跨中处吊车梁上翼缘和下翼缘空间坐标，分别计算得到垂直度和侧面弯曲的计算结果。

实测结果见表11.17。

吊车梁垂直度和侧面弯曲检测结果　　　　　　　　表 11.17

编号	轴线位置	跨中梁高 h (mm)	跨长 l (mm)	跨中垂直度（mm） h/500		侧向弯曲矢高（mm） l/1500 且≤10.0mm	
				允许值	实测值	允许值	实测值
1	13-14/A	900	9000	≤1.8	1.2	≤6.0	5.7
2	10-11/G/A-G	900	9000	≤1.8	1.1	≤6.0	5.6
3	12-13/G/G-K	900	9000	≤1.8	1.6	≤6.0	4.4

吊车梁垂直度和侧面弯曲的允许偏差见表11.18。

吊车梁安装允许偏差（mm） 表11.18

项　目	允许偏差	图　例	检验方法
梁的跨中垂直度 △	$H/500$		用吊线和钢尺检查
侧向弯曲矢高	$l/1500$，且不应大于10.0		用吊线和钢尺检查

11.4.3　主体结构变形检测

检查数量：对主要立面全部检查。对每个所检查的立面除两列角柱外，尚应至少选取一列中间柱进行测量，一般选择每个立面的中间1～2根钢柱进行测量。

检测仪器：采用经纬仪、全站仪即可进行测量，采用免棱镜全站仪更易于测量。

检测方法：采用空间坐标法对角柱和中柱的柱底和柱顶坐标进行测量并进行换算即可。对于多层厂房，整体垂直度测量也可根据各节柱的垂直度允许偏差累计（代数和）计算，对于整体平面弯曲可按产生的允许偏差累计（代数和）计算。

单层厂房整体垂直度和整体平面弯曲检测结果见表11.19。

钢结构主体结构的整体垂直度和整体平面弯曲检测结果 表11.19

编号	轴线位置	立面高度（mm）	立面长度（mm）	整体垂直度（mm）$H/1000$ 且≤25.0mm		整体平面弯曲（mm）$L/1500$ 且≤25.0mm	
				允许偏差值	实测值	允许偏差值	实测值
1	1/A-U	11500	120000	≤11.5	9.9	≤25.0	15.3
2	4/A-U	11500	120000	≤11.5	8.7	≤25.0	17.1
3	6-23/A	13150	153000	≤13.1	11.1	≤25.0	18.9
4	6-23/U	13150	153000	≤13.1	8.9	≤25.0	13.1

单层钢结构主体结构的整体垂直度和整体平面弯曲的允许偏差应符合表11.20的规定。

单层厂房主体结构整体垂直度和整体平面弯曲的允许偏差（mm） 表11.20

项　目	允许偏差	图　例
主体结构的整体垂直度	$H/1000$，且不应大于25.0	
主体结构的整体平面弯曲	$L/1500$，且不应大于25.0	

多层及高层钢结构主体结构的整体垂直度和整体平面弯曲的允许偏差应符合表 11.21 的规定。

多层厂房主体结构整体垂直度和整体平面弯曲的允许偏差（mm）　　　　表 11.21

项　目	允许偏差 Δ	图　例
主体结构的整体垂直度	$(H/2500+10.0)$，且不应大于 50.0	
主体结构的整体平面弯曲	$L/1500$，且不应大于 25.0	

附录 A 测区混凝土强度换算表

平均回弹值 R_m	测区混凝土强度换算值 $f^c_{cu,i}$（MPa）												
	平均碳化深度值 d_m（mm）												
	0	0.5	1.0	1.5	2.0	2.5	3.0	3.5	4.0	4.5	5.0	5.5	≥6.0
20.0	10.3	10.1	—	—	—	—	—	—	—	—	—	—	—
20.2	10.5	10.3	10.0	—	—	—	—	—	—	—	—	—	—
20.4	10.7	10.5	10.2	—	—	—	—	—	—	—	—	—	—
20.6	11.0	10.8	10.4	10.1	—	—	—	—	—	—	—	—	—
20.8	11.2	11.0	10.6	10.3	—	—	—	—	—	—	—	—	—
21.0	11.4	11.2	10.8	10.5	10.0	—	—	—	—	—	—	—	—
21.2	11.6	11.4	11.0	10.7	10.2	—	—	—	—	—	—	—	—
21.4	11.8	11.6	11.2	10.9	10.4	10.0	—	—	—	—	—	—	—
21.6	12.0	11.8	11.4	11.0	10.6	10.2	—	—	—	—	—	—	—
21.8	12.3	12.1	11.7	11.3	10.8	10.5	10.1	—	—	—	—	—	—
22.0	12.5	12.2	11.9	11.5	11.0	10.6	10.2	—	—	—	—	—	—
22.2	12.7	12.4	12.1	11.7	11.2	10.8	10.4	10.0	—	—	—	—	—
22.4	13.0	12.7	12.4	12.0	11.4	11.0	10.7	10.3	10.0	—	—	—	—
22.6	13.2	12.9	12.5	12.1	11.6	11.2	10.8	10.4	10.2	—	—	—	—
22.8	13.4	13.1	12.7	12.3	11.8	11.4	11.0	10.6	10.3	—	—	—	—
23.0	13.7	13.4	13.0	12.6	12.1	11.6	11.2	10.8	10.5	10.1	—	—	—
23.2	13.9	13.6	13.2	12.8	12.2	11.8	11.4	11.0	10.7	10.3	10.0	—	—
23.4	14.1	13.8	13.4	13.0	12.4	12.0	11.6	11.2	10.9	10.4	10.2	—	—
23.6	14.4	14.1	13.7	13.2	12.7	12.2	11.8	11.4	11.1	10.7	10.4	10.1	—
23.8	14.6	14.3	13.9	13.4	12.8	12.4	12.0	11.5	11.2	10.8	10.5	10.2	—
24.0	14.9	14.6	14.2	13.7	13.1	12.7	12.2	11.8	11.5	11.0	10.7	10.4	10.1
24.2	15.1	14.8	14.3	13.9	13.3	12.8	12.4	11.9	11.6	11.2	10.9	10.6	10.3
24.4	15.4	15.1	14.6	14.2	13.6	13.1	12.6	12.2	11.9	11.4	11.1	10.8	10.4
24.6	15.6	15.3	14.8	14.4	13.7	13.3	12.8	12.3	12.0	11.5	11.2	10.9	10.6
24.8	15.9	15.6	15.1	14.6	14.0	13.5	13.0	12.6	12.2	11.8	11.4	11.1	10.7
25.0	16.2	15.9	15.4	14.9	14.3	13.8	13.3	12.8	12.5	12.0	11.7	11.3	10.9
25.2	16.4	16.1	15.6	15.1	14.4	13.9	13.4	13.0	12.6	12.1	11.8	11.5	11.0
25.4	16.7	16.4	15.9	15.4	14.7	14.2	13.7	13.2	12.9	12.4	12.0	11.7	11.2
25.6	16.9	16.6	16.1	15.7	14.9	14.4	13.9	13.4	13.0	12.5	12.2	11.8	11.3
25.8	17.2	16.9	16.3	15.8	15.1	14.6	14.1	13.6	13.2	12.7	12.4	12.0	11.5
26.0	17.5	17.2	16.6	16.1	15.4	14.9	14.4	13.8	13.5	13.0	12.6	12.2	11.6
26.2	17.8	17.4	16.9	16.4	15.7	15.1	14.6	14.0	13.7	13.2	12.8	12.4	11.8
26.4	18.0	17.6	17.1	16.6	15.8	15.3	14.8	14.2	13.9	13.3	13.0	12.6	12.0

| 平均回弹值 R_m | 测区混凝土强度换算值 $f^c_{cu,i}$ （MPa） | | | | | | | | | | | | |
| | 平均碳化深度值 d_m （mm） | | | | | | | | | | | | |
	0	0.5	1.0	1.5	2.0	2.5	3.0	3.5	4.0	4.5	5.0	5.5	≥6.0
26.6	18.3	17.9	17.4	16.8	16.1	15.6	15.0	14.4	14.1	13.5	13.2	12.8	12.1
26.8	18.6	18.2	17.1	17.1	16.4	15.8	15.3	14.6	14.3	13.8	13.4	12.9	12.3
27.0	18.9	18.5	18.0	17.4	16.6	16.1	15.5	14.8	14.6	14.0	13.6	13.1	12.4
27.2	19.1	18.7	18.1	17.6	16.8	16.2	15.7	15.0	14.7	14.1	13.8	13.3	12.6
27.4	19.4	19.0	18.4	17.8	17.0	16.4	15.9	15.2	14.9	14.3	14.0	13.4	12.7
27.6	19.7	19.3	18.7	18.0	17.2	16.6	16.1	15.4	15.1	14.5	14.1	13.6	12.9
27.8	20.0	19.6	19.0	18.2	17.4	16.8	16.3	15.6	15.3	14.7	14.2	13.7	13.0
28.0	20.3	19.7	19.2	18.4	17.6	17.0	16.5	15.8	15.4	14.8	14.4	13.9	13.2
28.2	20.6	20.0	19.5	18.6	17.8	17.2	16.7	16.0	15.6	15.0	14.6	14.0	13.3
28.4	20.9	20.3	19.7	18.8	18.0	17.4	16.9	16.2	15.8	15.2	14.8	14.2	13.5
28.6	21.2	20.6	21.0	19.1	18.2	17.6	17.1	16.4	16.0	15.4	15.0	14.3	13.6
28.8	21.5	20.9	20.2	19.4	18.5	17.8	17.3	16.6	16.2、	15.6	15.2	14.5	13.8
29.0	21.8	21.1	20.5	19.6	18.7	18.1	17.5	16.8	16.4	15.8	15.4	14.6	13.9
29.2	22.1	21.4	20.8	19.9	19.0	18.3	17.7	17.0	16.6	16.0	15.6	14.8	14.1
29.4	22.4	21.7	21.1	20.2	19.3	18.6	17.9	17.2	16.8	16.2	15.8	15.0	14.2
29.6	22.7	22.0	21.3	20.4	19.5	18.8	18.2	17.5	17.0	16.4	16.0	15.1	14.4
29.8	23.0	22.3	21.6	20.7	19.8	19.1	18.4	17.7	17.2	16.6	16.2	15.3	14.5
30.0	23.3	22.6	21.9	21.0	20.0	19.3	18.6	17.9	17.4	16.8	16.4	15.4	14.7
30.2	23.6	22.9	22.2	21.2	20.3	19.6	18.9	18.2	17.6	17.0	16.6	15.6	14.9
30.4	23.9	23.2	22.5	21.5	20.6	19.8	19.1	18.4	17.8	17.2	16.8	15.8	15.1
30.6	24.3	23.6	22.8	21.9	20.9	20.2	19.4	18.7	18.0	17.5	17.0	16.0	15.2
30.8	24.6	23.9	23.1	22.1	21.2	20.4	19.7	18.9	18.2	17.7	17.2	16.2	15.4
31.0	24.9	24.2	23.4	22.4	21.4	20.7	19.9	19.2	18.4	17.9	17.4	16.4	15.5
31.2	25.2	24.4	23.7	22.7	21.7	20.9	20.2	19.4	18.6	18.1	17.6	16.6	15.7
31.4	25.6	24.8	24.1	23.0	22.0	21.2	20.5	19.7	18.9	18.4	17.8	16.9	15.8
31.6	25.9	25.1	24.3	23.3	22.3	21.5	20.7	19.9	19.2	18.6	18.0	17.1	16.0
31.8	26.2	25.4	24.6	23.6	22.5	21.7	21.0	20.2	19.4	18.9	18.2	17.3	16.2
32.0	26.5	25.7	24.9	23.9	22.8	22.0	21.2	20.4	19.6	19.1	18.4	17.5	16.4
32.2	26.9	26.1	25.3	24.2	23.1	22.3	21.5	20.7	19.9	19.4	18.6	17.7	16.6
32.4	27.2	26.4	25.6	24.5	23.4	22.6	21.8	20.9	20.1	19.6	18.8	17.9	16.8
32.6	27.6	26.8	25.9	24.8	23.7	22.9	22.1	21.3	20.4	19.9	19.0	18.1	17.0
32.8	27.9	27.1	26.2	25.1	24.0	23.2	22.3	21.5	20.6	20.1	19.2	18.3	17.2
33.0	28.2	27.4	26.5	25.4	24.3	23.4	22.6	21.7	20.9	20.3	19.4	18.5	17.4
33.2	28.6	27.7	26.8	25.7	24.6	23.7	22.9	22.0	21.2	20.5	19.6	18.7	17.6
33.4	28.9	28.0	27.1	26.0	24.9	24.0	23.1	22.3	21.4	20.7	19.8	18.9	17.8
33.6	29.3	28.4	27.4	26.4	25.2	24.2	23.3	22.6	21.7	20.9	20.0	19.1	18.0
33.8	29.6	28.7	27.7	26.6	25.4	24.4	23.5	22.8	21.9	21.1	20.2	19.3	18.2
34.0	30.0	29.1	28.0	26.8	25.6	24.6	23.7	23.0	22.1	21.3	20.4	19.5	18.3
34.2	30.3	29.4	28.3	27.0	25.8	24.8	23.9	23.2	22.3	21.5	20.6	19.7	18.4

平均回弹值 R_m	测区混凝土强度换算值 $f^c_{cu,i}$（MPa）												
	平均碳化深度值 d_m（mm）												
	0	0.5	1.0	1.5	2.0	2.5	3.0	3.5	4.0	4.5	5.0	5.5	≥6.0
34.4	30.7	29.8	28.6	27.2	26.0	25.0	24.1	23.4	22.5	21.7	20.8	19.8	18.6
34.6	31.1	30.2	28.9	27.4	26.2	25.2	24.3	23.6	22.7	21.9	21.0	20.0	18.8
34.8	31.4	30.5	29.2	27.6	26.4	25.4	24.5	23.8	22.9	22.1	21.2	20.2	19.0
35.0	31.8	30.8	29.6	28.0	26.7	25.8	24.8	24.0	23.2	22.3	21.4	20.4	19.2
35.2	32.1	31.1	29.9	28.2	27.0	26.0	25.0	24.2	23.4	22.5	21.6	20.6	19.4
35.4	32.5	31.5	30.2	28.6	27.3	26.3	25.4	24.4	23.7	22.8	21.8	20.8	19.6
35.6	32.9	31.9	30.6	29.0	27.6	26.6	25.7	24.7	24.0	23.0	22.0	21.0	19.8
35.8	33.3	32.3	31.0	29.3	28.0	27.0	26.0	25.0	24.3	23.3	22.2	21.2	20.0
36.0	33.6	32.6	31.2	29.6	28.2	27.2	26.2	25.2	24.5	23.5	22.4	21.4	20.2
36.2	34.0	33.0	31.6	29.9	28.6	27.5	26.5	25.5	24.8	23.8	22.6	21.6	20.4
36.4	34.4	33.4	32.0	30.3	28.9	27.9	26.8	25.8	25.1	24.1	22.8	21.8	20.6
36.6	34.8	33.8	32.4	30.6	29.2	28.2	27.1	26.1	25.4	24.4	23.0	22.0	20.9
36.8	35.2	34.1	32.7	31.0	29.6	28.5	27.5	26.4	25.7	24.6	23.2	22.2	21.1
37.0	35.5	34.4	33.0	31.2	29.8	28.8	27.7	26.6	25.9	24.8	23.4	22.4	21.3
37.2	35.9	34.8	33.4	31.6	30.2	29.1	28.0	26.9	26.2	25.1	23.7	22.6	21.5
37.4	36.3	35.2	33.8	31.9	30.5	29.4	28.3	27.2	26.5	25.4	24.0	22.9	21.8
37.6	36.7	35.6	34.1	32.3	30.8	29.7	28.6	27.5	26.8	25.7	24.2	23.1	22.0
37.8	37.1	36.0	34.5	32.6	31.2	30.0	28.9	27.8	27.1	26.0	24.5	23.4	22.3
38.0	37.5	36.4	34.9	33.0	31.5	30.3	29.2	28.1	27.4	26.2	24.8	23.6	22.5
38.2	37.9	36.8	35.2	33.4	31.8	30.6	29.5	28.4	27.7	26.5	25.0	23.9	22.7
38.4	38.3	37.2	35.6	33.7	32.1	30.9	29.8	28.7	28.0	26.8	25.3	24.1	23.0
38.6	38.7	37.5	36.0	34.1	32.4	31.2	30.1	29.0	28.3	27.0	25.5	24.4	23.2
38.8	39.1	37.9	36.4	34.4	32.7	31.5	30.4	29.3	28.5	27.2	25.8	24.6	23.5
39.0	39.5	38.2	36.7	34.7	33.0	31.8	30.6	29.6	28.8	27.4	26.0	24.8	23.7
39.2	39.9	38.5	37.0	35.0	33.3	32.1	30.8	29.8	29.0	27.6	26.2	25.0	24.0
39.4	40.3	38.8	37.3	35.3	33.6	32.4	31.0	30.0	29.2	27.8	26.4	25.2	24.2
39.6	40.7	39.1	37.6	35.6	33.9	32.7	31.2	30.2	29.4	28.0	26.6	25.4	24.4
39.8	41.2	39.6	38.0	35.9	34.2	33.0	31.4	30.5	29.7	28.2	26.8	25.6	24.7
40.0	41.6	39.9	38.3	36.2	34.5	33.3	31.7	30.8	30.0	28.4	27.0	25.8	25.0
40.2	42.0	40.3	38.6	36.5	34.8	33.6	32.0	31.1	30.2	28.6	27.3	26.0	25.2
40.4	42.4	40.7	39.0	36.9	35.1	33.9	32.3	31.4	30.5	28.8	27.6	26.2	25.4
40.6	42.8	41.1	39.4	37.2	35.4	34.2	32.6	31.7	30.8	29.1	27.8	26.5	25.7
40.8	43.3	41.6	39.8	37.7	35.7	34.5	32.9	32.0	31.2	29.4	28.1	26.8	26.0
41.0	43.7	42.0	40.2	38.0	36.0	34.8	33.2	32.3	31.5	29.7	28.4	27.1	26.2
41.2	44.1	42.3	40.6	38.4	36.3	35.1	33.5	32.6	31.8	30.0	28.7	27.3	26.5
41.4	44.5	42.7	40.9	38.7	36.6	35.4	33.8	32.9	32.0	30.3	28.9	27.6	26.7
41.6	45.0	43.2	41.4	39.2	36.9	35.7	34.2	33.3	32.4	30.6	29.2	27.9	27.0
41.8	45.4	43.6	41.8	39.5	37.2	36.0	34.5	33.6	32.7	30.9	29.5	28.1	27.2
42.0	45.9	44.1	42.2	39.9	37.6	36.3	34.9	34.0	33.0	31.2	29.8	28.5	27.5

平均回弹值 R_m	测区混凝土强度换算值 $f^c_{cu,i}$（MPa）												
	平均碳化深度值 d_m（mm）												
	0	0.5	1.0	1.5	2.0	2.5	3.0	3.5	4.0	4.5	5.0	5.5	≥6.0
42.2	46.3	44.4	42.6	40.3	38.0	36.6	35.2	34.3	33.3	31.5	30.1	28.7	27.8
42.4	46.7	44.8	43.0	40.6	38.3	36.9	35.5	34.6	33.6	31.8	30.4	29.0	28.0
42.6	47.2	45.3	43.4	41.1	38.7	37.3	35.9	34.9	34.0	32.1	30.7	29.3	28.3
42.8	47.6	45.7	43.8	41.4	39.0	37.6	36.2	35.2	34.3	32.4	30.9	29.5	28.6
43.0	48.1	46.2	44.2	41.8	39.4	38.0	36.5	35.5	34.6	32.7	31.3	29.8	28.9
43.2	48.5	46.6	44.6	42.2	39.8	38.3	36.9	35.9	34.9	33.0	31.5	30.1	29.1
43.4	49.0	47.0	45.1	42.6	40.2	38.7	37.2	36.3	35.3	33.3	31.8	30.4	29.4
43.6	49.4	47.4	45.4	43.0	40.5	39.0	37.5	36.6	35.6	33.6	32.1	30.6	29.6
43.8	49.9	47.9	45.9	43.4	40.9	39.4	37.9	36.9	35.9	33.9	32.4	30.9	29.9
44.0	50.4	48.4	46.4	43.8	41.3	39.8	38.3	37.3	36.3	34.3	32.8	31.2	30.2
44.2	50.8	48.8	46.7	44.2	41.7	40.1	38.6	37.6	36.6	34.5	33.0	31.5	30.5
44.4	51.3	49.2	47.2	44.6	42.1	40.5	39.0	38.0	36.9	34.9	33.3	31.8	30.8
44.6	51.7	49.6	47.6	45.0	42.4	40.8	39.3	38.3	37.2	35.2	33.6	32.1	31.0
44.8	52.2	50.1	48.0	45.4	42.8	41.2	39.7	38.6	37.6	35.5	33.9	32.4	31.3
45.0	52.7	50.6	48.5	45.8	43.2	41.6	40.1	39.0	37.9	35.8	34.3	32.7	31.6
45.2	53.2	51.1	48.9	46.3	43.6	42.0	40.4	39.4	38.3	36.2	34.6	33.0	31.9
45.4	53.6	51.5	49.4	46.6	44.0	42.3	40.7	39.7	38.6	36.4	34.8	33.2	32.2
45.6	54.1	51.9	49.8	47.1	44.4	42.7	41.1	40.0	39.0	36.8	35.2	33.5	32.5
45.8	54.6	52.4	50.2	47.5	44.8	43.1	41.5	40.4	39.3	37.1	35.5	33.9	32.8
46.0	55.0	52.8	50.6	47.9	45.2	43.5	41.9	40.8	39.7	37.5	35.8	34.2	33.1
46.2	55.5	53.3	51.1	48.3	45.5	43.8	42.2	41.1	40.0	37.7	36.1	34.4	33.3
46.4	56.0	53.8	51.5	48.7	45.9	44.2	42.6	41.4	40.3	38.1	36.4	34.7	33.6
46.6	56.5	54.2	52.0	49.2	46.3	44.6	42.9	41.8	40.7	38.4	36.7	35.0	33.9
46.8	57.0	54.7	52.4	49.6	46.7	45.0	43.3	42.2	41.0	38.8	37.0	35.3	34.2
47.0	57.5	55.2	52.9	50.0	47.2	45.2	43.7	42.2	41.4	39.1	37.4	35.6	34.5
47.2	58.0	55.7	53.4	50.5	47.6	45.8	44.1	42.9	41.8	39.4	37.7	36.0	34.8
47.4	58.5	56.2	53.8	50.9	48.0	46.2	44.5	43.3	42.1	39.8	38.0	36.3	35.1
47.6	59.0	56.6	54.3	51.3	48.4	46.6	44.8	43.7	42.5	40.1	38.4	36.6	35.4
47.8	59.5	57.1	54.7	51.8	48.8	47.0	45.2	44.0	42.8	40.5	38.7	36.9	35.7
48.0	60.0	57.6	55.2	52.2	49.2	47.4	45.6	44.4	43.2	40.8	39.0	37.2	36.0
48.2	—	58.0	55.7	52.6	49.6	47.8	46.0	44.8	43.6	41.1	39.3	37.5	36.3
48.4	—	58.6	56.1	53.1	50.0	48.2	46.4	45.1	43.9	41.5	39.6	37.8	36.6
48.6	—	59.0	56.6	53.5	50.4	48.6	46.7	45.5	44.3	41.8	40.0	38.1	36.9
48.8	—	59.5	57.1	54.0	50.9	49.0	47.1	45.9	44.6	42.2	40.3	38.4	37.2
49.0	—	60.0	57.5	54.4	51.3	49.4	47.5	46.2	45.0	42.5	40.6	38.8	37.5
49.2	—	—	58.0	54.8	51.7	49.8	47.9	46.6	45.4	42.8	41.0	39.1	37.8
49.4	—	—	58.5	55.3	52.1	50.2	48.3	47.1	45.8	43.2	41.3	39.4	38.2
49.6	—	—	58.9	55.7	52.5	50.6	48.7	47.4	46.2	43.6	41.7	39.7	38.5
49.8	—	—	59.4	56.2	53.0	51.0	49.1	47.8	46.5	43.9	42.0	40.1	38.8

平均回弹值 R_m	测区混凝土强度换算值 $f_{cu,i}^c$ （MPa）												
	平均碳化深度值 d_m （mm）												
	0	0.5	1.0	1.5	2.0	2.5	3.0	3.5	4.0	4.5	5.0	5.5	≥6.0
50.0	—	—	59.9	56.7	53.4	51.4	49.5	48.2	46.9	44.3	42.3	40.4	39.1
50.2	—	—	—	57.1	53.8	51.9	49.9	48.5	47.2	44.6	42.6	40.7	39.4
50.4	—	—	—	57.6	54.3	52.3	50.3	49.0	47.7	45.0	43.0	41.0	39.7
50.6	—	—	—	58.0	54.7	52.7	50.7	49.4	48.0	45.4	43.4	41.4	40.0
50.8	—	—	—	58.5	55.1	53.1	51.1	49.8	48.4	45.7	43.7	41.7	40.3
51.0	—	—	—	59.0	55.6	53.5	51.5	50.1	48.8	46.1	44.1	42.0	40.7
51.2	—	—	—	59.4	56.0	54.0	51.9	50.5	49.2	46.4	44.4	42.3	41.0
51.4	—	—	—	59.9	56.4	54.4	52.3	50.9	49.6	46.8	44.7	42.7	41.3
51.6	—	—	—	—	56.9	54.8	52.7	51.3	50.0	47.2	45.1	43.0	41.6
51.8	—	—	—	—	57.3	55.2	53.1	51.7	50.3	47.5	45.4	43.3	41.8
52.0	—	—	—	—	57.8	55.7	53.6	52.1	50.7	47.9	45.8	43.7	42.3
52.2	—	—	—	—	58.2	56.1	54.0	52.5	51.1	48.3	46.2	44.0	42.6
52.4	—	—	—	—	58.7	56.5	54.4	53.0	51.5	48.7	46.5	44.4	43.0
52.6	—	—	—	—	59.1	57.0	54.8	53.4	51.9	49.0	46.9	44.7	43.3
52.8	—	—	—	—	59.6	57.4	55.2	53.8	52.3	49.4	47.3	45.1	43.6
53.0	—	—	—	—	60.0	57.8	55.6	54.2	52.7	49.8	47.6	45.4	43.9
53.2	—	—	—	—	—	58.3	56.1	54.6	53.1	50.2	48.0	45.8	44.3
53.4	—	—	—	—	—	58.7	56.5	55.0	53.5	50.5	48.3	46.1	44.6
53.6	—	—	—	—	—	59.2	56.9	55.4	53.9	50.9	48.7	46.4	44.9
53.8	—	—	—	—	—	59.6	57.3	55.8	54.3	51.3	49.0	46.8	45.3
54.0	—	—	—	—	—	—	57.8	56.3	54.7	51.7	49.4	47.1	45.6
54.2	—	—	—	—	—	—	58.2	56.7	55.1	52.1	49.8	47.5	46.0
54.4	—	—	—	—	—	—	58.6	57.1	55.6	52.5	50.2	47.9	46.3
54.6	—	—	—	—	—	—	59.1	57.5	56.0	52.9	50.5	48.2	46.6
54.8	—	—	—	—	—	—	59.5	57.9	56.4	53.2	50.9	48.5	47.0
55.0	—	—	—	—	—	—	59.9	58.4	56.8	53.6	51.3	48.9	47.3
55.2	—	—	—	—	—	—	—	58.8	57.2	54.0	51.6	49.3	47.7
55.4	—	—	—	—	—	—	—	59.2	57.6	54.4	52.0	49.6	48.0
55.6	—	—	—	—	—	—	—	59.7	58.0	54.8	52.4	50.0	48.4
55.8	—	—	—	—	—	—	—	—	58.5	55.2	52.8	50.3	48.7
56.0	—	—	—	—	—	—	—	—	58.9	55.6	53.2	50.7	49.1
56.2	—	—	—	—	—	—	—	—	59.3	56.0	53.5	51.1	49.4
56.4	—	—	—	—	—	—	—	—	59.7	56.4	53.9	51.4	49.8
56.6	—	—	—	—	—	—	—	—	—	56.8	54.3	51.8	50.1
56.8	—	—	—	—	—	—	—	—	—	57.2	54.7	52.2	50.5
57.0	—	—	—	—	—	—	—	—	—	57.6	55.1	52.5	50.8
57.2	—	—	—	—	—	—	—	—	—	58.0	55.5	52.9	51.2
57.4	—	—	—	—	—	—	—	—	—	58.4	55.9	53.3	51.6
57.6	—	—	—	—	—	—	—	—	—	58.9	56.3	53.7	51.9

平均回弹值 $R_{\mathrm m}$	测区混凝土强度换算值 $f^{\mathrm c}_{\mathrm{cu},i}$ （MPa）												
	平均碳化深度值 $d_{\mathrm m}$ （mm）												
	0	0.5	1.0	1.5	2.0	2.5	3.0	3.5	4.0	4.5	5.0	5.5	≥6.0
57.8	—	—	—	—	—	—	—	—	—	59.3	56.7	54.0	52.3
58.0	—	—	—	—	—	—	—	—	—	59.7	57.0	54.4	52.7
58.2	—	—	—	—	—	—	—	—	—	—	57.4	54.8	53.0
58.4	—	—	—	—	—	—	—	—	—	—	57.8	55.2	53.4
58.6	—	—	—	—	—	—	—	—	—	—	58.2	55.6	53.8
58.8	—	—	—	—	—	—	—	—	—	—	58.6	55.9	54.1
59.0	—	—	—	—	—	—	—	—	—	—	59.0	56.3	54.5
59.2	—	—	—	—	—	—	—	—	—	—	59.4	56.7	54.9
59.4	—	—	—	—	—	—	—	—	—	—	59.8	57.1	55.2
59.6	—	—	—	—	—	—	—	—	—	—	—	57.5	55.6
59.8	—	—	—	—	—	—	—	—	—	—	—	57.9	56.0
60.0	—	—	—	—	—	—	—	—	—	—	—	58.3	56.4

注：本表系按全国统一曲线制定。

附录 B 泵送混凝土测区强度换算表

平均回弹值 R_m	测区混凝土强度换算值 $f_{cu,i}$ （MPa）												
	平均碳化深度值 d_m （mm）												
	0	0.5	1	1.5	2	2.5	3	3.5	4	4.5	5	5.5	≥6
18.6	10	—	—	—	—	—	—	—	—	—	—	—	—
18.8	10.2	10	—	—	—	—	—	—	—	—	—	—	—
19	10.4	10.2	10	—	—	—	—	—	—	—	—	—	—
19.2	10.6	10.4	10.2	10	—	—	—	—	—	—	—	—	—
19.4	10.9	10.7	10.4	10.2	10	—	—	—	—	—	—	—	—
19.6	11.1	10.9	10.6	10.4	10.2	10	—	—	—	—	—	—	—
19.8	11.3	11.1	10.9	10.6	10.4	10.2	10	—	—	—	—	—	—
20	11.5	11.3	11.1	10.9	10.6	10.4	10.2	10	—	—	—	—	—
20.2	11.8	11.5	11.3	11.1	10.9	10.6	10.4	10.2	10	—	—	—	—
20.4	12	11.7	11.5	11.3	11.1	10.8	10.6	10.4	10.2	10	—	—	—
20.6	12.2	12	11.7	11.5	11.3	11	10.8	10.6	10.4	10.2	10	—	—
20.8	12.4	12.2	11.9	11.7	11.5	11.3	11	10.8	10.6	10.4	10.2	10	—
21	12.7	12.4	12.2	11.9	11.7	11.5	11.2	11	10.8	10.6	10.4	10.2	10
21.2	12.9	12.7	12.4	12.1	11.9	11.7	11.5	11.2	11	10.8	10.6	10.4	10.2
21.4	13.1	12.9	12.6	12.4	12.1	11.9	11.7	11.4	11.2	11	10.8	10.6	10.3
21.6	13.4	13.1	12.8	12.6	12.4	12.1	11.9	11.6	11.4	11.2	11	10.7	10.5
21.8	13.6	13.4	13.1	12.8	12.6	12.3	12.1	11.9	11.6	11.4	11.2	10.9	10.7
22	13.9	13.6	13.3	13	12.8	12.6	12.3	12.1	11.8	11.6	11.4	11.1	10.9
22.2	14.1	13.8	13.5	13.3	13	12.8	12.5	12.3	12	11.8	11.6	11.3	11.1
22.4	14.4	14.1	13.8	13.5	13.3	13	12.7	12.5	12.2	12	11.8	11.5	11.3
22.6	14.6	14.3	14	13.8	13.5	13.2	13	12.7	12.5	12.2	12	11.7	11.5
22.8	14.9	14.6	14.3	14	13.7	13.5	13.2	12.9	12.7	12.4	12.2	11.9	11.7
23	15.1	14.8	14.5	14.2	14	13.7	13.4	13.1	12.9	12.6	12.4	12.1	11.9
23.2	15.4	15.1	14.8	14.5	14.2	13.9	13.6	13.4	13.1	12.8	12.6	12.3	12.1
23.4	15.6	15.3	15	14.7	14.4	14.1	13.9	13.6	13.3	13.1	12.8	12.6	12.3
23.6	15.9	15.6	15.3	15	14.7	14.4	14.1	13.8	13.5	13.3	13	12.8	12.5
23.8	16.2	15.8	15.5	15.2	14.9	14.6	14.3	14.1	13.8	13.5	13.2	13	12.7
24	16.4	16.1	15.8	15.5	15.2	14.9	14.6	14.3	14	13.7	13.5	13.2	12.9
2.2	16.7	16.4	16	15.7	15.4	15.1	14.8	14.5	14.2	13.9	13.7	13.4	13.1
24.4	17	16.6	16.3	16	15.7	15.3	15	14.7	14.5	14.2	13.9	13.6	13.3
24.6	17.2	16.9	16.5	16.2	15.9	15.6	15.3	15	14.7	14.4	14.1	13.8	13.6
24.8	17.5	17.1	16.8	16.5	16.2	15.8	15.5	15.2	14.9	14.6	14.3	14.1	13.8
25	17.8	17.4	17.1	16.7	16.4	16.1	15.8	15.5	15.2	14.9	14.6	14.3	14

平均回弹值 R_m	测区混凝土强度换算值 $f_{cu,i}$ （MPa）												
	平均碳化深度值 d_m （mm）												
	0	0.5	1	1.5	2	2.5	3	3.5	4	4.5	5	5.5	≥6
25.2	18	17.7	17.3	17	16.7	16.3	16	15.7	15.4	15.1	14.8	14.5	14.2
25.4	18.3	18	17.6	17.3	16.9	16.6	16.3	15.9	15.6	15.3	15	14.7	14.4
25.6	18.6	18.2	17.9	17.5	17.2	16.8	16.5	16.2	15.9	15.6	15.2	14.9	14.7
25.8	18.9	18.5	18.2	17.8	17.4	17.1	16.8	16.4	16.1	15.8	15.5	15.2	14.9
26	19.2	18.8	18.4	18.1	17.7	17.4	17	16.7	16.3	16	15.7	15.4	15.1
26.2	19.5	19.1	18.7	18.3	18	17.6	17.3	16.9	16.6	16.3	15.9	15.6	15.3
26.4	19.8	19.4	19	18.6	18.2	17.9	17.5	17.2	16.8	16.5	16.2	15.9	15.6
26.6	20	19.6	19.3	18.9	18.5	18.1	17.8	17.4	17.1	16.8	16.4	16.1	15.8
26.8	20.3	19.9	19.5	19.2	18.8	18.4	18	17.7	17.3	17	16.7	16.3	16
27	20.6	20.2	19.8	19.4	19.1	18.7	18.3	17.9	17.6	17.2	16.9	16.6	16.2
27.2	20.9	20.5	20.1	19.7	19.3	18.9	18.6	18.2	17.8	17.5	17.1	16.8	16.5
27.4	21.2	20.8	20.4	20	19.6	19.2	18.8	18.5	18.1	17.7	17.4	17.1	16.7
27.6	21.5	21.1	20.7	20.3	19.9	19.5	19.1	18.7	18.4	18	17.6	17.3	17
27.8	21.8	21.4	21	20.6	20.2	19.8	19.4	19	18.6	18.3	17.9	17.5	17.2
28	22.1	21.7	21.3	20.9	20.4	20	19.6	19.3	18.9	18.5	18.1	17.8	17.4
28.2	22.4	22	21.6	21.1	20.7	20.3	19.9	19.5	19.1	18.8	18.4	18	17.7
28.4	22.8	22.3	21.9	21.4	21	20.6	20.2	19.8	19.4	19	18.6	18.3	17.9
28.6	23.1	22.6	22.2	21.7	21.3	20.9	20.5	20.1	19.7	19.3	18.9	18.5	18.2
28.8	23.4	22.9	22.5	22	21.6	21.2	20.7	20.3	19.9	19.5	19.2	18.8	18.4
29	23.7	23.2	22.8	22.3	21.9	21.5	21	20.6	20.2	19.8	19.4	19	18.7
29.2	24	23.5	23.1	22.6	22.2	21.7	21.3	20.9	20.5	20.1	19.7	19.3	18.9
29.4	24.3	23.9	23.4	22.9	22.5	22	21.6	21.2	20.8	20.3	19.9	19.5	19.2
29.6	24.7	24.2	23.7	23.2	22.8	22.3	21.9	21.4	21	20.6	20.2	19.8	19.4
29.8	25	24.5	24	23.5	23.1	22.6	22.2	21.7	21.3	20.9	20.5	20.1	19.7
30	25.3	24.8	24.3	23.8	23.4	22.9	22.5	22	21.6	21.2	20.7	20.3	19.9
30.2	25.6	25.1	24.6	24.2	23.7	23.2	22.8	22.3	21.9	21.4	21	20.6	20.2
30.4	26	25.5	25	24.5	24	23.5	23	22.6	22.1	21.7	21.3	20.9	20.4
30.6	26.3	25.8	25.3	24.8	24.3	23.8	23.3	22.9	22.4	22	21.6	21.1	20.7
30.8	26.6	26.1	25.6	25.1	24.6	24.1	23.6	23.2	22.7	22.3	21.8	21.4	21
31	27	26.4	25.9	25.4	24.9	24.4	23.9	23.5	23	22.5	22.1	21.7	21.2
31.2	27.3	26.8	26.2	25.7	25.2	24.7	24.2	23.8	23.3	22.8	22.4	21.9	21.5
31.4	27.7	27.1	26.6	26	25.5	25	24.5	24.1	23.6	23.1	22.7	22.2	21.8
31.6	28	27.4	26.9	26.4	25.9	25.3	24.8	24.4	23.9	23.4	22.9	22.5	22
31.8	28.3	27.8	27.2	26.7	26.2	25.7	25.1	24.7	24.2	23.7	23.2	22.8	22.3
32	28.7	28.1	27.6	27	26.5	26	25.5	25	24.5	24	23.5	23	22.6
32.2	29	28.5	27.9	27.4	26.8	26.3	25.8	25.3	24.8	24.3	23.8	23.3	22.9
32.4	29.4	28.8	28.2	27.7	27.1	26.6	26.1	25.6	25.1	24.6	24.1	23.6	23.1
32.6	29.7	29.2	28.6	28	27.5	26.9	26.4	25.9	25.4	24.9	24.4	23.9	23.4
32.8	30.1	29.5	28.9	28.3	27.8	27.2	26.7	26.2	25.7	25.2	24.7	24.2	23.7

平均回弹值 R_m	测区混凝土强度换算值 $f_{cu,i}$（MPa）												
	平均碳化深度值 d_m（mm）												
	0	0.5	1	1.5	2	2.5	3	3.5	4	4.5	5	5.5	≥6
33	30.4	29.8	29.3	28.7	28.1	27.6	27	26.5	26	25.5	25	24.5	24
33.2	30.8	30.2	29.6	29	28.4	27.9	27.3	26.8	26.3	25.8	25.2	24.7	24.3
33.4	31.2	30.6	30	29.4	28.8	28.2	27.7	27.1	26.6	26.1	25.5	25	24.5
33.6	31.5	30.9	30.3	29.7	29.1	28.5	28	27.4	26.9	26.4	25.8	25.3	24.8
33.8	31.9	31.3	30.7	30	29.5	28.9	28.3	27.7	27.2	26.7	26.1	25.6	25.1
34	32.3	31.6	31	30.4	29.8	29.2	28.6	28.1	27.5	27	26.4	25.9	25.4
34.2	32.6	32	31.4	30.7	30.1	29.5	29	28.4	27.8	27.3	26.7	26.2	25.7
34.4	33	32.4	31.7	31.1	30.5	29.9	29.3	28.7	28.1	27.6	27	26.5	26
34.6	33.4	32.7	32.1	31.4	30.8	30.2	29.6	29	28.5	27.9	27.4	26.8	26.3
34.8	33.8	33.1	32.4	31.8	31.2	30.6	30	29.4	28.8	28.2	27.7	27.1	26.6
35	34.1	33.5	32.8	32.2	31.5	30.9	30.3	29.7	29.1	28.5	28	27.4	26.9
35.2	34.5	33.8	33.2	32.5	31.9	31.2	30.6	30	29.4	28.8	28.3	27.7	27.2
35.4	34.9	34.2	33.5	32.9	32.2	31.6	31	30.4	29.8	29.2	28.6	28	27.5
35.6	35.3	34.6	33.9	33.2	32.6	31.9	31.3	30.7	30.1	29.5	28.9	28.3	27.8
35.8	35.7	35	34.3	33.6	32.9	32.3	31.6	31	30.4	29.8	29.2	28.6	28.1
36	36	35.3	34.6	34	33.3	32.6	32	31.4	30.7	30.1	29.5	29	28.4
36.2	36.4	35.7	35	34.3	33.6	33	32.3	31.7	31.1	30.5	29.9	29.3	28.7
36.4	36.8	36.1	35.4	34.7	34	33.3	32.7	32	31.4	30.8	30.2	29.6	29
36.6	37.2	36.5	35.8	35.1	34.4	33.7	33	32.4	31.7	31.1	30.5	29.9	29.3
36.8	37.6	36.9	36.2	35.4	34.7	34.1	33.4	32.7	32.1	31.4	30.8	30.2	29.6
37	38	37.3	36.5	35.8	35.1	34.4	33.7	33.1	32.4	31.8	31.2	30.5	29.9
37.2	38.4	37.7	36.9	36.2	35.5	34.8	34.1	33.4	32.8	32.1	31.5	30.9	30.2
37.4	38.8	38.1	37.3	36.6	35.8	35.1	34.4	33.8	33.1	32.4	31.8	31.2	30.6
37.6	39.2	38.4	37.8	36.9	36.2	35.5	34.8	34.1	33.4	32.8	32.1	31.5	30.9
37.8	39.6	38.8	38.1	37.3	36.6	35.9	35.2	34.5	33.8	33.1	32.5	31.8	31.2
38	40	39.2	38.5	37.7	37	36.2	35.5	34.8	34.1	33.5	32.8	32.2	31.5
38.2	40.4	39.6	38.9	38.1	37.3	36.6	35.9	35.2	34.5	33.8	33.1	32.5	31.8
38.4	40.9	40.1	39.3	38.5	37.7	37	36.3	35.5	34.8	34.2	33.5	32.8	32.2
38.6	41.3	40.5	39.7	38.9	38.1	37.4	36.6	35.9	35.2	34.5	33.8	33.2	32.5
38.8	41.7	40.9	40.1	39.3	38.5	37.7	37	36.3	35.5	34.8	34.2	33.5	32.8
39	42.1	41.3	40.5	39.7	38.9	38.1	37.4	36.6	35.9	35.2	34.5	33.8	33.2
39.2	42.5	41.7	40.9	40.1	39.3	38.5	37.7	37	36.3	35.5	34.8	34.2	33.5
39.4	42.9	42.1	41.3	40.5	39.7	38.9	38.1	37.4	36.6	35.9	35.2	34.5	33.8
39.6	43.4	42.5	41.7	40.9	40	39.3	38.5	37.7	37	36.3	35.5	34.8	34.2
39.8	43.8	42.9	42.1	41.3	40.4	39.6	38.9	38.1	37.3	36.6	35.9	35.2	34.5
40	44.2	43.4	42.5	41.7	40.8	40	39.2	38.5	37.7	37	36.2	35.5	34.8
40.2	44.7	43.8	42.9	42.1	41.2	40.4	39.6	38.8	38.1	37.3	36.6	35.9	35.2
40.4	45.1	44.2	43.4	42.5	41.6	40.8	40	39.2	38.4	37.7	36.9	36.2	35.5
40.6	45.5	44.6	43.7	42.9	42	41.2	40.4	39.6	38.8	38.1	37.3	36.6	35.8

平均回弹值 R_m	测区混凝土强度换算值 $f_{cu,i}$ （MPa）												
	平均碳化深度值 d_m （mm）												
	0	0.5	1	1.5	2	2.5	3	3.5	4	4.5	5	5.5	≥6
40.8	46	45.1	44.2	43.3	42.4	41.6	40.8	40	39.2	38.4	37.7	36.9	36.2
41	46.4	45.5	44.6	43.7	42.8	42	41.2	40.4	39.6	38.8	38	37.3	36.5
41.2	46.8	45.9	45	44.1	43.2	42.4	41.6	40.7	39.9	39.1	38.4	37.6	36.9
41.4	47.3	46.3	45.4	44.5	43.7	42.8	42	41.1	40.3	39.5	38.7	38	37.2
41.6	47.7	46.8	45.9	45	44.1	43.2	42.3	41.5	40.7	39.9	39.1	38.3	37.6
41.8	48.2	47.2	46.3	45.4	44.5	43.6	42.7	41.9	41.1	40.3	39.5	38.7	37.9
42	48.6	47.7	46.7	45.8	44.9	44	43.1	42.3	41.5	40.6	39.8	39.1	38.3
42.2	49.1	48.1	47.1	46.2	45.3	44.4	43.5	42.7	41.8	41	40.2	39.4	38.6
42.4	49.5	48.5	47.6	46.6	45.7	44.8	43.9	43.1	42.2	41.4	40.6	39.8	39
42.6	50	49	48	47.1	46.1	45.2	44.3	43.5	42.6	41.8	40.9	40.1	39.3
42.8	50.4	49.4	48.5	47.5	46.6	45.6	44.7	43.9	43	42.2	41.3	40.5	39.7
43	50.9	49.9	48.9	47.9	47	46.1	45.2	44.3	43.4	42.5	41.7	40.9	40.1
43.2	51.3	50.3	49.3	48.4	47.4	46.5	45.6	44.7	43.8	42.9	42.1	41.2	40.4
43.4	51.8	50.8	49.8	48.8	47.8	46.9	46	45.1	44.2	43.4	42.5	41.6	40.8
43.6	52.3	51.2	50.2	49.2	48.3	47.3	46.4	45.5	44.6	43.7	42.8	42	41.2
43.8	52.7	51.7	50.7	49.7	48.7	47.7	46.8	45.9	45	44.1	43.2	42.4	41.5
44	53.2	52.2	51.1	50.1	49.1	48.2	47.2	46.3	45.4	44.5	43.6	42.7	41.9
44.2	53.7	52.6	51.6	50.6	49.6	48.6	47.6	46.7	45.8	44.9	44	43.1	42.3
44.4	54.1	53.1	52	51	50	49	48	47.1	46.2	45.3	44.4	43.5	42.6
44.6	54.6	53.5	52.5	51.5	50.4	49.4	48.5	47.5	46.6	45.7	44.8	43.9	43
44.8	55.1	54	52.9	51.9	50.9	49.9	48.9	47.9	47	46.1	45.1	44.3	43.4
45	55.6	54.5	53.4	52.4	51.3	50.3	49.3	48.3	47.4	46.5	45.5	44.6	43.8
45.2	56.1	55	53.9	52.8	51.8	50.7	49.7	48.8	47.8	46.9	45.9	45	44.1
45.4	56.5	55.4	54.3	53.3	52.2	51.2	50.2	49.2	48.2	47.3	46.3	45.4	44.5
45.6	57	55.9	54.8	53.7	52.7	51.6	50.6	49.6	48.6	47.7	46.7	45.8	44.9
45.8	57.5	56.4	55.3	54.2	53.1	52.1	51	50	49	48.1	47.1	46.2	45.3
46	58	56.9	55.7	54.6	53.6	52.5	51.5	50.5	49.5	48.5	47.5	46.6	45.7
46.2	58.5	57.3	56.2	55.1	54	52.9	51.9	50.9	49.9	48.9	47.9	47	46.1
46.4	59	57.8	56.7	55.6	54.5	53.4	52.3	51.3	50.3	49.3	48.3	47.4	46.4
46.6	59.5	58.3	57.2	56	54.9	53.8	52.8	51.7	50.7	49.7	48.7	47.8	46.8
46.8	60	58.8	57.6	56.5	55.4	54.3	53.2	52.2	51.1	50.1	49.1	48.2	47.2
47	—	59.3	58.1	57	55.8	54.7	53.7	52.6	51.6	50.5	49.5	48.6	47.6
47.2	—	59.8	58.6	57.4	56.3	55.2	54.1	53	52	51	50	49	48
47.4	—	60	59.1	57.9	56.8	55.6	54.5	53.5	52.4	51.4	50.4	49.4	48.4
47.6	—	—	59.6	58.4	57.2	56.1	55	53.9	52.8	51.8	50.8	49.8	48.8
47.8	—	—	60	58.9	57.7	56.6	55.4	54.4	53.3	52.2	51.2	50.2	49.2
48	—	—	—	59.3	58.2	57	55.9	54.8	53.7	52.7	51.6	50.6	49.6
48.2	—	—	—	59.8	58.6	57.5	56.3	55.2	54.1	53.1	52	51	50
48.4	—	—	—	60	59.1	57.9	56.8	55.7	54.6	53.5	52.5	51.4	50.4

平均回弹值 R_m	测区混凝土强度换算值 $f_{cu,i}$（MPa）												
	平均碳化深度值 d_m（mm）												
	0	0.5	1	1.5	2	2.5	3	3.5	4	4.5	5	5.5	≥6
48.6	—	—	—	—	59.6	58.4	57.3	56.1	55	53.9	52.9	51.8	50.8
48.8	—	—	—	—	60	58.9	57.7	56.6	55.5	54.4	53.3	52.2	51.2
49	—	—	—	—	—	59.3	58.2	57	55.9	54.8	53.7	52.7	51.6
49.2	—	—	—	—	—	59.8	58.6	57.5	56.3	55.2	54.1	53.1	52
49.4	—	—	—	—	—	60	59.1	57.9	56.8	55.7	54.6	53.5	52.4
49.6	—	—	—	—	—	—	59.6	58.4	57.2	56.1	55	53.9	52.9
49.8	—	—	—	—	—	—	60	58.8	57.7	56.6	55.4	54.3	53.3
50	—	—	—	—	—	—	—	59.3	58.1	57	55.9	54.8	53.7
50.2	—	—	—	—	—	—	—	59.8	58.6	57.4	56.3	55.2	54.1
50.4	—	—	—	—	—	—	—	60	59	57.9	56.7	55.6	54.5
50.6	—	—	—	—	—	—	—	—	59.5	58.3	57.2	56	54.9
50.8	—	—	—	—	—	—	—	—	60	58.8	57.6	56.5	55.4
51	—	—	—	—	—	—	—	—	—	59.2	58.1	56.9	55.8
51.2	—	—	—	—	—	—	—	—	—	59.7	58.5	57.3	56.2
51.4	—	—	—	—	—	—	—	—	—	60	58.9	57.8	56.6
51.6	—	—	—	—	—	—	—	—	—	—	59.4	58.2	57.1
51.8	—	—	—	—	—	—	—	—	—	—	59.8	58.7	57.5
52	—	—	—	—	—	—	—	—	—	—	60	59.1	57.9
52.2	—	—	—	—	—	—	—	—	—	—	—	59.5	58.4
52.4	—	—	—	—	—	—	—	—	—	—	—	60	58.5
52.6	—	—	—	—	—	—	—	—	—	—	—	—	59.2
52.8	—	—	—	—	—	—	—	—	—	—	—	—	59.7

附录 C 非水平状态检测时的回弹值修正值

R_{ma}	检 测 角 度							
	向上				向下			
	90°	60°	45°	30°	−30°	−45°	−60°	−90°
20	−6.0	−5.0	−4.0	−3.0	+2.5	+3.0	+3.5	+4.0
21	−5.9	−4.9	−4.0	−3.0	+2.5	+3.0	+3.5	+4.0
22	−5.8	−4.8	−3.9	−2.9	+2.4	+2.9	+3.4	+3.9
23	−5.7	−4.7	−3.9	−2.9	+2.4	+2.9	+3.4	+3.9
24	−5.6	−4.6	−3.8	−2.8	+2.3	+2.8	+3.3	+3.8
25	−5.5	−4.5	−3.8	−2.8	+2.3	+2.8	+3.3	+3.8
26	−5.4	−4.4	−3.7	−2.7	+2.2	+2.7	+3.2	+3.7
27	−5.3	−4.3	−3.6	−2.7	+2.2	+2.7	+3.2	+3.7
28	−5.2	−4.2	−3.6	−2.6	+2.1	+2.6	+3.1	+3.6
29	−5.1	−4.1	−3.6	−2.6	+2.1	+2.6	+3.1	+3.6
30	−5.0	−4.0	−3.5	−2.5	+2.0	+2.5	+3.0	+3.5
31	−4.9	−4.0	−3.5	−2.5	+2.0	+2.5	+3.0	+3.5
32	−4.8	−3.9	−3.4	−2.4	+1.9	+2.4	+2.9	+3.4
33	−4.7	−3.9	−3.4	−2.4	+1.9	+2.4	+2.9	+3.4
34	−4.6	−3.8	−3.3	−2.3	+1.8	+2.3	+2.8	+3.3
35	−4.5	−3.8	−3.3	−2.3	+1.8	+2.3	+2.8	+3.3
36	−4.4	−3.7	−3.2	−2.2	+1.7	+2.2	+2.7	+3.2
37	−4.3	−3.7	−3.2	−2.2	+1.7	+2.2	+2.7	+3.2
38	−4.2	−3.6	−3.1	−2.1	+1.6	+2.1	+2.6	+3.1
39	−4.1	−3.6	−3.1	−2.1	+1.6	+2.1	+2.6	+3.1
40	−4.0	−3.5	−3.0	−2.0	+1.5	+2.0	+2.5	+3.0
41	−4.0	−3.5	−3.0	−2.0	+1.5	+2.0	+2.5	+3.0
42	−3.9	−3.4	−2.9	−1.9	+1.4	+1.9	+2.4	+2.9
43	−3.9	−3.4	−2.9	−1.9	+1.4	+1.9	+2.4	+2.9
44	−3.8	−3.3	−2.8	−1.8	+1.3	+1.8	+2.3	+2.8
45	−3.8	−3.3	−2.8	−1.8	−1.3	−1.8	−2.3	−2.8
46	−3.7	−3.2	−2.7	−1.7	−1.2	−1.7	−2.2	−2.7
47	−3.7	−3.2	−2.7	−1.7	−1.2	−1.7	−2.2	−2.7
48	−3.6	−3.1	−2.6	−1.6	−1.1	−1.6	−2.1	−2.6
49	−3.6	−3.1	−2.6	−1.6	−1.1	−1.6	−2.1	−2.6
50	−3.5	−3.0	−2.5	−1.5	−1.0	−1.5	−2.0	−2.5

注：1. R_{ma} 小于 20 或大于 50 时，均分别按 20 或 50 查表；
2. 表中未列入的相应于 R_{ma} 的修正值 R_{ma}，可用内插法求得，精确至 0.1。

附录 D 不同浇筑面的回弹值修正值

$R_{\mathrm{m}}^{\mathrm{t}}$ 或 $R_{\mathrm{m}}^{\mathrm{b}}$	表面修正值（$R_{\mathrm{a}}^{\mathrm{t}}$）	底面修正值（$R_{\mathrm{a}}^{\mathrm{b}}$）	$R_{\mathrm{m}}^{\mathrm{t}}$ 或 $R_{\mathrm{m}}^{\mathrm{b}}$	表面修正值（$R_{\mathrm{a}}^{\mathrm{t}}$）	底面修正值（$R_{\mathrm{a}}^{\mathrm{b}}$）
20	+2.5	−3.0	36	+0.9	−1.4
21	+2.4	−2.9	37	+0.8	−1.3
22	+2.3	−2.8	38	+0.7	−1.2
23	+2.2	−2.7	39	+0.6	−1.1
24	+2.1	−2.6	40	+0.5	−1.0
25	+2.0	−2.5	41	+0.4	−0.9
26	+1.9	−2.4	42	+0.3	−0.8
27	+1.8	−2.3	43	+0.2	−0.7
28	+1.7	−2.2	44	+0.1	−0.6
29	+1.6	−2.1	45	0	−0.5
30	+1.5	−2.0	46	0	−0.4
31	+1.4	−1.9	47	0	−0.3
32	+1.3	−1.8	48	0	−0.2
33	+1.2	−1.7	49	0	−0.1
34	+1.1	−1.6	50	0	0
35	+1.0	−1.5			

注：1. $R_{\mathrm{m}}^{\mathrm{t}}$ 或 $R_{\mathrm{m}}^{\mathrm{b}}$ 小于 20 或大于 50 时，均分别按 20 或 50 查表；
    2. 表中有关混凝土浇筑表面的修正系数，是指一般原浆抹面的修正值；
    3. 表中有关混凝土浇筑底面的修正系数，是指构件底面与侧面采用同一类模板在正常浇筑情况下的修正值；
    4. 表中未列入的相应于 $R_{\mathrm{m}}^{\mathrm{t}}$ 或 $R_{\mathrm{m}}^{\mathrm{b}}$ 的 $R_{\mathrm{a}}^{\mathrm{t}}$ 和 $R_{\mathrm{a}}^{\mathrm{b}}$ 值，可用内插法求得，精确至 0.1。

参 考 文 献

[1]　陈立宏. 土力学基础试验教程. 北京：中国科学技术出版社，2011

[2]　夏建中. 土力学. 北京：中国电力出版社，2009

[3]　张美珍. 公路工程试验与检测. 北京：人民交通出版社，2003

[4]　凌建明. 路基工程. 北京：人民交通出版社，2011

[5]　项伟，聂良佐. 土工试验状态控制方法论. 北京：地质出版社，2010

[6]　凌天清. 道路工程试验检测技术. 重庆：重庆大学出版社，2011

[7]　高华东. 土工室内试验教程. 北京：北京工业大学出版社，2010

[8]　谷端炜主. 公路土工试验教程. 北京：中国标准出版社，1999

[9]　朱银红，蒋亚萍，刘宝臣. 土力学土质学试验指导. 北京：中国水利水电出版社，2010

[10]　袁聚云，徐超，贾敏才等. 岩土体测试技术. 北京：中国水利水电出版社，2011

[11]　程建伟. 土力学与地基基础工程. 北京：机械工业出版社，2010

[12]　李建刚. 公路工程材料检测与质量评定. 北京：北京交通大学出版社，2011

[13]　中华人民共和国行业标准. JTG E40—2007 公路土工试验规程. 北京：人民交通出版社，2007

[14]　中华人民共和国行业标准. GB/T 50145—2007 土的工程分类标准. 北京：中国计划出版社，2007

[15]　中华人民共和国行业标准. GB/T 50123—1999（2007 年版）土工试验方法标准. 北京：中国计划
　　　出版社，2007

[16]　苏达根. 土木工程材料. 北京：高等教育出版社，2008

[17]　李美娟. 土木工程材料试验. 北京：中国石化出版社，2012

[18]　中华人民共和国国家标准. GB/T 228.1—2010 金属材料　拉伸试验　第 1 部分：室温试验方法.
　　　北京：中国标准出版社，2010

[19]　中华人民共和国国家标准. GB/T 5224—2003 预应力混凝土用钢绞线. 北京：中国标准出版社，
　　　2003

[20]　中华人民共和国国家标准. GB/T 229—2007 金属材料夏比摆锤冲击试验方法. 北京：中国标准出
　　　版社，2007

[21]　中华人民共和国行业标准. JGJ 63—2006 混凝土用水标准. 北京：中国建筑工业出版社，2006

[22]　中华人民共和国行业标准. JTG F40—2004 公路沥青路面施工技术规范. 北京：人民交通出版社，
　　　2004

[23]　中华人民共和国行业标准. JTG E20—2011 公路工程沥青及沥青混合料试验规程. 北京：人民交
　　　通出版社，2011

[24]　中华人民共和国行业标准. JTG E51—2009 公路工程无机结合料稳定材料试验规程. 北京：人民
　　　交通出版社，2009

[25]　中华人民共和国行业标准. JTG E60—2008 公路路基路面现场测试规程. 北京：人民交通出版社，
　　　2008

[26]　中华人民共和国行业标准. JTG F80/1—2004 公路工程质量检验评定标准　第一册　土建工程.
　　　北京：人民交通出版社，2004

[27]　中华人民共和国行业标准. GB 50007—2011 建筑地基基础设计规范. 北京：中国计划出版社，

2011

[28]　中华人民共和国行业标准. JTG D30—2004 公路路基设计规范. 北京：人民交通出版社，2004

[29]　中华人民共和国行业标准. JTG C20—2011 公路工程地质勘察规范. 北京：人民交通出版社，2011

[30]　中华人民共和国行业标准. JGJ 94—2008 建筑桩基技术规范. 北京：中国建筑工业出版社，2008

[31]　中华人民共和国国家标准. GB 50021—2001（2009 年版）岩土工程勘察规范. 北京：中国建筑工业出版社，2009

[32]　王建华. 桥涵工程试验检测基础. 北京：人民交通出版社，2004

[33]　张宇峰. 桥梁工程试验检测技术手册. 北京：人民交通出版社，2009

[34]　李新军. 公路工程试验检测技术. 济南：山东大学出版社，2012

[35]　陈建勋. 隧道工程试验检测技术. 北京：人民交通出版社，2005

[36]　中华人民共和国行业标准. JTG F60—2009 公路隧道施工技术规范. 北京：人民交通出版社，2009

[37]　中华人民共和国行业标准. TB 10068—2000 铁路隧道运营通风设计规范. 北京：中国铁道出版社，2000

[38]　朱永全. 隧道工程. 第 2 版. 北京：中国铁道出版社，2010

[39]　中华人民共和国行业标准. GB 3096—2008 声环境质量标准. 北京：中国环境科学出版社，2008

[40]　中华人民共和国行业标准. JTJ 026. 1—1999 公路隧道通风照明设计规范. 北京：人民交通出版社，1999

[41]　中华人民共和国国家标准. GB 50205—2001 钢结构工程施工质量验收规范. 北京：中国计划出版社，2001

[42]　中华人民共和国国家标准. GB/T 1591—2008 低合金高强结构钢. 北京：中国计划出版社，2008

[43]　中华人民共和国国家标准. GB/T 700—2006 碳素结构钢. 北京：中国计划出版社，2006

[44]　中华人民共和国国家标准. GB/T 714—2008 桥梁用结构钢. 北京：中国标准出版社，2008

[45]　中华人民共和国国家标准. GB/T 3632—2008 钢结构用扭剪型高强度螺栓连接副. 北京：中国标准出版社，2008

[46]　中华人民共和国建筑工业行业标准. JG/T 203—2007 钢结构超声波探伤及质量分级法. 北京：中国标准出版社，2007

[47]　中华人民共和国国家标准. GB/T 11345—2013 焊缝无损检测　超声检测　技术、检测等级和评定. 北京：中国标准出版社，2013

[48]　中华人民共和国国家标准. GB/T 29712—2013 焊缝无损检测　超声检测　验收等级. 北京：中国标准出版社，2013